AF608291

ÜBER DIE KATALYTISCHEN WIRKUNGEN DER LEBENDIGEN SUBSTANZ

ARBEITEN AUS DEM KAISER WILHELM-INSTITUT FÜR BIOLOGIE · BERLIN-DAHLEM

HERAUSGEGEBEN VON

OTTO WARBURG

MIT 83 ABBILDUNGEN

BERLIN
VERLAG VON JULIUS SPRINGER
1928

Softcover reprint of the hardcover 1st edition 1928

ISBN-13: 978-3-642-47316-6 e-ISBN-13: 978-3-642-47774-4
DOI: 10.1007/ 978-3-642-47774-4

Vorwort.

Der erste Abschnitt dieses Buchs enthält Versuche über Atmung und Gärung, der zweite Versuche über Kohlensäureassimilation und Nitratassimilation. Beide Abschnitte sind durch Übersichten eingeleitet.

Der dritte Abschnitt soll zeigen, daß die katalytischen Wirkungen der lebendigen Substanz auch für die Medizin wichtig sind. Versuche über die katalytischen Wirkungen wachsender Zellen sind hier zusammengefaßt.

Der vierte Abschnitt ist eine Bibliographie. Man findet hier die Titel der Arbeiten, die von mir und meinen Mitarbeitern über die katalytischen Wirkungen der lebendigen Substanz veröffentlicht worden sind.

Das vorliegende Buch wird ergänzt durch den „Stoffwechsel der Tumoren"[1], ein methodisches Buch, in dem beschrieben wird, wie man die katalytischen Wirkungen der lebendigen Substanz untersuchen und messen kann. —

Die Korrekturen hat Herr Dr. H. A. KREBS gelesen, wofür ich ihm auch hier vielen Dank sage.

Berlin-Dahlem, im November 1927.

OTTO WARBURG.

---

[1] WARBURG, O.: Über den Stoffwechsel der Tumoren. Berlin: Julius Springer. 1926.

Inhaltsverzeichnis.

I. Atmung und Gärung.

II. Kohlensäureassimilation und Nitratassimilation.

III. Katalytische Wirkungen wachsender Zellen.

IV. Bibliographie.

I. Atmung und Gärung.

Nicht an anderer Stelle erschienen.

Über die katalytischen Wirkungen der lebendigen Substanz.

Von

Otto Warburg.

Da die Erfahrung lehrt, daß man die Katalysatoren der lebendigen Substanz — die Fermente — von ihren inaktiven Begleitstoffen nicht trennen kann, so liegt es nahe, auf die Methoden der präparativen Chemie zu verzichten, und die Fermente unter ihren natürlichsten Wirkungsbedingungen, in der lebenden Zelle selbst, zu untersuchen. Sie sind hier zwar im Sinn der präparativen Chemie so unrein wie möglich. Findet man aber Reagenzien, die nur mit den Fermenten und nicht mit den übrigen Zellbestandteilen reagieren, so stört die inaktive Zellsubstanz ebensowenig, wie bei chemischen Reaktionen die Gefäße stören, in denen man die Reaktionen ausführt. Dann kann man die Fermente wie reine Stoffe untersuchen und aus ihren Reaktionen auf ihre Zusammensetzung schließen.

Ich setze dabei voraus, daß Stoffe, die im Reagensglas reagieren, unter sonst gleichen Bedingungen auch in der lebenden Zelle reagieren, und daß Stoffe, die im Reagensglas nicht reagieren, auch in der lebenden Zelle nicht reagieren. Die Voraussetzung ist also Einheitlichkeit der unbelebten und belebten Natur in bezug auf die chemischen Vorgänge.

1. Narkose.

Bringt man chemisch indifferente Substanzen, wie Paraffine, Alkohole, Äther, in atmende oder gärende Zellen, so hören Atmung[1] und Gärung[2] auf, entfernt man sie wieder, so steigt der chemische Umsatz wieder auf seinen Normalwert. Man nennt diese Erscheinung Narkose, die hemmenden chemisch indifferenten Stoffe Narkotica. Atmungs- und Gärungsferment werden also durch die Narkotica verhindert, zu wirken, ohne daß sie dabei zerstört werden.

---

[1] Warburg, O.: Hoppe-Seylers Zeitschr. f. physiol. Chem. **69**, 452. 1910; **70**, 413. 1911; Pflügers Arch. f. d. ges. Physiol. (mit Wiesel) **144**, 465. 1912, (mit Usui) **147**, 100. 1912; Ergebn. d. Physiol. **14**, 253. 1914. — Ferner Batelli u. Stern: Biochem. Zeitschr. **52**, 226. 1913. — Vernon: Journ. of physiol. **45**, 197. 1912; Biochem. Zeitschr. **47**, 374. 1913.

[2] Dorner, A.: Hoppe-Seylers Zeitschr. f. physiol. Chem. **81**, 99. 1912.

Vergleicht man die Wirkung homologer Narkotica, so erhält man Reihen wie die folgende:

Narkoticum	Konzentration in Molen/Liter, die um 50% hemmt
Methyl-Urethan	1,3
Äthyl- „	0,33
Propyl- „	0,13
Butyl- „	0,04
Amyl- „	0,02
Phenyl- „	0,003

Die Wirkungsstärke der Narkotica steigt also in homologen Reihen sehr stark mit dem Molekulargewicht an, Anfangs- und Endglieder der Reihen unterscheiden sich in ihren Wirkungsstärken um das mehrhundertfache.

FARADAY[1] fand 1830, daß die Knallgaskatalyse durch kleine Mengen chemisch indifferenter Gase gehemmt wird. Wasserstoff und Sauerstoff vereinigen sich an festen Oberflächen zu Wasser. Setzt man Äthylen zu, so hört die Reaktion auf, entfernt man das Äthylen wieder, so geht die Reaktion weiter. FARADAY erklärte die Erscheinung durch die Annahme, daß Äthylen von den festen Oberflächen stärker angezogen wird, als Knallgas. Dann muß Äthylen das Knallgas von den Oberflächen verdrängen und damit die Knallgasreaktion zum Stillstand bringen.

FREUNDLICH[2] hat die Verdrängung von Oberflächen bei der Adsorption aus Lösungen zuerst gemessen. Ist Kohle mit einem Stoff A im Adsorptionsgleichgewicht und fügt man einen Stoff B, der von Kohle adsorbiert wird, hinzu, so erscheint A in der Lösung. Je stärker B adsorbiert wird, um so mehr verdrängt es A.

J. TRAUBE[3] fand, daß die Oberflächenspannung wäßriger Lösungen durch homologe organische Stoffe um so mehr erniedrigt wird, je höher das Molekulargewicht ist. Beim Aufstieg in einer homologen Reihe nimmt die „Oberflächenaktivität" zu, und zwar nimmt sie ungefähr in demselben Maß zu, wie die Wirkungsstärken der Narkotica nach Tabelle 1.

Dies sind die physikalisch-chemischen Grundlagen der Theorie der Narkose[4]. Nimmt man an, daß Atmung und Gärung Reaktionen an

[1] FARADAY: Experimental Researches VI. Reihe (Ostwalds Klassiker Nr. 87).

[2] FREUNDLICH, H.: Adsorption in Lösungen. Zeitschr. f. physikal. Chem. **57**, 385. 1906. — FREUNDLICH u. MASIUS: Festschrift für van Bemmelen 1910, S. 88.

[3] TRAUBE, J.: Pflügers Arch. f. d. ges. Physiol. **153**, 276. 1913.

[4] WARBURG, O. u. WIESEL: Pflügers Arch. f. d. ges. Physiol. **144**, 465. 1912; **155**, 547. 1914; Biochem. Zeitschr. **119**, 134. 1921.

Oberflächen sind, so versteht man, daß sie durch chemisch indifferente Stoffe gehemmt werden und daß ein Narkoticum um so stärker ist, je stärker es von den festen Oberflächen der lebendigen Substanz angezogen wird.

Zur weiteren Begründung dieser Theorie führe ich die beiden folgenden Versuche an:

Bringt man[1] rote Vogelblutzellen in eine Kältemischung, so zerreißen beim Gefrieren die feinen die Strukturteile umhüllenden Membranen und man erhält beim Auftauen eine Flüssigkeit, in der die festen Zellbestandteile frei schweben. Zentrifugiert man, so erhält man zwei Schichten: eine klare, die frei ist von den festen Zellbestandteilen, und eine trübe, die die festen Zellbestandteile enthält. Mißt man in beiden Schichten die Atmung, so findet sich, daß nur die trübe Schicht atmet. Die gesamte Atmung ist also an die festen Zellbestandteile gebunden.

In dem zweiten Versuch[2] sind die natürlichen Oberflächen durch eine künstliche Oberfläche ersetzt. Löst man Aminosäuren in Wasser und fügt Blutkohle hinzu, so belädt sich die Oberfläche der Kohle mit Aminosäuren. Leitet man bei Körpertemperatur Sauerstoff ein, so verbrennen die Aminosäuren an der Oberfläche, wobei wie bei der Verbrennung in der lebendigen Substanz Ammoniak, Kohlensäure und Schwefelsäure als Endprodukte auftreten. Setzt man Narkotica hinzu, so hört die Verbrennung auf. Vergleicht man hierbei die Wirkungen homologer Narkotica, so erhält man dieselben Reihen, die für die Narkose der lebendigen Substanz gefunden worden sind. Hier ist also die Erscheinung der Narkose künstlich erzeugt. Hier kann man durch direkte Messungen zeigen, daß die Verdrängung von Oberflächen die Ursache der Narkose ist. Mißt man nämlich neben der Hemmung der Oxydation die Verdrängung, so findet man eine genaue Übereinstimmung. Wird der Bruchteil α einer Aminosäure von der Kohlenoberfläche verdrängt, so sinkt auch die Geschwindigkeit der Oxydation um den Bruchteil α.

Nicht nur die Narkose, sondern auch viele andere Reaktionshemmungen sind nach dem gleichen Prinzip zu erklären, so die von Moureu beobachteten Oxydationshemmungen, die lange Zeit unverständlich waren. Moureu[3] fand, daß die Autoxydation des Benzaldehyds und des Acroleins durch Spuren der verschiedenartigsten Stoffe gehemmt wird. Orland M. Reiff[4] zeigte, daß diese Oxydationen Oberflächenreaktionen sind, die an einer den Versuchsgefäßen adhärierenden Wasser-

[1] Warburg, O.: Hoppe-Seylers Zeitschr. f. physiol. Chem. **70**, 413. 1911.
[2] Warburg, O.: Biochem. Zeitschr. **119**, 134. 1921.
[3] Moureu u. Dufraisse: Cpt. rend. **174**, 258; **175**, 127. 1922.
[4] Reiff, Orland M.: Journ. of the amer. chem. soc. **48**, 2893. 1926.

schicht vor sich gehen. Indem die „Antioxygene“ MOUREUS sich an dieser Schicht ausbreiten, hemmen sie die Oxydation.

2. Spezifische Wirkungen.

Während es fast beliebig viele Stoffe gibt, die durch Adsorptionsverdrängung Lebensvorgänge narkotisch hemmen, kennen wir nur ganz wenige Stoffe, die spezifisch-chemisch wirken: Blausäure, Schwefelwasserstoff, Kohlenoxyd und Stickoxyd. Diese Stoffe sind dadurch charakterisiert, daß sie, obwohl sie nur schwach adsorbiert werden, stark wirken. Beispielsweise wird Blausäure[1] wie die schwächsten Narkotica adsorbiert, und würde sie durch Adsorptionsverdrängung wirken, so wäre eine etwa normale Lösung zur Atmungshemmung nötig. Dagegen findet man, daß eine $^1/_{10000}$-normal-Blausäure die Atmung hemmt. Blausäure wirkt also rund 10000mal stärker, als ihrer Adsorptionskonstanten entspricht.

Wie die lebendige Substanz, so wird auch Blutkohle, an der Aminosäuren verbrennen, spezifisch durch Blausäure inaktiviert, ein merkwürdiges und für die Aufklärung der Blausäurewirkung günstiges Resultat.

Gibt man zu Blutkohle, an der Aminosäuren verbrennen, Blausäure, bis die Verbrennung gehemmt ist, und mißt die Adsorption, so zeigt sich, daß anders als beim Zusatz der Narkotica keine Aminosäure in der Lösung erscheint. Im Zustand der Blausäurehemmung ist die Kohlenoberfläche mit Aminosäuren bedeckt, Spuren von Blausäure, die an der Oberfläche zu den Aminosäuren hinzukommen, hemmen die Verbrennung. Es folgt daraus, daß der Hauptteil der Kohlenoberfläche katalytisch unwirksam ist. Nur an Inseln, die ihrer Ausdehnung nach gegen die Gesamtoberfläche verschwinden, geht die Verbrennung der Aminosäuren vor sich.

Um die chemische Zusammensetzung dieser Inseln zu ermitteln, habe ich mir die Aufgabe gestellt, Kohlen von den Eigenschaften der Blutkohle in übersichtlichen Schritten aufzubauen[2]. Es war also eine adsorbierende, aber katalytisch unwirksame Kohle herzustellen und in ihre Oberfläche ein Stoff von den vorgeschriebenen katalytischen Eigenschaften einzulagern.

Glüht man Zucker unter Zusatz von Kieselsäure, so erhält man Kohle, die gut adsorbiert, aber katalytisch unwirksam ist. Bei den Versuchen, diese Kohle katalytisch zu aktivieren, wurde von vornherein an Eisen als Aktivator gedacht, da Blutkohle das Eisen des Blutfarbstoffs enthält. Glüht man die Zuckerkohlen mit Eisen, so werden sie

[1] WARBURG, O.: Biochem. Zeitschr. **119**, 161. 1921; **165**, 196. 1925.
[2] WARBURG, O. u. W. BREFELD: Biochem. Zeitschr. **145**, 461. 1924.

nicht aktiviert. Glüht man sie aber mit Eisen unter Zusatz von organisch gebundenem Stickstoff, so werden sie aktiv, und so kann man Kohlen herstellen, die weit aktiver sind, als die Blutkohlen. Von allen geprüften Stoffen war nur das Eisen imstande zu aktivieren, aber Eisen nur dann, wenn es durch Stickstoff an die Kohle gebunden wurde[1].

Das an Stickstoff gebundene Eisen der Kohle reagiert mit Blausäure unter Bildung einer reversiblen Verbindung und wird dabei katalytisch unwirksam. $^1/_{10000}$-n-Blausäure hemmt die Wirkung. Entfernt man die Blausäure aus den Lösungen, so tritt die Wirkung wieder auf.

Eisen an Stickstoff gebunden und in eine feste Oberfläche eingelagert besitzt Eigenschaften, die für das Atmungsferment charakteristisch sind. Es verbrennt Naturstoffe und reagiert mit Blausäure wie die lebendige Substanz.

3. Autoxydation.

Verzichten wir auf die Oberflächen und damit auf die Narkotisierbarkeit der Systeme, so werden die Bedingungen zur Untersuchung der Oxydationsvorgänge noch einfacher. Die Autoxydation von Naturstoffen in Lösung steht zwar der Atmung ferner, ist aber doch in mancher Hinsicht der Atmung verwandt.

Autoxydabel, das heißt durch molekularen Sauerstoff bei gewöhnlicher Temperatur angreifbar ist das von Baumann entdeckte Cystein, eine schwefelhaltige Aminosäure, die nach F. G. Hopkins[2] ein Bestandteil der lebendigen Substanz ist. Löst man Cystein in Wasser und leitet Sauerstoff durch die Lösung, so wird die SH-Gruppe des Cysteins oxydiert und es entsteht Cystin nach der Gleichung

$$\underset{\text{(Cystein)}}{2\,RSH} + \tfrac{1}{2}\,O_2 = \underset{\text{(Cystin)}}{(RS)_2} + H_2O$$

Mathews und Walker[3] fanden 1906, daß die Autoxydation des Cysteins durch Blausäure gehemmt wird. Seitdem spielt die Sulhydrylgruppe als autoxydabler Bestandteil der lebendigen Substanz in der Atmungstheorie eine Rolle.

Da 1 Molekül Blausäure ausreicht, um die Oxydation von vielen tausend Molekülen Cystein zu verhindern, so schien mir die Annahme, Cystein sei autoxydabel, einen Widerspruch zu enthalten. Denn wie man sich den Mechanismus der Blausäurewirkung auch denken mag, immer kann die Blausäure nur einen ihrer Menge äquivalenten Teil des Cysteins an der Oxydation verhindern.

---

[1] Vgl. hierzu auch E. K. Rideal u. W. M. Wright: Journ. of the chem. soc. (London) **127**, 1347. 1925; 1813. 1926; 3182. 1926.

[2] Hopkins, F. G.: Biochem. journ. **15**, 286. 1921.

[3] Mathews u. Walker: Journ. of biol. chem. **6**, 21 u. 29. 1906.

In der Tat hat sich gezeigt[1], daß das Cystein nicht autoxydabel ist. Reinigt man Cysteinlösungen von Spuren Kupfer und Eisen, die die Laboratoriumslösungen immer enthalten, so hört die Oxydation des Cysteins auf. Setzt man die herausgenommenen Metalle wieder zu, so erscheint die Oxydation wieder, setzt man Blausäure zu, so verschwindet die Wirkung der zugesetzten Metalle. Die Autoxydation des Cysteins ist also nur eine scheinbare, in Wirklichkeit liegt eine Sauerstoffübertragung durch Schwermetall vor. Dies wurde übersehen, weil hunderttausendstel Milligramme an Eisen, Mangan oder Kupfer hier schon beträchtliche Wirkungen erzeugen, das sind Mengen, die die gewöhnlichen Methoden der analytischen Chemie nicht mehr anzeigen. Heute benutzt man Cysteinlösungen, um Schwermetallspuren nachzuweisen und zu bestimmen.

Ein anderer einfacher Fall ist die Autoxydation der Kohlenhydrate, die in Phosphatlösungen[2] oder in ammoniakalischen Salzlösungen[3] auftritt. Auch diese Oxydation ist nur scheinbar eine Autoxydation, in Wirklichkeit eine Sauerstoffübertragung durch Schwermetall. Blausäure hemmt die Oxydation, Spuren von Kupfer und Eisen beschleunigen sie, Blausäure bringt die Wirkung der zugesetzten Metalle wieder zum Verschwinden.

Das allgemeine Ergebnis dieser und ähnlicher Versuche ist erstens, daß Naturstoffe unter natürlichen Bedingungen nicht autoxydabel sind, zweitens, daß Schwermetalle, wenn sie Sauerstoff auf Naturstoffe übertragen, niemals als freie Ionen katalytisch wirken, sondern nur in besonderen komplexen Bedingungen. Offenbar liegt hier ein Prinzip zugrunde, das die organische Natur vor dem Angriff des Sauerstoffs schützt. Sauerstoff soll in der organischen Natur nur dort angreifen, wo die Energie der Verbrennung ausgenutzt werden kann, das heißt in der Atmung, nicht aber in Lösungen, wo die Energie der Verbrennung dem Leben verloren ginge.

Eine Ausnahme ist die Photooxydation fluorescierender Farbstoffe, wie Chlorophyll oder Hämatoporphyrin, die nach unsern Erfahrungen eine wahre Autoxydation ist[4]. Wie es scheint, entsteht in diesen Farbstoffen bei der Lichtabsorption ein Zustand, der mit dem Zustand katalytisch wirkender Schwermetallatome vergleichbar ist. — Im übrigen ist unser Prinzip auf die Substanzen

---

[1] Warburg, O. u. S. Sakuma: Pflügers Arch. f. d. ges. Physiol. **200**, 203. 1923. — Sakuma, S.: Biochem. Zeitschr. **142**, 68. 1923.

[2] Warburg, O. u. Yabusoe: Biochem. Zeitschr. **146**, 380. 1924. — Meyerhof, O. u. Matsuoka: Biochem. Zeitschr. **150**, 1. 1924. — Wind, F.: Biochem. Zeitschr. **159**, 58. 1925.

[3] Krebs, H. A.: Biochem. Zeitschr. **180**, 377. 1927.

[4] Tanaka, K.: Biochem. Zeitschr. **157**, 425. 1925. — Gaffron, H.: Biochem. Zeitschr. **179**, 157. 1926.

und Bedingungen, für die es ausgesprochen ist, zu beschränken, besagt also keineswegs, daß jede Autoxydation der organischen oder gar anorganischen Chemie eine Metallkatalyse sei. Eine wahre Autoxydation ist beispielsweise die Oxydation von Leukomethylenblau[1]. Andererseits gibt es auch in der anorganischen Chemie Fälle von scheinbarer Autoxydation, z. B. die von Titoff[2] untersuchte Oxydation der schwefligen Säure in wäßriger Lösung. — Oft, jedoch nicht immer ist es leicht, wahre und scheinbare Autoxydationen zu unterscheiden. Beschleunigen Metalle und hemmen Komplexbildner, wie Blausäure und Pyrophosphat, so liegt eine scheinbare Autoxydation vor. Der negative Ausfall dieser Reaktionen jedoch beweist nichts. Fügt man zu Häminkohle Eisensalze, so steigt die katalytische Wirksamkeit nicht. Fügt man zu Lecithin-Eisen, zu Weinsäure-Eisen Blausäure, zu Cystein-Kupfer[3] Pyrophosphat, so wird die katalytische Wirkung der Metalle nicht gehemmt. Zugesetztes Metall beschleunigt nur dann, wenn katalytisch wirksame Komplexe entstehen, und Komplexbildner wie Blausäure und Pyrophosphat hemmen nur dann, wenn sie vermöge größerer Affinität den katalytisch wirkenden Komplexen das Metall entziehen.

4. Eisengehalt der lebendigen Substanz.

Die lebendige Substanz enthält $^1/_{100}$ bis $^1/_{1000}$ % Eisen, eine Metallmenge, die mehr als ausreicht, um den in der Atmung verschwindenden Sauerstoff zu übertragen. Dieses Eisen kann man der lebenden Substanz nicht entziehen. Züchtet man Zellen in eisenarmen Nährlösungen, so hört das Wachstum auf, wenn das Eisen der Nährlösungen verbraucht ist; setzt man Eisen zu, so geht die Vermehrung weiter. So kann man Atmung durch Eisen erzeugen.

Es ist aber im allgemeinen nicht möglich, Atmung durch Eisen zu erzeugen, während man die Menge an lebendiger Substanz konstant hält. Denn im allgemeinen sind die Substanzen nicht im Überschuß, die das Eisen durch komplexe Bindung zum Katalysator machen.

Nur ein Objekt macht nach den bisherigen Erfahrungen eine Ausnahme[4]. Fügt man zu der Substanz des Seeigeleis Eisensalz, so steigt die Geschwindigkeit der Oxydation, und zwar steigt sie in dem Maß, als man den natürlichen Eisengehalt vermehrt. Hier ist also der Sauerstoffverbrauch sogar dem Eisengehalt proportional.

5. Hämoglobin.

Eine komplexe Eisenverbindung, die in der Natur vorkommt, ist der rote Blutfarbstoff, das Hämoglobin.

Hämoglobin besteht aus einer ungefärbten Eiweißkomponente, die uns hier nicht interessiert, und der Farbstoffkomponente, einer komplexen Eisenpyrrolverbindung, in der das Eisen an Stickstoff gebunden ist.

---

[1] Warburg, O.: Biochem. Zeitschr. **142**, 518. 1923.
[2] Titoff: Zeitschr. f. physikal. Chem. **45**, 641. 1903.
[3] Warburg, O.: Biochem. Zeitschr. **187**, 255. 1927.
[4] Warburg, O.: Hoppe-Seylers Zeitschr. f. physiol. Chem. **92**, 231. 1914.

Nencki, Küster, Willstaetter und Hans Fischer verdanken wir im wesentlichen unsere Kenntnisse von der Konstitution dieser wichtigen Substanz.

Das Eisen des Hämoglobins vereinigt sich in den Lungencapillaren mit dem Sauerstoff zu einer dissoziierenden Verbindung und gibt ihn in den Gewebecapillaren, wo der Sauerstoffdruck niedriger ist, wieder ab. Von hier aus diffundiert der Sauerstoff in die Körperzellen, in denen er veratmet wird. Das Eisen des Hämoglobins überträgt also den Sauerstoff von den Lungen zu anderen Stellen des Körpers, aber überträgt nicht den Sauerstoff auf organische Moleküle. Hämoglobin, das mit den atmenden Zellen nicht in Berührung kommt, ist nicht Katalysator, sondern Transportmittel.

Liebig[1], der diese Tatsachen nicht kannte, stellte 1843 die Theorie auf, der Blutfarbstoff sei das Atmungsferment. Liebig gab seine Theorie bald wieder auf, doch hat sich die Verwechslung zwischen Hämoglobin und Atmungsferment in der chemischen Literatur lange Zeit gehalten. Fast scheint es, als ob die Chemiker hier einen Zusammenhang ahnten, der nach den neusten Ergebnissen der Biologie tatsächlich besteht. Atmungsferment und Hämoglobin sind zwar nicht identisch, aber, wie aus ihren Verhalten gegen Kohlenoxyd folgt, nahe verwandt.

6. Reaktion des Kohlenoxyds mit Hämoglobin.

Wenn Hämoglobin Sauerstoff aufnimmt, so reagiert ein Atom Eisen mit einem Molekül Sauerstoff nach der Gleichung

$$Fe + O_2 \rightleftarrows FeO_2 . \tag{1}$$

In dieser Reaktion kann Kohlenoxyd den Sauerstoff vertreten

$$Fe + CO \rightleftarrows FeCO . \tag{2}$$

Lassen wir Sauerstoff und Kohlenoxyd gleichzeitig auf Hämoglobin einwirken, so konkurrieren beide Gase um das Eisen des Hämoglobins. Die Bilanzgleichung dieser Reaktion, auf der die Kohlenoxydvergiftung beruht, ist[2]

$$FeO_2 + CO \rightleftarrows FeCO + O_2 . \tag{3}$$

Hierbei verteilt sich das Eisen zwischen Sauerstoff und Kohlenoxyd nach Maßgabe der Gas-Partialdrucke, im Gleichgewicht ist

$$\frac{FeO_2}{FeCO} \cdot \frac{CO}{O_2} = K \tag{4}$$

[1] Liebig: Tierchemie, zweite Aufl., S. 241. Braunschweig 1843. In der dritten Auflage ist die „Theorie der Respiration“ fortgelassen.

[2] Douglas, Haldane u. Haldane: Journ. physiol. 44, 275. 1912. — Anson, Barcroft, Mirsky u. Oinuma: Proc. Roy. Soc. 97, 61. 1925.

eine Gleichung, die eine Reihe sehr spezieller Eigenschaften des Hämoglobins zusammenfaßt. Für keine andere bekannte Substanz findet man etwas Ähnliches.

Belichtet man Kohlenoxydhämoglobin, so wird es, wie JOHN HALDANE[1] 1896 fand, in Kohlenoxyd und freies Hämoglobin gespalten. Sauerstoffhämoglobin dagegen reagiert nicht auf Belichtung. Die Folge ist, daß sich bei Belichtung die Verteilung des Eisens zwischen Sauerstoff und Kohlenoxyd ändert. Bringen wir Hämoglobin im Dunkeln mit Sauerstoff und Kohlenoxyd ins Gleichgewicht und belichten, so stellt sich ein neues Gleichgewicht ein, dessen Konstante größer ist als im Dunkeln

$$K_{\text{hell}} > K_{\text{dunkel}}\,, \tag{5}$$

eine zweite Beziehung, die eine ganz spezielle Eigenschaft des Hämoglobins ausdrückt. Es gibt in der Chemie keinen andern Fall von reversibler photochemischer Kohlenoxydabspaltung.

7. Wirkung des Kohlenoxyds auf die Atmung.

Seit man die Reaktion des Kohlenoxyds mit Hämoglobin kennt, die CLAUDE BERNARD in der Mitte des vorigen Jahrhunderts entdeckte, hat man sich gefragt, ob Kohlenoxyd nur auf das Hämoglobin wirke, und nicht außerdem noch auf die Zellen des Körpers. Die Antwort war immer negativ. Kohlenoxyd galt als Typus der reinen Blutgifte, als das es schon von CLAUDE BERNARD bezeichnet worden war.

Dies stimmt zwar toxikologisch, ist aber doch unrichtig. Kohlenoxyd von einigen $^1/_{1000}$ Atmosphären Druck, der Atmungsluft beigemischt, treibt den Sauerstoff aus dem Hämoglobin aus und wirkt deshalb giftig. Es ist wahr, daß bei diesen niedrigen Kohlenoxyddrucken keine Wirkung auf Körperzellen nachweisbar ist. Läßt man aber den Kohlenoxyddruck bis zur Größenordnung einer Atmosphäre wachsen, so treten Wirkungen[2] auf, und zwar wird die Atmung der Zellen durch Kohlenoxyd gehemmt. Das Atmungsferment bildet eine dissoziierende Kohlenoxydverbindung.

Die Hemmung der Atmung durch Kohlenoxyd ist nicht nur von dem Kohlenoxyddruck abhängig, sondern auch von dem gleichzeitig herrschenden Sauerstoffdruck. Läßt man den Kohlenoxyddruck konstant und erhöht den Sauerstoffdruck, so kann man die Atmungshemmung zum Verschwinden bringen. Das Kohlenoxyd wird also aus seiner Verbindung mit dem Atmungsferment durch Sauerstoff ausgetrieben.

---

[1] HALDANE, JOHN u. SMITH: Journ. of physiol. **20**, 497. 1896. — Vgl. auch HARTRIDGE u. ROUGHTON: Proc. of the roy. soc. of London, Ser. B. **94**, 336. 1923.

[2] WARBURG, O.: Biochem. Zeitschr. **177**, 471. 1926.

Mißt man die Wirkung des Kohlenoxyds bei verschiedenen Kohlenoxyd- und Sauerstoffdrucken, so läßt sich aus den Atmungshemmungen die Verteilung des Atmungsferments zwischen Kohlenoxyd und Sauerstoff berechnen. Man findet dann[1], daß die für die Verteilung des Hämoglobins gefundene Gleichung (4) auch für die Verteilung des Atmungsferments gilt. Nur der Zahlenwert der Konstante K ist ein anderer, für die Verteilung des Atmungsferments in Hefe 10, für die Verteilung des Hämoglobins von der Größenordnung 10^{-2}.

Bringt man Zellen im Dunkeln mit einem Kohlenoxyd-Sauerstoffgemisch ins Gleichgewicht, das die Atmung hemmt, und belichtet, so erscheint die normale Atmung und verschwindet wieder beim Verdunkeln. Die Kohlenoxydverbindung des Atmungsferments dissoziiert also, wie Kohlenoxyd-Hämoglobin, im Licht. Auch für das Atmungsferment gilt die Beziehung

$$K_{\text{hell}} > K_{\text{dunkel}}.$$

Belichtet man durch Kohlenoxyd gehemmte Zellen monochromatisch, mit Licht gleicher Intensität, aber verschiedener Wellenlänge, so findet man, daß blau sehr stark wirkt, grün und gelb schwächer, rot gar nicht. Da Licht photochemisch nur wirkt, wenn es absorbiert wird, so folgt, daß das Atmungsferment in seiner Verbindung mit Kohlenoxyd eine gefärbte Substanz ist, und zwar, wie das Kohlenoxyd-Hämoglobin, von roter Farbe. Obwohl die Menge an Ferment in den Zellen zu klein ist, als daß man seine Farbe erkennen oder die Licht-Absorption messen könnte, ist es so doch möglich, die Farbe des Atmungsferments zu bestimmen.

Durch die Kohlenoxydversuche ist die Schwermetalltheorie der Atmung bewiesen, da nur Schwermetalle mit Kohlenoxyd bei gewöhnlicher Temperatur reagieren. Es ist ferner, durch die Gültigkeit der Verteilungsgleichung, bewiesen, daß das Schwermetall des Atmungsferments den Sauerstoff als ganzes Molekül aufnimmt, und zwar ein Atom Metall ein Molekül Sauerstoff. Endlich ist aus der Häufung gleicher und spezieller Eigenschaften, die hier vorliegt, zu schließen, daß das Atmungsferment eine Eisenpyrrolverbindung ist, in der das Eisen wie im Hämoglobin an Pyrrolstickstoff gebunden ist. Offenbar war es kein Zufall, daß das an Stickstoff gebundene Eisen der Kohle Eigenschaften zeigte, die für das Atmungsferment charakteristisch sind.

8. Cytochrom.

Keilin[2] fand, daß eine mit dem Blutfarbstoff verwandte Eisenpyrrolverbindung weitverbreitet in der Natur vorkommt, in tierischen

[1] Warburg, O.: Biochem. Zeitschr. **189**, 354. 1927.

[2] Keilin, D.: Proc. of the roy. soc. of London, Ser. B. **98**, 312. 1925; **100**, 129. 1926.

Zellen, Pflanzenzellen, Hefen und Bakterien. KEILIN nennt diese Verbindung, die wie der Blutfarbstoff rot ist, Cytochrom. Sie ist identisch mit MAC MUNNS Histohämatin[1], an dessen Existenz die Wissenschaft vor den Arbeiten KEILINS nicht glaubte.

Cytochrom geht bei dem Versuch, es aus den Zellen zu extrahieren, zugrunde, so daß man seine Eigenschaften nur spektroskopisch untersuchen kann. Oxydiertes und reduziertes Cytochrom unterscheiden sich durch ihr Absorptionsspektrum. In Zellen, denen man den Sauerstoff entzieht, sieht man das charakteristische vierbandige Spektrum des reduzierten Cytochroms; sättigt man mit Sauerstoff, so oxydiert sich das Cytochrom und die Banden verschwinden.

Cytochrom reagiert nicht mit Kohlenoxyd[2] und unterscheidet sich dadurch von dem Hämoglobin und von dem Atmungsferment. Andererseits verhindert Kohlenoxyd die Reoxydation des Cytochroms. Es folgt daraus, daß Cytochrom nicht autoxydabel ist. Es ist der aktivierte Sauerstoff des Atmungsferments, nicht der molekulare Sauerstoff, der das Cytochrom in der Zelle oxydiert.

Als komplexe Eisenpyrrolverbindung, die in der lebenden Zelle die Erscheinungen der Oxydation und Reduktion zeigt, ist Cytochrom eine physiologisch außerordentlich interessante Substanz. Es ist möglich, daß sie in der Atmung als Peroxydase wirkt, indem sie aktivierten Sauerstoff auf organische Moleküle überträgt.

9. Gärung.

Ist die Schwermetalltheorie der Atmung bewiesen, so ist es im Prinzip auch die Schwermetalltheorie der Gärung. Denn wie das Atmungsferment bildet das Gärungsferment dissoziierende Blausäure[3] und Schwefelwasserstoffverbindungen[4]. Ein von den Atmungsversuchen unabhängiger Versuch bestätigt diesen Schluß.

Stickoxyd vereinigt sich mit einfachen und komplexen Schwermetallsalzen zu reversiblen Verbindungen. Bekannt ist die braune Stickoxydverbindung des Ferrosulfats, die in der chemischen Analyse eine Rolle spielt, von komplexeren Verbindungen das von HÜFNER entdeckte Stickoxyd-Methämoglobin. Reversible Reaktionen mit Stickoxyd sind nicht minder spezifisch für Schwermetall, wie reversible Reaktionen mit Kohlenoxyd.

---

[1] MAC MUNN: Journ. of physiol. 8, 51. 1887; Philosoph. transactions roy. soc. **177**, 267. 1886.

[2] WARBURG, O.: Die Naturwissenschaften **15**, H. 26. 1927.

[3] WARBURG, O.: Biochem. Zeitschr. **165**, 196. 1925.

[4] NEGELEIN, E.: Biochem. Zeitschr. **165**, 203. 1925.

Bringt man gärende Zellen in Stickoxyd[1], so wird die Gärung gehemmt, um so stärker, je tiefer die Temperatur ist. Treibt man das Stickoxyd mit Wasserstoff oder Stickstoff aus, so erscheint wieder die normale Gärung. Stickoxyd bildet also mit dem Gärungsferment eine reversible Verbindung. Die Festigkeit dieser Verbindung nimmt mit sinkender Temperatur stark zu, ganz so wie die Festigkeit der einfachen Schwermetall-Stickoxydverbindungen, z. B. des Stickoxyd-Ferrosulfats.

Fassen wir mit Pasteur die Gärungen als innermolekulare Sauerstoffübertragungen auf, so sind hiermit die energieliefernden chemischen Reaktionen der lebendigen Substanz zurückgeführt auf *eine* Elementarreaktion: die Sauerstoffübertragung durch Schwermetall, die in der Atmung eine Übertragung von freiem Sauerstoff, in der Gärung eine Übertragung von gebundenem Sauerstoff ist.

10. Verallgemeinerung.

Schwermetallkatalysen sind auch die BLACKMANNsche Reaktion, die ein Teilvorgang der Kohlensäureassimilation ist, die Nitratassimilation und die Wasserstoffperoxydspaltung. Denn auch die Fermente dieser Reaktionen bilden dissoziierende Blausäure-[2] und Schwefelwasserstoffverbindungen[3].

Füge ich noch hinzu, daß diese Reaktionen auch Oberflächenreaktionen[2] sind, so erkennt man, daß den wesentlichsten katalytischen Wirkungen der lebendigen Substanz das gleiche Prinzip zugrunde liegt. Die Metalle und die Art ihrer Bindung mögen variieren, das Prinzip bleibt dasselbe.

11. Platinkatalysen.

Überblickt man die Geschichte des Fermentproblems, so sieht man, wie früh eine Ahnung dieses Prinzips in der Wissenschaft auftaucht. Seit EDMUND DAVY[4] ist das feinverteilte Platin das Fermentmodell der Chemiker. DAVY entdeckte 1820 das Platinmohr und seine katalytischen Wirkungen. BERZELIUS[5] schrieb 1832: „Die Gärungen beruhen möglicherweise auf Kräften ähnlich denen, die Platinmohr auf Wasserstoff ausübt, oder denen, die Edelmetalle und deren Oxyde auf Wasserstoffperoxyd ausüben." Für SCHÖNBEIN war die Wasserstoffperoxyd-

---

[1] WARBURG, O.: Biochem. Zeitschr. **189**, 354. 1927.

[2] WARBURG, O.: Biochem. Zeitschr. **103**, 188. 1920; **100**, 230. 1919. — WARBURG, O. u. E. NEGELEIN: Biochem. Zeitschr. **110**, 66. 1920. — WARBURG, O. u. T. UYESUGI: Biochem. Zeitschr. **146**, 486. 1924.

[3] NEGELEIN, E.: Biochem. Zeitschr. **165**, 203. 1925.

[4] DAVY, EDMUND: Philosoph. transact. roy. soc. 1820 (Part I) S. 108.

[5] BERZELIUS: Traité de Chimie **6**, 400. Paris 1832.

spaltung durch Platin[1], das „Urbild aller Gärungen", BREDIG[2] nannte die kolloiden Edelmetallösungen „anorganische Fermente".

Die katalytischen Wirkungen des Platins und der lebendigen Substanz sind verwandt, weil beide Wirkungen Schwermetallwirkungen an Oberflächen sind. Dieser Zusammenhang wurde im vorigen Jahrhundert nicht erkannt, weil die Eigenschaften der lebendigen Substanz zu wenig untersucht waren. BERZELIUS wußte nicht, daß Eisen ein integrierender Bestandteil der lebendigen Substanz ist. LIEBIG[3] schrieb 1843: „Die Blutkörperchen enthalten eine Eisenverbindung, kein anderer Bestandteil der lebendigen Körperteile enthält Eisen." Zur Zeit der BREDIGschen Arbeiten war noch nicht nachgewiesen, daß die chemischen Vorgänge in der lebendigen Substanz Oberflächenreaktionen sind. BREDIG wußte zwar, daß Blausäure sowohl die Atmung als auch die Platinkatalysen hemmt. Aber nicht nur Blausäure, sondern alle möglichen Substanzen hemmten, und erst die Unterscheidung zwischen unspezifischen Oberflächenwirkungen und spezifisch-chemischen Wirkungen konnte auf die richtige Spur führen.

12. Katalyse in der chemischen Technik.

Die Arbeiten, über die hier berichtet wurde, entstanden in einer Zeit, in der die chemische Großindustrie, in den Verfahren von HABER, BOSCH und MITTASCH, die Methoden der Katalyse entwickelte. Sie ging dabei allmählich von den Platinmetallen zu den Metallen der Eisengruppe über, und wie es scheint, sind heute die Hauptverfahren Eisenkatalysen an Oberflächen. „Will man", sagt MITTASCH[4], „die Elemente in bezug auf ihren katalytischen Wert vergleichen, so wird man, wenn man die anorganische Großindustrie im Auge hat, den Metallen der Eisengruppe, insbesondere dem Eisen selbst, den Preis zuerkennen." So hat die Chemie den Weg gefunden, den die lebendige Natur seit jeher gegangen ist.

---

[1] SCHOENBEIN: Journ. f. prakt. Chem. (1) **89**, 22. 1863; (1) **89**, 323. 1863; (1) **105**, 198. 1868.

[2] BREDIG u. MÜLLER v. BERNECK: Zeitschr. f. physikal. Chem. **31**, 258. 1899. — BREDIG u. IKEDA: Zeitschr. f. physikal. Chem. **37**, 1. 1901. — ERNST, CARL: Zeitschr. f. physikal. Chem. **37**, 448. 1901.

[3] LIEBIG: Tierchemie, zweite Auflage, S. 241. Braunschweig 1843.

[4] MITTASCH, A.: Ber. d. dtsch. chem. Ges. **59**, 13. 1926.

Pflügers Arch. f. d. ges. Physiol. **144**, 465. 1912.

Über die Wirkung von Substanzen homologer Reihen auf Lebensvorgänge.

Von

Otto Warburg und **Rudolf Wiesel.**

(Aus der Medizinischen Klinik in Heidelberg.)

Versuche über die Beeinflussung der Oxydationsgeschwindigkeit in lebenden Zellen durch Ketone, Nitrile, Urethane, Amide, Säureester und ähnliche Substanzen haben bisher folgendes ergeben[1]:

1. Die Wirkung ist abhängig von der Konzentration. 0,5% und 1 % Amylalkohol wirken ganz verschieden; 0,5 % Amylalkohol, in beliebigen Mengen, wirkt stets gleich, vorausgesetzt, daß die Zellen bis zum Gleichgewicht darin gewaschen sind.

2. Die Wirkung ist reversibel. Entfernt man eine hemmende Substanz aus der umspülenden Flüssigkeit, so steigt die Oxydationsgeschwindigkeit auf ihren ursprünglichen Wert.

3. Die Veränderungen, die Ursache der Oxydationsbeeinflussung sind, treten sofort ein; Urethan wirkt in 100 Minuten nicht anders als in 15 Minuten.

4. Die Wirkung ist unabhängig von den im chemischen Sinn reaktionsfähigen Gruppen. Zwei Nitrile können enorm verschieden wirken, ein Nitril und ein Keton bei ähnlichen physikalischen Eigenschaften ganz ähnlich. Die Eigenschaften, auf die es ankommt, sind ausgeprägter bei den höheren Gliedern einer homologen Reihe; sie sind ausgeprägter, gleiche Kohlenstoffzahl vorausgesetzt, bei Körpern mit unverzweigter als bei solchen mit verzweigter Kette.

Es sind das, in allen vier Punkten, dieselben Beziehungen, die von Hans Meyer[2] und Overton[3] für die Gehirnnarkose der Kaulquappen gefunden wurden; und wenn auch bei unseren Versuchen die absoluten Konzentrationen von den Meyer-Overtonschen Zahlen erheblich ab-

---

[1] Warburg, O.: Hoppe-Seylers Zeitschr. f. physiol. Chem. **69**, 452; **70**, 413; **71**, 479; **76**. — Verhandl. d. dtsch. Kongr. f. inn. Med. **28**, 553. — Onaka: Hoppe-Seylers Zeitschr. f. physiol. Chem. **70**, 433.

[2] Meyer, Hans: Schmiedebergs Arch. **42**, 109; und Baum: **42**, 119; **46**, 338.

[3] Overton: Studien über die Narkose. Jena 1901.

wichen, so trugen wir bisher kein Bedenken, die Schlußfolgerungen dieser Forscher, die bekannte Lipoidtheorie, auch zur Erklärung der Oxydationshemmungen heranzuziehen.

Nun läßt sich nicht leugnen, daß die Lipoidtheorie, die für Einwirkungen auf Ganglienzellen und Nerven, gemäß der lipoiden Zusammensetzung dieser Gebilde, vieles für sich hat, für die Erklärung chemischer Reaktionsbeeinflussungen nicht sehr anschaulich ist, und in der Tat können wir Beobachtungen mitteilen, die vielleicht nach einer anderen Richtung weisen. Wir ziehen es deshalb vor, unsere Schlüsse nur dahin zu formulieren, daß die Substanzen der untersuchten homologen Reihen in lebenden Zellen reversible physikalische[1] Zustandsänderungen erzeugen, deren Natur aber zunächst nicht näher zu präzisieren.

I.

Die Beeinflussung der Oxydationsprozesse durch Substanzen homologer Reihen ist bisher an Echinideneiern und roten Vogelblutzellen studiert worden[2]. Es ist nicht ohne Interesse, wie weit die hier gewonnenen Resultate verallgemeinert werden dürfen, und wir haben deshalb die Versuche auf möglichst verschiedene Zellarten ausgedehnt, nämlich Bakterien (Vibrio Metschnikoff, Bacill. typhi abdom., Staphylokokken), Hefen, Spermatozoen von Fischen, Thymuslymphocyten von Kälbern und schließlich Leberzellen[3] von Fröschen und Mäusen. Überall stießen wir auf ganz ähnliche Beziehungen; eine Versuchsreihe mit Vibrio Metschnikoff, die genau ausgearbeitet wurde, sei hier mitgeteilt.

Die Oxdyationsgeschwindigkeit wird durch folgende Konzentrationen um 30—70 % vermindert:

	Gewichtsprozente	Gramm-Moleküle pro Liter
Methylurethan	5,0	0,67
Äthylurethan	3,5	0,4
Propylurethan	1,0	0,097
Butylurethan (iso)	0,5	0,043
Phenylurethan	0,05	0,003
Dimethylharnstoff (asym.)	8,0	0,91
Diäthylharnstoff (symm.)	2,0	0,17
Phenylharnstoff	0,25	0,018

[1] Änderungen in der Verteilung der Moleküle und nicht innerhalb der Moleküle selbst.

[2] Warburg, O.: loc. cit. und ferner Hoppe-Seylers Zeitschr. f. physiol. Chem. **66**, 305.

[3] Die Versuche, mit denen Herr Dr. Usui aus Japan beschäftigt ist, werden mit intakten Leberläppchen angestellt.

Diese Hemmungen, die teils zahlenmäßig mit den für rote Blutzellen gefundenen übereinstimmen, waren, mit Ausnahme der Diäthylharnstoffhemmung, vollständig reversibel.

Experimente über Atmungsgeschwindigkeit in Bakterien werden etwas kompliziert durch die rasche Vermehrung dieser Zellen. In der von uns gewählten Anordnung konnte genau unterschieden werden zwischen Hemmung der Oxydations- und Hemmung der Zellteilungsgeschwindigkeit (siehe method. Teil I).

II.

Im Laufe der letzten 20 Jahre ist wohl die Mehrzahl der sichtbaren Lebenserscheinungen auf ihr Verhalten gegen Substanzen homologer Reihen, besonders gegen solche der aliphatischen Alkoholreihe, geprüft worden; durchweg fand man die Zunahme der Wirkungsstärke mit wachsender Zahl der (unverzweigten) Kohlenstoffatome[1].

Als nun unsere Versuche ergaben, daß die Oxydationsprozesse in lebenden Zellen nach der gleichen Regel reversibel sistiert werden, war unser erster Gedanke, daß damit die Ursache dieser merkwürdig allgemeinen Gesetzmäßigkeit aufgedeckt sei; werden doch die meisten Lebensvorgänge, wenn man die Oxydationsprozesse durch Entziehung von Sauerstoff zum Stillstand bringt, reversibel gehemmt[2]. Es wurden deshalb Messungen der Oxydationsgeschwindigkeit in narkotisierten Zellen vorgenommen. Das unerwartete Resultat war, daß eine Zelle

---

[1] Die ausführlichsten Arbeiten sind die von HANS MEYER und OVERTON aus den Jahren 1899—1901; loc. cit. — Abgesehen davon: für Säugetiere: JOFFROY u. SERVEAUX: Arch. de méd. exp. 1895. — BAER: Pflügers Arch. f. d. ges. Physiol. 1898, S. 283. — Fische und Amphibien: PICAUD: Cpt. rend. **124**. — BRADBURY: Brit. med. journ. 1899, S. 4. — COLOLIAN: Journ. de physiol. et de pathol. gén. 1901, S. 535. — Entwicklung von Bakterien: WIRGIN: Zeitschr. f. Hyg. u. Infektionskrankh. **46**, 149. 1904. — Entwicklung der Seeigeleier: FÜHNER: Arch. f. exp. Pathol. u. Pharmakol. **52**, 69. 1905. — Heliotropismus von Daphnien und Copepoden: LOEB, J.: Biochem. Zeitschr. **23**, 93. 1910. — Sensible Nervenendigungen: RÄTHER: Dissertation. Tübingen 1905. — Lokalanästhesie: GROS: Arch. f. exp. Pathol. u. Pharmakol. **62**, 379. 1910. — Herzschlag: VERNON: Journ. of physiol. **43**, 325. 1911. — Hemmung der Hämolyse: WALBUM: Zeitschr. f. Immunitätsforsch. u. exp. Therapie, Orig. **7**, 544. — Anhangsweise seien erwähnt: Hämolyse: WIRGIN: Zeitschr. f. Hyg. u. Infektionskrankh. **46**, 149. 1904. — FÜHNER u. NEUBAUER: Arch. f. exp. Pathol. u. Pharmakol. **56**, 333. 1907. — CZAPEK: Oberflächenspannung der Plasmahaut. Jena 1911 (bei G. Fischer).

[2] Siehe auch MANSFELD, Pflügers Arch. f. d. ges. Physiol. **129**, 69 und **143**, 175, der an eine Löslichkeitserniedrigung für Sauerstoff in den Lipoiden denkt, wodurch der Sauerstoff langsamer in die Zellen hineindiffundieren soll. Diese Theorie steht in striktem Widerspruch zu der Tatsache, daß die Oxydationsgeschwindigkeit in weiten Grenzen vom Sauerstoffdruck unabhängig ist.

in tiefer Narkose — das befruchtete Echinidenei bei völlig aufgehobener Furchung — einen fast unveränderten Sauerstoffverbrauch zeigte[1].

Allerdings war der Sauerstoffverbrauch nicht ganz unverändert, und der Einwand, daß nur ein kleiner Bruchteil der Oxydationsprozesse in ursächlichem Zusammenhang mit der Zellteilung stände, blieb bestehen. Wir haben deshalb die Frage in anderer Weise zu entscheiden gesucht, nämlich durch Beeinflussung von Lebensvorgängen, deren Unabhängigkeit von der Sauerstoffatmung erwiesen ist. Es wurde untersucht, durch welche Konzentrationen der folgenden Substanzen Vermehrung von Hefezellen bei Abschluß von Sauerstoff stark gehemmt wird. Es ergaben sich die Zahlen (method. Teil II):

Methylurethan	8%,
Äthylurethan	4%,
Propylurethan	2%,
Butylurethan (iso)	1%,
Phenylurethan	0,1%.

Wir finden also auch hier dieselbe Regel: Zunahme der Wirksamkeit beim Aufsteigen in einer homologen Reihe.

Unser Resultat war nach einer Arbeit von REGNARD[2] recht wahrscheinlich, nach der die Gärung in lebenden Hefezellen durch homologe Alkohole nach der gleichen Regel gehemmt wird. Für die anaerob sich teilende Hefezelle ist die Gärung die Energie liefernde chemische Reaktion, und so war jedenfalls sicher, daß bei den von REGNARD angegebenen Konzentrationen keine Vermehrung mehr stattfinden konnte (womit allerdings nur eine Grenze für die anaerobe Vermehrungsmöglichkeit gesteckt war).

III.

Die biologisch wichtigen Lipoidsubstanzen der Zelle werden in der Regel als organisiert zu lipoiden Membranen angenommen, und im speziellen ist ihre Rolle für chemische Vorgänge dahin gedeutet worden, daß der Zusammentritt reaktionsfähiger Stoffe in der Zelle durch diese Membranen behindert oder befördert würde[3].

Nicht allein um diese Auffassung auf ihre Richtigkeit zu prüfen, sondern um überhaupt zu entscheiden, ob unser Wirkungsgesetz in irgendeinem Zusammenhang mit der Struktur der Zelle steht, haben wir die Beeinflussung der alkoholischen Gärung studiert, als einer Reaktion, die auch getrennt von der Zelle, normalerweise aber innerhalb der Zelle vor sich geht.

---

[1] WARBURG, O.: Zeitschr. f. physiol. Chem. **66**, 305.

[2] REGNARD: Cpt. rend. des séances de la soc. de biol. 9 sér., **10**, 171. 1889.

[3] Z. B. E. BUCHNER: Die Zymasegärung, S. 171. München u. Berlin 1903.

Daß Unterschiede in dem Verhalten von Zellgärung und zellfreier Gärung gegen verschiedene Substanzen, wie Toluol, Chloroform, Thymol, existieren, hat Buchner[1] bald nach Entdeckung der zellfreien Gärung festgestellt. Die drei für Fermentstudien am häufigsten verwendeten Substanzen sind sehr schwer lösliche Körper, die etwa mit den Endgliedern unserer homologen Reihen korrespondieren. Da sie auf die zellfreie Gärung kaum oder gar nicht wirken, war in der Tat zu erwarten, daß unser Wirkungsgesetz für die zellfreie Gärung nicht gelten würde.

Diese Vermutung hat sich durchaus nicht bestätigt. Höhere Glieder einer homologen Reihe wirken auf die Preßsaftgärung stärker hemmend als niedere.

Die folgenden Substanzen wurden auf ihre Fähigkeit, die Zymasegärung zu hemmen, geprüft; die Wirkungsstärke wächst sehr erheblich in der Richtung der Pfeile, in ganz ähnlichem Umfang, wie wir es bisher für Hemmung chemischer Reaktionen in lebenden Zellen konstatieren konnten.

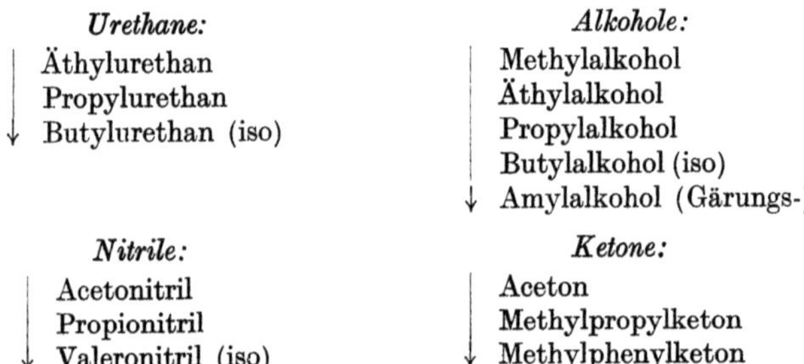
Urethane:
Äthylurethan
Propylurethan
↓ Butylurethan (iso)

Alkohole:
Methylalkohol
Äthylalkohol
Propylalkohol
Butylalkohol (iso)
↓ Amylalkohol (Gärungs-)

Nitrile:
Acetonitril
Propionitril
↓ Valeronitril (iso)

Ketone:
Aceton
Methylpropylketon
↓ Methylphenylketon

Beispielsweise wirkt eine fünffach normale Methylalkohollösung schwächer als eine $\frac{2}{10}$ normale Amylalkohollösung usw. (Genaueres siehe methodischer Teil III.)

Im Anschluß daran müssen wir eine, wie uns scheint, wichtige Beobachtung erwähnen. Mischt man nämlich Hefepreßsaft mit den Substanzen der angeführten Reihen, so sieht man, daß die Fähigkeit, Niederschläge hervorzurufen, in ganz ausgesprochener Weise beim Aufsteigen in der Reihe wächst. Die Niederschlagsbildung, von der wir sprechen, ist nicht etwa geringfügig, sondern die vorher durchsichtige und nur wenig opake Flüssigkeit wird gänzlich undurchsichtig und erscheint in auffallendem Licht weiß.

Die Unterschiede in der „fällenden Kraft" der verschiedenen Substanzen sind von der gleichen Größenordnung wie die Unterschiede in der Wirkung auf lebende Zellen.

---

[1] loc. cit. — Siehe auch Hans Euler u. Sixten Kullberg: Über das Verhalten freier und an Protoplasma gebundener Hefeenzyme. Hoppe-Seylers Zeitschr. f. physiol. Chem. **73**, 85.

Die absoluten Werte der niederschlagsbildenden Konzentrationen liegen nicht sehr weit über denen, die zur Hemmung der Oxydationsvorgänge in lebenden Zellen nötig sind, sondern fallen teilweise mit diesen zusammen[1]. Wir stoßen hier also auf eine sichtbare Veränderung in dem flüssigen Inhalt des Zelleibes unter dem Einfluß chemisch indifferenter Substanzen, eine Veränderung, deren Zusammenhang mit chemischen Reaktionsbeeinflussungen jedenfalls sehr anschaulich sein dürfte.

Auf Niederschlagsbildung im Hefepreßsaft unter dem Einfluß antiseptischer Substanzen, Sublimat, Chloroform, Phenol, Chloralhydrat, ist von E. Buchner und seinen Mitarbeitern[2] häufig hingewiesen worden. Nicht bekannt aber war bisher der Zusammenhang der Niederschlagsbildung mit unserem Wirkungsgesetz.

Die Beobachtungen erinnern an die Theorie von Claude-Bernard[3], nach der „Semi-Koagulationen" Ursache der Narkose sein sollten. Overton hat diese Hypothese nicht völlig abgelehnt, sich ihr für die basischen Substanzen und Oxybenzole angeschlossen, für die indifferenten Stoffe jedoch der Claude-Bernardschen Hypothese seine Lipoidtheorie gegenübergestellt. Beide Theorien wurden gewissermaßen vereinigt von Höber[4], der als Vorbedingung eine bestimmte Ansammlung in den Lipoiden ansieht, die dann weiterhin eine Verdichtung der Kolloide zur Folge haben sollte.

IIIa.

Die Versuche mit Hefepreßsaft beweisen, daß Beeinflussungen biochemischer Reaktionen in einer strukturlosen Flüssigkeit von der gleichen Regel beherrscht werden können wie in der lebenden Zelle. Wir haben uns weiter gefragt, ob die Lipoidstoffe der Zelle es sind, durch deren Zustandsänderung die Hemmungen hervorgerufen werden, oder ob die Regel auch gilt, wenn eine Beteiligung von Lipoidstoffen nicht angenommen zu werden braucht.

---

[1] Die sichtbare Niederschlagsbildung ist von einer ganzen Anzahl Faktoren abhängig; wir beabsichtigen, den für uns wichtigsten Faktor, die Zusammenballung der Teilchen, zu isolieren. — Über Fällung von Kolloiden durch Nichtleiter ist bisher wenig bekannt. Spiro bemerkte (Hofmeisters Beitr. **4**, 317), daß höhere Alkohole der Fettreihe Hühnereiweiß stärker fällen als niedrige. Vgl. auch Moore u. Roaf: Proc. of the roy. soc. of London, Ser. B. **74**, 382; **77**, 86. — Brunton and Martin: Journ. of physiol. **12**, 1. — Schorr: Biochem. Zeitschr. **37**, 426.

[2] Buchner, E., H. Buchner u. M. Hahn: Die Zymasegärung. — Buchner, E. u. Hoffmann: Biochem. Zeitschr. **4**, 227. — Duchacek, Franz: Biochem. Zeitschr. **18**, 211.

[3] Claude-Bernard: Leçons sur les Anesthésiques, Cinquième Leçon. Paris 1875.

[4] Höber: Physikalische Chemie der Zelle. 1911, S. 490.

Wenn man Hefezellen in Aceton einträgt, sie dann absaugt und mit Äther und Aceton wäscht, so resultiert ein steriles Pulver, das sehr kräftige Gärwirkung zeigt. Diese sogenannte Acetondauerhefe, deren Darstellung von ALBERT, BUCHNER und RAPP[1] angegeben wurde, bildet ein geeignetes Objekt zur Prüfung unserer Frage, da durch die Behandlung mit Aceton und Äther die Lipoide wohl größtenteils ausgelaugt werden. Wir haben gefunden, daß die Gärwirkung der Acetondauerhefe nach der gleichen Regel gehemmt wird; als Belege seien die Konzentrationen einiger Stoffe angeführt, die eine fast vollständige Gärungshemmung[2] bewirken.

Substanz	Gewichtsprozente	Gramm-Moleküle pro Liter
Methylalkohol	mehr als 16	mehr als 5,0
Äthylakohol	16	3,5
Propylalkohol (n)	8	1,3
Butylalkohol (iso)	4	0,54
Amylalkohol (Gärungs-)	2	0,23
Aceton	16	2,8
Methylpropylketon	4	0,47
Acetonitril	8	2,0
Propionitril	4	0,73
Methylurethan	10	2,1
Äthylurethan	6	0,68
Propylurethan	3	0,28

IV.

Auf die Bedeutung der Verteilung einer Substanz zwischen Zellen und umspülender Flüssigkeit ist zuerst von EHRLICH hingewiesen worden. HANS MEYER und OVERTON[3] haben dann in ihrer berühmten Theorie der Narkose die Zellbestandteile, in denen eine große Zahl von Stoffen fixiert oder angereichert werden müssen, um zu wirken, chemisch charakterisiert, so daß es möglich sein sollte, aus bekannten physikalisch-chemischen Eigenschaften einer Substanz ihre Wirkungsstärke vorauszusagen.

Die Theorie sagt nicht, daß z. B. Aceton deshalb narkotisch wirkt, weil es sich in den Gehirnlipoiden anhäuft, sondern nur: Ein höher molekulares Keton wirkt deshalb stärker als Aceton, weil von dem ersten bei gleichen Konzentrationen in der umspülenden Lösung sich mehr

[1] ALBERT, R., E. BUCHNER u. R. RAPP: Ber. d. dtsch. chem. Ges. **35**, 2376. 1902. — BUCHNER u. HAHN: Die Zymasegärung. S. 247.

[2] 2 g Acetondauerhefe + 10 ccm einer 10proz. Rohrzuckerlösung wurden bei 30° eine Stunde digeriert. Von dieser Suspension wurden Proben mit oder ohne Zusatz der hemmenden Substanzen zwei bis drei Stunden bei 30° in Eudiometerröhrchen beobachtet.

[3] loc. cit.

in den Zellipoiden befindet als von dem letzten. Will man demnach nicht ganz enorm hohe Teilungsverhältnisse für stark wirksame Substanzen annehmen, so wäre zu erwarten, daß von Körpern, wie Aceton und Äthylalkohol stets weniger, von Körpern, wie Hypnon, Phenylurethan usw., stets mehr in den Zellipoiden und demnach auch in der ganzen Zelle ist als in der umspülenden Lösung.

Damit stehen nun die wenigen Bestimmungen, die bisher nach dieser Richtung ausgeführt wurden, nicht in Einklang. Zwar fanden POHL[1] mehr Chloroform, HEDIN[2] mehr Äther und Säureester in den Zellen als in der umspülenden Flüssigkeit, andererseits aber wurde das gleiche für schwach wirksame Substanzen, wie Aceton (HEDIN[2] und ARCHANGELSKY[3]) und Alkohol (GRÉHANT[4]), gefunden und nach HEDIN[2] verteilen sich Methylalkohol und Amylalkohol gleichmäßig auf Zellen und umspülende Salzlösung.

Eine weitere Unsicherheit, auf die von HANS MEYER und OVERTON selbst hingewiesen wurde, besteht in der häufig doch sehr erheblichen Divergenz der tatsächlichen Wirkungsstärken mit den aus dem Teilungsverhältnis berechneten. Um ein Beispiel herauszugreifen, müßte Isobutylalkohol 180mal so stark wie Äthylalkohol wirken. Er wirkt aber nur 3- bis 4mal so stark. Die Erklärung sehen die Begründer der Lipoidtheorie darin, daß wir die Lösungseigenschaften der Zellipoide nicht kennen.

Zum Teil die hier bestehenden Abweichungen und Widersprüche waren es, die uns veranlaßten, Verteilungsmessungen mit lebenden Zellen anzustellen[5]. Untersucht wurde die Verteilung folgender Substanzen: Methylalkohol, Äthylalkohol, Propyalkohol, Isobutylalkohol, Amylalkohol, Methylurethan, Diäthylharnstoff, Butylurethan, Phenylurethan, Methylphenylketon, Aceton, Thymol, Formaldehyd und Blausäure. Als Material wurden rote Vogelblutzellen benutzt, die in möglichst konzentrierter Suspension, suspendiert in einer 0,9%igen Natriumchloridlösung, vermischt wurden mit einer 0,9%igen Natriumchlorid lösung, die die zu prüfende Substanz enthielt. Bei leichtlöslichen Substanzen bestimmten wir die Verteilung, wie HEDIN[6], durch Messung des Gefrierpunkts vor und nach dem Vermischen. Bei den schwerlöslichen — es handelte sich um wenige Kubikzentimeter äußerst

[1] Arch f. exp. Pathol. u. Pharmakol. **28**, 239. 1891.

[2] Pflügers Arch. f. d. ges. Physiol. **68**, 229.

[3] Arch. f. exp. Pathol. u. Pharmakol. **46**, 347. 1901.

[4] Cpt. rend. des séances de la soc. de biol. 1899, p. 746.

[5] Wie weit die Verteilung, als ursächlicher Faktor, für die chemischen Reaktionsbeeinflussungen in Betracht kommt, ist eine Frage, von der wir hier ganz absehen.

[6] loc. cit.

verdünnter Lösungen — standen geeignete chemische Methoden nicht zur Verfügung. Wir gingen deshalb so vor, daß wir aus der Atmung der Zellen, die wir zum Verteilungsversuch benutzten, die Konzentrationen der Substanzen in der umspülenden Flüssigkeit berechneten. Im einzelnen gestaltet sich die Methode, die einer allgemeinen Anwendung fähig erscheint, folgendermaßen: 2,5 ccm einer Zellsuspension werden in drei bekannten Konzentrationen einer Substanz mit großen Mengen Lösung bis zum Gleichgewicht gewaschen und schließlich auf 5 ccm aufgefüllt. Weiterhin werden 2,5 ccm derselben Suspension mit verschiedenen Mengen einer Lösung vermischt, die die betreffende Substanz in bekannter Konzentration enthält. Die Mischungen werden dann zentrifugiert und die Zellen gleichfalls auf 5 ccm gebracht, wobei zu beachten ist, daß zum Auffüllen die durch Zentrifugieren gewonnene überstehende Flüssigkeit benutzt werden muß. Wir haben dann schließlich sechs Röhrchen, alle gleiche Zellmengen im gleichen Volumen enthaltend; die Konzentrationen der zu prüfenden Substanzen in der umspülenden Flüssigkeit sind für die ersten drei Röhrchen bekannt, für die letzten drei unbekannt. Man bestimmt nun in allen sechs Röhrchen den Sauerstoffverbrauch, der, wie anfangs erwähnt, durch die Konzentration der hemmenden Substanz in der umspülenden Flüssigkeit definiert ist, und erhält drei Atmungsgrößen bei bekannter, drei bei unbekannter Konzentration; aus diesen Daten sind die unbekannten Konzentrationen durch Interpolation berechenbar (siehe Versuche Nr. IV).

Ein großer Vorteil der Methode ist u. a. der, daß die Verteilung bei denjenigen Konzentrationen bestimmt wird, bei denen die Stoffe wirken; daß man nicht nötig hat, größere Konzentrationen als die wirksamen zu benutzen, weil solche die Zellen meist töten. Die Verteilungen sind also alle an lebenden Zellen gemessen. Das Resultat war folgendes:

1. Gärungsamylalkohol und Isobutylurethan verteilen sich etwa gleichmäßig über Zellen und Salzlösung. Dazu sei bemerkt, daß diese beiden Substanzen etwa in gleicher Konzentration die Oxydationsprozesse hemmen.

2. Substanzen von geringerer Wirkungsstärke als Amylalkohol wurden von den Blutzellen in geringerer Menge aufgenommen. 1 Volumen Zellsuspension enthielt weniger von diesen Substanzen als 1 Volumen Salzlösung. Dies wurde festgestellt für Methyl-, Äthyl-, Propyl-, Butylalkohol; Methylurethan, Diäthylharnstoff, Aceton. Von diesen wird der stärker wirksame Butylalkohol reichlicher von den Zellen aufgenommen als der schwächer wirksame Äthylalkohol.

3. Von indifferenten Substanzen, die stärker wirken als Amylalkohol, wurden geprüft Methylphenylketon, Phenylurethan und Thymol. Diese drei Körper häufen sich sehr stark in der Zelle an. 1 Volumen

Zellsuspension enthält im Gleichgewicht bedeutend mehr als 1 Volumen Salzlösung. Bei Konzentrationen, die die Oxydationsprozesse um 50% hemmen, finden wir von Methylphenylketon zweimal, von Phenylurethan dreimal, von Thymol neunmal so viel in der Suspension als in der Salzlösung. Etwa 50% Oxydationshemmung wird bewirkt durch 12 Millimole Methylphenylketon pro Liter, 3 Millimole Phenylurethan und 0,5 Millimole Thymol.

4. Als Repräsentanten von Körpern, deren Wirkungsmechanismus von dem der indifferenten Stoffe abweicht, seien angeführt Formaldehyd und Blausäure. Beide häufen sich stark in der Zelle an.

Stellen wir einige Resultate zusammen, so läßt sich eine Reihe bilden aus 6[1] Substanzen, die mit der am schwächsten wirkenden anfängt und mit der am stärksten wirksamen endigt: Methylalkohol — Butylalkohol — Amylalkohol — Methylphenylketon — Phenylurethan — Thymol. Je stärker ein Glied dieser Reihe wirkt, um so mehr davon finden wir im Gleichgewicht in der Zelle[2]. Selbstverständlich dürfen Substanzen, wie Blausäure und Formaldehyd, in solche Reihen nicht hineingenommen werden.

Wir sehen ferner, daß unsere Versuche, wie wir erwarteten, die Angaben anderer Autoren über Anhäufung von Aceton oder Äthylalkohol nicht bestätigen können.

Was die Lipoidtheorie anbetrifft, so ist hervorzuheben, daß keine einzige Messung gegen sie spricht, daß vieles sogar ausgezeichnet zu stimmen scheint. So ist beispielsweise das Teilungsverhältnis für Amylalkohol zwischen Salzlösung und Zellipoiden in unseren Zellen = 1. Im Sinne der MEYER-OVERTONschen Theorie muß dann das Teilungsverhältnis des Butylalkohols, das für $\frac{\text{Öl}}{\text{Wasser}}$ von OVERTON mit 6 angegeben wird, für $\frac{\text{Zellipoide}}{\text{Wasser}}$ kleiner als 1 sein, und in der Tat finden wir weniger Butylalkohol in der Zelle als in der Salzlösung.

Wenn man das Volumen der lipoiden Phase[3] in der Zellsuspension kennen würde, so könnte man sogar zahlenmäßige Beziehungen zwischen Wirkungsstärke und Konzentration in den Lipoiden suchen. Der Weg zur Berechnung des Lipoidvolumens wäre etwa folgender: Das Teilungsverhältnis des Amylalkohols für $\frac{\text{Zellipoide}}{\text{Salzlösung}}$ ist, wie wir sahen, etwa = 1; dann müßte nach der Lipoidtheorie das entsprechende Teilungsverhältnis des Methylalkohols, berechnet nach den OVER-

[1] Die übrigen Substanzen haben zu ähnliche Löslichkeiten, als daß Unterschiede mit unsern Methoden sicher feststellbar wären.

[2] Dies gilt nur für einen bestimmten Konzentrationsbereich; denn siehe Thymol.

[3] Wir berühren das hier nur beiläufig, weil es sich um Tatsachen handelt, die für die narkotische Wirkung, wahrscheinlich aber nicht für die chemischen Reaktionsbeeinflussungen in Betracht kommen.

TONschen Wirkungsstärken, ca. 20 mal so klein sein; diese geringe Menge Methylalkohol, die in die Lipoide hineingeht, läßt sich für unsere Frage vernachlässigen. Mischen wir nun 10 ccm Methylalkohol-Salzlösung mit 10 ccm Zellsuspension, so nimmt die Konzentration des Alkohols so ab, als ob mit 7,7 ccm und nicht mit 10 ccm verdünnt worden wäre. Das Volumen der lipoiden Phase wäre demnach 10 — 7,7 = 2,3 ccm in 10 ccm unserer Zellsuspension.

Eine Konsequenz ist z. B. folgende: Da das Lipoidvolumen nur etwa den fünften Teil der Zellsuspension ausmacht und es sich darum handelt, Konzentrationsunterschiede in diesem Bruchteil des Volumens festzustellen, so war zu erwarten, daß wir mit Hilfe unserer Methoden nur große Konzentrationsunterschiede in der Lipoidphase würden feststellen können. Berechnet man sich diese Konzentrationsunterschiede aus den Wirkungsstärken, so ergibt sich, daß mit unsern Methoden für Aceton, Äthylalkohol, Methylalkohol, Propylalkohol und Methylurethan annähernd das gleiche Aufnahmevermögen gefunden werden muß. Das ist, wie aus den Protokollen (s. Versuch IV) hervorgeht, tatsächlich der Fall.

Als Einwand gegen diese Betrachtungsweise könnte man geltend machen, daß die Löslichkeitsbeeinflussungen durch Kolloide und andere Zellbestandteile nicht hinreichend bekannt und möglicherweise recht erheblich sind. Das ist unwahrscheinlich erstens nach den Messungen von CHRISTIAN BOHR[1], der die Löslichkeiten von Stickstoff und Sauerstoff im Serum denen in einer physiologischen Kochsalzlösung sehr ähnlich fand; zweitens auf Grund der soeben mitgeteilten Messungen; andernfalls nämlich müßte man annehmen, daß die Zellbestandteile der wäßrigen Phase die Löslichkeit von Körpern, die in Lipoiden schwer löslich sind, erniedrigen, die der anderen aber erhöhen[2].

Störender für Berechnungen ist zweifellos der Einfluß der Adsorption bei Stoffen, die in kleiner Konzentration wirken. Die Adsorption nämlich wird hier prozentisch in Betracht kommen, weil bei kleinen Konzentrationen relativ mehr adsorbiert wird, und weil die stärker wirksamen Stoffe auch zu den stärker adsorbierbaren gehören. Diese Verhältnisse finden ihren Ausdruck in unseren Messungen, nach denen sich Aceton, Methylalkohol usw. bei den für die Oxydationshemmung in Betracht kommenden Konzentrationen nach dem HENRYschen Gesetz verteilen, während man bei Körpern, die in kleiner Konzentration wirken, erhebliche und, wie wir glauben, sehr interessante Abweichungen beobachtet (siehe Thymol unter Versuchen IV).

Versuche.

I. Stoffwechselversuche mit Bakterien.

Eine 24 stündige Agarkultur des Vibrio Metschnikoff wurde in der Regel benutzt. In 10 ccm Bouillon wurden 10 Ösen fein zerrieben. Die Suspension kam dann sofort in Eis und konnte den Tag über benutzt werden. — Zur Messung des Sauerstoffverbrauchs wurde etwa 1 ccm dieser Stammsuspension in ein 10 ccm fassendes Röhrchen gefüllt; das Röhrchen hatte auf einer Seite einen eingeschliffenen Glasstopfen, auf der anderen Seite einen Glashahn. Dann wurde Kochsalz-Peptonlösung[3] zugegeben, ferner 2 ccm einer konzentrierten Rinderblutkörperchen-

[1] Z. B. Nagels Handb. f. Physiol. S. 54.

[2] Vergleiche allerdings die sonderbaren Löslichkeitsbestimmungen von Chloroform im Serum, die MOORE und ROAF (loc. cit.) mitgeteilt haben.

[3] 1 g Pepton Witte, 0,9 g NaCl, gekocht und filtriert. Dazu 3 ccm $^{n}/_{10}$ NaOH. Die Flüssigkeit färbt dann Neutralrot gelb, Phenolphthalein eine Spur rosa.

suspension in Kochsalz[1] und mit Kochsalz-Peptonlösung völlig aufgefüllt. Die Kochsalz-Peptonlösung war bei 37° an der Luft geschüttelt worden. Das verschlossene Röhrchen wurde nun eine passende Zeit in einem Wasserthermostaten von 37° langsam gedreht und darauf im wesentlichen, wie für andere Zellen beschrieben, der verschwundene Sauerstoff bestimmt[2]. Eine kleine methodische Modifikation erwies sich als nötig, nämlich die Bakterien sofort nach Abbrechen des Versuches zu vergiften[3]. Zu dem Zwecke wurde das Röhrchen geöffnet, mit einer langstieligen Pipette 0,5 ccm einer alkalischen Natriumcyanidlösung unterschichtet, mit einem Tropfen Wasser wieder bis zum Rand gefüllt, geschlossen und umgeschüttelt. Die alkalische Natriumcyanidlösung war: 28 g Na_2CO_3 + 10 H_2O; NaCN 0,1 g, Wasser 100.

Der Inhalt des Röhrchens wurde dann geschichtet unter 3 ccm einer Saponinlösung: Saponin 0,6 g; NaCl 1,1 g; Wasser 100, etwas Thymol; hierauf, wie früher beschrieben, weiter verfahren.

Arbeitet man, wie meistens, mit einer Serie von Röhrchen, so wird jedes Röhrchen, nachdem es mit Bakterien, Blut usw. angefüllt ist, bei offenem Hahn in eine Schale mit Eis gelegt. Erst wenn alle Röhrchen fertig sind, bringt man sie dann gleichzeitig in das Wasserbad bei 37°. In gleicher Weise beendigt man den Atmungsversuch stets so, daß man die Röhrchen aus 37° in Eis bringt. Auf diese Weise sind also die Zeiten gut fixiert[4].

Sollte die Wirkung einer Substanz auf den Stoffwechsel geprüft werden, so wurde sie in NaCl-Peptonlösung aufgelöst; die Blutkörperchen wurden dann nicht mit Natriumchlorid, sondern mit Natriumchlorid, in der die betreffende Substanz gelöst war, dreimal gewaschen. Die Bakterien wurden nie gewaschen, sondern stets in die Bouillonlösung zugegeben, wobei dann die Konzentration der Substanz in der NaCl-Peptonlösung etwas vermindert wurde. Dies wurde stets in der Angabe der Konzentration berücksichtigt[5].

Als Kontrolle wurde ein Röhrchen ohne Bakterein (also Blutkörperchen + NaCl-Pepton usw.) gleichzeitig bestimmt und der Ausschlag, den dieses Röhrchen am Manometer gab, von sämtlichen anderen subtrahiert. (Die Druckverminderung in dem Kontrollröhrchen hat ihre Ursache in der größeren Löslichkeit der Gase bei der Bestimmungstemperatur, als bei 37°, der Sättigungstemperatur. Vgl. darüber WARBURG: l. c.) Unter „korrigierten Druckverminderungen" verstehen wir im folgenden stets die Werte abzüglich der Blutkontrolle. Die Schüttelflaschen hatten, wie früher, ein Volumen von 50 ccm, das Volumen der eingeführten Flüssigkeit betrug 13 ccm, so daß die Druckverminderungen in ca. 37 ccm auftraten. Eine Öse einer 24stündigen Agarkultur des Vibrio gibt unter diesen Versuchsbedingungen nach halbstündiger Atmung bei 37° ca. 50 mm (korrig.) Druckverminderung. Diese Angabe soll nur einen Anhaltspunkt für die Größenordnung geben; verglichen werden darf natürlich nur die Atmung desselben Materials, derselben Suspension.

Bei Versuchen mit Zellen, die sich rasch teilen, ist es eine gewisse Komplikation, daß die neu entstandenen Zellen die Oxydationsgröße vermehren; im

---

[1] Mehrmals gewaschen in 0,9% NaCl.

[2] WARBURG, O.: Hoppe-Seylers Zeitschr. f. physiol. Chem.

[3] Weil sie andernfalls während der Sauerstoffbestimmung weiteratmen.

[4] Das Vergiften mit Cyanid nimmt man zweckmäßig erst vor, wenn die Röhrchen im Eis schon abgekühlt sind.

[5] Substanzen, die sich in Zellen anhäufen, kamen nicht zur Verwendung, so daß sich die Konzentrationen ohne Fehler angeben ließen.

allgemeinen kann also eine Änderung im Sauerstoffverbrauch nicht nur von einer direkten Oxydationsbeeinflussung, sondern auch von einer Vermehrungshemmung herrühren. Wir wählten deshalb die Versuchszeiten so kurz wie möglich, durchschnittlich 25 Minuten. Innerhalb dieser Zeit kommt, unter den angegebenen Bedingungen, die Vermehrungshemmung nicht in Betracht, wie wir uns durch zahlreiche Versuche überzeugt haben. In einer Stunde kommt die Vermehrung schon deutlich, in 1¾ Stunden sehr deutlich in Betracht. Dieselbe Suspension z. B., die in 30 Minuten eine Atmung von 57 mm zeigte, ergab eine Atmung von 94 mm, nachdem sie 1¼ Stunde bei 37° gehalten war.

Der Vorrat an Sauerstoff entspricht unter unseren Bedingungen in einem Röhrchen etwa 230 mm; d. h. wenn aller Sauerstoff verbraucht würde, so erhielte man bei der Bestimmung eine Druckverminderung von 230 mm. Wir wählten die Mengen so, daß in den 25 Minuten Druckverminderungen nicht über 100—120 erhalten wurden, so daß also am Ende des Versuchs überschüssiger Sauerstoff stets noch vorhanden war.

Durch besondere Kontrolle haben wir uns überzeugt, daß der Sauerstoffverbrauch im Blut, das zu Beginn des Versuchs nur zur Hälfte gesättigt ist, dem Sauerstoffverbrauch in gesättigtem Blut gleich ist.

Eine Salzlösung, frei von organischen Substanzen, in denen die Atmung nicht sehr erheblich absinkt, haben wir bisher nicht gefunden. Dieselbe Suspension, die in NaCl-Pepton, in 25 Minuten, die Atmung 63 ergab, zeigte in NaCl allein nur die Atmung 24.

Um zu prüfen, ob eine Atmungshemmung reversibel ist, wurde z. B. 0,5 ccm der Bakteriensuspension, die in Eis war, mit 0,5 ccm einer NaCl-Peptonlösung vermischt; die Peptonlösung enthielt die Substanz in einer solchen Konzentration, daß nach dem Vermischen eine Atmungshemmung von 50% zustande kam. Diese Suspension wurde 30 Minuten bei 37° gehalten und gedreht und dann mit Kochsalzpepton und Blutkörperchen auf 10 ccm aufgefüllt, so daß die Konzentration der betreffenden Substanz jetzt nur noch ein Zehntel der atmungshemmenden, d. h. eine unwirksame war. Gleichzeitig wurden 0,5 ccm der Stammsuspension in gleicher Weise auf 10 ccm gebracht mit Blut und NaCl-Pepton. (Der NaCl-Peptonlösung war zur Sicherheit die betreffende Substanz in so geringer Konzentration zugesetzt, daß die Menge derselben in beiden Röhrchen die gleiche war.) Wir hatten dann also zwei Röhrchen, die sich nur dadurch unterschieden, daß die Vibrionen in dem einen 30 Minuten bei auf die Hälfte verminderter Oxydationsgröße, bei 37°, gelebt hatten.

Wenn die Atmungshemmung 50% beträgt, so ist die Vermehrungshemmung in der Regel stärker, so daß also auch bei dieser Anordnung die Vermehrung die Versuchsresultate nicht trübt.

Beispiele.

(p = korr. Druckverminderung; v = Volumen, in dem die Druckverminderung auftrat; t = Temperatur während der Gasbestimmung.)

Substanz	Atmungszeit in Minuten	Gasanalyse
mit 5,0% Methylurethan . . .	30	$v = 37$ $p = 36$ $t = 16$
ohne " . . .	30	$v = 37$ $p = 100$ $t = 16$
mit 3,5% Äthylurethan	20	$v = 37$ $p = 25$ $t = 17$
ohne "	20	$v = 37$ $p = 92$ $t = 17$
mit 1,0% Propylurethan . . .	20	$v = 37$ $p = 37$ $t = 18$
ohne " . . .	20	$v = 37$ $p = 87$ $t = 18$

Substanz	Atmungszeit in Minuten	Gasanalyse
mit 0,5% Butylurethan	25	$v = 37$ $p = 36$ $t = 17$
ohne ,, ...	25	$v = 37$ $p = 76$ $t = 17$
mit 0,05% Phenylurethan . . .	45	$v = 37$ $p = 22$ $t = 19$
ohne ,, . . .	45	$v = 37$ $p = 64$ $t = 19$
mit 8,0% Dimethylharnstoff. .	30	$v = 37$ $p = 47$ $t = 17$
ohne ,, . .	30	$v = 37$ $p = 143$ $t = 17$
mit 2,0% Diäthylharnstoff. . .	30	$v = 37$ $p = 26$ $t = 17$
ohne ,, . . .	30	$v = 37$ $p = 60$ $t = 17$
mit 0,25% Phenylharnstoff . .	30	$v = 37$ $p = 30$ $t = 18$
ohne ,, . .	30	$v = 37$ $p = 58$ $t = 18$

Prüfung auf Reversibilität.

Substanz	Atmungszeit in Minuten	Gasanalyse
nach ½stündiger Vorbehandlung mit 5,0% Methylurethan . . .	30	$v = 37$ $p = 41$ $t = 16$
ohne Vorbehandlung	30	$v = 37$ $p = 43$ $t = 16$
nach ½stündiger Vorbehandlung mit 8,0% Dimethylharnstoff. .	30	$v = 37$ $p = 110$ $t = 17$
ohne Vorbehandlung	30	$v = 37$ $p = 111$ $t = 17$
nach ½stündiger Vorbehandlung mit 0,25% Phenylharnstoff . .	20	$v = 37$ $p = 81$ $t = 17$
ohne Vorbehandlung	20	$v = 37$ $p = 86$ $t = 17$
nach ½stündiger Vorbehandlung mit 0,5% Butylurethan. . . .	20	$v = 37$ $p = 90$ $t = 17$
ohne Vorbehandlung	20	$v = 37$ $p = 86$ $t = 17$

II. Anaerobe Vermehrung der Hefezellen.

Als Material wurden 12—24stündige Bierwürze-Agarkulturen einer gewöhnlichen Bierhefe benutzt. Die Kultur verdanken wir dem hiesigen hygienischen Institut. Eine ziemlich konzentrierte Suspension in Bierwürze wurde davon hergestellt.

Fünf Flaschen mit dreifach durchbohrten Stopfen wurden hintereinandergeschaltet. Zwei Bohrungen waren für In- und Ableitung, die dritte für einen Heber. Die Heber wurden gefüllt mit Wasser; dann kamen in jede Flasche 30 ccm Bierwürze und 0,5 ccm der Hefesuspension in Bierwürze. Hierauf wurde Wasserstoff aus einer Bombe durchgeleitet; das Gas passierte zunächst zwei Wasserflaschen mit Pyrogallol. Die erste Flasche enthielt reine Bierwürze; in der Bierwürze der vier anderen Flaschen war die zu prüfende Substanz in sinkenden Konzentrationen aufgelöst. Nach halbstündiger Durchleitung wurde, während der Durchleitung, in 10-ccm-Röhrchen abgefüllt, die auf der einen Seite einen Hahn mit Capillare, auf der anderen einen eingeschliffenen Glasstopfen trugen. In diese Röhrchen wurde so eingefüllt, daß der Heber auf den Boden reichte, die sauerstofffreie Suspension von unten zuströmte und oben mehrere Kubikzentimeter überliefen. Dann wurde luftdicht verschlossen und der Hahn mit einer mit Paraffin gefüllten und in Paraffin tauchenden Capillare gefüllt.

Nach 10 Stunden bei 25° wurde gut durchgeschüttelt, gleiche Volumina aus jedem Röhrchen kamen in ein graduiertes Rohr und wurden zentrifugiert, bis sich das Volumen nicht mehr änderte. Um Gasbildung während des Zentrifugierens zu vermeiden, wurde vorher mit Formol vergiftet. Um den Grad der Vermehrungshemmung quantitativ beurteilen zu können, wurde eine der Suspensionen, durch die Wasserstoff geleitet war, 11—12 Stunden in Eis gehalten und dann gleichfalls in einem graduierten Röhrchen zentrifugiert. Das aus dieser Suspension erhaltene Zellvolumen entspricht der Vermehrung 0 (im folgenden als Eiskontrolle bezeichnet). Unter Volumina verstehen wir in den nachstehenden Beispielen die abgelesenen Volumina der Zentrifugate:

1. Eiskontrolle: 2; Bierwürze: 6; 8% Methylurethan: 4.
2. Eiskontrolle: 5; Bierwürze: 10; 4% Äthylurethan: 6; 2% Äthylurethan: 9.
3. Eiskontrolle: 1; Bierwürze: 3; 2% Propylurethan: 1,5.
4. Eiskontrolle: 1; Bierwürze: 3½; 1% Isobutylurethan: 1%.
5. Eiskontrolle: 2; Bierwürze: 6; 0,1% Phenylurethan: 3½.

III.

Der Hefepreßsaft wurde nach der Vorschrift von E. Buchner aus untergäriger Bierhefe einer Heidelberger Brauerei gewonnen. Die zu prüfenden Substanzen, der Mehrzahl nach Flüssigkeiten, wurden direkt dem Preßsaft unter vorsichtigem Umschütteln zugefügt, nachdem derselbe vorher mit einem Drittel seines Volumens einer 60proz. Rohrzuckerlösung verdünnt worden war. Manche Preßsäfte zeigten nur schwache Gärwirkung. Wir fügten diesen 0,15% Natriumphosphat hinzu und erhielten dann in Übereinstimmung mit früheren Autoren recht wirksame Flüssigkeiten. Die Mehrzahl der Versuche ist mit phosphatfreiem Preßsaft angestellt. Zur Bestimmung der Gärkraft benutzten wir die von Buchner empfohlenen Eudiometerröhrchen, beurteilten also die Gärkraft aus dem Volumen der entwickelten Kohlensäure. Die Preßsäfte wurden vorher meist durch Schütteln an der Luft von der Hauptmenge der aufgelösten Kohlensäure befreit, einige Male, wie das auch Buchner getan hat, ausgepumpt. Sowohl die Beeinflussung der Gärkraft als auch das Auftreten der Niederschläge nach Zufügung der Substanzen ist abhängig von der Zeit der Einwirkung. Die Beeinflussung der Gärkraft ist weiterhin abhängig von der Gärkraft des Saftes, so daß exakte Versuche eigentlich nur an demselben Preßsaft gewonnen werden können. Diese Verhältnisse wurden so weit berücksichtigt, als verschiedene Substanzen einer homologen Reihe an demselben Preßsaft geprüft wurden. Für alle aufgeführten Substanzen aber war das naturgemäß nicht möglich, und deshalb haben wir darauf verzichtet, im allgemeinen Teil Zahlen anzugeben. Wir erinnern daran, daß im Gegensatz hierzu die Wirkung der Substanzen auf die Oxydationsprozesse in lebenden Zellen eine sehr konstante und im besonderen für eine Zellart unabhängig von der absoluten Oxydationsgröße ist[1].

Alle Versuche wurden in einem Wasserthermostaten von 29° ausgeführt; die Versuchsdauer betrug 1—3 Stunden. Längere Versuchs-

---

[1] Hoppe-Seylers Zeitschr. f. physiol. Chem. **76**.

zeiten hielten wir nicht für zweckmäßig, u. a. weil wir naturgemäß kein Antisepticum zusetzen durften. Die notwendige Kürze der Versuchszeiten veranlaßte uns auch, die nicht sehr exakte Eudiometermethode zu wählen. Indessen zogen wir Schlüsse nur aus sehr großen Differenzen; unter absoluter Hemmung verstehen wir das Ausbleiben jeglicher Kohlensäureentwicklung in einer Zeit, in der die Kontrolle schon das Doppelte ihres Volumens an Kohlensäure produziert hatte; unter sehr starker Hemmung etwa im Vergleich zur Kontrolle zehnmal so kleine Kohlensäureentwicklung.

Sicher ist es zweckmäßiger, wie Buchner hervorhebt, die zu prüfenden Substanzen schon in Wasser gelöst zuzusetzen; doch kam es uns in der Regel auf so schwer lösliche Flüssigkeiten oder Substanzen an, daß wir gezwungen waren, direkt zum Preßsaft zuzusetzen. Das gleiche taten wir dann mit den leicht löslichen, um einheitlich vorzugehen. Wie Buchner am Chloroform, haben auch wir verschiedentlich die Beobachtung gemacht, daß für manche schwer lösliche Stoffe eine stärkere Wirkung erzielt wird, wenn man mehr hinzugibt, als zur Sättigung notwendig ist. Für dieses merkwürdige Verhalten fehlt uns eine Erklärung; die mechanische Wirkung ungelöster Partikel kommt allein wenigstens nicht in Betracht, da bekanntlich in Gegenwart von ungelöstem Toluol starke Gärung beobachtet wird. Beispiele (stets 2 ccm Preßsaft-Rohrzucker):

1. Preßsaft mit 16%[1] Methylalkohol, 16% Äthylalkohol, 2% Amylalkohol wurde angesetzt. Nach 2 Stunden bei 30° hatte sich in der Amylalkoholprobe kein Gas gebildet, in der Äthylalkoholprobe eine sehr geringe, in der Methylalkoholprobe eine sehr erhebliche Menge. Die Amylalkoholprobe war gänzlich opak und undurchsichtig, die Methylalkoholprobe nur schwach getrübt.

2. Preßsaft mit 8% Methylalkohol, 0,8% Methylphenylketon, 1,6% Valeronitril wurde angesetzt. Nach 1 Stunde war die Methylalkoholprobe so durchsichtig wie die Kontrolle ohne Zusatz einer Substanz und hatte etwa 1½ ccm Kohlensäure entwickelt. In den beiden andern Proben fanden sich nur wenige Zehntelkubikzentimeter Kohlensäure, und das Methylphenylketon hatte eine völlige Trübung hervorgerufen; 1 Stunde später hatte sich das Verhältnis nur dahin geändert, daß auch die Valeronitrilprobe sich zu trüben begann.

3. Preßsaft mit 16% Aceton, 8% Aceton und 0,8% Methylphenylketon wurde angesetzt. Nach 1 Stunde hatten 16% Aceton und 0,8% Methylphenylketon die Flüssigkeit völlig getrübt. 8% Aceton dagegen ließ keinen Unterschied gegen die Kontrolle mit reinem Preßsaft er-

[1] Gewichtsprozente.

kennen. Nach 3 Stunden war auch in 8% Aceton eine Fällung aufgetreten. Kohlensäure hatte sich in 8% Aceton in erheblichen Mengen entwickelt, dagegen nur wenig in den beiden andern Proben. 16% Aceton und 0,8% Methylphenylketon übten also die gleiche Wirkung auf den Preßsaft aus, sowohl was Niederschlagsbildung als auch was Gärungshemmung anbetrifft.

4. Preßsaft mit 6% Äthylurethan, 5% Propylurethan und 3% Propylurethan wurde angesetzt. 5% Propylurethan erzeugte sofort eine dicke Fällung, während die beiden andern Proben zunächst unverändert blieben. Nach 2 Stunden bei 30° waren auch in 3% Propylurethan und 6% Äthylurethan Fällungen aufgetreten. Die Gärungshemmung in 6% Propylurethan war absolut, in den beiden andern hatte sich Gas entwickelt, allerdings bedeutend weniger als in der Kontrolle mit reinem Preßsaft. 6% Äthylurethan und 3% Propylurethan wirken also gleich, sowohl was Niederschlagsbildung als auch was Gärungshemmung anbetrifft.

5. Preßsaft wurde angesetzt mit 8% Acetonitril, 4% Acetonitril, 16% Aceton, 8% Aceton. Nach 1 Stunde hatten 8% Acetonitril und 16% Aceton starke Fällungen erzeugt und nur sehr geringe Kohlensäuremengen entwickelt. Die übrigen Proben waren unverändert im Aussehen und zeigten starke Gärwirkung.

Derartige Beispiele ließen sich beliebig vermehren, Butylurethan wirkt stärker als Propylurethan usw. Vergleicht man die Reihenfolge, in der diese Substanzen die Oxydationen in lebenden Zellen einerseits, die Preßsaftgärung andererseits hemmen, so ist sie ausnahmslos die gleiche.

IV.

Für Verteilungsversuche muß die Zellsuspension so konzentriert wie möglich sein, weil die Ausschläge bei konzentrierten Suspensionen größer sind. Das Volumen der Zellen in unseren Suspensionen betrug etwa vier Fünftel des Gesamtvolumens. — Die Suspensionsflüssigkeit war eine 0,9proz. Natriumchloridlösung, in der die Zellen mehrmals gewaschen waren; vor jedem Zentrifugieren wurde einige Minuten kräftig geschüttelt. Die Zellen sollen nach dem Waschen und Schütteln möglichst frei von dissoziabler Kohlensäure sein, andernfalls geht beim Vermischen mit Salzlösung Kohlensäure in merklichen Mengen heraus und kann die Messungen stören. Kohlensäuredissoziation, geringe und beim Arbeiten mit sehr konzentrierten Suspensionen nie ganz vermeidbare Hämolyse haben uns veranlaßt, von präzisionskryoskopischen Messungen abzusehen und den gewöhnlichen BECKMANNschen Apparat zu benutzen. Der Fehler beträgt hier etwa ein Hundertstelgrad. Wurden 10 ccm unserer konzentrierten Zellsuspension mit 10 ccm

0,9proz. Natriumchloridlösung vermischt und zentrifugiert, so hatte sich der Gefrierpunkt der überstehenden Flüssigkeit nicht geändert.

Für alle kryoskopischen Bestimmungen wurden 10 ccm konzentrierte Zellsuspensionen mit 10 ccm 0,9proz. Natriumchloridlösung, der die zu prüfende Substanz zugesetzt war, vermischt, ca. 5 Minuten[1] vorsichtig bewegt, zentrifugiert und in der überstehenden Flüssigkeit die Gefrierpunktserniedrigung bestimmt, die schon vorher für die zugesetzte Flüssigkeit gemessen war. Im folgenden ist die Gefrierpunktserniedrigung vor und nach dem Mischen angegeben. Ist sie nach dem Mischen auf die Hälfte[2] gesunken, so hat sich die Substanz gleichmäßig verteilt. Ist sie auf weniger als die Hälfte gesunken, so ist weniger in der Zellsuspension als in der umspülenden Flüssigkeit. Das Verhältnis

$$\frac{\text{Gefrierpunktserniedrigung vor dem Mischen}}{\text{Gefrierpunktserniedrigung nach dem Mischen}}$$

im folgenden als $\frac{C_1}{C_2}$ bezeichnet, ist dann ein anschaulicher Ausdruck für das Aufnahmevermögen der Zellen.

Δ ist die Gefrierpunktserniedrigung, die die betreffende Substanz in der physiologischen Kochsalzlösung hervorbrachte, in Graden.

Methylalkohol
Δ vorher: 1,91
Δ nachher: 1,08
$\frac{C_1}{C_2} = 1{,}77$,

Äthylakohol
Δ vorher: 1,94
Δ nachher: 1,13
$\frac{C_1}{C_2} = 1{,}72$,

n-Propylalkohol
Δ vorher: 1,27
Δ nachher: 0,73
$\frac{C_1}{C_2} = 1{,}74$,

(iso-)Butylakohol
Δ vorher: 1,02
Δ nachher: 0,57
$\frac{C_1}{C_2} = 1{,}8$,

Amylalkohol[3]
Δ vorher: 0,360
Δ nachher: 0,186
$\frac{C_1}{C_2} = 2$,

Methylurethan
Δ vorher: 0,963
Δ nachher: 0,542
$\frac{C_1}{C_2} = 1{,}77$,

Diäthylharnstoff
Δ vorher: 0,946
Δ nachher: 0,542
$\frac{C_1}{C_2} = 1{,}76$,

Butylurethan
a) Δ vorher: 0,194
Δ nachher: 0,083
$\frac{C_1}{C_2} = 2{,}3$,

b) Δ vorher: 0,19
Δ nachher: 0,10
$\frac{C_1}{C_2} = 1{,}9$,

c) Δ vorher: 0,18
Δ nachher: 0,088
$\frac{C_1}{C_2} = 2{,}0$.

[1] Nach dieser Zeit ist stets Gleichgewicht erreicht, wie wir uns durch mehrere Kontrollversuche überzeugt haben.

[2] Für die in Betracht kommenden Konzentrationen darf Proportionalität mit den Gefrierpunktsdepressionen angenommen werden.

[3] Gärungs.

Am ungenauesten wird die Bestimmung für Butylurethan, weil die Löslichkeit dieser Substanz zu gering ist und der Fehler von ein Hundertstelgrad prozentisch schon viel ausmacht. Deshalb sind drei Bestimmungen angeführt, als deren Mittel sich etwa 2,1 ergibt.

Verteilungsmessung mit der Atmungsmethode.

Phenylurethan:

a) 2,5 ccm konzentrierte Zellsuspension in 0,9% NaCl mit 0,1% und 0,05% Phenylurethan (in 0,9% NaCl) bis zum Gleichgewicht gewaschen, eine Kontrollprobe mit 0,9% NaCl ebensooft und ebenso lange gewaschen. Dann auf 5 ccm aufgefüllt und die Röhrchen in Eis;

b) eine 0,1proz. Phenylurethanlösung (in 0,9% NaCl) mit 2,5 ccm der gleichen Zellsuspension vermischt, und zwar:

1. 2,5 ccm mit 5,0 ccm 0,1% Phenylurethan,
2. 2,5 „ „ 10,0 „ 0,1% „ ,

dann zentrifugiert und auf 5 ccm gebracht (zum Überspülen in die Atmungsgläschen die beim Zentrifugieren gewonnene überstehende Flüssigkeit verwendet);

c) 2,5 ccm derselben Suspension mit KCN vergiftet, auf 5 ccm gebracht und die Druckverminderung bestimmt. Diese Probe ist die Kontrolle für die O_2-Bestimmung. Genaueres darüber siehe Hoppe-Seylers Zeitschrift für physiologische Chemie Bd. 76.

Hierauf kamen die fünf Röhrchen (drei von a und zwei von b) gleichzeitig in den Wasserthermostaten von 30°, wo sie 2 Stunden blieben. Der in dieser Zeit verschwundene Sauerstoff wurde genau, wie beschrieben (Hoppe-Seyler Bd. 76), bestimmt. Das Volumen der Schüttelflasche war, abzüglich der eingefüllten Flüssigkeiten, 32 ccm (eingefüllt 5 ccm Zellsuspension und 3 ccm Saponin-Ammoniak). Wie immer, sind unter diesen Bedingungen die korrigierten Druckverminderungen ein direktes Maß der Oxydationsgrößen. Es wurde erhalten:

für die Röhrchen a:	NaCl:	$p = -185$
	0,1% Ph:	$p = -35$
	0,05% „	$p = -94$
„ „ „ b:	1.	$p = -112$
	2.	$p = -83$.

Durch Interpolation berechnen sich aus den Zahlen der a-Röhrchen die Konzentrationen in der umspülenden Flüssigkeit für die b-Röhrchen und zwar für Nr. 1 0,041% und für Nr. 2 0,058%. Das heißt also: Wenn wir 2,5 ccm Zellsuspension[1] mit 5 ccm 0,1% Phenylurethan

[1] Die konzentrierte „Zellsuspension", erhalten durch Zentrifugieren in einer Runneschen Zentrifuge und Abhebern der überstehenden Flüssigkeit, hat, wie

vermischen, so ist die Konzentration des Phenylurethans in der umspülenden Flüssigkeit nach dem Mischen nicht 0,07%, wie man bei gleichmäßiger Verteilung erwarten sollte, sondern 0,041%; wenn wir 2,5 ccm Zellsuspension mit 10 ccm 0,1% Phenylurethan vermischen, so ist die Konzentration nach dem Vermischen nicht 0,08%, sondern 0,058%. Die Berechnung der Verteilung gestaltet sich nun folgendermaßen weiter:

Für Nr. 1: In 5 ccm waren vorher:	5 × 0,001 g	= 0,0050 g
„ 5 „ „ nach dem Mischen:	5 × 0,00041 g	= 0,0021 g
Verschwunden in 2,5 ccm Zellsuspension		= 0,0029 g

Im Gleichgewicht sind mithin in 2,5 ccm Zellsuspension 0,0029 g, in 2,5 ccm umspülender Lösung 0,00105 g, also im gleichen Volumen 2,8 mal so viel als in der umspülenden Flüssigkeit.

In derselben Weise berechnet sich für Nr. 2, daß im Gleichgewicht in 2,5 ccm Zellsuspension 2,8 mal so viel Phenylurethan ist, als in 2,5 ccm umspülender Flüssigkeit.

Im folgenden sind die Rechnungen nicht in extenso mitgeteilt, sondern nur die Oxydationsgrößen (mit p bezeichnet), die in den bekannten und unbekannten Konzentrationen beobachtet wurden, und schließlich das Resultat der Berechnung, die ganz in der gleichen Weise wie bei Phenylurethan vorgenommen wurde.

Thymol.

Bekannte Konzentrationen (dreimal mit 50 ccm gewaschen):

0,015%	$p = 10$
0,0075%	$p = 79$
0,0038%	$p = 117$
NaCl	$p = 141$

Unbekannte Konzentrationen:

1.	2,5 ccm Zellsuspension	+ 10 ccm	0,015%:	$p = 125$
2.	2,5 „ „	+ 26 „	0,015%:	$p = 27$
3.	2,5 „ „	+ 43 „	0,015%:	$p = 11$
4.	— „ „	+ 43 „	NaCl:	$p = 145$

Daraus berechnet sich, daß bei 0,013% in der Außenflüssigkeit zirka zweimal so viel im gleichen Volumen Zellsuspension ist, bei 0,0032% aber zwölfmal so viel.

In einem zweiten Versuch war das Resultat das gleiche, nämlich bei

0,0032% in der Außenflüssigkeit 15 mal so viel in der Suspension,
0,0062% „ „ „ 9 mal „ „ „ „ „
0,0120% „ „ „ 2 mal „ „ „ „ „

Bestimmungen des Zellvolumens zeigten, eine sehr konstante Zusammensetzung. Die Kenntnis des Zellvolumens ist für unsere Frage nicht notwendig.

Methylphenylketon.
Bekannte Konzentrationen:

0,2 %	$p = 14$
0,1 %	$p = 113$
0,05%	$p = 127$
NaCl	$p = 139$

Unbekannte Konzentrationen:

1.	2,5 ccm Suspension	+ 5,0 ccm	0,2 proz. Keton:	$p = 116$
2.	2,5 „ „	+ 10,0 „	0,2 proz. „	$p = 77$
3.	2,5 „ „	+ 10,0 „	NaCl	$p = 149$

Daraus berechnet sich, daß bei 0,104% in der Außenflüssigkeit 1,9mal so viel in dem gleichen Volumen Zellsuspension ist, bei 0,14% 1,7mal so viel.

Bezüglich der Sauerstoffbestimmungen ist zu beachten, daß bei der hohen Konzentration der Zellen die Formelemente im lackierten Blut atmen, trotz Anwesenheit von NH_3 und Saponin, daß man also nicht zu langsam arbeiten darf. (Vgl. Hoppe-Seylers Zeitschrift für physiologische Chemie Bd. 70, S. 413 und Bd. 76.)

Die Kosten dieser Arbeit wurden teilweise aus einem Stipendium bestritten, das uns aus der Jagor-Stiftung in Berlin zur Verfügung gestellt war.

Pflügers Arch. f. d. ges. Physiol. **155**, 547. 1914.

Über Verbrennung der Oxalsäure an Blutkohle und die Hemmung dieser Reaktion durch indifferente Narkotica.

Von

Otto Warburg.

(Aus der medizinischen Klinik in Heidelberg.)

Mit 2 Abbildungen.

Ordnet man die indifferenten Narkotica erstens aufsteigend nach ihren narkotischen Wirkungsstärken, zweitens aufsteigend nach ihren Teilungskoeffizienten[1] zwischen Öl und Wasser, drittens aufsteigend nach ihrer Capillaraktivität[2], so erhält man ziemlich ähnliche Reihen. Narkotische Wirkungsstärke, Teilungsverhältnis $\frac{\text{Öl}}{\text{Wasser}}$ und Capillaraktivität sind also Größen, die ziemlich parallel wachsen. Die Regel gilt nur in ganz roher Annäherung; es besteht nicht im entferntesten der Satz, daß Stoffe von gleicher narkotischer Wirkungsstärke gleiches Teilungsverhältnis oder gleiche Capillaraktivität besitzen.

Der Parallelismus zwischen narkotischer Wirkungsstärke und Teilungsverhältnis $\frac{\text{Öl}}{\text{Wasser}}$ ist das Fundament der Lipoidtheorie; nach H. Meyer und Overton tritt dann Narkose ein, wenn die Konzentration des Narkoticums in den Zellipoiden einen gewissen Betrag erreicht hat. Demgegenüber vertritt J. Traube seit Jahren die Auffassung, daß die Wirkung der Narkotica nicht auf ihrer Lipoidlöslichkeit, sondern auf ihrer Capillaraktivität beruhe. —

Wie früher gezeigt wurde[3], verlangsamen die indifferenten Narkotica die Oxydationsgeschwindigkeit sauerstoffatmender Zellen; die Konzentrationen, die zur Oxydationshemmung erforderlich sind, liegen erheblich höher als die zur Gehirnnarkose erforderlichen; die Reihenfolge der nach ihren Wirkungsstärken geordneten Stoffe ist für

---

[1] Meyer, Hans: Schmiedebergs Arch. **42**, 109; und Baum: Schmiedebergs Arch. **42**, 119; **46**, 338. — Overton: Studien über die Narkose. Jena 1901.

[2] Traube, J.: Pflügers Arch. f. d. ges. Physiol. **140**, 109. 1911; hier sind auch frühere Arbeiten Traubes zitiert; ferner Traube: Pflügers Arch. f. d. ges. Physiol. **153**, 276. 1913.

[3] Warburg, O.: Hoppe-Seylers Zeitschr. f. physiol. Chem. **69**, 452. 1910. Mit späteren Arbeiten zusammengefaßt in Asher-Spiro: Ergebn. **14**.

Oxydationshemmung und Gehirnnarkose die gleiche. Auch die oxydationshemmenden Wirkungsstärken wachsen also mit dem Teilungsverhältnis $\frac{\text{Öl}}{\text{Wasser}}$ und mit der Capillaraktivität.

Solange wir weiter nichts wissen, als daß die Wirkungsstärken in einem gewissen Parallelismus zu den angeführten Eigenschaften stehen, wird eine noch so häufige Diskussion nicht entscheiden, ob der springende Punkt die Lipoidlöslichkeit, die Capillaraktivität oder möglicherweise eine Eigenschaft ist, auf die bisher die Aufmerksamkeit noch nicht gelenkt wurde. In der Tat wissen wir heute hinsichtlich der Gehirnnarkose nichts, was eine Entscheidung ermöglichte.

Anders steht es mit der Verlangsamung der Oxydationsgeschwindigkeit. Ursprünglich auf dem Boden der Lipoidtheorie stehend[1], wurde ich bald durch eine Reihe von Beobachtungen zweifelhaft und schlug deshalb vor[2], die Entscheidung zugunsten oder ungunsten der Lipoidtheorie zu vertagen. Seitdem ist der Mechanismus der Oxydationshemmungen bis zu einem gewissen Grad verständlich geworden[3]. Wir wissen heute, daß unter dem Einfluß der Narkotica die Fermente ausgeflockt oder ihre aktiven Oberflächen verkleinert werden. Wir wissen weiterhin, daß die Narkotica sich an den Verbrennungsorten der Zelle anreichern, worauf höchstwahrscheinlich die stärkere Wirkung der Narkotica auf Fermentreaktionen innerhalb der Zelle beruht. Wir wissen endlich, für einige Narkotica wenigstens, daß eine Anreicherung auch nach Entfernung der Lipoide stattfindet: alles Tatsachen, die zur Lipoidtheorie nur unter Aufstellung weiterer Hypothesen passen, auf Grund der TRAUBEschen Auffassung jedoch zwanglos erklärt werden können.

Ich stehe heute auf dem Standpunkt, daß nicht die Lipoidlöslichkeit, sondern die Capillaraktivität diejenige Eigenschaft ist, die die oxydationshemmende Wirkung der Narkotica bedingt. Die Verbrennungen in sauerstoffatmenden Zellen sind Oxydationskatalysen an Oberflächen und werden durch indifferente Narkotica gehemmt, weil sich diese Stoffe an den Oberflächen anreichern[4] und hier das Adsorptionsmilieu verändern.

Im folgenden soll nun ein Modell beschrieben werden, an dem sich demonstrieren läßt, wie indifferente Narkotica chemische Um-

---

[1] Hoppe-Seylers Zeitschr. f. physiol. Chem. **69**, 452.

[2] Pflügers Arch. f. d. ges. Physiol. **144**, 465.

[3] WARBURG, O. in ASHER-SPIRO: Ergebn. d. Physiol. l. c.

[4] Diese Oberflächen können natürlich aus verschiedenem Material, Eiweiß, Nukleoproteiden, Lipoiden oder anderen Stoffen bestehen; darüber läßt sich heute mit Gewißheit nichts aussagen.

satzgeschwindigkeiten verlangsamen auf Grund ihrer Eigenschaft, an Oberflächen zu gehen. Es wird gezeigt werden, daß Oxalsäure bei 38° an der Oberfläche von Blutkohle zu Kohlensäure und Wasser verbrennt, und daß die Geschwindigkeit dieser Reaktion in ähnlicher Weise durch indifferente Narkotica verlangsamt wird, wie die Oxydationsgeschwindigkeit in Zellen.

Daneben wurden auch andere Oxydationskatalysen auf ihr Verhalten gegenüber undifferenten Narkotica geprüft, besonders auch die Oxydationsbeschleunigung des Lecithins durch Eisensalz, die von Thunberg[1] zuerst beobachtet wurde und nach neueren Feststellungen im Mechanismus sauerstoffatmender Zellen eine Rolle spielt[2]. Eine Beeinflussung der Geschwindigkeit dieser Reaktion durch indifferente Narkotica in Konzentrationen, wie sie biologisch in Betracht kommen, konnte nicht festgestellt werden. Auch dieses negative Resultat ist im Zusammenhang mit unseren obigen Ausführungen bemerkenswert; gehört doch Lecithin zu den wesentlichsten Bestandteilen der „Zelllipoide".

I. Die Verbrennung der Oxalsäure an Blutkohle.

Daß fein verteilte Kohle Oxydationen beschleunigt, ist schon seit langer Zeit bekannt. Zur Demonstration in der Vorlesung empfahl A. W. v. Hofmann[3], eine alkoholische Lösung von Leukanilin mit Kohle aufzukochen, wobei sofort die rote Farbe des Rosanilins auftritt.

Was die Oxalsäure anbetrifft, so teilte Freundlich[4] die Beobachtung mit, daß beim Schütteln einer wäßrigen Säurelösung mit Kohle dauernd Säure aus der Lösung verschwindet. Freundlich knüpfte an diesen Befund die Vermutung, daß die Oxalsäure an der Kohleoberfläche „durch eine chemische Umsetzung" zerstört würde.

Zunächst konnte ich feststellen, daß mit Oxalsäure beladene Kohle Sauerstoff verbraucht. Verschiedene Kohlesorten, mit gleichen Oxalsäurekonzentrationen im Gleichgewicht, verbrauchten sehr verschiedene Mengen Sauerstoff; am meisten verbrauchte die Mercksche Blutkohle, weniger die Kahlbaumsche Blutkohle. Nicht nachweisbar war eine Sauerstoffzehrung bei Verwendung Kahlbaumscher Kohle aus Rohrzucker. In der gleichen Reihenfolge standen die verschiedenen Kohlepräparate hinsichtlich ihrer Fähigkeit, Oxalsäure zu adsorbieren; wurden gleiche Mengen Kohle zu gleichen Volumina gleichkonzentrierter Oxalsäure gegeben und nach 2 Minuten langem Schütteln die Oxal-

[1] Skandinav. Arch. f. Physiol. 24, 90. 1910.
[2] Warburg, O. u. Meyerhof, O. in Asher-Spiro: Ergebn. d. Physiol. l. c.
[3] Berlin. Ber. 7, 530. 1874.
[4] Capillarchemie S. 163. Leipzig 1909.

säurekonzentrationen in der Lösung durch Titrieren gemessen, so zeigte sich, daß die Rohrzuckerkohle fast nichts, die KAHLBAUMsche Blutkohle mehr, die MERCKsche Blutkohle bedeutend mehr Säure aus der Lösung fortgenommen hatte. Zu allen im folgenden beschriebenen Versuchen wurde die MERCKsche Blutkohle (puriss. mit Säure gereinigt) verwendet. Das Oxalsäurepräparat war von KAHLBAUM; die angegebenen Gewichtsprozente beziehen sich auf die wasserfreie Verbindung $C_2H_2O_4$.

Um für die Stärke der Adsorption und für die Oxydationsgeschwindigkeit einen Anhaltspunkt zu geben, seien folgende Zahlen angeführt: an 1 g Blutkohle waren, im Gleichgewicht mit einer 0,071 proz. wäßrigen Oxalsäurelösung, ca. 50 mg Oxalsäure (in der Ausdrucksweise FREUNDLICHS: bei einem c von 0,008 Molen pro Liter betrug das $\frac{x}{m}$ 0,56 Millimole). 1 g Blutkohle, im Gleichgewicht mit einer 0,071 proz. Oxalsäurelösung, verbrauchte bei 38° in der ersten Stunde etwa 1,1 ccm Sauerstoff; oder 50 mg Oxalsäure, die sich an 1 g Kohle befanden, verbrauchten in der ersten Stunde etwa 1,1 ccm Sauerstoff.

Die Versuche waren so angeordnet, daß stets 90 mg Kohle durch Waschen auf der Zentrifuge mit einer bekannten Oxalsäurekonzentration annähernd in Gleichgewicht gebracht wurden. Bei einer Konzentration von 0,008 Molen genügte dreimaliges Waschen mit 90 ccm Lösung. Dann wurde in ein kleines graduiertes Zentrifugierglas übergespült, wieder zentrifugiert, die überstehende Flüssigkeit bis auf 1 ccm abgehebert, die Kohle aufgewirbelt, die Suspension in das später beschriebene Bestimmungsgläschen gegossen und das Zentrifugierglas mit 0,5 ccm Oxalsäurelösung nachgespült. Die 0,5 ccm Spülflüssigkeit kamen gleichfalls in das Bestimmungsgläschen, das also dann 90 mg Kohle in 1,5 ccm Flüssigkeit enthielt oder 1,5 ccm einer 6 proz. Kohlesuspension. Das Bestimmungsgläschen wurde mit dem Manometer verbunden und in den Thermostaten bei ca. 38° gehängt; zunächst wurde bei offenem Hahn 10 Minuten geschüttelt, bis Temperaturgleichgewicht eingetreten war und sich die Kohlesuspension mit den Gasen der Luft bei der Versuchstemperatur in Gleichgewicht gesetzt hatte. Dann wurden die Hähne geschlossen und die Sauerstoffabsorptionen unter beständigem Schütteln gemessen.

Ich habe anfangs Bedenken gehabt, ob sich mit Kohle, die bekanntlich große Gasmengen aufnehmen und abgeben kann, genaue gasanalytische Versuche anstellen lassen. Diese Bedenken waren unbegründet. Das ließ sich feststellen durch Kontrollen, in denen mit Wasser gewaschene Kohle (je 90 mg Kohle dreimal mit 90 ccm Wasser) in gleicher Weise auf Sauerstoffzehrung geprüft wurde. Derartige Kohle gab regelmäßig beim Schütteln im Thermostaten eine geringe Druckverminderung, die jedoch gegen die Zehrung der mit Oxalsäure beladenen Kohle nicht in Betracht kam[1].

Oxydationsgeschwindigkeit und Konzentration.

Setzt man Kohle mit verschiedenen Oxalsäurekonzentrationen in Gleichgewicht, so stößt man auf die merkwürdige Tatsache, daß, von einer gewissen Grenze an, die Oxydationsgeschwindigkeit mit steigenden Oxalsäurekonzentrationen sinkt. In der nachstehenden graphischen Darstellung sind auf der Abszisse die Zeiten in Minuten,

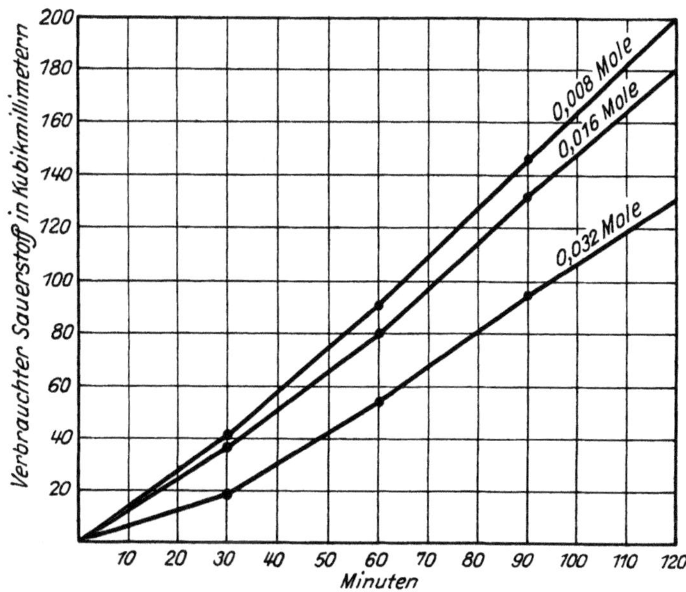

Abb. 1. Sauerstoffverbrauch bei verschiedenen Oxalsäurekonzentrationen. 38°.

auf der Ordinate die verbrauchten Sauerstoffmengen in Kubikmillimetern eingetragen. Man sieht, daß der Sauerstoffverbrauch der Oxalsäurekohle nicht linear mit der Zeit wächst, sondern daß die Oxydationsgeschwindigkeit im Laufe der ersten Stunde anwächst. Das wurde ganz regelmäßig in mehr als 50 Versuchen beobachtet. Man sieht

[1] Kohle, die nicht in der angegebenen Weise mit Wasser gewaschen, sondern in wenig Flüssigkeit suspendiert, eingehängt wurde, zeigte eine etwas stärkere Gasaufnahme. In der Tat wird durch das Waschen mit luftgesättigten Flüssigkeiten die Kohle mit den Gasen der Luft in Gleichgewicht gesetzt. Bei den hier beschriebenen Versuchen wurde stets, auch bei allen Kontrollen, mindestens dreimal mit 90 ccm gewaschen, bei Verwendung von 90 mg Kohle.

weiterhin, daß bei einer Konzentration von 0,008 Molen (pro Liter) die Oxydationsgeschwindigkeit beträchtlich höher ist als bei einer Konzentration von 0,016 und von 0,032 Molen. Dieses Verhalten wurde verfolgt bis zu einer Konzentration von 0,8 Molen pro Liter und eine beständige Abnahme der Oxydationsgeschwindigkeit beobachtet. Eine Erklärung dieses Phänomens kann ich nicht geben; doch sei daran erinnert, daß in einer Oxalsäurelösung außer der undissoziierten Oxalsäure noch Wasserstoffionen und zwei Arten von Anionen vorkommen, daß das Verhältnis dieser vier Körper bei verschiedenen Konzentrationen ein verschiedenes ist, und daß möglicherweise gegenseitige Adsorptionsverdrängungen eine Rolle spielen.

Der Temperaturkoeffizient.

Je 90 mg Kohle, die im Gleichgewicht waren mit einer Oxalsäurekonzentration von 0,008 Molen, wurden in 6proz. Suspension bei 37,5 ^{0} und bei 15,5 ^{0} 80 Minuten lang geschüttelt. Bei 37,5 ^{0} waren nach dieser Zeit verbraucht: 0,120 ccm Sauerstoff; bei 15,5 ^{0}: 0,023 ccm Sauerstoff. Für die Temperaturdifferenz von 22 ^{0} ist also das Verhältnis der Geschwindigkeiten 5,2, woraus sich für das Intervall von 10 ^{0} ein Koeffizient von 2,1 berechnet.

Dieser Wert ist nur ein Annäherungswert, weil, wie oben erwähnt, die Geschwindigkeiten bei ein und derselben Temperatur nicht ganz konstant sind und aus den Kurven auch keine Konstanten berechnet wurden, mithin die Vorbedingung für eine genaue Bestimmung eines Temperaturkoeffizienten nicht gegeben war. Soweit aber dürfte die angegebene Zahl zu verwerten sein, daß die Diffusion als geschwindigkeitsbestimmendes Moment hier ausgeschlossen werden kann. Es ist das übrigens leicht verständlich, denn die Hauptmenge der Oxalsäure, die in dem System vorhanden ist, befindet sich ja, nach den Adsorptionsmessungen, von Anfang an an der Kohle (von den 5,6 mg Säure, die in 1,5 ccm der 6proz. Kohlesuspension enthalten sind, befinden sich am Anfang des Versuchs 4,5 mg an der Kohle!).

Die Gleichung der Verbrennung.

In dem Maße, als Sauerstoff absorbiert wird, entwickelt sich bei der Reaktion Kohlensäure. Wurden 90 mg Kohle, die mit einer Konzentration von 0,008 Molen auf die beschriebene Art in Gleichgewicht gebracht waren, in 6proz. Suspension bei 38 ^{0} 1 Stunde geschüttelt, so waren beispielsweise 0,103 ccm Sauerstoff absorbiert und 0,392 ccm Kohlensäure neu gebildet (Methodik siehe unten). Es sind das annähernd 4 Moleküle Kohlensäure auf 1 Molekül Sauerstoff (berechnet für 4 Moleküle 0,412 ccm Kohlensäure; die Differenz fällt in die Fehlergrenzen).

Auf Grund dieses Resultates ist für die Verbrennung folgende Formel aufzustellen:

$$\left.\begin{array}{l} \text{COOH} \\ \mid \\ \text{COOH} \\ \text{COOH} \\ \mid \\ \text{COOH} \end{array}\right\} + O_2 = 4\,CO_2 + 2\,H_2O.$$

II. Die Hemmung der Oxalsäureverbrennung durch Urethane.

Die Versuche waren so angeordnet, daß in vier Zentrifugiergläser je 90 mg Kohle gegeben wurde: in einem Glase wurde mit 0,008 molarer Oxalsäurelösung gewaschen, in den anderen drei Gläsern mit 0,008 molaren Oxalsäurelösungen, denen die zu prüfenden Urethane in verschiedenen Mengen zugesetzt waren. Im übrigen wurde weiter verfahren, wie unter I. beschrieben, also die Kohle schließlich in 1,5 ccm Flüssigkeit suspendiert, im Thermostaten bei 38° geschüttelt.

Zur Prüfung, ob beim Waschen mit den verschiedenen Stoffen Gleichgewicht annähernd erreicht war, bediente ich mich des Traubeschen Stalagmometers[1] und wusch die Kohle so lange, bis die Tropfenzahl des von der Kohle abzentrifugierten Waschwassers mit der Tropfenzahl der zu prüfenden Lösung übereinstimmte. Bei Phenylurethan — von den geprüften Substanzen diejenige, die am stärksten adsorbiert wird — war nach viermaligem Waschen mit 90 ccm Gleichgewicht erreicht, wenn die Konzentration 0,05% betrug. Sollte von Phenylurethan die Konzentration 0,005% geprüft werden, so wurde 6mal mit 90 ccm gewaschen und angenommen, daß Gleichgewicht erreicht war. Mit Hilfe des Stalagmometers konnte das nicht mehr festgestellt werden, weil die Erniedrigung der Oberflächenspannung durch eine so kleine Menge Phenylurethan zu klein ist, um eine beträchtliche Zunahme der Tropfenzahl zu verursachen. Möglicherweise also war in diesem Fall noch kein Gleichgewicht erreicht. Weniger als 3mal mit 90 ccm wurde in keinem Fall gewaschen.

Die Hemmungen sind bei dieser Versuchsanordnung bestimmt bei konstanter Oxalsäure- und bei konstanter Sauerstoffkonzentration[2] in der Suspensionsflüssigkeit, indem die Oxalsäurekonzentration 0,008 molar, die Sauerstoffkonzentration durch die Sättigungskonzentration der Flüssigkeit mit Luft bei 38° gegeben war.

Wenn man sich die Aufgabe stellt, die Verhältnisse des biologischen Versuches möglichst nachzuahmen, so ist diese Anordnung bezüglich

[1] Traube, J., in Abderhaldens Biochem. Arbeitsmethoden 1912, S. 1357.

[2] Genauer: „Anfangskonzentration", da die Konzentrationen im Laufe des Versuches abnehmen.

des Sauerstoffs sicher richtig. Denn wenn die Oxydationsgeschwindigkeit in Zellen mit und ohne Urethan verglichen wurde, so waren stets die Sauerstoff-Außenkonzentrationen zu Beginn des Versuches die gleichen. Bezüglich der anderen Komponente des Systems, der Oxalsäure, könnte man im Zweifel sein, ob man den in der Zelle gegebenen Verhältnissen näher kommt, wenn man die Oxalsäurekonzentration oder die Oxalsäuremenge konstant hält. Ich habe Versuche angestellt

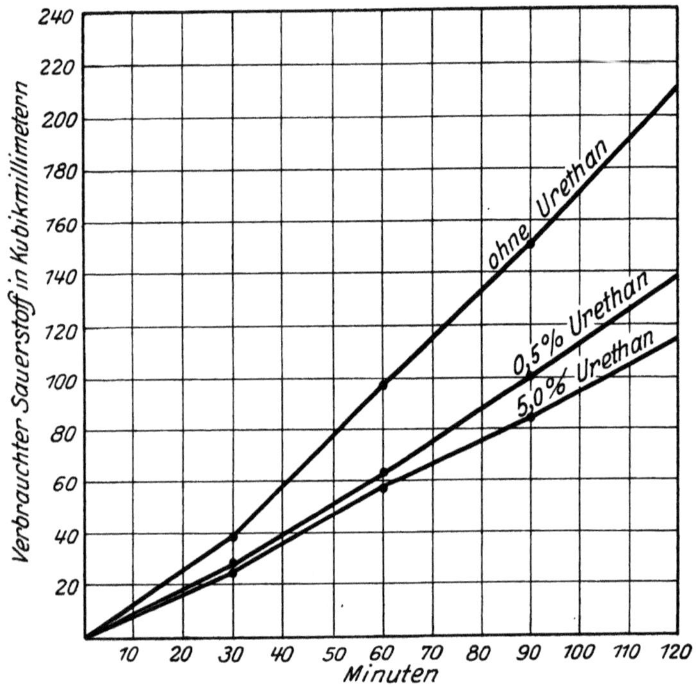

Abb. 2. Hemmung durch Methylurethan. 38°.

auch bei konstanter Oxalsäuremenge; zu 1,5 ccm 6proz. Kohlesuspensionen, die mit verschiedenen Urethankonzentrationen in Gleichgewicht gebracht waren, wurden gleiche Mengen Oxalsäure zugesetzt. Infolge von Adsorptionsverdrängung waren dann die Oxalsäurekonzentrationen in der Suspensionsflüssigkeit verschieden. Die Verhältnisse werden jedoch bei einer solchen Anordnung etwas kompliziert, und ich beschränke mich deshalb auf Wiedergabe der Versuche mit konstanter Oxalsäurekonzentration.

Der typische Verlauf eines derartigen Hemmungsversuches ist in der vorstehenden graphischen Darstellung dargestellt (Abb. 2). Wir sehen zunächst wieder in der Kontrolle ohne Urethan, daß die Oxydationsgeschwindigkeit anfangs etwas zunimmt; auch bei 0,5% Urethan ist diese Zunahme deutlich, weniger bei 5% Urethan. Die Folge davon ist, daß die Hemmungen bei höheren Urethankonzentrationen etwas progressiv sind, das heißt: die Hemmungen sind in den Anfangsperioden etwas kleiner als später. Immerhin macht das nicht viel aus. Um die durch die Progression bedingte Unregelmäßigkeit nach Möglichkeit auszuschalten, habe ich zum Vergleich die nach einer bestimmten Zeit beobachteten Hemmungen ausgerechnet und in der folgenden Zusammenstellung die Hemmungen nach 2stündiger Dauer des Versuches angegeben (ist ohne Urethan nach 2 Stunden die Sauerstoffmenge a verbraucht, bei Gegenwart von Urethan die Sauerstoffmenge b, so ist die Oxydationshemmung $\frac{a-b}{a}$ oder, in Prozenten ausgedrückt, $\frac{a-b}{a} \times 100$).

Tabelle 1. *Oxalsäure-Kohle.*

Substanz	Gewichtsprozente	Prozentische Oxydationshemmung $\left(\frac{a-b}{a} \times 100\right)$
Methylurethan	0,05	0
	0,5	34
	5,0	46
	10,0	60
Äthylurethan	0,5	42
	5,0	65
	10,0	76
Propylurethan	0,05	41
	0,5	72
	5,0	92
Phenylurethan	0,005	34
	0,05	90

Tabelle 2 *Rote Blutzellen*[1].

Substanz	Gewichtsprozente	Prozentische Oxydationshemmung $\left(\frac{a-b}{a} \times 100\right)$
Methylurethan	10	ca. 60
Äthylurethan	1,25	14
	2,5	22
	5,0	88
Propylurethan	1,0	44
	2,0	94
Phenylurethan	0,025	33
	0,05	55
	0,1	90

Aus der Zusammenstellung geht unzweideutig hervor, daß Methylurethan schwächer wirkt als Äthylurethan, dieses schwächer als Propylurethan, dieses schwächer als Phenylurethan. Wir haben also dieselbe Reihenfolge der Wirkungsstärken, wie sie für die Oxydationshemmungen in lebenden Zellen gefunden wurden.

Aus einem Vergleich der Tabelle 1 mit Tabelle 2 geht ferner hervor, daß die Konzentrationen, die eine bestimmte Oxydationshemmung in Zellen[2] bewirken, vielfach die Oxydationsgeschwindigkeit unseres

[1] Siehe O. Warburg in Asher-Spiro l. c.

[2] Die Konzentrationen für Blutzellen und andere Zellen sind nicht sehr verschieden. Vgl. O. Warburg in Asher-Spiro: Ergebn. d. Physiol. l. c.

Modells um einen ähnlichen Betrag vermindern. Vielleicht ist diese Übereinstimmung mehr als ein Zufall, nicht durch die Wahl des Substrats, der Oxalsäure, und ihrer Konzentration bedingt. Auch für die Wirkung der Narkotica auf chemische Vorgänge in Zellen wurde ja gezeigt, daß die besondere Natur der chemischen Reaktion auf die Wirkungsstärken nur von geringem Einfluß ist; beispielsweise wurden Oxydationsgeschwindigkeit und Gärungsgeschwindigkeit in der Hefezelle durch sehr ähnliche Konzentrationen indifferenter Narkotica gehemmt[1].

Aus einem Vergleich der beiden Tabellen geht endlich hervor, daß die Wirkung der Narkotica auf das Modell sich in einem sehr wesentlichen Punkt von der Wirkung auf die Zelloxydationen unterscheidet. Die Wirkung der Narkotica auf die Oxydationsgeschwindigkeit in Zellen wächst viel schneller mit der Konzentration als die Wirkung auf die Modelloxydationsgeschwindigkeit. Dieser Unterschied dürfte damit zusammenhängen, daß einerseits die Adsorption der Narkotica an den gequollenen Gelen der Zelle nach einem anderen Gesetz verläuft als die Adsorption an der Kohleoberfläche (die Adsorptionsisothermen sind weniger gekrümmt[2]); daß anderseits bei der Narkoticawirkung in der Zelle nicht nur die Adsorption an den Gelen, sondern auch an den Ultramikronen der Sole eine Rolle spielt. Das Modell wäre ähnlicher, wenn wir die Oxalsäure an der Oberfläche eines gequollenen Gels unter der Einwirkung eines im Solzustand befindlichen Katalysators verbrennen würden.

III. Bemerkung über den Mechanismus der Kohlekatalyse und über den Mechanismus der Hemmungen.

Daß die Verbrennung der Oxalsäure an der Kohleoberfläche vor sich geht, dürfte kaum einem Zweifel unterliegen; wir haben es hier mit einem typischen Fall von Oberflächenkatalyse zu tun. Wir wissen jedoch nicht, in welcher Weise die an der Kohleoberfläche herrschenden Bedingungen die Oxydationsbeschleunigung herbeiführen, und es sei daran erinnert, daß viele Stoffe, die sonst nicht beständiger sind wie Oxalsäure, an der Kohle zwar verdichtet, aber nicht verbrannt werden. So wird Zucker bekanntlich adsorbiert, aber nicht chemisch[3] verändert.

Auf eine Tatsache möchte ich in diesem Zusammenhang hinweisen. Die Blutkohle von Merck, die in meinen Versuchen verwendet wurde und die auch früher, dank ihres starken Adsorptionsvermögens, vielfach zu Adsorptionsversuchen verwendet wurde, ist zwar mit Säuren

[1] Warburg, O., in Asher-Spiro l. c.
[2] Vgl. die Werte für Thymol in Asher-Spiro l. c.
[3] Rona u. Michaelis: Biochem. Zeitschr. **16**, 489. 1909.

gereinigt, enthält aber nichtsdestoweniger reichlich Mineralbestandteile[1], darunter auch Eisen. Man kann sich davon leicht überzeugen, wenn man die Kohle an der Luft glüht. Es bleibt dann eine helle Asche, die starke Eisenreaktion gibt. Verascht man nicht, sondern kocht die Kohle mit Säure aus, so gehen nur Eisenspuren ins Filtrat.

Blutkohle ist also keineswegs reiner Kohlenstoff, sondern eine Kombination von Kohlenstoff mit Mineralbestandteilen. Gerade der Gehalt an Eisen ist, im Zusammenhang mit den oxydationsbeschleunigenden Eigenschaften der Kohle, jedenfalls beachtenswert.

Was den Mechanismus der Hemmungen anbetrifft, so ist das nächstliegende, an eine Verdrängung der Oxalsäure von der Kohleoberfläche zu denken; in der Tat wird aus einem Gemisch zweier adsorbierbarer Substanzen jede Komponente stets schwächer adsorbiert als aus reiner Lösung[2]. Stärker adsorbierbare Substanzen wirken stärker verdrängend[2], die Reihenfolge der Wirkungsstärken am Modell wäre dann so zu erklären, daß um so mehr Oxalsäure von der Oberfläche verdrängt wird, je capillaraktiver das betreffende Narkoticum ist.

Soll auch nicht in Abrede gestellt werden, daß die Adsorptionsverdrängung als ursächliches Moment der Hemmungswirkungen in Betracht kommt, so halte ich es doch für sehr fraglich, ob sie allein in Betracht kommt. Ich vermute vielmehr, daß auch Veränderungen des Milieus an der Kohleoberfläche, die nicht auf Adsorptionsverdrängung beruhen, eine wesentliche Rolle spielen. Ist diese Hypothese richtig, so wäre zu erwarten, daß ein Narkoticum auf die verschiedensten Oberflächenkatalysen, bei ganz verschiedenen Substraten, ähnlich wirkt.

IV. Gasanalytische Methodik.

Sauerstoffverbrauch und Kohlensäureproduktion wurden nach einer von Siebeck und dem Verfasser ausgearbeiteten Methode gemessen. Die Methode ist von Siebeck in Abderhaldens Biochemischen Arbeitsmethoden[3] genauer beschrieben, und so kann ich mich hier mit einigen kurzen Bemerkungen begnügen. Das Volumen der Schüttelgefäße, in denen die Druckverminderungen auftraten, betrug etwa 11 ccm (nach Einfüllen der 1,5 ccm Kohlesuspension und der zur Absorption der Kohlensäure dienenden Kalilauge.) Ein Ausschlag am Manometer um 1 mm entsprach unter diesen Bedingungen ungefähr einem Sauerstoffverbrauch von 1 cmm. Da der Fehler nicht mehr als 2 mm beträgt, so sind also die Angaben genau auf 2 im Verhältnis zur Zahl der verbrauchten Kubikmillimeter.

---

[1] Aschebestimmungen bei Glassner u. Suida: Liebigs Ann. d. Chem. **357**, 95. 1907.

[2] Michaelis u. Rona: Biochem. Zeitschr. **15**, 209. 1908. — Freundlich u. Masius in Freundlich: Capillarchemie S. 163. Leipzig 1909.

[3] Der betreffende Band befindet sich im Druck.

Sollten Sauerstoffverbrauch und Kohlensäureproduktion gemessen werden, so wurden in zwei Schüttelgefäße je 1,5 ccm der gleichen Kohlesuspension eingefüllt. In ein Schüttelgefäß wurde, wie gewöhnlich, in den Einsatz Kalilauge gegeben, in das andere wurde keine Kalilauge gegeben. In dem einen Schüttelgefäß tritt dann ein positiver, in dem anderen ein negativer Druck auf. Der negative Druck entspricht dem Sauerstoffverbrauch, der positive, vermehrt um den in dem anderen Gläschen auftretenden negativen, der an den Gasraum abgegebenen Kohlensäure. Zu der an den Gasraum abgegebenen Kohlensäure ist die in der Flüssigkeit gelöste Kohlensäure zu addieren; dieses Korrektionsglied ergibt sich aus dem Partialdruck der Kohlensäure in dem Gefäß, der Flüssigkeitsmenge und dem Absorptionskoeffizienten der Kohlensäure bei der Versuchstemperatur. Die Adsorption der Kohlensäure an der Kohle ist ein Korrektionsglied, das nicht berechnet werden konnte. Diese Adsorption wird dahin wirken, daß der Wert für die Kohlensäure etwas zu klein ausfällt.

Hoppe-Seylers Zeitschr. f. physiol. Chem. **92**, 231. 1914.

Über die Rolle des Eisens in der Atmung des Seeigeleis nebst Bemerkungen über einige durch Eisen beschleunigte Oxydationen[1].

Von

Otto Warburg.

(Mitglied des Kaiser Wilhelm-Instituts für Biologie.)

(Aus der zoologischen Station in Neapel.)

(Eingegangen am 1. Juni 1914.)

Mit 7 Abbildungen.

Vor kurzem wurde gezeigt[2], daß die Zellstruktur des unbefruchteten Seeigeleis weitgehend zerstört werden kann, ohne daß Sauerstoffverbrauch und Kohlensäureproduktion verlangsamt werden. Das unbefruchtete Seeigelei ist also — im Gegensatz zu vielen anderen Zellen — eine Maschine, in der die Geschwindigkeit der arbeitliefernden chemischen Reaktion von der Struktur der Maschine weitgehend unabhängig ist.

Erst durch diesen Befund war die Möglichkeit gegeben, mit der Eiatmung, wie mit einer chemischen Reaktion, im Reagensglas zu experimentieren. Die Versuche — im ganzen mehrere 1000 Messungen — führten mit überwiegender Wahrscheinlichkeit zu der Annahme, daß eine einfache und bekannte chemische Reaktion der erste Schritt im Mechanismus der Sauerstoffatmung ist.

Als Material dienten ausschließlich die Eier von Strongylocentratus lividus.

Gasanalytische Methodik.

Die Sauerstoffaufnahme wurde nach der mehrfach beschriebenen manometrischen Methode unter Benutzung der Barcroft-Haldaneschen Blutgasmanometer gemessen.

Die Volumina, in denen die Druckverminderungen entstanden, betrugen ca. 11 ccm, so daß 1 mm Ausschlag am Wassermanometer einem Sauerstoffverbrauch von 1 cmm entsprach.

Was die Kohlensäurebestimmungen anbetrifft, so wurden einige nach der früher[3] angegebenen Modifikation des Pettenkoferschen

---

[1] Die Kosten dieser Untersuchung wurden zum Teil durch Forschungsbeihilfen der Heidelberger Akademie der Wissenschaften und der Jagor-Stiftung gedeckt.

[2] Pflügers Arch. f. d. ges. Physiol. **158**, 189. 1914.

[3] Hoppe-Seylers Zeitschr. f. physiol. Chem. 88, 425. 1913.

Barytverfahrens ausgeführt. Diese Methode ist von allen wohl die sicherste; sie ist jedoch nicht nur umständlich, sondern erfordert auch Eimengen, wie sie nur selten beschafft werden können. Ich habe deshalb, in Anlehnung an die HALDANE-BARCROFTsche Methode der CO_2-Bestimmung im Blut, ein Verfahren eingeschlagen, das CO_2-Bestimmungen mit sehr kleinen Substanzmengen ermöglicht.

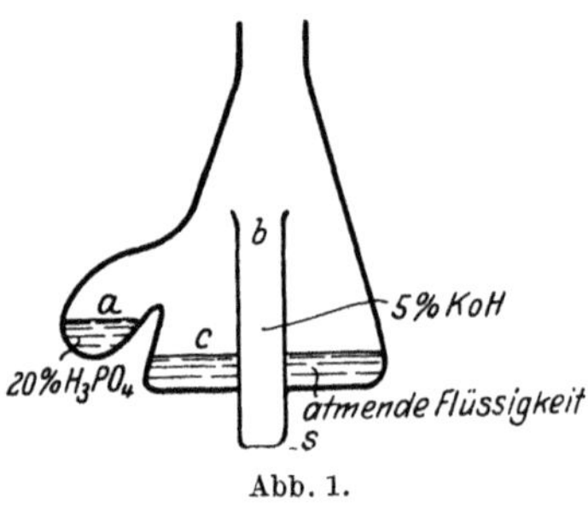

Abb. 1.

In 3 Gefäße (Nr.1, 2 u. 3) von der in Abb. 1 abgebildeten Form und von je 15 ccm Rauminhalt wurden je 1,5 ccm des atmenden Materials gegeben und zwar in den Raum *c* der Abbildung. Der Anhang *a* des Gläschens Nr. 1 blieb leer, während in den Einsatz *b* 5proz. Kalilauge, zur Absorption der Kohlensäure, eingefüllt wurde. Die Anhänge *a* der Gläschen Nr. 2 und 3 wurden mit je 0,5 ccm 20proz. wässeriger Phosphorsäure beschickt, während ihre Einsätze *b* leer blieben. Darauf wurde jedes Gläschen mit einem Manometer verbunden, in den Thermostaten eingehängt und 10 Min. lang bei offenem Hahn zwecks Temperaturausgleich durch Anstoß an einen bei *s* befestigten Gummischlauch geschüttelt. Dann, nach Schluß der Hähne, wurde sofort in Gläschen Nr. 3 die Phosphorsäure aus dem Anhang *a* in *c* umgekippt, wobei ein beim Schütteln bald konstant werdender positiver Druck entstand. Aus der Größe dieses Drucks ergibt sich die „präformierte Kohlensäure". Gläschen Nr. 1 und 2 werden durch Anstoß an den Gummischlauch weiter geschüttelt, wobei in Nr. 1 ein dem Sauerstoffverbrauch entsprechender negativer Druck auftritt, während in Nr. 2, nach Maßgabe der in den Gasraum übergehenden Kohlensäuremengen, ein geringerer negativer Druck (oder kein negativer Druck) auftritt. Durch Vergleich der Druckänderungen in Nr. 1 und Nr. 2 erhält man direkt die CO_2-Ausscheidung in den Gasraum; sei der negative Druck in Nr. 1 30 mm, der negative Druck in Nr. 2 nach der gleichen Zeit 2 mm, so ist in den Gasraum entsprechend dem Druck $30 - 2 = 28$ mm CO_2 abgegeben worden. Hierzu kommt eine kleine Korrektion, wenn man bedenkt, daß in dem Gefäß sich ca. 2 ccm Flüssigkeit befinden, die merkliche Mengen CO_2

lösen; für eine Salzlösung, wie Seewasser, und 23° wird diese Korrektion so berechnet, daß man für den Teilungskoeffizienten der CO_2 zwischen Salzlösung und Gasraum die Zahl 0,7 annimmt[1]. (Haben wir beispielsweise 2 ccm Salzlösung und 14 ccm Gasraum, so ist in der Salzlösung nach eingetretenem Gleichgewicht $^1/_7$mal 0,7 = 0,1 mal soviel CO_2, als im Gasraum.)

Kann man nun auch die CO_2-Abgabe durch Vergleich der in Nr. 1 und Nr. 2 auftretenden Druckänderungen sehr einfach messen, so ist die CO_2-Produktion auf diese Weise nicht zu ermitteln, vor allem, weil man nicht weiß, wieviel von der an den Gasraum abgegebenen CO_2 präformierte CO_2 ist. Um diese Unsicherheit auszuschalten, kippt man nach Beendigung des Versuchs und nachdem man die Druckänderung in Nr. 1 abgelesen hat, die Phosphorsäure aus dem Anhang *a* des Gläschens Nr. 2 in *c* um. Es stellt sich bald ein konstanter Druck ein, der abgelesen wird. Nehmen wir an, wir hätten

in Nr. 1 abgelesen — 20 mm
in Nr. 2 „ — 2 „
in Nr. 3 „ + 3 „

und die Gasräume wären gleich, so wäre CO_2 neugebildet entsprechend dem Druck

(20 — 2)	minus	3
(= nach Atmung und Ansäuern an den Gasraum abgegebene CO_2.)		(= ohne Atmung nach Ansäuern an den Gasraum abgegebene CO_2.)

Dazu kommt dann eine kleine Korrektion wegen der in der Salzlösung gelösten CO_2.

Die Methode läuft also hinaus auf 3 Druckablesungen. Voraussetzung ist, daß kein anderes, durch KOH absorbierbares Gas entsteht. Man könnte hier an H_2S als Fehlerquelle denken, ein Gas, das nach der Strukturzerstörung in der Eisubstanz vorhanden ist[2]. Die Mengen an H_2S jedoch sind so gering, daß sie keinen Fehler verursachen. Man kann das erstens so nachweisen, daß man in den Einsatz *b* eines Gläschens saure $CuSO_4$-Lösung bringt, die den H_2S absorbiert; zweitens so, daß man die Methode durch die Barytmethode mit vorgeschalteter $CuSO_4$-Lösung kontrolliert; man findet dann, daß Druckmethode und Barytmethode übereinstimmende Resultate geben.

Die Druckmethode ist in dem unten mitgeteilten Beispiel zur Entscheidung der Frage benutzt, ob sich mehr CO_2 bildet bei Gegenwart

[1] Über die Löslichkeit der CO_2 in Salzlösungen siehe Fox: Publications de Circonstance Nr. 44. Kopenhagen 1909. Der Absorptionskoeffizient der Kohlensäure in einer 3,5proz. NaCl-Lösung ist um ca. 12% kleiner, als in Wasser, unter sonst gleichen Bedingungen.

[2] Siehe Pflügers Arch. f. d. ges. Physiol. l. c.

von Fe. 4 Gläschen von der in Abb. 1 wiedergegebenen Form wurden folgendermaßen beschickt:

Nr. 1	mit 1,5 ccm Material		in *c*;	KOH	in *b*
Nr. 2	„ 1,5 „ „		;	H_3PO_4	„ *a*
Nr. 3	„ 1,5 „ „	+ Fe	„ *c*;	KOH	„ *b*
Nr. 4	„ 1,5 „ „	+ Fe	„ *c*;	H_3PO_4	„ *a*

Nach einer passenden Zeit wurden die Druckverminderungen in Nr. 1 und Nr. 3 abgelesen, dann sofort die in Nr. 2 und Nr. 4, die Anhänge *a* umgekippt, und nach eingetretener Druckkonstanz die Drucke in Nr. 2 und Nr. 4 notiert. Man erhält so die unter Fe-Einfluß mehrproduzierte CO_2.

Schließlich sei, wie schon früher, auch hier nochmals darauf hingewiesen, daß für alle CO_2-Bestimmungen das Material durch Waschen mit einer bicarbonatfreien Flüssigkeit von Seewasser befreit sein muß.

I. Der Eisengehalt der Eier

ist so gering, daß bei den zur Verfügung stehenden Materialmengen für die Bestimmung nur colorimetrische Methoden in Betracht kommen. Von diesen erwies sich als sehr brauchbar und bequem die Methode nach Lachs und Friedenthal[1]. Im einzelnen verfuhr ich folgendermaßen:

Die Eier von reifen Strongylocentraten wurden mit Seewasser gewaschen und dann mit CO_2-haltigem Seewasser von ihren Gallerthüllen befreit[2], so daß beim Zentrifugieren ein ganz dichtes Eisediment erhalten wurde. 10 ccm Sediment wurden in eine flache Porzellanschale gebracht, zur Trockne verdampft und durch Erhitzen verascht. Die Kohle wurde heiß mit Salzsäure extrahiert, getrocknet, wieder geglüht und ein zweites Mal mit Salzsäure extrahiert. Dann wurden die vereinigten salzsauren Auszüge, nach Zugabe eines Körnchens $KClO_3$ zur Überführung des Eisens in die Oxydform, zur Trockne gedampft. Der durch $FeCl_3$ schwach gelblich gefärbte Rückstand wurde in wenigen Kubikzentimetern Wasser und einem Tropfen verdünnter Salzsäure aufgenommen und mit Wasser auf ein Volumen von 3 ccm gebracht; davon wurden 1 ccm in ein Reagensglas gegeben und 1 ccm 6-n-HCl, 1 ccm 10% KCNS und 1 ccm Äther zugefügt.

Beim Schütteln färbte sich der Äther rot. Seine Färbung wurde mit einer Serie von Färbungen verglichen, die durch Vermischen um je 1 ccm abgestuft verdünnter Freseniusscher Eisenchloridlösung[3]

[1] Biochem. Zeitschr. **32**, 130. 1911; ein Vorteil dieser Methode ist unter anderem, daß kleine Mengen H_3PO_4 die Färbung im Äther nicht beeinflussen.

[2] Siehe Pflügers Arch. f. d. ges. Physiol. **158**. 1914.

[3] Die Stammlösung enthält 10 mg Fe in 1 ccm. Sie kann von Kahlbaum bezogen werden.

mit 1 ccm 6-n-HCl, 1 ccm 10% KCNS und 1 ccm Äther entstanden waren. Die unbekannte Eisenkonzentration ließ sich so mit einem Fehler von etwa 30% ablesen.

Um definierte Beziehungen zu erhalten, wurde stets in einem aliquoten Teil des Eisediments, dessen Fe-Gehalt gemessen werden sollte, der Stickstoff nach KJELDAHL bestimmt. 1 ccm enthielt im Mittel ca. 20 mg, also 10 ccm, die zur Bestimmung verwandte Menge, ca. 200 mg N.

In einer größeren Reihe von Versuchen ergab sich, daß in der Substanz der reinen Eier auf 100 mg N 0,02 bis 0,03 mg Eisen kommen (also auf 1 g Trockensubstanz einige Hundertstelmilligramme Eisen).

Dreierlei Kontrollen wurden angestellt. Die erste betraf den Eisengehalt der Reagenzien. Die verwendete Salzsäure stammte von KAHLBAUM und wurde als „eisenfrei“ in einer Porzellanflasche geliefert ($d = 1{,}19$). Eine Probe der Säure wurde durch Verdünnung 6fach normal gemacht, dann 1 ccm 10% KCNS, 1 ccm destilliertes Wasser und 1 ccm Äther zugefügt. Es trat keine Spur von Rosafärbung auf. Ferner wurden 30 ccm der konzentrierten Salzsäure, 60 ccm destilliertes Wasser und ein Krystall $KClO_3$ im Wasserbad zur Trockne verdampft und auf 3 ccm gebracht; davon wurde 1 ccm, wie im Versuch, mit HCl, KCNS und Äther vermischt, wobei eine leichte Rosafärbung auftrat, an Intensität nicht in Betracht kommend gegenüber der in der Versuchsflüssigkeit auftretenden Rotfärbung. Die Substanzmengen, die zu dieser Kontrolle verwendet waren, betrugen etwa das Doppelte von denjenigen Mengen an Wasser, HCl und $KClO_3$, die für die Fe-Bestimmungen verwendet worden waren. — Die zweite Kontrolle betraf den Eisengehalt des Seewassers. Wie erwähnt, wurden 10 ccm Sediment zur Eisenbestimmung verwendet. Diese enthielten schätzungsweise als Zwischenflüssigkeit 1 ccm Seewasser; wurden nun 10 ccm Seewasser wie die Eisubstanz behandelt, so konnte nur eine Spur Rosafärbung wahrgenommen werden, nicht in Betracht kommend gegen die Rotfärbung bei der Bestimmung. — Die dritte Kontrolle sollte entscheiden, ob die Eier das Eisen schon in den Ovarien enthalten, oder ob sie es erst außerhalb der Ovarien aus dem Seewasser — sie wurden ja mit großen Mengen Seewasser gewaschen — aufnehmen. Es wurden deshalb reife Ovarien möglichst sauber präpariert, mit destilliertem Wasser abgespült und wie die Eier verascht. Es ergab sich ein Eisengehalt von 0,015 mg : 100 mg N, d. i. dieselbe Größenordnung, aber vielleicht etwas weniger als in den Eiern. Entweder also nehmen die Eier noch ein wenig Eisen beim Waschen mit Seewasser auf, oder aber — das ist die wahrscheinlichere Erklärung — die Eier enthalten mehr Eisen als das Ovarialgewebe.

Was die Form anbetrifft, in der das Eisen in der Eisubstanz vorkommt, so ist folgender Versuch wichtig: fällt man die Eier mit Aceton und wäscht sie mit Äther (wobei sich die Oxydationsgeschwindigkeit einer gegebenen Menge für die erste Zeit nur wenig ändert, während die Kohlensäureproduktion aufhört), so erhält man ein weißliches Pulver[1]; übergießt man dieses Pulver mit Rhodankali und dann mit einem Tropfen Salzsäure, so tritt eine rötliche Färbung, offenbar die des Rhodaneisens, auf. Das Eisen oder ein Teil des Eisens liegt also, nach Zugabe von HCl, als Ion vor.

II. Wirkung von zugesetztem Eisensalz auf die Oxydationsgeschwindigkeit.

Die folgenden Versuche wurden mit der Granulasuspension angestellt, deren Gewinnung aus intakten unbefruchteten Eiern früher ausführlich beschrieben wurde[2]. Sie ist eine in dünnen Schichten durchscheinende rötliche Flüssigkeit, ziemlich zäh, aber doch so flüssig, daß sie sich gut mit der Pipette abmessen läßt.

Die Atmung dieser Flüssigkeit ist nun keineswegs in ihrer Größe so leicht und auf so mannigfache Art beeinflußbar, wie die Atmung der intakten Eier. Ich kenne nur wenige Stoffarten, die bei Zusatz zu der Granulasuspension oxydationsbeschleunigend wirken; zu ihnen gehört Eisensalz, das in sehr kleinen Mengen wirkt, sowohl in der Oxydul- als auch in der Oxydform. Durch andere Metallsalze wurde bisher eine Beschleunigung nicht erzielt.

a) Das Eisenoxydulsalz, mit dem die meisten Versuche angestellt wurden, wurde in Form einer wässerigen Lösung des Mohrschen Salzes ($(NH_4)_2SO_4 \cdot FeSO_4 \cdot 6\,H_2O$) zugesetzt; um stärkere Verdünnungen der Granulasuspensionen zu vermeiden, waren die Konzentrationen der Eisenlösungen stets so bemessen, daß auf 1 ccm Granulasuspension 0,1 ccm Eisensalz gegeben wurde.

In Hunderten von Versuchen ergab sich, daß Zusatz von 0,01 bis 0,02 mg $Fe^{\cdot\cdot}$ zu 1,5 ccm Granulasuspension (= 22 mg N), bei 23°, die Oxydationsgeschwindigkeit um 50—110% steigert. Als typisches Beispiel für den Verlauf einer Fe-Beschleunigung soll die graphische Darstellung in Abb. 2 dienen.

In diesem Beispiel haben wir nach 60 Min. und bei 23° durch 0,008 mg

[1] Das Pulver aus unbefruchteten Eiern ist heller, als das aus befruchteten Eiern. Die letzteren geben ihren Farbstoff an Aceton und Äther viel langsamer ab. Es erinnert das an eine Beobachtung von J. Loeb, nach der mit Neutralrot gefärbte Seeigeleier diesen Farbstoff nach der Befruchtung viel langsamer abgeben, als vor der Befruchtung. Biochem. Zeitschr. **2**, 34. 1906.

[2] Pflügers Arch. f. d. ges. Physiol. **158**, 189. 1914.

$Fe^{\cdot\cdot}$ eine Beschleunigung von 72% und durch 0,017 mg $Fe^{\cdot\cdot}$ eine Beschleunigung von 109%.

Die Wirkung des Eisens wächst nicht proportional der zugesetzten Menge, sondern langsamer. Zusatz von erheblich mehr als 0,02 mg $Fe^{\cdot\cdot}$ zu 20mg Ei-N hat keinen erheblich größeren Einfluß auf die Oxydationsgeschwindigkeit, Zusatz von erheblich weniger $Fe^{\cdot\cdot}$ als 0,005 mg hat keinen Einfluß auf die Oxydationsgeschwindigkeit.

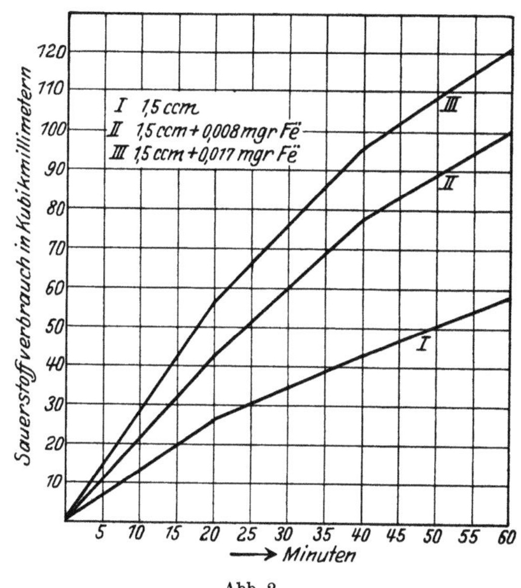

Abb. 2.

Es ist im höchsten Grade bemerkenswert, daß die Oxydationsgeschwindigkeit auf Zusatz von grade solchen Eisenmengen reagiert, wie sie, der Größenordnung nach, in der Eisubstanz natürlich vorkommen. Auf 100 mg Ei-Stickstoff kommen, wie wir in I. erfuhren, 0,02 bis 0,03 mg Fe. Setzt man zu 100 mg Ei-Stickstoff Hundertstel-Milligramme $Fe^{\cdot\cdot}$, so steigt die Oxydationsgeschwindigkeit sehr erheblich.

b) Die Atmung der Granulasuspension nimmt im Laufe von Stunden ab und wird allmählich sehr klein[1]. Sie nimmt schneller ab, wenn man zur Herstellung der Suspension eine etwas verdünntere Eisuspension benutzt.

Es ist nun für den Erfolg des Eisenzusatzes keineswegs gleichgültig, ob das Eisen bald oder erst längere Zeit nach der Strukturzerstörung zugesetzt wird. Die Eisenwirkungen, von denen in a) die Rede war, treten nur dann auf, wenn das Eisen zur Zeit der ungeschwächten Atmung zugesetzt wird. Wie aus Abb. 2 hervorgeht, beträgt das Plus an O_2-Aufnahme in 60 Min. dann etwa 60 cmm Sauerstoff, bei einem Eisenzusatz von 0,017 mg auf 22 mg Ei-Stickstoff. Setzt man dagegen das Fe-Salz nach 4—5 Stunden zu, wenn der Sauerstoffverbrauch schon sehr klein geworden ist, so ist der Erfolg ein viel geringerer, das Plus an Sauerstoffaufnahme beträgt dann unter sonst gleichen Bedingungen nur etwa

[1] Pflügers Arch. f. d. ges. Physiol. l. c.

16 cmm Sauerstoff. Diese Tatsache legt den Gedanken nahe, daß das zugesetzte Eisensalz den Sauerstoff auf eine im Atmungsprozeß verschwindende Substanz überträgt.

III. Bildet sich bei Eisenzusatz mehr Kohlensäure?

Wie früher mitgeteilt[1], läßt die Kohlensäureproduktion in der Granulasuspension schneller nach als die Sauerstoffaufnahme; die Atmung geht also allmählich und spontan in eine Sauerstoffzehrung über.

Dieses Phänomen scheint nun auch das Plus an Sauerstoffaufnahme, das sich bei Eisenzusatz einstellt, zu zeigen, nur in noch viel höherem Maße. Denn kurze Zeit nach dem Eisenzusatz wird in der Regel mehr Kohlensäure produziert als ohne Eisenzusatz, wobei die Mehrproduktion an Kohlensäure im Verhältnis zur Mehraufnahme des Sauerstoffs ohne erkennbaren Grund recht wechselnd ist. Zweimal habe ich für das bei Eisenzusatz einsetzende „Plus“ einen Quotienten $\frac{CO_2}{O_2}$ von nahezu 1 gemessen, öfters einen Quotienten von 0,5; in 2 Versuchen war die Kohlensäureproduktion nicht vermehrt.

Die Messungen nach der manometrischen Methode können erst 10 Min. nach Zusammengeben und Einfüllen des atmenden Materials beginnen, weil erst dann Temperaturausgleich eingetreten ist. Diese ersten 10 Min. gehen also für die Messung stets verloren.

Schließt man nach 10 Min. die Hähne und beobachtet die Druckänderungen, so sieht man, daß stets 10—15 Min. nach Beginn der Messung, also 20—25 Min. nach Zusatz des Eisens, die Mehrproduktion an CO_2 sehr schnell nachläßt. Der Versuch darf also nicht länger dauern als 10—15 Min., von dem Augenblick des Hahnschlusses an gerechnet.

Als Beispiel führe ich einen Versuch in extenso an, in dem der Quotient für den bei Eisenzusatz einsetzenden Mehrverbrauch an Sauerstoff etwa 0,5 war (Methodik siehe Anfang dieser Abhandlung):

Temperatur 20°. In 4 Gläschen von der Form der Abb. 1 je 1,5 ccm Granulasuspension. Dauer 13 Minuten.

1. Ohne Fe-Zusatz; im Einsatz KOH. Verschwunden 28 cmm Gas; also Sauerstoffverbrauch: 28 cmm.

2. Mit 0,043 mg $Fe^{\cdot\cdot}$; im Einsatz KOH. Verschwunden 41 cmm Gas; also Sauerstoffverbrauch: 41 cmm.

1a) Ohne Fe-Zusatz; im Einsatz keine KOH; im Anhang *a* 0,5 ccm 20% H_3PO_4. Nach 13 Min. umgekippt. 10 cmm Gas waren hinzugekommen.

[1] Pflügers Arch. f. d. ges. Physiol. l. c.

1b) Mit 0,043 mg $Fe^{\cdot\cdot}$; im Einsatz keine KOH; im Anhang *a* 0,5 ccm 20% H_3PO_4. Nach 13 Min. umgekippt. 4 cmm Gas waren entwickelt. Also, abgesehen von der Korrektion, die hier praktisch nichts ausmacht:

Mehrverbrauch an Sauerstoff bei Zugabe von 0,043 mg $Fe^{\cdot\cdot}$ 41 — 28 = 13 cmm.

Mehrproduktion von Kohlensäure bei Zugabe von 0,043 mg $Fe^{\cdot\cdot}$: (41 + 4) — (28 + 10) = 7 cmm.

Quotient für das Plus: $\frac{7}{13}$ = ca. 0,5.

IV. Das Verhalten der durch Eisenzusatz beschleunigten Oxydation gegenüber Äthylurethan.

Wenn dem Mehrverbrauch an Sauerstoff, der nach Eisenzusatz beobachtet wird, dieselben chemischen Prozesse zugrunde liegen wie der Atmung, so ist zu erwarten, daß sich der Mehrverbrauch auch in ähnlicher Weise beeinflussen läßt wie die Atmung. Von diesem Gesichtspunkt aus war es interessant, die Wirkung eines Narkoticums auf den Mehrverbrauch zu untersuchen. Es hat sich dabei gezeigt, daß Äthylurethan den Mehrverbrauch um fast den gleichen Betrag hemmt wie die Atmung.

Unter „Prozenten" Urethan verstehen wir diejenige Menge in Grammen, die 100 g Granulasuspension zugesetzt wurde. Die Atmung der Granulasuspension ohne Fe-Zusatz, wurde gehemmt:

durch 4,6% Äthylurethan um 36%,
durch 8,3% „ „ 78%.

Wurden zu 1,5 ccm Granulasuspension je 0,04 mg $Fe^{\cdot\cdot}$ gegeben, so wurde der Sauerstoffverbrauch gehemmt:

durch 4,6% Äthylurethan um 32%,
durch 8,3% „ „ 78%.

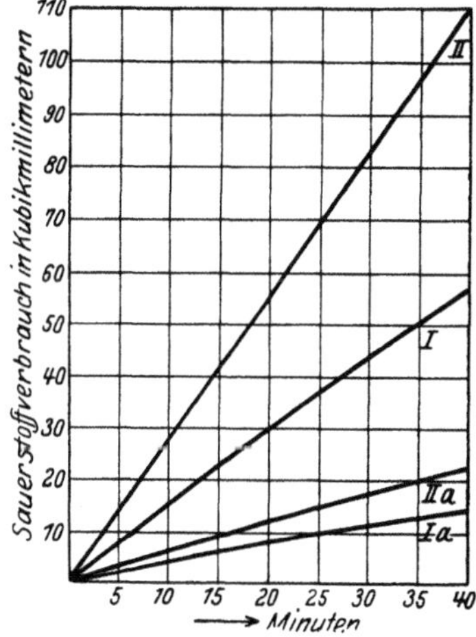

I: 1,5 ccm. Ia: 1,5 ccm, 8,3% Urethan.
II: 1,5 ccm + 0,04 mg $Fe^{\cdot\cdot}$.
IIa: 1,5 ccm + 0,04 mg $Fe^{\cdot\cdot}$, 8,3% Urethan.

Abb. 3.

Das heißt also, die Wirkungen des Urethans auf Atmung und auf gesteigerte Atmung sind so gut wie identisch.

Ein weiterer Versuch ist in Abb. 3 graphisch dargestellt:

Die Hemmungen durch 8,3% Urethan betragen:

in der Granulasuspension: 75%,

in der mit Fe versetzten Granulasuspension: 80%,

stimmen also wiederum fast überein.

Anhangsweise sei darauf aufmerksam gemacht, daß, wie aus Abb. 3 hervorgeht, die Hemmungen sich innerhalb 40 Min. mit der Zeit nicht ändern.

V. Über einige durch Eisen beschleunigte Oxydationen.

In diesem Abschnitt sollen einige Fe-Oxydationskatalysen besprochen werden, die zunächst als Modelle für die Wirkung des Eisens auf die Eisubstanz von Interesse sind; vielleicht wird sich später herausstellen, daß eins dieser Modelle — das System Linolensäure-Eisensalz — im natürlichen Atmungsmechanismus eine Rolle spielt.

Geht man lediglich darauf aus, Systeme zusammenzustellen, in denen Fe in irgendeiner Weise als Oxydationskatalysator wirkt, so ist die Auswahl eine sehr große. Die Auswahl wird jedoch sehr viel kleiner, wenn man den oben beschriebenen Experimentalfall soweit nachahmen will, daß folgende Bedingungen erfüllt sind:

1. daß die Oxydation solcher Verbindungen beschleunigt wird, die den Zell-Brennstoffen chemisch nahe stehen,

2. daß der Sauerstoff, der von dem Eisen übertragen wird, an dieses in Form von O_2, nicht als H_2O_2, $KMnO_4$ usw. herantritt,

3. daß die Oxydation auch im Dunkeln erfolgt. (Die atmenden Zellen der höheren Tiere liegen größtenteils vor Licht geschützt, und Oxydationswirkungen, die durch Sauerstoffgas + Eisensalz erst bei Belichtung eintreten, können dem Atmungsmechanismus nicht wohl zugrunde liegen.)

4. daß die Geschwindigkeit der Oxydation unterhalb 40°, der Größenordnung nach, der in der Eisubstanz ähnlich ist.

Zunächst seien einige organische Stoffe angeführt, die auch bei Gegenwart von Eisensalz sich nicht mit merklicher Geschwindigkeit oxydieren:

Ölsäure, Kroton-, Ricinol-, Fumar-, Malein-, Eruca-, Aconit-, Citracon-, Elaidin-, Undecylen-, Tiglin-, Stearol-, Tartron-, Glucon-, Benztrauben-, Nuclein-, Glycerinphosphor-Säure; Guanin; Adenin; Histon; Eiweiß.

Dagegen beschleunigt Eisensalz, bei Zimmertemperatur, beispielsweise die Oxydation folgender Körper sehr erheblich: Weinsäure, Dihydroxymaleinsäure, Lecithin, Linolensäure, Cystein u. a. Thioverbindungen, Aldehyde. Von diesen Substanzen ist Weinsäure die einzige, die ohne Eisen bei Zimmertemperatur von Sauerstoffgas praktisch nicht angegriffen wird; die übrigen Substanzen oxydieren sich an der Luft „spontan" schon mit merklicher Geschwindigkeit, wenn auch viel langsamer, als bei Gegenwart von Eisensalz. Einige dieser Eisen-Oxydationskatalysen sollen im folgenden kurz besprochen werden.

1. Lecithin.

a) Wie mir die Lecithinchemiker versichern, ist ihnen seit langer Zeit bekannt, daß Lecithin, wenn es unversehrt erhalten werden soll, vor Berührung mit Eisen zu schützen ist. Doch ist es THUNBERGS Verdienst[1], die Oxydationsbeschleunigung des Lecithins durch Fe-Salz zuerst untersucht und ihre Größe gemessen zu haben.

Die Angaben von THUNBERG konnte ich bestätigen; sowohl zweiwertiges als auch dreiwertiges Eisenion beschleunigt die Oxydation wässeriger Lecithinemulsionen sehr erheblich. Zum Studium der Reaktion benutzte ich sowohl käufliches Lecithin (MERCK) als auch ein Präparat, das ich aus Hühnereiern selbst hergestellt hatte. Ein Unterschied im Verhalten der Präparate wurde nicht beobachtet. Die Lecithinemulsionen wurden durch Eingießen methylalkoholischer Lösungen in Wasser hergestellt; man erhält so, wie zuerst PORGES und NEUBAUER[2] angegeben haben, feine und dauerhafte Emulsionen.

Gibt man zu einer bestimmten Eisenmenge wachsende Mengen Lecithin, so findet man, von einer gewissen Grenze an, daß die Oxydationsgeschwindigkeit langsamer wächst, als die in der Raumeinheit befindliche Lecithinmenge. Will man also mit einer bestimmten Lecithinmenge möglichst große Oxydationsgeschwindigkeiten erzielen, so muß man relativ viel Katalysator zusetzen. Folgende Mengenverhältnisse sind zum Studium der Katalyse zu empfehlen: 0,2 g Lecithin, in 5 ccm Methylalkohol gelöst, werden in 200 ccm Wasser eingegossen. Zu 2 ccm der Emulsion gibt man dann 0,2 ccm $^{n}/_{10}$-Essigsäure und 0,1 ccm einer 0,8proz. Lösung von MOHRschem Salz (= 0,1 mg $Fe^{\cdot\cdot}$). Nach 8stündigem Schütteln bei 16^{0} ist die Sauerstoffaufnahme praktisch zu Ende, d. h. es wird weiterhin nur noch sehr wenig Sauerstoff aufgenommen.

Um die Größe der Beschleunigung zu bestimmen, pipettiert man je 2 ccm der Emulsion in ein Atmungsgläschen, fügt zu beiden Proben 0,2 ccm $^{n}/_{10}$-Essigsäure, in eines außerdem 0,1 mg $Fe^{\cdot\cdot}$, und schüttelt nun beide im Thermostaten unter Beobachtung der Druckänderungen. Nach 6—8 Stunden bei 16^{0} hat die Kontrolle weniger als 1 cmm Sauerstoff verbraucht, während die Probe mit Eisen 90—95 cmm Sauerstoff aufgenommen hat.

b) Schwaches, diffuses Tageslicht, wie es bei den meisten Versuchen in den Wasserthermostaten fiel, hatte auf die Geschwindigkeit

[1] THUNBERG, T.: Skandinav. Arch. f. Physiol. 24, 90. 1910.
[2] Biochem. Zeitschr. 7, 152. 1906.

der Katalyse keinen Einfluß. Denn die Reaktion verlief nicht langsamer im verdunkelten Zimmer.

c) Bei der Reaktion bildet sich keine Kohlensäure.

d) Wie die spontane Oxydation des Lecithins ist auch die durch Eisen beschleunigte von einer Abnahme des Jodbindungsvermögens begleitet; und zwar wird ein Mehrfaches derjenigen Sauerstoffmenge aufgenommen, die zur Überführung der verschwundenen Doppelbindungen

$$\begin{array}{c} | \\ CH \\ \| \\ CH \\ | \end{array} \quad \text{in} \quad \begin{array}{c} | \\ CHOH \\ | \\ CHOH \\ | \end{array} \quad \text{genügte.}$$

e) Von den Beeinflussungen der Oxydationsgeschwindigkeit ist wichtig, daß Säuren — Essigsäure, Buttersäure, Salzsäure, Phosphorsäure, Schwefelsäure — sehr erheblich beschleunigend wirken. (Deshalb wurde in der oben gegebenen Vorschrift nicht Wasser, sondern $^{n}/_{100}$-Essigsäure als Milieu empfohlen.)

2. Linolensäure ($C_{18}H_{30}O_2$, Fettsäure mit drei Doppelbindungen; Molekulargewicht 278) ist von den Spaltungsprodukten des Lecithins das einzige, dessen Oxydation durch Eisensalz beschleunigt wird; höchstwahrscheinlich setzt demnach die Lecithinoxydation an der Linolensäurekomponente ein.

a) Was die Mengenverhältnisse anbetrifft, in denen zweckmäßigerweise Säure, Eisen und Wasser zum Nachweis der Katalyse gemischt werden, so gilt dasselbe, was für das System Fe-Lecithin gesagt wurde: wenig Substrat und viel Katalysator.

Wie das Lecithin, bildet auch die Linolensäure feine und dauerhafte Emulsionen, wenn ihre methylalkoholische Lösung in Wasser eingegossen wird. Es wurden also 0,1 ccm Säure, in 5 ccm Methylalkohol gelöst, in 200 ccm Wasser gegossen. In 2 ccm der Emulsion waren dann 0,9 mg Linolensäure. Je 2 ccm wurden in ein Atmungsgläschen pipettiert, in eins außerdem 0,1 ccm 0,8proz. Lösung von Mohrschem Salz (= 0,1 mg $Fe^{\cdot\cdot}$). Bei 16° wurden dann für den Sauerstoffverbrauch Werte erhalten, wie sie in der folgenden Abbildung eingezeichnet sind.

Nach 6—7stündigem Schütteln bei 16° ist die Reaktion praktisch beendigt, 0,9 mg Säure haben dann ca. 0,134 ccm Sauerstoff aufgenommsn. Das ist auf 1 Mol Säure ca. 41000 ccm Sauerstoff oder fast 2 Mole Sauerstoff (2 Mole Sauerstoff wären ca. 44000 ccm).

b) Die Oxydationskatalyse geht auch im Dunkeln vor sich.

c) Kohlensäure bildet sich nicht. Wie bei der Oxydation der Linolensäure ohne Fe[1] nimmt mit der Sauerstoffaufnahme das Jodbindungsvermögen ab. Mindestens $^1/_3$ des Jodbindungsvermögens bleibt nach beendeter Sauerstoffaufnahme übrig; da die Oxydation der Ölsäure durch Fe-Salz nicht merklich beschleunigt wird, so liegt die Vermutung nahe, daß diejenige der drei Linolensäure-Doppelbindungen übrigbleibt, die der Ölsäuredoppelbindung entspricht. Da ferner 1 Molekül Linolensäure etwa 2 Moleküle Sauerstoff aufnimmt (siehe a), während nur zwei Doppelbindungen verschwinden, so gilt hier dasselbe, was beim Lecithin gesagt wurde: es wird ein Mehrfaches derjenigen Sauerstoffmenge aufgenommen, die zur Überführung der beiden Doppelbindungen in zwei

|
CHOH
| Gruppen nötig wäre.
CHOH
|

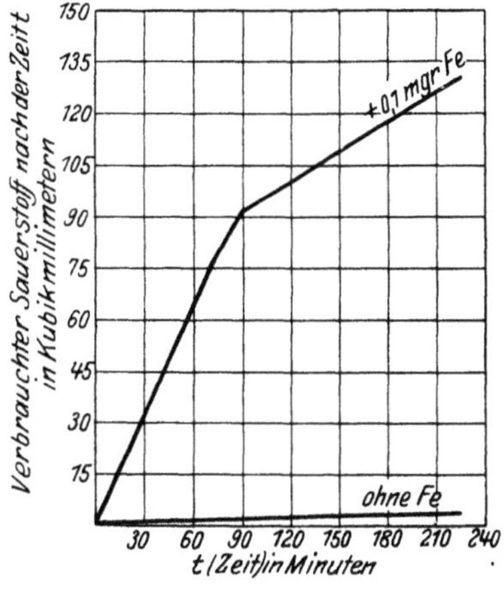

Abb. 4.

d) Von den Beeinflussungen der Oxydationsgeschwindigkeit im System Fe-Linolensäure ist die Wirkung der Basen erwähnenswert. Fügt man zu 2 ccm Wasser + 0,9 mg Linolensäure + 0,1 mg $Fe^{\cdot\cdot}$ 0,2 ccm $^n/_{100}$-NH_3 oder 0,2 ccm $^n/_{100}$-NaOH, also weniger als 1 Mol Base (1 Mol Base wäre 0,33 ccm $^n/_{100}$), so steigt die Oxydationsgeschwindigkeit zunächst sehr erheblich, etwa um 100%. Sie sinkt jedoch bald wieder ab, und nach 6—7 Stunden ist nicht erheblich mehr Sauerstoff aufgenommen, als in der Kontrolle ohne Base. Setzt man dagegen erheblich mehr Base zu, als 1 Molekül pro 1 Molekül Säure, z. B. 0,2 ccm $^n/_{10}$-NH_3 oder 0,2 ccm $^n/_{10}$-NaOH, so wird die Linolensäureoxydation fast völlig gehemmt.

3. Weinsäure.

a) Nach einer bekannten Entdeckung von Fenton[2] werden eine große Anzahl organischer Substanzen durch Wasserstoffsuperoxyd oder andere Oxydationsmittel rasch oxydiert, wenn man Eisenoxydulsalz zugibt. Wie $H_2O_2 + Fe^{\cdot\cdot}$ wirkt auch $O_2 + Fe^{\cdot\cdot}$, wenn belichtet wird (Fenton[2], Neuberg[3]).

---

[1] Fahrion: Die Chemie der trocknenden Öle.

[2] Fenton: Journ. of the chem. soc. (London) **65**, 899; **75**, 5; **87**, 804. 1905 und a. a. Orten.

[3] Neuberg: Biochem. Zeitschr. **36**, 37. 1911 und a. a. Orten.

Die Weinsäure unterscheidet sich nun, wie ich beobachtete, insofern von vielen andern, die Fenton-Reaktion gebenden Substanzen, daß sie auch im Dunkeln bei Zugabe von Eisenoxydulsalz — unter gewissen Konzentrationsverhältnissen — oxydiert wird. Weinsaure Salze geben die Reaktion nicht.

Die Werte, die man für den Sauerstoffverbrauch beim Mischen von 2,5 ccm $^m/_{10}$- oder $^m/_2$-Weinsäure mit 0,1 ccm 0,8proz. Mohrscher Salzlösung (= 0,1 mg Fe$^{..}$) erhält, sind aus der folgenden graphischen Darstellung (Abb. 5) abzulesen.

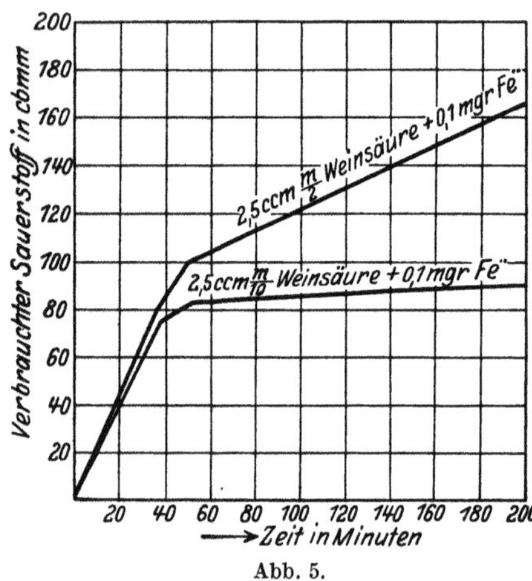

Abb. 5.

Sauerstoffaufnahme in der Kontrolle ohne Fe$^{..}$ habe ich, selbst in langen Zeiten, mit meiner Methode nicht beobachten können. Die Oxydationsbeschleunigung ist also jedenfalls sehr bedeutend.

b) Aus Abb. 5 geht hervor, daß die Oxydationsgeschwindigkeit in dem System Weinsäure-Eisensalz rasch abnimmt. Der Grund ist der, daß der Katalysator „verbraucht“ wird, denn erneuter Zusatz von Eisenoxydulsalz hat einen erneuten Anstieg der Oxydationsgeschwindigkeit zur Folge.

Der „Katalysatorverbrauch“ ist nun offenbar nichts anderes, als die Überführung des Eisens in die Oxydform; denn Eisenoxydsalz ist nicht imstande, die Weinsäureoxydation zu katalysieren.

Diese zuerst paradox erscheinende Tatsache ist auf Grund der Autoxydationstheorie, die von Manchot[1] und Engler[2] für die Eisensalze aufgestellt wurde, leicht verständlich und ihrerseits ein neuer Beweis für die Richtigkeit der Theorie. Bei der Oxydation der Eisenoxydulsalze durch Luftsauerstoff entsteht nämlich nach Manchot primär nicht Eisenoxyd, sondern ein Eisensuperoxyd, das sich dann mit Eisenoxydul zu Eisenoxyd umsetzt. In unserm Fall hätten wir uns also vorzustellen, daß das primär gebildete Eisensuperoxyd durch die Weinsäure nur zum Teil zu Eisenoxydul reduziert wird, zum Teil jedoch durch die Weinsäure nur zu Eisenoxyd reduziert wird, oder sich mit

---

[1] Manchot: Zeitschr. f. anorg. Chem. 27, 420. 1901.
[2] Engler u. Weissberg: Krit. Studien zur Autoxydation. Braunschweig 1904.

Eisenoxydul zu Eisenoxyd umsetzt. So müßte sich die Menge des wirksamen Eisenoxyduls dauernd verringern.

c) Was die Beeinflussung der Oxydationsgeschwindigkeit in dem System $Fe^{\cdot\cdot}$-Weinsäure anbetrifft, so ist der merkwürdige Einfluß der Neutralsalze erwähnenswert. Einige Beispiele sind in der folgenden graphischen Darstellung wiedergegeben, in der die angegebenen Molzahlen bedeuten, daß das System bezüglich des Salzes auf die genannten Molzahlen gebracht wurde.

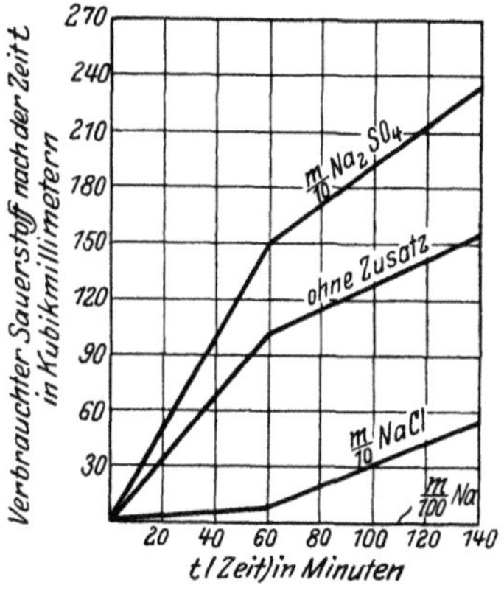

Abb. 6.

4. Dihydroxymaleinsäure.

COOH
|
COH
‖
COH
|
COOH

$+ 2 H_2O$ (Molekulargewicht 184)

wurde nach der Vorschrift von FENTON[1] aus Weinsäure und Wasserstoffsuperoxyd, bei Gegenwart von Eisensalz, dargestellt. Zum Nachweis der beschleunigenden Wirkung des Eisens wurden je 1 mg in 2 ccm Wasser gelöst und zu einer Probe 0,1 ccm 0,8proz. Lösung von MOHRschem Salz (= 0,1 mg $Fe^{\cdot\cdot}$) gegeben, während die andere Probe als Kontrolle diente. Nach 90 Min., bei 20°, war dann in der eisenhaltigen Probe etwa zehnmal soviel Sauerstoff verbraucht als in der eisenfreien Probe.

Unter den erwähnten Bedingungen kommt die Reaktion nach ca. 6 Stunden praktisch zum Stillstand, pro Mol Säure sind dann ca. 18000 ccm Sauerstoff, also nicht viel weniger als 1 Mol Sauerstoff (1 Mol = ca. 22000 ccm) verbraucht.

Bei der Reaktion entsteht pro Molekül verschwundenen Sauerstoffs annähernd ein Molekül Kohlensäure. Man kann das nachweisen, indem man zwei Atmungsgläschen mit gleichen Mengen Dihydroxymaleinsäure und Eisensalz beschickt, in den Einsatz des einen Atmungsgläschens KOH bringt, den Einsatz des anderen Atmungsgläschens jedoch leer läßt. Während in dem ersten Atmungsgläschen dann die Druckverminderung von der erwähnten Größe auftritt, bleibt der Druck in dem zweiten fast unverändert.

5. Andere Eisen-Oxydationskatalysen. Von Aldehyden, z. B. Önanthol, suspendiert man einige Milligramme in je 2 ccm und gibt zu einer

[1] Journ. of the chem soc. (London) 87, 804. 1905.

Probe 0,1 mg $Fe^{\cdot\cdot}$, während die andere als Kontrolle dient. Zu bemerken ist dabei, daß der Einsatz *b* keine Kalilauge enthalten darf, da sonst Aldehyd durch Destillation in die Kalilauge gelangt und hier rasch oxydiert wird. — Was die Thioverbindungen anbetrifft, so habe ich selbst mit ihnen nicht experimentiert. Quantitative Angaben findet man bei MATTHEWS und WALKER[1] und in einer jüngst erschienenen Arbeit von T. THUNBERG[2].

VI. Über die Fähigkeit des in der Eisubstanz natürlich vorkommenden Eisens, Oxydationen zu beschleunigen.

Eine Frage von großer Wichtigkeit ist die, ob das im Ei vorkommende Eisen oxydationskatalytisch wirken kann; sie wird, wie mir scheint, am einfachsten und direktesten so entschieden, daß man der Eisubstanz Körper zusetzt, deren Oxydation durch Eisen katalysiert wird und dann zusieht, wie sich die Sauerstoffaufnahme verhält.

Wäre die Oxydationsgeschwindigkeit in der Granulasuspension sehr labil, würde sie durch viele und verschiedenartige Substanzen beschleunigt, so würde eine Steigerung der Sauerstoffaufnahme bei Zusatz durch Fe katalysierbarer Substanzen nicht viel beweisen. Demgegenüber wiederhole ich, was ich schon an anderer Stelle sagte, daß die Oxydation in der Granulasuspension nur durch ganz wenige Arten von Stoffen beschleunigt wird. Zu diesen gehören nur in der Tat Weinsäure und Linolensäure.

Im folgenden sollen einige auf Eisen zu beziehende Beschleunigungen im einzelnen durchgesprochen werden.

a) Das Ei enthält reichliche Mengen Lecithin; die Lecithin-Fe-Katalyse wird durch Säuren beschleunigt; in Übereinstimmung damit wächst die Oxydationsgeschwindigkeit der Eisubstanz unter dem Einfluß von H-Ionen sehr bedeutend.

Zum Nachweis empfehle ich, den Acetonniederschlag der Eisubstanz der mit Äther gewaschen und dann getrocknet ist, zu benutzen. Reibt man 0,2 g dieses Niederschlags mit 2 ccm Wasser an, so wird in 100 Min. bei 20° 20—35 cmm Sauerstoff absorbiert, Kohlensäure entwickelt sich nicht. Reibt man nicht mit 2 ccm Wasser an, sondern mit 2 ccm $^{n}/_{10}$-HCl, so wird in 100 Min. 60—70 cmm Sauerstoff verbraucht. Statt Salzsäure können mit gleichem Erfolg auch andere Säuren verwendet werden, gerade so wie im System Eisen-Lecithin.

Zu bemerken ist hier, daß es für die Wasserstoffionenkonzentration, wenn eine möglichst große Oxydationsgeschwindigkeit erzielt werden

[1] Journ. of biol. chem. **6**. 1909.

[2] Skandinav. Arch. f. Physiol. **30**, 285. 1913.

soll, ein Optimum gibt. Dieses Optimum wurde nicht gemessen[1], doch genügt für praktische Zwecke die Angabe, daß Methylviolett, dem Gemisch von Acetonpulver und Säure zugesetzt, einen blauvioletten Farbenton zeigen soll.

b) Von allen untersuchten Säuren abweichend verhielt sich die Weinsäure, für die, unter sonst gleichen Bedingungen, der Zuwachs der Oxydationsgeschwindigkeit weitaus am größten war.

Wurden 0,2 g Acetonpulver mit 2 ccm $^{m}/_{2}$-Weinsäure angerieben, so wurden in 100 Minuten bei 20° nicht 60—70 cmm, wie unter dem Einfluß der andern Säuren, sondern 140 cmm Sauerstoff verbraucht, also 70—80 cmm mehr. Es ist mir nicht zweifelhaft, daß diese Ausnahmestellung der Weinsäure darauf beruht, daß sie selbst unter der Eisenwirkung oxydiert wird.

c) Die Linolensäure.

In a und b handelte es sich um Katalysen in stark saurem Milieu, in dem möglicherweise Eisen aus nichtkatalysierfähiger Form in katalysierfähige Form übergeführt worden sein könnte. Es ist deshalb wichtig, daß auch bei Zugabe von Linolensäure — deren gesättigte wässerige Lösung nur ungemein schwach sauer reagiert — die Oxydation in der Eisubstanz sehr erheblich beschleunigt wird.

Die Linolensäureversuche wurden nicht mit dem Acetonpulver, sondern mit der frischgewonnenen Granulasuspension angestellt. Dabei stieß ich auf eine Erscheinung, die als Möglichkeit vorauszusehen war: wenn nämlich das in der Granulasuspension natürlich vorkommende Eisen als Sauerstoffüberträger wirkt, so wird Zugabe einer Substanz, deren Oxydation durch Eisen katalysiert werden kann, keineswegs unter allen Umständen den Gesamtverbrauch an Sauerstoff steigern, z. B. dann nicht, wenn die zugesetzte Substanz dem oxydierten Eisen seinen Sauerstoff nur ebenso schnell oder langsamer fortnehmen kann, als die oxydable Substanz des Systems selbst. Dieser Fall ist offenbar für die Linolensäure realisiert, denn der Sauerstoffverbrauch steigt so gut wie nicht, wenn man sie zu der frischen Granulasuspension zusetzt.

Wie wir oben gesehen haben, nimmt die Oxydationsgeschwindigkeit in der Granulasuspension dauernd ab, und wie wir weiterhin gesehen heben, hat nach diesem Abklingen Zusatz von Eisen nur noch eine viel geringere Mehraufnahme von Sauerstoff zur Folge, als anfänglicher Eisenzusatz. Also: nachdem die Oxydation der Granulasuspension abgeklungen ist, enthält sie nur noch wenig durch Eisen oxydierbare Substanz.

---

[1] Das Acetonpulver bindet reichlich Säure, so daß die Wasserstoffionenkonzentration nicht aus der Menge der zugegebenen Säure berechnet werden kann.

Setzt man zu dieser Zeit Linolensäure zu, so beobachtet man jetzt ein starkes Anwachsen des Sauerstoffverbrauchs.

Als Beispiel dieser überaus wichtigen Verhältnisse sei ein Versuch in graphischer Darstellung (Abb. 7) wiedergegeben. Die verwendete Granulasuspension war ein wenig verdünnter als sonst, damit ihr Sauerstoffverbrauch schneller nachließe (4 ccm hüllenlose, zu einem dichten Sediment zusammenzentrifugierte Eier + 4 ccm S^I, geschüttelt). Je 2 ccm wurden in ein Atmungsgläschen pipettiert und die Atmung bei 23° mehrere Stunden beobachtet und notiert. Nach 3 Stunden war sie sehr schwach geworden. Nun wurde (Pfeil der Abb. 7) in ein Gläschen

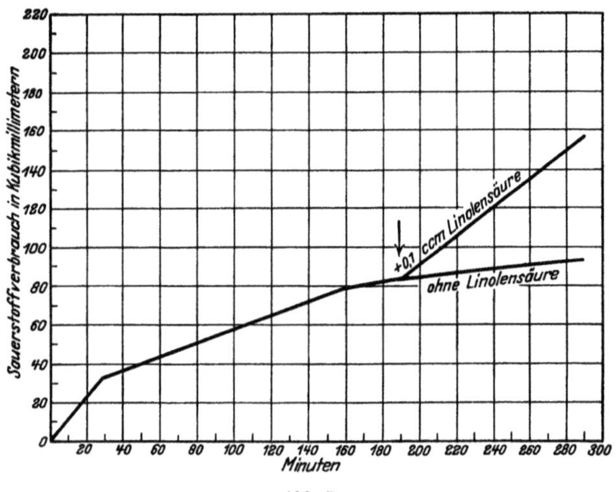

Abb. 7.

0,1 ccm Linolensäure gegeben (das andere blieb ohne Zusatz), und der Sauerstoffverbrauch weiter beobachtet. Nach 100 Min., gerechnet vom Augenblick der Linolenzugabe an, hatte die mit Linolensäure versetzte Probe 88 cmm Sauerstoff verbraucht, die Kontrolle nur 11 cmm. Um den durch spontane Oxydation der Linolensäure entstehenden Fehler auszuschalten, wurden gleichzeitig 0,1 ccm Säure in 2 ccm S^I geschüttelt und die hierbei auftretenden Druckverminderungen von den für Linolensäure + Eisubstanz erhaltenen Werten abgezogen.

Es verbrauchten:	nach 30 Min.	nach 100 Min.
Linolensäure allein	3	14 cmm O_2
Eisubstanz ,,	3	11 ,, O_2
Linolensäure + ,,	25	88 ,, O_2

Für die Sauerstoffaufnahme im System Linolensäure + Eisubstanz ist also korrigiert zu setzen:

nach 30 Min. 25 — 3 = 22 cmm O_2
„ 100 „ 88 — 14 = 74 „ O_2

Die korrigierten Werte sind in das Koordinatensystem der Abb. 7 eingetragen.

VII. Theorie.

Auf Grund der mitgeteilten Tatsachen stelle ich die Theorie auf, daß die Sauerstoffatmung im Ei eine Eisenkatalyse ist; daß der im Atmungsprozeß verzehrte Sauerstoff primär von gelöstem oder adsorbiertem Ferroion aufgenommen wird.

Ein Beweis für die Richtigkeit dieser Auffassung ist durch das Tatsachenmaterial nicht erbracht; wenn auch gezwungen und unter Annahme von Zufälligkeiten, läßt sich die Annahme verteidigen, daß die Atmung zwar durch Eisenzusatz beschleunigt wird, selbst jedoch keine Eisenkatalyse ist.

Daß die Theorie aber eine ungemein wahrscheinliche und einfache Erklärung der verschiedenen Tatsachen gibt, geht vielleicht am besten aus einer kurzen Zusammenfassung der Versuchsergebnisse hervor.

1. Die aus Seeigeleiern gewonnene atmende Flüssigkeit enthält auf 100 mg Stickstoff 0,02—0,03 mg Eisen.

2. Der Acetonniederschlag der Flüssigkeit gibt mit Rhodankali und Salzsäure Eisenionreaktion.

3. Fügt man zu der frisch hergestellten Flüssigkeit kleine Mengen Eisensalz, so steigt die Oxydationsgeschwindigkeit, höchstwahrscheinlich auch die Geschwindigkeit der Kohlensäureproduktion; und zwar beträgt die Steigerung der Oxydationsgeschwindigkeit 70—100%, wenn man auf 100 mg Stickstoff Hundertstel-Milligramme Eisen zusetzt. Größere Eisenmengen wirken nicht erheblich stärker; bedeutend kleinere Eisenmengen wirken nicht. Die Größenordnungen der bei Zusatz gerade wirksamen Eisenmengen und der im Ei natürlich vorkommenden Eisenmengen sind also gleich.

4. Fügt man das Eisensalz erst zu, nachdem die Atmung sehr schwach geworden ist, so ist der Mehrverbrauch an Sauerstoff viel geringer, als wenn das Eisen zur Zeit der ungeschwächten Atmung zugefügt wird. Der Stoff, auf den das zugesetzte Eisen den Sauerstoff überträgt, wird also offenbar im Atmungsprozeß verbraucht.

5. Der bei Eisenzusatz auftretende Mehrverbrauch an Sauerstoff wird durch das Narkoticum Äthylurethan um fast genau den gleichen Bruchteil gehemmt, wie die Atmung selbst.

6. Setzt man der Flüssigkeit Substanzen zu, deren Oxydation unter dem Einfluß von Eisen beschleunigt wird, so beobachtet man einen Mehrverbrauch von Sauerstoff; die Flüssigkeit verhält sich also als Kataly-

sator wie Eisensalz; oder: das in der Flüssigkeit natürlich vorkommende Eisen ist imstande, Oxydationen zu beschleunigen.

VIII. Anwendungen der Theorie.

1. Es spricht für die Theorie, daß eine fundamentale Tatsache der Atmungschemie durch sie sofort erklärt ist: die hemmende Wirkung sehr kleiner Blausäuremengen. Blausäure würde mit $Fe^{\cdot\cdot}$-Ion das komplexe und katalytisch unwirksame Ferrocyanion bilden. Sie würde in minimalen Mengen wirken, weil auch die umzusetzenden Eisenmengen minimal wären.

2. Schon mehrfach fiel es auf, daß die Oxydation in der Zelle große Ähnlichkeit hat mit der Oxydation durch H_2O_2 bei Gegenwart von Eisensalz[1]. Nun bildet sich aus Eisenoxydul bei der Autoxydation zunächst höchstwahrscheinlich ein Superoxyd, und wir hätten dann in der Zelle als Oxydationsmittel Superoxyd[2] bei Gegenwart von Eisenoxydulsalz.

Auch die verschiedenen Peroxyd- und Superoxydtheorien der Atmung erhalten von diesem Standpunkt aus ein ganz anschauliches Gesicht.

IX. Historische Bemerkung.

Die Vermutung, daß das Eisen im Mechanismus der Atmung eine Rolle spielt, ist wohl schon mehrfach geäußert worden; wußte man doch einerseits, daß das Eisen sehr allgemein in Zellen vorkommt, andererseits, daß es im Reagensglas Oxydationen beschleunigen kann. Es handelte sich hier um Vermutungen, die der experimentellen Begründung ebenso entbehrten, wie die Mangan,- Calcium- oder andere Atmungstheorien[3].

---

[1] Vgl. beispielsweise Dakin: Journ. of biol. chem. 1, 17. 1906.

[2] Wasserstoffsuperoxyd oder Eisensuperoxyd.

[3] Für Nichtfachgenossen sei hier bemerkt, daß die Sauerstoffaufnahme des eisenhaltigen Hämoglobins, wie sie beispielsweise im Säugetierblut vor sich geht, mit der Sauerstoffatmung chemisch nichts zu tun hat; das Hämoglobin kommt hier mit den Zellen, an die es den Sauerstoff abliefert, gar nicht in Berührung.

Kristineberg, den 30. Mai.

Biochem. Zeitschr. **113**, 257. 1921.

Über die Oxydation des Cystins und anderer Aminosäuren an Blutkohle.

Von

Otto Warburg und **Erwin Negelein.**

(Aus dem Kaiser Wilhelm-Institut für Biologie, Berlin-Dahlem.)

(Eingegangen am 15. November 1920.)

Mit 4 Abbildungen.

Die Verbrennungsorte in lebenden Zellen sind die Grenzschichten zwischen dem flüssigen Zellinhalt und den festen Strukturteilen[1]. Es läßt sich zeigen, daß viele Stoffe in diesen Grenzschichten verdichtet werden.

Festen Körpern kommt die Eigenschaft zu, Gasreaktionen zu beschleunigen[2]; so wirken Metalle, Quarz, Bernstein, Kohle und andere Stoffe auf die Vereinigung von Wasserstoff und Sauerstoff. FARADAY[3] nimmt an, daß hierbei die Verdichtung der reagierenden Stoffe an der Oberfläche der festen Körper eine wesentliche Rolle spiele; eine Annahme, die dem Rechnung trägt, was den chemisch verschiedenartigen, auf die Knallgasreaktion aber gleichartig wirkenden Körpern gemeinsam ist, nämlich ihrem Adsorptionsvermögen.

Die Adsorption aus Lösungen[4] — mit der wir es in lebenden Zellen zu tun haben — unterscheidet sich von der Adsorption aus Gasräumen durch die Beteiligung des Lösungsmittels an der Adsorption. Wasser verdrängt adsorbierte Gase von der Kohleoberfläche. Kohle, die aus Gasräumen große Gasmengen adsorbiert, nimmt aus wässerigen Lösungen nur geringe Gasmengen auf, eine Erklärung für die Tatsache, daß

---

[1] WARBURG, O.: Ergebn. d. Physiol. **14**, 253. 1914; Pflügers Arch. f. d. ges. Physiol. **154**, 599. 1913; **158**, 19. 1914; **158**, 189. 1914; Sitzungsber. d. Heidelberg. Akad. d. Wiss., Mathem.-naturw. Kl. **1**. 1914.

[2] DOEBEREINER: Ann. de chim. et de physiol. **24**, 91. 1823. — DULONG u. THÉNARD: ebenda **24**, 380. 1823. — CALVERT: Cpt. rend. Paris **64**, 1246. 1867.

[3] FARADAY: Experimentaluntersuchungen. Ostwalds Klassiker **87**, 21ff.

[4] FREUNDLICH, H.: Zeitschr. f. physikal. Chem. **57**, 385. 1907.

wässerige Kohlensuspensionen die Vereinigung von Wasserstoff und Sauerstoff nicht merklich beschleunigen.

Andererseits sind Fälle bekannt, in denen die Adsorption aus Lösungen chemische Reaktionsbeschleunigungen bedingt. So beobachteten FREUNDLICH[1] und MASIUS, daß eine wässerige Oxalsäurelösung in Berührung mit Kohle bei Zimmertemperatur unbeständig ist. Ich habe gefunden[2], daß die Oxalsäure an Kohle zu Kohlensäure und Wasser verbrennt[3]. Es sei bemerkt, daß indifferente Narkotica diese Oberflächenoxydation nach denselben Gesetzmäßigkeiten hemmen, wie die Verbrennungen in lebenden Zellen.

Ein zweiter näher untersuchter Fall ist die Oxydation des Phenylthioharnstoffs, der nach FREUNDLICH und BJERCKE[4] an der Kohleoberfläche rasch oxydiert wird. Den zeitlichen Verlauf bestimmt nach den genannten Autoren die Geschwindigkeit, mit der der Sauerstoff durch eine Adsorptionsschicht zur Kohleoberfläche hindiffundiert.

Ein dritter Fall soll in der vorliegenden Mitteilung beschrieben werden, die Oxydation des Eiweißspaltproduktes Cystin, einer beständigen schwefelhaltigen Aminosäure, die durch mehrstündiges Kochen von Eiweiß mit starker Salzsäure gewonnen wird. Bringt man in verdünnte wässerige Cystinlösungen Blutkohle und schüttelt bei 40° mit Luft oder Sauerstoff, so verschwindet die Aminosäure unter Sauerstoffaufnahme, während gleichzeitig Kohlensäure, Ammoniak und Schwefelsäure als Endprodukte auftreten; das heißt, die Endprodukte der Eiweißverbrennung in lebenden Zellen.

Die Geschwindigkeit dieses Vorgangs ist eine außerordentlich große. Vergleichen wir die Geschwindigkeiten der Sauerstoffaufnahme durch 1 g Kohle und durch 1 g eines stark atmenden Gewebes, etwa der Warmblüterleber, so finden wir sie gleich, wenn die Kohle mit einer $^1/_{500}$ molaren Cystinlösung im Gleichgewicht ist.

Wie Cystin verbrennen viele Aminosäuren an Kohle, beispielsweise Leucin und Tyrosin. Andere biologisch wichtige Stoffe — Zucker, Fettsäuren, Milchsäure, Apfelsäure — sind im Vergleich zu den Aminosäuren an Kohle beständig. So nehmen kohlehaltige Traubenzuckerlösungen bei 40° keine merklichen Sauerstoffmengen auf; dies ist um so auffallender, als Traubenzucker unter andern Bedingungen recht reaktionsfähig ist und im Reagensglas unter dem Einfluß von Alkalien[5],

[1] FREUNDLICH, H.: Capillarchemie. Leipzig 1909. S. 163ff.

[2] WARBURG, O.: Pflügers Arch. f. d. ges. Physiol. **155**, 547. 1914.

[3] Zusatz beim Neudruck: Statt dieses Satzes steht in der Originalarbeit: „und eine nähere Verfolgung dieser Beobachtung ergab, daß die Oxalsäure hier zu Kohlensäure und Wasser verbrennt".

[4] FREUNDLICH, H. u. BJERCKE: Zeitschr. f. physikal. Chem. **91**, 1. 1916.

[5] MATHEWS: Journ. of biol. chem. **6**, 3. 1909.

von Kupfersalzen[1] und von kolloidalem Palladium[2] leicht oxydiert werden kann.

Die Wiedergabe der Versuche zerfällt in folgende Abschnitte:

I. Methoden.
II. Bindung des Cystins an Kohle.
III. Oxydation des Cystins an Kohle.
IV. Endprodukte der Cystinoxydation.
V. Einfluß der Temperatur auf die Cystinoxydation.
VI. Oxydation des Cysteins an Kohle.
VII. Oxydation des Tyrosins an Kohle.
VIII. Oxydation des Leucins an Kohle.
IX. Anhang.

I. Methoden.

1. Die verwandte Kohle war MERCKS „Tierblutkohle, hochwertig, biologisch geprüft“. In wässeriger Suspension bei 40° mit Sauerstoff geschüttelt, nimmt sie weder Sauerstoff auf, noch gibt sie Kohlensäure ab. Verdünnte Salzsäure entwickelt nur Spuren Kohlensäure und vermag der Kohle nur Spuren von Ammoniak zu entziehen. Mit Wasser bei 40° extrahiert, gibt sie nur Spuren von Schwefelsäure ab. Näheres über die Kontrollen findet man bei der Beschreibung der Versuche.

KAHLBAUMS Blutkohle steht in der Wirkung auf die Cystinoxydation kaum hinter dem Merckschen Präparat zurück. Sie ist jedoch weniger rein und gibt insbesondere an verdünnte Salzsäure merkliche Mengen Ammoniak ab.

2. Das Cystin war aus Haaren durch Kochen mit Salzsäure in der üblichen Weise dargestellt. 0,4545 g, mit Normalsalzsäure zu 15 ccm aufgelöst, drehten die Polarisationsebene von Natriumlicht im 1-Dezimeterrohr bei Zimmertemperatur 6,55° nach links. Daraus ergibt sich $[\alpha]_D = -216^0$, während E. FISCHER und SUSUKI[3] unter gleichen Bedingungen $[\alpha]_D = -222^0$ fanden. Das Präparat enthielt also etwa 1,5% der rechtsdrehenden Form.

Die spezifische Drehung von Cystin, in Normalsalzsäure gelöst, ist von der Konzentration ziemlich unabhängig. 0,067 g, mit Normalsalzsäure auf 100 ccm aufgelöst, ergaben im 2-Dezimeterrohr ein $\alpha_D = -0{,}29^0$, woraus sich $[\alpha]_D = -216^0$ berechnet. Eine derartige Lösung ist etwa $3 \cdot 10^{-3}$ normal.

Zur Herstellung der Versuchslösungen wurde Cystin fein gepulvert,

---

[1] MATHEWS u. MC. GUIGAN: Americ. journ. of physiol. **19**, 199. 1907.
[2] WIELAND: Ber. d. Dtsch. Chem. Ges. **46**, 3327. 1914.
[3] Hoppe-Seylers Zeitschr. f. physiol. Chem. **45**, 405. 1905.

mit der 1000fachen Menge Wasser gekocht, heiß von wenig ungelöstem filtriert, abgekühlt und in einem Teil der so erhaltenen übersättigten Lösung (für aktives Cystin wird eine Löslichkeit von 1 : 9000 bei Zimmertemperatur angegeben) nach Zugabe von 10% 10fach Normalsalzsäure der Cystingehalt polarimetrisch, unter Einsetzung des Wertes $[\alpha]_D = -216^0$, ermittelt. Der Rest der Lösung wurde dann, gegebenenfalls nach passender Verdünnung, zum Versuch verwendet.

3. Das Cystein wurde nach der Vorschrift von E. FRIEDMANN[1] aus Cystin durch Reduktion mit Zinn und Salzsäure als Chlorhydrat dargestellt. 0,0424 g, in 96proz. Alkohol gelöst und nach KLASON und CARLSON[2] titriert, verbrauchten die berechnete Menge von 2,7 ccm $^n/_{10}$-Jodlösung.

4. Sauerstoffverbrauch und Kohlensäurebildung wurden nach früher beschriebenen Methoden bestimmt, indem die Kohlesuspensionen mit relativ großen Gasmengen in verschlossenen Gefäßen im Thermostaten geschüttelt und die entstehenden und verschwindenden Gasmengen aus den Druckänderungen berechnet wurden, die angeschlossene HALDANE-BARCROFTsche Blutgasmanometer zeigten. (Form der Gefäße, diese Zeitschr. **110**, 72. 1920; Formeln zur Berechnung des Gaswechsels ebenda, Seite 73 und am Kopf des Abschnittes IX.) Die Druckänderungen, die hierbei auftraten, waren, je nach der verwandten Cystinmenge, einige hundert bis einige tausend Millimeter der BRODIEschen Manometerflüssigkeit (von der 10000 mm = 760 mm Hg).

Die Berechnung des Sauerstoffverbrauchs und der Kohlensäurebildung aus den Druckänderungen setzt voraus, daß außer Sauerstoff und Kohlensäure Gase weder verschwinden, noch entstehen. Da an die Möglichkeit gedacht werden mußte, daß Kohlenoxyd bei der Cystinoxydation gebildet werde, wurde eine gasanalytische Kontrolle gemacht. Durch einen beiderseitig mit Schwanzhähnen verschließbaren Rezipienten, der zur Hälfte mit cystinhaltiger Kohlesuspension gefüllt war, wurde zunächst 30 Minuten lang elektrolytisch entwickelter Sauerstoff, der ein mit Kupferoxyd beschicktes glühendes Quarzrohr passiert hatte, durchgeleitet. Dann wurden die Hähne geschlossen, eine passende Zeit im Thermostaten geschüttelt, und hierauf ein Teil der Gase in den Haldaneschen Analysenapparat eingesaugt. Es zeigte sich nach Absorption durch Kalilauge und Hydrosulfit, daß der Gasrest nicht merklich zugenommen hatte (Anhang Nr. 1), also andere Gase neben Kohlensäure nicht entstanden waren.

Eine zweite Kontrolle betraf die Frage, wieweit das Adsorptionsvermögen der Kohle für Kohlensäure die Resultate beeinflusse. Be-

---

[1] Hofmeisters Beitr. 4, 504. 1904. [2] Chem. Zentralbl. 1906, S. 1090.

schickt man 2 Gefäße von je 30 ccm Inhalt mit je 10 ccm einer $^1/_{2000}$ molaren Natriumcarbonatlösung, gibt in das eine außerdem 0,2 g Kohle, verschließt mit den Manometern, schüttelt zunächst im Thermostaten, bis Temperatur- und Druckgleichgewicht eingetreten ist und kippt nun, ohne zu öffnen, aus einem Einsatz je 1 ccm $^n/_{10}$-Salzsäure in die Carbonatlösung, so wird aus der kohlehaltigen Flüssigkeit eine um etwa 10% kleinere Kohlensäuremenge an den Gasraum abgegeben als aus der kohlefreien Flüssigkeit. In dieser Größenordnung liegen die Fehler bei der Kohlensäurebestimmung; die aus den Druckänderungen berechnete Kohlensäurebildung wird um etwa 10% zu klein gefunden. Der an sich nicht unbedeutende Fehler stört jedoch die Beurteilung des Oxydationsverlaufes nicht wesentlich.

Ähnliche Schwierigkeiten bestehen für die Ammoniak- und Schwefelsäurebestimmung. Die Mengen an Reaktionsprodukten, die wir bei Kohleversuchen messen, sind in diesem Sinn allgemein Minimalzahlen.

5. Zur Bestimmung des Ammoniaks wurde eine cystinhaltige Kohlesuspension eine passende Zeit mit Sauerstoff bei 40° geschüttelt, dann auf 10 ccm 1 ccm $^n/_{10}$-Salzsäure zugegeben, filtriert und mit $^n/_{100}$-Salzsäure bis zum Verschwinden der Ammoniakreaktion gewaschen. Aus einem aliquoten Teil der vereinigten Filtrate wurde nach Zugabe von $^1/_{10}$ Volumen 10proz. Kaliumcarbonatlösung mittels eines Luftstroms[1] das Ammoniak ausgetrieben, in $^n/_{50}$-Salzsäure aufgefangen und die übergegangene Ammoniakmenge in bekannter Weise colorimetrisch ermittelt.

Vielleicht würden etwas größere Ammoniakmengen erhalten worden sein, wenn wir die Kohle mit Salzsäure ausgekocht hätten; doch war die Anwendung höherer Temperaturen aus naheliegenden Gründen zu vermeiden.

6. Zur Bestimmung der Schwefelsäure wurde durch eine cystinhaltige Kohlesuspension bei 40° eine passende Zeit Sauerstoff geleitet, dann filtriert, die Kohle 2mal mit einer größeren Menge Wasser angerieben und filtriert, die neutral reagierende Flüssigkeit auf dem Wasserbade eingeengt, nach Zusatz von Salzsäure mit Bariumchlorid gefällt und das Bariumsulfat gewogen.

II. Bindung des Cystins an Kohle.

Abderhalden und Fodor[2] haben gezeigt, daß Aminosäuren von Blutkohle gebunden werden; zwischen der von der Kohle gebundenen

[1] Methode von Folin: Hoppe-Seylers Zeitschr. f. physiol. Chem. **37**, 161. 1902/03 und Abderhalden: Biochem. Arbeitsmethode **7**, 715. 1913.

[2] Zeitschr. f. Fermentforschung **2**, 74. 1917; **2**, 151. 1918.

Menge und der Konzentration in der Lösung besteht bei kleinen Aminosäurekonzentrationen einfache Proportionalität.

Leider sehen wir zunächst keinen Weg, die Bindung des Cystins an Kohle bei verschiedenen Konzentrationen in befriedigender Weise zu messen. Die Schwierigkeit liegt einerseits in der Unbeständigkeit des von der Kohle aufgenommenen Cystins, andererseits in der Schwerlöslichkeit dieser Aminosäure. Schüttelt man Cystinlösungen mit Kohle, so enthalten die klaren Filtrate stets Kohle in feiner Verteilung, die sich vollständig nur durch Eindampfen bis zur Trockene entfernen läßt; hierbei wird das Cystin weiter zersetzt. Dampft man nicht ein, so sind die Lösungen zur polarimetrischen Bestimmung zu verdünnt, während Stickstoffbestimmungen durch den in der Kohle enthaltenen Stickstoff fehlerhaft werden.

Unter diesen Verhältnissen konnte die Bindung des Cystins an Kohle nur für eine Konzentration ermittelt werden, indem zu einer gesättigten Cystinlösung (Löslichkeitsbestinmung Abschnitt IX, Nr. 2) so viel Kohle zugegeben wurde, daß die polarimetrische Bestimmung im Filtrat, nach erfolgter Adsorption, noch eben mit einiger Genauigkeit (auf 10%) möglich war. Es wurde so gefunden, daß 1 g Kohle, im Gleichgewicht mit einer $0{,}58 \cdot 10^{-3}$ molaren Cystinlösung, 0,083 Millimole Cystin enthält. (Abschnitt IX, Nr. 3.)

Anschaulicher kann das Resultat der Adsorptionsmessung so ausgedrückt werden: Gibt man zu 100 ccm einer 0,034proz. Cystinlösung 1 g Kohle, so verschwinden infolge der Adsorption etwa 60% der Aminosäure aus der Lösung.

III. Oxydation des Cystins an Kohle.

1. Schüttelt man wässerige Cystinlösungen in neutraler, saurer oder alkalischer Lösung bei 40° mit Sauerstoff von Atmosphärendruck, so wird kein Sauerstoff aufgenommen; auch nach Zusatz von Metallsalzen, die in anderen Fällen als Sauerstoffüberträger wirken, beispielsweise von Eisensalzen, ist Cystin unter den genannten Bedingungen beständig.

Schüttelt man wässerige Kohlesuspensionen bei 40° mit Sauerstoff von Atmosphärendruck, so wird kein Sauerstoff aufgenommen.

Dagegen absorbieren wässerige Cystinlösungen, in denen Kohle suspendiert ist, Sauerstoff mit großer Geschwindigkeit.

2. Verbrennt Cystin[1] zu Kohlensäure, Wasser, Ammoniak und Schwefelsäure, nach der Gleichung

[1] Konstitution des Cystins vgl. C. Neuberg: Ber. d. Dtsch. Chem. Ges. **35**, 3161. 1902; E. Friedmann: Hofmeisters Beitr. **3**, 1. 1902; Erlenmeyer: Ber. d. Dtsch. Chem. Ges. **36**, 2720. 1903; E. Fischer u. Raske: Ber. d. Dtsch. Chem. Ges. **41**, 893. 1908.

$$\begin{array}{ll} CH_2-S-S-CH_2 & \\ | \qquad\qquad\quad | & \\ CHNH_2 \quad CHNH_2 & + 8{,}5\,O_2 = 6\,CO_2 + 3\,H_2O + 2\,NH_3 + 2\,SO_3, \\ | \qquad\qquad\quad | & \\ COOH \quad\;\; COOH & \end{array}$$

(Molekulargewicht 240)

so werden 8,5 Moleküle Sauerstoff verbraucht, während 6 Moleküle Kohlensäure, 2 Moleküle Ammoniak und 2 Moleküle Schwefelsäure entstehen. Der Quotient $\frac{CO_2}{O_2}$ ist für diesen Vorgang gleich 0,71.

3. Von den zahlreichen Versuchen, die wir mit verschiedenen Kohlepräparaten, wechselnden Kohlemengen und Cystinkonzentrationen ausgeführt haben, sei zunächst folgendes Beispiel näher beschrieben:

In 4 Meßgefäße von ungefähr (Genaueres Anhang Nr. 4) 30 ccm Inhalt wurden je 2 ccm einer übersättigten Cystinlösung, die in 2 ccm 1,97 mg Substanz enthielten, sowie je 40 mg MERCKscher Blutkohle eingefüllt. Nachdem der Einsatz der Meßgefäße zur Absorption etwa gebildeter Kohlensäure mit je 1 ccm 5proz. Kalilauge beschickt war, wurde mit den Manometern verbunden, die Gasräume mit verschiedenen Sauerstoff-Stickstoffmischungen gefüllt und bei 40° mit der Kohlesuspension ins Gleichgewicht gebracht. Die Gasmischungen enthielten 97, 63, 20,9 und 5,1% Sauerstoff; der Gesamtdruck bei Schluß der Hähne war 760 mm Hg, woraus sich, unter Berücksichtigung der Wasserdampftension, Sauerstoffpartialdrucke von 684, 444, 147 und 36 mm Hg berechnen (Sauerstoffkonzentrationen von $0{,}92 \cdot 10^{-3}$, $0{,}6 \cdot 10^{-3}$, $0{,}2 \cdot 10^{-3}$ und $0{,}049 \cdot 10^{-3}$ Molen pro Liter Flüssigkeit). Der Sauerstoffvorrat in den drei Gefäßen mit höheren Sauerstoffdrucken war bei dieser Anordnung so groß, daß die Sauerstoffkonzentration bis zur Beendigung der Oxydation als konstant betrachtet werden konnte; das gleiche gilt nicht für das vierte Gefäß, für das deshalb nur die Anfangsgeschwindigkeit der Sauerstoffaufnahme gemessen wurde.

Die Druckänderungen, die beim Schütteln der Gefäße auftraten, sind in Tabelle 1 (in Millimetern BRODIEscher Flüssigkeit) verzeichnet, daneben die unter Berücksichtigung der Volumina berechneten Sauerstoffaufnahmen in Kubikmillimetern. Hierbei entsprach einem Millimeter Druckabnahme durchschnittlich ein Sauerstoffverbrauch von 2,4 cmm Sauerstoff. Die Kurve Abb. 1 ist eine graphische Wiedergabe desselben Versuchs, die Abszissen bedeuten die Minuten nach Schluß der Hähne, die Ordinaten die nach *t* Minuten verbrauchten Sauerstoffmengen in Kubikmillimetern.

4. Sehen wir zunächst von dem zeitlichen Verlauf der Sauerstoffaufnahme ab und betrachten die Endwerte, die sich durch Extrapolation aus den Kurven ergeben. Für totale Verbrennung von 1,97 mg Cystin

berechnet sich ein Sauerstoffverbrauch von 1563 cmm. Demgegenüber werden tatsächlich verbraucht:

Bei einem Sauerstoffdruck von mm Hg	cmm Sauerstoff
684	580
444	560
147	476

Die Verbrennung ist also unvollständig, um so unvollständiger, je niedriger der Sauerstoffdruck. Steigt der Sauerstoffdruck von 147 auf 684 mm Hg, so steigt der Endwert der Sauerstoffaufnahme von 31% auf 38% der für totale Verbrennung berechneten.

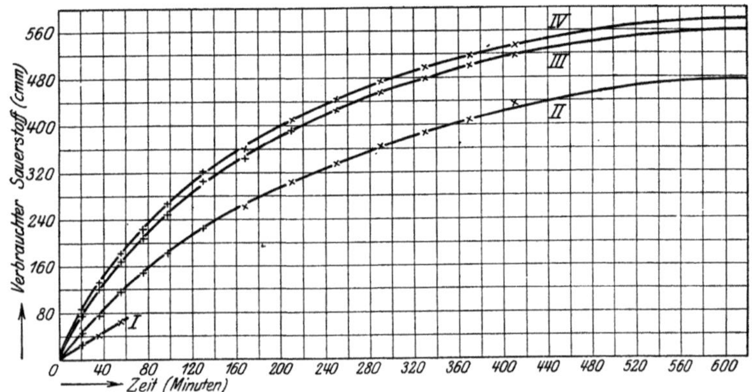

Abb. 1. 1,94 mg Cystin, 40 mg Kohle, 2 ccm Wasser. 40°. I.: O_2-Partialdruck 36 mm Hg; II.: O_2-Partialdruck 147 mm Hg; III.: O_2-Partialdruck 444 mm Hg; IV.: O_2-Partialdruck 684 mm Hg.

Tabelle 1. *1,97 mg Cystin, 40 mg Kohle, 2 ccm H_2O. 40°.*

Zeit (Minuten)	O_2-Druck 684 mm Hg		O_2-Druck 444 mm Hg		O_2-Druck 147 mm Hg		O_2-Druck 36 mm Hg	
	Beobachtete Druckänderung mm	Sauerstoffverbrauch cmm	Beobachtete Druckänderung mm	Sauerstoffverbrauch cmm	Beobachtete Druckänderung mm	Sauerstoffverbrauch cmm	Beobachtete Druckänderung mm	Sauerstoffverbrauch cmm
21	— 36,5	84	— 31,5	75	— 18,5	45	— 10,5	26
36	— 57	131	— 50	120	— 31	75	— 17	41
56	— 79	182	— 70,5	168	— 47,5	115	— 26	63
76	— 97,5	224	— 87	208	— 61	148		
98	— 116	267	— 104	249	— 75	182		
130	— 140,5	323	— 127,5	305	— 93	225		
168	— 157	361	— 144	344	— 107,5	260		
210	— 178	409	— 163,5	391	— 125	303		
250	— 193	444	— 178	425	— 138,5	335		
290	— 206	474	— 190,5	455	— 150,5	364		
330	— 216	497	— 200,5	479	— 160	387		
370	— 224,5	516	— 209	500	— 168,5	408		
410	— 232	534	— 216,5	517	— 180	436		
∞		580		560		476		

Ist die Sauerstoffaufnahme beendigt, so läßt sich kein unverändertes Cystin mehr nachweisen, weder polarimetrisch, noch durch die MÖRNERsche Schwefelbleireaktion. — Die Geschwindigkeit der Sauerstoffaufnahme steigt nahezu auf ihren Anfangswert, wenn nach Stillstand der Oxydation die Cystinkonzentration durch Zugabe neuer Substanz auf ihren Anfangswert gebracht wird. Es scheint also, daß die Reaktionsprodukte nur wenig hemmen.

5. Betrachten wir weiterhin den zeitlichen Verlauf der Oxydation, indem wir die Annahme zugrunde legen, daß sie, wenn auch unvollständig, so doch bei einem bestimmten Sauerstoffdruck in jedem Augenblick gleichartig ist. Wir dürfen dann die nach t Minuten oxydierte Cystinmenge x dem nach t Minuten verbrauchten Sauerstoff, die Anfangsmenge an Cystin A dem nach unendlicher Zeit verbrauchten Sauerstoff proportional setzen. Tun wir das, so findet sich, daß der Ausdruck $\frac{1}{t} \ln \frac{A}{A-x}$ nahezu konstant ist (Tabelle 2); und zwar ist dieKonstanz besonders befriedigend für den Sauerstoffdruck von 147 mm Hg.

Tabelle 2.

t (Minuten)	$\frac{1}{t} \ln \frac{A}{A-x} \cdot 10^3$		
	O_2-Druck 684 mm Hg	O_2-Druck 444 mm Hg	O_2-Druck 147 mm Hg
21	7,4	6,9	4,7
36	7,1	6,7	4,8
56	6,7	6,4	4,9
76	6,7	6,2	4,9
98	6,2	6,0	4,9
130	5,8	6,0	4,9
168	5,8	5,8	4,7
210	5,8	5,8	4,8
250	5,8	5,8	4,9
290	5,8	5,8	5,0
330	6,0	6,0	5,1
370	5,8	6,0	5,2
410	[5,8]	[6,4]	[6,0]
Mittel:	6,2	6,1	4,9

Die Konstanz des Ausdrucks $\frac{1}{t} \ln \frac{A}{A-x}$ bedeutet, daß die verschwindende Cystinmenge der in jedem Augenblick vorhandenen Gesamtmenge an Cystin proportional ist, und zwar verschwindet pro Minute — da $k = \frac{\frac{dx}{dt}}{A-x}$ — bei einem Sauerstoffdruck von 684 mm Hg

0,62%, bei einem Sauerstoffdruck von 444 mm Hg 0,61% und bei einem Sauerstoffdruck von 147 mm Hg 0,49% der jeweils vorhandenen Cystinmenge.

Bei Sauerstoffdrucken über 100 mm Hg und bei 40° war $\frac{1}{t}\ln\frac{A}{A-x}$ in allen Versuchen nahezu konstant; doch waren die Zahlenwerte für die Konstanten in verschiedenen Versuchen, je nach den benutzten Kohlenpräparaten, unter sonst gleichen Bedingungen verschieden; bei einem konstanten Sauerstoffdruck von 700 mm Hg lagen sie zwischen $5 \cdot 10^{-3}$ und $11 \cdot 10^{-3}$ (vgl. auch Nr. 7 dieses Abschnittes und Abschnitt V).

Die Tatsache, daß die Geschwindigkeit der Reaktion der jeweils vorhandenen Cystinmenge proportional ist, besagt, worauf besonders hingewiesen sei, nichts über den Mechanismus des Vorgangs; sie ist sowohl mit der Annahme verträglich, daß der Fortschritt der Reaktion durch monomolekularen Zerfall des Cystins in einer homogenen Adsorptionsschicht bestimmt wird, als auch mit der Annahme[1], daß die Diffusion des Cystins durch eine adhärierende oder Adsorptionsschicht für den zeitlichen Verlauf maßgebend ist.

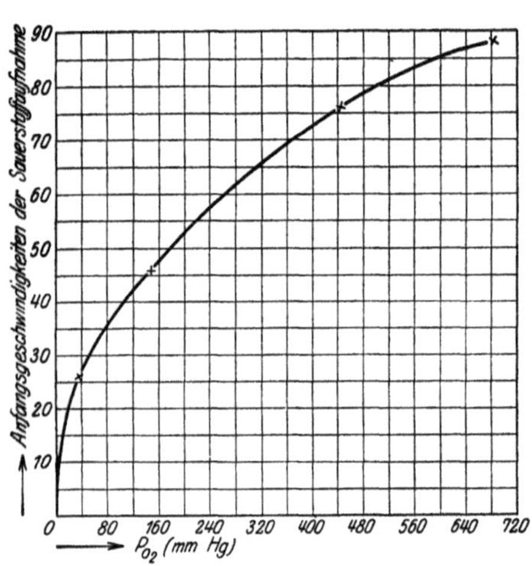

Abb. 2. 1,94 mg Cystin, 40 mg Kohle, 2 ccm Wasser. 40°.

6. Weniger übersichtlich ist die Beziehung zum Sauerstoffdruck, der nach dem Vorhergehenden auf zweierlei Art wirkt: einerseits wachsen die Werte für $\frac{1}{t}\ln\frac{A}{A-x}$, andererseits die Endwerte mit wachsendem Sauerstoffdruck. Es ändert sich also nicht nur die Geschwindigkeit der Cystinzerstörung, sondern auch der Reaktionsmodus. Eine einfache Beziehung ist hier nicht zu erwarten.

Der Einfluß des Sauerstoffdrucks tritt mehr hervor, wenn man nicht die Geschwindigkeitskonstanten, sondern einfach die Sauerstoffaufnahmen für gleiche Zeiten und gleiche Cystinmengen bei verschiedenen Sauerstoffdrucken vergleicht. Entnimmt man aus Abb. 1 die nach 21 Minuten verbrauchten Sauerstoffmengen — die Cystinmenge kann

[1] Vgl. Kinetik heterogener Reaktionen bei NERNST: Theor. Chemie. Stuttgart 1913. S. 610.

nach dieser Zeit als unverändert betrachtet werden —, trägt sie als Ordinaten auf, die zugehörigen Sauerstoffdrucke als Abszissen, so erhält man das Bild der Abb. 2.

7. Als zweites Beispiel sei ein Versuch mit einem anderen Präparat gleichfalls MERCKscher Blutkohle angeführt (Tabelle 3, Anhang Nr. 5), mit gleichen Cystin- und Kohlekonzentrationen, jedoch der 5fachen absoluten Menge an allen Stoffen. Der Verlauf entspricht dem des ersten Beispiels.

Tabelle 3.

9,7 mg Cystin, 200 mg Kohle, 10 ccm H_2O. 40°. Sauerstoffdruck 700 mm Hg.

t (Minuten)	Beobachtete Druckveränderung mm	Sauerstoff-verbrauch cmm	$\frac{1}{t} \ln \frac{A}{A-x} \cdot 10^3$
19	— 184	311	6,0
40	— 377	637	6,2
68	— 577	975	6,0
104	— 767	1296	5,8
152	— 968	1636	5,5
212	— 1157	1955	5,3
292	— 1336	2258	5,1
359	— 1447	2445	5,1
421	— 1531	2587	5,3
451	— 1565	2645	5,5
512	— 1622	2741	5,5
594	— 1684	2846	[6,7]
∞		2900	

Mittel: 5,6

8. Mit Hinblick auf den Gedankengang, der dieser Arbeit zugrunde liegt, wollen wir schließlich fragen, wie groß die Wirksamkeit der Kohle als Oxydationskatalysator im Vergleich zur Wirksamkeit lebenden Gewebes ist. BARCROFT und SHORE[1] fanden für die Säugetierleber — eines der am stärksten atmenden Warmblüterorgane — im lebenden Tier eine Sauerstoffaufnahme von 1,5—15 ccm pro Stunde, bezogen auf 1 g Trockensubstanz, im Mittel also etwa 8 ccm pro Stunde. Aus Tabelle 1 entnehmen wir, daß bei einem Sauerstoffdruck von 700 mm Hg von 40 mg Kohle bei Körpertemperatur in den ersten 21 Minuten 84 cmm Sauerstoff aufgenommen werden, das heißt von 1 g Kohle pro Stunde 6,3 ccm. Die Anfangskonzentration des Cystins in der Lösung betrug hierbei $1,7 \cdot 10^{-3}$ Mole pro Liter. Wir können also sagen, daß Kohle, im Gleichgewicht mit einer $1,7 \cdot 10^{-3}$ molaren Cystinlösung, als Oxydationskatalysator die Wirksamkeit von lebendem Lebergewebe fast erreicht.

[1] Journ. of physiol. 45, 296. 1912.

IV. Endprodukte der Cystinoxydation.

1,2 g Cystin wurden feingepulvert mit 1200 ccm Wasser einige Zeit gekocht, heiß von wenig Ungelöstem abfiltriert und nach dem Abkühlen der Cystingehalt der übersättigten Lösung polarimetrisch ermittelt, der sich zu 97 mg auf 100 ccm ergab. Dann wurde zu je 100 ccm der (übersättigten) Lösung 2 g Merckscher Blutkohle gegeben und Sauerstoffverbrauch und Endprodukte für eine Versuchszeit von 6 Stunden in passenden Mengen der Suspension bestimmt.

1. *Schwefelsäure.* Durch 1000 ccm Suspension, die 970 mg Cystin enthielten, wurde 6 Stunden lang bei 40° eine Gasmischung von 97% Sauerstoff und 3% Stickstoff geleitet. Das Filtrat der Kohle gab nach dieser Zeit mit Bariumchlorid in salzsaurer Lösung eine starke Fällung. Filtrate und Waschwässer wurden, wie in I beschrieben, verarbeitet. Erhalten 0,2120 g Bariumsulfat, berechnet für totale Verbrennung 1,88 g Bariumsulfat. Es war also 11% des Cystinschwefels als Schwefelsäure erschienen.

Zur Kontrolle wurde durch eine gleiche Menge wässeriger cystinfreier Kohlensuspension bei 40° 16 Stunden lang die gleiche Gasmischung durchgeleitet; die vereinigten, auf 200 ccm eingedampften Filtrate und Waschwässer zeigten mit Bariumchlorid erst nach längerem Stehen eine eben merkliche Trübung. Kohle gibt also unter den Bedingungen unserer Anordnung keine in Betracht kommenden Schwefelsäuremengen ab.

2. *Ammoniak.* 10 ccm Suspension, die 9,7 mg Cystin enthielten, wurden bei 40° 6 Stunden lang mit einer Gasmischung geschüttelt, die 97% Sauerstoff und 3% Stickstoff enthielt. Dann wurde 1 ccm $^{n}/_{10}$-Salzsäure zugegeben, filtriert, mit $^{n}/_{100}$-Salzsäure gewaschen, Filtrat und Waschwasser vereinigt und das Ammoniak nach Folin bestimmt. Erhalten 0,4 mg Ammoniak, berechnet für totale Verbrennung 1,4 mg Ammoniak. Es war also 29% des Cystinstickstoffs als Ammoniak erschienen.

Zur Kontrolle wurde ein zweiter Versuch angestellt, in dem statt Cystinlösung destilliertes Wasser 6 Stunden bei 40° mit Sauerstoff und Kohle geschüttelt und dann weiter wie oben verfahren wurde. Erhalten 0,002 mg Anmoniak. Diese Kontrolle, in die auch der Ammoniakgehalt der Reagenzien eingeht, zeigt, daß die Kohle unter unseren Versuchsbedingungen keine in Betracht kommenden Ammoniakmengen abgibt.

Sowohl die Schwefelsäure- als auch die Ammoniakbildung aus Cystin unter dem Einfluß von Kohle läßt sich bequem im Lauf eines mehrstündigen Versuches zeigen. Leitet man durch Reagensröhrchen, die 10 ccm einer 0,1 proz. (übersättigten) Cystinlösung und 0,2 g Kohle enthalten, unter Erwärmung auf 40° Sauerstoff, so geben die Filtrate schon nach kurzer Zeit kräftige Schwefelsäure- und Ammoniakreaktion. Bemerkt sei, daß NESSLERS Reagens, direkt zu den Filtraten zugesetzt, erst richtige Resultate gibt, wenn das Cystin praktisch völlig aus der Lösung verschwunden ist.

3. *Sauerstoffverbrauch und Kohlensäurebildung.* In zwei ungefähr gleich große Meßgefäße wurden je 10 ccm der Suspension, die je 9,7 mg Cystin enthielten, eingefüllt: in den Einsatz des ersten Gefäßes außerdem 1,5 ccm 5 proz. Kalilauge. Der Einsatz des zweiten Gefäßes blieb leer. Dann wurde mit den Manometern verbunden und bei 40° mit einer Mischung von 97% Sauerstoff und 3% Stickstoff gesättigt. Beim Schütteln zeigte das Manometer des ersten Gefäßes die Änderung des Sauerstoffpartialdrucks an, das Manometer des zweiten Gefäßes die Summe der Sauerstoff- und Kohlensäuredruckänderungen. Nach 6 Stunden betrug die Druckänderung im ersten Gefäß —1447 mm, im zweiten Gefäß —901 mm BRODIEscher Flüssigkeit. Daraus berechnet sich, unter Berücksichtigung der Gefäßvolumina und der Absorptionskoeffizienten der Gase (vgl. Anhang Nr. 6), ein Sauerstoffverbrauch von 2445 cmm und eine Kohlensäureproduktion von 1037 cmm. Bei totaler Verbrennung des Cystins müßten 7690 cmm Sauerstoff verschwunden und 5150 cmm Kohlensäure erschienen sein. Nach 6 Stunden war also 32% der berechneten Sauerstoffmenge verbraucht und 20% der berechneten Kohlensäuremenge erschienen.

Zur Kontrolle wurde ein zweiter Versuch angestellt, in dem an Stelle der Cystinlösung destilliertes Wasser 6 Stunden mit 0,2 g Kohle und Sauerstoff geschüttelt wurde. Hierbei wurden an den Manometern beider Meßgefäße Druckänderungen nicht beobachtet. Eine wässerige Kohlesuspension verbraucht also unter unseren Versuchsbedingungen weder Sauerstoff noch gibt sie Kohlensäure ab.

Eine zweite Kontrolle betraf die Frage, ob etwa durch die bei der Cystinoxydation entstehende Säure Kohlensäure aus der Kohle freigemacht werde. Zur Entscheidung wurden 2 Meßgefäße mit je 10 ccm einer 2 proz. wässerigen Kohlesuspension beschickt, die Einsätze mit je 1 ccm $^{n}/_{10}$-Salzsäure gefüllt, dann mit den Manometern verbunden und bei 40° mit Sauerstoff von Atmosphärendruck gesättigt. Hierauf wurden die Hähne geschlossen und die Salzsäure des einen Meßgefäßes alsbald in die Kohlesuspension eingekippt. Hierbei entstand ein positiver Druck von 3 mm BRODIE. Das zweite Gefäß wurde zunächst 6 Stunden bei 40° mit Sauerstoff geschüttelt und dann wie das erste behandelt. Diesmal wurde beim Einkippen der Salzsäure keine Druckänderung beobachtet. Enthält also die Kohle gebundene Kohlensäure, so sind diese Mengen so klein, daß sie gegen die großen Ausschläge von Hunderten von Millimetern, die bei dem Cystinversuch beobachtet werden, nicht in Betracht kommen.

4. Stellen wir das Ergebnis unseres Versuchs zusammen, so ergibt sich:

	Gefunden in % der für totale Verbrennung berechneten Menge
Sauerstoffverbrauch	32%
Kohlensäurebildung	20%
Ammoniakbildung	29%
Schwefelsäurebildung	11%

Berücksichtigen wir, daß, wie aus Abb. 1 hervorgeht, die Cystinzerstörung nach 6 Stunden noch nicht völlig beendigt ist, und weiterhin, daß die Kohle einen Teil der Reaktionsprodukte möglicherweise verfestigt, so kann gleichwohl kein Zweifel bestehen, daß die Oxydation des Cystins eine unvollständige ist; ein Schluß, der schon nach dem zeitlichen Verlauf der Sauerstoffaufnahme und bei Berücksichtigung des Endwertes der Sauerstoffaufnahme fast unabweislich war. Auch stehen die Reaktionsprodukte unter sich in einem Verhältnis, das die Möglichkeit ausschließt, ein Teil des Cystins verbrenne vollständig, ein anderer Teil werde durch die Kohle in unveränderter Form unwirksam gemacht. Offenbar ist der Reaktionsverlauf ein komplizierterer.

Es ist ein Mangel dieser Untersuchung, daß wir über den Verbleib des Cystins nicht vollständig Rechenschaft ablegen können. Trotzdem haben wir geglaubt, uns in dieser Beziehung bescheiden zu müssen, da eine Entwirrung des Reaktionsverlaufs zweifellos eine schwierige präparative Aufgabe ist, die uns zu weit von unserem eigentlichen Arbeitsgebiet abführen würde. Wir halten es jedoch nicht für ausgeschlossen, daß eine nähere Untersuchung des oxydativen Abbaues von Aminosäuren mittels Kohle in präparativer Hinsicht manches wertvolle Ergebnis zutage fördern wird.

V. Einfluß der Temperatur auf die Cystinoxydation.

Für diese Versuche wurde mit etwa 0,01 proz., das heißt auch bei Zimmertemperatur untersättigten Lösungen gearbeitet. Der Sauerstoffdruck war 700 mm Hg und blieb während der Versuche praktisch konstant. Da sich der Absorptionskoeffizient des Sauerstoffs zwischen den Versuchstemperaturen, 30 und 40^0, um 13% ändert, so unterscheiden sich um den gleichen Betrag auch die Sauerstoffkonzentrationen in dem geprüften Temperaturintervall. Nach Abb. 1 ist bei hohen Sauerstoffdrucken eine derartige Änderung der Sauerstoffkonzentration ohne Einfluß auf den Verlauf der Oxydation, so daß bei beiden Temperaturen praktisch bei denselben Sauerstoffkonzentrationen gearbeitet wurde.

Über den Fortschritt der Oxydation bei 30 und 40° gibt Tabelle 4 und Abb. 3 Aufschluß (Anhang Nr. 7).

Tabelle 4.

0,97 mg Cystin, 200 mg Kohle, 10 ccm H_2O. Sauerstoffdruck 700 mm Hg.

40°				30°			
t (Min.)	Beobachtete Druckänderung mm	Verbrauchter Sauerstoff cmm (x)	$\frac{1}{t}\ln\frac{A}{A-x}10^3$ $A = 300$	t (Min.)	Beobachtete Druckänderung mm	Verbrauchter Sauerstoff cmm (x)	$\frac{1}{t}\ln\frac{A}{A-x}10^3$ $A = 230$
42	— 67	112	11,0	46	— 30	57	6,2
70	— 98	164	11,3	70	— 47	79	6,0
92	— 113	189	10,8	102	— 65	110	6,4
130	— 133	222	10,3	131	— 80	135	6,7
170	— 147	245	9,9	171	— 97	164	7,3
220	— 159	266	9,9	215	— 110	186	7,6
254	— 166	277	10,1	252	— 119	201	8,2
∞		300				230	

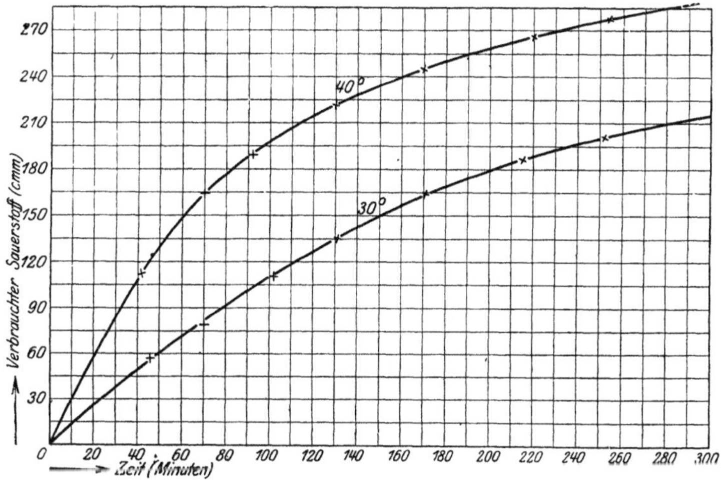

Abb. 3. 0,97 mg Cystin, 200 mg Kohle, 10 ccm H_2O. Sauerstoffdruck 700 mm Hg.

Vergleichen wir zunächst die Zeiten t_{30} und t_{40}, in denen gleiche Sauerstoffmengen verbraucht werden, so finden wir (Tabelle 5), daß $\frac{t_{30}}{t_{40}}$ etwa gleich 2,5 ist, eine Tatsache, aus der nicht geschlossen werden darf, daß der „Temperaturkoeffizient" zwischen 30 und 40° gleich 2,5 ist. Wir stoßen nämlich hier auf eine ähnliche Erscheinung, wie bei Variierung der Sauerstoffdrucke; die Endwerte der Sauerstoffaufnahme sind bei verschiedenen Temperaturen verschieden. Bei 40° kommt die Oxydation zum Stillstand, wenn 300 cmm, bei 30°, wenn 230 cmm

Sauerstoff aufgenommen sind. Ähnlich also, wie die Oxydation mit steigenden Sauerstoffdrucken, so wird sie auch mit steigender Temperatur vollständiger.

Tabelle 5.

Umsatz cmm O_2	t_{40}	t_{30}	$\frac{t_{30}}{t_{40}}$
100	37	89,5	2,42
150	61,5	150,5	2,45
200	102	250	2,45

Eine Betrachtung der dritten Stäbe der Tabelle lehrt weiterhin, daß der Ausdruck $\frac{1}{t} \ln \frac{A}{A-x}$ bei 30° einen ausgesprochenen Gang zeigt. Auch durch Vergleich der $\frac{1}{t} \ln \frac{A}{A-x}$ Werte also läßt sich nichts Sicheres darüber sagen, in welchem Maße die Temperatur die Cystinzerstörung beschleunigt.

VI. Oxydation des Cysteins an Kohle.

1. Eine wässerige Lösung von Cystein nimmt bei Zimmertemperatur Sauerstoff auf[1]; die Oxydation verläuft nach der Gleichung:

$$\begin{array}{l} CH_2SH \\ | \\ CHNH_2 \\ | \\ COOH \end{array} + \tfrac{1}{4}\,O_2 = \begin{array}{l} CH_2S- \\ | \\ CHNH_2 \\ | \\ COOH \end{array} + \tfrac{1}{2}\,H_2O$$

Pro Mol. Cystein werden hierbei $^1/_4$ Mol. Sauerstoff verbraucht.

Die Geschwindigkeit dieses Vorganges ist, wie MATHEWS und WALKER[1] in einer interessanten Arbeit gezeigt haben, von der Wasserstoffionenkonzentration der Lösung abhängig; bei schwach alkalischer Reaktion besitzt sie ein ausgeprägtes Maximum.

Es scheint noch nicht festzustehen, ob ganz reine, insbesondere von jeder Spur Schwermetall befreite Cysteinlösungen sich spontan oxydieren; soviel sich aus den Angaben der Literatur ersehen läßt, wurden von verschiedenen Autoren unter sonst gleichen Bedingungen recht verschiedene Geschwindigkeiten beobachtet.

Nach unseren Beobachtungen verläuft der Vorgang im Gebiet der Wasserstoffionenkonzentration 10^{-9} am schnellsten. Wurden 6,3 mg Cysteinchlorhydrat in 10 ccm von SOERENSENS[2] Boratgemisch ($H^+ = 10^{-9,42}$)

[1] BAUMANN, E.: Hoppe-Seylers Zeitschr. f. physiol. Chem. **8**, 299. 1883—1884. — MATHEWS u. WALKER: Journ. of biol. chem. **6**, 21. 1909. — THUNBERG, T.: Skandinav. Arch. f. Physiol. **30**, 285. 1913.

[2] SOERENSEN, S. P. L.: Ergebn. d. Physiol. **12**, 393. 1912.

gelöst und mit Luft bei 25° geschüttelt, so wurde folgender Gang der Sauerstoffaufnahme beobachtet.

Tabelle 6.
6,3 mg Cysteinchlorhydrat, 10 ccm Boratlösung.
$H^+ = 10^{-9,24}$. 25°. Luft.

t (Minuten)	Verbrauchter Sauerstoff cmm (x)	$\frac{1}{t} \ln \cdot \frac{A}{A-x} \cdot 10^3$ ($A = 225$)
40	60	7,8
77	108	8,5
102	134	9,0
150	172	9,7
206	199	10,4
261	215	11,5
326	224	
374	225	
431	225	

Die Oxydation war also nach 6 Stunden praktisch beendigt; nach dieser Zeit waren 225 cmm Sauerstoff aufgenommen, der nach vorstehender Gleichung für 6,3 mg Chlorhydrat berechnete Wert.

Wäre die Geschwindigkeit der Oxydation der in jedem Augenblick vorhandenen Cystinmenge proportional, so müßte, da die Wasserstoffionen- und Sauerstoffkonzentration während des Versuchs als konstant betrachtet werden können, der Ausdruck $\frac{1}{t} \ln \frac{A}{A-x}$ konstant sein. Die dritte Kolumne der Tabelle zeigt, daß das nicht der Fall ist, die betreffenden Werte zeigen eine Zunahme mit dem Fortschritt der Reaktion.

2. Verbrennt Cystein zu Kohlensäure, Wasser, Ammoniak und Schwefelsäure nach der Gleichung

$$\begin{array}{l} CH_2SH \\ | \\ CHNH_2 + 4{,}5\,O_2 = 3\,CO_2 + NH_3 + SO_3 + 2\,H_2O, \\ | \\ COOH \end{array}$$

so werden 4,5 Moleküle Sauerstoff verbraucht, während 3 Moleküle Kohlensäure, 1 Molekül Ammoniak und 1 Molekül Schwefelsäure entstehen. Der Quotient $\frac{CO_2}{O_2}$ ist für diesen Vorgang gleich 0,67.

3. Schüttelt man wässerige Cysteinlösungen, in denen Kohle suspendiert ist, bei 40° mit Sauerstoff, so wird etwa 6mal soviel Sauerstoff aufgenommen, als für den Übergang Cystein → Cystin nötig ist. Als

Endprodukte der Reaktion erscheinen Kohlensäure, Ammoniak und Schwefelsäure.

4. Was den zeitlichen Verlauf der Sauerstoffaufnahme anbetrifft (Tabelle 7), so liegen die Verhältnisse ganz ähnlich wie bei der Cystinoxydation. Auch hier ist der Ausdruck $\frac{1}{t} \ln \frac{A}{A-x}$ bis zur Beendigung der Sauerstoffaufnahme annähernd konstant, allerdings weniger gut als bei den Cystinversuchen (Anhang Nr. 8).

Tabelle 7.

6,3 mg Cysteinchlorhydrat, 200 mg Kohle, 10 ccm H_2O. 40°. Sauerstoffdruck 700 mm Hg.

t (Minuten)	Beobachtete Druckänderung mm	Verbrauchter Sauerstoff cmm (x)	$\frac{1}{t} \ln \frac{A}{A-x} \cdot 10^3$ $A = 1420$
30	—228	324	8,9
60	—396	562	8,9
90	—509	723	8,3
120	—590	838	8,1
150	—660	937	7,8
220	—773	1098	7,4
310	—866	1230	7,4
400	—935	1328	6,9
∞		1420	

5. Zur Bestimmung des Sauerstoffverbrauchs und der Endprodukte wurde eine Lösung, die auf je 100 ccm 63 mg Cysteinchlorhydrat und 2 g Kohle enthielt, bei 40° mit einer Gasmischung von 97% Sauerstoff und 3% Stickstoff geschüttelt. Die Sauerstoffkonzentration konnte während der ganzen Versuchsdauer als konstant betrachtet werden. Die Ablesungen und Messungen wurden nach 5—6 Stunden vorgenommen, also zu einer Zeit (vgl. Tabelle 7), als die Reaktion schon nahezu beendet war.

Sauerstoffverbrauch und Kohlensäurebildung. In zwei ungefähr gleich große Meßgefäße (Anhang Nr. 9) wurden je 10 ccm Suspension, die je 6,3 mg Cysteinchlorhydrat enthielten, eingefüllt, in den Einsatz des ersten Gefäßes 1,5 ccm 5proz. Kalilauge, in den Einsatz des zweiten Gefäßes 1,5 ccm $^n/_{10}$-Salzsäure. Dann wurde mit den Manometern verbunden und bei 40° mit der genannten Gasmischung gesättigt. Nach 5 Stunden betrug die Druckänderung in dem ersten Gefäß —699 mm Brodie, in dem zweiten Gefäß —433 mm Brodie. Daraus berechnet sich, unter Berücksichtigzng der Gefäßvolumina und der Absorptionskoeffizienten der Gase, ein Sauerstoffverbrauch von 1167 cmm und eine Kohlensäurebildung von 590 cmm. Berechnet für totale Verbrennung ist ein Sauerstoffverbrauch von 4040 cmm und eine Kohlensäurebildung von 2710 cmm, das heißt, es sind 29% der berechneten Sauerstoffmenge verbraucht und 22% der berechneten Kohlensäuremenge erschienen. Das gefundene Verhältnis $\frac{CO_2}{O_3}$ ist 0,5, das für totale Verbrennung berechnete 0,67.

Ammoniakbildung. 10 ccm der Suspension, die 6,3 mg Cysteinchlorhydrat enthielten, wurden mit einem Überschuß der genannten Gasmischung 5 Stunden bei 40° geschüttelt. Dann wurde 1 ccm $^n/_{10}$-Salzsäure zugegeben, filtriert, mit $^n/_{10}$-Salzsäure gewaschen und in den vereinigten Filtraten das Ammoniak nach Folin bestimmt. Erhalten 0,20 mg Ammoniak, berechnet für totale Verbrennung 0,68 mg. Es war also 30% des Cysteinstickstoffs als Ammoniak erschienen.

Schwefelsäurebildung. 1240 ccm Suspension, die 781 mg Cysteinchlorhydrat enthielten, wurden 6 Stunden mit einem Überschuß der genannten Gasmischung bei 40° geschüttelt und dann weiter wie bei dem entsprechenden Cystinversuch verfahren. Erhalten 214 mg Bariumsulfat, berechnet für totale Verbrennung 1169 mg. Es war also 18% des Cysteinschwefels als Schwefelsäure erschienen.

Stellen wir das Resultat unseres Versuchs zusammen, so ergibt sich:

ein Sauerstoffverbrauch von 29% des für totale Verbrennung berechneten,

eine Kohlesäurebildung von 22% der für totale Verbrennung berechneten,

eine Ammoniakbildung von 30% der für totale Verbrennung berechneten,

eine Schwefelsäurebildung von 18% der für totale Verbrennung berechneten.

VII. Oxydation des Tyrosins an Kohle.

Verbrennt Tyrosin vollständig zu Kohlensäure, Wasser und Ammoniak, so werden pro Molekül Aminosäure 9,5 Moleküle Sauerstoff aufgenommen und 9 Moleküle Kohlensäure gebildet. Das Verhältnis $\frac{CO_2}{O_2}$ ist hierbei gleich 0,95.

Auch Tyrosin ist an Kohle gegenüber Sauerstoff unbeständig. Bei der Oxydation entsteht Kohlensäure; das Verhältnis $\frac{CO_2}{O_2}$ ist jedoch nicht 0,95, wie bei totaler Verbrennung, sondern 0,55. Es scheint also, daß Tyrosin ebenso wie die schwefelhaltigen Aminosäuren an Kohle unvollständig oxydiert wird.

Wir haben diesen Fall nicht genauer untersucht. Von 3 Versuchen, die wir ausführten, sei folgender mitgeteilt: 0,2 g natürliches, aus Seide hergestelltes Tyrosin wurde in 200 ccm heißen Wassers gelöst und zu der abgekühlten Flüssigkeit, ehe sich Aminosäure ausschied, 4 g Kohle gegeben. Je 10 ccm der so hergestellten Suspension wurden in 2 Meßgefäße eingefüllt; in den Einsatz des ersten Gefäßes außerdem 1,5 ccm 5proz. Kalilauge. Dann wurde mit den Manometern verbunden und bei 40° mit einer Gasmischung von 97% Sauerstoff und 3% Stickstoff gesättigt. Beim Schütteln der Gefäße wurden die in Tabelle 8 verzeichneten Druckänderungen beobachtet (Anhang Nr. 10).

Tabelle 8.

10 mg Tyrosin, 0,2 g Kohle, 10 ccm H_2O. 40°. Sauerstoffdruck 700 mm Hg.

t (Min.)	Sauerstoffverbrauch		Kohlensäurebildung	
	Druckänderung beobachtet	Verbraucht cmm O_2	Druckänderung beobachtet	Gebildet cmm CO_2
20	— 40	67	— 21,5	36
60	— 103	172	— 53	97
120	— 215	359	— 108	208
180	— 342	571	— 173	328
240	— 459	767	— 235	434
270	— 510	852	— 264	476
300	— 555	927	— 290	513

Nach 5 Stunden waren 927 cmm Sauerstoff verbraucht und 513 cmm Kohlensäure erschienen. Es ist kaum nötig, zu erwähnen, daß eine wässerige Tyrosinlösung ohne Kohle unter unseren Versuchsbedimgungen gegenüber Sauerstoff beständig ist.

VIII. Oxydation des Leucins an Kohle.

Verbrennt Leucin vollständig nach der Gleichung

$$C_6H_{13}NO_2 + 7{,}5\ O_2 = 6\ CO_2 + 5\ H_2O + NH_3,$$

so werden pro Molekül Leucin 7,5 Moleküle Sauerstoff verbraucht, es entstehen 6 Moleküle Kohlensäure und 1 Molekül Ammoniak. Das Verhältnis $\frac{CO_2}{O_2}$ ist hierbei 0,8.

Während wässerige Leucinlösungen bei 40° gegenüber Sauerstoff durchaus beständig sind, wird nach Zugabe von Kohle Sauerstoff mit großer Geschwindigkeit aufgenommen. Ebenso wie die Oxydation des Cystins, so ist die Oxydation des Leucins an Kohle unvollständig; doch geht die Desamidierung weiter, indem nach 7 Stunden, wenn die Sauerstoffaufnahme fast beendigt ist, 75% des Leucinstickstoffes als Ammoniak gefunden werden. Bemerkenswert ist auch, daß das Verhältnis $\frac{CO_2}{O_2}$ hier 0,8 ist, das heißt dasselbe wie bei totaler Verbrennung.

Das verwendete Leucin war natürliches, optisch aktives Leucin.

Über den zeitlichen Verlauf der Oxydation gibt ein in Tabelle 9 und Abb. 4 wiedergegebener Versuch Aufschluß (Anhang Nr. 11).

Tabelle 9.

2,4 mg Leucin, 400 mg Kohle, mit H_2O auf 10 ccm. 40°. Sauerstoffdruck 700 mm Hg.

t (Minuten)	Beobachtete Druckänderung mm	Verbrauchter Sauerstoff cmm (x)	$\frac{1}{t} \ln \frac{A}{A - x} \cdot 10^3$ ($A = 630$)
20	— 28	49	4,1
45	— 66	115	4,6
80	—112	195	4,6
120	—154	268	4,6
165	—194	338	4,6
227	—232	404	4,6
287	—257	447	4,4
347	—277	482	4,1
407	—295	513	4,1
∞		630	

Die Sauerstoffaufnahme ist beendigt, wenn 2,4 mg Leucin 0,63 ccm Sauerstoff aufgenommen haben, das ist 20% der für totale Verbrennung berechneten Menge.

Der Ausdruck

$$\frac{1}{t} \ln \frac{A}{A - x}$$

bleibt während der ganzen Dauer der Oxydation konstant; die Geschwindigkeit ist also in jedem Augenblick der Gesamtmenge an Leucin proportional. Pro Minute verschwindet 0,4% der jeweils vorhandenen Leucinmenge.

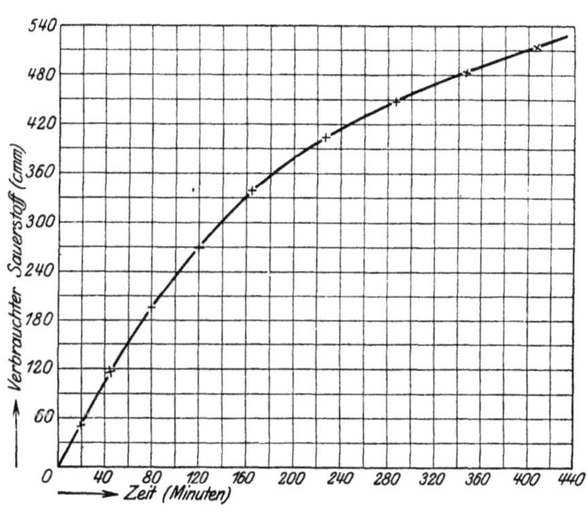

Abb. 4. 2,4 mg Leucin, 400 mg Kohle, mit H_2O auf 10 ccm. 40°. Sauerstoffdruck 700 mm Hg.

Zur Bestimmung der Endprodukte wurde eine Flüssigkeit hergestellt, die in 100 ccm 4 g Kohle und 24 mg Leucin enthielt. In je 10 ccm wurden dann Sauerstoffverbrauch, Kohlensäure- und Ammoniakbildung bestimmt, indem 7 Stunden bei 40° mit einem Überschuß von 97proz. Sauerstoff geschüttelt wurde.

1. Sauerstoffverbrauch. In ein Meßgefäß wurden 10 ccm der Suspension gegeben, in den Einsatz 1 ccm 5proz. Kalilauge. Die Druckänderung nach 410 Minuten betrug — 295 mm Brodie. Unter Berücksichtigung der Gas- und Flüssigkeitsvolumina (vgl. Anhang Nr. 12) berechnet sich daraus ein Sauerstoffverbrauch von 513 cmm.

2. *Kohlensäurebildung.* In 2 Meßgefäße wurden je 10 ccm der Suspension gegeben, in die Einsätze je 1 ccm $^n/_{10}$-Salzsäure. Nachdem durch Schütteln im Thermostaten Temperatur- und Druckgleichgewicht eingetreten war, wurden die Manometerhähne beider Gefäße geschlossen und nunmehr sofort der Inhalt des einen Einsatzes in die Kohlensuspension eingekippt. Hierbei trat ein positiver Druck von 33 mm Brodie auf. Unter Berücksichtigung der Gas- und Flüssigkeitsräume (vgl. Anhang Nr. 12) berechnet sich daraus für den Beginn des Versuchs ein Kohlensäuregehalt von 68 cmm.

Das zweite Meßgefäß wurde 410 Minuten geschüttelt; dann wurde, ohne zu öffnen, der Inhalt des Einsatzes in die Kohlesuspension eingekippt und wenige Minuten nach dem Einkippen der Druck abgelesen, der — 89 mm Brodie betrug. Daraus berechnet sich unter Berücksichtigung der Gas- und Flüssigkeitsräume (vgl. Anhang Nr. 12) 476 cmm Kohlensäure, von der die zu Beginn des Versuchs vorhandene Menge, 68 cmm, abzuziehen ist. Es waren mithin 408 cmm Kohlensäure entstanden.

3. *Ammoniakbildung.* 10 ccm der Suspension wurden 410 Minuten geschüttelt; dann wurde 1 ccm $^n/10$-Salzsäure zugegeben, filtriert, mit $^n/_{100}$-Salzsäure gewaschen und in den vereinigten Filtraten das Ammoniak bestimmt. Erhalten 0,23 mg Ammoniak.

4. Zusammenstellung des Versuchs.

	Berechnet für totale Verbrennung	Gefunden	Prozente der für totale Verbrennung berechn. Menge
Sauerstoffaufnahme . . .	3,1 ccm	0,51 ccm	16,5
Kohlensäurebildung . . .	2,8 „	0,41 „	17
Ammoniakbildung	0,31 mg	0,23 mg	74

Das gefundene Verhältnis $\frac{CO_2}{O_2}$ ist 0,8, die gleiche Zahl berechnet sich für totale Verbrennung.

IX. Anhang.

Aus den Druckänderungen, die an den Manometern beobachtet sind, ergeben sich die entstandenen oder verschwundenen Gasmengen nach folgenden Formeln (vgl. diese Zeitschr. **110**, 71ff. 1920):

Sei v_M das Volumen der Manometercapillare bis zum Meniskus der Sperrflüssigkeit, v_F das Volumen der flüssigen, v_G das Volumen der am Ausgleich beteiligten Gasphase, alles in cmm, T die Versuchstemperatur in absoluter Zählung,

α der Absorptionskoeffizient des entstehenden oder verschwindenden Gases in der flüssigen Phase bei T Grad, h die beobachtete Druckänderung in mm Brodie (10000 mm = 760 mm Hg), x die entstandene Gasmenge in cmm (0° 760 mm Hg), so ist

$$x = h\left[\frac{v_M + v_G}{v_G} \cdot \frac{v_G \frac{273}{T} + v_F\,\alpha}{10000}\right] = h\,K\,.$$

K ist die „Gefäßkonstante". Druckzunahmen werden positiv, Druckabnahmen negativ gerechnet. Je nach der Natur des entstehenden oder verschwindenden Gases erhalten wir verschiedene Werte für K, nämlich K_{O_2}, K_{CO_2} usw.

Entstehen oder verschwinden 2 Gase, so gestaltet sich die Bestimmung sehr einfach, wenn ein geeignetes Absorptionsmittel zur Verfügung steht. Handelt es sich beispielsweise um Sauerstoff und Kohlensäure, so werden 2 Meßgefäße mit gleichen Mengen der zu prüfenden Substanzen beschickt. In den Einsatz des ersten Meßgefäßes (vgl. Abb. 1 der oben zit. Arbeit S. 72) wird 5proz. Kalilauge zur Absorption der Kohlensäure gegeben. Bezeichnen wir alle auf das erste Meßgefäß bezüglichen Größen mit dem Index I, alle auf das zweite Meßgefäß bezüglichen Größen mit dem Index II, so gilt

$$x_{O_2} = h^{I} K^{I}_{O_2} \qquad (1)$$

$$x_{CO_2} = h^{II} K^{II}_{CO_2} - x_{O_2} \frac{K^{II}_{CO_2}}{K^{II}_{O_2}}\,. \qquad (2)$$

Sind die Gas- und Flüssigkeitsräume für beide Meßgefäße gleich, so geht (2) über in

$$x_{CO_2} = (h^{II} - h^{I})\,K_{CO_2}\,.$$

Nr. 1. 10 ccm einer 2proz. Kohlensuspension, die 10 mg Cystin enthielten, wurden in einem Rezipienten von 23,3 ccm Inhalt eingefüllt und 30 Minuten lang bei 40° mit 99,7proz. Sauerstoff gesättigt. Hierauf wurden die Hähne geschlossen und bei 40° geschüttelt. Barometerstand bei Schluß der Hähne 760 mm Hg, $v_F = 10$, $v_G = 13{,}3$. $K_{CO_2} = 1{,}68$ (vgl. diese Zeitschr. **110**, 71. 1920).

Nach 2 Stunden wurde der Rezipient mit dem Meßrohr eines Haldaneapparats verbunden und ein Teil der Gasmischung eingesaugt.

Analyse: Stickstoff im Apparat 1,97 ccm. Gesamtvolumen nach Einsaugen der Gasprobe 8,39 ccm. Eingesaugt 6,42 ccm. Nach Absorption durch Kalilauge 8,18 ccm. Nach Absorption durch Hydrosulfit 2,00 ccm. Gasrest 0,03 ccm. Die Zunahme des Gasrestes um 0,01 ccm lag also innerhalb der Fehlergrenzen.

Nr. 2. Löslichkeit des Cystins. 0,2 g Cystin wurden mit 200 ccm Wasser gekocht, heiß von wenig ungelöstem abfiltriert und das Filtrat im Thermostaten bei 40° geschüttelt, wobei sich Aminosäure ausschied. Nach 1, 3 und 6 Stunden wurde eine Probe abfiltriert und der Prozentgehalt an Cystin in den Filtraten polarimetrisch bestimmt.

Zur polarimetrischen Bestimmung wurde mit $^1/_{10}$ Volumen 10fach normal Salzsäure versetzt und α_D im 2-Dezimeterrohr gemessen (Fehler einer polarimetrischen Bestimmung 0,005°). Setzt man für $[\alpha]_D$ den Wert von $-216°$ (vgl. Abschnitt I), so berechnet sich die Cystinmenge P, die auf 100 ccm Filtrat kommt, zu

$$\mathrm{P} = \frac{\alpha_D \cdot 100}{[\alpha]_D \cdot 2} \cdot 1{,}1\,.$$

α_D nach einstündigem Schütteln: $-0{,}20°$.
α_D nach dreistündigem Schütteln: $-0{,}14°$.
α_D nach sechsstündigem Schütteln: $-0{,}14°$.

In Gegenwart des Bodenkörpers hatte sich also nach dreistündigem Schütteln das Gleichgewicht eingestellt, die Lösung enthielt dann auf 100 ccm 0,036 g Cystin.

Nr. 3. Bindung des Cystins. Polarimetrische Bestimmungen im 2-Dezimeterrohr nach Zugabe von $^1/_{10}$ Volum 10fach normal Salzsäure, Berechnung von P aus α_D nach der Formel in Nr. 2.

a) Stammlösung. $\alpha_D = -0,135^0$. P = 0,034.

b) 100 ccm Stammlösung mit 1 g Kohle 0,5 Minuten bei 40⁰ geschüttelt. Filtrat $\alpha_D = -0,055^0$. P = 0,014.

c) 100 ccm Stammlösung mit 1 g Kohle 3 Minuten bei 40^0 geschüttelt. Filtrat $\alpha_D = -0,055^0$. P = 0,014.

1 g Kohle hatte also 0,020 g Cystin $= \frac{0,02 \cdot 1000}{240}$ Millimole = 0,083 Millimole gebunden; die Gleichgewichtskonzentration in der Lösung betrug

$$\frac{0.14}{240} = 0,58 \cdot 10^{-3} \text{ Mole pro Liter.}$$

Nr. 4. Glas I (97% O_2) $v_F = 3,0$ $v_G = 26,3$ $K_{O_2} = 2,3$
Glas II (63% O_2) $v_F = 3,0$ $v_G = 27,4$ $K_{O_2} = 2,39$
Glas III (20,9% O_2) $v_F = 3,0$ $v_G = 27,7$ $K_{O_2} = 2,42$
Glas IV (5,1% O_2) $v_F = 3,0$ $v_G = 27,8$ $K_{O_2} = 2,43$.

Nr. 5. Im Einsatz 1,5 ccm 5proz. Kalilauge $v_F = 11,5$; $v_G = 19,2$; $K_{O_2} = 1,69$.

Nr. 6. Glas I (im Einsatz 1,5 ccm 5proz. Kalilauge) $v_M = 1,3$; $v_F = 11,5$; $v_G = 17,9$; $K_{O_2} = 1,69$.
Glas II (Einsatz leer) $v_M = 1,0$; $v_F = 10,0$; $v_G = 19,8$; $K_{CO_2} = 2,35$; $\frac{K_{CO_2}}{K_{O_2}} = 1,29$.

Nr. 7. Für 40^0: (Im Einsatz 1,5 ccm 5proz. Kalilauge) $v_F = 11,5$; $v_G = 18,9$; $K_{O_2} = 1,67$.
Für 30^0: (Im Einsatz 1,5 ccm 5proz. Kalilauge) $v_F = 11,5$; $v_G = 19,2$; $K_{O_2} = 1,69$.

Nr. 8. (Im Einsatz 1,5 ccm 5proz. Kalilauge) $v_F = 11,5$; $v_G = 16$; $K_{O_2} = 1,42$.

Nr. 9. Glas I (im Einsatz 1,5 ccm 5proz. Kalilauge) $v_M = 1,2$; $v_F = 11,5$; $v_G = 17,7$; $K_{O_2} = 1,67$.
Glas II (im Einsatz 1,5 ccm $^1/_{10}$ n-HCl) $v_M = 1,3$; $v_F = 11,5$; $v_G = 17,9$; $K_{CO_2} = 2,31$; $\frac{K_{CO_2}}{K_{O_2}} = 1,36$.

Nr. 10. Glas I (im Einsatz 1,5 ccm 5proz. Kalilauge) $v_F = 11,5$; $v_G = 18,9$; $K_{O_2} = 1,67$.
Glas II (Einsatz leer) $v_M = 1,3$; $v_F = 10$; $v_G = 19,4$; $K_{CO_2} = 2,36$; $\frac{K_{CO_2}}{K_{O_2}} = 1,29$.

Nr. 11. Im Einsatz 1,0 ccm 5proz. Kalilauge;
$v_F = 11,0$; $v_G = 19,7$; $K_{O_2} = 1,74$.

Nr. 12. Sauerstoffverbrauch: Im Einsatz 1 ccm 5proz. Kalilauge;
$v_F = 11,0$; $v_G = 19,7$; $K_{O_2} = 1,74$.

Kohlensäurebildung: (in den Einsätzen je 1 ccm $^n/_{10}$-n-HCl)
Erstes Gefäß: $v_M = 0,9$; $v_F = 11$; $v_G = 15,6$; $K_{CO_2} = 2,05$.
Zweites Gefäß: $v_M = 1,0$; $v_F = 11$; $v_G = 18,7$; $K_{CO_2} = 2,31$.
$\frac{K_{CO_2}}{K_{O_2}} = 1,33$.

Biochem. Zeitschr. 119, 134. 1921.

Physikalische Chemie der Zellatmung[1].

Von

Otto Warburg.

(Aus dem Kaiser Wilhelm-Institut für Biologie, Berlin-Dahlem.)

(Eingegangen am 18. April 1921.)

Mit 1 Abbildung.

Die vorliegende Abhandlung zerfällt in folgende Abschnitte:

Fragestellung.

Eiweiß ist bei Körpertemperatur gegenüber Sauerstoff von Atmosphärendruck beständig. Wässerige Eiweißlösungen können bei Luftzutritt jahrelang unverändert aufbewahrt werden, wenn man für Fernhaltung lebender Keime Sorge trägt. Thermodynamisch betrachtet, haben wir hier „falsche Gleichgewichte" vor uns; es bedarf keiner Zufuhr von Arbeit, um Eiweiß mit Sauerstoff in Reaktion zu bringen, sondern, wie man sich ausdrückt, der Beseitigung von Reaktionswiderständen.

Auch in der lebenden, mit Sauerstoff durchtränkten Zelle ist die Hauptmasse der Zellsubstanz mit Sauerstoff in falschem Gleichgewicht, d. h. gegenüber Sauerstoff ebenso beständig wie im Reagensglas. Wäre dem nicht so, würde die organische Welt nicht existieren. Nur an einzelnen Stellen werden, nach Maßgabe des Energiebedarfs der Zelle, jene Reaktionswiderstände verkleinert; hier, an den Verbrennungsorten, wird der Kohlenstoff des Eiweißmoleküls zu Kohlensäure, sein Wasserstoff zu Wasser, sein Schwefel zu Schwefelsäure oxydiert. Dies ist der Vorgang, den wir als Sauerstoffatmung bezeichnen, und die Frage, die wir stellen, lautet: Welcher Mittel bedient sich die Zelle, um an den Verbrennungsorten die trägen organischen Verbindungen mit Sauerstoff in Reaktion zu bringen?

[1] Auszugsweise veröffentlicht in „Festschrift der Kaiser-Wilhelmgesellschaft". Berlin: Julius Springer, 1921.

I. Versuche an Zellen.

Die Verbrennungsorte[1].

Bringt man rote Vogelblutzellen in eine Kältemischung von — 80°, so zerreißen beim Gefrieren die feinen die Strukturteile umhüllenden Membranen und man erhält beim Auftauen eine Flüssigkeit, in der die festen Zellbestandteile frei schweben. Der Versuch läßt sich so anordnen, daß die Atmung nach dem Auftauen für einige Stunden unverändert bleibt.

Zentrifugiert man nach dem Auftauen, so erhält man 2 Schichten: eine obere, klare, von den festen Zellbestandteilen befreite, und eine tiefere, trübe, die festen Zellbestandteile enthaltende. Mißt man in den so getrennten Schichten die Atmung, so findet sich, daß nur die tiefere Schicht atmet. Die gesamte Atmung ist an die festen Zellbestandteile gebunden.

In allen Fällen, in denen bisher eine Zerstörung der Zelle ohne gleichzeitige Vernichtung der Atmung gelang, beobachtet man ähnliches. So ist die Atmung des unbefruchteten Seeigeleis, die Atmung der Leberzellen höherer Tiere größtenteils an feste Partikel gebunden, die man als intracelluläre Granula bezeichnet. Je kleiner die festen Partikel, um so schwerer ist ihre Entfernung aus dem flüssigen Zellinhalt. Die festen Partikel der roten Blutzellen, die als große „Schatten" zusammenhängen, lassen sich leicht durch Zentrifugieren herausschleudern. Die festen Partikel der Leberzellen können nach dem gleichen Verfahren nicht vollständig abgetrennt werden; auch nach langem Zentrifugieren sind hier die überstehenden Flüssigkeiten nicht frei von Atmung, und selbst die Filtration durch engmaschige Kieselgurkerzen liefert noch atmende Filtrate. Die Atmung in derartigen Filtraten, die frei von gröberen Partikeln sind, entspricht der Gärung in BUCHNERs Hefepreßsaft. Wie die Wirkung im Hefepreßsaft, so mag man die Wirkung in den Leberzellenfiltraten als „enzymatisch" bezeichnen. Doch muß man bedenken, daß mit dieser Ausdrucksweise für die Lösung unserer Frage nichts gewonnen ist.

Wirkung der Narkotica auf die Atmung[2].

Es gibt eine große Anzahl zellfremder Stoffe, mittels deren sich die Atmung ohne Schädigung der Zelle hemmen läßt. Entfernen wir einen derartigen Stoff nach nicht allzu langer Einwirkung wieder aus aus der Zelle, so steigt die Atmung auf ihre normale Höhe.

Wir wollen uns im folgenden nur mit solchen Stoffen beschäftigen,

---

[1] WARBURG, O.: Hoppe-Seylers Zeitschr. f. physiol. Chem. **70**, 413. 1911; Pflügers Arch. f. d. ges. Physiol. **154**, 599. 1913; **158**, 189. 1914.

[2] WARBURG, O.: Hoppe-Seylers Zeitschr. f. physiol. Chem. **69**, 452. 1910; Ergebn. d. Physiol. **14**, 253. 1914.

die schnell in lebende Zellen eindringen, und scheiden damit die komplizierende Frage aus, wieweit eine beobachtete Wirkung mit der Eintrittsgeschwindigkeit in die Zelle zusammenhängt. Lösen wir einen unserer Stoffe bis zur Konzentration c in der die Zelle umspülenden Flüssigkeit, so befinden sich alle Phasen des Zellinnern mit c im Verteilungsgleichgewicht.

Vergleichen wir die Konzentrationen verschiedener Stoffe, die die Atmung um den gleichen Betrag hemmen, so finden wir in einigen Fällen gleiche Wirkungen bei gleichen Konzentrationen. Beispielsweise wird die Atmung roter Vogelblutzellen durch eine $^{n}/_{100}$-Lösung von Acetaldehyd, Propylaldehyd, Butyraldehyd oder Valeraldehyd um etwa 50% gehemmt. Wir schließen daraus, daß die Wirkung dieser Stoffe durch ihre im chemischen Sinn reaktionsfähige Gruppe, die Aldehydgruppe, bestimmt wird.

Andere zellfremde Stoffe — die Narkotica — wirken auf die Atmung nicht durch ihre im chemischen Sinn reaktionsfähigen Gruppen. Vergleicht man die Wirkung verschiedener Alkohole, Urethane, Ketone, Nitrile, so findet man innerhalb einer Körperklasse nicht gleiche Wirkungen bei gleichen Konzentrationen, sondern die Wirkungsstärken der Alkohole unter sich, der Urethane unter sich, liegen um das Hundert- bis Tausendfache auseinander (Tabelle 1).

Tabelle 1.

Substanz	Atmungshemmung um 50% durch Mole pro Liter	Substanz	Atmungshemmung um 50% durch Mole pro Liter
Methylakohol . . .	5,0	Aceton	0,9
Äthylalkohol	1,6	Methylpropylketon .	0,17
Propylalkohol . . .	0,8	Methylphenylketon .	0,014
Butylalkohol	0,15		
Amylalkohol	0,045	Acetonitril	0,85
		Propionitril	0,36
Methylurethan . . .	13	Valeronitril	0,06
Äthylurethan	0,33		
Propylurethan . . .	0,13	Dimethylharnstoff .	1,4
Butylurethan . . .	0,043	Diäthylharnstoff . .	0,52
Phenylurethan . . .	0,003	Phenylharnstoff . .	0,018
Methylal	0,6	Vanillin	0,02
Acetal	0,14	Thymol	0,0007

Setzt man dieselben Stoffe zu einem gärenden Hefepreßsaft, so wird die Vergärung des Zuckers bei höheren Konzentrationen, jedoch in der gleichen Reihenfolge gehemmt wie die Zellatmung. Hier beobachtet man mit der Wirkung eine Veränderung des Preßsaftes[1], indem immer

[1] Warburg, O. u. Wiesel: Pflügers Arch. f. d. ges. Physiol. **144**, 465. 1912. — Meyerhof, O.: Pflügers Arch. f. d. ges. Physiol. **157**, 251. 1914; **157**, 307. 1914. —

dann, wenn eine Hemmung erfolgt, die Kolloide ausflocken. Die Wirkung ist also eine capillarchemische, Flockung bedeutet Grenzflächenveränderung der Kolloide.

Nach derselben Richtung weist eine Übereinstimmung, die J. TRAUBE[1] bei Betrachtung unserer Tabelle 1 auffiel. Die wässerigen Lösungen der dort aufgeführten Stoffe zeigen durchweg gegenüber Luft eine niedrigere Oberflächenspannung als reines Wasser, und zwar ist diese Erniedrigung für gleich wirksame Lösungen vielfach gleich groß.

Indessen gilt der Satz, daß „isocapillare" Lösungen gleich wirksam sind, nur dann, wenn man die Lösungen sehr ähnlicher Stoffe vergleicht, wie beispielsweise die Reihe der homologen aliphathischen Alkohole, jedoch nicht angenähert, wenn man die Lösungen verschiedenartiger Stoffe vergleicht. Zum Beleg seien einige Messungen wiedergegeben (Tabelle 2 und 3), in denen wir für gleich wirksame Konzentrationen verschiedener Stoffe die Capillarkonstanten ermittelt haben. σ_W in den Tabellen bedeutet die Capillarkonstante des reinen Wassers, σ_L die Capillarkonstante der Lösung bei der Konzentration c des Narkoticums. c hemmt in allen Fällen die Zellatmung um 50%.

Tabelle 2. *Alkoholreihe.*

Substanz	Atmungshemmung um 50% durch Mole pro Liter (c)	$\frac{\sigma_W - \sigma_L}{\sigma_W} \cdot 100$
Methylalkohol	5,0	31
Äthylalkohol	1,6	28
Propylalkohol	0,8	35
Butylalkohol	0,15	28
Amylalkohol	0,045	28

Tabelle 3. *Mischreihe.*

Substanz	Atmungshemmung um 50% durch Mole pro Liter (c)	$\frac{\sigma_W - \sigma_L}{\sigma_W} \cdot 100$
Diäthylharnstoff (symm.)	0,52	18,8
Amylalkohol (Gärungs-)	0,045	28,0
Methylphenylketon	0,014	7,7
Phenylurethan	0,003	4,5
Thymol	0,0007	8,3

Wie man sieht, findet man für die Mischreihe sehr verschiedene Capillardepressionen. Andererseits ist die Konstanz in der Alkohol-

FREUNDLICH, H. u. RONA: diese Zeitschr. **81**, 87. 1917. — MEYERHOF, O.: diese Zeitschr. **86**, 325. 1918.

[1] TRAUBE, J.: Pflügers Arch. f. d. ges. Physiol. **153**, 276. 1913.

reihe auffallend; sie wird von J. TRAUBE[1] folgendermaßen erklärt: Ein Stoff dringt um so schneller in die Zelle ein, je stärker er die Oberflächenspannung der umspülenden Lösung erniedrigt. Er wirkt um so stärker, je schneller er eindringt. Isocapillare Lösungen verschiedener Narkotica wirken gleich, weil aus ihnen in der Zeiteinheit gleiche Mengen Narkoticum in die Zelle eindringen.

Diese Theorie ist nicht haltbar. Insbesondere übersieht TRAUBE, daß die Wirkungsstärken unserer Stoffe im Verteilungsgleichgewicht gemessen sind, daß also Verschiedenheiten der Wirkungsstärken nicht durch Verschiedenheiten der Eintrittsgeschwindigkeiten erklärt werden können.

Wir werden später auf den Zusammenhang zwischen Grenzflächenspannung und Wirkungsstärke zurückkommen.

Adsorption der Narkotica in lebenden Zellen[2].

Fügen wir zu roten Vogelblutzellen, die in einer Kochsalzlösung aufgeschwemmt sind, Thymol und messen im Gleichgewicht die Verteilung des Thymols zwischen der lebenden Zelle und der umspülenden Salzlösung, so finden wir, ziemlich unabhängig von der Konzentration, einen Verteilungskoeffizienten von 7, d. h. 1 Volumen Zellen enthält im Gleichgewicht ca. 7mal soviel Thymol als 1 Volumen der umspülenden Salzlösung. Bei gleicher Versuchsanordnung erhalten wir kleinere Verteilungskoeffizienten für die übrigen Stoffe der Tabelle 3. Die Reihe, geordnet nach der Größe der Verteilungskoeffizienten, lautet: Diäthylharnstoff $<$ Amylalkohol $<$ Methylphenylketon $<$ Phenylurethan $<$ Thymol; die Folge entspricht ohne Ausnahme der der Wirkungsstärken. Je stärker die Wirkung, um so größer ist also, bei gleicher Außenkonzentration, die Anreicherung in der Zelle.

Indem man das Bindungsvermögen der flüssigen und der festen Zellbestandteile getrennt bestimmt, kann man zeigen, daß die Anreicherung vorwiegend durch die festen Zellbestandteile erfolgt. Auf gleiche Gewichtsmengen umgerechnet, binden die festen Zellbestandteile etwa 10mal soviel Thymol als die flüssigen.

Die Bindung ist als Adsorption aufzufassen. Isoliert man die festen Zellbestandteile und kocht sie mit Alkohol und Äther aus — um Körper, die als Lösungsmittel wirken könnten, zu entfernen —, so bleibt das Bindungsvermögen gegenüber Thymol unverändert. Die festen Struk-

---

[1] Pflügers Arch. f. d. ges. Physiol. l. c.

[2] WARBURG, O. u. USUI: Hoppe-Seylers Zeitschr. f. physiol. Chem. **81**, 175. 1912. — DORNER: Sitzungsber. d. Heidelberg. Akad. d. Wiss. Mathem.-naturw. Kl. 1914, S. 2. Ergebn. d. Physiol. **14**, 253. 1914.

turteile adsorbieren also chemisch indifferente Stoffe in ähnlicher Weise wie Kohle. 2 Zahlenbeispiele seien angeführt:

Substanz	Konzentration in der Lösung Mole pro Liter	Adsorbierte Menge Millimole pro Gramm
n-Oktylalkohol	$2{,}2 \cdot 10^{-3}$	0,06
Thymol	$1{,}5 \cdot 10^{-3}$	0,09

Bezogen auf gleiche Gewichtsmengen Adsorbens, ist das Adsorptionsvermögen der festen Zellbestandteile kleiner als das hochwertiger Kohlen; doch besagt dieser Vergleich nicht viel, da in beiden Fällen die Größen der wirksamen Oberflächen nicht bekannt sind.

Eisen als Sauerstoffüberträger in der Zelle[1].

Nach dem Vorhergehenden hemmt ein Narkoticum die Zellatmung in um so kleinerer Konzentration, je stärker es von den festen Zellbestandteilen adsorbiert wird. Die Wirkungsstärken wachsen nach Maßgabe der Adsorptionskonstanten.

Blausäure hemmt die Atmung der meisten Zellen bei Konzentrationen von etwa $^1/_{10000}$ Mol pro Liter und ist damit, hinsichtlich der Beeinflussung der Atmung, der wirksamste Stoff, den wir kennen. Doch ergibt die Messung der Adsorption eine sehr kleine Konstante, etwa von der Größe des zehntausendmal unwirksameren Acetons. Die Wirkungsweise der Blausäure ist also eine andere als die der Narkotica[2] und es liegt nahe, hier an eine Umsetzung mit einem in kleiner Menge vorhandenen, für die Atmung wichtigen Zellbestandteil zu denken. In der Tat haben Versuche am Seeigelei diese Auffassung sehr wahrscheinlich gemacht.

Das Seeigelei enthält eine kleine Menge Eisen, etwa 0,03 mg pro Gramm Trockensubstanz. Die Form, in der das Eisen vorliegt, ist nicht näher bekannt; ist es organisch gebunden, so ist die Bindung eine sehr lockere, da bei Zusatz von Eisenionreagenzien sofort die bekannten Reaktionen auftreten. — Gibt man Stoffe zu der Zellsubstanz, deren Oxydation im Reagensglas durch Eisensalz beschleunigt wird, so beobachtet man unter gewissen Bedingungen die nach dem Eisengehalt zu erwartenden Oxydationsbeschleunigungen. — Verdoppelt man den natürlichen Eisengehalt der Zellsubstanz, so steigt die Atmung auf etwa den doppelten Betrag. Andere Schwermetalle, z. B. Kupfer und Mangan, sind ohne Wirkung, ebenso Eisenzusätze, die im Vergleich zum natürlichen Eisengehalt der Zelle klein sind.

Bekanntlich besitzt Blausäure eine besondere Verwandtschaft zu Schwermetallen und es liegt nahe, ihre Wirkung auf die Atmung mit

[1] Warburg, O.: Hoppe-Seylers Zeitschr. f. physiol. Chem. **92**, 231. 1914.
[2] Warburg, O.: Hoppe-Seylers Zeitschr. f. physiol. Chem. **76**, 331. 1911.

dieser Verwandtschaft in Beziehung zu bringen. Der Eisengehalt einer Zelle und die zur Atmungshemmung nötige Blausäuremenge sollten dann, der Größenordnung nach, übereinstimmen. In der Tat genügen einige hundertstel Milligramme Blausäure pro Gramm Zellsubstanz, um die Atmung des Seeigeleis völlig zu hemmen, das heißt, die dem Eisengehalt entsprechende Menge.

II. Modellversuche.

Reaktionsgeschwindigkeit an Oberflächen.

Nach einer Entdeckung von DULONG und THÉNARD[1] haben feste Körper die Eigenschaft, Gasreaktionen zu beschleunigen. So erhöhen Quarz, Bernstein, Porzellan, Kohle und viele andere Körper die Geschwindigkeit, mit der sich Wasserstoff und Sauerstoff vereinigen. Bald nach DULONG und THÉNARD beschäftigte sich FARADAY[2] eingehend mit dem Phänomen und sprach die Vermutung aus, daß die Gase an der Oberfläche der festen Körper verdichtet und im wesentlichen infolge dieser Verdichtung reaktionsfähiger würden[3].

Seit FARADAYs Zeiten ist eine große Anzahl ähnlicher Reaktionen beobachtet und näher untersucht worden, und es ist bekannt, welche Rolle die Beschleunigung von Gasreaktionen durch feste Körper in der Technik spielt. Viel seltener sind Fälle gefunden, in denen die Adsorption aus Lösungen Reaktionsbeschleunigungen bedingt; infolge der Konkurrenz mit dem Lösungsmittel werden offenbar gelöste Stoffe aus Lösungen bei weitem nicht so stark adsorbiert, wie Gase aus Gasräumen. Doch haben naturgemäß nur Adsorptionen aus wässerigen Lösungen und durch sie bedingte Reaktionsbeschleunigungen biologisches Interesse.

Gibt man zu einer wässerigen Kohlesuspension organische Stoffe, die adsorbiert werden, und schüttelt bei Zimmertemperatur mit Luft, so kann mittels empfindlicher Methoden in vielen Fällen eine Oxydation der organischen Substanz nachgewiesen werden. Doch sind die Geschwindigkeiten im allgemeinen so klein, daß im Laufe einiger Tage nur wenige Prozente der adsorbierten Substanz oxydiert werden. Hierzu stimmt es, daß im allgemeinen die Messung der Adsorptionsgleichgewichte durch chemische Veränderung der adsorbierten Stoffe nicht gestört wurde.

[1] Ann. de chim. et de physique **24**, 380. 1823.

[2] Experimental Researches VI. Reihe. 1834. Übersetzt in Ostwalds Klassiker, Nr. 87.

[3] Die Ähnlichkeit des Phänomens mit gewissen Fermentwirkungen wurde schon frühzeitig, so von BERZELIUS, von SCHÖNBEIN, erkannt. Insbesondere sei hier auf die bekannten Untersuchungen BREDIGS und seiner Schule über „Anorganische Fermente“ hingewiesen (Zeitschr. f. physikal. Chem. **31**, 258. 1898; **37**, 323 u. 448. 1901; **66**, 162. 1909; **70**, 34. 1909; **72**, 641. 1910; **81**, 385. 1912).

Doch trifft dies nicht immer zu; wir kennen Fälle, in denen die Oxydation einiger Prozente der adsorbierten Substanz nicht Tage, sondern Minuten dauert. Von diesen Fällen wollen wir 2 näher besprechen, die Verbrennung der Oxalsäure und die Verbrennung der Aminosäuren.

Verbrennung der Oxalsäure an Blutkohle.

Schüttelt man eine wässerige Oxalsäurelösung mit Blutkohle, so folgt auf eine erste schnelle Konzentrationsabnahme der Oxalsäure eine zweite langsamere[1]. Durch diese Beobachtung FREUNDLICHS angeregt, haben wir das Verhalten der an Kohle adsorbierten Oxalsäure gegenüber Sauerstoff untersucht und gefunden[2], daß sie bei Zimmertemperatur und dem Sauerstoffdruck der Luft schnell zu Kohlensäure und Wasser verbrennt.

Diese Oberflächenoxydation wird durch Narkotica in ähnlicher Weise gehemmt wie die Zellatmung; gleiche Hemmung tritt nicht ein bei gleicher Konzentration in der Lösung, sondern die Wirkungsstärken steigen nach Maßgabe der Adsorptionskonstanten (Tab. 4). Hier ist der Zusammenhang ohne weiteres einleuchtend, maßgebend ist die Konzentration der hemmenden Stoffe am Orte der Wirkung.

Tabelle 4.

Oxalsäure-Kohle.

Substanz	Gewichtsprozente in der Lösung	Prozentische Oxydationshemmung
Methylurethan	0,05	0
	0,5	34
	5,0	46
	10,0	60
Äthylurethan	0,5	42
	5,0	65
	10,0	76
Propylurethan	0,05	41
	0,5	72
	5,0	92
Phenylurethan	0,005	34
	0,05	90

Rote Blutzellen.

Substanz	Gewichtsprozente in der Lösung	Prozentische Oxydationshemmung
Methylurethan	10	ca. 60
Äthylurethan	1,25	14
	2,5	22
	5,0	88
Propylurethan	1,0	44
	2,0	94
Phenylurethan	0,025	33
	0,05	55
	0,1	90

Die Gegenüberstellung der Wirkung der Urethane auf Zellatmung und Modellatmung in Tabelle 4 zeigt, wie gut sich das Modell zur Nachahmung der Atmungshemmungen eignet. Was dagegen den verbrennenden Stoff selbst betrifft, so handelt es sich hier offenbar nicht um eine

[1] FREUNDLICH, H.: Capillarchemie, S. 163ff. Leipzig 1911.
[2] WARBURG, O.: Pflügers Arch. f. d. ges. Physiol. **155**, 547. 1914.

Reaktionsbeschleunigung von der Größenordnung, wie wir sie in der Atmung beobachten; denn Oxalsäure ist auch in wässeriger Lösung relativ unbeständig. Interessanter ist in dieser Hinsicht unser zweiter Fall, das Aminosäuremodell.

Verbrennung der Aminosäuren an Blutkohle[1].

Gibt man zu einer wässerigen Cystinlösung Kohle und schüttelt bei Zimmertemperatur mit Luft, so verschwindet die Aminosäure unter Sauerstoffaufnahme, während gleichzeitig Kohlensäure, Ammoniak und Schwefelsäure als Endprodukte auftreten, das heißt, die Endprodukte der Eiweißverbrennung in lebenden Zellen. Ähnlich verbrennen andere Aminosäuren, beispielsweise Leucin und Tyrosin. Beachtenswert ist hierbei, daß der Stickstoff der Aminosäuren nicht, wie bei der Verbrennung in der BERTHELOTschen Bombe, mitoxydiert, sondern, wie von der lebenden Zelle, als Ammoniak abgespalten wird.

Mit Hinblick auf unser Thema wollen wir fragen, wie groß die Wirksamkeit der Kohle als Oxydationskatalysator ist im Vergleich zur Wirksamkeit lebenden Gewebes. Vergleichen wir mit einem besonders stark atmenden Gewebe, der Warmblüterleber, so findet sich, daß 1 g Kohle, im Gleichgewicht mit einer $^{n}/_{500}$-Cystinlösung, in einer bestimmten Zeit ebensoviel Sauerstoff verbraucht wie die gleiche Gewichtsmenge lebenden Gewebes. Hier handelt es sich also erstens um Geschwindigkeiten und zweitens um Beschleunigungen, wie wir sie in der Zellatmung beobachten. Denn bekanntlich gehören die Aminosäuren zu den beständigsten Körpern der organischen Chemie und reagieren selbst im Lauf von Jahren nicht merklich mit Luftsauerstoff. Andererseits übertreffen sie in der lebenden Zelle alle anderen Stoffe an Unbeständigkeit.

Auch diese Oberflächenoxydation[2] wird durch Narkotica in ähnlicher Weise gehemmt wie die Zellatmung. Gibt man zu gleichen Mengen Kohle und Aminosäurelösung so viel verschiedener Narkotica, daß die Oxydationsgeschwindigkeit immer um denselben Betrag sinkt, und mißt in diesem Zustand gleicher Hemmung die Narkoticumkonzentrationen c in der Lösung, so findet man (Tabelle 5), daß sich die c-Werte für chemisch ähnliche Narkotica um das Hundert- bis Tausendfache unterscheiden.

Wirkung der Narkotica[2].

Bei konstantem Sauerstoffdruck ist die Geschwindigkeit, mit der eine Aminosäure an der Kohleoberfläche oxydiert wird, ihrer in jedem

---

[1] WARBURG, O. u. NEGELEIN: diese Zeitschr. **113**, 257. 1921.
[2] Experimenteller Teil dieser Abhandlung.

Tabelle 5. *Hemmung der Cystinoxydation.*

Substanz	c
Dimethylharnstoff (asym.)	0,03
Diäthylharnstoff (sym.)	0,002
Phenylharnstoff	0,0002
Acetamid	0,2
Valeramid	0,003
Aceton	0,07
Methylphenylketon	$<$ 0,0004
Äthylalkohol	0,32
Amylalkohol	0,0015
Acetonitril	0,2
Valeronitril	0,0021

Augenblick adsorbierten Menge proportional. Entfernen wir also bei einer gegebenen Anordnung die Hälfte der Aminosäure von der Kohle, so sinkt die Oxydationsgeschwindigkeit auf die Hälfte.

Adsorptionsmessungen zeigen, daß aus einem Gemisch von Aminosäure und Narkoticum weniger Aminosäure adsorbiert wird als aus einer reinen Aminosäurelösung. Lassen wir Cystin zunächst aus einer reinen Aminosäurelösung adsorbieren und fügen nunmehr ein Narkoticum hinzu, so verdrängt[1] das Narkoticum die Aminosäure von der Kohleoberfläche.

Narkoticumkonzentrationen, die nicht merklich verdrängen, bewirken keine merkliche Hemmung der Oxydation. Bestimmt man für verschiedene Narkotica einerseits den Grad der Adsorptionsverdrängung, andererseits den Grad der Oxydationshemmung, so findet man eine sehr weitgehende Übereinstimmung beider Größen. Es ist daraus zu schließen, daß die Verdrängung der einzige Grund der Oxydationshemmung ist, indem der nichtverdrängte Rest der Aminosäure, unbeeinflußt durch die Gegenwart des Narkoticums, verbrennt.

Mit der Verdrängung der Aminosäure kommt ihre Oxydation, wie ohne weiteres anschaulich ist, zum Stillstand. Das gleiche gilt für die Sauerstoffaufnahme nur dann, wenn der verdrängende Stoff nicht seinerseits an der Kohleoberfläche oxydiert wird. Da die meisten Narkotica auch im Zustande der Adsorption gegenüber Sauerstoff relativ beständig sind, so bedingt die Verdrängung einer Aminosäure in der Regel auch einen Stillstand der Sauerstoffaufnahme.

[1] Die Erscheinung der Adsorptionsverdrängung in wässerigen Lösungen wurde zuerst beobachtet von Freundlich und Masius für das Stoffpaar Oxalsäure-Bernsteinsäure (Masius: Diss. Leipzig 1908) und von Michaelis und Rona für das Stoffpaar Aceton-Essigsäure (diese Zeitschr. **15**, 196. 1908). Vgl. auch Freundlich u. Masius: Gedenkbuch für van Bemmelen, S. 88. 1910.

Theorie der Narkoticawirkung.

Gibt man zu gleichen Mengen Kohle und Aminosäurelösung so viel verschiedener Narkotica, daß immer dieselbe Menge Aminosäure verdrängt wird, und mißt im Zustande gleicher Verdrängung einerseits die Narkoticumkonzentrationen c in der Lösung, andererseits die von der Gewichtseinheit Kohle adsorbierten Narkoticummengen x, so findet man die Unterschiede der x-Werte, im Vergleich zu den Unterschieden der c-Werte, relativ klein[1]. Beispielsweise hat 1 g Kohle, wenn 0,03 Millimole Cystin verdrängt sind, 0,6—1,5 Millimole der verschiedenen Narkotica adsorbiert, bei um das Tausendfache verschiedenen Narkoticumkonzentrationen in der Lösung (Tabelle 6, Spalte 2 u. 3).

Tabelle 6.

Spalte 1	Spalte 2	Spalte 3	Spalte 4
Substanz	c (Mole pro Liter Lösung)	x (Millimole pro Gramm Kohle)	$x \cdot (V_m)^{\frac{2}{3}}$
Dimethylharnstoff (asym.)	0,03	1,1	9,0
Diäthylharnstoff (sym.)	0,002	0,68	6,9
Phenylharnstoff	0,0002	0,76	8,7
Acetamid	0,17	1,2	7,3
Valeramid	0,003	0,62	6,9
Aceton	0,073	1,33	8,3
Methylphenylketon	$<$ 0,0004	0,73	8,0
Amylalkohol	0,0015	0,87	7,9
Acetonitril	0,2	1,5	7,7

Wir machen nunmehr die folgenden, in jeder Hinsicht einfachsten Annahmen: Der verdrängende Stoff soll die Kohleoberfläche in einer einzigen Lage von Molekülen besetzen, die so bewirkte Verkleinerung der freien Oberfläche die alleinige Ursache der Verdrängung sein. Dann ist die Wirkung unabhängig von der chemischen Natur des adsorbierten Narkoticums und bestimmt durch die Zahl x der adsorbierten Moleküle einerseits, der von jedem Molekül beanspruchten Fläche F andererseits. Die Bedingung für gleiche Wirkung lautet also

$$x \cdot F = K.$$

x, die Zahl der adsorbierten Moleküle, kann gemessen werden. F, die von einem Molekül beanspruchte Fläche, ist gleich der Wand des Würfels, den das kugelförmig gedachte Molekül erfüllt. Bezeichnen wir mit V_m das aus den Refraktionsäquivalenten berechnete Molekular-

[1] Experimenteller Teil dieser Abhandlung.

volumen[1], so ist F proportional $(V_m)^{\frac{2}{3}}$ oder die Bedingung für gleiche Wirkung

$$x \cdot (V_m)^{\frac{2}{3}} = K. \tag{1}$$

Die vierte Spalte der Tabelle 6 zeigt, daß diese Bedingung mit großer Annäherung erfüllt ist.

Nach FREUNDLICH[2] besteht zwischen der adsorbierten Menge x eines Stoffes und seiner Konzentration c in der Lösung die Beziehung

$$x = k c^{\frac{1}{n}}, \tag{2}$$

worin k und n Konstanten bedeuten. Setzen wir den Wert für x aus (2) in (1) ein, so ergibt sich die Beziehung

$$k c^{\frac{1}{n}} \cdot (V_m)^{\frac{2}{3}} = K. \tag{3}$$

Aus dieser Gleichung kann die Wirkungsstärke c für ein beliebiges Narkoticum berechnet werden, wenn K, die Adsorptionskonstanten und die Molekularvolumina gegeben sind.

Bemerkungen zu dem vorhergehenden Abschnitt.

1. Bedeckt die Aminosäure nur einen kleinen Bruchteil der Kohleoberfläche, so können in Gleichung (3) die für reine wässerige Narkoticalösungen gefundenen Adsorptionskonstanten k und n eingesetzt werden. Doch ist dies unzulässig, wenn die Aminosäure einen erheblichen Bruchteil der Kohleoberfläche bedeckt.

2. Die Frage, wie Grenzflächenspannung und Wirkungsstärke zusammenhängen, ergibt sich aus folgender Überlegung: Wir schreiben nach FREUNDLICH[3]:

$$x = -\frac{c}{RT}\frac{d\sigma}{dc}. \tag{4}$$

Hier bedeutet x die Zahl der pro Oberflächeneinheit adsorbierten Moleküle, c die Konzentration in der Lösung, σ die Grenzflächenspannung der Lösung bei der Konzentration c.

Ist ferner σ_W die Grenzflächenspannung reinen Wassers gegen das Adsorbens, so gilt für die Erniedrigung

$$\sigma_W - \sigma = k c^{\frac{1}{n}} \tag{5}$$

und nach (4) und (5)

$$x = \frac{1}{n\,RT} k c^{\frac{1}{n}}. \tag{6}$$

[1] Ist n der Brechungsexponent einer Substanz, so ist nach der Theorie von LORENZ-LORENTZ $\frac{n^2 - 1}{n^2 + 2}$ der Bruchteil des von den (kugelförmig gedachten) Molekülen tatsächlich eingenommenen Raums. $\frac{n^2 - 1}{n^2 + 2} \cdot \frac{\text{Molekulargewicht}}{\text{spez. Gewicht}}$, die „Molekularrefraktion", ist das Volumen V_m, das die Moleküle eines Grammoleküls tatsächlich erfüllen.

[2] FREUNDLICH, H.: Zeitschr. f. physikal. Chem. 57, 385. 1907.

[3] FREUNDLICH, H.: Capillarchemie, S. 75ff. Leipzig 1909.

Betrachten wir isocapillare Lösungen zweier Narkotica I und II, d. h. Lösungen, für die

$$\sigma_W - \sigma_I = \sigma_W - \sigma_{II}, \tag{7}$$

so ergibt sich

$$\frac{x_I}{x_{II}} = \frac{n_{II}}{n_I}. \tag{8}$$

Sollen diese isocapillaren Lösungen gleich wirken, so muß sein

$$n_I (V_m^{II})^{\frac{2}{3}} = n_{II} (V_m^{I})^{\frac{2}{3}}. \tag{9}$$

Isocapillare Lösungen werden also nur ausnahmsweise gleich wirken, angenähert dann, wenn man ähnliche Stoffe von nicht allzu verschiedenem Molekularvolumen vergleicht, wie benachbarte Glieder einer homologen Reihe.

3. Während in unserem Fall die Grenzflächenspannung nur insofern von Bedeutung ist, als sie mit der Adsorption zusammenhängt, mag in anderen Fällen die Beziehung eine direktere sein, beispielsweise im Fall der Cytolyse durch Narkotica. Unsere Theorie der Narkoticawirkung bezieht sich lediglich auf die Beeinflussung chemischer Reaktionen in Zellen; sie zu verallgemeinern liegt kein Grund vor.

4. Von Narkoticis, die an der Kohle mit merklicher Geschwindigkeit verbrennen, seien besonders Thymol und Chloroform genannt. Mit diesen Stoffen kann Cystin zwar verdrängt, die Sauerstoffaufnahme jedoch nicht vermindert werden.

Wirkung der Blausäure[1].

Auch durch Blausäure können wir adsorbierte Stoffe von der Kohleoberfläche verdrängen. Da jedoch Molekularvolumen und Adsorptionskonstante der Blausäure relativ klein sind, ist zur Erzielung eines bestimmten Verdrängungsgrades eine höhere Konzentration von Blausäure erforderlich als von irgendeinem unserer Narkotica. Um beispielsweise 0,03 Millimole Cystin von 1 g Kohle zu verdrängen, muß die Blausäurekonzentration in der Lösung etwa 1 Mol pro Liter betragen, gegenüber 0,17 Molen unserer schwächsten Narkotica, Acetamid und Acetonitril. Unterhalb einer Blausäurekonzentration von $^1/_{10}$ Molen pro Liter ist keine Verdrängung mehr nachweisbar, unterhalb dieser Konzentration also sollte eine Hemmung der Cystinoxydation nicht beobachtet werden, wenn Blausäure die Sauerstoffaufnahme aus demselben Grunde hemmte wie die Narkotica.

Doch tritt eine Hemmung der Cystinoxydation schon bei einer Blausäurekonzentration von etwa 10^{-4} Molen pro Liter auf; die Hemmung ist fast vollständig bei einer Blausäurekonzentration von 10^{-3} Molen pro Liter.

Mißt man die adsorbierten Blausäuremengen einerseits, wenn die Oxydationshemmung 60% beträgt, andererseits, wenn der Verdrängungsgrad 60% beträgt, so ergibt sich folgendes (Tabelle 7).

---

[1] Experimenteller Teil dieser Abhandlung.

Tabelle 7.

Blausäure-konzentration in der Lösung Mole/Liter	Pro Gramm Kohle adsorbiert		Verdrängungsgrad %	Oxydationshemmung %
	Cystin Millimole	Blausäure Millimole		
—	0,05	—	—	—
4.10^{-4}	0,05	0,01	—	60
1	0,02	3	60	vollständig

Bringen wir 3 Millimole Blausäure an die Kohle, so ist ein erheblicher Bruchteil der Oberfläche mit Blausäure bedeckt, ein Teil des Cystins infolgedessen verdrängt. Bringen wir 0,01 Millimole Blausäure an die Kohle, so ist ein verschwindend kleiner Bruchteil der Kohle mit Blausäure bedeckt, infolgedessen praktisch kein Cystin verdrängt; gleichwohl ist die Oxydation des Cystins erheblich verlangsamt.

Die Adsorption an sich genügt also nicht, um Cystin gegenüber Sauerstoff reaktionsfähig zu machen, sondern es ist hier noch ein zweiter Faktor im Spiel, dessen Betätigung durch Blausäure ausgeschaltet wird. Die Annahme liegt nahe, daß es sich um einen Stoff handelt, der in kleinen, den wirksamen Blausäuremengen entsprechenden Mengen in der Blutkohle vorkommt.

Schwermetallgehalt der Blutkohle[1].

Glüht man Merckscherche Blutkohle an der Luft, so bleibt eine gelblichrosa gefärbte Asche zurück, die Eisen und Kupfer enthält. Die Mengen an beiden Schwermetallen wurden für unser Versuchspräparat bestimmt umd zu etwa 5 Millionstel Molen Fe und 3 Millionstel Molen Cu pro Gramm Kohle gefunden. Eine Hemmung der Cystinoxydation trat auf (vgl. den vorhergehenden Abschnitt), wenn pro Gramm Kohle 10 Millionstel Mole Blausäure gebunden waren, also der Größenordnung nach eine den genannten Schwermetallen entsprechende Menge.

Adsorption und Sauerstoffübertragung durch Benzoesäurekohle.

Nach Glaessner und Suida[2] ist die Mercksche Blutkohle ein kompliziertes Gemisch verschiedener Stoffe, indem beispielsweise bei der Analyse folgende Werte erhalten wurden:

	C	H	N	O (S)	Asche
%	70	1,7	7,2	14,7	6,4

Stellt man Kohle aus chemisch reinen krystallierten Stoffen dar[3] — besonders geeignet ist Benzoesäure —, so erhält man erheblich ein-

[1] Pflügers Arch. f. d. ges. Physiol. **155**, 558. 1914 und experimenteller Teil dieser Abhandlung.

[2] Ann. d. Chem. u. Pharmazie **357**, 95. 1907.

[3] Experimenteller Teil dieser Abhandlung.

facher zusammengesetzte Präparate. Beispielsweise ergab die Analyse einer aus Benzoesäure gewonnenen Kohle:

	C	H	N	O	Asche
%	96	0,6	—	3,4	nicht wägbar

Das Präparat enthielt 0,27 Millionstel Mole Fe, also etwa 20mal so wenig wie Blutkohle. Es gelang uns nicht, eine völlig eisenfreie Kohle darzustellen.

Das Adsorptionsvermögen der Benzoesäurekohle[1] entspricht gegenüber vielen Stoffen dem der Blutkohle. Aceton und Bernsteinsäure werden etwas stärker, Amylalkohol und Cystin etwas schwächer adsorbiert als von Blutkohle. Dagegen wird Methylenblau von der Benzoesäurekohle in relativ verschwindendem Maße adsorbiert.

An Benzoesäurekohle adsorbiertes Cystin wird etwa 3mal so langsam oxydiert als an Blutkohle adsorbiertes Cystin. Tränkt man jedoch die Benzoesäurekohle mit Metallsalzen und glüht, so überträgt sie bei unverändertem Adsorptionsvermögen Sauerstoff mit größerer Geschwindigkeit auf adsorbiertes Cystin. Am wirksamsten erwies sich in dieser Hinsicht Eisensalz, indem nach Behandlung der Kohle mit diesem Metall die Geschwindigkeit der Cystinoxydation auf das 2—3fache stieg[2].

Doch stehen die Oxydationsgeschwindigkeiten keineswegs im Verhältnis der Eisenmengen. Spielt also das Metall bei der Oxydation eine Rolle, so kommt es nicht nur auf seine Menge an, sondern auch auf die Form, in der es vorliegt.

Gibt man zu einer wässerigen Kohlesuspension Schwermetallsalze, so werden die Metallionen fast vollständig aus der Lösung herausgenommen. Doch gelingt es nie, auf diese Weise die sauerstoffübertragende Fähigkeit eines Kohlepräparats zu steigern; entweder man findet keine Beeinflussung der Sauerstoffaufnahme oder eine Hemmung. An Kohle adsorbiertes Metallion vermag also nicht als Sauerstoffüberträger zu wirken, sondern — damit das Metall diese Eigenschaft erlangt — muß es durch Glühen mit Kohle zunächst in einen besonderen Zustand übergeführt werden.

Theorie der Blausäurewirkung.

Wir stellen uns die Kohleoberfläche als ein Mosaik schwermetallhaltiger und schwermetallfreier Bezirke vor, in dem die metallfreien

[1] Experimenteller Teil dieser Abhandlung.

[2] Nach einer Beobachtung von L. Wöhler (Zeitschr. f. angew. Chem. **31**, 192. 1918) gibt es Holzkohlen, die mit flüssigem Sauerstoff explodieren. Stark adsorbierende Kohlen, die diese Eigenschaft nicht zeigten, konnten explosiv gemacht werden, wenn ihr Eisengehalt durch Tränkung mit Eisensalz auf über 3% erhöht wurde.

Bezirke bei weitem überwiegen. In welcher Form das Metall hier vorliegt, bleibt unbestimmt. Sowohl die metallhaltigen als auch die metallfreien Bezirke adsorbieren gelöste Stoffe aus wässerigen Lösungen. Narkotica, Aminosäuren und viele andere Stoffe werden von beiden Bezirken in gleichem Maße gebunden, Blausäure — dank ihrer Affinität zu Schwermetallen — vorwiegend von den metallhaltigen Bezirken. Schwerverbrennliche Stoffe, wie Aminosäuren, verbrennen nur an den metallhaltigen Bezirken, während sie an den metallfreien Bezirken gegenüber Sauerstoff beständig sind.

Bringen wir an eine cystinbeladene Kohle Blausäure, so wird das Cystin von den metallhaltigen Bezirken verdrängt und damit seine Oxydation gehemmt. Um diesen Zustand herbeizuführen, genügt sehr wenig Blausäure, weil die metallhaltigen Bezirke nur einen sehr kleinen Bruchteil der Gesamtoberfläche ausmachen. Aus dem gleichen Grunde führt die Verdrängung von den metallhaltigen Bezirken zu keiner merklichen Abnahme der adsorbierten Cystinmenge. Bei steigender Blausäurekonzentration werden auch metallfreie Bezirke der Oberfläche mit Blausäure bedeckt; erst wenn der mit Blausäure bedeckte Bruchteil der Oberfläche gegenüber der Gesamtoberfläche in Betracht kommt, nimmt die adsorbierte Cystinmenge merklich ab und es erscheint nunmehr ein Teil des vorher adsorbierten Cystins in der Lösung.

Nach dieser Theorie beruht die besondere Wirkung der Blausäure auf einer elektiven Verdrängung des Cystins von den Oxydationsorten, im Gegensatz zur Wirkung der Narkotica, die das Cystin von allen Bezirken der Oberfläche in gleichem Maße verdrängen.

Bemerkungen zu den vorhergehenden Abschnitten.

1. Wässerige Lösungen von Aminosäuren werden durch Zusatz von Eisensalz gegenüber Luftsauerstoff nicht reaktionsfähig. Eisensalz in Lösung beschleunigt im allgemeinen nur die Oxydation an sich unbeständiger Stoffe, wie der Thiophenole, der Dioxymaleinsäure.

Nach dem Vorhergehenden wird Eisensalz durch Adsorption an Kohle nicht geeigneter zur Sauerstoffübertragung, sondern gewinnt seine besonderen Eigenschaften erst dann, wenn es selbst ein Bestandteil des Adsorbens geworden ist. In welcher Form es sich hier betätigt, ist eine wichtige, jedoch noch ungeklärte Frage.

2. Entstände an der Kohle aus Blausäure und Eisen eine feste chemische Verbindung, etwa Ferrocyankalium, so würde Blausäure auf zweierlei Art von Kohle gebunden, nämlich als Ferrocyankalium und durch Adsorption. In diesem Fall müßten bei niedrigen Blausäurekonzentrationen Abweichungen von dem Adsorptionsgesetz auftreten, die jedoch nicht beobachtet werden[1]. Wir fassen deshalb die Bindung der Blausäure an alle, auch an die schwermetallhaltigen Bezirke der Kohleoberfläche, als Adsorption auf.

[1] Experimenteller Teil dieser Abhandlung.

Auch in lebenden Zellen dürften schwerlich feste Verbindungen vom Typus des Ferrocyankaliums entstehen, da sich die Blausäure schnell und vollständig aus Zellen auswaschen läßt, da ferner bei der sauern Reaktion vieler Zellen die Bedingungen zur Bildung von Ferrocyankalium nicht gegeben sind.

3. Im allgemeinen tritt eine Hemmung der Zellatmung bei Blausäurekonzentrationen von $^1/_{10000}$ Molen pro Liter auf, so in Bakterien, tierischen Eiern, Spermatozoen, Blutzellen, Leberzellen, Ganglienzellen. Doch kennen wir einen Organismus — die Grünalge Chlorella vulgaris —, dessen Atmung erst durch eine $^n/_{10}$-Blausäurelösung merklich gehemmt wird. Möglicherweise ist hier die Verwandtschaft zwischen Blausäure und Eisen nicht größer, als die Verwandtschaft zwischen dem verbrennenden Stoff und Eisen, so daß in der Konkurrenz um die Oxydationsorte Blausäure erst bei hohen Konzentrationen im Vorteil ist.

4. Nach einer Beobachtung von Mathews und Walker (Journ. of biol. chem. 6, 29. 1909) wird die Oxydation von Cystein zu Cystin in wässeriger Lösung durch kleine Mengen Cyanid gehemmt; sie wird, wie seit Baumann bekannt ist, durch Eisensalz erheblich beschleunigt.

Bei der Darstellung des Cysteins (Reduktion von Cystin mit Zinn und Salzsäure) ist eine Verunreinigung mit Eisen schwer zu vermeiden; es ist uns nicht gelungen, eisenfreie Cysteinpräparate zu gewinnen. Wir nehmen deshalb zunächst an, daß auch in diesem Fall die Blausäurewirkung auf der Bindung des Eisens oder eines anderen Schwermetalls beruht.

III. Ergebnisse.

Wir stellen schließlich die wesentlichsten Ergebnisse der Zellversuche und der Modellversuche zusammen:

Zellversuche:

1. Die Atmung ist an die festen Zellbestandteile gebunden.
2. Wie Kohle adsorbieren die festen Zellbestandteile gelöste Stoffe aus wässerigen Lösungen.
3. Narkotica beeinflussen die Atmung durch physikalische Zustandsänderung der Oberflächen.
4. Die Atmung ist eine Eisenkatalyse.
5. Blausäure hemmt die Atmung, indem sie das Eisen in eine zur Sauerstoffübertragung unfähige Form überführt.

Modellversuche:

1. Brennstoffe der Zelle, Aminosäuren, werden durch Adsorption an Blutkohle in gleichem Maße gegenüber Sauerstoff unbeständig wie in lebenden Zellen, und verbrennen an der Kohleoberfläche zu denselben Endprodukten wie in lebenden Zellen.
2. Die Verbrennung der Aminosäuren an Kohle wird durch Narkotica in gleicher Weise wie die Zellatmung beeinflußt, durch physikalische Zustandsänderung der Oberflächen.

Diese Zustandsänderung besteht in einer Bedeckung und dadurch bedingten Verkleinerung der wirksamen Oberflächen.

3. Blausäure hemmt die Verbrennung an Kohle durch Bindung eines in kleiner Menge vorhandenen Bestandteils, wahrscheinlich des Eisens der Blutkohle.

Theorie der Zellatmung.

Es sind 2 Mittel, deren sich die Zelle bedient, um die Reaktionswiderstände an den Verbrennungsorten zu verkleinern: der Adsorption und der Schwermetalle.

Die Zellatmung ist ein capillarchemischer Vorgang, der an den eisenhaltigen Oberflächen der festen Zellbestandteile abläuft. Durch Adsorption an diesen Oberflächen werden die trägen organischen Verbindungen aus dem gleichen Grunde gegenüber Sauerstoff reaktionsfähig, wie die Aminosäuren an der Oberfläche der Blutkohle. Die Zellatmung ist damit zwar nicht physikalisch erklärt, jedoch zurückgeführt auf Phänomene der unbelebten Welt.

Narkotica hemmen die Zellatmung, indem sie — selbst an den Oberflächen nicht oxydabel — die Oberflächen bedecken und dadurch die Brennstoffe verdrängen. Gleiche Wirkung durch verschiedene Narkotica tritt immer dann ein, wenn der gleiche Bruchteil der wirksamen Oberflächen mit Narkoticum bedeckt ist. Auch für die Zellatmung gilt die Bedingung gleicher Wirkung:

$$\text{Zahl der adsorbierten Moleküle} \times \text{der von einem Molekül beanspruchten Fläche} = K,$$

eine Beziehung, aus der die Wirkungsstärken für beliebige Narkotica berechnet werden können, wenn K, die Adsorptionskonstanten und die Molekularvolumina gegeben sind.

Bemerkung zu vorstehender Theorie.

Verbrennt eine Aminosäure an der Kohleoberfläche, so geht die gesamte freie Energie der Verbrennung verloren. Verbrennt eine Aminosäure an den Oberflächen der lebenden Zelle, so erscheint die freie Energie der Verbrennung zum Teil als Arbeit, beispielsweise als mechanische Arbeit. In bezug auf den Energieumsatz unterscheidet sich also das Kohlemodell von seinem Vorbild.

Doch ist anzunehmen, daß die Auffassung der Atmung als Oberflächenreaktion den Weg zeigen wird, auf dem die Energieumwandlung in der lebenden Zelle erfolgt. Bringt man einen Quecksilbertropfen in Chromsäurelösung[1], so ist die Oxydation bei geeigneter Versuchsanordnung mit einer lebhaften Bewegung des Metalls verbunden; hier wird die freie Energie der Oxydation zum Teil als mechanische Arbeit gewonnen, indem die Kräfte der Oberflächenspannung Arbeit leisten. Vermutlich verwandelt die lebende Zelle auf ähnliche Weise chemische Energie der Atmung in Arbeit.

---

[1] Paalzow: Poggendorffs Ann. **104**, 418. 1858. — Bernstein: Pflügers Arch. f. d. ges. Physiol. **80**, 628. 1900.

IV. Experimenteller Teil.

(Versuche an dem Atmungsmodell Kohle-Aminosäure von dem Verfasser und E. NEGELEIN).

1. Adsorptionsverdrängung und Oxydationshemmung durch Narkotica.

Als Adsorbens wurde MERCKsche Blutkohle verwendet, für alle Versuche dasselbe Präparat, von dem eine größere Menge beschafft worden war; als Aminosäure aus Haaren hergestelltes Cystin, dessen spezifische Drehung — für die D-Linie in Normalsalzsäure — —216° betrug.

Zu je 100 ccm einer 0,036proz. Cystinlösung wurden 2 g Kohle und wechselnde Mengen verschiedener Narkotica gegeben. In einem Teil der so hergestellten Kohlesuspensionen wurde die Oxydationsgeschwindigkeit der Aminosäure gemessen, der Rest diente zur Adsorptionsmessung.

Messung der Adsorption. Die Cystinlösungen wurden durch Kochen von 36 mg feingepulverter Aminosäure mit 100 ccm Wasser bereitet, in einem Thermostaten auf 40° abgekühlt, bei der gleichen Temperatur einige Minuten mit Kohle geschüttelt und dann filtriert. Nach Zugabe von $^1/_{10}$ Volumen 11fach n-Salzsäure wurde α_D für eine 2 dm lange Schicht (Fehler 0,005°) gemessen und der Prozentgehalt P der geprüften Lösung nach der Formel

$$P = \frac{\alpha_\mathrm{D} \cdot 100}{[\alpha]_\mathrm{D} \cdot 2} 1{,}1$$

berechnet.

Aus dem Prozentgehalt P_0 vor Zugabe der Kohle und dem Prozentgehalt P_1 in dem Kohlefiltrat ergaben sich die pro Gramm Kohle absorbierten Millimole Cystin:

$$x = \frac{(P_0 - P_1)\,1000}{2 \cdot 240},$$

worin 240 das Molekulargewicht des Cystins bedeutet. Mit x im Gleichgewicht standen:

$$C = \frac{10\,P_1}{240} \text{ Mole Cystin pro Liter Lösung.}$$

Zur Messung der Oxydationsgeschwindigkeit wurden 10 ccm Kohlesuspension in ein Schüttelgefäß pipettiert, mit Sauerstoff von 96 Vol.-% gesättigt und bei 40° die an BARCROFTschen Manometern auftretenden Druckänderungen in oft beschriebener Weise beobachtet. Der Einsatz des Schüttelgefäßes enthielt zur Adsorption der Kohlensäure 1 ccm 5proz. Kalilauge, das Gesamtvolumen der eingefüllten Flüssigkeit betrug also 11 ccm. Der Gasraum bis zum Meniscus der Sperrflüssigkeit war 19 ccm. Aus den gegebenen Bedingungen berechnet sich die Gefäßkonstante[1] zu 1,7; 1 mm Druckabnahme zeigte einen Sauerstoffverbrauch von 1,7 cmm an.

10 ccm der Kohlesuspension enthielten 200 mg Kohle, 3,6 mg Cystin und wechselnde Mengen Narkoticum. In den narkoticumfreien Suspensionen waren nach 30 Minuten etwa 200 cmm, nach 6 Stunden, wenn die Oxydation beendigt war, etwa 1200 cmm Sauerstoff verbraucht. Vernachlässigte man den Cystinverbrauch in der Anfangsperiode von 30 Minuten, so konnte die nach 30 Minuten beobachtete Sauerstoffaufnahme als Maß der Oxydationsgeschwindigkeit bei konstanter Cystinmenge betrachtet werden.

Das Ergebnis je eines Versuchs mit Aceton, Dimethylharnstoff und Amylalkohol ist in Tabelle 8 zusammengestellt. Unter Spalte 1 sind die Gesamtmengen an Narkoticum angegeben, die 100 ccm der Kohlesuspension zugesetzt wurden. Nach den in Spalte 2 wiedergegebenen Drehungsmessungen drängen die zugesetzten Narkotica mehr als die Hälfte des adsorbierten Cystins in die Lösung zurück, nach Spalte 3 hemmen sie die Sauerstoffaufnahme um mehr als die Hälfte. In der letzten Spalte sind Verdrängungsgrad und Oxydationshemmung einander gegenübergestellt. Die Zahlen zeigen, daß beide Werte nahe übereinstimmen, doch ist die Oxydationshemmung etwas größer als der Verdrängungsgrad. Dieser Unterschied wurde regelmäßig gefunden und beruht nicht auf Versuchsfehlern. Zur Erklärung nehmen wir an,

Tabelle 8. *Verdrängung und Oxydationshemmung durch Narkotica.*

Versuch	Spalte 1			Spalte 2		Spalte 3	Spalte 4	
	System			Adsorption des Cystins				
	0,036proz. Cystinlösung ccm	Kohle g	Narkoticum g	Drehung der Lösungen (Kohlefiltrat) im 2-dm-Rohr	Pro Gramm Kohle adsorbierte Cystinmenge Millimole	10 ccm der Kohlsuspension verbrauchten in 30 Min. Sauerstoff cmm	Verdrängungsgrad in %	Hemmung der Sauerstoffaufnahme in %
	100	—	—	—0,145°	—	—		
1	100	2	—	—0,055°	0,05	205	58	65
	100	2	0,58 g Aceton	—0,105°	0,021	72		
	100	—	—	—0,140°	—	—		
2	100	2	—	—0,050°	0,049	221	55	66
	100	2	0,45 g Dimethylharnstoff (asym.)	—0,100°	0,022	75		
	100	—	—	—0,140°	—	—		
3	100	2	—	—0,044°	0,052	245	60	66
	100	2	0,17 g n. Amylalkohol	—0,100°	0,021	82		

[1] Warburg, O. u. E. Negelein: diese Zeitschr. **113**, 257. 1921.

daß die Narkotica nicht nur die Aminosäure, sondern — wenn auch in geringerem Maße — den adsorbierten Sauerstoff von der Kohleoberfläche verdrängen.

2. *Adsorption der Narkotica.*

Bringen wir in 100 ccm einer 0,036proz. Cystinlösung 2 g Kohle und bestimmen die Verteilung des Cystins, ehe merkliche Mengen oxydiert sind, so finden wir nach den Drehungswinkeln der Tabelle 8:

Konzentration in der Lösung (Mole/Liter)	Adsorbierte Menge (Millimole/Gramm)
$0{,}54 \cdot 10^{-3}$	0,05.

Fügen wir so viel Narkoticum hinzu, daß die Oxydationsgeschwindigkeit um etwa 66% sinkt, so ist nach den Drehungswinkeln der Tabelle 8 die Verteilung des Cystins:

Konzentration in der Lösung (Mole/Liter)	Adsorbierte Menge (Millemole/Gramm)
$1{,}1 \cdot 10^{-3}$	0,021.

Von 1 g Kohle sind mithin 0,029 Millimole Cystin verdrängt.

Um diesen Verdrängungsgrad zu erzielen, müssen die in Tabelle 9 verzeichneten Mengen verschiedener Narkotica zugesetzt werden.

Tabelle 9. *Oxydationshemmung durch Narkotica.*

Narkoticum	100 ccm einer 0,036proz. Cystinlösung + 2 g Kohle		10 ccm der Kohlesuspension verbrauchen in 30 Min. Sauerstoff	Hemmung der Sauerstoffaufnahme
	mg	Millimole	cmm	in %
Acetamid	—	—	195	62
	1140	19,4	70	
Valeramid (iso)	—	—	213	65
	156	1,54	73	
Aceton	—	—	205	65
	580	10	72	
Methylphenylketon	—	—	205	65
	174	1,45	71	
Acetonitril	—	—	207	65
	820	20	71	
Valeronitril	—	—	217	65
	149	1,8	75	
Dimethylharnstoff (asym.)	—	—	221	66
	450	5,12	75	
Diäthylharnstoff (sym.)	—	—	221	64
	180	1,56	80	
Phenylharnstoff	—	—	202	65
	208	1,53	70	

Tabelle 10. *Adsorption der Narkotica.*

Narkoticum	Molekulargewicht	Molekularrefraktion für die D-Linie M_D	100 ccm Wasser + 2 g Kohle + mg	Millimole	Verteilungsmessungen: Vor Schütteln mit Kohle	Verteilungsmessungen: Nach Schütteln mit Kohle	Verteilung berechnet: Pro Gramm Kohle adsorbiert x Millimole	Verteilung berechnet: Konzentration in der Lösung C-Mole/Liter	$x\,(M_D)^{2/3}$
Acetamid	59	14,9	1140	19,4	5 ccm = 9,7 $^n/_{10}$-NH_3	5 ccm = 8,5 $^n/_{10}$-NH_3	1,2	0,17	7,3
Valeramid (iso)	101	28,7	156	1,54	50 ccm = 7,7 $^n/_{10}$-NH_3	50 ccm = 1,5 $^n/_{10}$-NH_3	0,62	0,003	6,9
Aceton	58	16,2	580	10	5 ccm = 30 $^n/_{10}$-Jod	5 ccm = 22 $^n/_{10}$-Jod	1,33	0,073	8,3
Methylphenylketon	120	36,3	174	1,45	Tropfengewicht reines H_2O: 126,9 mg Tropfengewicht Lösung: 117 mg	Tropfengewicht 126,9 mg	0,73	$<$0,0004	8,0
Acetonitril	41	11,1	820	20	$\Delta = 0{,}367^0$	$\Delta = 0{,}311^0$	1,5	0,17	7,7
Valeronitril (iso)	83	25,0	149	1,8	Tropfengewicht reines Wasser: 127,5 mg Tropfengewicht Lösung: 116,4 mg	Tropfengewicht 126,3 mg	0,8	0,0021	6,9
Dimethylharnstoff (asym.)	88	23,3	450	5,12	20 ccm = 20,5 $^n/_{10}$-NH_3	20 ccm = 11,7 $^n/_{10}$-NH_3	1,1	0,03	9,0
Diäthylharnstoff (sym.)	116	32,4	180	1,56	40 ccm = 12,5 $^n/_{10}$-NH_3	40 ccm = 1,7 $^n/_{10}$-NH_3	0,68	0,002	6,9
Phenylharnstoff	136	38,8	208	1,53	50 ccm = 15,3 $^n/_{10}$-NH_3	50 ccm = 0,2 $^n/_{10}$-NH_3	0,76	0,0002	8,7
								Mittel	7,7

Geprüft wurden insbesondere 4 homologe Reihen, Amide, Ketone, Nitrile und Harnstoffe. Je ein Glied hoher und niedriger Adsorptionskonstante ist in der Tabelle nebeneinander gestellt. Man sieht, daß von dem Glied niedriger Adsorptionskonstante immer eine erheblich größere Menge zugesetzt werden muß als von dem Glied hoher Adsorptionskonstante.

Da kleine Cystinmengen die Adsorption der Narkotica nicht beeinflussen, wurde die Verteilung der Narkotica in cystinfreien Kohlesuspensionen gemessen, und zwar: für die Amide und Harnstoffe durch Stickstoffbestimmungen nach Kjeldahl, für Aceton jodometrisch nach Messinger, für Acetonitril kryoskopisch, für Methylphenylketon und Valeronitril durch Wägung der von einem Traubeschen Stalagmometer abfallenden Tropfen. Die adsorbierten Mengen — auf die es vor allem ankam — konnten so (vgl. Tabelle 10) auf 5—10% genau bestimmt werden; die Konzentrationen in der Lösung im allgemeinen mit derselben Genauigkeit, für

Valeronitril auf etwa 20%, während sich für Methylphenylketon nur eine obere Grenze der Konzentration ergab.

Was die Molekularrefraktionen anbetrifft (Tabelle 10), so wurden sie aus den von EISENLOHR[1] und BRÜHL für die D-Linie angegebenen Refraktionsäquivalenten berechnet unter Benutzung folgender Werte:

für Kohlenstoff	2,4
„ Wasserstoff	1,1
„ Carbonylsauerstoff	2,2
„ prim. aliph. Amidstickstoff	2,3
„ sek. aliph. Amidstickstoff	2,5
„ tertiären aliph. Amidstickstoff	2,8
„ sek. Amidstickstoff mit einem Phenylrest	3,6
„ aliph. Nitrilstickstoff	3,1
„ doppelte Bindung	1,7

3. *Adsorptionsverdrängung und Oxydationshemmung durch Blausäure.*

Verdrängung des Cystins. Blausäure, deren Gehalt titrimetrisch bestimmt war, wurde zu cystinhaltigen Kohlesuspensionen zugesetzt; nach kurzem Schütteln wurde filtriert und die adsorbierte Cystinmenge polarimetrisch ermittelt. Hierbei waren die Mengenverhältnisse an Cystinlösung, Wasser und Kohle etwa dieselben wie bei den Narkoticaversuchen, nämlich 100 ccm Wasser, 34 mg Cystin und 200 mg Kohle.

In Tabelle 11 ist eine Versuchsreihe mit wechselnden Blausäuremengen zusammengestellt. Ein Zusatz von 254 mg = 9,4 Millimolen Blausäure bewirkt eine eben meßbare Verdrängung, ein Zusatz von 2540 mg = 94 Millimolen Blausäure bewirkt eine Adsorptionsverdrängung von etwa 50%. Blausäure ist also weniger wirksam als unser schwächstes Narkoticum, Acetamid.

Tabelle 11. *Adsorptionsverdrängung durch Blausäure.*

System			Drehung der Cystinlösung und der Kohlefiltrate im 2-dm-Rohr	Verteilung des Cystins		Verdrängungsgrad
0,034 proz. Cystinlösung ccm	Kohle g	Blausäure	α_D	x Pro g Kohle adsorbierte Millimole Cystin	C Mole Cystin pro Literlösung	%
100	—	—	—0,135°	—	—	—
100	2	—	—0,045°	0,0475	$0{,}48 \cdot 10^{-3}$	—
100	2	2540 mg = 94 Millimole	—0,087°	0,0255	$0{,}93 \cdot 10^{-3}$	46
100	2	1270 mg = 47 Millimole	—0,065°	0,0370	$0{,}69 \cdot 10^{-3}$	22
100	2	635 mg = 23,5 Millimole	—0,058°	0,0408	$0{,}62 \cdot 10^{-3}$	14
100	2	254 mg = 9,4 Millimole	—0,048°	0,0463	$0{,}51 \cdot 10^{-3}$	3

[1] Vgl. EISENLOHR in Landolt-Börnstein, S. 1039 u. 1040. Berlin 1912.

Tabelle 12. *Oxydationshemmung durch Blausäure.*

I. 100 ccm Wasser, 2 g Kohle, 36 mg = 0,15 Millimole Cystin.
II. 100 ccm Wasser, 2 g Kohle, 1,5 mg = 0,055 Millimole Blausäure.
III. 100 ccm Wasser, 2 g Kohle, 36 mg = 0,15 Millimole Cystin, 1,5 mg = 0,055 Millimole Blausäure.

40^0 Sauerstoffdruck 700 mm Hg.

Zeit	10 ccm I. Cystin allein	10 ccm II. Blausäure allein	10 ccm III. Cystin-Blausäure	Cystinoxydation nach Abzug der Selbstoxydation der Blausäure
Minuten	(a) Verbrauchter Sauerstoff cmm	(b) Verbrauchter Sauerstoff cmm	(c) Verbrauchter Sauerstoff cmm	c—b
10	53	5	23	18
20	125	12	54	42
30	200	16	87	71
49	332	21	162	141
70	448	26	256	230
90	540	32	344	312
110	628	46	432	377
150	750	54	541	487
190	836	61	620	559
230	900	65	678	613
280	967	72	738	666
330	1012	75	783	708
395	1066	81	835	754
∞	1170			

Oxydationshemmung durch Blausäure. Gibt man zu derselben Mischung von Wasser, Cystin und Kohle 1,5 mg = 0,055 Millimole Blausäure, so wird die Oxydationsgeschwindigkeit des Cystins für die ersten 30 Minuten um etwa 60% gehemmt; im Laufe der Zeit nimmt die Hemmung ab, weil Blausäure selbst an der Kohleoberfläche oxydiert wird. Der Verlauf eines derartigen Versuchs ist in Tabelle 12 zahlenmäßig, in Abb. 1 graphisch wiedergegeben. Die Gesamtkonzentration an Blausäure war hierbei $0,55 \cdot 10^{-3}$ pro Liter Kohlesuspension und bewirkte eine Oxydationshemmung von 60%, während nach dem Vorhergehenden die 2000fache Gesamtkonzentration an Blausäure zur

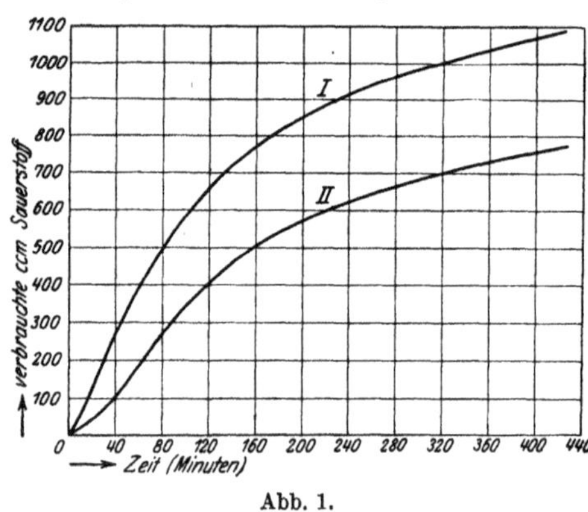

Abb. 1.

Erzielung eines Verdrängungsgrades von 50% nötig ist. Blausäure hemmt also die Cystinoxydation nicht durch Verdrängung.

4. *Die Adsorption der Blausäure*

wurde durch Titration der Kohlefiltrate mit Silbernitrat bestimmt, und zwar für konzentriertere Lösungen mit $^{n}/_{10}$-$AgNO_3$ nach LIEBIG, für verdünnte Lösungen mit $^{n}/_{100}$-$AgNO_3$ nach DENIGES[1]. Nach der letzteren Methode ist der Umschlag hinreichend scharf, wenn man vor Beginn der Titration zu 100 ccm Blausäurelösung 2 ccm 33proz. Jodkalilösung und 2 ccm 25proz. Ammoniakflüssigkeit zusetzt. Um Verluste durch Verdunsten der Blausäure zu vermeiden, wurden die konzentrierteren Lösungen auf bedeckten Trichtern filtriert.

Das Resultat einer Versuchsreihe ist in Tabelle 13 wiedergegeben. Wie man sieht, wird Blausäure, im Vergleich zu den narkotischen Substanzen, nur schwach adsorbiert, etwa so wie die Anfangsglieder unserer homologen Reihen (vgl. Tabelle 10).

Tabelle 13. *Adsorption der Blausäure.*

Versuch	System			Titrationen	Verteilung	
	Wasser + HCN ccm	HCN Millimole	Kohle g		*C* Mole pro Liter-Lösung	*x* Pro Gramm Kohle adsorbierte Millimole
1	100	93	—	5 ccm = 23,3 $^{n}/_{10}$-$AgNO_3$	$880 \cdot 10^{-3}$	2,6
			2	5 „ = 22,0 $^{n}/_{10}$-$AgNO_3$		
2	100	10	—	20 „ = 10,0 $^{n}/_{10}$-$AgNO_3$	$89 \cdot 10^{-3}$	0,55
			2	20 „ = 8,9 $^{n}/_{10}$-$AgNO_3$		
3	100	0,86	—	100 „ = 4,3 $^{n}/_{10}$-$AgNO_3$	$7 \cdot 10^{-3}$	0,08
			2	100 „ = 3,5 $^{n}/_{100}$-$AgNO_3$		
4	100	0,058	—	100 „ = 2,9 $^{n}/_{100}$-$AgNO_3$	$0,38 \cdot 10^{-3}$	0,01
			2	100 „ = 1,9 $^{n}/_{100}$-$AgNO_3$		

5. *Vergleich von Blutkohle und Benzoesäurekohle.*

Herstellung der Benzoesäurekohle. 40 g Benzoesäure wurden mit 12 g Kaliumcarbonat gemischt und in einem Porzellantiegel langsam verkohlt. Dann wurde bei bedecktem Tiegel 15 Minuten vor dem Gebläse auf Rotglut erhitzt, nach dem Erkalten fein gepulvert, 2 mal mit eisenfreier Salzsäure heiß extrahiert, mit heißem Wasser bis zum Verschwinden der Chlorreaktion gewaschen, getrocknet und schließlich 1 Minute im offenen Porzellantiegel geglüht. Ausbeute 3 g.

Um die Waschflüssigkeiten möglichst eisenfrei zu halten, geschah die Extraktion in Porzellangefäßen, die Trennung von den Extraktions-

[1] CLASSEN: Theorie und Praxis der Maßanalyse, S. 655. Leipzig 1912.

flüssigkeiten nicht durch Filtrieren, sondern durch Dekantieren. Die geringen Eisenmengen, die sich trotz dieser Vorsichtsmaßregeln stets in den Präparaten fanden, stammen aus dem Kaliumcarbonat.

Bei der Elementaranalyse wurde erhalten: aus 0,276 g Kohle kein Stickstoff; aus 0,1589 g Kohle 0,0082 g Wasser und 0,5565 g Kohlensäure. Daraus berechnet sich die Zusammensetzung: 96% C, 0,6% H und 3,4% O.

Zur Bestimmung des Eisens wurden 0,5—1 g Kohle im Porzellantiegel bis zum Verschwinden der Kohle geglüht, mit eisenfreier Salzsäure und einem Körnchen Kaliumchlorat zur Trockne verdampft und mit Salzsäure und Wasser auf 10 ccm gebracht. 1 ccm dieser Lösung[1] wurde mit 1 ccm 10proz. Kaliumrhodanidlösung, 1 ccm 6fach n-Salzsäure und 1 ccm Äther vermischt und die im Äther auftretende Rotfärbung mit einer Serie von Färbungen verglichen, die mittels einer Eisenchloridlösung von bekanntem Gehalt in sonst gleicher Weise erzeugt worden waren. In 1 ccm der Aschenlösung wurden hierbei einige $^1/_{1000}$ bis $^1/_{100}$ Milligramme Eisen gefunden. Ein blinder Versuch, in dem die gleichen Mengen an Wasser, Salzsäure und Kaliumchlorat im Porzellantiegel eingedampft und dann auf 5 ccm aufgefüllt waren, ergab pro Kubikzentimeter weniger als $^1/_{10000}$ mg Eisen.

Die für unsere Blutkohle und 2 Benzoesäurekohlen erhaltenen Werte sind folgende:

	mg Fe	Milliontel Mole Fe
1 g Blutkohle enthielt	0,26	4,6
1 „ Benzoesäurekohle enthielt	0,01	0,18
1 „ Benzoesäurekohle enthielt	0,015	0,27

Zur Bestimmung des Kupfers wurden 10 g Blutkohle im Porzellantiegel verascht, 2mal mit 10proz. heißer Salzsäure extrahiert und das Filtrat heiß mit Schwefelwasserstoff gesättigt. Der schwarze Niederschlag wurde auf der Zentrifuge mit H_2S-haltiger Salzsäure gewaschen, das Sediment mit einigen Tropfen Salpetersäure eingedampft, in verdünnter Salpetersäure aufgenommen, filtriert und auf 5 ccm aufgefüllt. Die Flüssigkeit färbte sich mit überschüssigem Ammoniak blau und gab mit Ferrocyankalium einen braunen Niederschlag. Zur Bestimmung wurden 0,2 ccm der Flüssigkeit auf 10 ccm aufgefüllt und 0,1 ccm einer 1proz. Ferrocyankaliumlösung zugefügt. Die hierbei auftretende Braunfärbung wurde mit einer Serie von Färbungen verglichen, die mittels einer Kupfersulfatlösung von bekanntem Gehalt in sonst gleicher Weise erzeugt worden waren. Es wurden so in einem Gramm Blutkohle 1,68 mg = 2,65 Millionstel Mole Cu gefunden.

Adsorptionsvermögen der beiden Kohlen. Je 1 g bei 120° getrock-

[1] Methode von Lachs und Friedenthal: diese Zeitschr. **32**, 130. 1911.

neter Kohle wurde mit 100 ccm Lösung einige Minuten geschüttelt und der Gehalt der verschiedenen Stoffe in der Lösung vor und nach dem Schütteln mittels folgender Methoden bestimmt: Aceton jodometrisch nach MESSINGER, Bernsteinsäure acidimetrisch, Amylalkohol durch Wägung des von einem TRAUBEschen Stalagmometer abfallenden Tropfens, Cystin polarimetrisch. Die Resultate sind in Tabelle 14 zusammengestellt. Wie man sieht, wird Aceton von der Benzoesäurekohle, Cystin von der Blutkohle besser adsorbiert, während das Adsorptionsvermögen beider Kohlen gegenüber Bernsteinsäure und Amylalkohol etwa das gleiche ist.

Ganz anders fällt der Vergleich gegenüber Methylenblaulösungen aus. Schüttelt man 0,5 g Blutkohle mit 100 ccm einer 0,15proz. Methylenblaulösung, so ist nach 20 Minuten fast der gesamte Farbstoff adsorbiert. Wiederholt man den Versuch mit Benzoesäurekohle, so findet man nach der

Tabelle 14. *Adsorptionsvermögen von Blutkohle und Benzoesäurekohle.* Je 1 g Kohle + 100 ccm Lösung.

Substanz	Kohlepräparat	Messungen		Verteilung berechnet	
		vor dem Schütteln mit Kohle	nach dem Schütteln mit Kohle	x pro Gramm Kohle adsorbierte Millimole	C Mole pro Liter Lösung
Aceton	Blutkohle	10 ccm = 6 ccm $^n/_{10}$-Jod	10 ccm = 3,3 $^n/_{10}$-Jod	0,45	$0{,}55 \cdot 10^{-2}$
	Benzoesäurekohle	10 ccm = 6 ccm $^n/_{10}$-Jod	10 ccm = 1,6 $^n/_{10}$-Jod	0,73	$0{,}27 \cdot 10^{-2}$
Bernsteinsäure	Blutkohle	10 ccm = 2,1 ccm $^n/_{10}$-NaOH	10 ccm = 0,5 ccm $^n/_{10}$-NaOH	0,8	$2{,}5 \cdot 10^{-3}$
	Benzoesäurekohle	10 ccm = 2,1 ccm $^n/_{10}$-NaOH	10 ccm = 0,4 ccm $^n/_{10}$-NaOH	0,85	$2{,}0 \cdot 10^{-3}$
n-Amylalkohol	Blutkohle	Tropfengewicht reines Wasser: 128,7 mg Tropfengewicht Lösung 81 mg[1]	Tropfengewicht 95,3 mg[1]	3,9	$3{,}6 \cdot 10^{-2}$
	Benzoesäurekohle	Tropfengewicht reines Wasser: 128,7 mg Tropfengewicht Lösung 81 mg[1]	Tropfengweicht 91,1 mg[3]	3,1	$4{,}4 \cdot 10^{-2}$
Cystin	Blutkohle	α_D im 2-Dez-Rohr —0,142°	α_D im 2-Dez-Rohr —0,075°	0,071	$0{,}79 \cdot 10^{-3}$
	Benzoesäurekohle	α_D im 2-Dez-Rohr —0,142°	α_D im 2-Dez-Rohr —0,098°	0,046	$1{,}04 \cdot 10^{-3}$

[1] 0,66 g Amylalkohol: 100 ccm. [2] Entsprechend 0,32 g Amylalkohol: 100 ccm. [3] Entsprechend 0,39 g Amylalkohol: 100 ccm.

gleichen Zeit fast den gesamten Farbstoff in Lösung. Das Adsorptionsvermögen der Blutkohle gegenüber Methylenblau ist von einer anderen Größenordnung als das der Benzoesäurekohle.

Sauerstoffübertragung durch beide Kohlen. Während in Wasser suspendierte MERCKsche Blutkohle keinen Sauerstoff aufnimmt, verbrauchen Benzoesäurekohlen unter den gleichen Bedingungen stets Sauerstoff. Diese „Selbstoxydation" wurde bei jedem Cystinversuch mitbestimmt und von dem für Cystin erhaltenen Wert in Abzug gebracht. Aus Versuch 1 und 2 der Tabelle 15 geht hervor, daß auch Benzoesäurekohle Sauerstoff auf Cystin überträgt, jedoch erheblich langsamer als Blutkohle.

Tabelle 15.
Sauerstoffübertragung durch Blutkohle und Benzoesäurekohle.

Versuch	Kohlepräparat	System				10 ccm der Kohlesuspension verbrauchen in 30 Min. Sauerstoff	In 30 Min. auf Cystin übertragener Sauerstoff	Eisengehalt pro g Kohle Milli-ontel Mole
		Wasser ccm	Cystin mg	Kohle g	Metallsalz mit 1 g Kohle geglüht	cmm	cmm	
1	Blutkohle	100	36	1	—	140	140	4,6
2	Benzoesäurekohle	100	—	1	—	30	40	0,2
		100	36	1	—	70		
3 Eisen	Benzoesäurekohle	100	—	1	$20 \cdot 10^{-6}$ Mole $FeCl_3$	51	104	20
		100	36	1	$20 \cdot 10^{-6}$ Mole $FeCl_3$	155		
4 Mangan	Benzoesäurekohle	100	—	1	$20 \cdot 10^{-6}$ Mole $MnCl_2$	66	95	—
		100	36	1	$20 \cdot 10^{-6}$ Mole $MnCl_2$	161		
5 Cer	Benzoesäurekohle	100	—	1	$20 \cdot 10^{-6}$ Mole $CeCl_3$	56	78	—
		100	36	1	$20 \cdot 10^{-6}$ Mole $CeCl_3$	134		

Tränkt man die Benzoesäurekohle mit Metallsalzen und erhitzt eine Minute im offenen Porzellantiegel zur Rotglut, so erhält man Präparate, die zwar nicht merklich stärker adsorbieren, jedoch das adsorbierte Cystin mit größerer Geschwindigkeit oxydieren (Versuche 2, 3 und 4 der Tabelle 15). Von vielen Metallsalzen, die geprüft wurden, erwies sich am wirksamsten Eisen, während Kupfer in keinem Fall einen Einfluß auf die Sauerstoffübertragung ausübte. In der letzten Spalte der Tabelle 15 sind die Eisengehalte der verschiedenen Kohlen verzeichnet. Ein Vergleich mit den Oxydationsgeschwindigkeiten (vorletzte Spalte) lehrt, daß diese durchaus nicht im Verhältnis der Eisenmengen stehen.

Tabelle 16. *Einfluß adsorbierter Metallsalze auf die Cystinoxydation.*

System			10 ccm Kohlesuspension verbrauchen in 30 Min. Sauerstoff
0,036 proz. Cystinlösung ccm	Blutkohle g	Metallsalz der Kohlesuspension zugesetzt	cmm
100	1	—	132
100	1	$40 \cdot 10^{-6}$ Mole $MnCl_2$	117
100	1	$40 \cdot 10^{-6}$ Mole $FeCl_3$	89
100	1	$40 \cdot 10^{-6}$ Mole $CuCl_2$	42

Tabelle 16 gibt eine Versuchsreihe wieder, in der sich an der Kohleoberfläche neben Cystin verschiedene, aus wässeriger Lösung adsorbierte Metallsalze befanden. Wie man sieht, hat das adsorbierte Metallsalz durchweg einen hemmenden Einfluß auf die Sauerstoffaufnahme.

Biochem. Zeitschr. **136**, 266. 1923.

Über die antikatalytische Wirkung der Blausäure.

Von

Otto Warburg.

(Aus dem Kaiser Wilhelm-Institut für Biologie, Berlin-Dahlem.)

(Eingegangen am 2. Januar 1923.)

Die vorliegende Arbeit bildet die Fortsetzung einer Untersuchung über die „Physikalische Chemie der Zellatmung“[1] und zerfällt in folgende Abschnitte:

I. Wirkung der Blausäure auf die Verbrennung von Leucin und Oxalsäure an Blutkohle.

II. Wirkung der Blausäure auf Kohlepräparate verschiedenen Eisengehalts.

III. Bindung des Sauerstoffs durch verschiedene Kohlepräparate.

IV. Wirkungsweise der Blausäure.

V. H. Wielands Theorien.

VI. Beschreibung der Versuche.

I.

Die Wirkung der Blausäure auf die Cystinoxydation an Blutkohle ist als eine Wirkung auf den Katalysator, die Blutkohle, aufgefaßt worden[2]. Daß diese Auffassung richtig ist — daß es sich also nicht um eine Reaktion mit dem Substrat, etwa Cystinschwefel, handelt —, ergibt sich aus den folgenden Versuchen, in denen Cystin durch Leucin und Oxalsäure ersetzt wurde und in denen analoge Erscheinungen auftraten, wie im Falle der Cystinoxydation.

Die Versuche wurden so angestellt, daß Kohle in Lösungen von Leucin und Blausäure, von Oxalsäure und Blausäure eingetragen und einerseits die Adsorption, andererseits die Geschwindigkeit der Sauerstoffaufnahme gemessen wurde. Die adsorbierten Mengen an Leucin, Oxalsäure und Blausäure zu Beginn eines Oxydationsversuchs waren so in jedem Falle bekannt und konnten, falls die Zeiten nicht zu lange waren, während der Oxydationsmessungen als konstant betrachtet werden.

---

[1] Warburg, O.: diese Zeitschr. **119**, 134. 1921.

[2] Derselbe, ebendaselbst; Zeitschr. f. Elektrochem. 1922, S. 70.

Die Versuche, die unter Nr. 1 und Nr. 2 im Abschnitt VI näher beschrieben sind, ergaben folgendes: Blausäure hemmt die Oxydation von Leucin und Oxalsäure an Blutkohle, ohne daß die adsorbierte Menge beider Stoffe merklich abnimmt. Wir finden eine Hemmung der Leucinoxydation um 56%, wenn die Blausäurekonzentration in der Lösung etwa $^{n}/_{10000}$, um 97%, wenn die Blausäurekonzentration in der Lösung etwa $^{n}/_{1000}$ ist. Im ersten Falle kommt an der Oberfläche auf 400 Moleküle Leucin 1 Molekül Blausäure, im zweiten Falle auf 75 Moleküle Leucin 1 Molekül Blausäure. Wir finden eine Hemmung der Oxalsäureoxydation um 63%, wenn die Blausäurekonzentration in der Lösung etwa $^{n}/_{10000}$, um 80%, wenn die Blausäurekonzentration in der Lösung etwa $^{n}/_{1000}$ ist. Im ersten Falle kommt an der Oberfläche auf 120 Moleküle Oxalsäure 1 Molekül Blausäure, im zweiten Falle auf 68 Moleküle Oxalsäure 1 Molekül Blausäure.

Es erscheint mir nicht möglich, diese Tatsachen anders zu erklären, als daß an der Blutkohle katalytisch wirksame und katalytisch unwirksame Bezirke existieren.

II.

Die früher entwickelte Theorie, nach der die katalytisch wirksamen Bezirke der Blutkohle die schwermetallhaltigen Bezirke sind[1], erhält durch folgende Versuche eine festere Stütze:

Erhitzt man Blutkohle im Bombenrohr mit konzentrierter Salzsäure, so wird ein Teil des Schwermetalls aus der Kohle herausgelöst. Die zurückbleibende schwermetallärmere Kohle adsorbiert Leucin, Oxalsäure und Blausäure noch gut. Leucin und Oxalsäure verbrennen an ihrer Oberfläche, doch wird dieser Vorgang durch Blausäure erheblich weniger gehemmt als an der Oberfläche der nichtextrahierten Blutkohle.

Andererseits kann man aus kristallisiertem Rohrzucker Kohle herstellen, die im wesentlichen reiner Kohlenstoff und im besonderen fast frei von Schwermetall ist. Derartige Präparate adsorbieren Leucin, Oxalsäure und Blausäure gut. Leucin und Oxalsäure verbrennen an ihrer Oberfläche, doch wird diese Oxydation durch Blausäure nicht spezifisch[2] gehemmt.

Eine kleine Tabelle mag diese Verhältnisse illustrieren. Mit v_1 ist der nach 60 Minuten beobachtete Sauerstoffverbrauch in der blausäurefreien Kontrolle bezeichnet, mit v_2 der Sauerstoffverbrauch unter

[1] Warburg, O.: diese Zeitschr. **119**, 134. 1921; Zeitschr. f. Elektrochem. 1922, S. 70.

[2] „Spezifisch" nennen wir eine Hemmung, bei der die Menge an adsorbiertem Brennstoff — in diesem Falle an Leucin oder an Oxalsäure — nicht merklich vermindert ist.

sonst gleichen Bedingungen bei Gegenwart von Blausäure. Die adsorbierte Blausäuremenge ist — worauf besonders hingewiesen sei — in allen Fällen gemessen und praktisch gleich gefunden worden.

Kohlepräparat	mg Fe : g Kohle	Leucin v_1/v_2	Oxalsäure v_1/v_2
Blutkohle (Versuch 1 u. 2, Abschnitt VI) .	2,0	31	5
Blutkohle, extrahiert (Versuch 3 u. 4, Abschnitt VI) .	0,4	7	2
Zuckerkohle (Versuch 5 u. 6, Abschnitt VI) .	0,02	1,6	1
Zuckerkohle (Versuch 7 u. 8, Abschnitt VI) .	0,005	1,1	1

III.

Fein verteilter, in Wasser suspendierter Kohlenstoff bindet Sauerstoff, wie Platinmetall, und gibt den gebundenen Sauerstoff beim Erhitzen als Sauerstoff, nach manchen Autoren in Kohlensäure, wieder ab. In ausgesprochenem Maße hatte unsere aus Rohrzucker hergestellte Kohle die Eigenschaft, in Wasser suspendiert, Sauerstoff zu binden. Selbst bei tagelangem Durchleiten von Sauerstoff durch eine bei 38° gehaltene Suspension hörte die Sauerstoffabsorption nicht völlig auf; sie wurde allmählich langsamer, stieg jedoch fast wieder auf ihren Anfangswert, wenn die Kohle gekocht und getrocknet wurde.

Blutkohle dagegen bindet, in Wasser suspendiert, nur sehr geringe Mengen Sauerstoff. Wird sie jedoch im Bombenrohr mit Salzsäure erhitzt, dann säurefrei gewaschen und in Wasser suspendiert, so nimmt sie Sauerstoff mit ähnlicher Geschwindigkeit auf wie Zuckerkohle. (Versuch 9, Abschnitt VI.)

Offenbar ist in der Blutkohle — die bis zu 10% Asche enthält[1] — der Kohlenstoff durch Salze vor Selbstoxydation geschützt. Säure in der Hitze entfernt diese Salze teilweise und legt Kohlenstoff der Blutkohle frei. Es tritt dann zu der katalytischen Wirkung des Schwermetalls eine katalytische Wirkung des Kohlenstoffs, zu einer durch Blausäure hemmbaren Wirkung eine durch Blausäure nicht hemmbare Wirkung.

Das beiden Katalysen Gemeinsame ist vermutlich nichts anderes als die Bindung — und damit die Aktivierung — des molekularen Sauerstoffs, sei es an Kohlenstoff, sei es an Schwermetall. Daß Aminosäuren gegenüber aktiviertem Sauerstoff besonders empfindlich sind, kann man zeigen, wenn man Leucin und Wasserstoffsuperoxyd — in ver-

[1] Insbesondere fanden wir in unserem Präparat neben 0,2% Eisen etwa 9% Kieselsäure.

dünnter wässeriger Lösung, bei schwach alkalischer Reaktion und bei Zimmertemperatur — zusammenbringt. Das Leucin wird dann unter Desamidierung oxydiert (für den Eintritt der Reaktion scheint nach Versuchen von Dr. Rudolf Mayer nicht, wie man bisher wohl glaubte, die Anwesenheit eines Katalysators erforderlich zu sein). Denkt man sich also den an Kohlenstoff oder an Schwermetall gebundenen Sauerstoff in ähnlicher Weise aktiviert wie im Wasserstoffsuperoxyd, so ist das Verhalten der Aminosäuren an Kohle auf bekannte chemische Vorgänge zurückgeführt.

IV.

Die entwickelte Auffassung führt zu einer präziseren Vorstellung über die Wirkungsweise der Blausäure. Blausäure hemmt, indem sie sich an das Schwermetall anlagert und dadurch die Bindung des Sauerstoffs an den Katalysator verhindert.

V.

Ich möchte an dieser Stelle mit einigen Worten auf Theorien eingehen, die H. Wieland[1] in den letzten Jahren über die Zellatmung veröffentlicht hat. Wieland geht weniger von den Tatsachen aus, die an atmenden Zellen gefunden worden sind, als von gewissen Vorstellungen, die er sich über den Oxydationsverlauf organischer Moleküle gebildet hat. Er glaubt nun, daß die Auffassung der Atmung als einer Eisenkatalyse mit seinen Vorstellungen in Widerspruch stehe, und lehnt deshalb die genannte Auffassung ab. Dies geschieht in einer Form, die irreführt, und gegen die Einspruch erhoben werden muß.

Die Theorie über die Rolle des Eisens in der Zellatmung beruht auf der hundertfältig erhärteten Tatsache, daß lebende Zellen eine kleine Menge Eisen als lebenswichtigen Bestandteil enthalten, sowie auf der Tatsache, daß es gelungen ist, durch Vermehrung des Eisengehalts einer Zelle die Geschwindigkeit der Sauerstoffaufnahme in dem Maße zu steigern, als der natürliche Eisengehalt vermehrt wurde. Beide Tatsachen werden von Wieland verschwiegen. Statt dessen gibt er als Fundament der Theorie den „problematischen" „Eisengehalt der Fermente" aus[2] und führt als Argument gegen die Theorie an, daß ein aus Meerrettichwurzeln gewonnener Stoff, der die Reaktion zwischen Wasserstoffsuperoxyd und Pyrogallussäure beschleunigt, wahrscheinlich eisenfrei sei. Indessen kann dieser Umstand ebensowenig als Argument gegen

[1] Wieland, H.: Ergebn. d. Physiol. **20**, 477. 1922; Ber. d. d. chem. Ges. **55**, 3639. 1922.

[2] Ergebn. d. Physiol., l. c., S. 502.

die Theorie verwertet werden als der Umstand, daß irgendein anderer Stoff eisenfrei ist. —

Da WIELAND die katalytische Funktion des Eisens leugnet, so muß er auch die Theorie der Blausäurewirkung ablehnen. Er tut dies, indem er — im Anschluß an O. LOEW — eine eigene Theorie entwickelt[1]. WIELAND nimmt an, daß in dem Atmungsvorgang Wasserstoffsuperoxyd entsteht, erlaubt jedoch diesem Oxydationsmittel nicht, daß es sich als solches in der Zelle betätigt, sondern läßt es durch „Katalase" in Wasser und Sauerstoff gespalten werden. Die Wirkung der Blausäure besteht nun nicht in einer Wirkung auf das „Atmungsenzym", sondern in einer hemmenden Wirkung auf die Katalase, und erst durch das sich anhäufende giftige Wasserstoffsuperoxyd leidet die Zellatmung.

Was erklärt werden soll — die Wirkungsweise der Blausäure — wird hier zurückgeführt auf einen Komplex umklarer Dinge, wie „Atmungsenzym", „Vergiftung" und „Leiden". Was an der Theorie klar und faßbar ist, ist falsch. Der respiratorische Quotient im Zustand der Blausäurehemmung zeigt nicht die von der Theorie verlangte Anomalie, daß mehr Sauerstoff verbraucht wird, als zur vollständigen Oxydation der verbrennenden Stoffe erforderlich ist. —

Vergebens suche ich nach einem sachlichen Grunde, aus dem heraus WIELAND die einfachen und naheliegenden Deutungen der Phänomene ablehnt. Wir wissen, daß Schwermetalle oxydationskatalytisch wirken können (beispielsweise Kupfer bei der Sulfitoxydation, Kupfer bei der Cysteinoxydation). Wir wissen, daß Schwermetalle den Zerfall des Wasserstoffsuperoxyds beschleunigen können (beispielsweise Eisensalze, Platin). Wir wissen, daß Blausäure Schwermetallkatalysen hemmen kann (beispielsweise die Kupferkatalyse des Sulfits, die Kupferkatalyse des Cysteins, die Platinkatalyse des Wasserstoffsuperoxyds). Wir wissen schließlich, daß lebende Zellen Schwermetall als lebenswichtigen Bestandteil enthalten, und daß sowohl die Oxydation als auch die Wasserstoffsuperoxydzersetzung in lebenden Zellen durch Blausäure gehemmt werden.

Selbst wenn die Versuche an Kohle und die Versuche am Seeigelei nicht vorlägen, so würde die Reihe der aufgezählten Tatsachen die Auffassung schon hinreichend begründen, daß Atmung und Wasserstoffsuperoxydzersetzung in lebenden Zellen Schwermetallkatalysen sind, und daß die Blausäurewirkung in lebenden Zellen eine Antikatalyse in bezug auf Schwermetall ist. —

Soviel über einige spezielle Punkte der WIELANDschen Schriften. Was WIELANDS Ausführungen im allgemeinen anbetrifft, so erscheint

[1] Chem. Ber., l. c., S. 3647.

es mir nicht mehr zeitgemäß, den alten Streit HOPPE-SEYLERS und MORITZ TRAUBES, ob in der Atmung die Sauerstoffaktivierung oder die Wasserstoffaktivierung das Wesentliche sei, zu erneuern. Wir wissen heute, daß die Atmung eine Reaktion an Oberflächen ist. Sowohl der Sauerstoff als auch die organischen Moleküle reagieren erst, nachdem sie an die Oberflächen der festen Zellbestandteile gebunden sind. An feste Oberflächen gebundene Moleküle aber sind im allgemeinen reaktionsfähiger als frei bewegliche Moleküle im Gas- oder Lösungsraum. Wir haben also in der Zellatmung eine Reaktion zwischen „aktivierten" organischen Molekülen und zwischen „aktiviertem" Sauerstoff vor uns, und dies gilt ohne jede spezielle Hypothese über die chemische Natur des Adsorbens. Wie aber heute niemand mehr darüber diskutiert, ob bei der Knallgasreaktion an Glas oder bei der HABERschen Ammoniaksynthese der eine oder der andere Reaktionsteilnehmeer „aktiviert" ist, so sollte auch die Zellphysiologie nicht zum Schauplatz überlebter Kämpfe werden.

VI. Beschreibung der Versuche.

Die Messung der Oxydationsgeschwindigkeit geschah in früher beschriebener Weise[1] nach der Druckmethode. Im Einsatz der Meßgefäße befand sich Kalilauge zur Absorption der entwickelten Kohlensäure. Das Gesamtvolumen der Meßgefäße betrug etwa 30 ccm, das Volumen der eingefüllten Flüssigkeit 11 ccm, die Temperatur des Thermostaten war 37—38°. Unter diesen Bedingungen zeigte 1 mm Druckabnahme den Verbrauch von etwa 1,8 ccm Sauerstoff an.

Die Messung der Adsorption geschah, indem die verschiedenen Stoffe vor Zugabe der Kohle und in den Kohlefiltraten titriert wurden, und zwar

Leucin nach SÖRENSENS[2] Formolmethode mit $^{n}/_{5}$ Barytlauge,

Oxalsäure mit $^{n}/_{10}$ Kaliumpermanganat,

Blausäure nach DENIGES[3] mit $^{n}/_{100}$ Silbernitrat, wobei zu 100 ccm Lösung 2 ccm 25proz. Ammoniakflüssigkeit und 0,5 ccm 32proz. Jodkalilösung gegeben wurden. Titriert man in hohen Schichten auf schwarzer Unterlage, so können nach dieser schönen Methode selbst $^{n}/_{10000}$ Blausäurelösungen mit hinreichender Genauigkeit gemessen werden.

Mit x bezeichnen wir nach FREUNDLICH[4] die adsorbierte Substanzmenge in Millimolen, mit m die Kohlemenge in Grammen, mit c die Konzentration in der Lösung in Molen pro Liter, die mit x Millimolen adsorbierter Substanz im Gleichgewicht ist.

Bei Versuchen mit Blausäure muß stets berücksichtigt werden, daß sie selbst an der Kohleoberfläche verbrennt[5], mit einer Geschwindigkeit, die in jeder Tabelle aus den für reine Blausäurelösungen gegebenen Zahlen abgelesen werden kann.

---

[1] WARBURG, O. und E. NEGELEIN: diese Zeitschr. **110**, 72. 1920.
[2] SÖRENSEN, ebendaselbst **7**, 45. 1908.
[3] CLASSEN: Theorie u. Praxis d. Maßanalyse, S. 655. Leipzig 1912.
[4] FREUNDLICH, H.: Zeitschr. f. physikal. Chem. **57**, 385. 1907.
[5] WARBURG, O.: diese Zeitschr. **119**, 160. 1921.

Dehnt man die Versuche so lange aus, bis alle Blausäure verbrannt ist, so ist auch die Wirkung der Blausäure verschwunden. Wir haben hier ein lehrreiches und durchsichtiges Beispiel für die „Erholung" eines Katalysators von der Wirkung eines „Giftes".

Die Herstellung der Zuckerkohle geschah, indem 100 g kristallisierten Rohrzuckers, mit 30 g Kaliumkarbonat vermischt, in kleinen Portionen in einen schwach glühenden Porzellantiegel eingetragen wurden. Nach jedesmaligem Eintragen wurde gewartet, bis die Gasentwicklung schwach geworden war, und erst dann weitere Substanz zugefügt. War auf diese Weise die gesamte Substanzmenge verkohlt, so wurde mittels eines starken Gebläses noch eine halbe Stunde auf Rotglut erhitzt. Dann wurde die Masse gepulvert, in einem Quarzkolben mit eisenfreier, in Porzellanflaschen aufbewahrter Salzsäure ausgekocht, schließlich mit metallfreiem destillierten Wasser säurefrei gewaschen und bei 120^0 getrocknet. Die Ausbeute betrug etwa 16 g Kohle aus 100 g Rohrzucker.

Extrahiert man nicht mit Salzsäure, sondern mit Wasser, so erhält man Präparate, die viel eisenreicher sind. Aber nur ein kleiner Teil dieses Eisens ist mit der Kohle fest verbunden, die Hauptmenge ist der Kohle beigemengtes Eisen, das nicht katalytisch wirksam ist.

Die Eisenbestimmung in den Kohlepräparaten geschah in früher beschriebener Weise[1] nach der kolometrischen Methode von Lachs und Friedenthal[2], in der silicathaltigen Blutkohle nach Aufschluß der Asche mit Carbonat.

Die verwendete Blutkohle war in allen Fällen „Carbo medizinalis Merck, hochwertig, biologisch geprüft".

Versuch 1. (Leucin und Blausäure an Blutkohle.) Je 2 g Blutkohle wurden mit 100 ccm Lösung vermischt. Je 10 ccm der so erhaltenen Suspension dienten zur Messung der Oxydationsgeschwindigkeit, der Rest zur Messung der Adsorption.

Adsorptionsmessungen.

Reine Leucinlösung.

20 ccm vor Zugabe der Kohle: 5,11 ccm $^n/_5$ Barytlauge.
20 ccm Kohlefiltrat: 3,50 ccm $^n/_5$ Barytlauge.

$$x/m = 8{,}6 \times 10^{-1}, \quad c = 3{,}5 \times 10^{-2}.$$

Gemisch von Leucin und Blausäure.

20 ccm vor Zugabe der Kohle: 5,12 ccm $^n/_5$ Barytlauge.
20 ccm Kohlefiltrat: 3,60 ccm $^n/_5$ Barytlauge.

$$\left.\begin{aligned} x/m &= 7{,}6 \times 10^{-1}\,\text{g} \\ c &= 3{,}6 \times 10^{-2}\,\text{g} \end{aligned}\right\} \text{Leucin.}$$

50 ccm vor Zugabe der Kohle: 2,5 ccm $^n/_{100}$ $AgNO_3$.
50 ccm Kohlefiltrat: 2,0 ccm $^n/_{100}$ $AgNO_3$.

$$\left.\begin{aligned} x/m &= 1{,}0 \times 10^{-2}\,\text{g} \\ c &= 8{,}0 \times 10^{-4}\,\text{g} \end{aligned}\right\} \text{Blausäure.}$$

Reine Blausäurelösung.

50 ccm vor Zugabe der Kohle: 2,4 ccm $^n/_{100}$ $AgNO_3$.
50 ccm Kohlefiltrat: 1,7 ccm $^n/_{100}$ $AgNO_3$.

$$x/m = 1{,}4 \times 10^{-2}, \quad c = 6{,}8 \times 10^{-4}.$$

---

[1] Warburg, O.: diese Zeitschr. **119**, 163. 1921.
[2] Lachs und Friedenthal, ebendaselbst **32**, 130. 1911.

Oxydationsgeschwindigkeit des Leucins.
38°. Gasraum Luft.

	1	2	3	4	3 — 1 = v_1	4 — 2 = v_2	v_1/v_2
mg Kohle	200	200	200	200			
+ 10 ccm (Konzentration der zugesetzten Lösungen)	H_2O	10^{-3} n Blausäure	5×10^{-2} n Leucin	5×10^{-2} n Leucin 10^{-3} n Blausäure			
Anfangsbedingungen, aus den Adsorptionsmessungen berechnet							
c (Leucin)	—	—	$3{,}5 \times 10^{-2}$	$3{,}6 \times 10^{-2}$			
c (Blausäure)	—	$6{,}8 \times 10^{-4}$	—	$8{,}0 \times 10^{-4}$			
x (Leucin)	—	—	$1{,}6 \times 10^{-1}$	$1{,}5 \times 10^{-1}$			
x (Blausäure)	—	$2{,}8 \times 10^{-3}$	—	$2{,}0 \times 10^{-3}$			
Verbrauchte cmm O_2 nach							
20 Min.	—	2	41	4	*41*	—	—
40 „	4	6	105	8	*101*	*2*	—
60 „	6	8	192	14	*186*	*6*	*31*
80 „	7	12	290	20	*283*	*8*	*35*
105 „	8	17	451	29	*443*	*12*	*37*

Versuch 2. (Oxalsäure und Blausäure an Blutkohle.) Je 2 g Blutkohle wurden mit 100 ccm Lösung vermischt. Je 10 ccm der so erhaltenen Suspensionen dienten zur Messung der Oxydationsgeschwindigkeit, der Rest zur Messung der Adsorption.

Adsorptionsmessungen.

Reine Oxalsäurelösung.

20 ccm vor Zugabe der Kohle: 3,20 ccm $^n/_{10}$ $KMnO_4$.
20 ccm Kohlefiltrat: 1,25 ccm $^n/_{10}$ $KMnO_4$.

$x/m = 2{,}4 \times 10^{-1}, \quad c = 3{,}13 \times 10^{-3}.$

Gemisch von Oxalsäure und Blausäure.

20 ccm vor Zugabe der Kohle: 3,20 ccm $^n/_{10}$ $KMnO_4$.
20 ccm Kohlefiltrat: 1,20 ccm $^n/_{10}$ $KMnO_4$.

$x/m = 2{,}5 \times 10^{-1}, \quad c = 3{,}0 \times 10^{-3}.$

50 ccm vor Zugabe der Kohle: 3,2 ccm $^n/_{100}$ $AgNO_3$.
50 ccm Kohlefiltrat: 2,67 ccm $^n/_{100}$ $AgNO_3$.

$x/m = 1{,}06 \times 10^{-2}, \quad c = 1{,}07 \times 10^{-3}.$

Reine Blausäurelösung.

50 ccm vor Zugabe der Kohle: 3,1 ccm $^n/_{100}$ $AgNO_3$.
50 ccm Kohlefiltrat: 2,5 ccm $^n/_{100}$ $AgNO_3$.

$x/m = 1{,}2 \times 10^{-2}, \quad c = 1{,}0 \times 10^{-3}.$

Oxydationsgeschwindigkeit der Oxalsäure.
38°. Gasraum Luft.

	1	2	3	4	3 — 1 = v_1	4 — 2 = v_2	v_1/v_2
mg Kohle	200	200	200	200			
+ 10 ccm (Konzentrationen der zugesetzten Lösungen)	Wasser	1,2 × 10^{-3} n Blausäure	8 × 10^{-3} n Oxalsäure	8 × 10^{-3} n Oxalsäure 1,2 × 10^{-3} n Blausäure			
Anfangsbedingungen, aus den Adsorptionsmessungen berechnet							
c (Oxalsäure)	—	—	3,1 × 10^{-3}	3,0 × 10^{-3}			
c (Blausäure)	—	1 × 10^{-3}	—	1,1 × 10^{-3}			
x (Oxalsäure)	—	—	4,8 × 10^{-2}	5,0 × 10^{-2}			
x (Blausäure)	—	2,4 × 10^{-3}	—	2,0 × 10^{-3}			
Verbrauchte cmm O_2 nach							
20 Min.	—	6,6	52	14	*52*	*6*	(8,7)
40 ,,	4	13	116	32	*111*	*19*	*5,8*
70 ,,	6	21	213	60	*207*	*39*	*5,3*
100 ,,	8	28	300	90	*298*	*62*	*4,8*

Versuch 3. (Oxalsäure-Blausäure an mit Säure extrahierter Blutkohle.) 5 g Blutkohle wurden mit 30 ccm konzentrierter Salzsäure im Bombenrohr eingeschlossen und 20 Stunden auf 150° erhitzt. Weiterbehandelt wie Zuckerkohle. Zur Eisenbestimmung wurde 1 g verascht. Gefunden 0,4 mg Eisen.

Adsorption der Blausäure: 100 ccm Blausäurelösung, 2 g Kohle.

50 ccm vor Zugabe der Kohle: 2,75 ccm $^{n}/_{100}$ $AgNO_3$.

50 ccm Kohlefiltrat: 2,10 ccm $AgNO_3$.

An 1 g Kohle: 0,65 ccm $AgNO_3$.

Ein Vergleich mit Versuch 1 und 2 zeigt, daß das Adsorptionsvermögen gegenüber Blausäure durch die Extraktion nicht merklich abgenommen hat.

Oxydationsgeschwindigkeit der Oxalsäure.
38°. Gasraum Luft.

	1	2	3	4	3 — 1 = v_1	4 — 2 = v_2	v_1/v_2
mg Kohle	200	200	200	200			
+ 10 ccm	Wasser	10^{-3} n Blausäure	8 × 10^{-3} n Oxalsäure	8 × 10^{-3} n Oxalsäure 10^{-3} n Blausäure			
Verbrauchte cmm O_2 nach							
20 Min.	23	21	57	44	*34*	*23*	*1,5*
40 ,,	37	33	113	73	*76*	*40*	*1,9*
60 ,,	44	39	161	98	*117*	*59*	*2,0*
80 ,,	51	48	209	124	*158*	*76*	*2,1*
100 ,,	56	54	262	151	*206*	*97*	*2,1*
120 ,,	63	61	311	176	*248*	*115*	*2,2*

Versuch 4. (Leucin-Blausäure an mit Säure extrahierter Blutkohle.) Zu dem Versuch wurde dasselbe Kohlepräparat benutzt wie zu Versuch 3.

Oxydationsgeschwindigkeit des Leucins.
38°. Gasraum Luft.

	1	2	3	4	3 — 1 = v_1	4 — 2 = v_2	v_1/v_2
ng Kohle	200	200	200	200			
+ 10 ccm	Wasser	10^{-3} n Blausäure	5 × 10^{-2} n Leucin	5 × 10^{-2} n Leucin 10^{-3} n Blausäure			
erbrauchte cmm O_2 nach							
20 Min.	7	3,5	48	12	*41*	*8,5*	4,8
40 ,,	12,4	7,1	102	22	*90*	*15*	6,0
60 ,,	16	10,6	162	31	*146*	*20,4*	7,2
80 ,,	19,4	12,4	228	43	*209*	*30,4*	7,1

Versuch 5. (Oxalsäure-Blausäure an Zuckerkohle.) Das Kohlepräparat enthielt pro Gramm 0,021 mg Eisen.

Oxydationsgeschwindigkeit der Oxalsäure.
38°. Gasraum Luft.

	1	2	3	4	3 — 1 = v_1	4 — 2 = v_2	v_1/v_2
g Kohle	200	200	200	200			
- 10 ccm	Wasser	10^{-3} n Blausäure	8 × 10^{-3} n Oxalsäure	8 × 10^{-3} n Oxalsäure 10^{-3} n Blausäure			
erbrauchte cmm O_2 nach							
20 Min.	42	43	80	81	*38*	*38*	*1*
40 ,,	72	74	138	138	*66*	*64*	*1*
60 ,,	97	98	186	188	*89*	*90*	*1*
80 ,,	116	120	235	237	*119*	*117*	*1*

Versuch 6. (Leucin und Blausäure an Zuckerkohle.) Zu dem Versuch wurde dasselbe Präparat verwendet wie zu Versuch 5.

Oxydationsgeschwindigkeit des Leucins.
38°. Gasraum Luft.

	1	2	3	4	3 — 1 = v_1	4 — 2 = v_2	v_1/v_2
g Kohle	200	200	200	200			
- 10 ccm	Wasser	10^{-3} n Blausäure	5 × 10^{-2} n Leucin	5 × 10^{-2} n Leucin 10^{-3} n Blausäure			
erbrauchte cmm O_2 nach							
20 Min.	40,5	40	64	56	*23*	*16*	*1,4*
40 ,,	67	71	120	104	*53*	*33*	*1,6*
60 ,,	92	95	172	144	*80*	*49*	*1,6*
80 ,,	111	115	225	186	*114*	*71*	*1,6*

Versuch 7. (Oxalsäure-Blausäure an Zuckerkohle.) Das Kohlepräparat enthielt 0,005 mg Eisen pro Gramm.

Um die Selbstoxydation zu verlangsamen, war es in Wasser suspendiert, 16 Stunden bei 38° mit Luft behandelt worden. Es wurde dann, ohne es wieder zu trocknen, zum Versuch verwendet.

Adsorption der Blausäure: 100 ccm Blausäurelösung, 2 g Kohle.

50 ccm vor Zugabe der Kohle: 2,8 ccm $^n/_{100}$ $AgNO_3$.
50 ccm Kohlefiltrat: 1,9 ccm $^n/_{100}$ $AgNO_3$.

An 1 g Kohle: 0,9 ccm $^n/_{100}$ $AgNO_3$.

Ein Vergleich mit Versuch 1 und 2 zeigt, daß Blausäure ebensogut adsorbiert wird wie von Blutkohle.

Adsorption der Oxalsäure: 100 ccm Oxalsäurelösung, 2 g Kohle.

20 ccm vor Zugabe der Kohle: 3,1 ccm $^n/_{10}$ $KMnO_4$.
20 ccm Kohlefiltrat: 1,3 ccm $^n/_{10}$ $KMnO_4$.

An 0,4 g Kohle: 1,8 ccm $^n/_{10}$ $KMnO_4$.

Ein Vergleich mit Versuch 2 zeigt, daß Oxalsäure ebensogut adsorbiert wird wie von Blutkohle.

Oxydationsgeschwindigkeit der Oxalsäure.
38°. Gasraum Luft.

	1	2	3	4	3 — 1 $= v_1$	4 — 2 $= v_2$	v_1/v_2
mg Kohle	200	200	200	200			
+ 10 ccm	Wasser	10^{-3} n Blausäure	8×10^{-3} n Oxalsäure	8×10^{-3} n Oxalsäure 10^{-3} n Blausäure			
Verbrauchte cmm O_2 nach							
20 Min.	3,5	3,5	44	46	*40*	*42*	*1*
40 „	7	8	90	95	*83*	*87*	*1*
60 „	9	11,5	136	144	*127*	*132*	*1*

Versuch 8. (Leucin-Blausäure an Zuckerkohle.) Zum Versuch wurde dasselbe (in gleicher Weise vorbehandelte) Präparat verwendet wie zu Versuch 7.

Adsorption des Leucins: 100 ccm Leucinlösung, 2 g Kohle.

20 ccm vor Zugabe der Kohle: 5,4 $^n/_5$ Barytlauge.
20 ccm Kohlefiltrat: 4,5 ccm $^n/_5$ Barytlauge.

An 0,4 g Kohle: 0,9 ccm $^n/_5$ Barytlauge.

Ein Vergleich mit Versuch 1 zeigt, daß Leucin schlechter adsorbiert wird als von Blutkohle (während Blausäure und Oxalsäure, nach Versuch 7, von demselben Präparat ebensogut adsorbiert werden wie von Blutkohle).

Oxydationsgeschwindigkeit des Leucins.
38°. Gasraum Luft.

	1	2	3	4	3 — 1 = v_1	4 — 2 = v_2	v_1/v_2
ng Kohle	200	200	200	200			
+ 10 ccm	Wasser	10^{-3} n Blausäure	3,0 × 10^{-2} n Leucin	3,0 × 10^{-2} n Leucin 10^{-3} n Blausäure			
/erbrauchte cmm O_2 nach							
20 Min.	—	—	21	22	*21*	*22*	1
40 ,, ...	2	5	46	46	*44*	*41*	1,1
60 ,, ...	4	8	78	74	*74*	*61*	1,1

Versuch 9. (Bindung von Sauerstoff durch verschiedene Kohlepräparate.)

38°. Gasraum Luft.

mg Kohle.	200	200	200	200
ccm Wasser	10	10	10	10
Kohlepräparat.	Blutkohle	Blutkohle m. Salzsäure bei 150° extrahiert	Zuckerkohle	Zuckerkohle 16 Std. bei 38° mit Luft vorbehandelt
Verbrauchte cmm O_2 nach				
20 Min.	—	*23*	*23*	3,5
40 ,, ...	2	*37*	*42*	7
60 ,, ...	3,5	*44*	*56*	9

Biochem. Zeitschr. **142**, 493. 1923.

Über die Reaktionsfähigkeit verschiedener Aminosäuren an Blutkohle sowie gegenüber Wasserstoffsuperoxyd.

Von

Erwin Negelein.

(Aus dem Kaiser Wilhelm-Institut für Biologie, Berlin-Dahlem.)

(Eingegangen am 18. September 1923.)

Mit 2 Abbildungen.

Bringt man Blutkohle[1] mit äquimolekularen Lösungen verschiedener Aminosäuren ins Adsorptionsgleichgewicht und mißt die Sauerstoffmengen, die pro Gramm Kohle und Minute aufgenommen werden, so findet man große Unterschiede. Beispielsweise verbraucht Kohle, im Gleichgewicht mit einer etwa zehntausendstel normalen Leucinlösung, in einer bestimmten Zeit mehr als 50mal soviel Sauerstoff, als im Gleichgewicht mit einer ebenso konzentrierten Glykokollösung. Es liegt nahe, die Erklärung in der Verschiedenheit der Adsorptionskonstanten zu suchen und anzunehmen, daß die Unterschiede kleiner werden, möglicherweise sogar verschwinden, wenn man die Oxydationsgeschwindigkeit nicht auf die Konzentrationen in der Lösung, sondern auf die adsorbierten Substanzmengen bezieht. Von diesem Gesichtspunkte aus habe ich es, auf Vorschlag von Herrn Warburg, unternommen, das Verhalten verschiedener Aminosäuren an Kohle zu vergleichen[2].

I. Die Versuchsanordnung.

Messung des Sauerstoffverbrauchs. 0,4 g Kohle (Mercks „Tierblutkohle") wurden mit 10 ccm Aminosäurelösung übergossen und in den Atmungstrog (Abb. 1) bei F eingefüllt. In dem Einsatz E des Troges befand sich 1 ccm 5proz. Kalilauge.

Der Trog wurde mit einem Barcroftmanometer verbunden und, nachdem sein Gasraum mit Sauerstoff gefüllt war, im Thermostaten

---

[1] Warburg, O. und E. Negelein: diese Zeitschr. **113**, 257. 1921.

[2] Vorversuche zu dieser Arbeit hat Herr Dr. R. Mayer ausgeführt.

auf oft beschriebene Art[1] geschüttelt. Bezeichnen wir die beobachtete Druckänderung mit h, die „Gefäßkonstante für Sauerstoff" mit K_{O_2}, so ist der Sauerstoffverbrauch in Kubikmillimetern

$$v = h K_{O_2}. \qquad (1)$$

Das Gesamtvolumen des Troges war etwa 30 ccm, das Volumen der eingefüllten Flüssigkeiten nach dem Gesagten 11 ccm, woraus sich K_{O_2} für 20° zu etwa 1,8 berechnet. 1 mm Druckänderung zeigte also den Verbrauch von 1,8 mm Sauerstoff an.

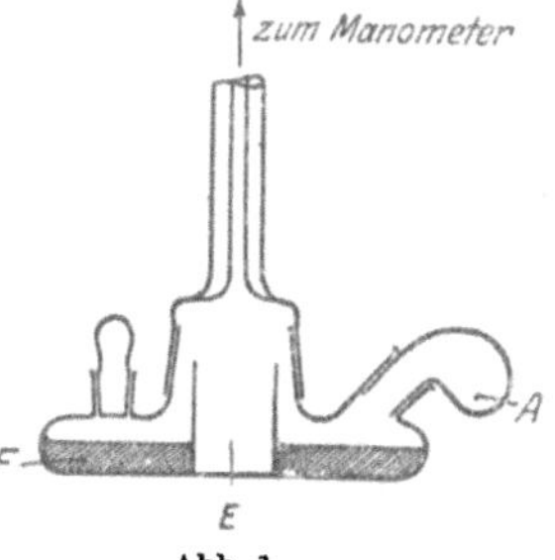

Abb. 1.

Die Versuchszeit betrug einige Stunden. Innerhalb dieser Zeit wurde nur ein kleiner Teil der in dem Troge befindlichen Aminosäure oxydiert, so daß die Konzentration und die adsorbierte Menge der Aminosäure während der Messung als konstant betrachtet werden konnte. In Übereinstimmung hiermit war die Oxydationsgeschwindigkeit $\frac{dv}{dt}$ innerhalb der Versuchszeit im allgemeinen konstant.

Im Falle des Leucins trat eine Komplikation auf. Hier war $\frac{dv}{dt}$ anfangs klein und stieg allmählich auf einen Wert an, der dann für einige

Tabelle 1.
400 mg Kohle + 10 ccm n/20 (dl) Leucin (Isobutylaminoessigsäure).

38°			20°		
t Min.	v cmm	$\frac{dv}{dt}$	t Min.	v cmm	$\frac{dv}{dt}$
20	210	10,5	20	20	1,0
42	562	16,0	40	39	0,95
56	837	19,6	60	59	1,0
70	1132	21,1	80	85	1,3
85	1456	21,6	100	114	1,45
100	1780	21,6	120	147	1,65
115	2094	20,9	140	184	1,85
130	2398	20,3	160	225	2,05
			180	268	2,15
			200	314	2,3
			220	364	2,5
			240	413	2,45

[1] WARBURG, O.: diese Zeitschr. **142**, 317. 1923. Neben der Thermobarometerkontrolle ist hier noch eine Kohle-Wasserkontrolle notwendig, durch die die „Selbstoxydation" der Kohle eliminiert wird.

Stunden, bis sich der Verbrauch an Substanz bemerkbar machte, konstant blieb. Zum Beleg teile ich zwei Versuche mit, von denen einer bei 38°, der andere bei 20° ausgeführt worden ist.

Wir sehen aus der Tabelle 1, daß bei 20° sowohl als auch bei 38° die Oxydationsgeschwindigkeit allmählich ansteigt. Bei 38° ist sie nach einer Stunde, bei 20° nach drei Stunden konstant geworden. Bei 38° sind am Ende der Induktionsperiode 1100 cmm, bei 20° 340 cmm Sauerstoff verbraucht. v für $t = \infty$ beträgt etwa 15000 cmm. Bei 38° ist die Induktionsperiode beendigt, wenn 7%, bei 20°, wenn 2% des Leucins oxydiert sind. Will man also — was ich immer getan habe — die Induktionsperiode ausschalten, so ist es günstiger, bei 20° als bei 38° zu arbeiten.

Messung der Adsorption. Kohle und Aminosäurelösung wurden in gleichen Verhältnissen wie zum Oxydationsversuch gemischt und 10 Minuten geschüttelt. Dann wurde filtriert und die Aminosäure mit n/5 Natronlauge nach Sörensens[1] Formolmethode titriert. Man erfuhr so die beim Oxydationsversuch herrschenden Anfangsbedingungen, die Konzentration in der Lösung c_0 und die adsorbierte Menge x_0 für $t = 0$. Bei der Kürze der Versuche konnten diese Werte ohne merklichen Fehler für die ganze Dauer der Versuche eingesetzt werden.

II. Die Adsorption der Aminosäuren an Blutkohle.

Die Beziehung zwischen der adsorbierten Menge x und der Konzentration c einer Aminosäure läßt sich nach Abderhalden und Fodor[2] für kleine Werte von c ausdrücken durch die Beziehung

$$\frac{x}{m} = k c\,, \tag{2}$$

wo m die Menge der Kohle, k eine Konstante bedeutet.

In der Tat wird die Adsorptionsisotherme, wenn man zu sehr kleinen Belegungsdichten heruntergeht, nahezu eine gerade Linie. Bezeichnen wir als Belegungsdichte das Verhältnis

$$\frac{\text{Millimole adsorb. Substanz}}{\text{Gramme Kohle}},$$

so ist für Belegungsdichten von einigen $^1/_{100}$ Millimolen an abwärts Gleichung (2) brauchbar. Ich habe für Belegungsdichten dieser Größenordnung die Adsorption verschiedener Aminosäuren gemessen und dabei die folgenden k Werte erhalten:

---

[1] Sörensen: diese Zeitschr. 7, 45. 1908.

[2] Abderhalden u. Fodor: Zeitschr. f. Fermentforsch. 2, 74. 1917; 2, 151. 1918.

Tabelle 2.

$$20^0.\quad k = \frac{x}{m \cdot c}\left[\frac{\text{Millimole}}{\mathit{Gramme} \times \mathit{Mole/Liter}}\right].$$

Aminosäure	Formel	k
Amino-Essigsäure	$CH_2NH_2.COOH$	3,0
Amino-Propionsäure (d, l). . . .	$CH_3.CHNH_2.COOH$	2,8
n-Amino-Buttersäure (d, l) . . .	$CH_3.CH_2.CHNH_2.COOH$	7,5
Iso-Amino-Buttersäure	$(CH_3)_2.CNH_2.COOH$	9,2
Iso-Amino-Valeriansäure (d, l). .	$(CH_3)._2CH.CHNH_2.COOH$	19
Iso-Amino-Capronsäure (d, l) . .	$(CH_3)_2.CH.CH_2.CHNH_2.COOH$	60
Iso-Amino-Capronsäure (l) . . .	dasselbe	81
n-Amino-Capronsäure	$CH_3.CH_2.CH_2.CH_2.CHNH_2.COOH$	200

III. Die Oxydation der Aminosäuren an Blutkohle.

Wie das Adsorptionsgleichgewicht, so wird auch die Kinetik der Oxydation nur dann durch einfache Beziehungen dargestellt, wenn die Belegungsdichten sehr klein sind. Für Belegungsdichten von einigen $^1/_{100}$ Millimolen an abwärts findet man, daß

$$\frac{dv}{dt} = \alpha x, \tag{3}$$

wo α eine Konstante bedeutet und, da die Bedingung der Gleichung (2) gilt,

$$\frac{dv}{dt} = \alpha k m c, \tag{4}$$

also Proportionalität zwischen Oxydationsgeschwindigkeit einerseits und adsorbierter Menge und Konzentration andererseits.

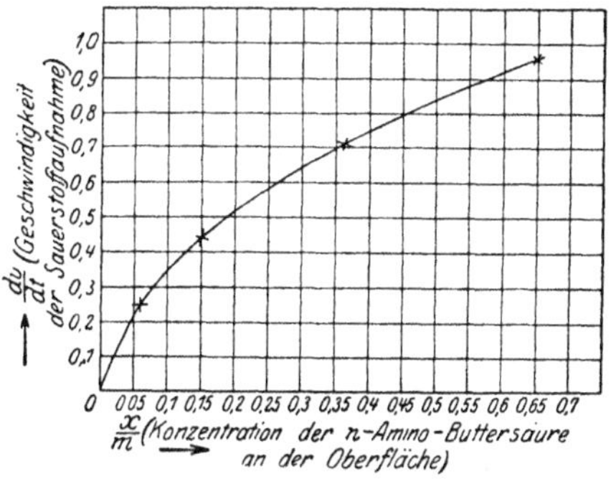

Abb. 2. (Abszisse: Belegungsdichte. Ordinate: Sauerstoffverbrauch in Kubikmillimetern pro Minute und Gramm Kohle.

Geht man zu größeren Belegungsdichten über, so gelten diese einfachen Beziehungen nicht mehr, der Ausdruck $\frac{\frac{dv}{dt}}{x}$ der Gleichung (3) ist dann nicht mehr konstant, sondern wird mit wachsender Belegungsdichte kleiner und kleiner, ein Verhalten, das die Kurve der Abb. 2 an dem Beispiel der n-Aminobuttersäure zeigt.

Unter diesen Umständen wird man, will man die Oxydationsgegeschwindigkeit pro Mol adsorbierter Substanz für verschiedene Aminosäuren vergleichen, $\frac{dv}{dt}$ für gleiche Belegungsdichten oder — noch besser — für sehr kleine Belegungsdichten messen, in einem Gebiet, in dem die Beziehung der Gleichung (3) gilt. Dann kommt die in der Einleitung gestellte Aufgabe darauf hinaus, die α-Werte der Gleichung (3) für verschiedene Aminosäuren zu bestimmen, also $\frac{dv}{dt}$ und x für sehr kleine Belegungsdichten zu messen. Die Schwierigkeit hierbei ist die Messung von x, denn wenn die Belegungsdichten klein sein sollen, so müssen es auch die Ausschläge bei der Formoltitration sein. Ich bin mit den Belegungsdichten so weit heruntergegangen, als die Methode der Adsorptionsmessung es erlaubte, und habe mich dabei dem Gebiete, in dem die Gleichungen (2) und (3) gelten, soweit als möglich genähert, es im allgemeinen jedoch nicht erreicht und muß deshalb meine α-Werte als Näherungswerte betrachten.

Mein Beobachtungsmaterial teile ich in den Protokollen 1 bis 9 am Schluß dieser Arbeit mit. In der ersten Horizontalspalte stehen die adsorbierten Mengen x, die, durch die Kohlemenge dividiert, die Belegungsdichten ergeben, in der zweiten Horizontalspalte die Gleichgewichtskonzentrationen c in der Lösung. Es folgen die zusammengehörenden Werte von t und v, aus denen — unter Ausschluß der Induktionszeit — $\frac{dv}{dt}$ berechnet wurde, und schließlich in der letzten Horizontalspalte die Quotienten $\frac{\frac{dv}{dt}}{x}$. Die Belegungsdichte nimmt in den Protokollen von links nach rechts zu und man erkennt, wie mit wachsender Belegungsdichte $\frac{\frac{dv}{dt}}{x}$ im allgemeinen abnimmt. In zwei Fällen scheint $\frac{\frac{dv}{dt}}{x}$ ein Maximum zu zeigen, doch handelt es sich hier um Abweichungen innerhalb der Fehlergrenze.

Die niedrigsten Belegungsdichten meiner Versuche liegen um $6 \cdot 10^{-2} \left[\frac{\text{Millimole}}{\text{Gramme}}\right]$. Bildet man die α-Werte für die niedrigsten Belegungsdichten und rechnet sie durch eine geringfügige Interpolation auf die Belegungsdichte $6 \cdot 10^{-2}$ um, so erhält man das Bild der folgenden Tabelle 3.

Aus der Tabelle 3 ersehen wir, daß für Aminosäuren mit der Gruppe CH_2NH_2 und $CHNH_2$ α zwischen 8,2 und 17 liegt, das sind, wenn man die Unterschiede der unter k stehenden Adsorptionskonstanten damit vergleicht, relativ enge Grenzen. Der Mittelwert von α ist 12,3, was

Tabelle 3. *Belegungsdichte* $6 \cdot 10^{-2}$. 20^0.

Aminosäure	Formel	α	k
Amino-Essigsäure . . .	$CH_2NH_2.COOH$	10,5 (± 1,8)	3,0
Amino-Propionsäure (d, l)	$CH_3.CHNH_2.COOH$	8,2 (± 1,5)	2,8
n-Amino-Buttersäure (d, l)	$CH_3.CH_2.CHNH_2.COOH$	10,7 (± 1,5)	7,5
Iso-Amino-Buttersäure.	$(CH_3)_2.CNH_2.COOH$	*0,6* (± 1,3)	9,2
Iso-Amino-Valeriansäure (d, l).	$(CH_3)_2.CH.CHNH_2.COOH$	8,9 (± 1,5)	19
Iso-Amino-Capronsäure (d, l)	$(CH_3)_2.CH.CH_2.CHNH_2.COOH$	16,1 (± 1,5)	60
Iso-Amino-Capronsäure (l).	dasselbe	14,6 (± 1,4)	81
n-Amino-Capronsäure (d, l)	$CH_3.CH_2.CH_2.CH_2.CHNH_2.COOH$	17,0 (± 1,2)	200

bedeutet, daß ein Millimol Aminosäure — bei einer Belegungsdichte von $6 \cdot 10^{-2}$ und einer Temperatur von 20^0 — pro Minute an der Kohleoberfläche etwa 12,3 cmm Sauerstoff verbraucht. Die großen Unterschiede der Oxydationsgeschwindigkeit, die man findet, wenn man Kohle mit äquimolekularen Lösungen verschiedener Aminosäuren ins Gleichgewicht bringt, beruhen also im wesentlichen auf den Unterschieden der Adsorptionskonstanten. Man erkennt daraus eine Wirkung der Oberflächenkräfte, auf die ich die Aufmerksamkeit besonders lenken möchte: weit entfernt davon, daß sie auf den chemischen Umsatz nivellierend wirken — wie THUNBERG[1] und WIELAND[2] glauben —, wirken sie im Gegenteil eminent spezifizierend.

Ganz aus der Reihe heraus fällt der Wert für die tertiäre[3] Aminobuttersäure mit 0,6 gegenüber 10,7 für die isomere sekundäre Säure. Ähnlich verhält sich die tertiäre Aminocapronsäure (Protokoll Nr. 9), die in Tabelle 3 nicht aufgenommen ist, weil ich über keinen Versuch mit der Belegungsdichte $6 \cdot 10^{-2}$ verfüge. Vergleichen wir aber den Versuch des Protokolls Nr. 9, bei dem die Belegungsdichte $50 \cdot 10^{-2}$ ist, mit einem Versuche ähnlicher Belegungsdichte des Protokolls Nr. 8 (n-Aminocapronsäure), so sehen wir, daß sich die α-Werte wie 0,32 : 6,5 oder wie 1:20 verhalten. Aminosäuren mit der Gruppe CH_2NH_2 oder $CHNH_2$ sind also an Kohle bedeutend reaktionsfähiger als Aminosäuren mit der Gruppe $\genfrac{}{}{0pt}{}{R}{R}{>}CHN_2$.

[1] THUNBERG, TORSTEN: in Hammarsten, Physiol. Chem. S. 705. 1922.

[2] WIELAND, H.: in Oppenheimers Handbuch d. Biochem., 2. Aufl., 2, 258. 1923.

[3] Man unterscheidet die Aminosäuren, je nachdem das C-Atom, das die NH_2-Gruppe trägt, an ein, zwei oder drei C-Atome gebunden ist, als „primäre", „sekundäre" und „tertiäre".

IV. Die Oxydation der Aminosäuren durch Wasserstoffsuperoxyd.

Nach einer Theorie von WARBURG beruht die oxydationskatalytische Wirkung der Blutkohle in erster Linie auf einer Aktivierung des Sauerstoffs durch die Blutkohle.

Diese Theorie legte es nahe, die Wirkung der Blutkohle auf Aminosäuren mit der Wirkung aktivierten Sauerstoffs auf Aminosäuren zu vergleichen. Ich habe das getan und als aktivierten Sauerstoff Wasserstoffsuperoxyd gewählt, von dem man durch die Arbeiten von NEUBERG[1] und DAKIN[2] weiß, daß es Aminosäuren bei Zimmertemperatur oxydativ desamidiert.

Vorversuche ergaben, daß Wasserstoffsuperoxyd Aminosäuren besonders leicht unter Bedingungen angreift, unter denen es selbst instabil ist. Bei saurer und neutraler Reaktion sind verdünnte Wasserstoffsuperoxydlösungen relativ stabil und reagieren nicht merklich mit Aminosäuren. Bei alkalischer Reaktion dagegen ist Wasserstoffsuperoxyd in verdünnter Lösung instabil[3] und oxydiert Aminosäuren unter Abspaltung von Ammoniak.

Eine für Messungen geeignete Wasserstoffionenkonzentration ist $10^{-9,2}$ die ich mir durch Vermischen von 85 Teilen molarer Natriumbicarbonat- und 15 Teilen molarer Natriumcarbonatlösung herstellte, ein Gemisch von großer Resistenz in bezug auf H-Ionenverschiebung. In 1 Liter dieses Gemisches löste ich 17,5 Millimole Aminosäure und 10 Millimole Wasserstoffsuperoxyd[4] und brachte sie bei 38° zur Reaktion. Nach etwa 4 Stunden war dann, wie ich mittels Titansäure feststellen konnte, das Wasserstoffsuperoxyd verschwunden, zum Teil durch Reaktion mit der Aminosäure, zum Teil durch Reaktion nach der Gleichung

$$2\,H_2O_2 = 2\,H_2O + O_2. \tag{5}$$

Wieviel Wasserstoffsuperoxyd hierbei mit der Aminosäure in Reaktion getreten, wieviel nach Gleichung (5) zerfallen war, ließ sich auf folgende Weise ermitteln:

In den Atmungstrog (Abb. 1) wurden 10 ccm des aminosäurehaltigen Carbonatgemisches eingefüllt, in den Anhang A 0,5 ccm

---

[1] NEUBERG: Beitr. z. chem. Physiol. u. Path. **2**, 238. 1902; diese Zeitschr. **20**, 531. 1909.

[2] DAKIN: Journ. of biol. Chem. **4**, 63. 1909.

[3] Die Frage, ob die Oxydation der Aminosäuren durch Wasserstoffsuperoxyd und der Zerfall des Wasserstoffsuperoxyds selbst Metallkatalysen sind, lasse ich hier als noch unentschieden beiseite.

[4] Das Wasserstoffsuperoxyd wurde aus Natriumsuperoxyd und primärem Natriumphosphat nach W. FRIEDERICH (vgl. VANINO, Präparative Chem. **1**, 10. 1921) hergestellt und im Vakuum destilliert.

Wasserstoffsuperoxydlösung. Nachdem der Trog mit einem Barcroftmanometer verbunden und in einen auf 38° einstehenden Thermostaten gebracht war, wurde geschüttelt, bis Temperaturgleichgewicht eingetreten war. Dann wurde der Inhalt des Anhangs in das Carbonatgemisch eingekippt, der Anhang mehrmals durch Neigen des Troges mit Carbonatgemisch nachgespült und so lange geschüttelt, bis der am Manometer erscheinende positive Druck nicht mehr zunahm, die Sauerstoffentwicklung also beendet war.

Der beobachtete Enddruck, multipliziert mit der „Gefäßkonstante für Sauerstoff", ergab die nach Gleichung (5) entwickelte Sauerstoffmenge v in Kubikmillimetern, und v, multipliziert mit 0,089, die nach Gleichung (5) zerfallene Wasserstoffsuperoxydmenge in Mikromolen. Verbrauchte die Aminosäure Wasserstoffsuperoxyd, so war v kleiner als die Sauerstoffmenge a, die gemäß Gleichung (5) dem zugesetzten Wasserstoffsuperoxyd äquivalent war; die Differenz $(a - v)$ ergab den Sauerstoffverbrauch, $(a - v) \cdot 0{,}089$ den Wasserstoffsuperoxydverbrauch der Aminosäure.

Mit Hilfe dieser einfachen Anordnung ließ sich in jedem Falle nicht nur feststellen, ob eine Substanz Wasserstoffsuperoxyd verbrauchte, sondern auch ein Urteil über die Geschwindigkeit gewinnen, mit der dies geschah. Je größer nämlich $a - v$, um so größer ist auch die Geschwindigkeit, mit der das Wasserstoffsuperoxyd verbraucht wird, und sind die $(a - v)$-Werte für verschiedene Substanzen gleich, so sind es auch die Geschwindigkeiten des Wasserstoffsuperoxydverbrauchs. Doch stehen die $(a - v)$-Werte *nicht* — worauf ich besonders hinweisen möchte — im Verhältnis der Geschwindigkeitskonstanten.

Eine Versuchsreihe mit denselben Aminosäuren, mit denen die Kohleversuche angestellt wurden, ist in Tabelle 4 wiedergegeben.

Aus der Tabelle 4 geht hervor, daß die Aminosäuren mit der Gruppe CH_2NH_2 und $CHNH_2$ von 100 Mikromolen zugesetzten Wasserstoffsuperoxyds 24 bis 42 Mikromole verbraucht haben. Die Größenordnung der Reaktionsgeschwindigkeit für diese Aminosäuren ist also, geradeso wie an Kohle, dieselbe.

Dagegen fällt wiederum, wie bei den Kohleversuchen, die tertiäre Aminosäure aus der Reihe heraus, die von 100 Mikromolen Wasserstoffsuperoxyd nur 6 Mikromole verbraucht hat.

Das Ergebnis ist, daß die Wirkung von Blutkohle auf Aminosäuren und die Wirkung von Wasserstoffsuperoxyd auf Aminosäuren in bemerkenswerter Weise übereinstimmt, eine Tatsache, die zugunsten der Auffassung spricht, daß die Oxydation der Aminosäuren an Blutkohle eine Oxydation durch aktivierten Sauerstoff ist.

Tabelle 4.

175 Mikromole Aminosäure + 100 Mikromole Wasserstoffsuperoxyd gelöst in 10 ccm Carbonatgemisch. 38°.

Aminosäure	Formel	v cmm O_2	$a-v$ cmm O_2	$(a-v)$ 0,089 Mikromole H_2O_2
Amino-Essigsäure .	$CH_2NH_2.COOH$	802	318	28
Amino-Propionsäure (d, l)	$CH_3.CHNH_2.COOH$	782	338	30
n-Amino-Buttersäure (d, l) . . .	$CH_3 \cdot CH_2 \cdot CHNH_2 \cdot COOH$	848	272	24
Iso-Amino-Buttersäure	$(CH_3)_2.CNH_2.COOH$	1054	66	5,9
Iso-Amino-Valeriansäure (d, l) . . .	$(CH_3)_2.CH.CHNH_2.COOH$	727	393	35
Iso-Amino-Capronsäure (d, l) . . .	$(CH_3)_2.CH.CH_2.CHNH_2.COOH$	652	468	42
Iso-Amino-Capronsäure (l)	dasselbe	715	405	36
n-Amino-Capronsäure (d, l) . . .	$CH_3.CH_2.CH_2.CH_2.CHNH_2.COOH$	762	358	32
ohne Aminosäure. .	—	1120 $(=a)$	0	—

V. Protokolle zu Abschnitt II und III.

1. Aminoessigsäure ($CH_2NH_2.COOH$).

400 mg Kohle, 10 ccm H_2O, Gasraum O_2. 20°.

t	$x = 1{,}2 \cdot 10^{-2}$ Millimole	$x = 3{,}4 \cdot 10^{-2}$ Millimole	$x = 7{,}5 \cdot 10^{-2}$ Millimole	$x = 1{,}5 \cdot 10^{-1}$ Millimole
	$c = 1 \cdot 10^{-2}$ Mole pro Liter	$c = 3{,}06 \cdot 10^{-2}$ Mole pro Liter	$c = 9{,}5 \cdot 10^{-2}$ Mole pro Liter	$c = 3{,}69 \cdot 10^{-1}$ Mole pro Liter
Min.	v cmm	v cmm	v cmm	v cmm
20	8	11	20	31
40	14	20	33	57
60	18	30	46	75
80	22	36	56	94
100	25	43	65	112
120	28	47	73	128
140	31	54	83	—
160	34	61	90	—
180	37	67	100	—
$\frac{dv}{dt} / x$	12,5 ($\pm$ 2,8)	9,1 ($\pm$ 1,0)	6,0 ($\pm$ 0,4)	5,9 ($\pm$ 0,2)

2. Amino-Propionsäure (d, l) $(CH_3.CHNH_2.COOH)$.
400 mg Kohle, 10 ccm H_2O, Gasraum O_2. 20°.

t	$x = 1 \cdot 10^{-2}$ Millimole	$x = 2{,}8 \cdot 10^{-2}$ Millimole	$x = 7 \cdot 10^{-2}$ Millimole	$x = 1{,}3 \cdot 10^{-1}$ Millimole
	$c = 9 \cdot 10^{-3}$ Mole pro Liter	$c = 2{,}85 \cdot 10^{-2}$ Mole pro Liter	$c = 8{,}7 \cdot 10^{-2}$ Mole pro Liter	$c = 2{,}69 \cdot 10^{-1}$ Mole pro Liter
Min.	v cmm	v cmm	v cmm	v cmm
20	8	8	12	17
40	9	11	20	29
60	14	17	28	40
80	19	22	36	52
100	21	26	43	62
120	24	31	51	74
140	27	36	58	85
160	29	38	63	93
180	31	43	71	105
200	34	46	76	114
$\frac{dv}{dt} / x$	13 ($\pm$ 3,0)	7,2 ($\pm$ 1,2)	4,7 ($\pm$ 0,5)	4,0 ($\pm$ 0,3)

3. n-Amino-Buttersäure (d, l) $(CH_3.CH_2.CHNH_2.COOH)$.
400 mg Kohle, 10 ccm H_2O, Gasraum O_2. 20°.

t	$x = 2{,}3 \cdot 10^{-2}$ Millimole	$x = 6 \cdot 10^{-2}$ Millimole	$x = 1{,}45 \cdot 10^{-1}$ Millimole	$x = 2{,}6 \cdot 10^{-1}$ Millimole
	$c = 7{,}7 \cdot 10^{-3}$ Mole pro Liter	$c = 2{,}4 \cdot 10^{-2}$ Mole pro Liter	$c = 7{,}45 \cdot 10^{-2}$ Mole pro Liter	$c = 2{,}41 \cdot 10^{-1}$ Mole pro Liter
Min.	v cmm	v cmm	v cmm	v cmm
20	8	13	17	20
40	12	21	29	36
60	19	32	44	55
80	24	40	58	70
100	29	49	72	88
120	33	56	84	104
140	38	66	98	121
160	44	75	114	141
180	48	83	127	157
200	53	93	142	178
$\frac{dv}{dt} / x$	10,9 ($\pm$ 1,5)	7,4 ($\pm$ 0,6)	4,9 ($\pm$ 0,2)	3,7 ($\pm$ 0,1)

4. Iso-Amino-Buttersäure $[(CH_3)_2.CNH_2.COOH]$.
400 mg Kohle, 10 ccm H_2O, Gasraum O_2. 20°.

t	$x = 2{,}5 \cdot 10^{-2}$ Millimole	$x = 6{,}4 \cdot 10^{-2}$ Miillmole	$x = 1{,}54 \cdot 10^{-1}$ Millimole	$x = 3{,}94 \cdot 10^{-1}$ Millimole
	$c = 6{,}8 \cdot 10^{-3}$ Mole pro Liter	$c = 2{,}14 \cdot 10^{-2}$ Mole pro Liter	$c = 6{,}8 \cdot 10^{-2}$ Mole pro Liter	$c = 2{,}11 \cdot 10^{-1}$ Mole pro Liter
Min.	v cmm	v cmm	v cmm	v cmm
20	5	7	9	13
40	7	11	13	18
60	10	14	17	22
80	11	15	19	24
100	13	18	21	28
120	12	17	23	28
140	14	19	23	28
160	14	20	25	32
180	13	19	24	31
200	14	19	25	32
300	15	21	27	35
$\frac{\frac{dv}{dt}}{x}$	0,6 (± 1,3)	0,3 (± 0,5)	0,2 (± 0,2)	0,1 (± 0,1)

5. Iso-Amino-Valeriansäure (d, l) $[(CH_3)_2.CH.CHNH_2.COOH]$.
400 mg Kohle, 10 ccm H_2O, Gasraum O_2. 20°.

t	$x = 2{,}3 \cdot 10^{-2}$ Millimole	$x = 6{,}55 \cdot 10^{-2}$ Millimole	$x = 1{,}56 \cdot 10^{-1}$ Millimole	$x = 3{,}2 \cdot 10^{-1}$ Millimole
	$c = 3 \cdot 10^{-3}$ Mole pro Liter	$c = 9{,}25 \cdot 10^{-3}$ Mole pro Liter	$c = 3{,}19 \cdot 10^{-2}$ Mole pro Liter	$c = 1{,}105 \cdot 10^{-1}$ Mole pro Liter
Min.	v cmm	v cmm	v cmm	v cmm
20	6	11	13	17
40	10	17	24	28
60	13	25	37	44
80	20	35	50	57
100	24	42	63	71
120	27	49	74	85
140	31	57	85	97
160	37	65	97	111
180	39	72	107	123
$\frac{\frac{dv}{dt}}{x}$	9,0 (± 1,5)	5,8 (± 0,5)	3,8 (± 0,2)	2,1 (± 0,1)

6. *Iso-Amino-Capronsäure (d, l)* [$(CH_3)_2.CH.CH_2.CHNH_2.COOH$].
400 mg Kohle, 10 ccm H_2O, Gasraum O_2. 20°.

t	$x = 2{,}17 \cdot 10^{-2}$ Millimole	$x = 5{,}4 \cdot 10^{-2}$ Millimole	$x = 1{,}28 \cdot 10^{-1}$ Millimole	$x = 2{,}5 \cdot 10^{-1}$ Millimole
	$c = 9 \cdot 10^{-4}$ Mole pro Liter	$c = 2{,}25 \cdot 10^{-3}$ Mole pro Liter	$c = 6{,}3 \cdot 10^{-3}$ Mole pro Liter	$c = 2{,}27 \cdot 10^{-2}$ Mole pro Liter
Min.	v cmm	v cmm	v cmm	c cmm
20	8	16	23	20
40	14	29	42	39
60	20	42	60	59
80	26	57	83	85
100	31	71	106	114
120	37	90	133	147
140	44	106	162	184
160	51	125	192	225
180	58	143	223	268
200	65	161	257	314
220	73	181	293	364
240	77	199	326	413
$\frac{\frac{dv}{dt}}{x}$	16,1 (± 1,5)	16,9 (± 0,6)	13,4 (± 0,3)	9,9 (± 0,1)

7. *Iso-Amino-Capronsäure (l)* [$(CH_3)_2.CH.CH_2.CHNH_2.COOH$].
400 mg Kohle, 10 ccm H_2O, Gasraum O_2. 20°.

t	$x = 2{,}4 \cdot 10^{-2}$ Millimole	$x = 6 \cdot 10^{-2}$ Millimole	$x = 1{,}31 \cdot 10^{-1}$ Millimole	$x = 2{,}57 \cdot 10^{-1}$ Millimole
	$c = 7{,}4 \cdot 10^{-4}$ Mole pro Liter	$c = 1{,}85 \cdot 10^{-3}$ Mole pro Liter	$c = 6{,}5 \cdot 10^{-3}$ Mole pro Liter	$c = 2{,}33 \cdot 10^{-2}$ Mole pro Liter
Min.	v cmm	v cmm	v cmm	v cmm
20	9	17	22	22
40	14	29	41	42
60	21	41	62	65
80	27	55	88	97
100	33	70	115	128
120	39	85	143	166
140	47	103	178	210
160	53	121	214	260
180	60	139	250	310
$\frac{\frac{dv}{dt}}{x}$	14,6 (± 1,4)	15,0 (± 0,6)	13,7 (± 0,3)	9,7 (± 0,1)

8. n-Amino-Capronsäure ($CH_3.CH_2.CH_2.CH_2.CHNH_2.COOH$).
400 mg Kohle, 10 ccm H_2O, Gasraum O_2. 20°.

t	$x = 2{,}7 \cdot 10^{-2}$ Millimole	$x = 6{,}8 \cdot 10^{-2}$ Millimole	$x = 1{,}5 \cdot 10^{-1}$ Millimole	$x = 2{,}88 \cdot 10^{-1}$ Millimole
	$c = 3{,}4 \cdot 10^{-4}$ Mole pro Liter	$c = 8 \cdot 10^{-4}$ Mole pro Liter	$c = 4 \cdot 10^{-3}$ Mole pro Liter	$c = 1{,}92 \cdot 10^{-2}$ Mole pro Liter
Min.	v cmm	v cmm	v cmm	v cmm
20	6	9	11	11
40	15	25	30	31
60	25	37	48	49
80	33	47	63	66
100	41	61	81	87
120	49	74	99	108
140	58	88	119	130
160	67	101	138	154
180	77	115	158	177
200	85	124	177	201
$\frac{\frac{dv}{dt}}{x}$	16,7 (± 1,2)	10,0 (± 0,5)	6,5 (± 0,2)	4,1 (± 0,1)

9. Iso-Amino-Capronsäure (tertiär) [$(CH_3)_2.CNH_2.CH_2.CH_2.COOH$].
400 mg Kohle, 10 ccm H_2O, Gasraum O_2. 20°.

t	$x = 2 \cdot 10^{-1}$ Millimole
	$c = 1 \cdot 10^{-2}$ Mole pro Liter
Min	v cmm
30	3
60	5
90	8
120	10
180	13
240	15
300	19
$\frac{\frac{dv}{dt}}{x}$	0,32 (± 0,2)

Pflügers Archiv f. d. ges. Physiol. **200**, 203. 1923.

Über die sogenannte Autoxydation des Cysteins.

Von
Otto Warburg und **Seishi Sakuma**.

(Eingegangen am 4. Juli 1923.)

Fügt man zu einer neutralen Lösung von Cystein Eisensalz, so erscheint eine violette Färbung, die beim Stehen der Lösung verschwindet, beim Schütteln wiederkehrt, bis das gesamte Cystein zu Cystin oxydiert ist. Bei Zusatz von Blausäure tritt an Stelle der violetten eine tiefblaue Färbung.

Mißt man gleichzeitig die Geschwindigkeiten der Sauerstoffaufnahme, so findet man sie durch Eisenzusatz gesteigert, durch Blausäurezusatz gehemmt. Und zwar hemmt Blausäure nicht nur die Oxydation der Lösung, der Eisen zugesetzt ist, sondern auch die Oxydation der Lösung, der kein Eisen zugesetzt ist.

Die Wirkung der Blausäure im ersten Fall ist klar. An Stelle der katalytisch wirksamen violetten Cystein-Eisenverbindung tritt eine andere komplexe Eisenverbindung (wahrscheinlich eine Verbindung zwischen Eisen, Blausäure und Cystein), die katalytisch unwirksam ist. Die Wirkung der Blausäure im zweiten Fall ist zunächst unklar. Keinesfalls beruht sie auf einer Reaktion zwischen Cystein und Blausäure, da ein Molekül Blausäure die Oxydation von 1000 Molekülen Cystein vollständig hemmt, eine Bindung von Blausäure an Cystein jedoch die Oxydationsgeschwindigkeit nur um $^1/_{1000}$ hemmen könnte. Die Schwierigkeit verschwindet, wenn wir annehmen, daß Cystein selbst nicht merklich autoxydabel ist, daß auch in den Fällen, in denen Eisen nicht zugesetzt wurde, die Cysteinlösungen immer kleine Mengen Metall als Verunreinigung enthielten.

Diese Annahme, die der eine von uns vor einiger Zeit ausgesprochen hat[1], wird von E. Abderhalden[2] und Wertheimer in 4 Arbeiten angegriffen. Abderhalden und Wertheimer wiederholen einige der Versuche von Mathews und Walker[3], sie wiederholen die Ansicht von

[1] Warburg, O.: Physikalische Chemie der Zellatmung. Biochem. Zeitschr. **119**, 152. 1921.

[2] Abderhalden, E. u. E. Wertheimer: Pflügers Arch. f. d. ges. Physiol. **197** bis **199**. 1922—1923.

[3] Mathews u. Walker: Journ. of biol. chem. **6**, 21 u. 29. 1906.

Mathews und Walker, daß die Oxydation metallfreien Cysteins durch Blausäure gehemmt werde, und stellen daran anschließend eine Reihe sich widersprechender, physikalisch unhaltbarer Theorien auf. Wir wollen diesen Angriffen durch Mitteilung von Versuchen[1] begegnen, aus denen hervorgeht, daß die genannte und so überaus einleuchtende Annahme in allen Punkten richtig ist.

I. Die Wirkung von Pyrophosphat auf die Cysteinoxydation.

Beruht die Wirkung der Blausäure auf der Bildung einer komplexen Schwermetallverbindung, so ist zu erwarten, daß die Cysteinoxydation nicht nur durch Blausäure, sondern auch durch andere komplexbildende Stoffe gehemmt werden kann, und zwar durch solche, deren Metallverbindungen „komplexer" sind als die Cystein-Metallverbindungen. Ein solcher Stoff ist, wie wir gefunden haben, Natriumpyrophosphat. Eine $^1/_{100}$ molare Lösung von Natriumpyrophosphat hemmt — bei einer Wasserstoffionenkonzentration von 10^{-9} — die Cysteinoxydation ebenso stark wie Cyankalium, während die nichtkomplexbildenden Phosphate unter sonst gleichen Bedingungen ohne jeden Einfluß auf die Cysteinoxydation sind.

Der Ausfall dieses Versuchs sprach so außerordentlich zugunsten unserer Annahme, daß wir an die — wie zu erwarten war, nicht leichte — Aufgabe herangingen, dem komplexbildenden Cystein Spuren von Schwermetall zu entziehen.

II. Reinigung des Cysteins.

Es waren zwei Methoden der Reinigung, die, vereint angewandt, zum Ziel führten. Die erste beruht auf der Beobachtung, daß alkalische Cysteinlösungen, die mit Bariumchlorid gesättigt sind, beim Stehen mit Bariumhydrosulfit allmählich Metallsulfid abscheiden. Die zweite beruht auf der Beobachtung, daß man Cysteinchlorhydrat, wenn auch mit großen Verlusten, aus Äthylalkohol umkrystallisieren kann und daß dabei das verunreinigende Metall fast vollständig in den Mutterlaugen bleibt.

Da Glasgefäße merkliche Mengen Eisen abgeben, so wurde in Gefäßen von Quarz oder von glasiertem Porzellan gearbeitet. Alle Flüssigkeiten wurden aus Quarz in Quarz destilliert. Die Gefäße zur Messung der Oxydationsgeschwindigkeit bestanden aus Quarz. Das zur Neutralisation des Cysteins erforderliche Alkalihydroxyd wurde aus destilliertem Natriummetall hergestellt oder es wurde Ammoniak aus Quarz in Quarz destilliert. Die Bürette, aus der das Alkali zugetropft wurde, bestand aus Quarz.

---

[1] Die Versuche werden in einer chemischen Zeitschr. ausführlich beschrieben.

Unser Ausgangsmaterial war aus Haaren hergestelltes Cystin von der spezifischen Drehung $\alpha_{[D]}$ — 216° (gelöst in n-Salzsäure). Das Rohcystein gewannen wir nach der Methode von BAUMANN durch Reduktion mit Zinn und Salzsäure.

Das auf die geschilderte Weise gereinigte Cysteinchlorhydrat schmolz bei schnellem Erhitzen im geschlossenen Capillarrohr zwischen 192 und 196° unter Zersetzung. Bei der Oxydation mit Jod lieferte es ein Cystin von der spezifischen Drehung $\alpha_{[D]} = -228°$, während E. FISCHER und SUSUKIe in $\alpha_{[D]}$ von —222° angeben. Die hierbei verbrauchte Menge Jod war etwas mehr, als sich nach der Formel $(C_3H_7O_2NS)HCl$ berechnet, weil dem Chlorhydrat freies Cystein beigemengt ist.

Zur Messung der Oxydationsgeschwindigkeit lösten wir 20—50 mg Cysteinchlorhydrat in wenig Wasser, fügten Alkali hinzu, bis die Wasserstoffionenkonzentration $10^{-7,7}$ war, füllten auf 10 ccm auf und bestimmten die Oxydationsgeschwindigkeit nach der Druckmethode in oft beschriebener Weise. Die Temperatur war 20°, im Gasraum befand sich Luft.

Wir wollen unsere Resultate ausdrücken durch den Quotienten

$$Q_{\text{Cystein}} \quad \frac{\text{cmm verbrauchten Sauerstoffs}}{\text{mg Cysteinchlorhydrat} \times \text{Minuten}}$$

und denselben Quotienten aus den bisher vorliegenden Messungen berechnen aus der Arbeit von MATHEWS und WALKER[1] und aus der Arbeit von DIXON[2], die in dem Laboratorium von HOPKINS ausgeführt worden ist. Wir finden so

	Q_{Cystein}
MATHEWS und WALKER	0,08
DIXON	0,2
WARBURG und SAKUMA	0,0008

Die Oxydationsgeschwindigkeit unseres gereinigten Cysteins ist also nur $^1/_{100}$—$^1/_{250}$ der bisher gemessenen Geschwindigkeit. Die Zeit halben Umsatzes — nach MATHEWS und WALKER und nach DIXON einige Stunden — beträgt in unserem Fall 14 Tage. Mindestens 99,7% der bisher als Autoxydationsgeschwindigkeit des Cysteins gemessenen Größe war mithin auf Verunreinigung beruhende Katalyse.

ABDERHALDEN und WERTHEIMER haben Messungen der Oxydationsgeschwindigkeit mit ihren Lösungen nicht ausgeführt. Aber aus der Angabe, daß die Oxydation nach 15stündigem Stehen ihrer Lösungen fast beendet war, folgt, daß sie ganz außerordentlich unreine Präparate in Händen gehabt haben.

[1] MATHEWS und WALKER, loc. cit.

[2] DIXON, M.: Proc. of the roy. soc. of London, B., **94**, 266. 1923. Herr DIXON teilte uns brieflich mit, daß seine Messungen bei 20° ausgeführt sind.

III. Oxydationsgeschwindigkeit der Cystein-Eisenverbindung.

Lösen wir 20 mg unseres reinsten Cysteinchlorhydrats in 10 ccm Wasser, so erhalten wir (bei 20° und der Wasserstoffionenkonzentration von $10^{-7,7}$) einen Sauerstoffverbrauch von 1 cmm pro Stunde. Fügen wir zu dieser Mischung $^1/_{10000}$ mg Eisen in Form von Eisenchlorid, so steigt der Sauerstoffverbrauch auf 9 cmm pro Stunde. Wir können also Eisenmengen von einigen hunderttausendstel Milligrammen, die sich in 10 ccm befinden, durch die Cysteinkatalyse bequem nachweisen, was weder durch die Rhodanreaktion noch durch die Färbung der Cystein-Eisenverbindung möglich ist. Es hat also keinen Sinn, wenn ABDERHALDEN und WERTHEIMER bei negativem Ausfall der Rhodanreaktion erklären, ihre Lösungen seien „einwandfrei eisenfrei" gewesen.

Aus den angeführten Zahlen folgt, daß 1 mg Eisen, einer Cysteinlösung von der Wasserstoffionenkonzentration $10^{-7,7}$ hinzugefügt, bei 20° pro Minute 1700 cmm Sauerstoff übertragen kann. Wie es scheint, ist diese Zahl innerhalb gewisser „Verunreinigungsgrenzen" unabhängig von der Eisenkonzentration, so daß wir sie benutzen können, um uns in jedem Fall die als Verunreigigung vorhandene Eisenmenge aus der Oxydationsgeschwindigkeit zu berechnen. Tun wir das für unsere unreinen Präparate, so finden wir eine ausgezeichnete Übereinstimmung zwischen den berechneten und den in der Asche tatsächlich gefundenen Eisenmengen, was besagt, daß die wirksame Verunreinigung unserer Präparate immer und ausschließlich Eisen war.

Andere Forscher mögen in ihren Lösungen neben Eisen noch andere Verunreinigungen gehabt haben, etwa Kupfer (aus dem destillierten Wasser) oder Mangan (aus den Gläsern).

IV. Ergebnis.

Die bisher als Autoxydation des Cysteins beschriebene Erscheinung ist eine Metallkatalyse gewesen, beruhend auf Oxydation und Reduktion einer komplexen Cystein-Metallverbindung.

Durch dieses Ergebnis wird die Theorie der Atmung noch fester begründet, als sie es bisher schon war. Denn der einzige Fall, in dem Blausäure die Oxydation eines schwermetallfreien Systems antikatalytisch zu hemmen schien, ist nunmehr als Schwermetallkatalyse erkannt.

Biochem. Zeitschr. 142, 68. 1923.

Über die sogenannte Autoxydation des Cysteins.

Von

Seishi Sakuma.

(Aus dem Kaiser Wilhelm-Institut für Biologie in Berlin-Dahlem.)

(Eingegangen am 7. August 1923.)

Mit 4 Abbildungen.

Das Cystein[1] gehört zu denjenigen Stoffen, die man als „autoxydabel" bezeichnet, ein Ausdruck, mit dem man sagen will, daß Cysteinmoleküle und Sauerstoffmoleküle, wenn sie unter gewissen Bedingungen zusammentreffen, „von selbst", ohne Beteiligung anderer Stoffe, miteinander reagieren.

Nach den im folgenden beschriebenen Versuchen, die ich auf Anregung und unter Leitung von Herrn Warburg ausgeführt habe[2], scheint diese Auffassung nicht zuzutreffen. Die Reaktionsfähigkeit von Cysteinpräparaten nimmt mit fortschreitender Reinigung mehr und mehr ab. Was man bisher als „Autoxydation" des Cysteins beschrieben hat, ist nichts anderes gewesen als eine Oxydationskatalyse durch Verunreinigungen.

I. Der Ausgangspunkt der Arbeit.

Fügt man zu einer neutralen Cysteinlösung Eisenchlorid, so erscheint eine Violettfärbung, die beim Stehen der Lösung verschwindet, beim Schütteln wiederkehrt, bis das gesamte Cystein zu Cystin oxydiert ist. Bei Zusatz von Blausäure verschwindet die violette Färbung, an ihre Stelle tritt nach wenigen Sekunden eine tiefblaue unbeständige Färbung. — Diese Erscheinungen zeigen erstens, daß Eisen mit Cystein

[1] Vgl. O. Meyerhof: Pflügers Arch. f. d. ges. Physiol. **200**, 1. 1923.

[2] Vgl. O. Warburg u. Sakuma: Pflügers Arch. f. d. ges. Physiol. **200**, 203. 1923.

eine Komplexverbindung eingeht, zweitens, daß Blausäure mit der Cystein-Eisenverbindung unter Bildung eines cyanhaltigen Komplexes reagiert.

Mißt man die Geschwindigkeit, mit der sich eine Cysteinlösung unter dem Einfluß der genannten Zusätze oxydiert, so findet man, daß Eisen die Oxydation beschleunigt, Blausäure die Wirkung des Eisens aufhebt, wie zuerst MATHEWS und WALKER[1], später viele andere festgestellt haben. Die Deutung ist nach dem Vorhergehenden einfach. Die katalytische Wirkung des Eisens beruht auf der Reaktionsfähigkeit der komplexen Cystein-Eisenverbindung, die antikatalytische Wirkung der Blausäure auf der Bildung einer katalytisch unwirksamen Eisen-Cyanverbindung.

Liegen die Verhältnisse so weit klar, so fügen MATHEWS und WALKER eine Beobachtung hinzu, deren Deutung auf große Schwierigkeiten stößt. Nach MATHEWS und WALKER nämlich hemmt Blausäure nicht nur die Oxydation der eisenhaltigen Cysteinlösungen, sondern auch die Oxydation reiner, metallfreier Cysteinlösungen, und zwar genügt 1 Molekül Blausäure zur Inaktivierung von 1000 Cysteinmolekülen.

Reagiert Blausäure, wie MATHEWS und WALKER annehmen, mit dem Cystein selbst[2], so ist zunächst nicht einzusehen, wie 1000 Moleküle Cystein durch ein Molekül Blausäure inaktiviert werden können, es sei denn, die Blausäure wandere von Cysteinmolekül zu Cysteinmolekül und werde immer nur von denjenigen Molekülen gebunden, die im Begriff sind, mit Sauerstoff zu reagieren. Da etwas derartiges zwar möglich, bisher aber nicht beobachtet ist, so wird man zunächst nach einer anderen Erklärung suchen.

Eine solche ist in der Annahme enthalten[3], das „reine" Cystein, das man bisher in Händen gehabt hat, sei kein reines, sondern durch Metall verunreinigtes Cystein gewesen. Das Einleuchtende dieser Erklärung liegt darin, daß sie die Wirkung der Blausäure auf die Cysteinoxydation einheitlich deutet, während MATHEWS und WALKER zwei verschiedene Mechanismen zugrunde legen, je nachdem das Cystein metallhaltig oder metallfrei ist.

---

[1] MATHEWS u. WALKER: Journ. of biol. Chem. **6**, 20, 29, 299. 1909.

[2] MAUTHNER, J., hat gefunden (Hoppe-Seylers Zeitschr. f. physiol. Chem. **78**, 32. 1912), daß Cystin, wie durch Zinn und Salzsäure, so auch durch schweflige Säure oder durch Cyankali zu Cystein reduziert wird, Versuche, die ABDERHALDEN und WERTHEIMER wiederholt und — ohne MAUTHNER zu zitieren — vor kurzem mitgeteilt haben. MAUTHNER fand auch, daß sich bei langer Einwirkung von Cyankali auf Cystein Rhodanominopropionsäure bildet, eine an sich sehr interessante Tatsache, die aber mit der oxydationshemmenden Wirkung der Blausäure, schon weil es sich hier um einen stöchiometrischen Umsatz handelt, nichts zu tun hat.

[3] WARBURG, O.: diese Zeitschr. **119**, 152. 1921.

II. Die Methode der Oxydationsmessung

war die in dem Dahlemer Institut übliche. Die Form des Meßgefäßes, das aus Quarz geblasen war, zeigt Abb. 1. Ist v_F das Volumen der eingefüllten Flüssigkeit in Kubikzentimetern, v_G das Volumen des Gasraumes in Kubikzentimetern, T die (absolute) Versuchstemperatur, α der Absorptionskoeffizient des Sauerstoffs, h die beobachtete Druckänderung in Millimetern BRODIEscher Flüssigkeit, x der gesuchte Sauerstoffverbrauch in Kubikmillimetern, so ist

$$x = h \left[\frac{v_G \frac{273}{T} + v_F \alpha}{10} \right].$$

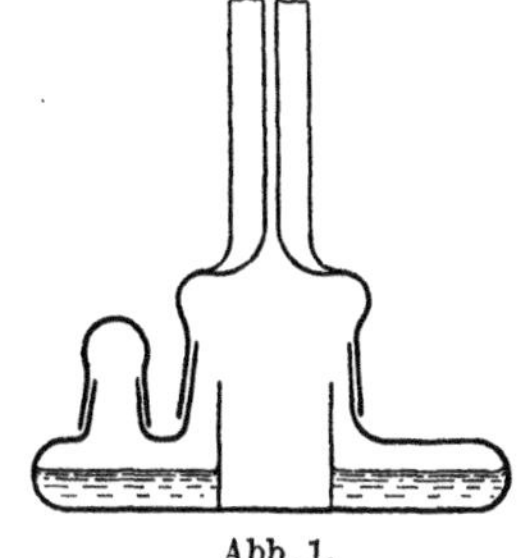

Abb. 1.

v_F war im allgemeinen 10 ccm, v_G 10 bis 20 ccm, T 293 — 310^0, der eingeklammerte Ausdruck — die „Gefäßkonstante" — demnach 1—2, was bedeutet, daß eine Druckabnahme von 1 mm einen Sauerstoffverbrauch von 1—2 cmm anzeigte.

Die Versuchszeiten betrugen 30—120 Minuten. Waren die Präparate einigermaßen rein, so war die Oxydationsgeschwindigkeit innerhalb der Versuchszeiten konstant, da sich nur ein unbeträchtlicher Teil der gelösten Cysteinmenge oxydierte. Dann konnte die Geschwindigkeit der Oxydation pro Gewichtseinheit Cysteinchlorhydrat in einfacher Weise berechnet werden. Waren m mg Cysteinchlorhydrat eingewogen und nach t Minuten v cmm Sauerstoff verbraucht, so war die gesuchte Größe

$$\frac{v}{m \times t} \left[\frac{\text{cmm}}{\text{Milligramm} \times \text{Minuten}} \right].$$

Auf eine Behandlung der Cysteinoxydation nach den Regeln der chemischen Kinetik habe ich aus naheliegenden Gründen verzichtet.

III. Die Wasserstoffionenkonzentration

der Cysteinlösungen spielt in der Literatur eine gewisse Rolle, und zwar wird angegeben, bei einem p_H von 7,5—8,0 liege das Maximum der Oxydationsgeschwindigkeit. Für Rohpräparate mag dies in vielen Fällen zutreffen.

Ich habe bei verschiedenen Wasserstoffionenkonzentrationen gearbeitet, im allgemeinen, um meine Zahlen mit denen der Literatur vergleichen zu können, bei einem p_H von 7,7.

Da es nicht angeht, die zur Oxydationsmessung dienende Lösung mit Indikatoren zu verunreinigen, so wurde durch einen Vorversuch der pro Milligramm Cysteinchlorhydrat erforderliche Alkalizusatz ermittelt und daraus die Alkalimenge, die der Versuchslösung zugesetzt werden mußte, berechnet. Nach Beendigung der Oxydationsmessung wurde dann zur Kontrolle die Wasserstoffionenkonzentration der Versuchslösungen mit Hilfe von Indikatoren bestimmt.

IV. Die Darstellung des Rohcysteins

geschah nach der Methode von Baumann[1] unter Befolgung der Vorschrift von E. Friedmann[2]. Das zur Reduktion verwendete Cystin war aus Haaren hergestellt und besaß die spezifische Drehung $\alpha_{[D]}$ —216 °. Es wurde mit der zehnfachen Menge Salzsäure (1 Teil konzentrierte Säure, 2 Teile Wasser) übergossen und nach Zusatz von Zinn und einem Körnchen Platinchlorid 6 Stunden auf dem Wasserbade erwärmt. Dann wurde mit dem fünffachen Volumen Wasser verdünnt, das Zinn mit Schwefelwasserstoff ausgefällt und das Filtrat im Vakunm zur Trockne verdampft.

Die Oxydationsgeschwindigkeit des so gewonnenen Cysteins (vergleiche Tabelle 3) war von der Größenordnung, die bisher in der Literatur für das reine Cystein angegeben worden ist.

V. Die Wirkung von Pyrophosphat auf die Cysteinoxidation.

Auf Grund der in Abschnitt I geäußerten Annahme war zu erwarten, daß nicht nur Blausäure, sondern auch andere Komplexbildner die Cysteinoxydation hemmen, nämlich solche, die festere Komplexe bilden als das Cystein, also imstande sind, der Cystein-Metallverbindung das Metall zu entreißen.

Von Komplexbildnern habe ich geprüft: Oxalate, Tartrate, Rhodanide und Pyrophosphate. Die drei erstgenannten zeigten keinen hemmenden Einfluß, dagegen hemmte Natriumpyrophosphat[3] — in m/100 oder m/10 Lösung — die Cysteinoxydation in ähnlichem Maße wie Blausäure. Kontrollen mit gewöhnlichen, nicht komplexbildenden Phosphaten verliefen negativ.

Zu den Versuchen benutzte ich das nach dem vorigen Abschnitt dargestellte Rohcystein, das ich bei Wasserstoffionenkonzentrationen von 10^{-9} bis 10^{-10} mit dem Pyrophosphat in Reaktion brachte. Ist die Reaktion saurer, so ist die Komplexbildung unvollständiger, die hemmende Wirkung geringer.

Zwei Versuche mit Pyrophosphat, bei zwei verschiedenen Wasserstoffkonzentrationen, sind in den Tabellen 1 und 2 zahlenmäßig, in

[1] Baumann, E.: Hoppe-Seylers Zeitschr. f. physiol. Chem. **8**, 299. 1883/84.
[2] Friedmann, E.: Hofmeisters Beiträge **4**, 504. 1904.
[3] Über Eisen-Pyrophosphatkomplexe vgl. die schöne Arbeit von M. P. Pascal, Ann. de Chim. et Phys. (8) **16**, 359 und 520. 1909.

Tabelle 1. *37,5°. Gasraum Luft.* $p_H = 9,24$. *Rohcystein.*

Zeit in Minuten	Sauerstoffverbrauch in cmm		
	16 mg Cystein-HCl in 10 ccm Wasser	16 mg Cystein-HCl in 10 ccm m/10 Natriumpyrophosphat	16 mg Cystein-HCl in 10 ccm m/1000 Kaliumcyanid
10	94,2	2,6	4,6
20	164	6,05	8,4
30	224	9,5	13,0
40	274	13,0	16,8
50	312	16,4	20,6
60	340	18,2	22,2

Tabelle 2. *37,6°. Gasraum Luft.* $p_H = 10,2$. *Rohcystein.*

Zeit in Minuten	Sauerstoffverbrauch in cmm		
	16 mg Cystein-HCl in 10 ccm Wasser	16 mg Cystein-HCl in 10 ccm m/10 Natriumphosphat	16 mg Cystein-HCl in 10 ccm m/1000 Kaliumcyanid
10	96	6,84	7,7
20	155,5	10,25	10,6
30	208	13,7	13,7
40	252	16,2	16,7
50	292	19,65	19,75
60	325	23,1	23,5

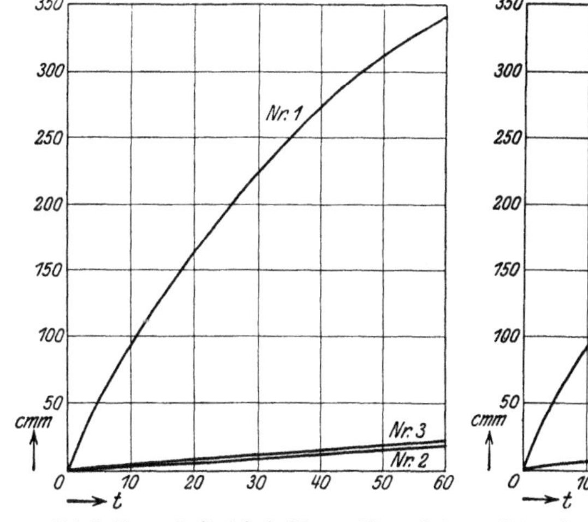

Abb. 2. Kurve 1: Cystein in Wasser. Kurve 2: in Pyrophosphat. Kurve 3: in Cyanid. — p_H 9,24.

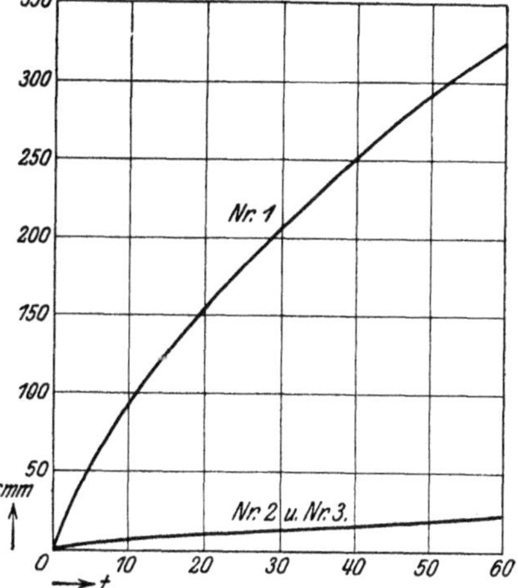

Abb. 3. Kurve 1: Cystein in Wasser. Kurve 2 u. 3: Cystein in Pyrophosphat und Cyanid. — p_H 10,2.

den Abb. 2 und 3 graphisch wiedergegeben, zum Vergleich sind zwei Parallelversuche mit Blausäure eingetragen. Man erkennt aus diesen Beispielen die ähnliche Wirkung der beiden Komplexbildner.

Fast kann man sagen, daß das Ergebnis der Pyrophosphatversuche die Frage, um die es sich in dieser Arbeit handelt, entschied. Jedenfalls ermutigte es zu dem — wie vorauszusehen war, nicht leichten — Unternehmen, dem komplexbildenden Cystein Spuren von Schwermetall zu entziehen.

VI. Die Reinigung der Reagenzien

geschah mittels der in Abb. 4 wiedergegebenen Vorrichtung. *K* ist ein Quarzkolben, *H* eine Quarzhaube, *P* ein glasierter Porzellanbecher, *St* der Stopfen für den Porzellanbecher, *D* eine Platinspirale.

Zur Prüfung des Gerätes destilliert man zunächst Wasser in den Porzellanbecher über, füllt dann den Quarzkolben mit konzentrierter Salzsäure und erwärmt, wobei das Ansatzrohr des Quarzkolbens nicht in das Wasser eintaucht, sondern frei über dem Wasserspiegel mündet. Ist die Salzsäure in dem Porzellanbecher sechsfach normal geworden, so unterbricht man die Destillation und verdampft 20 ccm der Salzsäure, unter Zusatz eines Körnchens reinen Kaliumchlorats, in einem Porzellantiegel auf dem Wasserbade. Der Rückstand wird mit 1 ccm Wasser aufgenommen, in ein Reagensglas übergeführt und mit 1 ccm 10proz. Rhodankaliumlösung und 1 ccm der destillierten sechsfach normalen Salzsäure versetzt. Stellt man das Reagensglas auf eine hell beleuchtete weiße Unterlage und sieht von oben hinein, so darf keine Färbung, auch kein Stich ins Gelbliche, zu sehen sein. Wird dieser Forderung Genüge getan, so sind in 20 ccm der destillierten Salzsäure weniger als $^1/_{10000}$ mg Eisen, und das Material der Destillationsvorrichtung, der Quarz und die Porzellanglasur, ist brauchbar. Die Prüfung des Gerätes geschieht mit Salzsäure, weil diese Säure besonders leicht Metall aus dem Gerät herauslöst.

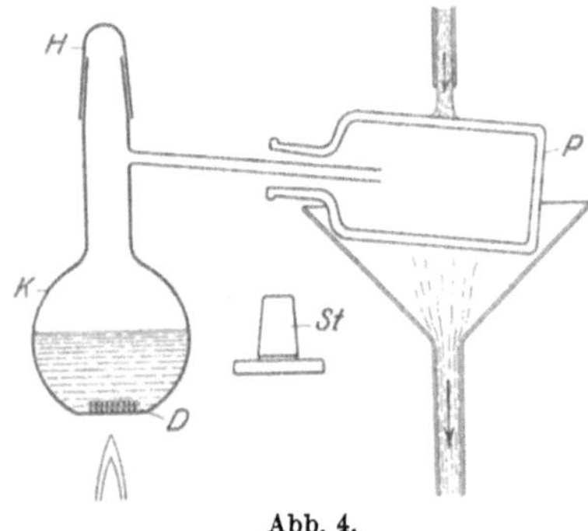

Abb. 4.

Wie die Salzsäure, so werden auch Wasser, Äthylalkohol und Propylalkohol destilliert und in glasierten Porzellanbechern aufbewahrt.

Was das Alkali anbetrifft, das man zur Neutralisation des Cysteins braucht, so gibt es im Handel Natriummetall, das, in einer Porzellanschale in Wasser aufgelöst, eine genügend reine Lauge liefert. Macht man die Laugen n/10 und prüft 20 ccm, wie oben die Salzsäure, so findet man oft keine Spur einer Färbung bei Zugabe des Rhodanids. — Bequemer und sicherer ist es, sich das metallfreie Alkali durch Destillation von käuflichem Ammoniakwasser, dem man etwas Bariumchlorid zusetzt, zu verschaffen.

Konsequenterweise wird man das Alkali nicht aus einer Glas-, sondern aus einer Quarzbürette zufließen lassen und wird die Cysteinlösung nicht in Glas, sondern in Quarz bereiten.

Ich habe die Erfahrung gemacht, daß Verunreinigungen durch Luftstaub, wenn man einigermaßen vorsichtig arbeitet, nicht zu fürchten sind. Dagegen hat man sich vor Verunreinigungen zu hüten, die durch Berührung besonders der Stopfen mit den Fingern entstehen können. Am besten trocknet man alle Gefäße in einer Umwicklung mit „quantitativen" Filtern und arbeitet dann weiter etwa so, wie bei bakteriologischen Versuchen. Bei Befolgung dieser Vorschriften wird man Unregelmäßigkeiten kaum erleben.

VII. Die Reinigung des Cysteins.

Da die Oxydation des Rohcysteins in alkalischer Lösung langsamer verläuft als in neutraler Lösung, so ist anzunehmen, daß die komplexen Cystein-Metallverbindungen in alkalischer Lösung weniger beständig sind als in neutraler Lösung. Unter diesem Gesichtspunkte behandelte ich Rohcystein in alkalischer Lösung mit Alkalisulfid.

Eine Lösung von 20 g Cysteinchlorhydrat in 100 ccm Wasser wurde mit Schwefelwasserstoff gesättigt. Dann wurden 2 Moleküle feingepulverten Barythydrats eingetragen, eine halbe Stunde Schwefelwasserstoff durchgeleitet und einige Stunden in verschlossenem Gefäß stehen gelassen. Allmählich bildete sich ein schwarzer Niederschlag von Metallsulfid, von dem durch ein „quantitatives" Filter abfiltriert wurde. Das Filtrat wurde im Quarzkolben mit reiner Salzsäure übersättigt, der entstehende Schwefelwasserstoff durch Evakuieren entfernt und schließlich in einer Porzellanschale auf dem Wasserbade zur Trockne verdampft. Der feingepulverte Rückstand, ein Gemisch von Cysteinchlorhydrat und Bariumchlorid, blieb zwecks völliger Trocknung und Entfernung von überschüssiger Salszäure 24 Stunden im Vakuumexsikkator über festem Kaliumhydroxyd stehen und wurde dann in der Kälte mit Alkohol mehrfach extrahiert. Das Extrakt war bariumfrei und hinterließ beim Verdunsten im Vakuum das gereinigte Cysteinchlorhydrat, das ich im folgenden als „Cysteinchlorhydrat I" bezeichne.

Zur weiteren Reinigung kristallisierte ich das Präparat I aus der fünffachen Menge Äthylalkohols oder Propylalkohols um, wobei ich, um Veresterung zu vermeiden, nur kurze Zeit erwärmte. Aus dem alkoholischen Filtrat fiel die Substanz beim Abkühlen in langgestreckten, zu Büscheln vereinigten Täfelchen, mit einer Ausbeute von etwa 10%, aus. Ich bezeichne das so gewonnene Präparat als „Cysteinchlorhydrat II".

Die gereinigten Cysteinchlorhydrate sind basische Chlorhydrate, deren Gehalt an Cystein durch Titration mit Jod in alkoholischer Lösung bestimmt wurde. Beispielsweise verbrauchten 0,1523 g eines lufttrockenen Präparates II, in 96proz. Alkohol gelöst, 10,3 ccm n/10 Jodlösung, während sich für das neutrale Salz $(C_3H_7O_2NS)HCl$ 9,7 ccm Jodlösung berechnet.

Das bei der Titration mit Jod ausfallende Cystin wurde durch Bestimmung von Kohlenstoff, Wasserstoff und der spezifischen Drehung identifiziert.

0,1505 g Substanz gaben bei der Verbrennung 0,1652 g CO_2 und 0,0718 g H_2O, d. i. 29,94% C und 5,33% H. Berechnet für Cystin: 30,0% C und 5,00% H. 0,014 g Substanz, mit n HCl zu 20 ccm gelöst, drehten die Polarisationsebene gelben Lichts im 2 dm-Rohr 0,32 Grade nach links, also $\alpha_{[D]} = -228^0$, während E. Fischer und Susuki für die spezifische Drehung des Cystins -222^0 angeben.

VIII. Die Oxydationsgeschwindigkeit des gereinigten Cysteins wurde nach dem in Abschnitt II beschriebenen Verfahren gemessen. In Tabelle 3 sind einige Versuche zusammengestellt, aus denen hervor-

Tabelle 3.
1 mg Cysteinchlorhydrat verbraucht beim Übergang in Cystin 35,7 cmm Sauerstoff.

Präparat	Menge des Cystein-HCl mg	Volumen, in dem das Cystein gelöst war ccm	p_H der Lösung	Temperatur bei dem Versuch °C	Sauerstoffverbrauch cmm	$\frac{\text{cmm}}{\text{mg} \times \text{Min.}}$
Mathews u. Walker[1]	2000	50	neutral	Zimmertemperatur	etwa 7000 pro Stunde	0,07
Dixon u. Tunnicliffe[2]	9,1	?	7,6	20	95 in 50 Min.	0,21
Eigenes Präparat Rohcystein . . .	16	10	9,24	37,5	370 pro Stunde	0,354
Eigenes Präparat Rohcystein . . .	16	10	6,8	37,5	191 pro Stunde	0,199
Cystein I	16	10	6,8	37,5	13,94 pro Stunde	0,0145
„ I	16	10	7,6	37,5	15,6 pro Stunde	0,0162
„ II	24,8	8	7,7	20	3,66 pro Stunde	0,0024
„ II . . .	42,3	10	7,7	20	3,35 pro Stunde	0,0013
„ II	16,3	10	7,7	20	1,54 in 2 Stunden	0,0008

[1] Mathews u. Walker, l. c.
[2] Dixon u. Tunnicliffe: Proc. Roy. Soc. London **94**, 266. 1923.

geht, wie groß der Einfluß des Reinigens auf die Oxydationsgeschwindigkeit ist. Die Tabelle beginnt mit den besten bisher ausgeführten Versuchen, nämlich mit denen von MATHEWS und WALKER[1] und von DIXON und TUNNICLIFFE[2], die für den Quotienten Kubikmillimeter/Milligramm × Minuten den Wert 0,1—0,2 bei Zimmertemperatur fanden. Unser Rohcystein gab bei 37° Werte von 0,2—0,4, also dieselbe Größenordnung. Durch die Behandlung mit Bariumsulfid sinkt der Wert des Quotienten (Präparate I) auf etwa 0,01 und durch das darauffolgende Umkristallisieren (Präparate II) bis auf etwa 0,001. Unser bestes Präparat oxydiert sich 100mal langsamer als die Präparate von MATHEWS und WALKER und 250mal langsamer als das Präparat von DIXON und TUNNICLIFFE. — Sehr anschaulich kann man dies Ergebnis auch so ausdrücken: die Zeit, die zur Oxydation der halben in Lösung befindlichen Cysteinmenge erforderlich ist, beträgt nach MATHEWS und WALKER sowie DIXON und TUNNICLIFFE einige Stunden, für unser reinstes Präparat 14 Tage.

Was man also bisher als „Autoxydation" des Cysteins bezeichnet hat, ist — zum mindesten zu 99% — nichts anderes gewesen als eine Oxydationskatalyse durch Verunreinigungen.

IX. Die Reaktionsfähigkeit der Cystein-Eisenverbindung

bestimmen wir, indem wir zu einer gereinigten Cysteinlösung Eisen in Form von Eisenchlorid setzen und die Oxydationsgeschwindigkeit *vor* und *nach* dem Eisenzusatz ermitteln. Der Quotient

$$\frac{\text{cmm verbrauchten Sauerstoffs vor dem Zusatz — cmm verbrauchten Sauerstoffs nach dem Zusatz}}{\text{mg zugesetzten Eisens} \times \text{Minuten}},$$

der mit n_{Fe} bezeichnet werde, gibt dann ein Mindestmaß für die Reaktionsfähigkeit der Komplexverbindung.

Einige Versuche, aus denen n_{Fe} berechnet werden kann, sind in Tabelle 4 zusammengestellt. Aus ihnen erkennen wir die enorme Reaktionsfähigkeit der Komplexverbindung. In wenigen Sekunden reagiert die gesamte jeweils zugesetzte Eisenmenge.

Wir erkennen weiterhin, daß $^1/_{10000}$ mg Eisen noch eine sehr bequem meßbare Wirkung hervorruft. Einige $^1/_{100000}$ mg Eisen, einem Volumen von 10 ccm zugesetzt, können also mittels der Cysteinkatalyse nachgewiesen werden, was — soviel mir bekannt ist — mit keiner der gewöhnlichen analytischen Methoden möglich ist. Es hat deshalb keinen Sinn, eine Cysteinlösung, die mit Rhodan keine Rotfärbung gibt, als „einwandfrei eisenfrei"[3] zu bezeichnen.

---

[1] MATHEWS u. WALKER, l. c.

[2] DIXON u. TUNNICLIFFE: Proc. Roy. Soc. London **94**, 266. 1923.

[3] Vgl. E. ABDERHALDEN: Arch. f. d. ges. Physiol. **198**, 125. 1923.

Tabelle 4. 1 mg Fe^{II} verbraucht beim Übergang in Fe^{III} 100 cmm Sauerstoff.

Nr.	Cystein-chlor-hydrat mg	Flüssigkeits-volumen, in dem das Cystein gelöst war ccm	p_H	Temperatur bei der Oxydations-messung °C	Sauerstoff-verbrauch cmm	n_{Fe}
1	66,8	10	7,7	20	ohne Fe-Zusatz *21,7* in 60 Minuten + 0,0005 mg Fe *83,0* in 60 Minuten	2000
2	26,6	10	7,7	20	ohne Fe-Zusatz *6,1* in 60 Minuten + 0,00017 mg Fe *22,7* in 60 Minuten	1600
3	24,8	10	7,7	20	ohne Fe-Zusatz *3,7* in 60 Minuten + 0,0001 mg Fe *11,2* in 60 Minuten	1300
4	42,3	10	7,7	20	ohne Fe-Zusatz *3,4* in 60 Minuten + 0,0002 mg Fe *25,3* in 60 Minuten	1800

Natürlich hängt die Beschleunigung, die ein bestimmter Eisenzusatz zur Folge hat, ganz von der Reinheit des Cysteinpräparates ab, und es ist deshalb nicht sachgemäß, eine Beziehung zwischen Oxydationsbeschleunigung und Konzentration des zugesetzten Eisens zu suchen. Folgen wir aber hierin Mathews und Walker, so finden wir beispielsweise (Versuch 4 der Tabelle), daß die Oxydationsgeschwindigkeit durch einen Eisenzusatz von $3{,}6 \cdot 10^{-7}$ Molen Fe pro Liter auf das Siebenfache ansteigt. Viel geringer war die Oxydationsbeschleunigung in den Versuchen von Mathews und Walker — eben weil ihre Präparate unreiner waren —, indem ein Eisenzusatz von 10^{-5} Molen Fe pro Liter die Oxydationsgeschwindigkeit nur verdoppelte[1].

X. Die chemische Natur der Verunreinigungen,

die in den Präparaten anderer Forscher waren, anzugeben, ist natürlich unmöglich. Wenn aber, was anzunehmen ist, Mathews und Walker sowie Dixon und Tunnicliffe analysenreine Präparate in Händen gehabt haben, so können die fraglichen Verunreinigungen nicht wohl etwas anderes gewesen sein als Schwermetalle. Bedenkt man, daß

[1] Mathews u. Walker, l. c., S. 299ff.

das destillierte Wasser des Laboratoriums vielfach Kupfer enthält, daß Gläser Eisen und Mangan abgeben, und daß in keiner der zitierten Arbeiten Vorsichtsmaßregeln in dieser Hinsicht mitgeteilt werden, so kann man fast mit Sicherheit sagen, daß die bisher beschriebenen Präparate mit Metall verunreinigt waren.

Die Verunreinigung meiner eigenen Präparate dagegen kann ich angeben. Sie war immer und ausschließlich Eisen. Hatte ich nämlich ein unreineres, sich relativ schnell oxydierendes Präparat, so konnte ich aus der Oxydationsgeschwindigkeit und dem Werte von n_{Fe} berechnen, wieviel Eisen das Präparat enthalten mußte unter der Voraussetzung, daß Eisen allein die wirksame Verunreinigung war. Tat ich das und bestimmte dann das Eisen in der Asche des Präparates, so war die Übereinstimmung ausgezeichnet.

XI. Zusammenfassung der Ergebnisse.

1. Durch Reinigung des Cysteins erhält man Präparate, die sich 250- bis 100mal so langsam oxydieren als die in der Literatur beschriebenen. Was bisher als „Autoxydation" des Cysteins beschrieben worden ist, war — zum mindesten zu 99% — nichts anderes als eine Oxydationskatalyse durch Verunreinigungen.

2. Mit Hilfe der Cysteinkatalyse können Eisenmengen nachgewiesen werden, die mit den gewöhnlichen analytisch-chemischen Methoden nicht mehr erkennbar sind.

3. Die Hemmung der Cysteinoxydation durch Blausäure war der einzige Fall, in dem Blausäure die Oxydation eines metallfreien Systems antikatalytisch zu hemmen schien[1]. Auch dieser Fall ist nunmehr als Eisenkatalyse erkannt.

---

[1] Vgl. hierzu die Arbeiten, die E. Abderhalden über die Zellatmung geschrieben hat (Arch. f. d. ges. Physiol. **197** bis **199**, 1922/23). Ihr Inhalt wird durch die vorliegende Untersuchung widerlegt. Dasselbe gilt von den Betrachtungen H. Wielands (Oppenheimers Handb. d. Biochemie, 2. Aufl., II, 252, 1923) über die Oxydation des Cysteins und die Hemmung der Oxydation durch Blausäure.

Biochem. Zeitschr. **142**, 518. 1923.

Über die Grundlagen der Wielandschen Atmungstheorie.

Von

Otto Warburg.

(Aus dem Kaiser Wilhelm-Institut für Biologie, Berlin-Dahlem.)

(Eingegangen am 19. September 1923.)

I.

Nach einem Versuch von WIELAND verläuft die Oxydation des Kohlenoxyds nicht nach der Gleichung

$$CO + \tfrac{1}{2}\,O_2 = CO_2,$$

sondern nach den Gleichungen

$$CO + H_2O = HCOOH \quad \ldots \text{(Hydratation)}$$
$$HCOOH + {}^1/_2O_2 = CO_2 + H_2O \quad . \text{(Dehydrierung)}$$

Diesen Fall betrachtet WIELAND als Beispiel der allgemeinen Regel, daß die Oxydation der Kohlenstoffverbindungen durch Abgabe von Wasserstoff, nicht durch Aufnahme von Sauerstoff erfolge[1].

Ist die Verallgemeinerung erlaubt, so ist die Sauerstoffatmung eine Folge von Hydratationen und Dehydrierungen, und zwar, wenn man die Bilanz ins Auge faßt, von Dehydrierungen durch molekularen Sauerstoff. Dann beschränkt sich das Problem der Atmung auf die Frage: in welcher Weise katalysiert die Zellsubstanz die Dehydrierung?

Hier bestehen zunächst, welches auch der Mechanismus der Katalyse sein mag, drei Möglichkeiten: es kann der Wasserstoff der organischen Moleküle durch die Zellsubstanz aktiviert werden, es kann der molekulare Sauerstoff aktiviert werden, oder es kann beides zugleich geschehen. WIELAND entscheidet sich für die erste Möglichkeit, nimmt also an, daß es der Wasserstoff ist, der durch die Zellsubstanz aktiviert werde, und zwar ausschließlich der Wasserstoff, während der Sauerstoff als solcher — als molekularer Sauerstoff — mit dem Wasserstoff reagiere. Diese Annahme ist der Inhalt der WIELANDschen Atmungstheorie[2].

---

[1] WIELAND, H.: Ber. d. deutsch. chem. Ges. **45**, 484, 679, 685, 2606. 1912; **46**, 3327. 1913; **47**, 2085. 1914; **54**, 2353. 1921.

[2] DERSELBE, ebendaselbst **55**, 3639. 1922; Ergebn. d. Physiol. **20**, 477. 1922; Oppenheimers Handb. d. Biochem., 2. Aufl., **2**, 252. 1923.

Sucht man nach chemischen Analogien, so verweist WIELAND auf die Palladiumkatalysen. Palladiummetall[1] vermag organischen Molekülen Wasserstoff zu entziehen und den aufgenommenen Wasserstoff so weit zu aktivieren, daß er bei niedriger Temperatur mit molekularem Sauerstoff reagiert. Doch ist es WIELAND nicht gelungen, in der Zelle eine Substanz von der wasserstoffaktivierenden Eigenschaft des Palladiummetalls aufzufinden, und hierin lag von vornherein das Unbefriedigende seiner Theorie. Denn die Einführung der wasserstoffaktivierenden Fermente war nur ein umschreibender Ausdruck für die Annahme, daß der Wasserstoff durch die Zelle aktiviert werde.

II.

Eine andere Theorie der Atmung hat der Verfasser entwickelt[2]. Nach ihr ist der Katalysator der Atmung das Eisen, ein Element, das in kleinen Mengen in jeder Zelle als lebenswichtiger Bestandteil vorkommt. Eisen, der Zellsubstanz oder einfachen chemischen Systemen zugesetzt, vermag die Reaktion zwischen molekularem Sauerstoff und organischen Molekülen zu katalysieren, wobei Geschwindigkeiten der Oxydation beobachtet werden, die im Vergleich zur Menge des zugesetzten Eisens außerordentlich groß sind. In der Tat genügt der minimale Eisengehalt der Zelle, um den Sauerstoffverbrauch intensiv atmender Zellen zu erklären.

Was den Mechanismus der Eisenkatalysen anbetrifft, so ist er zwar von Fall zu Fall verschieden, insoweit aber immer gleich, als eine niedrige Oxydationsstufe des Eisens mit dem Oxydationsmittel, die hierbei entstehende höhere Oxydationsstufe mit dem Substrat der Oxydation reagiert, wobei sich die niedrige Oxydationsstufe des Eisens zurückbildet.

Das Oxydationsmittel der Atmung ist der molekulare Sauerstoff, die Primärreaktion der Atmung die Reaktion zwischen molekularem Sauerstoff und Eisen, und nur in dieser Reaktion, nicht mit den organischen Molekülen, vermag der molekulare Sauerstoff in der Zelle zu reagieren. Binden wir das Eisen der Zelle durch Blausäure, so hört die Sauerstoffabsorption auf, obwohl Blausäure weder mit dem molekularen Sanerstoff noch mit den organischen Molekülen reagiert und ihre wirksame Menge auch gar nicht ausreichen würde, um diese beiden Reaktionsteilnehmer in nennenswertem Betrage zu verändern.

III.

Ein Vergleich beider Theorien lehrt, daß sie, was die Reaktionsweise des molekularen Sauerstoffs anbetrifft, in unvereinbarem Gegensatz

[1] WIELAND, H.: Chem. Ber. **47**, 2085. 1914.

[2] WARBURG, O.: diese Zeitschr. **119**, 134. 1921; **136**, 266. 1923; Zeitschr. f. Elektrochem. **1922**, S. 70.

stehen. Nach der ersten Theorie reagiert der molekulare Sauerstoff direkt mit dem Wasserstoff der organischen Moleküle, nach der zweiten Theorie ausschließlich mit dem Eisen. Die erste Theorie sieht in der Aktivierung des Wasserstoffs die wesentliche Wirkung der Zellsubstanz, die zweite Theorie läßt die Frage, ob neben dem Sauerstoff[1] auch Wasserstoff aktiviert werde, als ungeklärt beiseite.

Da es für die Entwicklung eines Gebietes schädlich ist, wenn zwei sich gegenseitig ausschließende Theorien nebeneinander bestehen, so wird man versuchen, eine Entscheidung zugunsten der einen oder der anderen Theorie herbeizuführen. Von diesem Gesichtspunkte aus habe ich es unternommen, den Gedankengang der WIELANDschen Theorie nachzuprüfen und werde im folgenden zeigen, daß WIELANDS Schlüsse nicht nur nicht bindend, sondern, soviel ich sehe, unrichtig sind.

IV.

Essigbakterien katalysieren die Reaktion zwischen Äthylalkohol und molekularem Sauerstoff zu Essigsäure, ein Vorgang, dessen Bilanzgleichung lautet:

$$C_2H_6O + O_2 = C_2H_4O_2 + H_2O. \tag{1}$$

WIELAND fand[2], daß der molekulare Sauerstoff ersetzt werden kann durch Chinon oder Methylenblau. Bezeichnen wir Chinon mit Ch, Methylenblau mit M, so haben wir an Stelle von (1) die Bilanz-Gleichungen:

$$C_2H_6O + H_2O + 2\,Ch = C_2H_4O_2 + 2\,(Ch\,H_2),$$
$$C_2H_6O + H_2O + 2\,M = C_2H_4O_2 + 2\,(MH_2).$$

Platinschwarz katalysiert die Reaktion zwischen Äthylalkohol und molekularem Sauerstoff zu Essigsäure. WIELAND fand[3], daß auch hier der molekulare Sauerstoff ersetzt werden kann durch Chinon oder Methylenblau.

Aus diesen Versuchen zieht WIELAND den Schluß, daß durch den Katalysator — die Zellsubstanz oder das Platin — der Wasserstoff des Äthylalkohols aktiviert werde, nicht aber das Oxydationsmittel, weder das Methylenblau, noch das Chinon, noch — was das Wichtigste ist — der molekulare Sauerstoff. Beispielsweise schreibt er[4]:

„Die katalytische Oxydation von Alkohol durch Platin, die zuerst von SCHÖNBEIN beobachtet worden ist, geschieht nicht durch Sauerstoffaktivierung. Es

---

[1] Unter „Aktivierung" des Sauerstoffs verstehen wir alle Vorgänge, in denen aus molekularem Sauerstoff und einem anderen Stoff ein Oxydationsmittel entsteht, das schneller reagiert als molekularer Sauerstoff. Das Oxydationspotential bleibt hier ganz außer Betracht.

[2] WIELAND, H.: Chem. Ber. **46**, 3327. 1913.

[3] DERSELBE: Ebendaselbst **45**, 484. 1912.

[4] DERSELBE: Oppenheimers Handb. d. Biochem., 2. Aufl., **2**, 252. 1923.

ist der Wasserstoff des Alkohols, der durch den Katalysator reaktionsfähig gemacht wird, und der in diesem Zustande den molekularen Sauerstoff über die Phase des Hydroperoxyds zu Wasser hydriert. Beweis: Die Reaktion erfolgt in gleicher Weise ohne Gegenwart von Sauerstoff, wenn statt seiner ein anderer Wasserstoffakzeptor verwendet wird, z. B. Chinon oder Methylenblau.“

Zunächst ist zu bemerken, daß wir es mit Oberflächenreaktionen zu tun haben, im Modellversuch mit Alkohol, der an Platin gebunden ist, und mit den Oxydationsmitteln, Methylenblau, Chinon oder Sauerstoff, die an Platin gebunden sind. Alle diese Stoffe werden durch die Bindung an den Katalysator verändert, und man kann, wenn man im Sinne WIELANDS an das Problem herangeht, nur fragen: Welche Veränderung ist für den Eintritt der Reaktion wesentlicher, die Veränderung des Alkohols oder die Veränderung der Oxydationsmittel? WIELAND antwortet: die Veränderung des Alkohols, offenbar indem er den Umstand für beweisend hält, daß drei durchaus verschiedene Oxydationsmittel dasselbe Endprodukt der Oxydation, die Essigsäure, liefern.

Dieser Schluß erscheint in keiner Weise bindend. Stellen wir uns auf den entgegengesetzten Standpunkt und betrachten als die wesentliche Wirkung des Katalysators die Veränderung der Oxydationsmittel, so haben wir drei verschiedene Oxydationsmittel, die die Hydroxylgruppe des Alkohols zur Carboxylgruppe oxydieren, die schwerer oxydierbare CH_3-Gruppe jedoch nicht angreifen. Beispiele, daß verschiedene Oxydationsmittel ein organisches Molekül zu demselben Endprodukt oxydieren — und zwar in homogener Lösung, wo von einer Aktivierung des organischen Moleküls keine Rede sein kann —, sind in so großer Zahl bekannt, daß die zweite Erklärung der ersten zum mindesten nicht unterlegen ist.

Dies vorausgeschickt fragt es sich, ob wir über die Veränderung der Reaktionsteilnehmer durch den Katalysator in den zur Diskussion stehenden Fällen irgend etwas aussagen können, was über das Hypothetische hinausgeht. Diese Frage ist zu bejahen für den Fall, daß der Katalysator Platin, das Oxydationsmittel Sauerstoff ist.

Wir wissen, daß Platin molekularen Sauerstoff nicht nur durch unspezifische Oberflächenkräfte bindet, sondern, wie das elektromotorische Verhalten von Platin in Sauerstoff zeigt, durch sehr erhebliche chemische Kräfte. Hierbei wird der Sauerstoff aktiviert, mit Sauerstoff behandeltes Platin zeigt Superoxydreaktionen[1]. Bedenkt man dies, so wird man gerade den Schluß, auf den WIELANDS Beweisführung zielt, verwerfen müssen. Oxydieren wir Alkohol mit Sauerstoff an Platin, so ist es nicht der molekulare Sauerstoff, sondern der Sauerstoff eines

[1] ENGLER u. L. WÖHLER: Zeitschr. f. anorgan. Chem. **29**, 1. 1902; L. WÖHLER, Chem. Ber. **36**, 3475. 1903.

Platinoxyds oder Superoxyds, der mit dem Alkohol reagiert, eine Auffassung, die in keiner Weise durch die Tatsache berührt wird, daß wir den Alkohol auch mit Chinon oder Methylenblau oxydieren können.

Die Nachprüfung des WIELANDschen Gedankenganges an dem Beispiel der Platinkatalyse zeigt, wie wenig bindend, ja wie willkürlich seine Schlüsse sind. Insbesondere ist die sauerstofflose Oxydation kein Argument, das irgend etwas aussagt über die Reaktionsweise des molekularen Sauerstoffs, weder im Fall der Platinkatalyse, noch in einem anderen Fall.

V.

Muskelgewebe katalysiert die Reaktion zwischen molekularem Sauerstoff und Bernsteinsäure zu Fumarsäure. THUNBERG fand[1], daß der molekulare Sauerstoff ersetzt werden kann durch Methylenblau, wobei als Reduktionsprodukt an Stelle des Wassers Leucomethylenblau erscheint, für WIELAND ein Beweis, daß der molekulare Sauerstoff durch Muskelgewebe nicht aktiviert wird. In diesem Fall jedoch liegt ein Versuch[1] vor, der WIELANDS Deutung ausschließt.

Bringt man nämlich in die Muskelsubstanz eine kleine Menge Blausäure, so wird zwar die Oxydation durch molekularen Sauerstoff, nicht aber die Oxydation durch Methylenblau gehemmt. Folgen wir der Deutung WIELANDS, so haben wir in dem blausäurehaltigen Gewebe, da Methylenblau reduziert wird, aktiven Wasserstoff. Wir haben in dem blausäurehaltigen Gewebe, wenn wir es mit Sauerstoff sättigen, außerdem molekularen Sauerstoff, so daß alle Bedingungen zum Eintritt der WIELANDschen Reaktion gegeben sind. Indessen findet sich, daß eine Reaktion nicht eintritt, Bernsteinsäure in blausäurehaltigem Gewebe ist gegenüber Sauerstoff beständig. Dies beweist — soweit es Beweise in der Naturwissenschaft gibt — daß WIELANDS Deutung falsch ist.

Dabei liegt die richtige Deutung auf der Hand. Blausäure bindet das Eisen und verhindert damit die Aufnahme des molekularen Sauerstoffs. Sie verhindert aber nicht die Oxydation durch Methylenblau, weil dieser Vorgang mit Eisen nichts zu tun hat. Methylenblau, Chinon und ähnliche Körper verhalten sich in der Zelle nicht wie molekularer Sauerstoff, sondern wie molekularer Sauerstoff + Eisen, d. h. wie aktivierter Sauerstoff.

VI.

Die fundamentale Tatsache, daß Blausäure die Atmung hemmt, ist im allgemeinen sowohl als auch mit Hinblick auf die sauerstofflose

[1] THUNBERG, T.: Skand. Arch. f. Physiol. **35**, 163. 1917; vgl. dazu auch C. L. EVANS, Cyanide Anoxaemia, Journ. of Physiol. **53**, 17. 1919.

Oxydation der WIELANDschen Atmungstheorie ungünstig. WIELAND äußert nun neuerdings die Auffassung[1], die Wirkung der Blausäure auf die Atmung sei etwas Sekundäres, Blausäure hemme nicht das Atmungsferment, sondern die Katalase. So komme es zu einer Anhäufung von Wasserstoffsuperoxyd in der Zelle und schließlich zu einer Vergiftung des Atmungsferments.

Niemand, der die Wirkung der Blausäure auf die Atmung gesehen hat, kann diese Theorie in Erwägung ziehen. Die Wirkung der Blausäure setzt sofort in dem durch die Blausäurekonzentration gegebenen Maße ein, sie nimmt mit der Zeit nicht zu, und sie ist bei Zimmertemperatur vollkommen reversibel. Wäre WIELANDS Auffassung richtig, so würde die Wirkung der Blausäure bei konstanter Blausäurekonzentration mit der Zeit zunehmen und sie wäre irreversibel. Sie wäre ferner nicht bestimmt durch die Konzentration der Blausäure, sondern außerdem abhängig von dem Flüssigkeitsvolumen, in dem wir die Zellen suspendieren. Denn lebende Zellen sind für Wasserstoffsuperoxyd permeabel. Niemals ist der Austritt von Wasserstoffsuperoxyd aus einer blausäurehaltigen lebenden Zelle nachgewiesen worden.

Die Theorie geht aus von der ersten unbewiesenen Annahme, Wasserstoffsuperoxyd sei ein Zwischenprodukt der Atmung, von der zweiten unbewiesenen Annahme, etwa gebildetes Wasserstoffsuperoxyd könne im Atmungsprozeß nicht reduziert werden, und von einer dritten unbewiesenen Annahme über die Rolle der Katalasen. Da es keinen Versuch gibt, der die Theorie begründet, und keine Konsequenz der Theorie, die zutrifft, so soll sie in der Folge nicht mehr berücksichtigt werden[2].

---

[1] WIELAND, H.: Chem. Ber. **55**, 3639. 1922; Ergebn. d. Physiol. **20**, 477. 1922; Oppenheimers Handb. d. Biochem., 2. Aufl., **2**, 252, 1923.

[2] *Zusatz beim Neudruck:* Der letzte Passus hat in einer Zeit, die auch da, wo es um die Wahrheit geht, Kompromisse wünscht, Entrüstung hervorgerufen. Es geht klar aus der Stelle, an der der inkriminierte Passus steht, hervor, daß er sich nicht auf alle Theorien von WIELAND bezieht, sondern nur auf die Theorie der Blausäurewirkung. Diese Theorie hat man seitdem allgemein fallen gelassen, so daß erreicht wurde, was beabsichtigt war.

Biochem. Zeitschr. **145**, 461. 1924.

Über die Aktivierung stickstoffhaltiger Kohlen durch Eisen.

Von

Otto Warburg und **Walter Brefeld.**

(Eingegangen am 9. Januar 1924.)

Mit 3 Abbildungen.

Die vorliegende Arbeit[1] erbringt den Nachweis, daß die Oxydation der Aminosäuren an Blutkohle eine Eisenkatalyse ist, und bestätigt damit die früher gegebene Theorie des Kohlemodells[2].

Einteilung.

I. Vorbemerkung über das Kohlemodell.

Die Oxydation der Aminosäuren an Blutkohle ist unvollständig. Cystin liefert Kohlensäure, Ammoniak und Schwefelsäure, jedoch nur 20% Kohlensäure, 30% Ammoniak und 10% Schwefelsäure der bei totaler Verbrennung entstehenden Mengen, und nimmt nur 30% des für totale Verbrennung berechneten Sauerstoffs auf. Leucin verbraucht 17% des für totale Verbrennung berechneten Sauerstoffs und liefert 17% Kohlensäure und 74% Ammoniak.

---

[1] Zur Ausführung dieser Arbeit wurden uns Mittel aus der Hoshi-Stiftung zur Verfügung gestellt. Dem Japanausschuß der deutschen Notgemeinschaft sprechen wir auch hier unseren Dank aus.

[2] Warburg, O.: Physikalische Chemie der Zellatmung, diese Zeitschr. **119**, 134. 1921.

Bei der Oxydation des Leucins an Blutkohle entsteht, wie bei der Oxydation des Leucins durch Wasserstoffsuperoxyd[1], Valeraldehyd, dessen Geruch sich bald nach dem Mischen von Leucinlösungen mit Kohle bemerkbar macht. Valeraldehyd seinerseits oxydiert sich weiter an Blutkohle.

Aminosäuren, in denen die Aminogruppe an ein tertiäres Kohlenstoffatom gebunden ist, werden an Blutkohle sehr viel langsamer oxydiert als primäre und sekundäre Aminosäuren[2]. Es ist bemerkenswert, daß tertiäre Aminosäuren auch von Wasserstoffsuperoxyd[2] sehr viel langsamer angegriffen werden als primäre und sekundäre.

II. Maß der katalytischen Wirkung.

Zur Prüfung unserer Kohlepräparate benutzen wir Leucin, und zwar KAHLBAUMsche d, l-Isobutylaminoessigsäure, die aus heißem Wasser umkristallisiert wird. In 10 ccm einer n/20 (0,65proz.) Leucinlösung tragen wir — je nach der Wirksamkeit der Kohlepräparate — 20—400 mg Kohle ein, sättigen mit atmosphärischer Luft und schütteln bei 38° im Thermostaten. Die Druckänderung am angeschlossenen Barcroftmanometer, die von 20 zu 20 Minuten eine Stunde lang abgelesen wird, ergibt, da ein Einsatz mit Alkali die Kohlensäure absorbiert, die Geschwindigkeit der Oxydation. Hierbei sind die Kohlemengen und die Versuchszeiten so gewählt, daß sich die Leucinkonzentration weder durch die Adsorption noch durch den chemischen Umsatz erheblich ändert. Was beobachtet wird, ist also die Wirkung von Kohle, die im Gleichgewicht steht mit einer ungefähr n/20 Leucinlösung und mit Sauerstoff vom Drucke feuchter atmosphärischer Luft.

Den beobachteten Sauerstoffverbrauch reduzieren wir auf die Gewichtseinheit Kohle und die Zeiteinheit, indem wir als Einheiten das Kubikmillimeter Sauerstoff, das Milligramm Kohle und die Stunde benutzen. Wir bilden also den Quotienten

$$\frac{\text{cmm verbrauchten Sauerstoffs}}{\text{mg Kohle} \times \text{Stunden}},$$

bezeichnen ihn mit Q und messen durch ihn die katalytische Wirksamkeit unserer Kohlepräparate.

III. Vergleich des Adsorptionsvermögens.

In eine n/20 Leucinlösung tragen wir so viel Kohle ein, daß eine 2proz. Kohlesuspension entsteht, schütteln 5 Minuten bei etwa 10°

[1] Über den Abbau von Aminosäuren durch Wasserstoffsuperoxyd vgl. C. NEUBERG: Beitr. z. chem. Physiol. u. Pathol. **2**, 238. 1902; diese Zeitschr. **20**, 531. 1909. — DAKIN: Journ. of biol. Chem. **4**, 63. 1909.

[2] NEGELEIN, E.: diese Zeitschr. **142**, 493. 1923.

und ermitteln die aus der Lösung durch Adsorption herausgenommene Leucinmenge titrimetrisch nach SÖRENSEN[1]. Die Zeit von 5 Minuten genügt zur Einstellung des Adsorptionsgleichgewichtes und ist andererseits so kurz, daß der chemische Umsatz die Adsorptionsmessung nicht stört.

Die prozentische Abnahme des Leucintiters gibt einen für unsere Zwecke ausreichenden Maßstab des Adsorptionsvermögens, doch muß man bedenken, daß diese Abnahmen nicht im Verhältnis der Adsorptionskonstanten stehen, weil die Endkonzentrationen an Leucin nicht gleich sind.

IV. Der Ausgangspunkt der Untersuchung.

Wir tragen in 100 ccm einer n/20 Leucinlösung 2 g Blutkohle ein und messen die Adsorption des Leucins durch Formoltitration. Wir wiederholen den Versuch mit dem Unterschiede, daß wir der Leucinlösung $^1/_{2000}$ bis $^1/_{20000}$ Mol. Blausäure pro Liter zusetzen und finden, daß in beiden Fällen die gleiche Menge Leucin adsorbiert wird. Gleichwohl hemmt Blausäure die Oxydation des Leucins, und zwar n/2000 Blausäure fast vollständig.

Titrieren wir bei dem Versuche nicht nur das Leucin, sondern auch die Blausäure — was mit Silbernitrat sehr genau möglich ist —, so erhalten wir ein Bild von den an der Oberfläche herrschenden Verhältnissen im Zustande der Blausäurehemmung. Wir erfahren, daß 1 Mol. Blausäure, neben 1000 Mol. Leucin an der Kohle adsorbiert, die Oxydation des Leucins merklich verlangsamt, 1 Mol. Blausäure, neben 100 Mol. Leucin an der Kohle adsorbiert, die Oxydation des Leucins fast vollständig hemmt.

Dieser einfache Versuch[2] erlaubt den wichtigen Schluß, daß nur ein kleiner Teil der Kohleoberfläche katalytisch wirksam ist. Denn indem Blausäure einen kleinen Teil der Kohleoberfläche bedeckt, inaktiviert sie die gesamte Oberfläche. Leucin, an dem Hauptteil der Oberfläche adsorbiert, ist gegenüber Sauerstoff beständig, ein Resultat, das unwiderleglich erscheint und das den Gang unserer Untersuchung bestimmt hat. Wir haben uns gesagt, daß die Oberfläche der Blutkohle aus einer adsorbierenden Grundsubstanz besteht, die katalytisch unwirksam ist, und aus einer in sie eingelagerten Substanz, die katalytisch wirksam ist, und haben uns zunächst die Aufgabe gestellt, einen derartigen Katalysator — eine „künstliche Blutkohle“ — aus einheitlichen Stoffen in übersichtlichen Schritten aufzubauen.

---

[1] SÖRENSEN, S. P. L.: diese Zeitschr. **7**, 45. 1908.

[2] WARBURG, O.: Über die antikatalytische Wirkung der Blausäure, diese Zeitschr. **136**, 266. 1923.

V. Zuckerkohle.

Nach dem Gesagten kann ein homogenes, in allen Teilen gleichartiges Adsorbens nicht die Eigenschaften der Blutkohle besitzen. Ein homogenes Adsorbens erhält man, wenn man reinen Rohrzucker unter Zusatz von Kaliumcarbonat in einen glühenden Tiegel einträgt, etwa eine Stunde lang erhitzt und dann mit Salzsäure und Wasser extrahiert.

Zuckerkohle, auf die beschriebene Art hergestellt, nimmt bei der Adsorptionsprobe 17% des Leucins aus der Lösung heraus, Blutkohle unter sonst gleichen Bedingungen 30%. Zuckerkohle adsorbiert also recht gut, wenn auch schlechter als Blutkohle.

Zuckerkohle ist autoxydabel und aktiviert molekularen Sauerstoff. Da Aminosäuren von aktiviertem Sauerstoff leicht angegriffen werden, so überträgt Zuckerkohle auf die an ihrer Oberfläche adsorbierten Aminosäuren Sauerstoff. Hierbei erscheint in der umgebenden Flüssigkeit Wasserstoffsuperoxyd, ein Reaktionsprodukt, das bei der Oxydation der Aminosäuren durch Blutkohle nicht oder wenigstens nicht in nachweisbaren Mengen auftritt. Die katalytische Wirksamkeit der Zuckerkohle ist geringer als die der Blutkohle, aber von derselben Größenordnung[1].

Die katalytische Wirksamkeit der Zuckerkohle wird durch chemisch indifferente Stoffe — Alkohole, Urethane — gehemmt, um so stärker, je stärker diese Stoffe adsorbiert werden. Gegen chemisch indifferente Stoffe also verhält sich die Zuckerkohle wie Blutkohle oder auch wie die lebendige Substanz, und wollte man nur das Zusammenspiel unspezifischer Oberflächenkräfte und irgendwelcher chemischer Kräfte nachahmen, wie es der lebendigen Substanz eigentümlich ist, so wäre das System Zuckerkohle-Aminosäure ein brauchbares Modell. Mit Sauerstoff gesättigte Zuckerkohle mag man sich vorstellen als eine peroxydartige Verbindung des Kohlenstoffs, an die die Aminosäuren durch Oberflächenkräfte angelagert und von der sie durch chemisch indifferente Stoffe verdrängt werden.

Doch fehlt hier die spezifische Reaktion auf Blausäure. Eine n/1000 Blausäure, die Blutkohle sowohl als auch die lebendige Substanz inaktiviert, läßt die Wirksamkeit der Zuckerkohle intakt. Wir müssen daraus schließen, daß die in der Zuckerkohle wirkenden chemischen Kräfte anderer Art sind als die in der Blutkohle oder der lebendigen Substanz wirkenden.

---

[1] *Zusatz beim Neudruck:* E. K. Rideal hat meine Versuche mit Kohle nachgeprüft und bestätigt. Doch ist sein Satz ein Irrtum: „Warburg was of the opinion that the catalytically active areas in charcoal consisted of iron-carbon-nitrogen complexes neither carbon nor carbon admixed with iron possessing any sensible catalytic activity.“ (Journ. Chemical Soc. 1926, p. 1813).

VI. Silicatzuckerkohle.

Würde der Kohlenstoff der Blutkohle, wie der Kohlenstoff der Zuckerkohle, katalytisch wirken, so wäre, was auch sonst noch an der Blutkohle vor sich gehen mag, die Wirkung der Blausäure unverständlich. Denn immer müßte ein durch Blausäure nicht hemmbarer Rest, eben die katalytische Wirkung des Kohlenstoffs, übrig bleiben. Da dies nicht geschieht, so ist zu untersuchen, wodurch sich der Kohlenstoff der Blutkohle von dem Kohlenstoff der Zuckerkohle unterscheidet.

Es liegt nahe, hier an die anorganischen Stoffe zu denken, die die Technik bei der Verkohlung des Blutes zusetzt, in erster Linie an Kieselsäure, von der MERCKsche Blutkohle etwa 10% enthält. In der Tat, setzt man dem Zucker bei der Verkohlung neben Kaliumcarbonat noch Kaliumsilicat zu und verfährt weiter, wie bei der Darstellung der silicatfreien Zuckerkohle, so erhält man eine kieselsäurehaltige Kohle, die die interessante und von uns gesuchte Eigenschaft besitzt, Aminosäuren zwar zu adsorbieren, jedoch nicht katalytisch zu wirken. Leucin, an der Oberfläche dieser Kohle adsorbiert, ist gegenüber Sauerstoff beständig.

Silicatzuckerkohle nimmt bei der Adsorptionsprobe 16% Leucin aus der Lösung heraus, Zuckerkohle 17%, Blutkohle 30%. Silicatzuckerkohle adsorbiert also schlechter als Blutkohle, aber ebensogut wie Zuckerkohle.

Warum unter der Einwirkung des Silicats katalytisch unwirksamer Kohlenstoff entsteht, können wir nicht erklären. Zunächst glaubten wir, in der Silicatkohle sei der Kohlenstoff durch eine Kieselsäurehaut geschützt. Doch war diese Annahme unrichtig, denn durch Abrauchen mit Flußsäure auf dem Wasserbade kann die Kieselsäure aus der Kohle entfernt werden, ohne daß sich die Eigenschaften des Kohlenstoffs ändern, insbesondere ohne daß er katalytisch wirksam wird.

Die Gewinnung der gut adsorbierenden, katalytisch unwirksamen Kohle war ein wesentlicher Schritt auf dem Wege zur Darstellung der künstlichen Blutkohle. Denn es war offenbar, daß wir hier die Grundsubstanz der Blutkohle in Händen hatten, die zu aktivieren nunmehr unsere weitere Aufgabe war.

Belege zu diesem Abschnitt findet man im experimentellen Teil unter Ziffer 1.

VII. Aktivierung der Silicatzuckerkohle.

Daß die katalytisch wirksame Substanz der Blutkohle nur in kleinen Mengen in der Blutkohle enthalten ist, folgt aus dem Blausäureversuch, den wir an die Spitze des Ganzen gestellt haben. Sucht man nach einer derartigen Substanz, so richtet sich die Aufmerksamkeit auf das

Eisen, das, aus dem Blutfarbstoff stammend, ein nie fehlender Bestandteil der Blutkohle ist. Seine Menge beträgt einige Milligramm pro Gramm Kohle. Bedenkt man, daß Eisen in vielen einfachen chemischen Systemen Oxydationen katalysiert, ferner, daß Blausäure leicht mit Eisen reagiert, so gewinnt der Gedanke, die katalytisch wirksame Substanz der Blutkohle sei eine Eisenverbindung, an Wahrscheinlichkeit. Gegen ihn spricht in keiner Weise die Tatsache, daß freie Eisenionen ohne Wirkung auf gelöste Aminosäuren sind. Denn die chemischen Wirkungen der Elemente sind verschieden je nach der Form, in der sie vorliegen.

Setzt man bei der Darstellung der Silicatzuckerkohle Eisensalz zu, so findet sich, daß die eisenhaltigen Kohlen katalytisch ebenso unwirksam sind wie die eisenfreien Kohlen. Das Eisen in derartigen Kohlen ist durch Salzsäure nur zum Teil extrahierbar und liegt in ihnen wahrscheinlich als Eisensilicat vor.

Wendet man andererseits das Silicatverfahren auf getrocknetes Blut an, so erhält man immer wirksame Kohlen von den Eigenschaften der technischen Blutkohlen. Man sieht daraus, daß nicht irgendein unbekanntes technisches Verfahren die gesuchten Eigenschaften hervorbringt, sondern Bestandteile des Blutes, und gibt man, trotz der geschilderten negativen Versuche mit Eisensalz, den Gedanken an das Eisen nicht auf, so ist zu überlegen, in welcher Form das Eisen im Blute vorliegt.

Träger des Bluteisens ist der Blutfarbstoff, aus dem eine kristallisierte Pyrroleisenverbindung, das NENCKIsche Hämin, gewonnen werden kann. Hämin besitzt die Zusammensetzung $C_{34}H_{32}O_4N_4FeCl$ und enthält 8,5% Eisen. Setzt man bei der Bereitung der Silicatzuckerkohle eine kleine Menge Hämin zu, so erhält man in der Tat Kohlen von der katalytischen Wirksamkeit der Blutkohle, die außerdem die Eigenschaft der Blutkohle besitzen, durch kleine Mengen Blausäure inaktiviert zu werden. Damit war die Aufgabe, eine „künstliche Blutkohle“ aufzubauen, gelöst.

Eine graphische Darstellung mag die wichtigen Versuche veranschaulichen. In den Abb. 1 und 2 bedeuten die Abszissen die Versuchszeiten t in Minuten, die Ordinaten die zur Zeit t auf Leucin übertragenen Sauerstoffmengen in Kubikmillimetern. Für jeden dargestellten Versuch wurde die gleiche Menge Kohle, nämlich 200 mg, und die gleiche Menge n/20 Leucinlösung, nämlich 10 ccm, verwendet.

Abb. 1 zeigt das Verhalten der Silicatzuckerkohlen. Die Kurve der ohne Hämin hergestellten Kohle (Kurve I) verläuft auf der Abszissenachse, zu keiner Zeit ist ein Verbrauch an Sauerstoff wahrnehmbar. Setzt man bei der Darstellung der Kohle auf 100 g Rohrzucker

0,2 g Hämin zu, so ist die entstehende Kohle (Kurve II) fast von der katalytischen Wirksamkeit der MERCKschen Blutkohle, ihr Wirkungsquotient ist 0,7 gegenüber 1,0 für MERCKsche Blutkohle. Ein Zusatz von 2 g Hämin zu 100 g Rohrzucker bewirkt (Kurve III), daß die entstehende Kohle etwa dreimal wirksamer ist als technische Blutkohle.

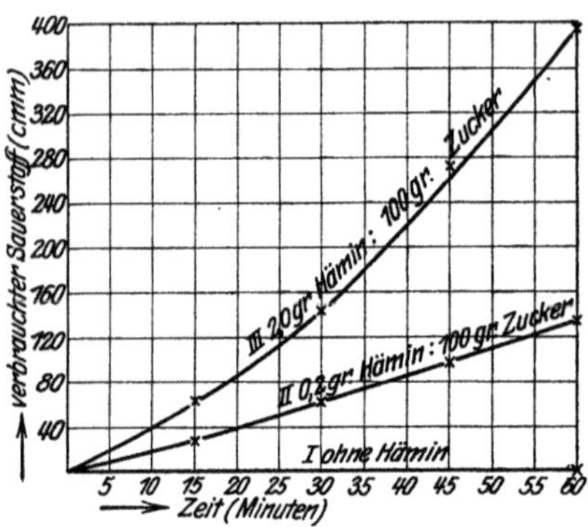

Abb. 1. Je 200 mg Silicatzuckerkohle + 10 ccm n/20 Leucinlösung. 38°. Gasraum Luft.

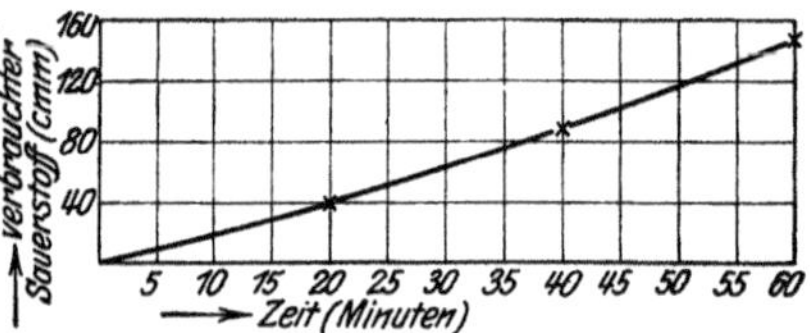

Abb. 2. 200 mg MERCKsche Blutkohle + 10 ccm n/20 Leucinlösung. 38°. Gasraum Luft.

Abb. 2 zeigt das Verhalten der MERCKschen Blutkohle. Sie ist im gleichen Maßstab gezeichnet wie Abb. 1, so daß die für gleiche Zeiten ausgezogenen Ordinaten beider Abbildungen im Verhältnis der Wirkungsquotienten stehen.

Belege zu diesem Abschnitt findet man im experimentellen Teil unter Ziffer 2.

VIII. Häminkohle.

Die Aktivierung durch Hämin wächst mit steigenden Häminmengen, und zwar nicht proportional dem zugesetzten Hämin, sondern langsamer. Die wirksamsten Kohlen, die man mit Hilfe von Hämin erhält, sind Kohlen aus reinem Hämin.

Häminkohle stellen wir her durch Eintragen von Hämin in einen glühenden Porzellantiegel. Wir extrahieren dann mit heißer Salzsäure und wiederholen das Glühen. Der größte Teil des Hämineisens wird hierbei zu metallischem Eisen reduziert und geht bei der Extraktion mit Salzsäure aus der Kohle heraus. Es bleibt, mit einer Ausbeute von etwa 30% des Hämingewichtes, eine Kohle, die neben Kohlenstoff einige Prozente Stickstoff und einige Prozente Eisen enthält.

Häminkohle ist katalytisch sieben- bis zehnmal wirksamer als technische Blutkohle. Gleichwohl adsorbiert sie außerordentlich schlecht, bei der Adsorptionsprobe nimmt sie nur 1—2% des Leucins aus der Lösung heraus, während Blutkohle 30% herausnimmt. Häminkohle verhält sich also umgekehrt wie Silicatzuckerkohle. Silicatzuckerkohle adsorbiert gut und wirkt nicht, Häminkohle adsorbiert kaum und wirkt sehr stark. Auf adsorbiertes Leucin umgerechnet, ist Häminkohle 100—300mal wirksamer als technische Blutkohle.

Fügen wir hinzu, daß Häminkohle durch n/1000 Blausäure inaktiviert wird, so ist der Blausäureversuch, von dem wir ausgingen, vollkommen durchsichtig. Da der Katalysator nur in kleiner Menge in der Grundsubstanz der Blutkohle enthalten ist und außerdem rund 20mal schlechter adsorbiert als die Grundsubstanz, so inaktiviert Blausäure die Blutkohle ohne nachweisbare Wirkung auf die Adsorption.

Belege zu diesem Abschnitt findet man im experimentellen Teil unter Ziffer 3.

IX. Kohlen aus Anilinfarbstoffen.

Wir haben bisher die Frage, worauf die große katalytische Wirksamkeit der Häminkohle beruht, offen gelassen. Um sie zu entscheiden, haben wir uns zunächst die Aufgabe gestellt, andere Stoffe zu finden, die Kohlen von der Wirksamkeit der Häminkohle liefern. Hierbei brauchten wir auf die geringe katalytische Wirksamkeit des autoxydabeln Kohlenstoffs keine Rücksicht zu nehmen, da sie im Vergleich zur Wirksamkeit der Häminkohle klein ist. Wirkt doch Häminkohle etwa 30mal stärker als autoxydabler Kohlenstoff, und auf die adsorbierten Leucinmengen umgerechnet, 500mal stärker. So war es nicht mehr notwendig, mit Silicat zu verkohlen, sondern die zu prüfenden Stoffe wurden einfach als solche oder mit etwas Kaliumcarbonat im Tiegel geglüht.

Unter den Substanzen, die bei diesem Verfahren Kohlen liefern — alle flüchtigen Substanzen scheiden natürlich aus —, sind zwei Klassen zu unterscheiden, solche, deren Kohlen stickstoffhaltig sind, und solche, deren Kohlen es nicht sind. Nur die ersteren sind katalyptisch wirksam. Reich an Stickstoff und besonders wirksam sind Kohlen aus gewissen Anilinfarbstoffen, wie Indulinen, Safraninen und komplizierteren Azokörpern. Aus käuflichen Farbstoffpräparaten hergestellt, sind diese Kohlen sogar noch wirksamer als Häminkohle und besitzen wie die Häminkohle die Eigenschaft, durch n/1000 Blausäure inaktiviert zu werden.

Tabelle 1.

Kohle aus	N-Gehalt der Kohle %	Wirkungsquotient Q[1]	Fe-Gehalt der Kohle %
Hämin	3,0	7—10	2,5
Indulin GRÜBLER	7,1	13,4	0,19
Safranin GRÜBLER	10,2	18,2	0,13
Neutralrot GRÜBLER	10,2	13,6	0,10
Bismarckbraun GRÜBLER	10,0	13,8	0,15

[1] Q für technische Blutkohle ist etwa gleich 1.

Einige Zahlen sind in Tabelle 1 zusammengestellt. In der ersten Spalte steht der Name der Substanz, aus der die Kohle hergestellt wurde, in der zweiten der Stickstoffgehalt der Kohle, in der dritten der Wirkungsquotient Q, in der letzten Spalte der Eisengehalt der Kohlen.

Was den Eisengehalt der Kohlen anbetrifft, so stammt das Eisen der Häminkohle aus dem Häminmolekül, das Eisen der übrigen Kohlen aus Verunreinigungen der technischen Farbstoffpräparate. Man erkennt aus der Tabelle, daß eine Vermehrung des Eisengehaltes von einigen Zehntel Prozenten auf einige Prozente jedenfalls keine Vermehrung der Wirkung bedingt, daß es sich also, wenn überhaupt das Eisen für die Wirkung wesentlich ist, um Mengen handelt, die um $^1/_{10}$% oder darunter liegen.

Während es schwer ist, aus Hämin eisenfreies Hämatoporphyrin zu gewinnen, ist es verhältnismäßig leicht, Anilinfarbstoffe herzustellen, deren Eisengehalt sehr klein ist. Wir beschränkten uns auf Versuche mit Bismarckbraun, dem am leichtesten zugänglichen Farbstoff der Tabelle, und untersuchten, ob Kohle aus Bismarckbraun, wenn man von einem reineren Farbstoff ausgeht, weniger wirksam ist als Kohle aus technischem Bismarckbraun.

Belege zu diesem Abschnitt findet man im experimentellen Teil unter Ziffer 4.

X. Aktivierung durch Eisen.

Um eisenarmes Bismarckbraun herzustellen, fällen wir, wenn die Diazotierung des m-Phenylendiamins beendigt ist, den Farbstoff nicht nach der technischen Vorschrift mit Natriumchlorid aus, sondern durch Einleiten von Salzsäure. Auf diese Weise gewinnen wir Bismarckbraun, dessen Eisengehalt von der Größenordnung $^1/_{100}$ mg pro Gramm ist, und daraus Kohlen, deren Eisengehalt von der Größenordnung $^1/_{10}$ mg pro Gramm ist. Es findet sich, daß diese Kohlen erheblich unwirksamer sind als die aus dem technischen Bismarckbraun hergestellten Kohlen, und was entscheidend ist, daß wir mit Hilfe von Eisensalz die eisenarmen Kohlen aktivieren können. Dazu genügt es, die Kohle mit wenig Eisenchlorid zu tränken, zu glühen und mit Salzsäure zu extrahieren.

Einige Zahlenbeispiele sind in Tabelle 2 zusammengestellt. Wir erkennen aus ihnen, daß ein Anstieg des Eisengehaltes von der Größenordnung 0,01% auf 0,1% einen Anstieg der katalytischen Wirkung auf das Acht- bis Zehnfache bedingt, wobei die katalytische Wirkung langsamer ansteigt als der Eisengehalt. Die Ausschläge sind sehr groß und beweisen unwiderleglich, daß Eisen imstande ist, aus wässeriger Lösung adsorbierte Aminosäuren katalytisch zu oxydieren. Eine

Tabelle 2.

Versuch	Kohle	Eisengehalt der Kohle %	Katalytische Wirksamkeit Q[1]
1	vor Eisenzusatz	0,008	0,8
	nach ,,	0,25	20
2	vor ,,	0,009	2,4
	nach ,,	0,2	20
3	vor ,,	0,006	1,9
	nach ,,	0,13	16,0

graphische Darstellung des wichtigen Aktivierungsversuches findet man in Abb. 3 des folgenden Abschnittes.

Der Vorgang der Aktivierung durch Eisensalz vollzieht sich in zwei Phasen. Erhitzt man die Kohle kurze Zeit mit Eisensalz auf schwache Rotglut, so ist ein Teil des Eisens so weit säurefest gebunden, daß es bei einstündigem Erwärmen mit n-Salzsäure auf dem Wasserbade nicht extrahierbar ist. Doch genügt dies nicht, damit das Eisen katalytisch wirke. Erst bei weiterem und sehr starkem Glühen erfolgt die Aktivierung des Eisens.

Ist der Eisengehalt der Kohle auf einige Zehntel Prozent gebracht worden, so kann durch weiteren Eisenzusatz die Wirkung nicht mehr gesteigert werden. Es spielt also die Verdünnung des Eisens in dem festen Körper eine merkwürdige Rolle, die an das Verhalten der Schwermetalle in den LENARDschen Phosphoren erinnert[2].

Stickstofffreie Kohlen können in ähnlicher Weise durch Eisen nicht aktiviert werden. Glüht man stickstofffreie Kohlen mit Eisensalz und kocht dann mit Salzsäure, so geht das gesamte Eisen aus der Kohle wieder heraus, und die geringen Wirkungen, die man erzielt[3], wenn nach dem Glühen die Kohle mit Salzsäure nicht extrahiert wird, hängen wahrscheinlich irgendwie mit der Selbstoxydation des reduzierten Eisens zusammen.

Unter diesen Umständen liegt der Schluß nahe, das Eisen in den stickstoffhaltigen Kohlen sei an den Stickstoff gebunden. Wir wollen diesen Schluß ziehen, uns also vorstellen, die katalytisch wirksame Eisenverbindung sei eine Verbindung von Eisen, Stickstoff und Kohlen-

[1] Q für technische Blutkohle ist etwa gleich 1.

[2] Nach PH. ELLINGER (Hoppe-Seylers Zeitschr. f. physiol. Chem. **123**, 246. 1922) übertragen LENARDsche Phosphore auf Aminosäuren in ähnlicher Weise Sauerstoff wie Blutkohle. Es ist uns nicht gelungen, die ELLINGERschen Beobachtungen zu wiederholen. Wir möchten deshalb den Wunsch aussprechen, daß ELLINGER die in der angezogenen Mitteilung veröffentlichten Versuche nachprüft.

[3] WARBURG, O.: diese Zeitschr. **119**, 150. 1921.

stoff, in der das Eisen an den Stickstoff gekettet ist. — Bemerkenswerterweise ist hier das Eisen nicht durch beliebige Schwermetalle vertretbar, weder Kupfer, noch Kobalt, noch Mangan vermag stickstoffhaltige Kohlen zu aktivieren.

Kohle aus Bismarckbraun nimmt bei der Adsorptionsprobe etwa 4% Leucin aus der Lösung heraus gegenüber 30%, die technische Blutkohle herausnimmt. Dabei ist es gleichgültig, ob die Bismarckbraunkohle mit Eisen aktiviert ist oder nicht. Auch hier zeigt sich, daß ein Zusammenhang zwischen der Adsorption, die wir messen, und der katalytischen Wirkung nicht besteht.

Mit Eisen aktivierte Bismarckbraunkohle ist katalytisch 20mal wirksamer als technische Blutkohle und, auf die adsorbierten Leucinmengen umgerechnet, 160mal wirksamer.

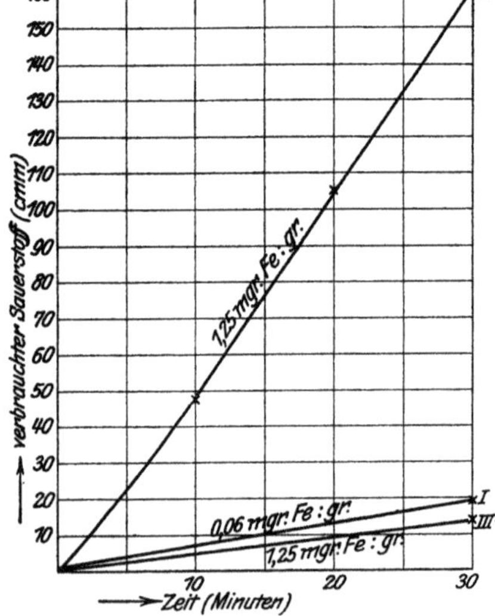

Abb. 3. Je 20 mg Kohle + 10 ccm Lösung. I: Kohle nicht aktiviert, in reiner n/20 Leucinlösung. II: Kohle, mit Eisen aktiviert, in reiner n/20 Leucinlösung. III: Kohle, mit Eisen aktiviert, in n/20 Leucin-, n/1000 Blausäurelösung.

Belege zu diesem Abschnitt findet man im experimentellen Teil unter Ziffer 5.

XI. Hemmung der Eisenkatalyse durch Blausäure.

Die Wirkung der durch Eisen aktivierten Kohle denken wir uns aus zwei Teilwirkungen zusammengesetzt: aus der Zunahme der Wirkung, die das Eisen hervorbringt, und aus dem Rest, der Wirkung der nicht aktivierten Kohle. Ist auch der Rest eine Eisenkatalyse — was wahrscheinlich ist —, so ist unsere Trennung unberechtigt. Doch kommt es uns hier darauf an, einen Vorgang näher zu untersuchen, der ganz unzweifelhaft eine Eisenkatalyse ist, und als solchen trennen wir die Zunahme der Wirkung, die beim Glühen mit Eisen erfolgt, von der schon vorher vorhandenen Wirkung ab. Wird diese Zunahme durch kleine Konzentrationen von Blausäure gehemmt?

In Abb. 3 sehen wir einen Versuch graphisch dargestellt. Als Abszissen sind die Versuchszeiten t aufgetragen, als Ordinaten die zur Zeit t auf Leucin übertragenen Sauerstoffmengen. Kurve I zeigt die Sauerstoffübertragung durch nicht aktivierte Kohle, Kurve II die Sauerstoffübertragung nach der Aktivierung, Kurve III die Sauerstoffübertragung durch aktivierte Kohle, wenn die Lösung neben $^{1}/_{20}$ Mol Leucin $^{1}/_{1000}$ Mol Blausäure enthält. Wir erkennen, daß die ganze Wirkung des Eisens unter dem Einfluß der Blausäure verschwindet. Dieser Versuch bildet den Schluß der ganzen Untersuchung, er beweist, daß die Wirkung der Blausäure eine Wirkung auf das Eisen der Kohle ist.

Belege zu diesem Abschnitt findet man im experimentellen Teil unter Ziffer 5.

XII. Reaktionsfähigkeit des Eisens.

Wir betrachten wiederum nur die Zunahme der Wirkung, die bei der Aktivierung durch Eisen eintritt, reduzieren diese Zunahme auf die Gewichtseinheit zugesetzten Eisens und erhalten so ein Maß für die Reaktionsfähigkeit des an die Kohle gebundenen Eisens. Aus Versuch 3 der Tabelle 2 ergibt sich, daß 1 mg Eisen, der Kohle zugesetzt, pro Stunde 11000 cmm Sauerstoff auf Leucin überträgt oder 1 Atom Eisen pro Stunde 27 Mol Sauerstoff. Nehmen wir an, daß der Primärvorgang in der Reaktion eines Atoms Eisen mit einem Molekül Sauerstoff besteht, so reagiert in etwa 2 Minuten jedes Eisenatom einmal mit Sauerstoff. Es sei erwähnt, daß Eisen in der komplexen Cysteinverbindung noch erheblich reaktionsfähiger ist[1], indem hier, wenn wir dieselbe Annahme über den Primärvorgang machen, jedes Eisenatom in 12 Sekunden einmal mit Sauerstoff reagiert.

Unsere Rechnung ergibt nur einen Minimalwert für die Reaktionsfähigkeit des an Kohle gebundenen Eisens, denn sie beruht auf der Voraussetzung, das bei der Aktivierung gebundene Eisen werde beim Glühen quantitativ in die katalytisch wirksame Form übergeführt. Gerade dies aber ist wenig wahrscheinlich, vielmehr vermuten wir, daß sich beim Glühen ein Gleichgewicht zwischen wirksamer und unwirksamer Form einstellt, und daß die Menge an wirksamem Eisen im Vergleich zur Gesamtmenge des Eisens immer klein ist.

XIII. Bau der technischen Blutkohle.

Nach dem, was wir in den vorhergehenden Abschnitten erfahren haben, ist es nunmehr leicht, sich ein Bild von der Entstehung und dem Bau der technischen Blutkohle, soweit er für uns von Interesse ist, zu machen.

Der Katalysator der Blutkohle ist Eisen, gebunden an Stickstoff, wobei es nicht notwendig ist, daß der gesamte eisenbindende Stickstoff aus dem Hämin stammt. An dem Beispiel der aus Anilinfarbstoffen hergestellten Kohlen haben wir gesehen, daß Stickstoff verschiedener Herkunft imstande ist, Eisen in eine katalytisch wirksame Form überzuführen.

[1] Warburg, O. u. Seishi Sakuma: Arch. f. d. ges. Physiol. **200**, 203. 1923; diese Zeitschr. **142**, 68. 1923.

Die Grundsubstanz der Blutkohle ist Kohlenstoff, durch Behandlung mit Kieselsäure katalytisch unwirksam gemacht.

Vor der inaktivierenden Wirkung der Kieselsäure bleibt die katalytisch wirksame Eisenverbindung verschont. Daß dies so ist, beweist das Verhalten der Häminkohle, die durch Kieselsäure nicht inaktiviert werden kann. Warum es so ist, bleibe dahingestellt.

XIV. Experimenteller Teil.

Zur Messung des Sauerstoffverbrauchs benutzen wir Gefäße, wie sie in dieser Zeitschrift **142**,70 abgebildet sind. Das Volumen der Gefäße ist 30 ccm. Je 10 ccm Kohlesuspension werden in den Hauptraum, 1 ccm 5proz. Kalilauge in den Einsatz eingefüllt. Der Gasraum enthält atmosphärische Luft. Die Gefäßkonstante für Sauerstoff ist ungefähr 2, was bedeutet, daß eine Druckänderung von 1 mm einen Sauerstoffverbrauch von 2 cmm anzeigt.

Neben einem mit Wasser beschickten Gefäß — dem Thermobarometer — wird immer ein mit Kohle und Wasser beschicktes Gefäß eingehängt, das ebensoviel Kohle enthält wie die Versuchsgefäße. Dieses Gefäß ergibt die „Selbstoxydation“ der Kohle, eine Größe, die von dem Sauerstoffverbrauch der leucinhaltigen Kohlesuspensionen abzuziehen ist.

Die Selbstoxydation einer sachgemäß hergestellten Kohle aus Hämin oder aus Anilinfarbstoffen ist im Vergleich zur Sauerstoffübertragung zu vernachlässigen. Denn 1 mg Kohle, in Wasser suspendiert, verbraucht pro Stunde etwa 0,5 cmm Sauerstoff, während die gleiche Kohlenmenge in der gleichen Zeit 10—20 cmm Sauerstoff auf Leucin überträgt. Es sind deshalb in den Protokollen die Selbstoxydationen, die sich auf diese Kohlen beziehen, nicht gesondert angeführt, sondern die verbrauchten Sauerstoffmengen immer abzüglich der Selbstoxydation angegeben.

Bei Versuchen mit technischer Blutkohle und mit „künstlicher“ Blutkohle dagegen — also den katalytisch weniger wirksamen Kohlen — ist die Selbstoxydation gesondert angeführt.

1. Silicatzuckerkohle.

Darstellung: 100 g Rohrzucker, mit 15 g Kaliumcarbonat und 15 g Kaliumsilicat fein zerrieben, werden in einen glühenden Tiegel in kleinen Portionen eingetragen, wobei man jedesmal wartet, bis die Entwicklung der Dämpfe beendigt ist. Dann wird 40 Minuten lang bei bedecktem Tiegel auf Rotglut erhitzt, nach dem Erkalten mit verdünnter heißer Salzsäure gekocht, filtriert und mit heißem Wasser säurefrei gewaschen. Ausbeute 12—16 g.

Adsorption der Silicatzuckerkohle: 0,6 g Kohle werden mit 30 ccm n/20 Leucinlösung geschüttelt. Nach 5 Minuten wird filtriert und im Filtrat das Leucin nach SÖRENSEN titriert.

20 ccm Leucinlösung vor dem Schütteln mit Kohle . . . . 5,07 ccm n/5 NaOH
20 ccm Kohlefiltrat . . . . 4,24 ccm n/5 NaOH

Durch die Kohle herausgenommen 0,83 ccm n/5 NaOH oder 16% des Leucins.

38^0 Gasraum Luft.

Zeit Min.	200 mg Kohle, 10 ccm Wasser cmm O_2	200 mg Kohle, 10 ccm n/20 Leucin cmm O_2
15	7	6
30	15	14
45	22	21
60	28	28

Sauerstoffübertragung: Es wird also in der Leucinlösung nicht mehr Sauerstoff verbraucht als in Wasser, d. h. kein Sauerstoff auf Leucin übertragen. Dabei ist die „Selbstoxydation" der Kohle gering, nämlich pro Milligramm Kohle und Stunde 0,14 cmm, während die Selbstoxydation der ohne Silicat hergestellten Kohle[1] pro Milligramm Kohle und Stunde 0,5 cmm Sauerstoff beträgt.

2. *Aktivierung durch Hämin.*

Die Darstellung der Hämin-Silicat-Zuckerkohle geschieht wie die der Silicatzuckerkohle, mit dem Unterschied, daß dem Gemisch von Rohrzucker, Kaliumsilicat und Kaliumcarbonat vor dem Zerreiben Hämin zugesetzt wird.

Aktiviert wurde mit zwei verschiedenen Mengen Hämin, nämlich mit 0,2 g Hämin auf 100 g Rohrzucker und mit 2 g Hämin auf 100 g Rohrzucker.

Sauerstoffübertragung durch die aktivierten Kohlen:

a) Kohle aus 100 g Rohrzucker + 0,2 g Hämin. 38^0. Gasraum Luft.

Zeit Min.	1. 200 mg Kohle, 10 ccm Wasser cmm O_2	2. 200 mg Kohle, 10 ccm n/1000 Blausäure cmm O_2	3. 200 mg Kohle, 10 ccm n/20 Leucin cmm O_2	4. 200 mg Kohle, 10 ccm n/1000 Blausäure, n/20 Leucin cmm O_2
15	11	16	42 (31)	23 (7)
30	26	31	88 (62)	45 (14)
45	37	46	134 (97)	68 (22)
60	49	62	184 (135)	91 (29)

[1] WARBURG, O.: Über die antikatalytische Wirkung der Blausäure, diese Zeitschrift **136**, 266. 1923.

In der Tabelle sind die nicht eingeklammerten Zahlen die direkt beobachteten Sauerstoffabsorptionen. Die eingeklammerten Zahlen sind die mit Hilfe der Spalten 1 und 2 korrigierten Werte und bedeuten die Sauerstoffübertragung auf Leucin.

Der Wirkungsquotient[1] in der reinen Leucinlösung ist $\frac{135}{200} = 0{,}68$, in der blausäurehaltigen Leucinlösung $\frac{29}{200} = 0{,}15$. Die Hemmung durch n/1000 Blausäure ist also $\frac{0{,}68 - 0{,}15}{0{,}68} = 78\%$.

b) Kohle aus 100 g Rohrzucker + 2 g Hämin. 38°. Gasraum Luft.

Zeit	1.	2.	3.	4.
	200 mg Kohle, 10 ccm Wasser	200 mg Kohle, 10 ccm n/1000 Blausäure	200 mg Kohle, 10 ccm n/20 Leucin	200 mg Kohle, 10 ccm n/20 Leucin, n/1000 Blausäure
Min.	cmm O_2	cmm O_2	cmm O_2	cmm O_2
15	14	9	77 (63)	24 (15)
30	24	18	168 (144)	48 (30)
45	34	29	309 (275)	77 (48)
60	44	38	439 (395)	102 (58)

Der Wirkungsquotient in der reinen Leucinlösung ist $\frac{395}{200} = 1{,}98$, in der blausäurehaltigen Leucinlösung $\frac{58}{200} = 0{,}29$. Die Hemmung durch n/1000 Blausäure beträgt also $\frac{1{,}98 - 0{,}29}{1{,}98} = 86\%$.

3. Darstellung und Eigenschaften der Häminkohle.

Hämin gewinnen wir nach Willstätter und Fischer[2]. Rinderblutzellen werden durch Waschen mit 0,9proz. Kochsalzlösung von Serum befreit. 700 ccm der möglichst konzentrierten Zellsuspension, die mit Luft bis zur Sättigung geschüttelt worden ist, fließen im Laufe von 30 Minuten in 2 Liter siedenden Eisessig, der etwa 10 g Kochsalz gelöst enthält. Dann wird noch 10 Minuten zum Sieden erhitzt, im Laufe von 15 Minuten 1 Liter Wasser zugegeben und einen Tag stehengelassen. Von den Häminkristallen gießt man ab, wäscht auf der Nutsche zuerst mit 50proz. Essigsäure, dann mit Wasser und trocknet.

Zur Darstellung der Kohle tragen wir 2 g Hämin in kleinen Portionen in einen glühenden Porzellantiegel ein. Wir lassen die entweichenden

[1] Der Wirkungsquotient für Merckscher Blutkohle ist etwa 1,0.
[2] Hoppe-Seylers Zeitschr. f. physiol. Chem. 87, 458. 1913.

Dämpfe sich entzünden und warten mit weiterem Zusatz von Hämin jedesmal so lange, bis keine Dämpfe mehr entweichen. Ist alles Hämin eingetragen, so glühen wir 30 Minuten in bedecktem Tiegel in der Flamme eines starken Teclubrenners, die den Tiegel von allen Seiten umgibt, extrahieren dann eine halbe Stunde mit n-Salzsäure auf dem Wasserbade und glühen nochmals eine Stunde in der Flamme des Teclubrenners. Der Tiegel soll dabei hell rotglühend werden, auf seinem Boden soll die Kohle in einer Höhe von wenigen Millimetern ausgebreitet sein.

Die Ausbeute an Kohle bei diesem Verfahren beträgt 0,65 g oder 33% des Hämingewichtes.

Zur Bestimmung des Eisens[1] in der Häminkohle glühen wir etwa 200 mg im offenen Porzellantiegel, nehmen den rotbraunen Rückstand mit konzentrierter eisenfreier Salzsäure unter Zusatz einiger Kristalle Kaliumchlorat auf, verdampfen zur Trockne, bringen den Rückstand mit verdünnter Salzsäure auf ein Volumen von 25 ccm, tragen 0,5 g Kaliumjodid ein, lassen im Dunkeln 20 Minuten stehen und titrieren das ausgeschiedene Jod mit n/10 Thiosulfat, das aus einer in $^1/_{50}$ ccm geteilten Bürette zufließt. 1 ccm n/10 Thiosulfat = 5,6 mg Eisen.

Man findet so einen Eisengehalt von einigen Prozenten. Stickstoff bestimmen wir nach DUMAS, wobei die Kohle sehr schwer, erst bei Weißglut, verbrennt. Beispielsweise wurden folgende Werte erhalten: aus 0,2273 g Kohle 5,9 ccm Stickstoff (18° 759 mm über 33% KOH) oder 3% Stickstoff.

Adsorption des Leucins durch Häminkohle. 30 ccm etwa n/20 Leucin werden mit 0,6 g Häminkohle geschüttelt. Titration nach SÖRENSENS Formolmethode.

20 ccm Lösung vor Zusatz der Kohle 5,10 n/5 NaOH
20 ccm des Kohlefiltrats . . . . 5,03 n/5 NaOH

Aus der Lösung herausgenommen 0,07 ccm n/5 NaOH = 1,4%.

Sauerstoffübertragung durch Häminkohle.

38°. Gasraum Luft.

Zeit Min.	20 mg Kohle 10 ccm n/20 Leucin cmm O_2	20 mg Kohle, 10 ccm n/20-Leucin, n/1000 HCN cmm O_2
20	54	6,4
40	107	12,8
60	159	20,0

[1] Vgl. TREADWELL, Quantitative Analyse.

$$\text{Wirkungsquotient } Q \text{ in reiner Leucinlösung } \left(\frac{\text{cmm}}{\text{mg} \times \text{Std.}}\right): 8{,}0.$$

$$\text{Wirkungsquotient } Q \text{ in blausäurehaltiger Leucinlösung } \left(\frac{\text{cmm}}{\text{mg} \times \text{Std.}}\right): 1{,}0.$$

$$\text{Hemmung durch Blausäure } \frac{159 - 20}{159} = 86\%.$$

Unregelmäßigkeiten. Im allgemeinen lag der Wirkungsquotient Q der Häminkohlen zwischen 7 und 10. Doch sind im Laufe der Arbeit zwei Unregelmäßigkeiten vorgekommen, die hier mitgeteilt seien. Eine Kohle, dic nach dem zweiten Glühen noch 4 Stunden lang auf dem Wasserbade mit n-Salzsäure extrahiert worden war, gab den niedrigen Wirkungsquotienten von 1. Die Stickstoffbestimmung nach Dumas zeigte, daß der Gehalt an Stickstoff auffallend niedrig war, nämlich nur 0,65%. Es scheint also, daß langes Extrahieren mit Salzsäure schädlich ist. — Eine Kohle, für die im Juli Q gleich 8 gefunden war, erwies sich nach 3 Monaten als katalytisch unwirksam, konnte jedoch durch einstündiges Glühen wieder bis zu dem Werte 8 aktiviert werden.

4. Darstellung und Eigenschaften der Kohlen aus Anilinfarbstoffen.

Die verwendeten Farbstoffe waren von Grübler bezogene Präparate, das Indulin „wasserlösliches" Indulin. Bekanntlich sind die käuflichen Farbstoffe mit großen Mengen Salz, meist Kochsalz, vermengt. Es scheint, daß ein gewisser Salzgehalt — an Kaliumchlorid oder Natriumchlorid oder Kaliumcarbonat — nicht nur nicht schadet, sondern die Entstehung einer wirksamen Kohle sogar begünstigt.

Die Darstellung der Kohlen geschah nach der für Häminkohle gegebenen Vorschrift mit dem Unterschied, daß nach dem zweiten Glühen nochmals eine halbe Stunde mit n-Salzsäure auf dem Wasserbade extrahiert wurde.

Den Eisengehalt der Kohlen bestimmten wir kolorimetrisch nach Lachs und Friedenthal[1], den Stickstoffgehalt nach Dumas. Die Kohlen verbrennen sehr schwer.

In der nebenstehenden Tabelle findet man einige Angaben über die chemische Zusammensetzung derartiger Kohlen, soweit sie für uns von Interesse ist, sowie über ihren Sauerstoffverbrauch in n/20 Leucinlösung, für zwei Kohlen, die Indulin- und die Safraninkohle, außerdem eine Messung des Sauerstoffverbrauchs in blausäurehaltiger Leucinlösung.

5. Aktivierung der Bismarckbraunkohle durch Eisen.

Darstellung des Farbstoffes. 30 g Meta-Phenylendiamin werden mit 390 ccm n-Salzsäure und Wasser auf 1 Liter gebracht. Unter Kühlung

[1] Lachs u. Friedenthal: diese Zeitschr. **32**, 130. 1911.

38⁰. Gasraum Luft.

Kohle aus	O_2-Verbrauch in reiner Leucinlösung cmm O_2	O_2-Verbrauch in blausäurehaltiger Leucinlösung cmm O_2	Hemmung durch Blaus.
Indulin Fe: 0,19% N: 0,0863 g gaben 5,3 ccm N bei 17⁰ u. 755 mm Hg = 7,1%	30 mg Kohle, 10 ccm n/20 Leucin in 20′: 134. $Q = 13{,}4$	30 mg Kohle, 10 ccm n/20 Leucin, n/1000 Blausäure in 20′: 16. $Q = 1{,}6$	91%
Safranin Fe: 0,13% N: 0,1479 g gaben 12,9 ccm N bei 17⁰ und 762 mm Hg = 10,2%	30 mg Kohle, 10 ccm n/20 Leucin in 20′: 182. $Q = 18{,}2$	30 mg Kohle, 10 ccm n/20 Leucin, n/1000 Blausäure in 20′: 26. $Q = 2{,}6$	86%
Neutralrot Fe: 0,1% N: 0,0521 g gaben 4,6 ccm N bei 17⁰ und 757 mm Hg = 10,2%	20 mg Kohle, 10 ccm n/20 Leucin in 20′: 90. $Q = 13{,}6$	nicht bestimmt	
Bismarckbraun Fe: 0,15% N: 0,1003 g gaben 8,6 ccm N bei 15⁰ und 755 mm Hg = 10,0%	30 mg Kohle, 10 ccm n/20 Leucin in 20′: 138. $Q = 13{,}8$	nicht bestimmt	

mit Eis tropft man eine Lösung von 12,8 g Natriumnitrit in 100 ccm Wasser hinzu, erhitzt nach beendigter Diazotierung kurze Zeit auf dem Wasserbade, kühlt mit Eis und leitet Salzsäuregas ein, bis über dem entstandenen braunen Niederschlag eine hellgelbe Lösung steht. Man saugt auf der Nutsche ab, wäscht mit verdünnter eisenfreier Salzsäure nach und trocknet zunächst über Kaliumhydroxyd im Vakuumexsikkator, später bei 120⁰, bis kein Geruch nach Salzsäure mehr wahrnehmbar ist. Ausbeute etwa 30 g.

Darstellung der Kohle. Wir verreiben 2 g des Farbstoffes mit 0,5 g Kaliumchlorid oder Kaliumcarbonat, tragen das Gemisch in kleinen Portionen in einen glühenden Porzellantiegel ein, wobei die entweichenden Dämpfe sich entzünden, glühen dann bei bedecktem Tiegel eine halbe Stunde, lassen abkühlen, extrahieren 30 Minuten mit n-Salzsäure auf dem Wasserbade und waschen mit heißem Wasser nach, bis die saure Reaktion verschwunden ist. Ausbeute 30% vom Gewicht des Farbstoffes.

Aktivierung der Kohle. Wir tränken 300 mg Kohle mit 1 ccm einer Eisenchloridlösung, die 1 mg Eisen im Kubikzentimeter enthält, trocknen den gut verrührten Kohlebrei auf dem Wasserbade, glühen eine

Stunde in einem kleinen bedeckten Porzellantiegel, der in die Flamme eines starken Teclubrenners versenkt ist, extrahieren auf dem Wasserbade eine Stunde lang mit n-Salzsäure und waschen mit heißem Wasser säurefrei. Beim Extrahieren mit Salzsäure geht ein Teil des Eisens aus der Kohle wieder heraus, die Hälfte bis zwei Drittel des Eisens bleibt in der Kohle zurück, die nach der beschriebenen Behandlung 1½ bis 2½ mg Eisen pro Gramm enthält.

Zur Kontrolle behandeln wir 300 mg desselben Kohlepräparates in der gleichen Weise mit dem Unterschiede, daß wir nicht mit Eisen tränken. Die Kontrollkohle ist also ebenso lange und ebenso stark

38°. Gasraum Luft.

Versuch	Kohle ohne Eisenzusatz		Kohle mit Eisenzusatz		
	Fe-Gehalt %	Sauerstoffverbrauch in n/20 Leucinlösung	Fe-Gehalt %	Sauerstoffverbrauch in n/20 Leucinlösung	Sauerstoffverbrauch in n/20 Leucin, n/1000 Blausäurelösung
1	0,008	30 mg Kohle 10 ccm Lösung 10′: 4,8 cmm 20′: 8,0 „	0,25	30 mg Kohle 10 ccm Lösung 10′: 104 cmm 20′: 196 „	—
2	—	20 mg Kohle 10 ccm Lösung 10′: 3,2 cmm 20′: 6,4 „ 30′: 11,2 cmm	—	20 mg Kohle 10 ccm Lösung 10′: 27,2 cmm 20′: 57,5 „ 30′: 88,0 „	—
3	—	20 mg Kohle 10 ccm Lösung 10′: 4,0 cmm 20′: 8,8 „ 30′: 14,4 „	0,25	20 mg Kohle 10 ccm Lösung 10′: 51,0 cmm 20′: 102,0 „ 30′: 150,4 „	20 mg Kohle 10 ccm Lösung 10′: 4,1 cmm 20′: 5,8 „ 30′: 8,8 „ d. i. 94% Hemmung
4	—	20 mg Kohle 10 ccm Lösung 10′: 3,2 cmm 20′: 6,4 „ 30′: 9,6 „	—	20 mg Kohle 10 ccm Lösung 10′: 33,6 cmm 20′: 67,2 „ 30′: 97,6 „	—
5	0,009	20 mg Kohle 10 ccm Lösung 10′: 8,0 cmm 20′: 16,0 „	0,25	20 mg Kohle 10 ccm Lösung 10′: 69 cmm 20′: 130 „	20 mg Kohle 10 ccm Lösung 10′: 3,2 cmm 20′: 5,6 „ d. i. 96% Hemmung
6	0,006	20 mg Kohle 10 ccm Lösung 10′: 6,9 cmm 20′: 11,2 „ 30′: 19,2 „	0,13	20 mg Kohle 10 ccm Lösung 10′: 48 cmm 20′: 105 „ 30′: 161 „	20 mg Kohle 10 ccm Lösung 10′: 3,3 cmm 20′: 8,5 „ 30′: 13,9 „ d. i. 92% Hemmung

geglüht und ebenso mit Salzsäure und Wasser gewaschen, wie die mit Eisenchlorid getränkte Kohle. Daß der Effekt der Eisenbehandlung durch das Eisen und nicht etwa durch das Chlor des Eisenchlorids hervorgebracht wird, beweist die Tatsache, daß Kupfer- oder Kobalt- oder Manganchlorid ohne Wirkung sind, wenn wir sie in gleicher Weise mit Kohle in Reaktion treten lassen.

Wir haben sechs Versuche mit sechs verschiedenen, aus Bismarckbraun hergestellten Kohlen gemacht und immer einen großen Anstieg der katalytischen Wirkung gefunden, nämlich, nach Ausweis der vorstehenden Tabelle, einen Anstieg auf das 20fache (Versuch 1), auf das 8fache (Versuch 2), auf das 11fache (Versuch 3), auf das 10fache (Versuch 4), auf das 8fache (Versuch 5) und auf das 8fache (Versuch 6). Versuch 6 ist der in Abb. 3, Abschnitt XI, graphisch dargestellte.

In drei Versuchen wurde der Eisengehalt der nicht aktivierten Kohle bestimmt und von der Größenordnung (vgl. Tabelle) 0,01% gefunden. In vier Versuchen wurde der Eisengehalt der aktivierten Kohle bestimmt und zu (vgl. Tabelle) 0,13 bis 0,25% gefunden.

In drei Versuchen wurde die Wirkung der n/1000 Blausäure (Versuche 3, 5 und 6 der Tabelle) auf die katalytische Wirkung der aktivierten Kohle quantitativ verfolgt und eine Hemmung von 94% (Versuch 3), von 96% (Versuch 5) und von 92% (Versuch 6) gefunden. Versuch 6 ist der in Abb. 3, Abschnitt XI, graphisch dargestellte.

Adsorption des Leucins durch aktivierte und nicht aktivierte Kohle.

Nicht aktivierte Kohle, Eisengehalt 0,006%. 0,3 g Kohle mit 15 ccm n/20 Leucinlösung geschüttelt, filtriert und nach Sörensen titriert.

10 ccm Leucinlösung vor dem Schütteln mit Kohle . .	2,97 ccm n/5 NaOH
10 ccm Kohlefiltrat	2,85 ccm n/5 NaOH

Aus der Lösung herausgenommen 0,12 ccm n/5 NaOH oder 4%.

Aktivierte Kohle, Eisengehalt 0,25%. 0,3 g Kohle mit 15 ccm n/20 Leucinlösung geschüttelt, filtriert und nach Sörensen titriert.

10 ccm Leucinlösung vor dem Schütteln mit Kohle . .	2,97 ccm n/5 NaOH
10 ccm Kohlefiltrat	2,85 ccm n/5 NaOH

Aus der Lösung herausgenommen 0,12 ccm n/5 NaOH oder 4%.

Biochem. Zeitschr. **146**, 380. 1924.

Über die Oxydation von Fructose in Phosphatlösungen.

Von

Otto Warburg und **Muneo Yabusoe.**

(Eingegangen am 16. Februar 1924.)

Mit 3 Abbildungen.

In dieser Arbeit wird gezeigt, daß Fructose, in neutralem Phosphat gelöst, autoxydabel ist. Bei der Oxydation bildet sich Kohlensäure, und zwar etwa $^1/_3$ Mol pro Mol absorbierten Sauerstoffs.

Glucose wird unter sonst gleichen Bedingungen von molekularem Sauerstoff nicht angegriffen. Fructose nach unseren bisherigen Erfahrungen nur in Phosphatlösungen, nicht aber in Lösungen anderer Salze. Es handelt sich also um eine spezifische Reaktion zwischen Phosphat, Fructose und molekularem Sauerstoff[1].

I. Methoden.

Zur Messung der Oxydationsgeschwindigkeit bringen wir 5—10 ccm Fructoselösung in einen 30 ccm fassenden Atmungstrog (Form diese Zeitschr. **142**, 70. 1923), in den Einsatz des Atmungstroges 1 ccm 5 proz. Kalilauge zur Absorption der gebildeten Kohlensäure. Den Trog verbinden wir mit einem Barcroftmanometer, füllen Sauerstoff ein und schütteln im Thermostaten bei 38°. Innerhalb einer Stunde zeigt dann das Manometer Druckänderungen, die von der Zusammensetzung und Menge der eingefüllten Fructoselösung abhängen und bis zu 200 mm Wasser betragen. Die Ausschläge sind also sehr groß und die Oxydationsgeschwindigkeiten genau meßbar. Eine Druckänderung von 1 mm bedeutet einen Sauerstoffverbrauch von etwa 2 cmm.

Soll neben dem Sauerstoffverbrauch auch die Kohlensäurebildung bestimmt werden, so beschicken wir drei Atmungströge — I, II und III

---

[1] Wasserstoffsuperoxyd oxydiert Glucose, wie viele andere organische Substanzen, bei neutraler Reaktion, ein Vorgang, der nach W. LOEB durch Phosphat begünstigt wird. Hier beruht die Wirkung der Phosphate, wie HARDEN und HENLEY gezeigt haben, auf nichts anderem als einer Pufferwirkung. Phosphat kann durch beliebige andere Puffer ersetzt werden. Vgl. W. LOEB, diese Zeitschr. **29**, 317. 1910; **32**, 43 u. 52. 1911; **46**. 288. 1912 und HARDEN u. HENLEY: The Biochem. Journ. **16**, 143. 1922.

— mit je 2 ccm Fructoselösung derselben Zusammensetzung. In den Einsatz des Troges I füllen wir Kalilauge. Trog I dient zur Messung des Sauerstoffverbrauchs. In die Einsätze der Tröge II und III füllen wir dreifach normale Schwefelsäure, die Tröge II und III dienen zur Bestimmung der Kohlensäure. — Die drei Tröge werden gleichzeitig in den Thermostaten eingehängt und zunächst 10 Minuten zwecks Temperaturausgleich geschüttelt. Dann wird die Schwefelsäure des Troges III aus dem Einsatz in die Fructoselösung eingekippt, der entstehende positive Druck ergibt den Kohlensäuregehalt der Fructoselösung zu Beginn des Versuchs („präformierte Kohlensäure"). Die beiden anderen Tröge werden einige Stunden geschüttelt. Sind die Ausschläge an den Manometern hinreichend groß geworden, so liest man sie ab und kippt nun die Schwefelsäure des Troges II aus dem Einsatz in die Fructoselösung. Hierbei entsteht ein positiver Druck, der den Kohlensäuregehalt der Fructoselösung am Ende des Versuchs ergibt. Die während der Oxydationsmessung an den Gasraum des Troges II abgegebene Kohlensäure endlich erhält man aus der Differenz der Manometerablesungen für Trog I und II, so daß alle Daten zur Verfügung stehen, um die gebildete Kohlensäure zu berechnen. Näheres in bezug auf die Berechnung findet man in Abschnitt VI dieser Arbeit. Die Genauigkeit einer Kohlensäuremessung beträgt etwa 2% vom Werte.

Das Fructosepräparat, das wir benutzten, war „Lävulose I" von Kahlbaum, die wir zunächst aus Alkohol umkristallisierten. 0,1624 g gaben bei der Elementaranalyse 0,2397 g Kohlensäure und 0,0995 g Wasser, das sind 40,27% Kohlenstoff und 6,86% Wasserstoff (berechnet 40,0% Kohlenstoff und 6,7% Wasserstoff). Da sich zeigte, daß die Umkristallisation an den Eigenschaften, die wir untersuchten, nichts änderte, arbeiteten wir später mit dem nicht gereinigten Kahlbaumschen Präparat.

II. Zeitlicher Verlauf der Oxydation.

Um den zeitlichen Verlauf der Oxydation zu untersuchen, lösen wir 2 g Fructose in 90 ccm sekundärem und 10 ccm primärem m/1 Phosphat (p_H etwa 7,7), leiten durch die Lösung bei 38° Sauerstoff und entnehmen zu verschiedenen Zeiten je 10 ccm Lösung, deren Oxydationsgeschwindigkeit wir auf die oben geschilderte Weise bestimmen. Das Ergebnis eines derartigen Versuchs ist in Tabelle 1 wiedergegeben.

Aus Tabelle 1 ergibt sich, daß die Geschwindigkeit der Oxydation in den ersten Stunden schnell ansteigt und dann im Laufe von Tagen langsam absinkt. Durch Interpolation kann man berechnen, daß 10 ccm der Lösung oder 200 mg Fructose nach 3 Tagen etwa 30 mg Sauerstoff

Tabelle 1. 38°. Gasraum Sauerstoff.

Zeit nach Herstellung der Fructoselösung Stunden	In einer Stunde von 10 ccm Lösung verbrauchter Sauerstoff cmm	Zeit nach Herstellung der Fructoselösung Stunden	In einer Stunde von 10 ccm Lösung verbrauchter Sauerstoff cmm
1	242	24	320
2	345	48	212
3	375	72	204
4	410		

verbraucht haben, das sind 15% des Fructosegewichts. Gleichzeitig hatte die Drehung der Lösung um 13% des Anfangswertes abgenommen.

Nimmt man das Maximum der Oxydationsgeschwindigkeit, 410 cmm Sauerstoff pro Stunde, und bezieht das Gewicht des verbrauchten Sauerstoffs auf das Gewicht der Fructose, so findet man, daß pro Stunde bis 0,3% des Fructosegewichts an Sauerstoff verbraucht werden.

III. Einfluß der Wasserstoffionenkonzentration.

Zur Herstellung verschiedener Wasserstoffionenkonzentrationen benutzen wir Phosphatgemische oder Gemische von Glykokoll mit Natronlauge, und zwar Glykokoll-Natronlauge in den von Soerensen angegebenen Konzentrationen, Phosphat jedoch in höherer, im allgemeinen $^1/_1$-molarer Konzentration. Mischt man $^1/_1$-molare Lösungen von sekundärem und primärem Phosphat in demselben Verhältnis wie die verdünnteren (m/15) Soerensenlösungen, so erhält man nicht die gleichen Wasserstoffionenkonzentrationen, sondern die aus konzentriertem Phosphat hergestellten Lösungen sind etwas saurer als die aus verdünntem Phosphat hergestellten.

Wir haben die p_H-Werte unserer konzentrierten Phosphatlösungen nicht genauer gemessen. Im folgenden bedeutet der p_H-Wert, der neben der Zusammensetzung der Gemische angegeben ist, den Exponenten der Soerensengemische für 18°, der also nur angenähert mit dem p_H unserer Gemische, die bei 38° zur Anwendung kamen, übereinstimmt.

In dem Versuche der Tabelle 2 war Fructose gelöst einerseits in einem Phosphatgemisch von Blutalkalität, andererseits in Glykokoll-Natronlauge von 400—1000mal höherer Alkalität. In der fast neutralen

Tabelle 2. 38°. Gasraum Sauerstoff.

Zeit Min.	10 ccm 2proz. Fructose in m/1 Phosphat 8 sekundär, 2 primär p_H etwa 7,4 cmm O_2	10 ccm 2proz. Fructose in Glykokoll-Natronlauge 6 Glykokoll, 4 NaOH p_H etwa 10,1 cmm O_2	10 ccm 2proz. Fructose in Glykokoll-Natronlauge 5 Glykokoll, 5 NaOH p_H etwa 11,3 cmm O_2
30	70	12,4	56
60	158	29,4	118
90	266	49,5	176

Phosphatlösung ist die Oxydationsgeschwindigkeit am größten, die Phosphatlösung wirkt auf Fructose stärker ein als eine n/1000 Natronlauge.

In anderen Versuchen wurde die Konzentration an Phosphat (und an Fructose) konstant gehalten und nur die Konzentration der Wasser-

Tabelle 3. 38°. Gasraum Sauerstoff.

Zeit Min.	5 ccm 6proz. Fructoselösung in m/1 Phosphat 2 sekund., 8 prim. p_H etwa 6,2 cmm O_2	5 ccm 6proz. Fructoselösung in m/1 Phosphat 5 sekund., 5 prim. p_H etwa 6,8 cmm O_2	5 ccm 6proz. Fructoselösung in m/1 Phosphat 8 sekund., 2 prim. p_H etwa 7,4 cmm O_2	5 ccm 6proz. Fructoselösung in m/1 Phosphat 9,5 sekund., 0,5 prim. p_H etwa 8,0 cmm O_2
30	16	41	106	178
60	28	89	237	392

stoffionen variiert (Tabelle 3 und Abb. 1). Man erkennt, daß die Wirkung des Phosphats bei schwach saurer Reaktion beginnt und mit steigender Alkalität der Lösungen zunimmt.

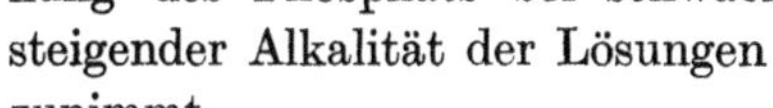

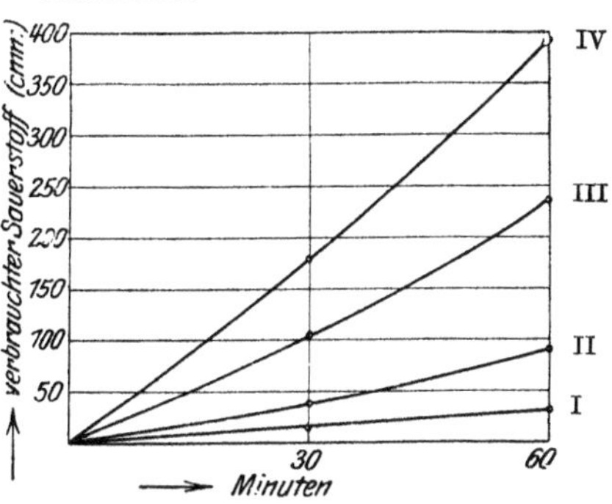

Abb. 1. 5 ccm 6 proz. Fructose in $^1/_1$ molarem Phosphat. Kurve I: p_H etwa 6,2. Kurve II: p_H etwa 6,8. Kurve III: p_H etwa 7,4. Kurve IV: p_H etwa 8,0.

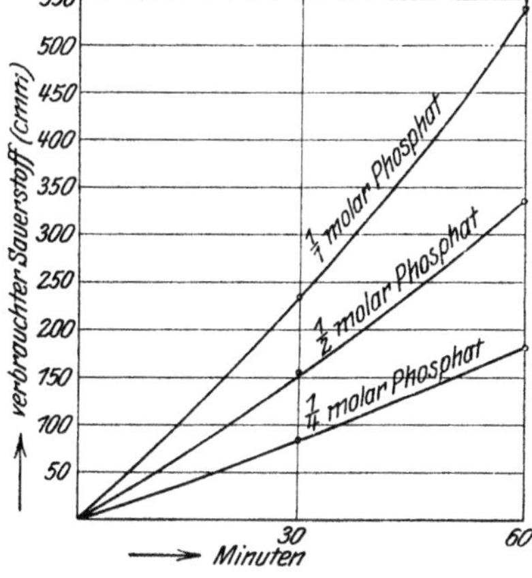

Abb. 2. 10 ccm 6 proz. Fructose in 8,5 sek., 1,5 prim. Phosphat.

IV. Einfluß der Phosphatkonzentration.

Hält man die Konzentration der Wasserstoffionen und der Fructose konstant und variiert die Konzentration des Phosphats, so steigt die Geschwindigkeit der Oxydation, und zwar etwas langsamer als die Phosphatkonzentration (Abb. 2, Tabelle 4).

Tabelle 4. 38°. Gasraum Sauerstoff.

Zeit Min.	10 ccm 6proz. Fructoselösung in m/1 Phosphat 8,5 sekundär, 1,5 primär cmm O_2	10 ccm 6proz. Fructoselösung in m/2 Phosphat 8,5 sekundär, 1,5 primär cmm O_2	10 ccm 6proz. Fructoselösung in m/4 Phosphat 8,5 sekundär, 1,5 primär cmm O_2
30	235	152	84
60	537	335	181

Daß es sich hier um eine spezifische Wirkung der Phosphate handelt, geht daraus hervor, daß Phosphat durch andere Salze nicht ersetzt werden kann. Löst man Fructose in verdünntem Phosphat und stellt den hohen Salzgehalt durch andere Salze her, so beobachtet man — soweit unsere Erfahrungen reichen — entweder keine Wirkung auf die Oxydationsgeschwindigkeit oder eine Hemmung der langsamen, in

Tabelle 5. 38°. Gasraum Sauerstoff.

Zeit Min.	10 ccm 2proz. Fructoselösung in m/10 Phosphat 9 sekund., 1 prim. — cmm O_2	10 ccm 2proz. Fructoselösung in m/10 Phosphat 9 sekund., 1 prim. 25proz. Li_2SO_4 cmm O_2	10 ccm 2proz. Fructoselösung in m/10 Phosphat 9 sekund., 1 prim. 25proz. Na_2SO_4 cmm O_2	10 ccm 2proz. Fructoselösung in m/10 Phosphat 9 sekund., 1 prim. 25proz. NaCl cmm O_2
60	19	0	—	—
120	48	0	39	21
180	77	0	67	35

dem verdünnten Phosphat vor sich gehenden Oxydation (Tabelle 5). Lithiumsulfat bringt die von dem verdünnten Phosphat herrührende Wirkung sogar vollständig zum Verschwinden.

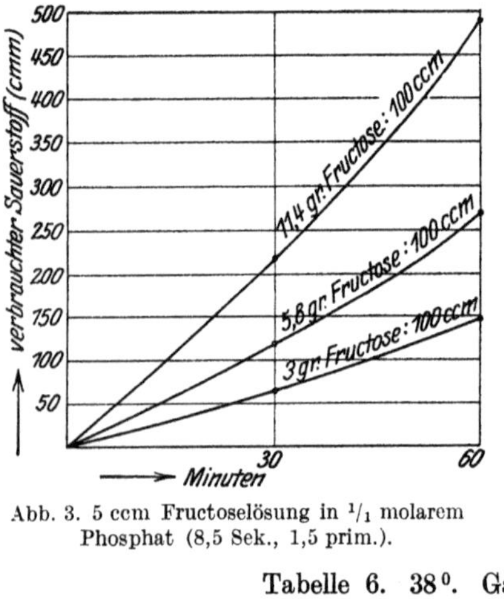

Abb. 3. 5 ccm Fructoselösung in 1/1 molarem Phosphat (8,5 Sek., 1,5 prim.).

V. Einfluß der Fructosekonzentration.

Hält man die Konzentration der Wasserstoffionen und die Konzentration des Phosphats konstant und variiert die Konzentration der Fructose, so steigt die Geschwindigkeit der Oxydation etwa proportional der Fructosekonzentration (Abb. 3 und Tabelle 6).

Tabelle 6. 38°. Gasraum Sauerstoff.

Zeit Min.	5 ccm Fructoselösung 3 g:100 ccm in m/1 Phosphat 8,5 sekundär, 1,5 primär cmm O_2	5 ccm Fructoselösung 5,8 g:100 ccm in m/1 Phosphat 8,5 sekundär, 1,5 primär cmm O_2	5 ccm Fructoselösung 11,4 g:100 ccm in m/1 Phosphat 3,5 sekundär, 1,5 primär cmm O_2
30	65	120	220
60	148	270	487

VI. Messung der bei der Oxydation gebildeten Kohlensäure.

Unter allen von uns geprüften Bedingungen entsteht bei der Oxydation der Fructose in Phosphat Kohlensäure, und zwar — unabhängig von der Konzentration der Wasserstoffionen und der Konzentration der Fructose — immer etwa 0,3 Mol Kohlensäure auf 1 Mol absorbierten Sauerstoffs. Beispiele enthält Tabelle 7, in die sowohl die beobachteten Drucke, als auch die daraus berechneten Kohlensäurewerte eingetragen sind.

Zur Erläuterung der Tabelle ist folgendes zu bemerken: Ein Teil der gebildeten Kohlensäure wird während des Oxydationsversuchs an den Gasraum des Atmungstroges abgegeben, der Rest wird von der Lösung als Bicarbonat gebunden und erscheint erst beim Ansäuern mit Schwefelsäure am Ende des Oxydationsversuchs. Je alkalischer die Lösung ist, um so mehr Kohlensäure wird chemisch gebunden, um so weniger Kohlensäure während des Oxydationsversuchs an den Gasraum des Atmungstroges abgegeben. Die alkalischen Lösungen entwickeln dementsprechend (Versuche 1 und 4) erst beim Ansäuern die Hauptmenge der Kohlensäure, die sauren Lösungen (Versuch 3) schon vor dem Ansäuern.

Tabelle 7. 38°. Gasraum Sauerstoff.

Nr.	Zusammensetzung der Fructoselösung	Trog I. Hauptraum: 2 ccm Fructoselösung. Einsatz 1 ccm 5 proz. Kalilauge. v_F = 3 ccm, v_G = 26 ccm, K_{O_2} = 2,3	Trog II. Hauptraum: 2 ccm Fructoselösung. Einsatz: 1,5 ccm 3 f. n. Schwefelsäure. v_F = 3,5 ccm, v_G = 25,5 ccm, K_{O_2} = 2,25, K_{CO_2} = 2,44	Trog III. Hauptraum: 2 ccm Fructoselösung. Einsatz: 1,5 ccm 3 f. n. Schwefelsäure. v_F = 3,5 ccm, v_G = 26,5 ccm, K_{CO_2} = 2,53	$\frac{CO_2}{O_2}$
1	6 g Fructose, 100 ccm m/1 sekundäres Phosphat. p_H undefiniert	Nach 210 Min. — 418 mm. x_{O_2} = — 940 cmm	Nach 210 Min. — 397 mm. x_{CO_2} = + 60 cmm. Nach Einkippen d. Schwefelsäure: + 102 mm = + 249 cmm CO_2	Nach Einkippen d. Schwefelsäure zur Zeit t^0: + 8 mm = + 23 cmm CO_2	$\frac{60 + 249 - 23}{940} = 0{,}31$
2	12 g Fructose, 80 ccm sekundäres, 20 ccm primäres m/1 Phosphat. p_H etwa 7,4	Nach 160 Min. — 234 mm. x_{O_2} = — 539 cmm	Nach 160 Min. — 192 mm. x_{CO_2} = + 113 cmm. Nach Einkippen d. Schwefelsäure: + 25 mm = + 61 cmm CO_2	Nach Einkippen d. Schwefelsäure zur Zeit t^0: + 3 mm = + 7,6 cmm CO_2	$\frac{113 + 61 - 8}{539} = 0{,}31$
3	12 g Fructose, 50 ccm sekundäres, 50 ccm primäres m/1 Phosphat. p_H etwa 6,8	Nach 360 Min. — 374 mm. x_{O_2} = — 630 cmm	Nach 360 Min. — 214 mm. x_{CO_2} = + 159 cmm. Nach Einkippen d. Schwefelsäure: + 9 mm = + 22 cmm CO_2	Nach Einkippen d. Schwefelsäure zur Zeit t^0: 0	$\frac{159 + 22}{630} = 0{,}29$
4	5 g Fructose, 95 ccm sekundäres, 5 ccm primäres m/1 Phosphat. p_H etwa 8,0	Nach 300 Min. — 380 mm. x_{O_2} = — 870 cmm	Nach 300 Min. — 330 mm. x_{CO_2} = + 145 cmm. Nach Einkippen d. Schwefelsäure: + 85 mm = + 208 cmm CO_2	Nach Einkippen d. Schwefelsäure zur Zeit t^0 + 21 mm = + 53 cmm CO_2	$\frac{145 + 208 - 53}{870} = 0{,}35$

Die Berechnung geschieht nach den in dieser Zeitschrift Band 113, S. 282 gegebenen Formeln. Bezeichnen wir mit h^{I} und h^{II} die beim Oxydationsversuch in den Trögen I und II beobachteten Druckänderungen, mit $K^{\mathrm{I}}_{O_2}$, $K^{\mathrm{I}}_{CO_2}$ und $K^{\mathrm{II}}_{O_2}$, $K^{\mathrm{II}}_{CO_2}$ die zu den Trögen I und II gehörenden Gefäßkonstanten, mit x_{O_2} den Sauerstoffverbrauch, mit x_{CO_2} die an den Gasraum während des Oxydationsversuchs abgegebene Kohlensäure, so sind die verschwundenen und entstandenen Gasmengen in Kubikmillimetern

$$x_{O_2} = h^{\mathrm{I}} K^{\mathrm{I}}_{O_2} \qquad x_{CO_2} = h^{\mathrm{II}} K_{CO_2} - x_{O_2} \frac{K^{\mathrm{II}}_{CO_2}}{K^{\mathrm{II}}_{O_2}}.$$

Sind ferner H^{II} und H^{III} die Drucke, die beim Ansäuern der Lösungen entstehen, so sind die chemisch gebundenen Kohlensäuremengen in Kubikmillimetern zu Beginn des Oxydationsversuchs: $H^{\mathrm{III}}\,K^{\mathrm{III}}_{CO_2}$, am Ende des Oxydationsversuchs: $H^{\mathrm{II}}\,K^{\mathrm{II}}_{CO_2}$, und die durch Oxydation der Fructose gebildete Kohlensäuremenge ist

$$x_{CO_2} + H^{\mathrm{II}} K^{\mathrm{II}}_{CO_2} - H^{\mathrm{III}} K^{\mathrm{III}}_{CO_2}.$$

Biochem. Zeitschr. 165, 196. 1925.

Über die Wirkung der Blausäure auf die alkoholische Gärung.

Von

Otto Warburg.

(Aus dem Kaiser Wilhelm-Institut für Biologie, Berlin-Dahlem.)

(Eingegangen am 7. September 1925.)

Mit 4 Abbildungen.

E. Buchner, H. Buchner und M. Hahn fanden[1], daß Blausäure in 0,44 mol. Konzentration die Vergärung von Zucker durch Hefepreßsaft hemmt. Ich habe mich gefragt, ob die Blausäure hier, wie die Narkotica[2], unspezifisch auf die Preßsaftkolloide wirkt oder ob eine chemische Reaktion vorliegt.

Zur Beantwortung dieser Frage vergleichen wir die Adsorption und die Wirkung der Blausäure mit der Adsorption und der Wirkung eines Narkoticums, und wählen als Vergleichsnarkoticum Acetonitril, das zu den schwächsten Narkotica gehört.

Zunächst vergleichen wir die Adsorption von Blausäure und Acetonitril. Bezeichnen wir mit a die adsorbierten Mengen, mit c die Konzentrationen in der Lösung, die mit a im Gleichgewicht sind, so ist für Mercksche Blutkohle[3]:

	c Mole/Liter Lösung	a Mikromole/g Kohle
Acetonitril . . .	0,17	1500
Blausäure . . .	0,17	790

Bei gleichem c ist a für Acetonitril größer als für Blausäure, Acetonitril wird stärker adsorbiert als Blausäure.

Weiterhin vergleichen wir die Wirkung von Blausäure und Acetonitril auf Hefepreßsaft. Um durch Acetonitril eine starke Gärungs-

[1] Buchner, E., H. Buchner u. M. Hahn: Die Zymasegärung, S. 181. München 1903.

[2] Warburg, O. u. R. Wiesel: Pflügers Arch. f. d. ges. Physiol. 144, 465. 1912.

[3] Näheres über die Adsorption der Narkotica und der Blausäure diese Zeitschrift 119, 134. 1921. Nach den dort mitgeteilten Zahlen habe ich die Adsorptionskurve der Blausäure gezeichnet, die man in Abschnitt V dieser Arbeit findet.

hemmung zu erzielen[1], müssen wir 80 g oder 2 Mole des Narkoticums in einem Liter Preßsaft auflösen. Um durch Blausäure eine starke Gärungshemmung zu erzielen, müssen wir nach BUCHNER und HAHN 12 g oder 0,44 Mole Blausäure in einem Liter Preßsaft auflösen. Blausäure wirkt also auf die Preßsaftgärung stärker als Acetonitril, obwohl sie schwächer adsorbiert wird.

Da für Narkotica ausnahmslos die Regel gilt, daß sie um so stärker wirken, je stärker sie adsorbiert werden, so folgt aus den angeführten Zahlen mit großer Wahrscheinlichkeit, daß Blausäure auf die Gärung spezifisch-chemisch wirkt. Immerhin aber liegt der von BUCHNER und HAHN angegebene Blausäurewert von 0,44 Molen so nahe an dem Acetonitrilwert, daß es wünschenswert erschien, die Blausäurekonzentration, bei der eine Gärungshemmung auftritt, genauer zu bestimmen. Dies geschah in den Versuchen, die im folgenden beschrieben werden.

I. Das Versuchsmaterial

war sowohl lebende Hefe als auch Hefesaft nach A. v. LEBEDEW.

Die lebende Hefe war obergärige Hefe (Rasse M des Berliner Instituts für Gärungsgewerbe). 2 g abgepreßte Hefe wurden zweimal mit 100 ccm 0,2 mol. KH_2PO_4-Lösung auf der Zentrifuge gewaschen und dann mit der gleichen Lösung auf ein Volumen von 100 ccm gebracht. Je 1 ccm dieser Suspension wurde für einen Versuch benutzt.

Der Hefesaft wurde aus Unterhefe des Berliner Instituts für Gärungsgewerbe nach der Vorschrift[2] von A. v. LEBEDEW gewonnen. Die mit Wasser gewaschene und auf der Nutsche abgesaugte Hefe wurde im Faust-Hein-Apparat bei 35° getrocknet. 1 Gewichtsteil Trockenhefe mit 3 Gewichtsteilen Wasser verrieben, wurde 2 Stunden bei 35° gehalten. Dann wurde scharf zentrifugiert und der überstehende hellbraune Saft von dem Sediment abgehoben. Der Saft enthielt 11% Trockensubstanz und zeigte nur geringe Selbstgärung. Er enthielt überschüssiges freies Phosphat (Zugabe von freiem Phosphat bewirkte keine Zunahme der Gärgeschwindigkeit).

Wurde die Trockenhefe vor Zusatz des Wassers fein zerrieben, so ließ sich der Saft durch Zentrifugieren nicht klären. Die beim Zentrifugieren erhaltene überstehende Flüssigkeit sah weißlich aus (Glykogenkörnchen?) und zeigte starke Selbstgärung[3]. Da starke Selbstgärung die Versuche kompliziert, wurde solcher Saft nicht verwendet.

---

[1] Pflügers Arch. f. d. ges. Physiol. **144**, 465. 1912.

[2] LEBEDEW, A. v.: Hoppe-Seylers Zeitschr. f. physiol. Chem. **73**, 447. 1911.

[3] Dasselbe hat O. MEYERHOF beobachtet. Vgl. O. MEYERHOF, Hoppe-Seylers Zeitschr. f. physiol. Chem. **101**, 165. 1918.

II. Die Gärungsmessung

geschah manometrisch, in Gefäßen nach Abb. 1, deren Volumen etwa 20 ccm war. In den Hauptraum wurde 1 ccm Hefesuspension oder 1 ccm Lebedew-Saft gegeben, in die Ansatzbirne 0,2 ccm einer 25 proz. Glucoselösung. Der Gasraum wurde mit 5 Vol.-Proz. Kohlensäure in Stickstoff oder mit Stickstoff gefüllt. Die Versuchstemperatur war 19—20°. Nach erfolgtem Temperatur- und Druckausgleich wurde zunächst die Selbstgärung beobachtet, die klein war, und dann der Zucker aus der Birne in den Hauptraum durch mehrmaliges Neigen des Gefäßes herübergespült. Bei dieser Anordnung entging, von der Zeit des Zuckerzusatzes an, keine Minute der Beobachtung.

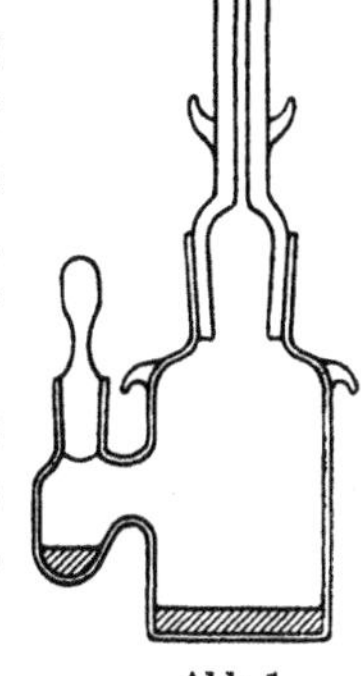

Abb. 1.

Betrug die Zunahme des Kohlensäuredruckes h_{CO_2} mm Brodie (10000 mm Brodie = 760 mm Hg), so war die gebildete Gärungskohlensäure in Kubikmillimetern

$$x_{CO_2} = h_{CO_2} \cdot k_{CO_2},$$

wo k_{CO_2} die Gefäßkonstante für Kohlensäure bedeutet.

Da bei der sauren Reaktion der Versuchsflüssigkeiten Kohlensäure nicht retiniert wurde, so war k_{CO_2} nach der einfachen Formel

$$k_{CO_2} = \frac{v_G \frac{273}{T} + v_F \alpha_{CO_2}}{10000}$$

zu berechnen (v_G Volumen des Gasraumes, v_F Volumen der Flüssigkeit, beide in Kubikmillimetern, T absolute Versuchtemperatur, α_{CO_2} Bunsenscher Absorptionskoeffizient für Kohlensäure bei T^0. $\alpha^{20^0}_{CO_2}$ wurde gleich 0,84 gesetzt).

Für die beschriebenen Versuchsbedingungen wird k_{CO_2} etwa gleich 2. Stieg also der Kohlensäuredruck um 1 mm Brodie, so waren etwa 2 cmm Gärungskohlensäure gebildet.

III. Die Wirkung der Blausäure auf den Lebedew-Saft

zeigt Abb. 2, in der die gebildete Gärungskohlensäure x als Funktion der Zeit t dargestellt ist. t ist von der Zeit des Zuckerzusatzes an gerechnet. Die Blausäure ist im Falle der Kurven II und III 60 Minuten vor dem Zucker, im Falle der Kurve IIIa 50 Minuten nach dem Zucker zugefügt worden. Die vier Kurven sind gleichzeitig aufgenommen, für je 1 ccm eines und desselben Saftes. $\frac{dx}{dt}$ ist die Gärgeschwindigkeit. Sie steigt mit der Zeit an, sowohl in dem blausäurefreien, als auch in dem blausäurehaltigen Saft. n/1000 Blausäure übt nur eine geringe gärungshemmende Wirkung aus, wie ein Vergleich der Kurven I und II lehrt. n/100 Blausäure hemmt, und zwar stärker, wenn sie einige Zeit vor der Glucose, als wenn sie einige Zeit nach der Glucose zugesetzt worden ist. Dies erkennt man, wenn man die Kurven III und IIIa mit der Kurve I vergleicht.

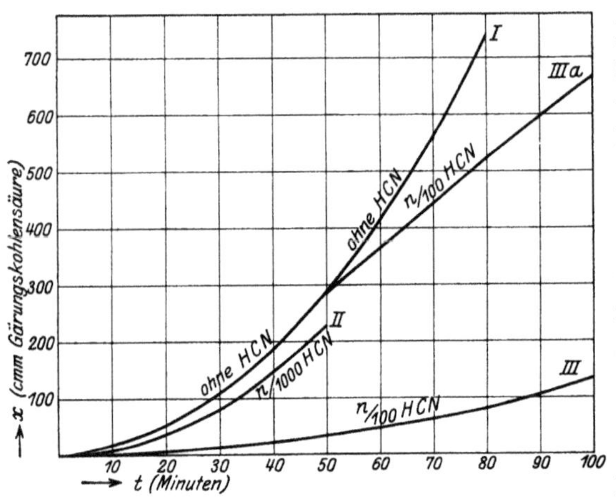

Abb. 2. 1 ccm Lebedew-Saft, 4 Proz. Glucose, Gasraum 5 Vol.-Proz. Kohlensäure in Stickstoff. Versuchstemperatur 20°.

Die Gärgeschwindigkeit steigt längs der Kurven I und III in gleichem Verhältnis an. Beispielsweise steigt sie im Laufe von 70 Minuten auf der Kurve I von 1,7 auf 17,6, auf der Kurve III von 0,2 auf 2,0, in beiden Fällen also auf das 10fache. Deshalb ist es gleichgültig, welches Zeitelement man zur Berechnung der Gärungshemmung wählt. Während der ganzen Dauer des Versuches hemmt n/100 Blausäure die Gärgeschwindigkeit um rund 90%.

Dieselbe Blausäurekonzentration hemmt, wenn man die Blausäure 50 Minuten nach der Glucose zusetzt, zunächst 40%; die Hemmung wird dann im Laufe der Zeit größer (IIIa).

In jedem Falle wird die Gärgeschwindigkeit durch n/100 Blausäure gehemmt, während, wie in der Einleitung erwähnt, eine narkotische Wirkung der Blausäure erst bei Konzentrationen von über 2,0 n zu erwarten ist. Blausäure wirkt also, wie wir jetzt sagen können, rund 200 mal stärker, als ihrer Adsorptionskonstanten entspricht.

IV. Die Wirkung der Blausäure auf lebende Hefe.

Wäre die Wirkung der Blausäure eine narkotische, so müßte sie in lebender Hefe, wo die Fermente an die Struktur gebunden sind, nach den vorliegenden Erfahrungen[1] größer sein als in Hefesaft.

In Abb. 3 ist die Gärungskohlensäure, die lebende Hefe bei verschiedenen Blausäurekonzentrationen entwickelt, als Funktion der Zeit t dargestellt. t ist wieder von der Zeit des Zuckerzusatzes an gerechnet. Die Blausäure ist im Falle der Kurven II und III 60 Minuten vor dem Zucker, im Falle der Kurve IIIa 40 Minuten nach dem Zucker zugefügt worden.

[1] Hoppe-Seylers Zeitschr. f. physiol. Chem. **81**, 99. 1912; Pflügers Arch. f. d. ges. Physiol. **158**, 19. 1914.

Das Bild der Kurven ist in wesentlichen Punkten dasselbe wie für den Lebedew-Saft. n/1000 Blausäure übt, abgesehen von den ersten 10 Minuten, nur eine geringe gärungshemmende Wirkung aus. n/100 Blausäure, vor dem Zucker zugesetzt, hemmt die Gärgeschwindigkeit zunächst um 90%. Die Hemmung nimmt dann mit der Zeit ab und beträgt im weiteren Verlauf rund 50%. n/100 Blausäure, einige Zeit nach dem Zucker zugesetzt, hemmt die Gärgeschwindigkeit um 50%.

Das Resultat ist, daß n/100 Blausäure in jedem Falle die Gärgeschwindigkeit in lebender Hefe stark hemmt, wobei die Hemmungen nie größer sind als in Hefesaft. Auch dieses Resultat schließt aus, daß die beobachteten Blausäurewirkungen narkotische sind.

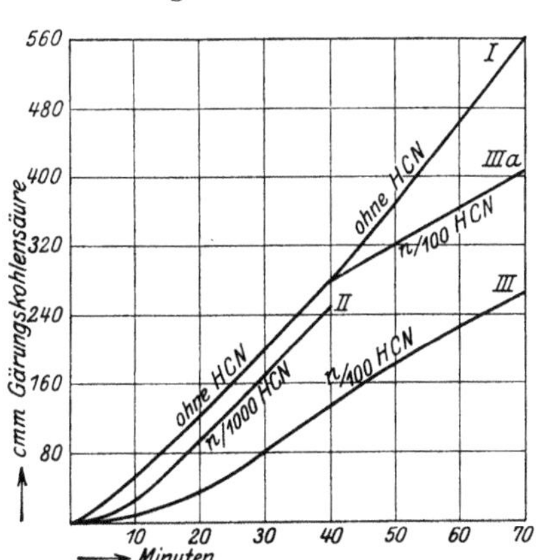

Abb. 3. 4 mg lebende Hefe (Trockengewicht) in 1 ccm 0,2 mol. KH_2PO_4, 4 Proz. Glucose. Gasraum Stickstoff. Versuchstemperatur 19°.

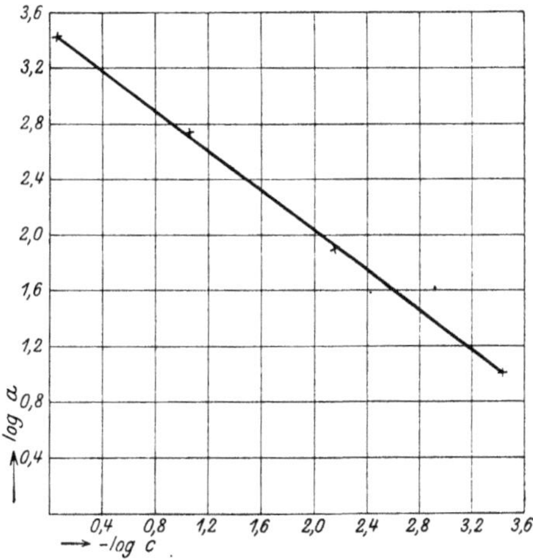

Abb. 4. Adsorption der Blausäure an Merckscher Blutkohle. c = Konzentration der Blausäure in der Lösung in Mole/Liter. a = adsorbierte Blausäure in Mikromole/Gramm Kohle.

V. Protokolle.

1. Adsorption der Blausäure an Blutkohle.

Die beobachteten a- und c-Werte sind[1]:

c Mole/Liter Lösung	a Mikromole/g Kohle
$3{,}8 \cdot 10^{-4}$	10
$70 \cdot 10^{-4}$	80
$890 \cdot 10^{-4}$	550
$8800 \cdot 10^{-4}$	2600

In Abb. 4 ist log a als Funktion von — log c dargestellt. Die erhaltene Kurve ist nahezu eine gerade Linie, die a—c-Kurve also eine Freundlichsche Adsorptionsisotherme[2].

[1] Nach dieser Zeitschr. **119**, 161. 1921.

[2] Freundlich, H.: Zeitschr. f. physik. Chem. **57**, 385. 1906.

2. Protokoll zu Abb. 2.

Lebedew-Saft bei 20° in 5proz. CO_2-N_2.

Zeit Min.	1 ccm Saft ohne HCN cmm CO_2		1 ccm Saft n/1000 HCN cmm CO_2	1 ccm Saft n/100 HCN cmm O_2
	Selbstgärung vor Zugabe der Glucose.			
20	16		11	3,9
40	26		22	7,8
	Gärung nach Zugabe von 50 mg Glucose.			
10	17		11	2
20	51		36	6
30	106		80	14
40	182		142	20
50	285		230	33
	↙ ohne HCN	↘ n/100 HCN		
70	564	445	—	61
80	740	525	—	81
90	—	595	—	104
100	—	665	—	130
	Kurve I	Kurve IIIa	Kurve II	Kurve III

3. Protokoll zu Abb. 3.

Lebende Hefe in 0,2 mol. KH_2PO_4 bei 19°. Stickstoff.

Zeit Min.	4 g Hefe[1] in 1 ccm Phosphatlösung			
	ohne HCN cmm CO_2	ohne HCN cmm CO_2	n/1000 HCN cmm CO_2	n/100 HCN cmm CO_2
5	20	21	6	2
10	53	51	26	8
15	88	86	57	18
20	124	122	95	34
25	160	158	132	55
30	196	194	170	80
40	280	269[2]	250	134
50	370	320	330	180
60	460	366	410	223
70	560	405	490	264
	Kurve I	Kurve IIIa	Kurve II	Kurve III

[1] Trockengewicht.

[2] Nach 40 Min. soviel HCN hinzugefügt, daß in bezug auf HCN n/100.

Biochem. Zeitschr. **165**, 203. 1925.

Über die Wirkung des Schwefelwasserstoffs auf chemische Vorgänge in Zellen.

Von

Erwin Negelein.

(Aus dem Kaiser Wilhelm-Institut für Biologie, Berlin-Dahlem.)

(Eingegangen am 13. September 1925.)

Mit 1 Abbildung.

I. Historisches über die Wirkung des Schwefelwasserstoffs.

In seinem Handbuche der Chemie[1] zitiert J. J. Berzelius die folgenden Versuche von Thénard: „D'après Thénard, un oiseau, par exemple un pinson, meurt sur le champ dans l'air qui ne contient q'un quinze centième de son volume de sulfide hydrique; il ne faut q'un huit centième de volume de l'air de sulfide hydrique, pour faire périr un chien et un deux cent cinquantième pour tuer un cheval."

Nach diesen Angaben können wir die Schwefelwasserstoffkonzentration im Blutplasma, die tödlich wirkt, angenähert berechnen.

In dem ersten von Thénard erwähnten Fall ist der Schwefelwasserstoff-Partialdruck bei normalem Atmosphärendruck

$$\frac{760}{1500} = 0{,}51 \text{ mm Hg}$$

und folglich die Schwefelwasserstoffkonzentration c im Blutplasma in Molen/Liter

$$c = \frac{0{,}51}{760} \cdot \alpha \cdot \frac{1000}{22400},$$

wo α den Bunsenschen Absorptionskoeffizienten des Schwefelwasserstoffs (für Plasma und Bluttemperatur) bedeutet.

Setzen wir $\alpha = 1{,}66$, so wird

$$c = 5 \cdot 10^{-5} \text{ Mole/Liter}.$$

Bei der Berechnung wird vorausgesetzt, daß in Thénards Versuchen das Plasma mit dem angewandten Schwefelwasserstoffdruck im Gleichgewicht war. Trifft diese Voraussetzung nicht zu, so ist die tödlich wirkende Schwefelwasserstoffkonzentration kleiner als $5 \cdot 10^{-5}$ Mole/Liter.

[1] Berzelius, J. J.: Traité de Chimie **7**, 108. Paris 1833.

Später hat sich C. F. Schönbein[1] mit der giftigen Wirkung des Schwefelwasserstoffs beschäftigt. Er fand, daß die wasserstoffperoxydspaltende Wirkung „organischer Materie" durch kleine Mengen Schwefelwasserstoff aufgehoben wird, und fügte die Bemerkung hinzu, daß damit immer der Verlust anderer Fermentwirkungen verbunden sei, beispielsweise der Verlust der Gärwirkung.

Was die Erklärung der Giftwirkung anbetrifft, so dachte man zeitweise an eine Reaktion mit dem Blutfarbstoff (Hoppe-Seylers Sulfhämoglobin[2], wie man auch zeitweise versuchte, die Blausäurewirkung auf eine Reaktion mit dem Blutfarbstoff zurückzuführen (Hoppe-Seylers Cyanhämoglobin[2].

Hierbei übersah man, daß Schwefelwasserstoff und Blausäure allgemeine Zellgifte sind, im Gegensatz zu dem Kohlenoxyd, das ein spezielles Blutgift ist und nur auf blutführende Organismen giftig wirkt. Falls die Hoppe-Seylersschen Reaktionen bei der Vergiftung höherer Tiere mit Blausäure oder Schwefelwasserstoff eine Rolle spielen, so sind sie Entgiftungsreaktionen, die die Giftkonzentrationen im Plasma vermindern.

II. Methodik.

Die Messung der Stoffwechselvorgänge geschah manometrisch. In keinem Falle durfte der Einsatz der Versuchsgefäße Kalilauge enthalten — wegen der Absorption des Schwefelwasserstoffes durch Laugen —, vielmehr waren die Methoden anzuwenden[3], die auf der verschiedenen Löslichkeit der Kohlensäure und des Sauerstoffs beruhen. Die spezielle Anordnung war von Fall zu Fall verschieden und wird in den einzelnen Abschnitten beschrieben. Die Sperrflüssigkeit der Barcroftmanometer war Brodiesche Flüssigkeit, von der 10000 mm = 760 mm Hg. Alle Druckänderungen sind in Millimetern Brodiescher Flüssigkeit gemessen und angegeben.

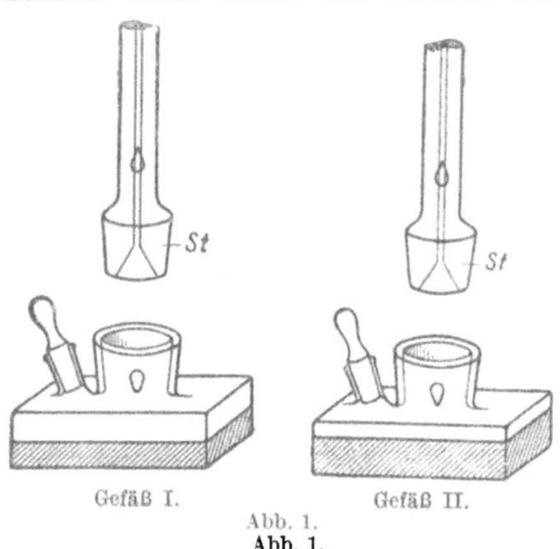

Abb. 1.

Einer Erläuterung bedarf das Verfahren, nach dem bestimmte Kon-

[1] Schönbein, C. F.: Journ. prakt. Chem. (1) **89**, 323. 1863.
[2] Hoppe-Seyler: Med. Chem. Unters. Berlin 1866 bis 1871.
[3] Diese Zeitschr. **152**, 51. 1924.

zentrationen an Schwefelwasserstoff in den Versuchsflüssigkeiten hergestellt wurden. Die Versuchsflüssigkeiten waren saure Phosphat-(KH_2PO_4) Lösungen oder — wenn die Nitratassimilation gemessen wurde — salpetersaure Lösungen. Sie wurden in die Versuchsgefäße (Abb. 1) eingefüllt und mit Gasmischungen, die bei den verschiedenen Versuchen verschieden waren, gesättigt. War dies geschehen, so wurde die gewünschte Schwefelwasserstoffkonzentration durch Zugabe von Natriumsulfid (Na_2S) erzeugt, dessen Menge immer klein war gegen die Menge an KH_2PO_4 oder HNO_3, so daß sich das zugefügte Natriumsulfid praktisch vollständig in freien Schwefelwasserstoff und Nitrat oder Phosphat umsetzte.

Da die Versuchsflüssigkeit mit einem Gasraum in Verbindung stand, so entwich Schwefelwasserstoff in den Gasraum. Da der Gasraum abgeschlossen war, so stellte sich ein Gleichgewicht ein, und zwar war im Gleichgewicht das Verhältnis

$$\frac{H_2S \text{ im Gasraum} + H_2S \text{ gelöst}}{H_2S \text{ gelöst}} = \frac{v_G \frac{273}{T} + v_F \alpha}{v_F \alpha}, \qquad (1)$$

wo v_G und v_F die Volumina des Gas- und Flüssigkeitsraums sind, T die (abs.) Temperatur und α der Bunsensche Absorptionskoeffizient für Schwefelwasserstoff (für die Versuchsflüssigkeit und die Versuchstemperatur). α^{20^0} setzte ich gleich 2,55.

Aus (1) ergibt sich die Zahl n der Mole Na_2S, die wir in das Versuchsgefäß hineinbringen müssen, um in der Lösung die H_2S-Konzentration von c-Molen/Liter zu erzeugen. Es ist

$$n = c \cdot 10^{-3} \cdot v_F \frac{v_G \frac{273}{T} + v_F \alpha}{v_F \alpha}$$

$$n = c \cdot 10^{-3} \cdot \frac{v_G \frac{273}{T} + v_F \alpha}{\alpha}. \qquad (2)$$

III. Die Wirkung von Schwefelwasserstoff auf die Atmung und Gärung in Hefezellen.

Zur Messung des Stoffwechsels der Hefe dienten Gefäße von der Form der Abb. 1, und zwar zwei Gefäße zur Messung des Stoffwechsels unter aeroben Bedingungen und ein Gefäß zur Messung des Stoffwechsels unter anaeroben Bedingungen.

Was den ersten Fall anbetrifft, so kann man entweder mit gleichen Zellmengen oder mit gleichen Zellkonzentrationen arbeiten. Ich habe im allgemeinen mit gleichen Zellmengen gearbeitet.

Betrugen die Druckänderungen, die unter aeroben Bedingungen gleiche Zellmengen in gleichen Zeiten hervorbrachten, H mm (Gefäß I mit den Konstanten K_{O_2} und K_{CO_2}) und h mm (Gefäß II mit den Konstanten k_{O_2} und k_{CO_2}), so war der verbrauchte Sauerstoff x_{O_2} in Kubikmillimetern

$$x_{O_2} = \frac{h k_{CO_2} - H K_{CO_2}}{\frac{k_{CO_2}}{k_{O_2}} - \frac{K_{CO_2}}{K_{O_2}}} \qquad (3)$$

und die gebildete Kohlensäure x_{CO_2} in Kubikmillimetern

$$x_{CO_2} = \frac{h k_{O_2} - H K_{O_2}}{\frac{k_{O_2}}{k_{CO_2}} - \frac{K_{O_2}}{K_{CO_2}}}, \qquad (4)$$

x_{CO_2} war die Summe von Atmungskohlensäure und Gärungskohlensäure. Nahm man an, daß ebensoviel Atmungskohlensäure gebildet, als Sauerstoff verbraucht wurde, so war die aerob gebildete Gärungskohlensäure x_G in Kubikmillimetern

$$x_G = x_{CO_2} + x_{O_2}.$$

Betrug die Druckänderung, die unter anaeroben Bedingungen beobachtet wurde, h_{CO_2} mm, so war die gebildete Kohlensäure in Kubikmillimetern

$$x_{CO_2} = h_{CO_2} k_{CO_2}. \qquad (5)$$

In diesem Falle war x_{CO_2} gleich der gebildeten Gärungskohlensäure x_G.

Tabelle 1 enthält 2 Versuchsbeispiele. In Versuch 1 ist der aerobe und der anaerobe Stoffwechsel ohne Schwefelwasserstoff gemessen worden, in Versuch 2 der aerobe Stoffwechsel bei einer Schwefelwasserstoffkonzentration von 10^{-4} Molen/Liter, der anaerobe Stoffwechsel wieder ohne Schwefelwasserstoff. Das Ergebnis ist, daß 10^{-4} molar Schwefelwasserstoff die Atmung gärender Hefe vollkommen hemmt, und daß gleichzeitig die Gärung von dem aeroben auf den anaeroben Wert steigt. 10^{-4} molar Schwefelwasserstoff — in Sauerstoff — stellt also die Bedingungen der Anaerobiose her und wirkt offenbar auf die Gärung nur insofern, als er die Atmung hemmt.

Mit der gleichen Versuchsanordnung fand ich, daß noch 10^{-5} n Schwefelwasserstoff die Hefeatmung vollkommen hemmt, während 10^{-6} n-Schwefelwasserstoff ohne deutliche Wirkung ist.

Wegen des Einflusses der Atmung auf die Gärung kann die direkte Wirkung des Schwefelwasserstoffs auf die Gärung nur durch die Versuche unter anaeroben Bedingungen ermittelt werden. Stellt man solche Versuche unter Zusatz von Schwefelwasserstoff an, so zeigt sich, daß 10^{-4} molar Schwefelwasserstoff auf die Gärung nicht wirkt. Noch die 5fache Konzentration an Schwefelwasserstoff ist ohne Einfluß auf

Tabelle 1. *Wirkung von Schwefelwasserstoff auf Hefe unter aeroben Bedingungen.*

Obergärige Hefe[1] in 0,5 molarer KH_2PO_4-Lösung. 1% Glucose. 20⁰. In jedem Gefäß 1,4 mg Hefe (Trockengewicht).

Nr.	Gasraum	H_2S-Konzentration	Gefäß-volumina		Gefäß-konstanten		Beobachtete Druckänderungen	Sauerstoffverbrauch (x_{O_2})	Gesamtkohlensäure (x_{CO_2})	Gärungskohlensäure (x_G)	
		Mole/Lit.	v_F ccm	v_G ccm	für O_2	für CO_2	mm	cmm	cmm	cmm	
1	Luft . . .	—	3,0	9,28	$k_{O_2} = 0,87$	$k_{CO_2} = 1,12$	$h = +32$ in 60′	— 50	+ 100	+ 50 (aerob)	
			8,0	5,64	$K_{O_2} = 0,55$	$K_{CO_2} = 1,22$	$H = -9$ in 60′				
	Stickstoff .	—	3,0	10,5	—	$k_{CO_2} = 1,24$	$h_{CO_2} = +146$ in 60′	—	+ 182	+ 182 (anaerob)	
2	Luft	10^{-4}	3,0	9,28	$k_{O_2} = 0,87$	$k_{CO_2} = 1,12$	$h = +145$ in 45′	0	+ 174	+ 174 (aerob)	Hemmung der Atmung 100 %
			8,0	5,64	$K_{O_2} = 0,55$	$K_{CO_2} = 1,22$	$H = +152$ in 45′				Keine Hemmung der Gärung, sondern Anstieg der Gärung auf den anaeroben Wert
	Stickstoff .	—	3,0	10,5	—	$k_{CO_4} = 1,24$	$h_{CO_2} = +132$ in 45′	—	+ 164	+ 164 (anaerob)	

[1] **Rasse M** des **Berliner Instituts für Gärungsgewerbe.**

die Gärung, und erst bei 60facher Konzentration finden wir eine starke Wirkung auf die Gärung (Tabelle 2). Infolge dieser großen Spanne zwischen atmungs- und gärungshemmender Konzentration (10^{-5} n gegenüber $6 \cdot 10^{-3}$ n) ist es möglich, mit Hilfe von Schwefelwasserstoff die Atmung der Hefe von ihrer Gärwirkung vollkommen zu trennen.

Tabelle 2. *Wirkung von Schwefelwasserstoff auf Hefe unter anaeroben Bedingungen.* Obergärige Hefe (Rasse M) in 0,5 molarer KH_2PO_4-Lösung. 1 Proz. Glucose. 20°. In jedem Gefäß 4 mg Hefe (Trockengewicht).

Gasraum	H_2S-Konzentration	Gefäß-volumina		Gefäß-konstante für Kohlensäure k_{CO_2}	Beobachtete Druckänderungen	Gärungs-kohlensäure (x_G)	Hemmung der Gärung
		v_F	v_G				
	Mole/Liter	ccm	ccm		mm	cmm	%
Stickstoff . .	—	10	18,8	2,52	h_{CO_2} = + 112 in 45′	282	—
Stickstoff . .	$5{,}4 \cdot 10^{-4}$	10	23,7	2,95	h_{CO_2} = + 95 in 45′	281	0
Stickstoff . .	$5{,}8 \cdot 10^{-3}$	10	20,0	2,62	h_{CO_2} = + 21,5 in 45′	57	80

IIIa. Die Wirkung von Blausäure auf die Atmung in Hefezellen.

An dieser Stelle seien Versuche über die Wirkung der Blausäure auf die Atmung gärender Hefe eingeschaltet, der einzige von den fünf untersuchten Stoffwechselvorgängen, für den der Blausäurehemmungswert durch frühere Arbeiten noch nicht hinreichend genau festgelegt ist.

Die Versuche wurden mit demselben Hefestamm wie die Schwefelwasserstoffversuche ausgeführt, und auch im übrigen geschah alles, wie in Abschnitt III für aerobe Bedingungen beschrieben, mit dem einzigen Unterschied, daß der Schwefelwasserstoff durch Blausäure ersetzt wurde.

Das Ergebnis der Messungen war:

HCN-Konzentration Mole/Liter	x_{O_2} in 30 Min. (1,4 mg Hefe) cmm	Hemmung der Atmung %
0	— 28,0	
$1 \cdot 10^{-5}$	— 8,7	70
$1 \cdot 10^{-4}$	0	100

IV. Die Wirkung von Schwefelwasserstoff auf die Kohlensäureassimilation in Chlorella

wurde bei intensiver Bestrahlung einer dünnen Algensuspension und bei Überschuß von Kohlensäure untersucht, das heißt unter Bedingungen, unter denen die Blackmansche Reaktion[1] die Geschwindigkeit der Assimilation bestimmt. Zur Messung dienten Gefäße nach Abb. 1. Die Lichtquelle war eine ½-Watt-Metallfadenlampe von 75 Watt Stromverbrauch, deren leuchtender Faden 8 cm vom Boden der Versuchsgefäße entfernt war.

Beträgt die Druckänderung bei Betrahlung H mm, so ist die allgemeine Formel zur Berechnung des entwickelten Sauerstoffs[2] x_{O_2} in Kubikmillimetern

$$x_{O_2} = H \frac{K_{CO_2} \cdot K_{O_2}}{K_{CO_2} + \gamma K_{O_2}}, \tag{6}$$

wo $\gamma = \frac{x_{CO_2}}{x_{O_2}}$ ist. Ist γ unbekannt, so genügt ein Gefäß nicht zur Messung der Assimilation. Für unseren besonderen Fall jedoch — Chlorella bei intensiver Bestrahlung — lagen Bestimmungen von γ vor[3], so daß wir mit einem Gefäß auskamen. γ ist sehr nahe gleich —0,9, der entwickelte Sauerstoff in Kubikmillimetern also

$$x_{O_2} = H \frac{K_{CO_2} \cdot K_{O_2}}{K_{CO_2} - 0{,}9\, K_{O_2}}.$$

Tabelle 3 enthält ein Versuchsbeispiel für die Schwefelwasserstoffkonzentrationen 0, 10^{-6}, 10^{-5} und 10^{-4} Mole/Liter. Das Ergebnis ist, daß 10^{-5} molar Schwefelwasserstoff die Kohlensäureassimilation — genauer die Blackmansche Reaktion — stark hemmt.

Tabelle 3. *Wirkung von Schwefelwasserstoff auf die Kohlensäureassimilation in Chlorella.*

Chlorella in Knopscher Lösung[4] bei 20°. In jedem Gefäß 2 mg Chlorella (Trockengewicht).

Gasraum	H_2S-Konzentration	Gefäßvolumina		Gefäßkonstanten		Beobachtete Druckänderungen	Entwickelter Sauerstoff (x_{O_2})	Hemmung
	Mole/Liter	v_F ccm	v_G ccm	K_{O_2}	K_{CO_2}	mm	cmm	%
5% CO_2 in Luft	0	8,0	5,54	0,54	1,21	+ 136 in 20′	124	—
	10^{-6}	8,0	5,54	0,54	1,21	+ 120 „ 20	109	12
	10^{-5}	8,0	5,54	0,54	1,21	+ 38,5 „ 20	35	72
	10^{-4}	8,0	5,64	0,55	1,22	— 6,0 „ 20	—	100

[1] Vgl. diese Zeitschr. **146,** 486. 1924.

[2] Die Atmung der Chlorella beträgt bei intensiver Bestrahlung nur einige Prozente der Assimilation und kann vernachlässigt werden.

[3] Zeitschr. f. physik. Chem. **102,** 254. 1922.

[4] Zusammensetzung der Knopschen Lösung vgl. Zeitschr. f. physik. Chem. **102,** 235. 1922.

V. Die Wirkung von Schwefelwasserstoff auf die Nitratassimilation in Chlorella.

Nach einer früheren Arbeit ist die Gleichung der Nitratassimilation[1]

$$HNO_3 + H_2O + 2\,C = NH_3 + 2\,CO_2 \tag{7}$$

ein Vorgang, der unter geeigneten Versuchsbedingungen so schnell verläuft, daß die nach Gleichung (7) entwickelte „Extrakohlensäure" einen erheblichen Teil der gesamten entwickelten Kohlensäure ausmacht. Unter solchen Bedingungen kann man die Nitratassimilation durch Bestimmung der Extrakohlensäure messen.

Zur Messung dienten zwei Gefäße nach Abb. 1. Die Suspensionsflüssigkeit war eine Lösung, die in bezug auf $NaNO_3$ n/10, in bezug auf freie Salpetersäure n/100 war, das sogenannte „Nitratgemisch". Im Gasraum befand sich Luft, die Versuchsgefäße waren verdunkelt.

Betrugen die Druckänderungen, die gleiche Zellmengen in gleichen Zeiten hervorbrachten, H mm (Gefäß I mit den Konstanten K_{O_2} und K_{CO_2}) und h mm (Gefäß II mit den Konstanten k_{O_2} und k_{CO_2}), so war der verbrauchte Sauerstoff x_{O_2} in Kubikmillimetern

$$x_{O_2} = \frac{h k_{CO_2} - H K_{CO_2}}{\dfrac{k_{CO_2}}{k_{O_2}} - \dfrac{K_{CO_2}}{K_{O_2}}},$$

die gebildete Kohlensäure x_{CO_2} — die Summe von Atmungskohlensäure und Extrakohlensäure — in Kubikmillimetern

$$x_{CO_2} = \frac{h k_{O_2} - H K_{O_2}}{\dfrac{k_{O_2}}{k_{CO_2}} - \dfrac{K_{O_2}}{K_{CO_2}}}$$

und die gebildete Extrakohlensäure in Kubikmillimetern

$$x_{CO_2} + x_{O_2},$$

da nach früheren Gasanalysen[2] fast genau soviel Atmungskohlensäure gebildet als Sauerstoff verbraucht wird.

Tabelle 4 enthält ein Versuchsbeispiel. Die Schwefelwasserstoffkonzentrationen waren 0 und 10^{-4} Mole/Liter. Das Ergebnis ist, daß 10^{-4} molar Schwefelwasserstoff die Extrakohlensäurebildung zum Verschwinden bringt, die Nitratassimilation also vollständig hemmt.

[1] Diese Zeitschr. **110**, 66. 1920.

[2] Zeitschr. f. physikal. Chem. **102**, 254. 1922.

Tabelle 4. *Wirkung von Schwefelwasserstoff auf die Nitratassimilation in Chlorella.* Chlorella in Nitratgemisch bei 25°. Dunkel. In jedem Gefäß 16 mg Chlorella (Trockengewicht).

Gasraum	H_2S-Konzentration	Gefäßvolumina		Gefäßkonstanten		Beobachtete Druckänderungen	Sauerstoffverbrauch (x_{O_2})	Kohlensäurebildung (x_{CO_2})	Extrakohlensäure	Hemmung der Nitratassimilation
		v_F	v_G	für O_2	für CO_2					
	Mole/Liter	ccm	ccm			mm	cmm	cmm	cmm	%
Luft	0	3,0	9,95	$k_{O_2} = 0,92$	$k_{CO_2} = 1,14$	$h = +3,5$ in 15′	— 25	+ 35	10	—
		8,0	5,54	$K_{O_2} = 0,53$	$K_{CO_2} = 1,12$	$H = -16$ in 15′				
Luft	10^{-4}	3,0	10,51	$k_{O_2} = 0,97$	$k_{CO_2} = 1,19$	$h = -5,5$ in 15′	— 26	+ 25,5	0	100
		8,0	5,64	$K_{O_2} = 0,54$	$K_{CO_2} = 1,12$	$H = -25$ in 15′				

VI. Die Wirkung von Schwefelwasserstoff auf die Atmung in Chlorella.

Zur Messung der Atmung bei Gegenwart von Schwefelwasserstoff dienten zwei Gefäße nach Abb. 1. Betrugen die Druckänderungen, die gleiche Zellmengen in gleichen Zeiten hervorbrachten, H mm (Gefäß I mit den Kontanten K_{O_2} und K_{CO_2}) und h mm (Gefäß II mit den Konstanten k_{O_2} und k_{CO_2}), so war der verbrauchte Sauerstoff x_{O_2} in Kubikmillimetern

$$x_{O_2} = \frac{h\,k_{CO_2} - H\,K_{CO_2}}{\frac{k_{CO_2}}{k_{O_2}} - \frac{K_{CO_2}}{K_{O_2}}}$$

und die gebildete Atmungskohlensäure x_{CO_2} in Kubikmillimetern

$$x_{CO_2} = \frac{h\,k_{O_2} - H\,K_{O_2}}{\frac{k_{O_2}}{k_{CO_2}} - \frac{K_{O_2}}{K_{CO_2}}}.$$

Zur Messung der Atmung bei Abwesenheit von Schwefelwasserstoff begnügte ich mich mit einem Gefäß, setzte den respiratorischen Quotienten nach früheren Messungen[1] gleich — 1 und berechnete den Sauerstoffverbrauch x_{O_2} in Kubikmillimetern aus der beobachteten Druckänderung H nach der Gleichung

$$x_{O_2} = H\,\frac{K_{CO_2} \cdot K_{O_2}}{K_{CO_2} - K_{O_2}}.$$

[1] Zeitschr. f. physikal. Chem. **102**, 254. 1922.

Tabelle 5 enthält ein Versuchsbeispiel. Die Schwefelwasserstoffkonzentrationen waren 0 und 10^{-4} Mole/Liter. Das Ergebnis ist, daß 10^{-4} molar Schwefelwasserstoff die Atmung nicht nur nicht hemmt, sondern sogar beschleunigt, und daß der respiratorische Quotient der gesteigerten Atmung gleich dem der normalen Atmung ist.

Tabelle 5. *Wirkung von Schwefelwasserstoff auf die Atmung in Chlorella.*
Chlorella in Knopscher Lösung[1] bei 20°. Dunkel. In jedem Gefäß 12 mg Chlorella (Trockengewicht).

Gasraum	H_2S-Konzentration	Gefäßvolumina		Gefäßkonstanten		Beobachtete Druckänderungen	Verbrauchter Sauerstoff (x_{O_2})	Gebildete Kohlensäure (x_{CO_2})	
		v_F	v_G	für O_2	für CO_2				
	Mole/Lit.	ccm	ccm			mm	cmm	cmm	
Luft .	0	8,0	5,54	$K_{O_2} = 0{,}54$	$K_{CO_2} = 1{,}21$	$h = -18$ in 15′	−18	+18	Keine Hemmung der Atmung, sondern Steigerung auf das 1,8fache
Luft .	10^{-4}	3,0	9,28	$k_{O_2} = 0{,}87$	$k_{CO_2} = 1{,}12$	$h = -8$ in 15′	−32	+32	
		8,0	5,64	$K_{O_2} = 0{,}55$	$K_{CO_2} = 1{,}22$	$H = -31{,}5$ in 15′			

VII. Vergleich der Blausäure- und Schwefelwasserstoffwirkung.

Zum Schluß vergleichen wir die Wirkungen, die Blausäure und Schwefelwasserstoff bei gleicher Konzentration hervorbringen, und wählen als Vergleichskonzentration 10^{-4} Mole/Liter. Es ergibt sich folgendes:

	Es bewirkt 10^{-4} mol. H_2S	Es bewirkt 10^{-4} mol. HCN
Atmung in Hefezellen . .	Vollkommene Hemmung	Vollkommene Hemmung
Gärung in Hefezellen .	Keine Hemmung	Keine Hemmung[2]
Kohlensäureassimilation in Chlorella	Vollkommene Hemmung	Starke Hemmung[3]
Nitratassimilation in Chlorella	Vollkommene Hemmung	Vollkommene Hemmung[4]
Atmung in Chlorella . .	Steigerung	Steigerung[5]

Das Ergebnis ist, daß ein weitgehender Parallelismus zwischen den Wirkungen der Blausäure und des Schwefelwasserstoffs besteht.

[1] Zusammensetzung der Knopschen Lösung vgl. Zeitschr. f. physik. Chem. **102**, 235. 1922.
[2] Diese Zeitschr., die vorhergehende Arbeit.
[3] Ebendaselbst **146**, 488. 1924.
[4] Ebendaselbst **110**, 81. 1920.
[5] Ebendaselbst **100**, 267. 1919.

Die Atmung der Chlorella wird — als bisher einziger Fall von Atmung — durch kleine Blausäurekonzentrationen nicht nur nicht gehemmt, sondern sogar beschleunigt, und die gleiche Wirkung bringt in diesem Falle Schwefelwasserstoff hervor, der in anderen Fällen wie Blausäure die Atmung hemmt. Die alkoholische Gärung ist, wie alle Gärungen, gegen Blausäure erheblich unempfindlicher als die Atmung und ist es auch gegenüber Schwefelwasserstoff. Hierbei ist sogar das Verhältnis zwischen atmungs- und gärungshemmender Konzentration von derselben Größenordnung, denn wir finden

	Es hemmen die Hefeatmung Mole/Liter	Es hemmen die Hefegärung Mole/Liter	Verhältnis
Blausäure	10^{-5}	10^{-2}	1 : 1000
Schwefelwasserstoff	10^{-5}	$0{,}6 \cdot 10^{-2}$	1 : 600

Für die Anregung zu dieser Arbeit spreche ich Herrn O. WARBURG meinen Dank aus.

Biochem. Zeitschr. **172**, 17. 1926.

Über die Wirkung von Blausäureäthylester (Äthylcarbylamin) auf Schwermetallkatalysen.

Von

Shigeru Toda.

(Aus dem Kaiser Wilhelm-Institut für Biologie, Berlin-Dahlem.)

(Eingegangen am 11. März 1926.)

Mit 6 Abbildungen.

Die Blausäureester sind im Jahre 1866 von GAUTIER entdeckt worden. Er erhielt sie bei der Einwirkung von Jodalkyl auf Cyansilber:

$$C_2H_5J + 2\,AgCN = (C_2H_5NC)AgCN + AgJ \qquad (1)$$

als komplexe Silberverbindungen, die durch Cyankalium unter Bildung von freiem Blausäureester und komplexem Silbercyanid zerlegt werden. Was die Konstitution der Blausäureester anbetrifft, so nimmt man seit NEF an, daß der Kohlenstoff in ihnen, wie in der freien Blausäure, zweiwertig ist:

$$\underset{\text{Blausäure}}{HN = C} \qquad \underset{\text{Äthylcarbylamin}}{C_2H_5N = C}$$

Die Blausäureester sind beständig in neutraler und alkalischer Lösung — aus der sie unzersetzt destilliert werden können —, aber unbeständig in saurer Lösung. Sie zerfallen in saurer Lösung jedoch nicht in Blausäure und Alkohol, was mit Hinblick auf ihre biologische Wirkung hervorgehoben sei, sondern in Ameisensäure und Amin. Beispielsweise reagiert Äthylcarbylamin nach der Gleichung

$$C_2H_5NC + 2\,H_2O = C_2H_5NH_2 + HCOOH, \qquad (2)$$

wenn man eine wässerige schwefelsaure Lösung kurze Zeit bei Zimmertemperatur stehenläßt. Auf dieser Reaktion, die quantitativ verläuft, beruht eine Methode[1] zur Bestimmung der Blausäureester. Man zerlegt sie mit Säure, macht alkalisch, destilliert und titriert das übergehende Amin.

Von anderen Eigenschaften der Blausäureester ist bemerkenswert, daß sie mit Schwermetallen, wie die freie Blausäure, komplexe Verbindungen bilden. Eine eingehende Untersuchung darüber verdanken

---

[1] GUILLEMARD, H.: Ann. Chim. et Phys. **14**, 311. 1908.

wir K. A. Hofmann[1], der beispielsweise eine Verbindung von Ferrochlorid (2 Molekülen) und Äthylcarbylamin (3 Molekülen) herstellte, die, in Wasser gelöst, weder mit Silber die Chlorreaktion, noch mit Ferricyankalium die Eisenreaktion gab. Auf Grund solcher Beobachtungen war zu erwarten, daß die Ester der Blausäure, ähnlich wie die freie Blausäure, Schwermetallkatalysen hemmen. Ich habe diese Frage auf Vorschlag von Herrn Otto Warburg geprüft und untersucht, in welcher Weise der Äthylester der Blausäure — Äthylcarbylamin — auf die Oxydation des Cysteins und der Fructose in wässeriger Lösung sowie auf die Oxydation des Leucins an Häminkohle wirkt.

I. Reinigung des Äthylcarbylamins.

Das Rohprodukt, von dem ich ausging, war Kahlbaumsches Äthylcarbylamin. Es enthielt, wie alle nach Gautier dargestellten Carbylamine, als Verunreinigung Blausäure und Nitril. Die Blausäure war durch Destillation von dem Carbylamin nicht zu trennen.

Um die Blausäure in dem Carbylamin zu bestimmen, stellte ich eine n/10 wässerige Lösung her (5,5 g : 1000 ccm). Zu 10 ccm dieser Lösung fügte ich 2 ccm 25proz. Ammoniak[2] und 0,5 ccm 32proz. Jodkaliumlösung, verdünnte mit Wasser auf 100 ccm und ließ so lange n/100 Silbernitrat zufließen, bis Opaleszenz auftrat. 10 ccm der Lösung verbrauchten beispielsweise 0,56 ccm n/100 Silbernitrat, was 1,2 ccm n/100 Blausäure entspricht.

In anderen Versuchen zerlegte ich dieselbe Carbylaminlösung zunächst mit dem gleichen Volumen n Schwefelsäure (1 Stunde Zimmertemperatur) zu Amin und Ameisensäure, destillierte dann die Blausäure in eine eisgekühlte Wasservorlage und titrierte sie in der Vorlage nach Deniges mit n/100 Silbernitrat. Bei dieser Anordnung erhielt ich die gleiche Blausäuremenge, aus 10 ccm n/10 Carbylamin 1,2 ccm n/100 Blausäure. Auf je 100 Moleküle Carbylamin kam also in einem Kahlbaumschen Präparat, das destilliert war, 1 Molekül Blausäure. Man sieht daraus, wie wichtig es ist, bei allen Versuchen mit Blausäureestern die freie Blausäure zu entfernen. Wie es scheint, geschah dies nicht in den bisher in der Literatur beschriebenen Versuchen.

Zur Entfernung der Blausäure schüttelte ich 50 ccm Äthylcarbylamin im Scheidetrichter 10 Minuten lang zweimal mit 10 ccm n Natronlauge, ein drittes Mal mit Wasser und destillierte dann zweimal, wobei das Carbylamin bei 78° überging. Dieses Präparat erwies sich, nach Deniges in der beschriebenen Weise geprüft, als frei von Blausäure.

[1] Hofmann, K. A. u. G. Bugge: Ber. **40**, 3759. 1907.
[2] Methode von Deniges.

Um einen Gehalt an Nitril festzustellen, führte ich das Carbylamin mit Schwefelsäure in Amin und Ameisensäure über und titrierte das Amin. 10 ccm einer n/10 Carbylaminlösung wurden mit 10 ccm n Schwefelsäure gemischt und blieben bei Zimmertemperatur 1 Stunde stehen. Dann war der Geruch nach Carbylamin verschwunden. Ich fügte 20 ccm zweifach n Natronlauge und 10 ccm Wasser hinzu und destillierte das gebildete Äthylamin in vorgelegte n/10 Schwefelsäure. Der Titerverlust der Schwefelsäure, gegen Methylrot bestimmt, betrug 9,8 ccm n/10 Säure. Mein Präparat enthielt also sicher nicht mehr als 2% Nitril, eine Verunreinigung, die, wie aus dem Folgenden hervorgeht, für meine Zwecke belanglos war.

II. Reinigung des Valeronitrils.

Neben Carbylamin habe ich auch Nitrile auf Schwermetallkatalysen einwirken lassen, und zwar Propionitril, das dem Äthylcarbylamin isomer ist, und ein Valeronitril:

$C_2H_5—CN$	$(CH_3)_2 \cdot CH \cdot CH_2CN$
Proponitril	Valeronitril

Wie die Carbylamine mit Nitrilen und Blausäure, so sind die Nitrile oft mit Carbylaminen und Blausäure verunreinigt. Das Propionitril von Kahlbaum war frei von Carbylamin und Blausäure. Das Kahlbaumsche Valeronitril der oben angeschriebenen Formel enthielt sowohl Carbylamin als auch Blausäure und mußte deshalb gereinigt werden.

Zur Entfernung des Carbylamins schüttelte ich 50 ccm Valeronitril mit 50 ccm n Schwefelsäure 6 Stunden auf der Schüttelmaschine. Dann war der Geruch nach Carbylamin verschwunden. Ich extrahierte das Nitril (das bei Zimmertemperatur gegen Säuren ganz beständig ist) mit Äther, trocknete den Äther mit Natriumsulfat und fraktionierte, wobei die bei 127—128° übergehende Fraktion aufgefangen wurde. Die Titration nach Deniges zeigte, daß das so gewonnene Nitril noch erhebliche Mengen Blausäure enthielt. Obwohl die Siedepunkte der Blausäure und des Valeronitrils weit auseinanderliegen, kann die Blausäure durch Destillation nicht entfernt werden.

Zur Entfernung der Blausäure schüttelte ich 40 ccm des carbylaminfreien Nitrils 5 Minuten mit 10 ccm zweifach n Natronlauge im Schütteltrichter. Dann wurde mit Wasser gewaschen, mit Natriumsulfat getrocknet und destilliert. Das übergehende Nitril war blausäurefrei. Eine Lösung in Wasser, nach Deniges mit n/100 Silbernitrat versetzt, verbrauchte bis zur Opaleszenz nicht mehr Silber als reines Wasser.

III. Die Wirkung von Carbylamin und Valeronitril auf die Cysteinoxydation.

Löst man eisenhaltiges Cysteinchlorhydrat in Wasser, neutralisiert mit Ammoniak, bis p_H etwa 8 ist, und schüttelt mit Luft, so tritt die violette Farbe der komplexen Eisen-Cysteinverbindung auf, in der das Eisen dreiwertig ist. Diese Färbung verschwindet auf Zusatz von Blausäure, und sie verschwindet auch, wie ich beobachtet habe, auf Zusatz von Äthylcarbylamin. Es ist bekannt, daß im Falle der Blausäurewirkung Entfärbung und Oxydationshemmung parallel gehen. Ich habe gefunden, daß das gleiche für die Carbylaminwirkung gilt.

Für meine quantitativen Versuche benutzte ich Cysteinchlorhydrat, das aus der dreifachen Menge heißen Äthylalkohols umkristallisiert war. Die Hauptmenge des im Rohcystein vorhandenen Eisens blieb bei dieser Reinigung im Alkohol zurück, und ich erhielt ein Präparat, das sich mit einer für meine Zwecke geeigneten Geschwindigkeit oxydierte. Zur Neutralisation verwendete ich nach SAKUMA[1] gereinigtes Ammoniak. Die Geschwindigkeit der Oxydation bestimmte ich manometrisch, wie bei SAKUMA[1] beschrieben.

In Tabelle 1 und Abb. 1 ist ein Versuchsbeispiel wiedergegeben, in dem die Cysteinoxydation bei den Carbylaminkonzentrationen 0 und 10^{-4} und 10^{-3} n gemessen wurde. Fassen wir zunächst die ersten 120 Minuten ins Auge, so sehen wir, daß 10^{-4} n Carbylamin um 35%, 10^{-3} n Carbylamin vollständig hemmt. Dies ist dieselbe Größenordnung der Konzentration, in der Blausäure die Oxydation mäßig verunreinigter Cysteinlösungen hemmt.

Tabelle 1. *Cystein und Äthylcarbylamin.*
p_H = etwa 8. Gasraum Luft. Temperatur 20°.

Minuten	8 mg Cystein-HCl 10 ccm H_2O O_2 in cmm	8 mg Cystein-HCl 10 ccm H_2O n/1000 C_2H_5—N : C O_2 in cmm	8 mg Cystein-HCl 10 ccm H_2O n/10000 C_2H_5—N : C O_2 in cmm
20	4,8	0,0	1,8
40	7,6	0,0	3,6
60	12,4	0,0	7,2
80	16,2	0,9	9,9
100	20,0	0,9	13,5
120	23,8	0,9	15,3
	← $2 \cdot 10^{-3}$ mg Fe	← $2 \cdot 10^{-3}$ mg Fe	← $2 \cdot 10^{-3}$ mg Fe
140	72,2	16,2	64,8
160	116,9	24,3	110,7
180	155,8	31,5	147,6

[1] SAKUMA, S.: diese Zeitschr. **142**, 68. 1923.

Nach Ablauf von 120 Minuten wurden in jedes Gefäß $2 \cdot 10^{-3}$ mg Eisen (in Form von Ferrosulfat) zugegeben. Die Konzentration an Eisen war dann $0{,}4 \cdot 10^{-5}$ n. Mit dem Eisengehalt stieg, wie Tabelle 1 und Abb. 1 lehren, die Geschwindigkeit der Oxydation, und zwar in 10^{-4} n Carbylamin in etwa demselben Maße, wie in der carbylaminfreien Kontrolle. 10^{-4} n Carbylamin war also nicht imstande, die Wirkung von $0{,}4 \cdot 10^{-5}$ n Eisen aufzuheben. Dagegen hemmte 10^{-3} n Carbylamin die Wirkung des zugesetzten Eisens sehr stark, zunächst um 67%, später um 82%.

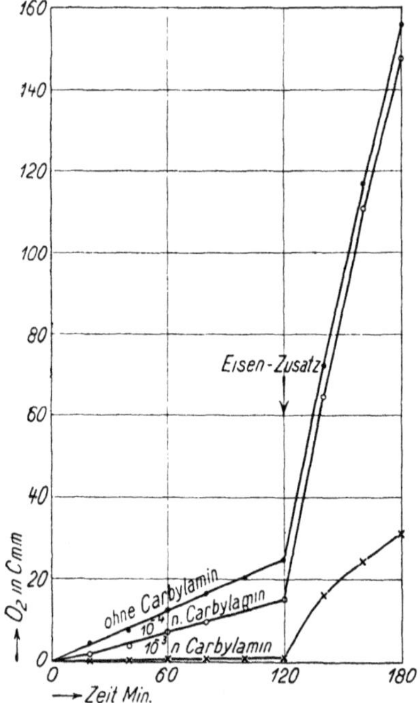

Abb. 1. Cysteinoxydation in wässeriger Lösung.

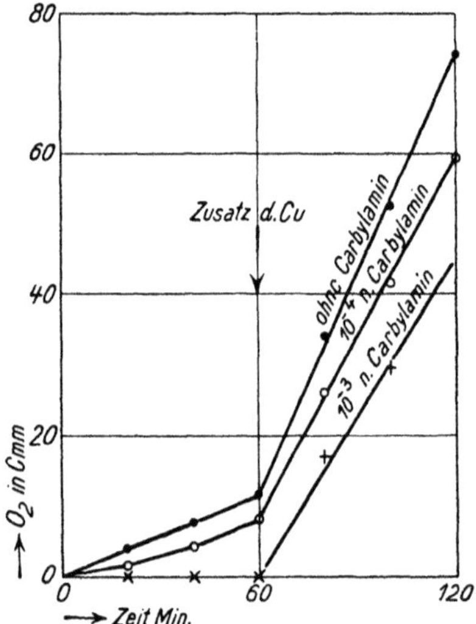

Abb. 2. Cysteinoxydation in wässeriger Lösung.

Tabelle 2. *Cystein und Äthylcarbylamin.*

p_H = etwa 8. Gasraum Luft. Temperatur 20°.

Minuten	7 mg Cystein-HCl 10 ccm H_2O — O_2 in cmm	7 mg Cystein-HCl 10 ccm H_2O n/1000 C_2H_5—N : C — O_2 in cmm	7 mg Cystein-HCl 10 ccm H_2O n/10000 C_2H_5—N : C — O_2 in cmm
20	3,8	0,0	1,8
40	7,6	0,0	4,5
60	11,4	0,0	8,1
	← $2 \cdot 10^{-3}$ mg Cu	← $2 \cdot 10^{-3}$ mg Cu	← $2 \cdot 10^{-3}$ mg Cu
80	34,2	17,1	26,1
100	52,3	29,7	41,4
120	74,1	45,0	59,4

Der Versuch der Tabelle 2 und der Abb. 2 unterscheidet sich von dem beschriebenen dadurch, daß Kupfersulfat statt Ferrosulfat zugegeben wurde. Wie man sieht, wird auch die Kupferkatalyse durch Äthylcarbylamin gehemmt, aber beträchtlich schwächer als die Eisenkatalyse.

Die Versuche beweisen, daß Carbylamin die sauerstoffübertragende Wirkung von Schwermetall in ähnlichem Maße hemmt wie Blausäure. Daß Kohlenstoffverbindungen, die keine komplexen Schwermetallverbindungen bilden, eine derartige Wirkung nicht hervorbringen, ist kaum nötig zu erwähnen. Valeronitril (Tabelle 3) hat selbst in n/10 Lösung keinen Einfluß auf die Geschwindigkeit der Oxydation.

Tabelle 3. *Cystein und Valeronitril.*
p_H = etwa 8. Gasraum Luft. Temperatur 20°.

Minuten	8 mg Cystein-HCl 10 ccm H_2O	8 mg Cystein-HCl 10 ccm H_2O n/10 Valeronitril	8 mg Cystein-HCl 10 ccm H_2O n/100 Valeronitril
	O_2 in cmm	O_2 in cmm	O_2 in cmm
10	1,8	1,7	1,7
20	4,5	4,3	4,3
30	6,3	6,0	6,0
40	8,1	8,5	8,5
60	13,7	12,4	12,9
80	18,0	17,0	17,0
100	23,4	22,1	22,1

IV. Die Wirkung von Äthylcarbylamin auf die Fructoseoxydation in Phosphat.

Die von Warburg und Yabusoe[1] entdeckte Verbrennung der Fructose in Phosphatlösungen ist nach Versuchen von Meyerhof und Matsuoka[2] sowie nach Versuchen von F. Wind[3] ein durch Schwermetall beschleunigter Vorgang, da Komplexbildner die Oxydation hemmen, Schwermetalle die Oxydation beschleunigen.

Tabelle 4. *Fructose-Phosphat und Äthylcarbylamin.*
37,5°. Gasraum Luft.

Minuten	5 ccm Fructose-Phosphatlösung	5 ccm Fructose-Phosphatlösung n/1000 C_2H_5—N : C	5 ccm Fructose-Phosphatlösung n/10000 C_2H_5—N : C
	O_2 in cmm	O_2 in cmm	O_2 in cmm
20	47,3	21,0	20,0
40	108,2	49,0	47,3
60	171,2	77,0	75,6

[1] Diese Zeitschr. **146**, 380. 1924. [2] Ebendaselbst **150**, 1. 1924.
[3] Ebendaselbst **159**, 58. 1925.

Für meine Versuche benutzte ich m/2 Phosphatlösungen, deren p_H etwa 8 war. Die Fructosekonzentration betrug 5%. Die Messung der Oxydationsgeschwindigkeit geschah manometrisch, wie bei WARBURG und YABUSOE[1] beschrieben.

Tabelle 4 enthält ein Versuchsbeispiel. 10^{-4} n Carbylamin hemmt die Oxydation um 50%.

Auffallenderweise hemmt 10^{-3} n Carbylamin nicht stärker als 10^{-4} n Carbylamin. Ich erkläre dies durch die Annahme, daß unter den verschiedenen Metallen, die das Fructosephosphatgemisch enthält, solche sind, die mit Carbylamin reagieren, und solche, die nicht reagieren.

V. Die Wirkung von Äthylcarbylamin auf die Oxydation des Leucins an Häminkohle.

Nach WARBURG und BREFELD[2] hemmt 10^{-3} n Blausäure die sauerstoffübertragende Wirkung des in der Häminkohle gebundenen Eisens um rund 90%. Wie ich gefunden habe, hemmt Äthylcarbylamin die katalytische Wirkung der Häminkohle in Konzentrationen von der gleichen Größenordnung, nämlich 10^{-4} n Carbylamin um 35% und 10^{-3} n Carbylamin um 67%.

Die Messung geschah manometrisch[3], wie bei WARBURG und BREFELD beschrieben. Ein Versuchsbeispiel ist in Tabelle 5 und Abb. 3 wiedergegeben.

Tabelle 5. *Häminkohle, Leucin und Äthylcarbylamin.* 37,5°. Gasraum Luft.

Minuten	10 mg Häminkohle 10 ccm n/20 Leucin O_2 in cmm	10 mg Häminkohle 10 ccm n/20 Leucin n/1000 C_2H_5—H: C O_2 in cmm	10 mg Häminkohle 10 ccm n/20 Leucin n/10000 C_2H_5—N: C O_2 in cmm
10	8,1	1,7	5,1
20	18,9	5,1	11,9
30	26,1	7,7	18,7
40	36,0	10,2	23,8
50	43,2	12,8	29,8
60	54,0	15,3	37,4
70	63,0	18,7	40,8
80	70,2	22,1	45,9
90	80,1	25,5	51,0
100	87,3	27,2	56,1
110	96,3	30,6	62,1
120	104,4	34,0	68,0

[1] Diese Zeitschr. **146,** 380. 1924. [2] Ebendaselbst **145,** 461. 1924.

[3] In den Ber. d. Chem. Ges. **59,** 218. 1926 kritisiert S. HENNICHS die manometrische Methode. Aus der Kritik geht hervor, daß HENNICHS nicht einmal das Prinzip der Methode verstanden hat. Die Methode ist die einzige quantitative, über die wir verfügen, und besitzt außerdem den Vorzug, daß mit ihr die Erscheinungen, über die HENNICHS schreibt, entdeckt worden sind.

Um zu entscheiden, ob hier — wo ein heterogenes System gehemmt wurde — eine spezifische Wirkung oder eine unspezifische Oberflächenwirkung (narkotische Wirkung) vorlag, war es notwendig, die Adsorption des Carbylamins zu messen.

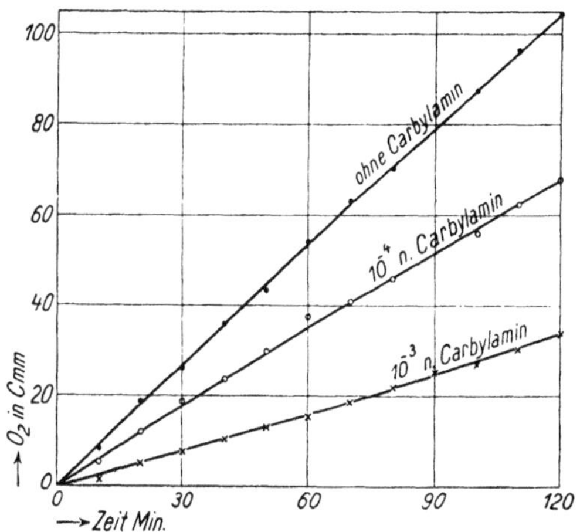

Abb. 3. Leucinoxydation an Häminkohle.

VI. Adsorption von Äthylcarbylamin und einigen Nitrilen an Kohle.

50 ccm n/10 Carbylaminlösung wurden mit 1 g Merckscher Blutkohle 5 Minuten geschüttelt. 10 ccm des Kohlefiltrats wurden mit 10 ccm n Schwefelsäure gemischt und blieben eine Stunde bei Zimmertemperatur stehen. Dann wurde mit 20 ccm zweifach n Natronlauge alkalisch gemacht, destilliert und das übergegangene Äthylamin mit Methylrot als Indikator titriert.

10 ccm Carbylaminlösung gaben vor dem Schütteln mit Kohle 9,8 ccm n/10 Base.

10 ccm Carbylaminlösung gaben nach dem Schütteln mit Kohle 4,67 ccm n/10 Base.

Aus diesen Zahlen berechnen wir die Anzahl Millimole x, die an 1 g Kohle adsorbiert sind, wenn die Carbylaminkonzentration in der Lösung c Mole pro Liter beträgt, und finden:

c (Mole/Liter)	x (Millimole/g)
$4{,}67 \cdot 10^{-2}$	2,6

Weiterhin wurde die Adsorption von Propionitril, das dem Äthylcarbylamin isomer ist, gemessen. Zur Bestimmung des Nitrils wurde die Nitrillösung mit dem gleichen Volumen n Schwefelsäure gemischt und 5 Stunden bei 150° im Rohr erhitzt. Dann war das Nitril zu propionsaurem Ammon verseift, und das Ammoniak konnte abdestilliert und titriert werden.

Wurden 50 ccm n/10 Propionitrillösung mit 1 g Kohle bis zum Gleichgewicht geschüttelt, so gaben 10 ccm Kohlefiltrat 6,0 ccm n/10 Ammoniak, während 10 ccm der gleichen, aber nicht mit Kohle geschüttelten Lösung 9,8 ccm n/10 Ammoniak lieferten. Daraus berechnen wir für Propionitril:

c (Mole/Liter)	x (Millimole/g)
$6 \cdot 10^{-2}$	1,9

Schließlich wurde die Adsorption von Valeronitril gemessen. Die Bestimmung geschah stalagmometrisch nach dem Verfahren von J. Traube. Lösungen verschiedener Valeronitrilkonzentration wurden in ein Traubesches Stalagmometer eingefüllt, je 10 der frei abfallenden Tropfen wurden gewogen. Hierbei erhielt ich folgende Zahlen:

Konzentration des Valeronitrils	Gewicht von 10 Tropfen g
0	1,2194
n/30	0,9941
n/20	0,9328
n/15	0,8907
n/10	0,8105

Wurden 50 ccm einer n/10 Valeronitrillösung mit 1 g Kohle bis zum Gleichgewicht geschüttelt, so wogen 10 Tropfen des Kohlefiltrats 1,047 g. Das 10-Tropfengewicht stieg also durch die Behandlung mit Kohle von 0,8105 g auf 1,047 g. Die Konzentrationsänderung, die dieser Gewichtsänderung entsprach, wurde graphisch ermittelt. Es ergaben sich daraus folgende x- und c-Werte:

c (Mole/Liter)	x (Millimole/g)
$3{,}1 \cdot 10^{-2}$	3,45

Stellen wir das Ergebnis der Adsorptionsmessungen zusammen, so haben wir:

	c (Mole/Liter)	x (Millimole/g)
Propionitril . . .	$6{,}0 \cdot 10^{-2}$	1,9
Äthylcarbylamin	$4{,}7 \cdot 10^{-2}$	2,6
Valeronitril . . .	$3{,}1 \cdot 10^{-2}$	3,5

Äthylcarbylamin steht also zwischen Propionitril und Valeronitril. Es wird stärker adsorbiert als Propionitril, aber schwächer als Valeronitril.

VII. Wirkung der Nitrile auf die Oxydation des Leucins an Häminkohle.

Wäre die Wirkung des Äthylcarbylamins auf Häminkohle eine unspezifische Oberflächenwirkung, so müßte es nach Abschnitt VI stärker als Propionitril, aber schwächer als Valeronitril wirken. Ich habe die Oxydation des Leucins an Häminkohle unter dem Einfluß verschiedener Nitrilkonzentrationen gemessen und diejenigen Konzentrationen gemessen und diejenigen Konzentrationen an Propionitril und Valeronitril ermittelt, die die Oxydationsgeschwindigkeit um etwa 50% hemmen.

Das Resultat ist in den Tabellen 6 und 7 sowie den Abb. 4 und 5 zusammengestellt. Wie man sieht, ist von Propionitril eine

Tabelle 6. *Häminkohle, Leucin und Propionitril.* 37,5°. Gasraum Luft.

Minuten	10 mg Häminkolhe 10 ccm n/20 Leucin O_2 in cmm	10 mg Häminkohle 10 ccm n/20 Leucin $^{1,7}/_{10}$ n Propionitril O_2 in cmm
10	8,5	1,7
20	19,3	7,7
30	28,3	12,8
40	40,0	20,4
50	51,7	25,5
60	64,3	31,5
70	78,7	37,4
80	93,1	44.2
90	108,4	51,9

Tabelle 7. *Häminkohle, Leucin und Valeronitril.* 37,5°. Gasraum Luft.

Minuten	10 mg Häminkohle, 10 ccm n/20 Leucin O_2 in cmm	10 mg Häminkohle, 10 ccm n/20 Leucin, $^2/_{100}$ n Valeronitril O_2 in cmm	10 mg Häminkohle, 10 ccm n/20 Leucin, $^3/_{100}$ n Valeronitril O_2 in cmm	10 mg Häminkohle, 10 ccm n/20 Leucin, $^4/_{100}$ n Valeronitril O_2 in cmm
10	9,9	2,0	2,6	1,4
20	19,4	5,1	3,9	1,9
30	29,7	10,2	6,8	4,1
40	40,5	16,2	11,9	7,7
50	51,3	20,0	16,2	10,4
60	62,1	26,4	19,6	12,2
70	73,8	32,3	24,7	15,8
80	83.7	39,1	28,9	18,5
90	94,5	45,9	34,0	23,0

0,17 n Lösung, von Valeronitril eine 0,02 n Lösung nötig, um die Geschwindigkeit der Leucinoxydation auf die Hälfte zu vermindern.

Demgegenüber ergibt der Versuch der Abb. 3 mittels graphischer Interpolation, daß von Äthylcarbylamin eine $4 \cdot 10^{-4}$ n Lösung nötig

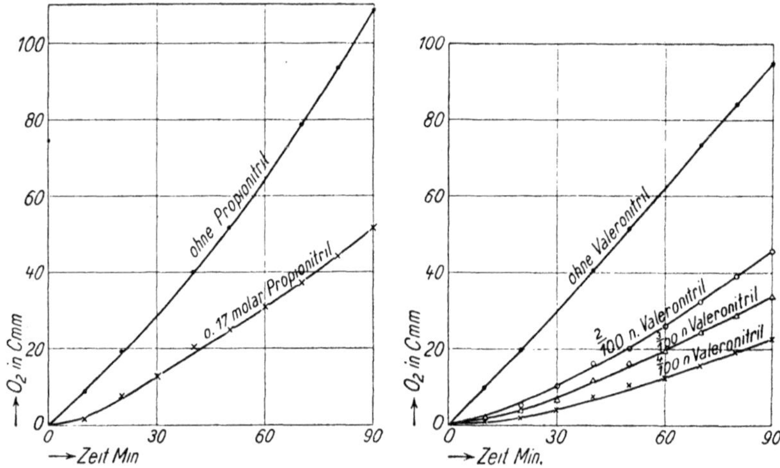

Abb. 4. Leucinoxydation an Häminkohle.

Abb. 5. Leucinoxydation an Häminkohle.

ist, um die Leucinoxydation um 50% zu hemmen. Die Wirkungsstärke des Äthylcarbylamins liegt also nicht zwischen den Wirkungsstärken des Propionitrils und Valeronitrils, sondern ist viel größer. Äthylcarbylamin wirkt 500 mal stärker als das isomere Propionitril und 50 mal stärker als Valeronitril. Die Wirkung des Äthylcarbylamins auf Häminkohle ist keine unspezifische Oberflächenwirkung, vielmehr liegt eine spezifische Reaktion mit dem Metall der Häminkohle zugrunde, wie es nach der Übereinstinmung zwischen den Wirkungsstärken der Blausäure und des Carbylamins von vornherein wahrscheinlich war.

VIII. Die Wirkung von Äthylcarbylamin auf Leberkatalase.

Auch mit der biologischen Wirkung des Äthylcarbylamins habe ich mich beschäftigt und geprüft, ob Äthylcarbylamin das wasserstoffperoxydspaltende Ferment der Leber beeinflußt.

Ratten wurden durch Nackenschlag getötet. Die Leber wurde vom Herzen aus, nach der Vorschrift von Muneo Yabusoe[1], mittels körperwarmer Ringerlösung blutfrei gespült. Von der hellgelben Leber wurden Schnitte von etwa 0,3 mm Dicke hergestellt.

---

[1] Diese Zeitschr. **157**, 388. 1925.

8,5 ccm Na_2HPO_4-Lösung und 1,5 ccm NaH_2PO_4-Lösung, beide dem Rattenserum isoton, wurden gemischt und mit 0,9proz. Kochsalzlösung auf 100 ccm verdünnt. Je 10 ccm dieser Lösung wurden in Gefäße von der Form der Abb. 6 eingefüllt[1]. Die Ansatzbirne *A* enthielt 0,5 ccm 0,299proz. Wasserstoffsuperoxyd, das nach W. FRIEDERICH aus Natriumperoxyd hergestellt und im Vakuum destilliert war. Der Einsatz der Gefäße blieb leer.

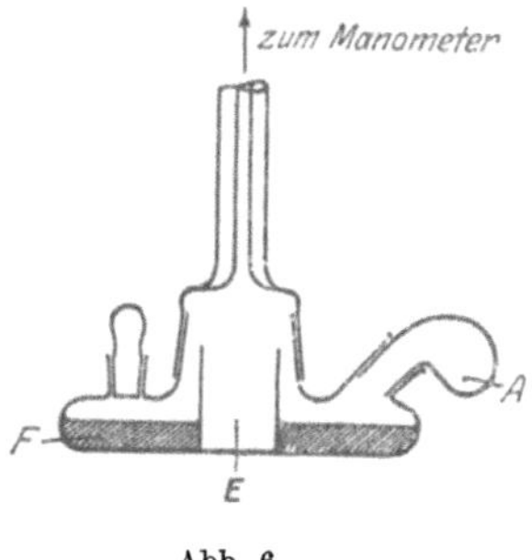

Abb. 6.

In den Hauptraum *F* der so vorbereiteten Gefäße wurde je ein Leberschnitt eingebracht. Dann wurden die Gefäße mit Manometern verbunden und bei 37,5° im Thermostaten geschüttelt. War Temperatur- und Druckgleichgewicht eingetreten, so wurde das Wasserstoffperoxyd aus den Ansatzbirnen eingekippt und die von der Wasserstoffperoxydzersetzung herrührenden Sauerstoffdrucke beobachtet.

Tabelle 8 enthält ein Versuchsbeispiel, in dem die Konzentrationen an Äthylcarbylamin 0 und 10^{-4} n und 10^{-3} n waren. Wie man sieht, zersetzt die Leber das zugefügte Wasserstoffperoxyd schnell. Nach 30 Minuten sind etwa 400 cmm Sauerstoff erschienen, während für vollständigen Zerfall 495 cmm Sauerstoff berechnet sind.

Tabelle 8. *Leberkatalase und Äthylcarbylamin.*
37,5°. Gasraum Luft.

Im Hauptraum:				
Lösung	10 ccm	10 ccm	10 ccm	10 ccm
Äthylcarbylamin . .	0	0	10^{-4} n	10^{-3} n
Lebertrockengewicht	0	2,23 mg	2,15 mg	2,10 mg
In der Ansatzbirne:				
0,299% H_2O_2. . . .	0,5 ccm	0,5 ccm	0,5 ccm	0,5 ccm
Zeit nach Einkippen des Peroxyds (Minuten)	cmm O_2	cmm O_2	cmm O_2	cmm O_2
10	0	189	206	201
20	0	352	379	361
30	0	403	421	392
$\frac{\text{cmm } O_2}{\text{mg Leber} \cdot \text{Minuten}}$	**0**	**8,5**	**9,5**	**9,6**

Äthylcarbylamin hemmt die wasserstoffperoxydspaltende Wirkung der Leber nicht. Rechnet man die Anfangsgeschwindigkeiten auf

[1] Die Methode ist zuerst beschrieben in dieser Zeitschr. **146**, 486. 1924.

gleiche Lebergewichte um — die Lebertrockengewichte sind in der Tabelle angegeben —, so erhält man für die Quotienten

$$\frac{\text{Kubikmillimeter } O_2}{\text{Milligramm Leber} \cdot \text{Minuten}}$$

bei Gegenwart von Carbylamin sogar etwas höhere Werte als bei Abwesenheit von Carbylamin.

IX. Giftigkeit des Äthylcarbylamins im Vergleich zur Giftigkeit der Blausäure.

Zum Schluß seien einige Zahlen angeführt, aus denen hervorgeht, daß Äthylcarbylamin ungiftiger ist als Blausäure.

Für meine Versuche benutzte ich Lösungen von Blausäure oder Äthylcarbylamin in Ringerlösung, die ich Ratten subcutan injizierte. Das Ergebnis meiner Beobachtungen stelle ich in Tabelle 9 zusammen. Die Grenzen, bei denen keine deutlichen Wirkungen mehr auftraten, sind für Blausäure 0,5 ccm n/100, für Äthylcarbylamin 0,5 ccm n/10, bei einem Rattengewicht von etwa 100 g. Äthylcarbylamin ist also rund zehnmal ungiftiger als Blausäure.

Tabelle 9.

Substanz	Rattengewicht g	Injizierte Flüssigkeit	Wirkung
Blausäure	110	0,5 n/10	nach 1 Minute tot
	90	0,5 n/50	nach 15 Minuten schwere Erscheinungen, aber wieder Erholung
	90	0,5 n/100	keine deutliche Wirkung
Äthylcarbylamin	105	1,5 n/10	nach 20 Minuten tot
	100	1,0 n/10	nach 50 Minuten tot
	95	0,5 n/10	wirkt nicht

Biochem. Zeitschr. **172**, 34. 1926.

Über „Wasserstoffaktivierung“ durch Eisen.

Von

Shigeru Toda.

(Aus dem Kaiser Wilhelm-Institut für Biologie, Berlin-Dahlem.)

(Eingegangen am 13. März 1926.)

Neutralisiert man eine Cysteinchlorhydratlösung mit Ammoniak, bis p_H etwa 8 ist, und mischt sie mit einer Methylenblaulösung, so findet man, daß die blaue Lösung bei Zimmertemperatur allmählich heller und schließlich farblos wird. Cystein (RH) wird durch Methylenblau (M) oxydiert, wobei das Methylenblau in Methylenweiß (MH_2) übergeht. Die Bilanzgleichung ist

$$2\,RH + M = 2\,R + MH_2.$$

Obwohl der Mechanismus derartiger und ähnlicher Vorgänge unbekannt ist, nehmen viele Naturforscher an, daß gerade hier die Bilanzgleichung über den Mechanismus Aufschluß gibt. Im Falle der Cysteinoxydation durch Methylenblau denken sie sich, daß der Wasserstoff der SH-Gruppe, weil er „aktiv“ oder „aktiviert“ sei, direkt mit dem Farbstoff reagiere.

Herr Warburg machte mich darauf aufmerksam, daß diese einfache Annahme, zum mindesten hinsichtlich der Reaktion zwischen Cystein und Methylenblau, unrichtig ist, da, wie er beobachtet hatte, die Reaktion durch Blausäure gehemmt wird. Ich habe auf seinen Vorschlag die Reaktion näher untersucht und festgestellt, daß eine Schwermetallkatalyse vorliegt.

Für meine Versuche benutzte ich Cysteinchlorhydrat, das durch Reduktion von Cystin mit Zinn und Salzsäure hergestellt war, und Methylenblau medicinale Merck. Die Lösungen waren in bezug auf Cystein n/100, in bezug auf Methylenblau n/1000, die Wasserstoffionenkonzentration war 10^{-8} n. Sie wurden in Röhren mit eingeschliffenem Stopfen luftfrei eingefüllt und bei 25° gehalten.

Solche Lösungen, aus nicht gereinigten Komponenten hergestellt, waren in etwa 25 Minuten entfärbt. Zusatz von $^1/_{1000}$ Mol Blausäure pro Liter verlängerte die zur vollkommenen Entfärbung notwendige

Zeit auf 240 Minuten, hemmte also die Reaktion zwischen Cystein und Methylenblau sehr erheblich.

Um die Ursache der Blausäurehemmung zu finden, reinigte ich das Cystein und das Methylenblau. Cysteinchlorhydrat wurde aus der dreifachen Menge heißen Äthylalkohols umkristallisiert. Die Hauptmenge des anhaftenden Eisens blieb hierbei in dem Alkohol. Die Ausbeute an gereinigtem Chlorhydrat betrug 5% der angewandten Cysteinmenge, doch konnte das in Lösung gebliebene Chlorhydrat durch Verdampfen des Alkohols nach Zusatz des gleichen Volumens Wasser zurückgewonnen und für weitere Umkristallisationen benutzt werden.

Zur Reinigung des Merckschen Methylenblaus stellte ich eine n/100 Lösung her, füllte sie in ein 15 ccm fassendes Zentrifugierglas und fügte 100 mg Palladiumschwarz hinzu. Dann leitete ich Wasserstoff durch die Lösung, bis die Lösung entfärbt war. Das Leukomethylenblau fiel dabei aus und konnte mit dem Palladium von der eisenhaltigen Lösung abzentrifugiert werden. Noch sechsmal wurde auf der Zentrifuge nach Sättigung mit Wasserstoff mit Wasser gewaschen. Dann wurde Sauerstoff eingeleitet, wobei der Farbstoff aus dem Methylenweiß regeneriert wurde und in Lösung ging. Das Palladium wurde abzentrifugiert, die überstehende Methylenblaulösung zum Versuch verwendet.

Zur Neutralisation des gereinigten Cysteinchlorhydrats benutzte ich eisenfreies Ammoniak[1]. Die Versuchslösungen waren, wie die ungereinigten Lösungen, n/100 in bezug auf Cystein und n/1000 in bezug auf Methylenblau. Die Versuchstemperatur war 25^{0}.

Es zeigte sich, daß die gereinigten Lösungen viel langsamer reagierten als die ungereinigten, indem vollkommene Entfärbung der gereinigten Lösungen erst nach 300 Minuten eintrat. Die Zeit vollkommener Entfärbung war also durch die Reinigung auf mehr als das Zehnfache gestiegen. Wurde aber Eisen (in Form von Ferrosulfat) zu den gereinigten Lösungen zugesetzt, so konnte leicht die in den ungereinigten Lösungen herrschende Umsatzgeschwindigkeit oder eine noch größere hervorgebracht werden. Beispielsweise trat nach Zusatz von 10^{-5} g/Atom Eisen zu einem Liter vollkommene Entfärbung in 7 Minuten ein.

---

[1] SAKUMA, S.: diese Zeitschr. **142**, 68. 1923.

Biochem. Zeitschr. 172, 432. 1926.

Über die Wirkung von Blausäureäthylester (Äthylcarbylamin) auf die Pasteursche Reaktion.

Von

Otto Warburg.

(Aus dem Kaiser Wilhelm-Institut für Biologie, Berlin-Dahlem.)

(Eingegangen am 8. April 1926.)

Wie Shigeru Toda vor kurzem gezeigt hat[1], hemmt Blausäureäthylester ähnlich wie freie Blausäure eine Reihe von Schwermetallkatalysen, so die Oxydation des Cysteins zu Cystin in wässeriger Lösung, die Oxydation der Fructose in Phosphatlösung und die Oxydation des Leucins an Häminkohle. Die der freien Blausäure und deren Ester gemeinsame Eigenschaft, mit Schwermetallen komplexe Verbindungen zu bilden, ist die gemeinsame Ursache dieser Hemmungen.

Die vorliegende Arbeit beschäftigt sich mit der Frage, in welcher Weise Blausäureäthylester auf chemische Vorgänge in Zellen wirkt. Sie zerfällt in folgende Abschnitte:

I. Die Wirkung des Blausäureäthylesters auf die Atmung.
II. Die Wirkung des Blausäureäthylesters auf die Kohlensäureassimilation.
III. Die Wirkung des Blausäureäthylesters auf die anaerobe Gärung.
IV. Die Wirkung des Blausäureäthylesters auf die Pasteursche Reaktion.
V. Spezifische Wirkung des Blausäureäthylesters.
VI. Irreversible Hemmungen der Pasteurschen Reaktion.
VII. Wirkung der freien Blausäure auf die Pasteursche Reaktion.
VIII. Protokolle.

Für alle Versuche wurde Kahlbaums Äthylcarbylamin benutzt, das nach der Vorschrift von Toda von anhaftender Blausäure befreit worden war. Ich weise hier nochmals darauf hin, daß die nach Gautier dargestellten Blausäureester beträchtliche Mengen an freier Blausäure enthalten, und daß es nicht gelingt, die Blausäure durch fraktionierte

[1] Diese Zeitschr. 172, 17. 1926.

Destillation zu entfernen, ein Umstand, der bisher bei biologischen Versuchen mit Blausäureestern nicht beachtet wurde.

I. Die Wirkung des Blausäureäthylesters auf die Atmung.

Als Versuchsmaterial dienten Rattengewebe, und zwar Leber, Niere, Hoden, Embryo und Jensensarkom. Die Methode der Stoffwechselmessung findet man in früheren Arbeiten beschrieben[1]. Die Suspensionsflüssigkeit war Ringerlösung, die pro Liter 2 g Glucose und $2{,}5 \cdot 10^{-2}$ Mole Bicarbonat enthielt. Sie war mit 5 Vol.-Proz. Kohlensäure (in Sauerstoff) gesättigt. Die Versuchstemperatur war $37{,}5^0$, p_H etwa 7,4.

Das Ergebnis der Messungen stelle ich in der folgenden Tabelle zusammen:

(Protokolle Abschnitt VIII.)

Nr.	Gewebe	Konzentration des Blausäure-Äthylesters	Atmung Q_{O_2}	Gesamtsäurebildung $Q_S^{O_2}$	Glykolyse $Q_M^{O_2} = Q_S^{O_2} - Q_{O_2}$
1	Leber.	0 10^{-3} n	10,4 11,2	10,0 11,8	0 0,6
2	Niere	0 10^{-3} n	23,7 25,7	23,6 31,7	0 6,0
3	Hoden	0 10^{-3} n	11,4 11,2	17,0 19,6	5,6 8,4
4	Embryo	0 10^{-3} n	13,6 13,6	18,9 25,8	5,3 12,2
5	Jensensarkom . . .	0 10^{-3} n	13,2 13,8	32,2 45,4	19,0 31,6

Betrachten wir die Atmungswerte der Tabelle, so zeigt sich, daß 10^{-3} n Blausäureester die Atmung nicht hemmt. Eher könnte man aus den angeführten Zahlen auf eine geringfügige Beschleunigung der Atmung schließen, doch liegen die beobachteten Beschleunigungen innerhalb der Grenzen der methodischen Fehler.

Freie Blausäure in 10^{-3} n Lösung hemmt unter sonst gleichen Bedingungen die Atmung der fünf untersuchten Gewebe fast vollständig[2]. Das Schwermetall des Atmungsferments reagiert also mit der freien Blausäure, nicht aber mit dem Äthylester.

Da das Schwermetall der von Toda untersuchten Modelle sowohl mit der freien Blausäure als auch mit dem Äthylester in 10^{-3} n Lösung reagiert, so ist zu schließen, daß sich das Schwermetall des Atmungsferments nach Natur oder Bindung von dem Schwermetall der Modelle unterscheidet.

---

[1] Diese Zeitschr. **142**, 51. 1924; **164**, 481. 1925.

[2] Vgl. diese Zeitschr. **152**, 309. 1924, sowie Protokoll 2 dieser Arbeit.

Was die erste Möglichkeit anbetrifft, so könnte man an Mangan denken. Dazu würde stimmen, daß die katalytische Oxydation des Cysteins durch Mangan, wie ich beobachtet habe, von 10^{-3} n Blausäureäthylester nicht gehemmt wird. Doch wird die Mangankatalyse im Gegensatz zur Zellatmung durch freie Blausäure nur wenig gehemmt. Während man also auf der einen Seite durch die Manganhypothese eine Schwierigkeit aus dem Wege schafft, tritt auf der anderen Seite eine neue Schwierigkeit auf.

Viel wahrscheinlicher ist die zweite Möglichkeit, daß die verschiedene Reaktionsfähigkeit gegenüber Blausäureäthylester durch verschiedene Bindung desselben Metalls, nämlich des Eisens, bedingt ist, Verschiedenheiten, die man sich durch Begleitstoffe hervorgerufen oder elementarer vorstellen mag. Daß es Eisenverbindungen gibt, die mit der freien Blausäure, nicht aber mit dem Blausäureester reagieren, läßt sich leicht zeigen. Methämoglobin reagiert unter Umschlag der Farbe von braun in kirschrot mit freier Blausäure[1], nicht jedoch, wie ich beobachtet habe, mit dem Blausäureäthylester.

II. Die Wirkung des Blausäureäthylesters auf die Kohlensäureassimilation.

Ich habe die Kohlensäureassimilation von Chlorella in 10^{-3} n Blausäureäthylester gemessen, und zwar unter Bedingungen, unter denen die Blackmansche Reaktion die Geschwindigkeit der Assimilation bestimmt. Unter solchen Bedingungen hemmt eine 10^{-3} n Lösung von freier Blausäure[2] die Assimilation um 95%. Eine Wirkung des Blausäureäthylesters habe ich nicht beobachtet. Die photochemisch entwickelten Sauerstoffmengen in 10^{-3} n Blausäureäthylester waren ebenso groß wie in der esterfreien Kontrolle. Der Katalysator der Blackmanschen Reaktion verhält sich also ähnlich wie das Atmungsferment, er reagiert mit der freien Blausäure, aber nicht mit dem Ester.

III. Die Wirkung des Blausäureäthylesters auf die anaerobe Gärung.

Ich habe die Gärung von Hefezellen und von Tumorzellen in 10^{-3} n Blausäureäthylester unter anaeroben Bedingungen gemessen und keinen Einfluß auf die Gärung gefunden. Beispielsweise war für die Schnitte eines Jensensarkoms (Protokoll 6):

	$Q_M^{N_2}$
Ohne Blausäureester	26,2
In 10^{-3} n Blausäureester	26,2

[1] Kobert, R.: Über Cyanmethämoglobin. Stuttgart, F. Enke, 1891.
[2] Diese Zeitschr. **146**, 488. 1924.

Freie Blausäure wirkt in 10^{-3} n Lösung nach früheren Versuchen auf die anaerobe Gärung von Tumorzellen[1] gar nicht, auf die anaerobe Gärung von Hefezellen[2] nur sehr wenig.

IV. Wirkung des Blausäureäthylesters auf die Pasteursche Reaktion.

Betrachtet man in der Tabelle des Abschnitts I die für die aerobe Milchsäurebildung gefundenen Werte, so fällt auf, daß sie unter dem Einfluß von 10^{-3} n Blausäureester durchweg höher als die Normalwerte sind. Die aerobe Milchsäurebildung in 10^{-3} n Blausäureester scheint fast so groß zu sein wie die anaerobe Milchsäurebildung.

In welchem Maße das zutrifft, läßt sich aus methodischen Gründen am besten prüfen, wenn wir als Versuchsobjekt das stark gärende Tumorgewebe wählen. Für Schnitte von Jensensarkomen bestimmte ich die anaerobe Milchsäuregärung, die aerobe Milchsäuregärung, beide unter Normalverhältnissen, und außerdem die aerobe Milchsäuregärung in 10^{-3} n Blausäureester, und fand (Protokoll 7):

Anaerobe Gärung	Aerobe Gärung	Aerobe Gärung in 10^{-3} n Blausäureester
ohne Blausäureester		
$Q_M^{N_2} = 27{,}6$	$Q_M^{O_2} = 14{,}6$	$Q_M^{O_2} = 28{,}4$

also in der Tat die aerobe Gärung in 10^{-3} n Blausäureester ebenso groß wie die normale anaerobe Gärung. Wurde der Schnitt aus der esterhaltigen Lösung in esterfreie Lösung übergeführt, so sank die aerobe Gärung auf fast den Normalwert, nämlich von 28,4 auf 16 (Protokoll 7). Es zeigte sich also, daß die Wirkung des Blausäureesters reversibel war.

Da 10^{-3} n Blausäureester weder die Atmung noch die anaerobe Gärung beeinflußt, wie in den vorhergehenden Abschnitten erörtert, so liegt offenbar eine elektive Wirkung auf die Reaktion vor, die Atmung und Gärung verbindet.

Bekanntlich fand Pasteur[3], daß die Atmung die Gärung „hemmt". Brachte er Zellen, die unter anaeroben Bedingungen gärten, in Sauerstoff, so bewirkte die nun einsetzende Atmung, daß die Gärung kleiner wurde bzw. verschwand. Atmung und Gärung sind also durch eine chemische Reaktion verbunden, die ich nach ihrem Entdecker „Pasteursche Reaktion" nenne.

Charakteristisch für die Pasteursche Reaktion ist weniger die

[1] Diese Zeitschr. **152**, 309. 1924. [2] Ebendaselbst **165**, 196. 1925.

[3] Bulletin de la Société chimique de Paris, 28. Juni 1861, S. 79 bis 80.

Gärungshemmung selbst als das Verhältnis der Gärungshemmung zur Atmung, der Quotient[1]

$$\frac{\text{anaerobe Gärung} - \text{aerobe Gärung}}{\text{Atmung}}$$

Dieser Quotient, den zuerst O. MEYERHOF für den Muskel gemessen hat, ist eine rein experimentelle Größe, unabhängig von jeder Theorie und insbesondere unabhängig davon, ob die Pasteursche Reaktion die Gärungsprodukte am Entstehen verhindert oder — im Sinne der MEYERHOFschen Theorie — in einem inneren Kreislauf zum Verschwinden bringt.

Das Ergebnis dieses Abschnitts läßt sich kurz dahin zusammenfassen, daß Blausäureäthylester elektiv die Pasteursche Reaktion hemmt. 10^{-3} n Blausäureester unterbricht die zwischen Atmung und Gärung bestehende Koppelung, der Meyerhofquotient wird Null.

V. Spezifische Wirkung des Blausäureäthylesters.

Findet man, daß eine Substanz einen chemischen Vorgang in der Zelle hemmt, so ist die erste Frage, ob es sich um eine unspezifische Oberflächenwirkung (Narkose) oder um eine spezifische chemische Wirkung handelt.

Daß 10^{-3} n Blausäureäthylester nicht narkotisch wirkt, geht mit großer Wahrscheinlichkeit aus der oben mitgeteilten Tatsache hervor, daß der Ester in dieser Konzentration ohne Wirkung auf die Kohlensäureassimilation ist. Denn von allen Lebensvorgängen ist die Kohlensäureassimilation gegenüber narkotisch wirkenden Substanzen der empfindlichste[2].

Zur Entscheidung der Frage ließ ich ein Narkoticum, das stärker adsorbiert wird als Blausäureäthylester, auf gärende Tumorzellen in 10^{-3} n Lösung einwirken. Ich wählte Valeronitril[3], dessen Adsorption von TODA[4] mit der Adsorption des Blausäureäthylesters verglichen und stärker gefunden worden war, und fand für Schnitte des Jensensarkoms:

Ohne Valeronitril	In 10^{-3} n Valeronitril
$Q_M^{O_2} = 14{,}4$ $Q_M^{N_2} = 25{,}8$	$Q_M^{O_2} = 16{,}2$ $Q_M^{N_2} = 26{,}8$

also keine Unterbrechung der Pasteurschen Reaktion, sondern — innerhalb der Fehlergrenzen — in 10^{-3} n Valeronitril die gleiche Wirkung

[1] Diese Zeitschr. **152**, 309. 1924. [2] Ebendaselbst **100**, 230. 1919.

[3] $(CH_3)_2CHCH_2CN$. Diese Substanz war nach TODAS Vorschrift sowohl von Isonitril als auch von Blausäure befreit worden.

[4] Diese Zeitschr. **172**, 17. 1926.

der Atmung auf die Gärung, wie ohne Valeronitril. Der Versuch beweist, daß die Wirkung des Blausäureäthylesters, die in 10^{-3} n Lösung auftritt, keine narkotische, sondern eine spezifisch-chemische ist.

Da TODA antikatalytische Wirkungen des Blausäureäthylesters in 10^{-3} n Lösung künstlich erzeugen konnte, indem er den Ester auf Schwermetallkatalysen einwirken ließ, und andere antikatalytische Wirkungen des Blausäureesters nicht bekannt sind, so nehme ich an, daß die Pasteursche Reaktion eine Schwermetallkatalyse ist. Indem der Blausäureäthylester mit dem Metall zu einer komplexen Verbindung zusammentritt, inaktiviert er das Metall und unterbricht so die Koppelung zwischen Atmung und Gärung.

Ich erwähne noch, daß man ähnliche, wenn auch nicht so schlagende Versuche anstellen kann, wenn man statt Tumorzellen Hefezellen als Versuchsmaterial benutzt. Ohne daß die Atmung der Hefe wesentlich gehemmt wird, steigt in 10^{-3} n Blausäureäthylester die aerobe Gärung an. Doch erreicht die aerobe Hefegärung in 10^{-3} n Blausäureester nicht die Höhe der anaeroben Gärung.

VI. Irreversible Unterbrechung der Pasteurschen Reaktion.

Neben der spezifischen Hemmung der Pasteurschen Reaktion durch Blausäureester gibt es unspezifische Hemmungen, beispielsweise durch Narkotica, doch sind die Erscheinungen hier weniger einfach, da man so hohe Narkoticumkonzentrationen anwenden muß, daß gleichzeitig die Atmung gehemmt wird. Vielfach findet man dann, daß mit der Atmung der Meyerhofquotient sinkt, also außer der Atmung die Pasteursche Reaktion gehemmt wird. Diese Hemmungen sind nur unvollkommen reversibel.

Hemmungen der Pasteurschen Reaktion treten auch auf[1], wenn man empfindliche Gewebe wie Hoden oder Rattenembryonen schädigt, indem man sie in Ringerlösung, anstatt in Serum hält. Das erste chemische Zeichen einer Schädigung ist — bei ungehemmter Atmung und ungehemmter anaerober Gärung — eine Zunahme der aeroben Gärung, d. h. partielle Unterbrechung der Pasteurschen Reaktion. Diese Hemmungen sind völlig irreversibel und wie alle irreversiblen Hemmungen nicht von besonderem Interesse, da sie nicht einfach zu deuten sind.

VII. Wirkung der freien Blausäure auf die Pasteursche Reaktion.

Die Möglichkeit, mit Blausäureäthylester die Pasteursche Reaktion elektiv und spezifisch zu hemmen, beruht auf zwei Eigenschaften dieser

[1] Diese Zeitschr. **152**, 309. 1924; **165**, 122. 1925. Die erste derartige irreversible Hemmung fand O. MEYERHOF beim Zerschneiden des Muskels. Vgl. Arch. f. d. ges. Physiologie **188**, 114. 1921.

Substanz: ihrer Fähigkeit, mit Schwermetallen komplexe Verbindungen zu bilden, und ihrer Unfähigkeit, mit dem Schwermetall des Atmungsferments zu reagieren. Von beiden Eigenschaften besitzt die freie Blausäure die erste, nicht aber die zweite. Gegen freie Blausäure ist das Atmungsferment empfindlicher als der Katalysator der Pasteurschen Reaktion. Deshalb kann man mit freier Blausäure Wirkungen, wie sie der Blausäureäthylester hervorbringt, nicht erzielen.

VIII. Protokolle.

1. Stoffwechsel der Leber.

1. Normalversuch. 2. In 10^{-3} n Äthylcarbylamin.

5 ·/· CO_2—O_2 v_F 7 v_G 6,16 K_{O_2} 0,557 K_{CO_2} 0,918 18,99 mg	5 ·/· CO_2—O_2 v_F 3 v_G 10,69 k_{O_2} 0,95 k_{CO_2} 1,10 17,26 mg
Ohne Carbylamin H 20′: — 49,0	Ohne Carbilamin h 20′: — 10,5
In 10^{-3} n Carbylamin H 20′: — 47,0	In 10^{-3} n Carbylamin h 20′: — 6,0

Daraus folgt:	Q_{O_2}	$Q_S^{O_2}$	$Q_M^{O_2}$
Ohne Carbylamin	10,4	10,0	0
In 10^{-3} n Carbylamin . .	11,2	11,8	0,6

2. Stoffwechsel der Niere.

1. Normalversuch. 2. In 10^{-3} n HCN. 3. In 10^{-3} n Äthylcarbylamin.

5 ·/· CO_2—O_2 v_F 8 v_G 5,83 K_{O_2} 0,532 K_{CO_2} 0,945 6,24 mg Normalversuch: H 20′: — 41,5	5 ·/· CO_2—O_2 v_F 3 v_G 11,2 k_{O_2} 0,995 k_{CO_2} 1,15 6,03 mg Normalversuch: h 20′: — 7,0
In 10^{-3} n HCN H 20′: + 4,0	In 10^{-3} n HCN h 20′: + 5,5
In 10^{-3} n Carbylamin v_F 7 v_G 6,16 K_{O_2} 0,557 K_{CO_2} 0,918 7,33 mg H 30′: — 42	In 10^{-3} n Carbylamin v_F 3 v_G 10,69 k_{O_2} 0,95 k_{CO_2} 1,10 6,02 mg h 30′: + 5,5

Daraus folgt:	Q_{O_2}	$Q_S^{O_2}$	$Q_M^{O_2}$
Normalversuch	23,7	23,6	0
In 10^{-3} n HCN	2,0	5,9	3,9
In 10^{-3} n Carbylamin . .	25,7	31,7	6,0

3. Stoffwechsel des Hodens.

1. Normalversuch. 2. In 10^{-3} n Carbylamin.

1.	2.
5 ·/· CO_2—O_2 v_F 8 v_G 5,83 K_{O_2} 0,532 K_{CO_2} 0,945 4,89 mg	5 ·/· CO_2—O_2 v_F 3 v_G 11,23 k_{O_2} 0,995 k_{CO_2} 1,15 4,08 mg
Normalversuch: H 45′: — 13,0	Normalversuch h 45′: + 10,0
In 10^{-3} n Carbylamin H 60′: — 1	In 10^{-3} n Carbylamin h 60′: + 24,0

Daraus folgt:	Q_{O_2}	$Q_S^{O_2}$	$Q_M^{O_2}$
Normalversuch	11,4	17,0	5,6
In 10^{-3} n Carbylamin . .	11,2	19,6	8,4

4. Stoffwechsel des Embryos.

1. Normalversuch. 2. In 10^{-3} n Äthylcarbylamin.

1.	2.
5 ·/· CO_2—O_2 v_F 8 v_G 5,51 K_{O_2} 0,50 K_{CO_2} 0,92 3 Embryonen zusammen 12,5 mg	5 ·/· CO_2—O_2 v_F 3 v_G 10,54 k_{O_2} 0,93 k_{CO_2} 1,09 3 Embryonen zusammen 9,76 mg
Normalversuch H 30′: — 41,0	Normalversuch h 30′: — 13,5
In 10^{-3} n Carbylamin H 30′: — 17,5	In 10^{-3} n Carbylamin h 30′: + 29,5

Daraus folgt:	Q_{O_2}	$Q_S^{O_2}$	$Q_M^{O_2}$
Normalversuch	13,6	18,9	5,3
In 10^{-3} n Carbylamin . .	13,6	25,8	12,2

5. Stoffwechsel des Jensensarkoms.

1.	2.
5 ·/· CO_2—O_2 v_F 7 v_G 6,16 K_{O_2} 0,557 K_{CO_2} 0,918 4,81 mg	5 ·/· CO_2—O_2 v_F 3 v_G 10,69 k_{O_2} 0,95 k_{CO_2} 1,10 4,00 mg
Normalversuch H 30′: + 27,0	Normalversuch h 30′: + 30,5
In 10^{-3} n Carbylamin 30′: + 58,5	In 10^{-3} n Carbylamin 30′: + 53,0

Daraus folgt:	Q_{O_2}	$Q_S^{O_2}$	$Q_M^{O_2}$
Normalversuch	13,2	32,2	19
In 10^{-3} n Carbylamin . .	13,8	45,4	31,6

6. Anaerobe Gärung des Jensensarkoms.

5 % CO_2—N_2 v_F 3 v_G 11,2 k_{CO_2} 1,14 4,15 mg
Normalversuch h 20′: + 31,5
In 10^{-3} n Äthylcarbylamin h 20′: + 31,5

Daraus folgt:	$Q_M^{N_2}$
Normalversuch	26,2
In 10^{-3} n Carbylamin . .	26,2

7. Aerobe und anaerobe Gärung des Jensensarkoms im Blausäureäthylester.

Zur Messung der aeroben Gärung des Jensensarkoms benutzt man zwei Gefäße mit variiertem v_F, wie in dem Versuch des Protokolls 5, oder einfacher, wenn die Größenordnung der Atmung bekannt ist, ein Gefäß mit kleinem v_F. Ist nämlich die Gärung groß und v_F im Vergleich zu v_G klein, so hat der durch die Atmung erzeugte Druck (der immer negativ ist) nur die Bedeutung eines Korrektionsgliedes. Das Korrektionsglied für eine Versuchszeit von einer Stunde ist:

$$h' = \left(-\frac{Q_{O_2}}{k_{O_2}} + \frac{Q_{O_2}}{k_{CO_2}}\right) \times \text{Gewebegewicht}. \tag{1}$$

h' ist klein, weil bei kleinem v_F die Gefäßkonstanten k_{O_2} und k_{CO_2} nahezu gleich sind.

Beträgt der beobachtete Druck in t Stunden h mm, so ist der korrigierte Druck

$$h - h' \cdot t$$

und die aerobe Gärung

$$Q_M^{O_2} = \frac{(h - h' \cdot t) \times k_{CO_2}}{t \times \text{Gewebegewicht}}. \tag{2}$$

Nach dieser Formel sind die $Q_M^{O_2}$-Werte dieses Protokolls berechnet, wobei in Gleichung (1) $Q_{O_2} = 10$ gesetzt wurde.

$5 \cdot/\cdot CO_2—O_2$	$5 \cdot/\cdot CO_2—O_2$	$5 \cdot/\cdot CO_2—N_2$
v_F 3 v_G 10,64	v_F 3 v_G 10,51	v_F 3 v_G 9,95
k_{O_2} 0,95 k_{CO_2} 1,10	k_{O_2} 0,93 k_{CO_2} 1,09	k_{CO_2} 1,04
4,08 mg	4,19 mg	4,20 mg
Ohne Carbylamin	In 10^{-3} n Carbylamin	Ohne Carbylamin
Beobachteter Druck	Beobachteter Druck	Beobachteter Druck
15′: + 12	15′: + 26	15′: + 28,5
15′: + 12	15′: + 25	15′: + 27,0
30′: + 24	30′: + 51	30′: + 55,5
$h' \cdot t$: — 2,9	$h' \cdot t$: — 3,4	
Korrig. Druck: + 26,9	Korrig. Druck: + 54,4	
$Q_M^{O_2}$: **14,6**	$Q_M^{O_2}$: **+ 28,4**	$Q_M^{N_2}$: **+ 27,5**
	Nach Auswaschen des Carbylamins	
	15′: + 14	
	15′: + 13,5	
	30′: + 27,5	
	$h' \cdot t$: — 3,4	
	Korrig. Druck: + 30,9	
	$Q_M^{O_2}$: **+ 16,2**	

8. Aerobe und anaerobe Gärung des Jensensarkoms in Valeronitril.

Die Anordnung war dieselbe wie in dem Versuch des Protokolls 7.

Ohne Valeronitril		10^{-3} n Valeronitril	
$5 \cdot/\cdot CO_2—O_2$	$5 \cdot/\cdot CO_2—N_2$	$5 \cdot/\cdot CO_2—O_2$	$5 \cdot/\cdot CO_2—N_2$
v_F 3 v_G 10,6	v_F 3 v_G 10,54	v_F 3 v_G 10,70	v_F 3 v_G 10,51
k_{O_2} 0,90 k_{CO_2} 1,10	k_{CO_2} 1,09	k_{O_2} 0,95 k_{CO_2} 1,10	k_{CO_2} 1,09
4,39 mg	4,82 mg	4,93 mg	4,48 mg
Beobacht. Druck	Beobacht. Druck	Beobacht. Druck	Beobacht. Druck
15′: + 12,0	15′: + 29,5	15′: + 15,5	15′: + 27,5
15′: + 13,5	15′: + 27,5	15′: + 17,0	15′: + 27,5
15′: + 13,0	15′: + 28,5	15′: + 16,5	15′: + 27,5
45′: + 38,5	45′: + 85,5	45′: + 49,0	45′: + 82,5
$h' t$: — 4,7		$h' t$: — 5,3	
Korr. Druck: +43,2		Korr. Druck: + 54,3	
$Q_M^{O_2}$: **14,4**	$Q_M^{N_2}$: **25,8**	$Q_M^{O_2}$: **16,2**	$Q_M^{N_2}$: **26,8**

Biochem. Zeitschr. **174**, 497. 1926.

Zusatz beim Neudruck:
Exempla docent, vestigia terrent.

Über die Oxydation der Oxalsäure durch Jodsäure.

Von

Otto Warburg (Berlin-Dahlem).

(Eingegangen am 23. Juni 1926.)

Wässerige Jodsäure-Oxalsäurelösungen reagieren bei Zimmertemperatur nach der Gleichung:

$$2\,HJO_3 + 5\,H_2C_2O_4 = 6\,H_2O + 10\,CO_2 + J_2. \qquad (1)$$

MILLON fand[1], daß das ausgeschiedene Jod die Reaktion beschleunigt und daß Blausäure die Reaktion antikatalytisch hemmt.

Zur Erklärung der Blausäurewirkung nahm MILLON an, daß zwei ihrem Mechanismus nach verschiedene Reaktionen vorliegen. Die erste Reaktion ist eine direkte zwischen Jodsäure und Oxalsäure und verläuft sehr langsam. Die zweite schnellere Reaktion ist die durch Jod katalysierte. Indem Blausäure das in der ersten Reaktion gebildete Jod unter Bildung von Jodcyan wegfängt, hemmt sie die zweite Reaktion und läßt nur die sehr langsame erste Reaktion übrig.

SHIGERU TODA[2] hat sich in Dahlem näher mit der Reaktion beschäftigt. Er fand, daß die Reaktionsgeschwindigkeit auf den zehnten Teil sank, wenn er die beiden Säuren sorgfältig reinigte. Zusatz von 10^{-5} mg Eisen (als Ferrosulfat) zu 4 ccm eines ½ normalen gereinigten Säuregemisches bewirkte eine eben meßbare Beschleunigung der Reaktion, Zusatz von 10^{-3} mg Eisen beschleunigte auf das Zehnfache und brachte damit die Reaktionsgeschwindigkeit der gereinigten Lösungen wieder auf die Geschwindigkeit der ungereinigten Lösungen. Blausäure brachte die Wirkung des zugesetzten Eisens vollkommen zum Verschwinden. Aus TODAs Versuchen schloß ich, daß die Reaktion zwischen Jodsäure und Oxalsäure durch Eisen beschleunigt wird und daß Blausäure den Umsatz hemmt, indem sie sich mit dem Eisen verbindet.

Dieser Schluß war unrichtig. Ferrosalze werden von Jodsäure zu Ferrisalzen oxydiert, wobei aus der Jodsäure freies Jod entsteht. Die Bilanzgleichung ist:

$$10\,Fe^{++} + 10\,H^{+} + 2\,HJO_3 = 10\,Fe^{+++} + 6\,H_2O + J_2. \qquad (2)$$

[1] MILLON, E.: Ann. de Chim. et de Phys. (3) **13**, 29. 1845.

[2] TODA, S.: diese Zeitschr. **171**, 231. 1926; vgl. auch H. WIELAND u. F. G. FISCHER: Chem. Ber. **59**, 1171. 1926.

Die von TODA beobachteten Erscheinungen kann man nun durch die Annahme erklären, daß das Ferrosulfat die Jodsäure-Oxalsäurereaktion durch Jodabscheidung beschleunigt, und daß Blausäure die Wirkung des Eisens zum Verschwinden bringt, indem sie nach MILLON das Jod unter Bildung von Jodcyan aus der Lösung entfernt:

$$5\,HCN + 2\,J_2 + HJO_3 = 5\,JCN + 3\,H_2O. \qquad (3)$$

Zur Prüfung dieser Annahme war es notwendig, Jodsäure-Oxalsäuregemischen Ferrosulfat zuzusetzen und in einem Parallelversuch diejenige Menge Jod, die nach Gleichung (2) dem zugesetzten Eisen äquivalent war. Dann mußten beide Zusätze die gleichen Beschleunigungen der Jodsäure-Oxalsäurereaktion hervorbringen.

Versuch: Das Eisen wurde als Ferrosulfat zugesetzt, und zwar in schwefelsaurer Lösung, um die Hydrolyse und damit die Autoxydation des Eisens zu verhindern. Das Jod wurde als Jodwasserstoff zugesetzt, der sich beim Zusammentreffen mit Jodsäure nach der Gleichung umsetzte:

$$5\,HJ + HJO_3 = 3\,H_2O + 3\,J_2. \qquad (4)$$

Da die Jodsäure-Oxalsäure-Reaktion, wie schon MILLON beobachtete, lichtempfindlich ist, so wurde, um Komplikationen durch Photokatalyse zu vermeiden, im Dunkeln gearbeitet und auch die Mischung der Jodsäure mit der Oxalsäure im Dunkeln vorgenommen. Um ferner die Lösungen so frei als möglich von Anfangsjod zu haben, begannen die Messungen so bald als möglich nach dem Mischen der Säuren. Die Messungen geschahen manometrisch, durch Bestimmung der nach Gleichung (1) entwickelten Kohlensäure.

In drei mit Ansatzbirnen versehene Gefäße brachte ich je 2 ccm eines Jodsäure-Oxalsäuregemisches, das in bezug auf beide Säuren n/2 war. Beide Säuren waren KAHLBAUMsche Präparate und nicht besonders gereinigt. In die Birnen der Gefäße wurde eingefüllt:

In die Birne des Gefäßes I: 0,2 ccm n/100 H_2SO_4,
„ „ „ „ „ II: 0,2 „ n/100 H_2SO_4, n/1000 $FeSO_4$.
„ „ „ „ „ III: 0,2 „ n/100 H_2SO_4, n/5000 KJ.

Die Gefäße wurden, mit ihren Manometern verbunden, in einen auf 18° einstehenden Wasserthermostaten gehängt und zwecks Druck- und Temperaturausgleich geschüttelt. 10 Minuten nach dem Mischen der Säuren wurde der Inhalt der Birnen quantitativ in das Säuregemisch übergespült. Die entwickelten Kohlensäuremengen 20 Minuten nach Zugabe des Birneninhalts waren:

Gefäß I cmm CO_2	Gefäß II cmm CO_2	Gefäß III cmm CO_2
1,3	8,8	7,8

Es zeigte sich also, daß sowohl das Ferrosulfat als auch das Jod die Reaktion beschleunigten, und zwar in ungefähr demselben Maße. Dies beweist, daß die oben geäußerte Annahme zutrifft. Eisen beschleunigt die Jodsäure-Oxalsäure-Reaktion durch Jodabscheidung.

Überraschend hierbei ist, wie klein die katalytisch wirksamen Jodmengen sind. In dem angeführten Versuch, bei Verwendung ungereinigter Säuren, beschleunigte $2{,}4 \cdot 10^{-5}$ n Jod auf das Sechsfache. Bei Verwendung gereinigter Lösungen fand TODA eine Beschleunigung, wenn er 10^{-5} mg Fe^{II} zu 4 ccm Säuregemisch zusetzte. Die Eisenkonzentration war dann $5 \cdot 10^{-8}$ n, die Jodkonzentration, nach Gleichung (2) berechnet, 10^{-8} n.

TODA reinigte die Jodsäure und die Oxalsäure mit der Absicht, Schwermetalle zu entfernen. Wahrscheinlich war bei der Reinigung der Oxalsäure das Entscheidende die Entfernung von Ferrooxalat, das beim Zusammenbringen mit Jodsäure die Abscheidung von Jod veranlassen muß. Bei der Reinigung der Jodsäure dagegen kann, da zweiwertiges Eisen in Jodsäure nicht vorkommt, die Entfernung von Eisenspuren nicht von Einfluß gewesen sein, sondern hier war es offenbar die Entfernung von Jodspuren. In käuflicher Jodsäure findet man immer Kristalle, die infolge von Jodbeimengungen bräunlich schimmern.

Nach dem Gesagten ist die Jodsäure-Oxalsäurereaktion und ihre Hemmung durch Blausäure aus der Reihe der für die Biologie wichtigen Modellreaktionen zu streichen.

Biochem. Zeitschr. **177**, 471. 1926.

Über die Wirkung des Kohlenoxyds auf den Stoffwechsel der Hefe.

Von

Otto Warburg (Berlin-Dahlem).

(Eingegangen am 24. August 1926.)

Mit 5 Abbildungen.

Da Kohlenoxyd bei niedriger Temperatur mit Schwermetallverbindungen reagiert, z. B.:

$$CO + \text{Hämoglobin} = \text{CO-Hämoglobin},$$
$$CuCl + 2\,H_2O + CO = CuCl\,2\,H_2OCO\ ^{1*},$$
$$Na_3\,[Fe\,(CN)_5NH_3] + CO = Na_3\,[Fe\,(CN)_5CO] + NH_3\ ^{2*},$$

so lag es nahe, zu untersuchen, ob Kohlenoxyd die Zellatmung hemmt.

Als Versuchsmaterial benutzte ich Bäckerhefe, suspendiert in glucosehaltiger, saurer Phosphatlösung (m/20 $KHPO_4$, m/18 Glucose). Das Kohlenoxyd entwickelte ich durch Eintropfen von Ameisensäure in erwärmte konzentrierte Schwefelsäure und reinigte es durch Waschen mit starker Kalilauge. Es wurde in einem graduierten Quecksilbergasometer aufgefangen und hier mit Sauerstoff oder mit Sauerstoff und Stickstoff gemischt. Die genaue Zusammensetzung des Gasgemisches bestimmte ich gasanalytisch nach HALDANE.

Ich teile die Versuche in folgenden Abschnitten mit:

I. Wirkung des Kohlenoxyds auf die Atmung.
II. Wirkung des Kohlenoxyds auf die Gärung.
III. Gärung in Kohlenoxyd-Sauerstoffgemischen.
IV. Wirkung des Lichtes.
V. Einfluß der Wellenlänge des Lichtes.
VI. Zusammenfassung.
VII. Protokolle.

I. Wirkung des Kohlenoxyds auf die Atmung.

Zur Messung der Atmung benutzte ich Gefäße nach Abb. 1. Der Rauminhalt betrug etwa 15 ccm. In den Hauptraum *H* füllte ich 2 ccm

---

1* MANCHOT, W.: Chem. Ber. **53**, 984.

2* DERSELBE: ebendaselbst **45**, 2869. 1912. — MANCHOT, W. u. WORINGER: ebendaselbst **46**, 3514. 1913.

einer Hefesuspension, die einige Milligramm Hefe enthielt, in den Einsatz E und die Birne B 5proz. Kalilauge zur Absorption der Atmungs- und Gärungskohlensäure. Waren die Gefäße durch Schliff mit ihren Manometern verbunden, so wurden die Gasräume mit Gasmischungen verschiedener Zusammensetzung gefüllt. Dann wurde bei 20 oder 37,5° im Wasserthermostaten geschüttelt. In jedem Falle überzeugte ich mich durch Variation der Schüttelgeschwindigkeit, daß die Manometerausschläge unabhängig von der Schüttelgeschwindigkeit waren, eine notwendige und leicht auszuführende Kontrolle. Aus den Manometerausschlägen h wurde der verbrauchte Sauerstoff x_{O_2} nach der Gleichung

$$x_{O_2} = hK_{O_2}$$

berechnet, wo K_{O_2} die Gefäßkonstante für Sauerstoff bedeutet. Zur Orientierung über die Größe des Hefestoffwechsels diene die Angabe, daß 1 mg Hefe (Trockensubstanz) bei 20° und in glucosehaltiger Phosphatlösung unter Normalverhältnissen pro Stunde 50 bis 100 cmm Sauerstoff verbraucht und anaerob etwa das doppelte Volumen an Gärungskohlensäure entwickelt.

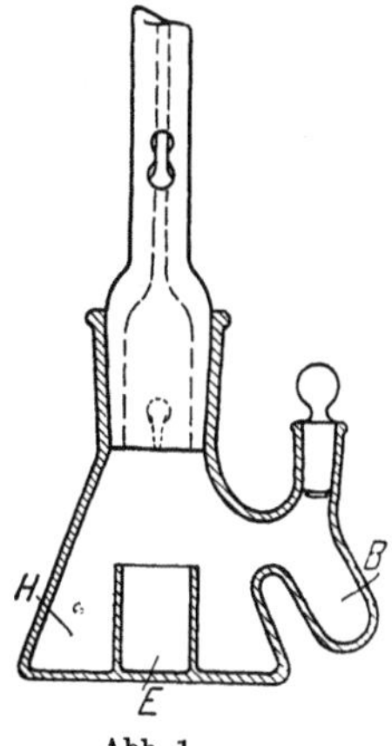

Abb. 1.

Der Gesamtdruck bei allen Versuchen war gleich dem Barometerstand. Je höher also der Kohlenoxyddruck, um so niedriger war der Sauerstoffdruck in den Kohlenoxyd-Sauerstoffgemischen, und zwar lag der Sauerstoffdruck zwischen 165 und 31 mm Hg. Innerhalb dieses Druckintervalls nimmt die Atmung der Hefe mit sinkendem Sauerstoffdruck ein wenig ab, um so mehr, wie es schien, je höher die Temperatur. Die Ursache dieser Abnahme zu ermitteln, wäre ein interessantes Thema. Für diese Arbeit bedeutete die Änderung der Atmung mit dem Sauerstoffdruck eine unerwünschte Komplikation. Sie wurde eliminiert, indem Kohlenoxydversuch und Kontrollversuch bei gleichen Sauerstoffdrucken ausgeführt wurden.

Die Versuchszeit betrug 30 bis 60 Minuten. Als Maß der Kohlenoxydwirkung diente die prozentische Atmungshemmung

$$\frac{A_0 - A}{A_0},$$

wo A_0 die Atmung ohne Kohlenoxyd und A die Atmung bei Gegenwart von Kohlenoxyd bedeutet.

Tabelle 1 enthält das Ergebnis der Messungen. Die Versuche 1 und 5 der Tabelle sind durch die Protokolle 1 und 2 (Abschnitt VII) ausführlich beschrieben. Tabelle 1 zeigt, daß Kohlenoxyd die Atmung der Hefe hemmt, und zwar, je nach der Zusammensetzung des Gasgemisches, in den angeführten Versuchen um 22 bis 77%. Wichtig ist dabei, daß es nicht nur auf den Kohlenoxyddruck, sondern auch auf den Sauerstoffdruck ankommt. Beispielsweise betrug die Atmungshemmung bei einem Kohlenoxyddruck von 583 mm 24 oder 72%, je nachdem der gleichzeitig herrschende Sauerstoffdruck hoch oder niedrig war. Wichtig ist ferner, daß die Hemmungen durch Kohlenoxyd vollständig reversibel sind (vgl. Protokoll 1). Mit Kohlenoxyd behandelte Hefe, in kohlenoxydfreies Gas zurückgebracht, atmete nicht schwächer, sondern eher ein wenig stärker als die Kontrollhefe.

Tabelle 1. *Atmung der Hefe in Kohlenoxyd-Sauerstoffgemischen.*

Nr.	Temperatur	Gasmischung in Vol.-%		Gasdrucke in mm Hg		Hemmung der Atmung
	°C	CO	O_2	CO	O_2	%
1	20	80,1	19,9	590	146	35
		88,6	11,4	650	84	61
2	37,5	80,7	19,3	568	136	38
		87,7	12,3	615	87	60
3	37,5	78	22	550	155	22
		90,6	9,4	638	66	55
4	20	78,8	21,2	582	157	24
		79,0	4,4	585	32,5	72
5	37,5	76,8	23,2	540	164	34
		74,7	5,3	525	37,3	77
6	37,5	80	20	570	142	36
		80	4,4	570	31,3	74

Bezeichnen wir im folgenden den sauerstoffübertragenden Bestandteil des Atmungsferments kurz als „Atmungsferment", so folgt aus den mitgeteilten Versuchen, daß sich das Atmungsferment mit Kohlenoxyd verbindet und in dem Fermentmolekül diejenige Stelle besetzt, die normalerweise mit Sauerstoff reagiert. Hierdurch wird die sauerstoffübertragende Tätigkeit des Ferments gehemmt.

Ähnlich wie Hämoglobin reagiert also das Atmungsferment sowohl mit Kohlenoxyd als auch mit Sauerstoff. Abweichend von Hämoglobin bindet das Atmungsferment Sauerstoff fester als Kohlenoxyd. Deshalb kann man zwar aus Hämoglobin den Sauerstoff durch kleine Kohlenoxyddrucke austreiben, aber es bedarf relativ großer Kohlenoxyddrucke, um die Atmung durch Kohlenoxyd zu hemmen.

Für die Verteilung des Hämoglobins zwischen Kohlenoxyd und Sauerstoff gilt angenähert die Gleichung

$$\frac{HbO_2}{HbCO} \frac{p_{CO}}{p_{O_2}} \frac{\alpha_{CO}}{\alpha_{O_2}} = \text{konst}.$$

Analog könnte man daran denken, daß der Ausdruck

$$\frac{\alpha}{1-\alpha} \frac{p_{CO}}{p_{O_2}} \frac{\alpha_{CO}}{\alpha_{O_2}}$$

konstant sei, wo $\alpha = \frac{A}{A_0}$ ist. Wie es scheint und man nach Tabelle 1 kontrollieren mag, ist dieser Ausdruck nicht konstant, sondern wird mit steigenden Kohlenoxyddrucken kleiner. Dies bedeutet, daß die Atmungshemmungen mit steigenden Kohlenoxyddrucken stärker zunehmen, als die Formel verlangt.

Die Wirkung des Kohlenoxyds auf die Atmung der Hefe ist schwächer als die Wirkung der Blausäure. Blausäure hemmt die Atmung der gleichen Heferasse — in saurer, glucosehaltiger Phosphatlösung — fast vollständig bei einer Konzentration von 10^{-4} Mol./Liter, während die hier angewandten Kohlenoxydkonzentrationen, die nur unvollständig hemmen, von der Größenordnung 10^{-3} Mol./Liter sind.

Neben der Bäckerhefe habe ich auch Bierhefe als Versuchsmaterial benutzt, sowie einen aus Luft gezüchteten Kokkus („Micrococcus candicans" des Berliner Hygienischen Instituts) und rote Blutzellen der Gans. Bierhefe und Kokkus verhielten sich gegen Kohlenoxyd wie Bäckerhefe. Dagegen wurde die Atmung der roten Vogelblutzellen nur wenig durch Kohlenoxyd gehemmt. Ich bemerke noch, daß Gewebsschnitte für Kohlenoxydversuche ungeeignet sind, weil man die Schnitte nicht so dünn herstellen kann, wie es der niedrige Sauerstoffdruck, bei dem man arbeiten muß, verlangt.

II. Wirkung des Kohlenoxyds auf die Gärung.

Um die Wirkung des Kohlenoxyds auf die Gärung der Hefe zu untersuchen, verglich ich die Gärung in Stickstoff mit der Gärung in Kohlenoxyd. Hierbei bemühte ich mich, den Sauerstoffdruck so tief als möglich herabzudrücken, weil nach den oben mitgeteilten Erfahrungen an eine Konkurrenz zwischen Sauerstoff und Kohlenoxyd zu denken war. Als Absorptionsmittel für Sauerstoff benutzte ich gelben Phosphor. Der Einsatz *E* des Meßgefäßes (Abb. 1) enthielt statt Kalilauge Wasser, in das ein Stäbchen frisch geschmolzenen Phosphors zur Hälfte eintauchte. Die Gärungsmessungen begannen, nachdem die Gefäße 30 Minuten geschüttelt worden waren, so daß der Phosphor Zeit hatte, den Sauerstoff aus dem Gasraum zu absorbieren.

Es zeigte sich, daß Kohlenoxyd bei dem Druck von einer Atmosphäre die Gärung nicht hemmt. Die Gärungen in Kohlenoxyd und in Stickstoff waren gleich (vgl. Protokoll 3). Kohlenoxyd ist also eine Substanz, mit der man, ähnlich wie mit Blausäure oder Schwefelwasserstoff, die Atmung von der Gärung trennen kann.

III. Gärung in Kohlenoxyd-Sauerstoffgemischen.

Bei ausreichender Versorgung mit Sauerstoff ist die Atmung der Bäckerhefe (in Volumina O_2) etwa halb so groß wie die anaerobe Gärung (in Volumina CO_2). Die Atmung würde also genügen, um die Gärung vollständig zu hemmen. Im allgemeinen geschieht das nicht, sondern es bleibt unter aeroben Bedingungen ein kleiner Teil der Gärung übrig, die „aerobe“ Gärung.

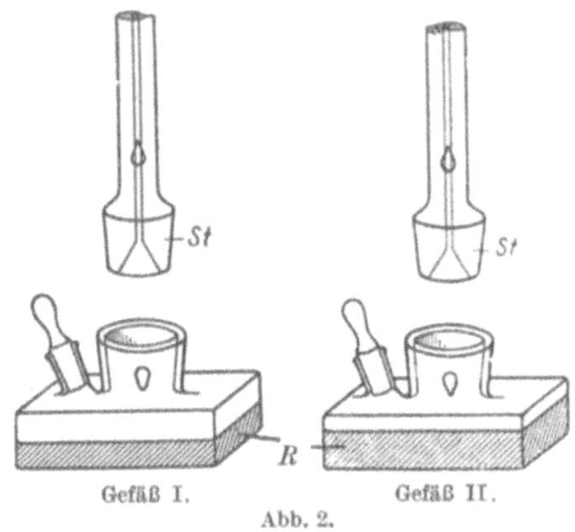

Abb. 2.

Um Atmung und Gärung in kohlenoxydhaltigem Gas zu untersuchen, dienten Gefäßpaare[1] nach Abb. 2. Tabelle 2 enthält das Ergebnis von drei Versuchsreihen. Die Gärung steigt, wenn die Atmung sinkt. Doch reicht die Atmungshemmung nicht aus, um den Anstieg der Gärung zu erklären, vielmehr kommt eine Wirkung des Kohlenoxyds auf die Pasteursche Reaktion[2] hinzu. Trotz unvollkommen gehemmter Atmung findet man bei höheren Kohlenoxyddrucken fast den anaeroben Gärungswert.

Tabelle 2. *Atmung und Gärung der Hefe in Kohlenoxyd-Sauerstoff.*

Nr.	Versuchszeit Min.	Gasmischungen in Vol.-%	Atmung (x_{O_2}) cmm	Gärung (x_G) cmm	Hemmung der Atmung %	Steigerung der Gärung %	Meyerhof-Quotient
		79 N_2, 21 O_2	—76	+ 33			1,56
1 (Protokoll 4)	40	80 CO, 20 O_2	—58	+ 80	24	140	1,19
		Luft, 10^{-3} n HCN	—	+ 151			
		95 N_2, 5 O_2	—21,6	+ 15,4			1,98
2 (Protokoll 5)	20	75 CO, 5 O_2	— 7,3	+ 54,2	66	250	0,65
		Luft, 10^{-3} n HCN	—	+ 58,0			
		79 N_2, 21 O_2	—51	+ 30,5			1,48
3	30	80 CO, 20 O_2	— 38,8	+ 61	24	100	1,16
		95 CO, 5 O_2	— 10,4	+ 98	80	220	0,77
		Luft, 10^{-3} n HCN	—	+ 106			

Zur Methodik.

1. Bei Stoffwechselmessungen nach dem Prinzip der Abb. 2 arbeitet man mit gleichen Hefemengen oder mit gleichen Hefekonzentrationen. Korrekter

[1] Vgl. O. Warburg: diese Zeitschr. **152**, 51. 1924; Formeln in Protokoll 4.
[2] Derselbe: Ebendaselbst **172**, 432. 1926.

ist die zweite Anordnung, da bei ihr etwaige Beeinflussungen des Stoffwechsels durch Endprodukte des Stoffwechsels keine Fehler bedingen. 2. Eine Fehlerquelle bei Hefeversuchen besteht darin, daß man die Löslichkeit der Kohlensäure in starken Phosphatlösungen — die nicht bekannt ist — falsch schätzt und so mit falschen Gefäßkonstanten rechnet. Man tut deshalb gut, mit möglichst verdünnten Phosphatlösungen zu arbeiten.

Beide Punkte sind bei den bisherigen[1] Anwendungen der Methode auf den Hefestoffwechsel nicht genügend berücksichtigt worden. Zu empfehlen ist eine Kontrolle, in der man die anaerobe Gärung in zwei Gefäßen, die verschiedene Flüssigkeitsmengen enthalten, mißt. Beide Gefäße müssen die gleiche Gärung pro Milligramm Hefe ergeben.

IV. Wirkung des Lichts.

Bei einem Besuch in Dahlem erzählte mir A. V. Hill von Arbeiten aus dem Cambridger physiologischen Institut, nach denen die Affinität zwischen Kohlenoxyd und Hämoglobin abnimmt, wenn man belichtet. Auch andere Kohlenoxyd-Eisenverbindungen dissoziieren, wie ich beim Studium der Literatur fand, im Licht. Die erste Arbeit über die Lichtempfindlichkeit von Kohlenoxyd-Eisenverbindungen ist von Haldane und Smith[2]. Sie betrifft das Kohlenoxyd-Hämoglobin und stammt aus dem Jahre 1896. Später (1907) teilten Dewar[3] und Jones mit, daß Eisencarbonyl bei Belichtung Kohlenoxyd abspaltet, wobei sich die Reaktion abspielt

$$2\,Fe\,(CO)_5 = Fe_2\,(CO)_9 + CO.$$

Im Gegensatz zu Eisencarbonyl ist Nickelcarbonyl nach Dewar nicht lichtempfindlich. Manchot[4] erwähnt 1912, daß die Verbindung

$$Na_3[Fe\,(CN)_5CO]$$

im Sonnenlicht Kohlenoxyd entwickelt.

Auf Grund der zitierten Arbeiten legte ich mir die Frage vor, ob nicht auch die Verbindung zwischen Atmungsferment und Kohlenoxyd bei Belichtung dissoziiere. Dann müßte die Atmungshemmung bei Belichtung kleiner werden. Das ist nun in der Tat der Fall, und zwar in einem solchen Maße, daß bei Belichtung die Atmungshemmung zum größeren Teil verschwindet. Indem man den Atmungstrog abwechselnd mit einer elektrischen Lampe belichtet und wieder verdunkelt, kann man beliebig oft Atmung entstehen und verschwinden lassen.

Tabelle 3 enthält ein Versuchsbeispiel. Zur Belichtung diente eine $^1/_2$-Watt-Metallfadenlampe von 75 Watt Stromverbrauch, deren leuch-

[1] Meyerhof, O.: diese Zeitschr. **162**, 43. 1925. — Negelein, E.: Ebendaselbst **165**, 203. 1925.

[2] Haldane, J. u. Smith: Journ. Physiol. **20**, 497. 1896.

[3] Dewar, J. u. Jones: Proc. Roy. Soc. (A) **76**, 558. 1905; **79**, 66. 1907.

[4] Manchot, W.: Chem. Ber. **45**, 2869. 1912.

Tabelle 3.
20^0. Pro Gefäß 8 mg Bäckerhefe und 2 ccm m/20 KH_2PO_2 m/18 Glucose.

	95% N_2, 5% O_2 (A_0) cmm O_2	95 % CO, 5% O_2 (A) cmm O_2	$\frac{A_0-A}{A_0}$ %
10′ dunkel	17,4	5,7	69
10′	15,4	4,5	
10′ hell	16,2	14,6	14
10′	16,0	13,2	
10′ dunkel	17,0	5,0	71
10′	16,0	4,5	
10′ hell	14,0	12,5	14
10′ „	15,0	12,5	
10′ dunkel	16,0	5,0	71
10′ „	15,0	4,0	
usw.			

tender Faden etwa 4 cm von dem Boden des Atmungstrogs entfernt war. Die Atmungshemmung im Dunkeln betrug rund 70 % und sank bei Belichtung auf 14 %.

Abb. 3 ist eine graphische Darstellung desselben Versuchs. Die Neigung der Atmungskurve in Stickstoff-Sauerstoff ist nahezu unab-

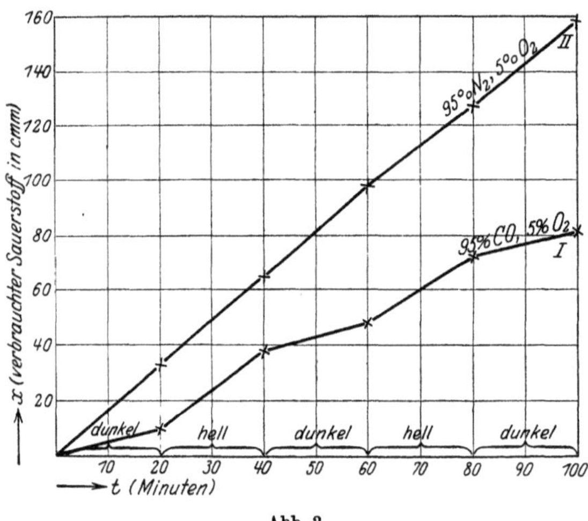

Abb. 3.

hängig von der Belichtung. Die Atmungskurve in Kohlenoxyd erleidet jedesmal bei Belichtung und Verdunkelung einen Knick, sie wird steiler bei Belichtung und flacher bei Verdunkelung.

Mißt man nicht die Atmung, sondern die Gärung in Kohlenoxyd, so hat man gleichfalls beim Belichten und Verdunkeln einen Knick der

Kurve, jedoch in umgekehrter Richtung wie bei den Atmungsversuchen. Hier ist die Kurve im Hellen flacher als im Dunkeln, weil bei Belichtung die Gärung abnimmt. Man vergleiche die Abb. 4, aus der außerdem hervorgeht, daß in kohlenoxydfreiem Gas weder die anaerobe noch die aerobe Gärung durch Belichtung merklich beeinflußt wird.

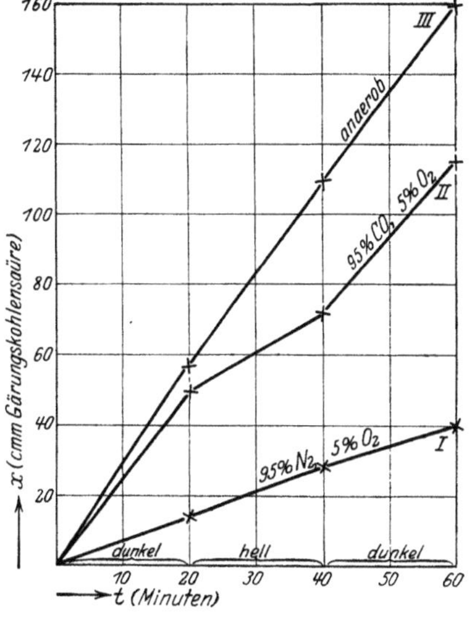

Abb. 4.

V. Einfluß der Wellenlänge des Lichts.

Um die im vorigen Abschnitt geschilderten Erscheinungen näher zu untersuchen, isolierte ich folgende Spektralbezirke[1]:

Blau . . 436 $\mu\mu$ }
Grün . . 546 $\mu\mu$ } aus der Strahlung der Quecksilberdampflampe.
Gelb . . 578 $\mu\mu$ }
Rot . 700 bis 750 $\mu\mu$ aus der Strahlung einer Metallfadenlampe.

Wegen der außerordentlich schwachen Absorption dieser Wellenlängen durch Hefe war es nicht möglich, die Absorption des Lichtes zu messen und sie mit der photochemischen Wirkung zu vergleichen. Immerhin aber konnte festgestellt werden, welche der genannten Spektralbezirke photochemisch wirken, und ferner, wie sich die Größen der photochemischen Wirkungen verhalten, wenn man Hefezellen in verschiedenfarbiges Licht gleicher Intensität bringt.

Die Messung der Strahlungsintensität geschah bolometrisch nach E. Warburg. Die Intensitäten wurden so ausgeglichen, daß sie in allen Spektralbezirken rund $7 \cdot 10^{-5}$ cal/qcm·sec betrugen. Da die dünnen Hefesuspensionen nur einen kleinen Bruchteil der eingestrahlten Energie absorbierten, so befanden sich alle Hefezellen im Versuchsgefäß unter der Wirkung der an der Eintrittsstelle gemessenen Lichtintensität. Im Vergleich zu der Intensität der Sonnenstrahlung auf der Erdoberfläche ($\sim 10^{-2}$ cal/qcm·sec) war diese Intensität klein.

Zur Messung der photochemischen Wirkung standen zwei Wege offen: Messung der Atmungszunahme oder der Gärungsabnahme. Ich wählte den zweiten Weg, bestimmte also in Kohlenoxyd-Sauerstoff die Abnahme der Gärung unter dem Einfluß der Bestrahlung. In den

[1] Vgl. bezüglich der in diesem Abschnitt befolgten Methoden Zeitschr. f. physikalische Chem. **106**, 191. 1923.

Versuchstrog des Differentialmanometers (Abb. 5) füllte ich 5 ccm Hefesuspension ein (20 mg Bäckerhefe, Frischgewicht, in m/20 KH_2PO_4, m/18 Glucose), in den Kontrolltrog die gleiche Menge der gleichen, aber hefefreien Lösung.

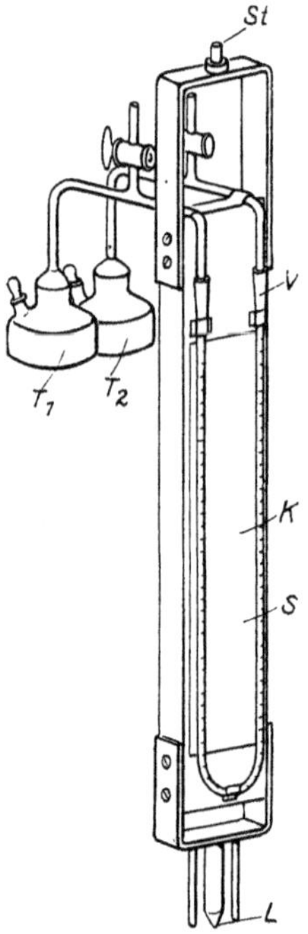

St
V
K
S
L
T_1 T_2

Abb. 5.

Der Rauminhalt der Gefäße war groß gegen das Volumen der eingefüllten Flüssigkeit (v_G 48,5 ccm, v_F 5 ccm), so daß die Gefäßkonstanten für Sauerstoff (K_{O_2}) und für Kohlensäure (K_{CO_2}) nahezu gleich waren. Die Atmung machte sich also manometrisch kaum[1] geltend und die Gärungskohlensäure x_G war nahezu proportional dem entwickelten Druck H

$$x_G = H K_{CO_2}.$$

Die Sperrflüssigkeit des Differentialmanometers war Capronsäure. Die Druckänderungen wurden von 5 zu 5 Minuten mit einem Katethometermikroskop abgelesen. Es schien, als ob die Wirkung der Bestrahlung und Verdunkelung immer erst nach einer gewissen Induktionszeit einsetzte, von der ich nicht sagen kann, ob sie durch innere oder äußere Ursachen bedingt war. Wie dem auch sei, bei der Berechnung ließ ich die ersten 5 Minuten nach Verdunkelung oder Bestrahlung heraus und berechnete die photochemische Wirkung aus den folgenden, in den Tabellen mit einem Kreuz versehenen Perioden. Jeder Bestrahlungsversuch war von zwei Dunkelversuchen eingerahmt, deren Mittel die „Dunkelgärung" ergab.

Die Tabellen 4 und 5 enthalten je eine Versuchsreihe. Im langwelligen Rot, zwischen 700 und 750 $\mu\mu$, war eine photochemische Wirkung nicht nachweisbar. Im Gelb, Grün und Blau war eine Wirkung vorhanden, und zwar im Blau eine $2^1/_2$- bis 3mal größere als im Gelb und im Grün.

Die Versuche beweisen, daß das Atmungsferment — in seiner Verbindung mit Kohlenoxyd — Blau, Grün und Gelb absorbiert, daß also die Atmungsferment-Kohlenoxydverbindung ein Farbstoff ist. Nehmen wir an, daß die spezifischen photochemischen Wirkungen nicht verschiedener sind, als nach der Quantentheorie zu erwarten, so folgt weiterhin aus den Versuchen der Tabellen 4 und 5, daß der Farbstoff im Blau stärker absorbiert als im Grün und im Gelb.

[1] Denn es ist der durch die Atmung erzeugte Druck gleich $-\frac{x_{O_2}}{K_{O_2}} + \frac{x_{O_2}}{K_{CO_2}}$, falls der respiratorische Quotient 1 ist. Vgl. dazu O. Warburg, diese Zeitschr. **172**, 440. 1926.

Tabelle 4. 95% CO, 5% O_2.
20°. 20 mg Bäckerhefe (Frischgewicht) in 5 ccm m/20 HK_2PO_2 m/18 Glucose. Gasraum 48,5 ccm.

Wellen-länge	Intensität $\frac{\text{cal}}{\text{qcm} \times \text{Sekunden}}$	Zeit	Druckänderung in mm Capronsäure	Photochemische Wirkung
—	—	5′ dunkel	+ 11,1 ×	
436 μμ (blau)	7,2 × 10^{-5}	5′ hell	+ 5,5	11,6—4,3 = 7,3 mm
		5′ „	+ 4,3 ×	
		5′ „	+ 4,2	
—	—	5′ dunkel	+ 10,0	
		5′ „	+ 12,1 ×	
546 μμ (grün)	7,4 × 10^{-5}	5′ hell	+ 10,1	11,9—9,4 = 2,5 mm
		5′ „	+ 9,4 ×	
—	—	5′ dunkel	+ 11,1	
		5′ „	+ 11,7 ×	
578 μμ (gelb)	7,7 × 10^{-5}	5′ hell	+ 9,2	11,3—8,5 = 2,8 mm
		5′ „	+ 8,5 ×	
—	—	5′ dunkel	+ 10,6	
		5′ „	+ 10,9 ×	

Tabelle 5. 95% CO, 5% O_2
20°. 20 mg Bäckerhefe in 5 ccm m/20 KH_2PO_4, m/18 Glucose. Gasraum 48,5 ccm.

Wellenlänge	Intensität $\frac{\text{cal}}{\text{qcm} \times \text{Sekunden}}$	Zeit	Druckänderung in mm Capronsäure	Photochemische Wirkung
—	—	5′ dunkel	+ 12,6 ×	
700—750 μμ (rot)	7,4 × 10^{-5}	5′ hell	+ 12,7	keine
		5′ „	+ 12,8 ×	
—	—	5′ dunkel	+ 13,0	
		5′ „	+ 12,6 ×	
		5′ „	+ 12,6	
436 μμ (blau)	5,4 × 10^{-5}	5′ hell	+ 6,7	12,2—5,4 — 6,8
		5′ „	+ 5,4 ×	
—	—	5′ dunkel	+ 10,6	
		5′ „	+ 11,8 ×	

Neben der relativen photochemischen Wirkung ist ihre absolute Größe von Interesse. Multiplizieren wir die Lichtintensität, die an der Eintrittsstelle in den Gärungstrog herrscht, mit der bestrahlten Fläche (17 qcm) und der Versuchszeit (300 Sekunden), so erhalten wir die gesamte in der Versuchszeit in den Trog eingestrahlte Energie in Kalorien. Multiplizieren wir ferner die manometrischen Lichtwirkungen mit der Gefäßkonstante für Kohlensäure (K_{CO_2}), so erhalten wir die durch Bestrahlung bewirkte Gärungshemmung in Kubikmillimetern Gärungskohlensäure. Dividieren wir die Kubikmillimeter CO_2 durch die eingestrahlten Kalorien, so erhalten wir die Gärungshemmung pro Kalorie eingestrahlter Lichtenergie.

Tabelle 6 enthält das Ergebnis dieser Rechnung, die für Blau eine Gärungshemmung von 89 cmm Kohlensäure pro Kalorie eingestrahlten Lichtes ergibt. Wäre die eingestrahlte Energie von den Hefezellen vollständig absorbiert worden, so hätte, wie man leicht berechnen kann, jedes absorbierte Lichtquantum $^1/_4$ Molekül Gärungskohlensäure zum Verschwinden gebracht (oder am Entstehen verhindert). Da jedoch die Hefesuspension nur einen sehr kleinen Teil der eingestrahlten Energie absorbierte, so folgt, daß jedes absorbierte Quantum des blauen Lichtes sehr viele Moleküle Gärungskohlensäure zum Verschwinden bringt (oder am Entstehen verhindert). Wir haben also hier keine einfache Beziehung zwischen absorbierten Quanten und Stoffumsatz. Eine solche ist auch nicht zu erwarten, da das Licht auf den Stoffumsatz wirkt, indem es ein inaktiviertes Ferment reaktiviert.

Tabelle 6. $K_{CO_2} = 4{,}53$ (qmm).

Wellenlänge	In 5 Min. in den Gärungstrog eingestrahlte Energie	In 5 Min. beobachtete Lichtwirkung	Gärungshemmung in 5 Min.	$\frac{\text{cmm } CO_2}{\text{cal}}$
$\mu\mu$	cal	mm	cmm CO_2	
436	0,37	7,3	33	89
546	0,378	2,5	11,4	30
578	0,394	2,8	12,7	32
700—750	0,38	0	0	0

VI. Ergebnisse.

1. Das Atmungsferment der Hefe verbindet sich mit Kohlenoxyd.

2. Bei Gegenwart von Kohlenoxyd und Sauerstoff verteilt sich das Atmungsferment zwischen beiden Gasen. Deshalb hemmt ein bestimmter Kohlenoxyddruck die Atmung um so stärker, je niedriger der Sauerstoffdruck ist.

3. Die Verbindung des Atmungsferments mit Kohlenoxyd dissoziiert bei Belichtung, wie andere Kohlenoxyd-Eisenverbindungen.

4. Das Atmungsferment in seiner Verbindung mit Kohlenoxyd ist ein Farbstoff. Es absorbiert die Wellenlängen 436, 546 und 578 $\mu\mu$, und zwar wahrscheinlich 436 $\mu\mu$ stärker als 546 und 578 $\mu\mu$.

5. Da die Kohlenoxyd-Metallverbindungen Molekülverbindungen sind, so ist anzunehmen, daß auch die Bindung des Sauerstoffs an das Metall des Atmungsferments primär durch Nebenvalenzen erfolgt. Ob sich dann weiterhin bei der Tätigkeit des Atmungsferments die Hauptvalenz des Metalls ändert oder nicht, bleibt zunächst unentschieden.

VII. Protokolle.

Protokoll 1.

Der Versuch zeigt, daß die Atmung der Hefe durch CO gehemmt wird und daß die Hemmungen reversibel sind. 20°. Je 8 mg Bäckerhefe (Frischgewicht): 2 ccm m/20 KH_2PO_4, m/18 Glucose. Im Einsatz KOH.

Volumina in ccm . . .	v_F 2,4	v_G 15,5	v_F 2,4	v_G 14,3	v_F 2,4	v_G 13,7	v_F 2,4	v_G 13,5
Gefäßkonstant. in qmm	k_{O_2} 1,45		k_{O_2} 1,34		k_{O_2} 1,29		k_{O_2} 1,27	
Gasmisch. in Vol.-% . .	79,1 N_2		80,1 CO		89,9 N_2		88,6 CO	
(Gesamtdr. 751 mm Hg)	20,9 O_2		19,9 O_2		10,1 O_2		11,4 O_2	
Sauerstoffverbrauch	mm	cmm	mm	cmm	mm	cmm	mm	cmm
nach 30 Min.	—40,5	58,8	—29,5	39,5	—44,5	57,2	—18,5	23,5
60 Min.	—80,5	117	—57,0	76,5	—90,5	116	—36,0	45,7
	↓		↓		↓		↓	
Gasmisch. in Vol.-% .	79,1 N_2		79,1 N_2		89,9 N_2		89,9 N_2	
	20,9 O_2		20,9 O_2		10,1 O_2		10,1 O_2	
Sauerstoffverbrauch	mm	cmm	mm	cmm	mm	cmm	mm	cmm
nach 30 Min.	—37,5	*54*	—42	*56*	—45	*58*	—45	*57*

Daraus folgt:

Hemmung der Atmung durch 80,1% CO, 19,9% O_2:

$$\frac{117 - 76,5}{117} = 34,6\,\%.$$

Hemmung der Atmung durch 88,6% CO, 11,4°% O_2:

$$\frac{116 - 45,7}{116} = 60,5\,\%.$$

Nach Entfernung des Kohlenoxyds war die Hemmung der Atmung verschwunden, wie die letzte Horizontalspalte zeigt.

Protokoll 2.

Der Versuch zeigt, daß — bei ungefähr gleichen CO-Drucken — die Atmungshemmung um so größer ist, je niedriger der Sauerstoffdruck. 37,5°. Je 4 mg Bäckerhefe (Frischgewicht) in 2 ccm m/20 KH_2PO_4, m/18 Glucose. Im Einsatz KOH.

Volumina in ccm . . .	v_F 2,4	v_G 15,5	v_F 2,4	v_G 14,3	v_F 2,4	v_G 13,7	v_F 2,4	v_G 13,5
Gefäßkonstant. in qmm	k_{O_2} 1,38		k_{O_2} 1,27		k_{O_2} 1,22		k_{O_2} 1,20	
Gasmisch. in Vol.-% . .	79,1 N_2		76,8 CO		95,7 N_2		74,7 CO	
(Barometerstand 751 mm Hg)	20,9 O_2		23,2 O_2		4,3 O_2		5,3 O_2 20,0 N_2	
Sauerstoffverbrauch	mm	cmm	mm	cmm	mm	cmm	mm	cmm
nach 20 Min.	—37	51	—27,5	34,9	—36	44	—10	12,0
nach 40 Min.	—72	99,5	—51,5	65,2	—70	85,2	—16,5	19,8

Daraus folgt:

Hemmung der Atmung durch 76,8% CO, 23,2%. O_2:

$$\frac{99,5 - 65,2}{99,5} = 34\%.$$

Hemmung der Atmung durch 74,7 % CO, 5,3% O_2:

$$\frac{85,2 - 19,8}{85,2} = 77\%.$$

Protokoll 3.

Der Versuch zeigt, daß CO — selbst bei den niedrigsten O_2-Drucken, die man erreichen kann — die Gärung der Hefe nicht hemmt. 20°. Je 7 mg Bäckerhefe in 2 ccm m/20 KH_2PO_4, m/18 Glucose. Im Einsatz gelber Phosphor.

Volumina in ccm	v_F 2,3	v_G 13,8	v_F 2,3	v_G 14,4
Gefäßkonstanten in qmm	k_{CO_2} 1,48		k_{CO_2} 1,54	
Gasraum	100 Vol.-% N_2		100 Vol.-% CO	
Nachdem 30 Min. lang mit Phosphor zur Entfernung von O_2 geschüttelt worden war, begann die Gärungsmessung	mm + 64	cmm 95	mm + 61	cmm 94

Die Gärungen in Sticksotff und in Kohlenoxyd waren also — innerhalb der Grenzen der Meßfehler — gleich.

Protokoll 4.

Atmung und Gärung der Hefe in Kohlenoxyd-Sauerstoff.

Formeln:

$$(O_2 \text{ in cmm}):\ x_{O_2} = \frac{H K_{CO_2} - h k_{CO_2}}{\dfrac{K_{CO_2}}{K_{O_2}} - \dfrac{k_{CO_2}}{k_{O_2}}}$$

$$(\text{Atmungs-} + \text{Gärungs-}CO_2 \text{ in cmm}):\ x_S = \frac{H K_{O_2} - h k_{O_2}}{\dfrac{K_{O_2}}{K_{CO_2}} - \dfrac{k_{O_2}}{k_{CO_2}}}$$

$$(\text{Gärungs-}CO_2 \text{ aerob}):\ x_G = x_S + x_{O_2}$$

$$(\text{Gärungs-}CO_2\text{, anaerob}):\ x_G = h k_{CO_2}$$

wo sämtliche x-Werte auf gleiche Zeiten zu beziehen sind.

Versuch.

Der Versuch zeigt, daß in Kohlenoxyd-Sauerstoff die Atmung der Hefe abnimmt, die Gärung der Hefe zunimmt. 20°. Pro Gefäß 7 mg Bäckerhefe (Frischgewicht) in m/20 KH_2PO_4, m/18 Glucose. $a_{O_2} = 0{,}03$. $a_{CO_2} = 0{,}87$.

Gasmischungen in Vol.-%	79 N_2, 21 O_2		80 CO, 20 O_2	
ccm	v_F 7 v_G 6,16	v_F 3 v_G 10,7	v_F 7 v_G 6,85	v_F 3 v_G 10,1
qmm	K_{O_2} 0,594 K_{CO_2} 1,18	k_{O_2} 1,01 k_{CO_2} 1,26	K_{O_2} 0,661 K_{CO_2} 1,25	k_{O_2} 0,949 k_{CO_2} 1,20
	H (mm)	h (mm)	h (mm)	h (mm)
20 Min.	—16	+ 6,5	+ 12	+ 27
40 Min.	—33,5	+ 12,5	+ 23	+ 54
	↓ 10^{-3} n. HCN H (mm)	↓ 10^{-3} n. HCN h (mm)		↓ 10^{-3} n. HCN h (mm)
20 Min.	+ 64,5	+ 59,5		+ 62,0
	Es war also in 40 Min.: x_{O_2} = — 76 cmm x_S = + 109 „ (aerob) x_G = + 33 „ (anaerob) x_G = + 151 „ Meyerhof-Quotient 1,56		Es war also in 40 Min.: x_{O_2} = — 58 cmm x_S = + 138 „ (aerob) x_G = + 80 „ (anaerob) x_G = + 149 „ Meyerhof-Quotient 1,19	

Protokoll 5.

Atmung und Gärung der Hefe in Kohlenoxyd-Sauerstoff. Der Versuch zeigt, daß in Kohlenoxyd die Atmung abnimmt, die Gärung zunimmt. 20°. Pro Gefäß 7 mg Bäckerhefe (Frischgewicht) in m/20 KH_2PO_4, m/18 Glucose. $\alpha_{O_2} = 0{,}03$. $\alpha_{CO_2} = 0{,}87$.

Gasmischungen in Vol.-%	79 N_2, 21 O_2		95 N_2, 5 O_2		75 CO, 5 O_2, 20 N_2	
ccm	v_F 7 v_G 6,16	v_F 3 v_G 10,7	v_F 7 v_G 6,85	v_F 3 v_G 10,1	v_F 7 v_G 6,85	v_F 3 v_G 10,1
qmm	K_{O_2} 0,594 K_{CO_2} 1,18	k_{O_2} 1,01 k_{CO_2} 1,26	K_{O_2} 0,661 K_{CO_2} 1,25	k_{O_2} 0,949 k_{CO_2} 1,20	K_{O_2} 0,661 K_{CO_2} 1,25	k_{O_2} 0,949 k_{CO_2} 1,20
20 Min.	H (mm) — 6,5	h (mm) + 8,5	H (mm) — 3,0	h (mm) + 8,0	H (mm) + 37	h (mm) + 42,5 ↓ Luft, 10^{-3} n. HCN 20′: + 48,5 mm
	Es war also in 20 Min: x_{O_2} = — 25,2 cmm x_S = + 41,7 „ (aerob) x_G = + 16,5 „ (anaerob) x_G = + 58 „ Meyerhof-Quotient: 1,65		Es war also in 20 Min.: x_{O_2} = — 21,6 cmm x_S = + 37 „ (aerob) x_G = + 15,4 „ (anaerob) x_G = + 58 „ Meyerhof-Quotient: 1,98		Es war also in 20 Min.: x_{O_2} = — 7,7 cmm x_S = + 61,0 „ (aerob) x_G = + 53 „ (anaerob) x_G = + 58 „ Meyerhof-Quotient: 0,65	

Biochem. Zeitschr. 189, 350. 1927.

Über den Stoffwechsel der Hefe.

Von

Otto Warburg (Berlin-Dahlem).

(Eingegangen am 5. September 1927.)

Mißt man den Stoffwechsel käuflicher Bäckerhefen bei 20^0 in Bierwürze, so findet man Werte wie die folgenden[1]:

Bäckerhefe der Fabrik Haak, Guben:

$$Q_{O_2} = -96 \qquad Q_G^{N_2} = +192 \qquad \frac{Q_{O_2}}{Q_G^{N_2}} = 0{,}5\,,$$

Bäckerhefe aus dem Fabrikbetrieb des Berliner Instituts für Gärungsgewerbe:

$$Q_{O_2} = -78 \qquad Q_G^{N_2} = +227 \qquad \frac{Q_{O_2}}{Q_G^{N_2}} = 0{,}34\,.$$

Mißt man unter den gleichen Bedingungen im Laboratorium gezüchtete Reinkulturen von Heferassen, von denen die Technik bei der Erzeugung der Bäckerhefe ausgeht, so findet man beispielsweise:

Rasse 12 des Berliner Instituts für Gärungsgewerbe:

$$Q_{O_2} = -11 \qquad Q_G^{N_2} = +240 \qquad \frac{Q_{O_2}}{Q_G^{N_2}} = 0{,}04\,\%\,,$$

Die im Fabrikbetrieb gezüchteten Bäckerhefen atmen also acht- bis zehnmal so stark, wie die im Laboratorium gezüchtete Reinkultur. Dies spricht dafür, daß die große Atmung der käuflichen Bäckerhefen keine integrierende Eigenschaft bestimmter Heferassen ist, sondern eine Eigenschaft, die bei der Fabrikation der Hefe entsteht und unter anderen Wachstumsbedingungen wieder verschwindet. Ich habe mich mit der Frage beschäftigt, welche Maßnahmen der Fabrikation die große Atmung erzeugen.

Es gibt zwei Verfahren der Bäckerhefefabrikation, das alte „Wiener" Verfahren und das neue „Lüftungsverfahren". Bei beiden Verfahren läßt man die Hefe zunächst in zuckerhaltigen Flüssigkeiten unter mäßiger Lüftung wachsen. Charakteristisch für das neue Verfahren ist die

---

[1] Q_{O_2} = Atmung, $Q_G^{N_2}$ = anaerobe Gärung, beide in Kubikmillimeter (O_2 oder CO_2) pro Stunde und Milligramm Trockensubstanz.

Fortsetzung und Steigerung der Lüftung zu einer Zeit, zu der die Hefe den Zucker der Nährlösung schon wesentlich verbraucht hat. Dann wächst die Hefe vorwiegend auf Kosten der Atmung (Alkoholverbrennung?). Der technische Vorteil des neuen Verfahrens ist offenbar der, daß man pro Gramm verbrauchten Zuckers mehr Hefe erntet als bei dem alten Verfahren.

Die oben angeführten käuflichen Bäckerhefen stammen von Betrieben, die nach dem neuen Verfahren arbeiten. Nach dem alten Verfahren arbeiten in Deutschland nur noch zwei Fabriken. Ich habe die Bäckerhefe einer dieser Fabriken (Christiansen in Flensburg) untersucht und folgende Stoffwechselgrößen gefunden (Bierwürze, 20°):

$$Q_{O_2} = -20 \qquad Q_G^{N_2} = +246 \qquad \frac{Q_{O_2}}{Q_G^{N_2}} = 0{,}08.$$

Wie man sieht, ist die Atmung dieser Bäckerhefe viel kleiner als die Atmung der nach dem Lüftungsverfahren gewonnenen Hefe ($^1/_4$ bis $^1/_5$). Handelt es sich hier nicht um Unterschiede der Rassen, sondern um Unterschiede in der Fabrikation, so muß es möglich sein, ausgehend von einer Reinkultur, Hefen mit großer oder kleiner Atmung zu züchten, je nachdem man das neue oder das alte Verfahren der Technik nachahmt.

Ich impfte Bierwürze mit einer Öse der Heferasse 12, durchlüftete bei 30° und entnahm zwei Hefeproben zu verschiedenen Zeiten: die erste, als noch die Hauptmenge des Zuckers in der Würze vorhanden war, die zweite 3 Tage nach Verbrauch des Zuckers. Die Stoffwechselgrößen waren (Bierwürze, 20°):

Rasse 12 aus zuckerhaltiger Würze (Alter der Kultur 8 Stunden):

$$Q_{O_2} = -11 \qquad Q_G^{N_2} = +240 \qquad \frac{Q_{O_2}}{Q_G^{N_2}} = 0{,}04.$$

Rasse 12 aus zuckerfreier Würze (3 Tage nach Verbrauch des Zuckers weiter durchlüftet):

$$Q_{O_2} = -49 \qquad Q_G^{N_2} = +174 \qquad \frac{Q_{O_2}}{Q_G^{N_2}} = 0{,}28.$$

Die Atmung der Rasse 12 stieg also bei der Durchlüftung in zuckerfreier Lösung auf das Vierfache, das Verhältnis Atmung/Gärung auf das Siebenfache.

Aus den angeführten Beobachtungen ist zu schließen, daß die große Atmung der käuflichen Bäckerhefe eine Eigenschaft ist, die bei der Fabrikation entsteht, wenn man die Hefe zwingt, auf Kosten der Atmung zu wachsen. Vielleicht kommt in der Technik, die nicht mit Reinkulturen arbeitet, hinzu, daß bei der Lüftung in zuckerarmer Lösung die stark atmenden wilden Hefen sich anreichern, die die Bäckerhefen des Handels immer in wechselnder Menge verunreinigen.

Methode.

Der Stoffwechsel wurde manometrisch in zwei kegelförmigen[1] Gefäßen gemessen, von denen das erste zur Atmungsmessung und das zweite zur Gärungsmessung diente. Bei der sauren Reaktion der Bierwürze (p_H etwa 5,6) war die kompliziertere Anordnung, wie sie für Versuche mit tierischen Zellen notwendig ist, überflüssig. Im einzelnen war die Anordnung folgende:

	Gefäß I	Gefäß II
Einsatz	0,3 ccm 5% KOH	leer
Birne	0,3 ccm 5% KOH	leer
Hauptraum . .	2 ccm Bierwürze 0,005 ccm Zellen	2 ccm Bierwürze 0,002 ccm Zellen
Gasraum . . .	Luft	Stickstoff, über Kupfer geglüht
Temperatur . .	20°	20°

Die Versuchszeit betrug 10—20 Minuten und war so kurz, daß die Vermehrung der Hefe während der Messung nicht in Betracht kam. Auch aus anderen Gründen sollten bei derartigen Versuchen die Meßzeiten so kurz wie möglich sein. Denn es ist klar, daß Unterschiede im Stoffwechsel, die durch verschiedene Züchtungsbedingungen erzeugt worden sind, durch zu lange Meßzeiten wieder verwischt werden können.

Ich habe früher[2] bei manometrischen Messungen des Hefestoffwechsels nicht Bierwürze, sondern glucosehaltige Phosphatlösung benutzt, ein Milieu, in dem die Hefe kaum wächst, und das im allgemeinen der Bierwürze vorzuziehen ist. Für die Untersuchung der Lebensbedingungen der Hefe aber — der Stoffwechseleigenschaften der Rassen und des Stoffwechsels beim Wachstum — sind einfach zusammengesetzte Lösungen, wie Glucose-Phosphat, ungeeignet. Denn der Stoffwechsel vieler Heferassen ändert sich beim Übergang von dem natürlichen Milieu zu einfachen Lösungen sehr erheblich.

Herrn Dr. Glaubitz vom Berliner Institut für Gärungsgewerbe möchte ich auch hier danken für die Überlassung von Stämmen reiner Hefen sowie vielfache Belehrung über Züchtung von Hefen.

[1] Abbildung diese Zeitschr. **177**, 471. 1926.
[2] H. S. **81**, 99. 1912.

Biochem. Zeitschr. **189**, 354. 1967.

Über die Wirkung von Kohlenoxyd und Stickoxyd auf Atmung und Gärung.

Von

Otto Warburg.

(Aus dem Kaiser Wilhelm-Institut für Biologie, Berlin-Dahlem.)

(Eingegangen am 5. September 1927.)

Mit 4 Abbildungen.

Im ersten Teile dieser Arbeit wird gezeigt, daß die Primärreaktion der Atmung eine Reaktion zwischen einem Atom Eisen und einem Molekül Sauerstoff ist

$$Fe + O_2 = Fe\,O_2 .$$

Im zweiten Teile wird versucht, die Theorie der Atmung auf das Gärungsproblem anzuwenden. Das Ergebnis ist, daß Atmung und Gärung ihrem chemischen Mechanismus nach verwandte Vorgänge sind. Das Gärungsferment reagiert zwar nicht, wie das Atmungsferment. mit Kohlenoxyd, selbst nicht bei einem Kohlenoxyddruck von 60 Atmosphären, aber es bildet mit Stickoxyd eine dissoziierende Verbindung.

1. Theorie der Verteilung.

Bezeichnen wir das Atmungsferment mit *Fe*, so sind unsere Ausgangsgleichungen

$$Fe + O_2 \rightleftarrows Fe\,O_2 \tag{1}$$

$$Fe + CO \rightleftarrows Fe\,CO\,. \tag{2}$$

Ist die Atmung klein, so ist

$$-\frac{dFe\,O_2}{dt} = Z \cdot Fe\,O_2 - B \cdot Fe \cdot O_2\,, \tag{3}$$

$$-\frac{dFe\,CO}{dt} = z \cdot Fe\,CO - b \cdot Fe \cdot CO\,, \tag{4}$$

wo Z und z die Geschwindigkeitskonstanten des Zerfalls und B und b die Geschwindigkeitskonstanten der Bildung bezeichnen. $Fe\,O_2$, $Fe\,CO$, Fe, O_2 und CO sind auf das gleiche Volumen zu beziehen.

Im Gleichgewicht sind die Differentialquotienten nach der Zeit Null, also

$$\frac{Fe\,O_2}{Fe\cdot O_2} = \frac{B}{Z} = k_{O_2}, \tag{5}$$

$$\frac{Fe\,CO}{Fe\cdot CO} = \frac{b}{z} = k_{CO}. \tag{6}$$

k_{O_2} ist die Affinitätskonstante der Reaktion (1), k_{CO} die Affinitätskonstante der Reaktion (2).

Dividieren wir (5) durch (6), so erhalten wir die Verteilungsgleichung

$$\frac{Fe\,O_2}{Fe\,CO}\cdot\frac{CO}{O_2} = \frac{B}{Z}\cdot\frac{z}{b} = \frac{k_{O_2}}{k_{CO}} = K, \tag{7}$$

in der also K das Verhältnis der Affinitäten des Atmungsferments zu Sauerstoff und Kohlenoxyd ist.

Störung durch die Atmung. Ist die Atmung nicht Null, so wird $Fe\,O_2$ nicht nur durch Dissoziation zu Fe und O_2 verbraucht, sondern auch durch die Atmung. Dann kommt in Gleichung (3) ein Glied $Z'\cdot Fe\,O_2$ hinzu

$$-\frac{dFe\,O_2}{dt} = Z\cdot Fe\,O_2 + Z'\cdot Fe\,O_2 - B\cdot Fe\cdot O_2,$$

während Gleichung (4) unverändert bleibt,

$$-\frac{d\,Fe\,CO}{dt} = z\cdot Fe\,CO - b\cdot Fe\cdot CO.$$

Im stationären Zustande sind die Differentialquotienten nach der Zeit Null, also

$$\frac{Fe\,O_2}{Fe\cdot O_2} = \frac{B}{Z+Z'} = k'_{O_2}, \tag{5a}$$

$$\frac{Fe\,CO}{Fe\cdot CO} = \frac{b}{z} = k_{CO} \tag{6}$$

und nach Division von (5a) durch (6)

$$\frac{Fe\,O_2}{Fe\,CO}\cdot\frac{CO}{O_2} = \frac{B}{Z+Z'}\cdot\frac{z}{b} = \frac{k'_{O_2}}{k_{CO}} = k. \tag{8}$$

Die Atmung stört also das Gleichgewicht. k'_{O_2} ist kleiner als k_{O_2} und folglich auch k kleiner als K. k ist nicht das Verhältnis der Affinitäten k_{O_2}/k_{CO}, sondern gibt nur den Minimalwert für dies Verhältnis an,

$$\frac{k_{O_2}}{k_{CO}} \geqq k. \tag{8a}$$

Störung durch Belichtung. Bei Belichtung ändert sich die Verteilung des Atmungsferments zwischen Sauerstoff und Kohlenoxyd. Beruht dies auf einem photochemischen Zerfall der Kohlenoxydverbindung des Atmungsferments, so wird FeCO nicht nur durch spontane Dissoziation zu Fe und CO verbraucht, sondern auch durch photochemische Dissoziation, und es kommt in Gleichung (4) ein Glied hinzu, das der photochemischen Dissoziation Rechnung trägt.

Bei der Ableitung der Gleichungen machen wir zur Bedingung, daß das Licht beim Durchgang durch die Versuchsobjekte praktisch nicht geschwächt wird, eine Bedingung, die wegen der schwachen Absorption der Zellen experimentell leicht zu erfüllen ist. Dann ist die Lichtmenge, die von der Kohlenoxydverbindung des Atmungsferments in der Zeiteinheit absorbiert wird,

$$-di = a \cdot i \cdot Fe\mathrm{CO}, \tag{9}$$

wo i die in der Zeiteinheit in das Objekt eingestrahlte Energie bedeutet und a den Absorptionskoeffizienten des FeCO. Die in der Zeiteinheit photochemisch zerfallende FeCO-Menge setzen wir der Zahl der von FeCO absorbierten Quanten proportional und erhalten dann[1] statt (4)

$$-\frac{dFe\mathrm{CO}}{dt} = z \cdot Fe\mathrm{CO} + \frac{z'\alpha i}{h\nu} \cdot Fe\mathrm{CO} - b \cdot Fe \cdot \mathrm{CO} \tag{4a}$$

Im stationären Zustand ist der Differentialquotient nach der Zeit Null, also

$$\frac{Fe\mathrm{CO}}{Fe \cdot \mathrm{CO}} = \frac{b}{z + z'\frac{\alpha i}{h\nu}} = k'_{\mathrm{CO}} \tag{6a}$$

An Stelle von (6) tritt so (6a), während Gleichung (5a) unverändert bleibt,

$$\frac{Fe\mathrm{O}_2}{Fe \cdot \mathrm{O}_2} = \frac{B}{Z + Z'} = k'_{\mathrm{O}_2}. \tag{5a}$$

Dividieren wir (5a) durch (6a), so erhalten wir die Verteilungsgleichung

$$\frac{Fe\mathrm{O}_2}{Fe\mathrm{CO}} \cdot \frac{\mathrm{CO}}{\mathrm{O}_2} = \frac{B}{Z + Z'} \cdot \frac{z + z'\frac{\alpha i}{h\nu}}{b} = k_{\mathrm{hell}}, \tag{9}$$

die für $i = 0$ übergeht in

$$\frac{Fe\mathrm{O}_2}{Fe\mathrm{CO}} \cdot \frac{\mathrm{CO}}{\mathrm{O}_2} = \frac{B}{Z + Z'} \cdot \frac{z}{b} = k_{\mathrm{dunkel}}. \tag{8}$$

[1] $h\nu$ = Energie des Lichtquantums für Licht der Frequenz ν.

Ein Vergleich von (9) und (8) lehrt, daß die Konstante der Verteilungsgleichung bei Bestrahlung größer wird, und zwar ist k_{hell}

$$\frac{z + z' \frac{\alpha i}{h\nu}}{z} \text{ mal}$$

größer als k_{dunkel}.

Experimentell von Bedeutung ist die Größe

$$\Delta k = k_{\text{hell}} - k_{\text{dunkel}},$$

nach (8) und (9)

$$\Delta k = \frac{B}{Z + Z'} \cdot \frac{z' \frac{\alpha i}{h\nu}}{b}. \tag{10}$$

Aus (10) folgt für konstantes ν

$$\frac{\Delta k_1}{\Delta k_2} = \frac{i_1}{i_2} \tag{11}$$

und für konstantes i

$$\frac{\Delta k_1}{\Delta k_2} = \frac{\alpha_1}{\alpha_2} \cdot \frac{\nu_2}{\nu_1}, \tag{12}$$

zwei einfache Beziehungen, von denen sich (11) zur Prüfung der Theorie eignet, (12) zur Bestimmung der Lichtabsorptionskurve des FeCO.

2. Berechnung des Quotienten FeO_2/FeCO aus der Atmungshemmung.

Da die normale Atmung bis herab zu sehr niedrigen Sauerstoffdrucken unabhängig vom Sauerstoffdruck ist, so verläuft die Bildung des FeO_2 schnell gegen den Verbrauch an FeO_2, und im stationären Zustande liegt fast das gesamte Ferment als FeO_2 vor. In Kohlenoxyd kommt FeCO hinzu, so daß wir zwei Formen des Atmungsferments haben, FeO_2 und FeCO. Die reduzierte Form Fe ist in Kohlenoxyd a fortiori zu vernachlässigen, da die Atmung in Kohlenoxyd kleiner ist.

Sinkt in Kohlenoxyd die Atmung von A_0 auf A, so wollen wir

$$\frac{A}{A_0} = n \tag{13}$$

als den Atmungsrest und

$$\frac{A_0 - A}{A_0} = 1 - n \tag{14}$$

als die Atmungshemmung bezeichnen.

Nehmen wir an, daß der Atmungsrest zur Atmungshemmung im Verhältnis der beiden Formen des Atmungsferments steht, so haben wir

$$\frac{FeO_2}{FeCO} = \frac{n}{1-n}, \tag{15}$$

und die Verteilungsgleichung

$$\frac{FeO_2}{FeCO} \cdot \frac{CO}{O_2} = k$$

erhält die Form

$$\frac{n}{1-n} \cdot \frac{CO}{O_2} = k. \tag{16}$$

Hier sind alle Größen der linken Seite experimentell bestimmbar, n durch Atmungsmessung, CO und O_2 durch Gasanalyse.

Verallgemeinerung. Die Atmung erreicht in der Regel bei kleinen Konzentrationen an verbrennlicher Substanz ein Maximum, das durch Zusatz von verbrennlicher Substanz nicht überschritten werden kann. Dann sind die Oberflächen in der Zelle mit verbrennlicher Substanz gesättigt. Offenbar ist der Ansatz (15) nur für „gesättigte" Zellen gültig. In ungesättigten Zellen liegt ein Teil des Atmungsferments brach, und bindet man diesen Teil an Kohlenoxyd, so wird die Atmung nicht gehemmt.

Unter Sättigungsgrad verstehe ich den Bruchteil ε der maximalen Atmung für eine bestimmte Substanz. Ist beispielsweise die Hefeatmung bei der niedrigen Zuckerkonzentration c gleich 1 und steigt sie bei Zuckerzusatz maximal bis auf 15, so ist bei der Zuckerkonzentration c der Sättigungsgrad $\varepsilon = 1/15$. Dann sind die speziellen Gleichungen (15) und (16) durch die allgemeineren Gleichungen

$$\frac{FeO_2}{FeCO} = \frac{\varepsilon n}{1-\varepsilon n} \tag{15a}$$

$$\frac{\varepsilon n}{1-\varepsilon n} \cdot \frac{CO}{O_2} = k \tag{16a}$$

zu ersetzen, in denen also n der Atmungsrest von Zellen ist, deren Sättigungsgrad ε beträgt. Für $\varepsilon = 1$ gehen die allgemeinen Gleichungen wieder in die speziellen über.

3. k_L und k_G.

In der Gleichung

$$\frac{FeO_2}{FeCO} \cdot \frac{CO}{O_2} = k$$

heben sich die Dimensionen der Größen heraus, so daß es gleichgültig ist, welche Einheiten man wählt und ob man CO und O_2 in Drucken oder Vol.-Prozenten ausdrückt.

Doch ist es nicht gleichgültig, ob man unter CO/O_2 das Verhältnis der Gase im Gasraum oder in der Lösung versteht, wegen der verschiedenen Löslichkeit des Kohlenoxyds und Sauerstoffs. Es ist, wenn α_{CO} und α_{O_2} die Absorptionskoeffizienten für Kohlenoxyd und Sauerstoff bedeuten.

$$\left(\frac{CO}{O_2}\right)_{\text{Lösung}} = \left(\frac{CO}{O_2}\right)_{\text{Gasraum}} \cdot \frac{\alpha_{CO}}{\alpha_{O_2}}$$

und für 20°

$$\left(\frac{CO}{O_2}\right)_{\text{Lösung}} = \left(\frac{CO}{O_2}\right)_{\text{Gasraum}} \cdot 0{,}75.$$

Je nachdem man also unter CO/O_2 das Verhältnis der Gase im Gasraum oder in der Lösung versteht, erhält man verschiedene Zahlenwerte für k. Wir unterscheiden sie als k_L und k_G. Für 20° ist

$$k_L = 0.75 \cdot k_G.$$

Wir benutzen im allgemeinen k_G, weil die Analyse $(CO/O_2)_{\text{Gasraum}}$ liefert und α_{CO}/α_{O_2} für die Zellflüssigkeit nicht sicher bekannt ist. Die physikalische Bedeutung von k_G ergibt sich, wenn wir in der Gleichung

$$\frac{n}{1-n} \cdot \frac{CO}{O_2} = k_G.$$

$n = 0{,}5$ setzen. Dann wird $\frac{n}{1-n} = 1$. k_G ist also dasjenige Verhältnis der Gase im Gasraum, das eine Atmungshemmung von 50% bewirkt.

4. Einige Eigenschaften der Verteilungsgleichung.

Die Gleichung

$$\frac{n}{1-n} \cdot \frac{CO}{O_2} = k \tag{16}$$

nach n aufgelöst, ergibt

$$n = \frac{k\dfrac{O_2}{CO}}{1 + k\dfrac{O_2}{CO}}, \tag{17}$$

und nach $1 - n$ aufgelöst

$$1 - n = \frac{\frac{CO}{O_2}}{\frac{CO}{O_2} + k}. \tag{18}$$

Die Wirkung des Kohlenoxyds auf die Atmung ist also bestimmt durch das Verhältnis CO/O_2 und eine Konstante. Verdünnen wir ein Kohlenoxyd-Sauerstoffgemisch beliebig mit einem indifferenten Gas, z. B. Wasserstoff oder Stickstoff, so ändert sich die Wirkung auf die Atmung nicht[1].

Ist $CO/O_2 = k$, so wird $1 - n = 0{,}5$, die Atmungshemmung also 50%. Ist CO/O_2 groß gegen k, so wird $1 - n = 1$, die Atmungshemmung also vollständig.

In Abb. 1 ist die Atmungshemmung $1 - n$ als Funktion von CO/O_2 aufgetragen, und zwar für drei verschiedene Werte von k. Wie man sieht, ist die Atmungshemmung für einen gegebenen Wert von CO/O_2 um so größer, je kleiner k ist. Ein kleines k bedeutet also eine hohe Empfindlichkeit der Atmung gegen Kohlenoxyd und umgekehrt.

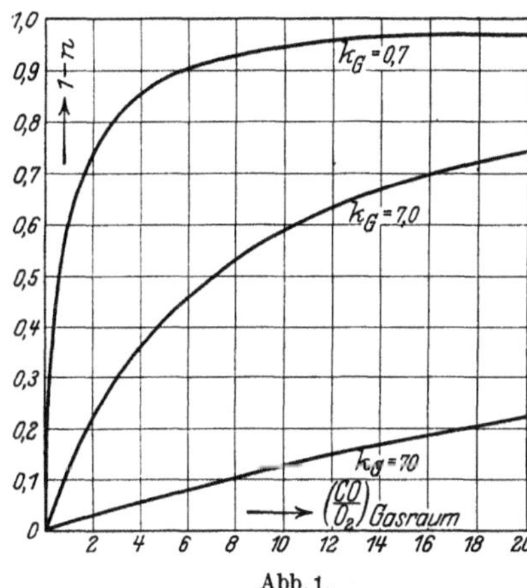

Abb. 1.

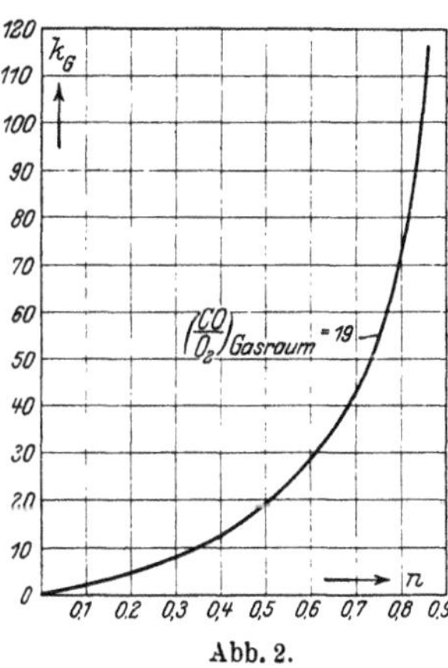

Abb. 2.

In Abb. 2 ist k als Funktion von n für $CO/O_2 = 19$ aufgetragen. Die Funktion ist für photochemische Versuche wichtig, bei denen man CO/O_2 konstant hält, Δn mißt und Δk aus Δn berechnet. dk/dn wächst sehr stark mit n.

[1] Falls der Sauerstoffdruck nicht so niedrig wird, daß in den Zellen Sauerstoffmangel entsteht.

5. Affinitäten des Atmungsferments.

Ist die Atmung Null, so ist k_L der Verteilungsgleichung das Verhältnis der Affinitäten des Sauerstoffs und des Kohlenoxyds zu dem Atmungsferment. Ist die Atmung nicht Null, so ist k_L der Minimalwert dieses Verhältnisses. Doch gibt k_L keine Auskunft über den absoluten Wert der Affinitäten.

Da die absoluten Werte von fundamentaler Bedeutung sind, so ist folgende Rechnung von Interesse:

Die Atmung der Hefe ändert sich nicht merklich[1], wenn wir mit dem Sauerstoffdruck von einer Atmosphäre auf 0,02 Atmosphären heruntergehen. Rechnen wir mit einem Fehler von 2% bei der Atmungsmessung, so ist, wenn wir mit n den Atmungsrest und mit p_{O_2} den Sauerstoffdruck bezeichnen,

$$\frac{FeO_2}{Fe \cdot p_{O_2}} = k_{O_2}, \tag{19}$$

$$\frac{n}{(1-n) \cdot p_{O_2}} = k_{O_2}.$$

Für $n = 0{,}98$ und $p_{O_2} = 0{,}02$ Atmosphären

$$\frac{0{,}98}{(1-0{,}98) \cdot 0{,}02} = 2500.$$

Messen wir also den Sauerstoffdruck in Atmosphären, so ist 2500 der Minimalwert der Affinität des Sauerstoffs zu dem Atmungsferment. Bei einem Sauerstoffdruck von $^1/_{2500}$ Atmosphären ist die Sauerstoffverbindung des Atmungsferments höchstens zur Hälfte dissoziiert. $k_{O_2} \geqq 2500$.

Da $k \leqq k_{O_2}/k_{CO}$ ist, so können wir auch für k_{CO} eine Grenze angeben. Setzen wir $k = 9$ (vgl. Abschnitt 8), so wird $k_{CO} = 280$. Bei einem Kohlenoxyddruck von $^1/_{280}$ Atmosphären ist die Kohlenoxydverbindung des Atmungsferments höchstens zur Hälfte dissoziiert.

Anmerkungen zu 1 bis 5.

Obwohl die Atmung eine Reaktion an Oberflächen ist, setzen wir die Reaktionsgeschwindigkeiten proportional den vorhandenen Massen an Ferment. Wir lassen also sämtliche Fermentmoleküle gleichartig reagieren und unterscheiden nicht unlösliches, nichtreagierendes von löslichem, reagierendem Ferment. Dann ist es gleichgültig, ob die Fermentmoleküle freibeweglich in Lösung oder fest in die Oberflächen eingelagert sind.

---

[1] Vgl. Abschnitt 12.

k_L der Verteilungsgleichung enthält einen Faktor x, der von der Adsorption des Kohlenoxyds und Sauerstoffs an den Oberflächen herrührt. Denn es ist

$$\left(\frac{CO}{O_2}\right)_{\text{Lösung}} = x \cdot \left(\frac{CO}{O_2}\right)_{\text{Oberfläche}}.$$

Aus der Konstanz von k folgt, daß x unabhängig von CO/O_2 ist, daß also hier die FREUNDLICHsche Adsorptionsisotherme nicht gilt.

Löst man das Atmungsferment von den Oberflächen ab, so wird sich x und damit k ändern. Die Atmung intakter Zellen und die Atmung von Zellextrakten wird also verschieden empfindlich gegen Kohlenoxyd sein.

6. Hefe in Glucose-Phosphat.

In Phosphatlösung, die 1% Glucose enthält, sind Hefezellen mit Glucose gesättigt ($\varepsilon = 1$). In diesem Falle ist die einfache Formel

$$\frac{n}{1-n} \cdot \frac{CO}{O_2} = k \tag{16}$$

anzuwenden.

Tabelle 1.

Bäckerhefe in m/20 KH_2PO_4, m/18 Gucose. Dunkel.

Nr.	Temperatur °C	Gasmischung in Vol.-% CO	O_2	Hemmung d. Atmung in %		k_G	
1	20	80,1	19,9	35		**7,5**	(a)
		88,6	11,4	61	ber. 51	**5,0**	(b)
2	37,5	80,7	19,3	38		**6,8**	(a)
		87,7	12,3	60	ber. 51	**4,8**	(b)
3	37,5	78	22	22		**13**	(a)
		90,6	9,4	55	ber. 43	**8**	(b)
4	20	78,8	21,2	24		**12**	(a)
		79,0	4,4	72	ber. 60	**7**	(b)
5	37,5	76,8	23,2	34		**6,5**	(a)
		74,7	5,3	77	ber. 69	**4,3**	(b)
6	37,5	80	20	36		**7,2**	(a)
		80	4,4	74	ber. 72	**6,4**	(b)

Tabelle 1 enthält das Ergebnis von sechs Versuchen nach Daten der ersten Arbeit[1]. Jeder Versuch besteht aus einem Paar von Messungen, a und b, bei zwei verschiedenen Werten von CO/O_2. In dem b-Versuch ist CO/O_2 immer größer und auch, in Übereinstimmung mit der Theorie, die Atmungshemmung. Doch sieht man aus der letzten Spalte der Tabelle, daß k nicht konstant ist, sondern kleiner wird,

[1] O. WARBURG: Diese Zeitschr. **177**, 471. 1926; der dort beschriebenen Versuchsanordnung habe ich nichts hinzuzufügen.

wenn die Atmungshemmung zunimmt. Ich habe aus dem k des a-Versuchs die Hemmung für den b-Versuch nach Gleichung (16) berechnet und in Kleindruck den experimentell gefundenen Hemmungen beigefügt. Der Abfall der k-Werte bedeutet, daß die gefundene Atmungshemmung rund 10% zu groß ist. Die Abweichung von der Theorie ist systematisch und außerhalb der Fehlergrenzen der Messungen.

Immerhin sind die Abweichungen nicht sehr groß. Man hat den Eindruck, daß die Theorie im Prinzip stimmt und daß die Abweichungen von irgendwelchen Störungen herrühren. In erster Linie war dabei an die Gärung zu denken, die zunimmt, wenn die Atmung abnimmt. Zellen, die verschieden stark gären, sind nicht unter gleichen inneren Bedingungen, die bei der Ableitung der Gleichungen vorausgesetzt wurden.

Um Störungen durch die Gärung zu vermeiden, habe ich den Zucker der Phosphatlösung durch andere verbrennliche Substanzen, wie Äthylalkohol oder Essigsäure ersetzt, ohne im übrigen die Versuchsanordnung wesentlich zu ändern.

7. Hefe in Alkoholphosphat.

In Phosphatlösung, die 1% Äthylalkohol oder 0,06% Essigsäure enthält, sind Hefezellen gesättigt ($\varepsilon = 1$). Auch in diesem Falle ist also die einfache Formel

$$\frac{n}{1-n} \cdot \frac{CO}{O_2} = k \tag{16}$$

anzuwenden.

Die Hefesuspensionen wurden in alkohol- oder essigsäurehaltiger Phosphaltösung einige Stunden vor Beginn der Hemmungsversuche mit Luft geschüttelt, um das Maximum der Atmung zu haben, das nicht immer sofort bei Zusatz der verbrennlichen Substanz da ist. Tabelle 2 enthält ein Versuchsbeispiel mit allen experimentellen Einzelheiten, Tabelle 3 das Ergebnis von fünf Versuchen. Die k-Werte der a- und b-Versuche stimmen so gut überein, als dies bei der Genauigkeit der Messungen möglich ist. Am schlechtesten stimmen sie in Versuch 1. Berechnen wir für diesen Versuch aus a die Atmungshemmung für b, so ergibt sich 63 gegen 66%, eine Differenz, die in den Grenzen der Meßfehler liegt.

Das Ergebnis ist, daß die Abweichungen von der Theorie verschwinden, wenn man den Zucker durch Alkohol oder Essigsäure ersetzt. Mögen die Abweichungen in Zucker nun mit der Gärung zusammenhängen oder nicht, jedenfalls ist durch die Alkoholversuche

Tabelle 2.

Bäckerhefe in m/20 KH_2PO_4, m/5 Äthylalkohol. 20°. Dunkel.

	Gefäß 1	Gefäß 2	Gefäß 3	Gefäß 4
Einsatz	0,3 ccm KOH	0,3 ccm KOH	0,3 ccm KOH	0,3 ccm KOH
Hauptraum	2 ccm Hefesusp. mit 8 cmm Hefe	2 ccm Hefesusp. mit 8 cmm Hefe	2 ccm Hefesusp. mit 8 cmm Hefe	2 ccm Hefesusp. mit 8 cmm Hefe
Volumina in ccm	v_F 2,3 v_G 13,07	v_F 2,3 v_G 13,89	v_F 2,3 v_G 13,65	v_F 2,3 v_G 13,88
Gefäßkonstanten in qmm	$k_{O_2} = 1,23$	$k_{O_2} = 1,30$	$k_{O_2} = 1,28$	$k_{O_2} = 1,30$
Gasraum.	Luft	Luft	Luft	Luft
	mm cmm	mm cmm	mm cmm	mm cmm
Nach 10 Min.	—16 19,6	—14,5 18,8	—15,0 19,2	—14,5 18,8
Nach 3 Std. Schütteln 20 Min.	—43 53	—41 53	—41 52,7	—40 52
	↓	↓	↓	↓
Gasraum	Luft	18% O_2, 82% CO	5% O_2, 95% N_2	5,8% O_2, 94,2% CO
	mm cmm	mm cmm	mm cmm	mm cmm
↓ 10 Min.	—19,5	—13	—19	—7
20 Min.	—39 **48**	—25,5 **33,2**	—38 **48,6**	—14 **18,2**
		$n = 0,693$		$n = 0,38$

Tabelle 3.

Bäckerhefe in m/20 KH_2PO_4 mit Alkohol oder Essigsäure. Dunkel.

Nr.	Verbrennliche Substanz	Gasmischung in Vol.-% CO	O_2	Hemmung der Atmung in %	k_G
1	Äthylalkohol 0,22 mol	81	19	29	**10,4** (a)
		94,7	5,3	66	**9,3** (b)
2	„	60	6,8	54	**7,6** (a)
		89,4	10,6	54	**7,2** (b)
3	„	40,1	4,4	55	**7,5** (a)
		88,6	11,4	50	**7,8** (b)
4	„	82	18	31	**10** (a)
		94,2	5,8	62	**9,9** (b)
5	Essigsäure 0,01 mol	90	10	47	**10** (a)
		95	5	65	**10** (b)

die Verteilungstheorie verifiziert. Die Primärreaktion der Atmung ist

$$Fe + O_2 = FeO_2$$

und die Gleichung der Kohlenoxydwirkung

$$FeO_2 + CO = FeCO + O_2 .$$

Der Zahlenwert der Konstanten k_G ist im Mittel 9, der Konstanten k_L im Mittel 7. Das Atmungsferment bindet also Sauerstoff mindestens siebenmal fester als Kohlenoxyd.

Berechnen wir noch das Verhältnis CO/O_2, das mit $k = 9$ nötig wäre, um die Atmung um 99% zu hemmen. Es ergibt sich $CO/O_2 = 890$, ein Verhältnis, das man zwar experimentell erzeugen, bei dem man aber die Atmung wegen des niedrigen Sauerstoffdruckes nicht mehr messen kann. Wird also die Atmung durch Kohlenoxyd nicht „vollständig" gehemmt, so beruht dies nicht auf der Existenz von zwei verschiedenen Atmungsfermenten, sondern auf den Eigenschaften der Verteilungsgleichung.

8. Hefe in reinem Phosphat.

Bäckerhefe in reinem, von verbrennlicher Substanz freiem Phosphat ist ungesättigt ($\varepsilon < 1$). In diesem Falle ist die allgemeine Verteilungsgleichung

$$\frac{\varepsilon n}{1 - \varepsilon n} \cdot \frac{CO}{O_2} = k \tag{16a}$$

anzuwenden.

Bäckerhefe in reinem Phosphat atmet mit dem respiratorischen Quotienten 1, verbrennt also Zucker, der aus ihrer Substanz für die Atmung mobilisiert wird. Um hier ε zu bestimmen, müssen wir die maximale Atmung durch Zusatz von Zucker (nicht etwa Alkohol oder Essigsäure) erzeugen. Ich finde die Atmung Q_{O_2} in reiner Phosphatlösung im Mittel gleich 5[1], und die Atmung in 1% Zucker, die maximal ist, im Mittel gleich 75. Der Sättigungsgrad ist also

$$\varepsilon = \frac{5}{75} = 0{,}067.$$

Wir berechnen mit $\varepsilon = 0{,}067$ und $k = 9$ das Verhältnis CO/O_2, das nötig wäre, um die Atmung der ungesättigten Zellen um 70% zu hemmen, und finden nach Gleichung (16a) $CO/O_2 = 440$ gegenüber $CO/O_2 = 21$ für gesättigte Zellen.

Wir berechnen ferner das Verhältnis CO/O_2 für die Bedingung $n = 1$

$$\frac{CO}{O_2} = k\,\frac{1 - \varepsilon}{\varepsilon}$$

und finden mit $\varepsilon = 0{,}067$ und $k = 9$ $CO/O_2 = 126$. Dies ist der Grenzwert von CO/O_2, über den man hinausgehen muß, um in Zellen mit dem Sättigungsgrad $^1/_{15}$ eine Kohlenoxydwirkung zu erzeugen. Da nun bei unserer Versuchsanordnung das Verhältnis CO/O_2 höchstens 25 ist (96%

[1] $Q_{O_2} = \frac{\text{cmm } O_2}{\text{mg Hefe} \times \text{Stunden}}$, das Hefegewicht in Trockensubstanz ausgedrückt.

CO und 4% O_2), so folgt, daß Kohlenoxyd die Atmung der ungesättigten Zellen nicht hemmen wird. Der Versuch ergab:

Bäckerhefe in m/20 KH_2PO_4. 20°. Dunkel.

	95% N_2, 5% O_2 40 cmm Zellen: 2 ccm Sauerstoffverbrauch cmm O_2	95% CO, 5% O_2 40 cmm Zeilen: 2 ccm Sauerstoffverbrauch cmm O_2
In 20 Min.	15,1	15,1
„ 20 „	13,9	13,2
„ 20 „	11,3	12,0
„ 40 „	19,5	20,2
In 100 Min.	**59,8**	**60,5**

Die Atmung, die in reiner Phosphatlösung langsam absinkt, wurde also in Übereinstimmung mit der Theorie durch 95% Kohlenoxyd nicht gehemmt. —

Hefe in reiner Phosphatlösung ist nicht unter allen Umständen ungesättigt, sondern es kommt darauf an, unter welchen Bedingungen die Hefe gezüchtet worden ist. Hefe aus Bierbrauereien hat wie Bäckerhefe in reiner Phosphatlösung eine geringe Atmung, die aber durch Zusatz von Zucker nicht wesentlich beschleunigt werden kann. Solche Hefe ist auch ohne Zusatz von Zucker gesättigt und sollte durch Kohlenoxyd gehemmt werden. Der Versuch ergab:

Hefe der Berliner Hochschulbrauerei in m/20 KH_2PO_4. 20°. Dunkel.

	95% N_2, 5% O_2 100 cmm Zellen: 2 ccm Sauerstoffverbrauch cmm O_2	95% CO, 5% O_2 100 cmm Zellen: 2 ccm Sauerstoffverbrauch cmm O_2
In 5 Min. .	25	7
„ 5 „ .	21	5
„ 5 „ .	22	5

Die Atmung der Bierhefe wurde also in reinem Phosphat gehemmt, und zwar ebenso stark, wie die Atmung der Bäckerhefe in Glucosephosphat.

Anmerkungen zu 8.

1. Bei der Anwendung der Gleichung (16a) haben wir mit $k = 9$ gerechnet und damit angenommen, daß die Verteilung des Atmungsferments zwischen Kohlenoxyd und Sauerstoff die gleiche ist, ob die Zellen gesättigt sind oder nicht. Nach Gleichung (8) trifft diese Annahme nicht zu, sondern es ist wegen der kleineren Atmung k für ungesättigte Zellen größer als für gesättigte Zellen. Wahrscheinlich macht diese Änderung von k wenig aus.

2. Ungesättigte Zellen sind nicht nur gegen Kohlenoxyd unempfindlicher, sondern auch gegen andere atmungshemmende Substanzen. Z. B. wurde für Blausäure gefunden:

Bäckerhefe, 20°. Gasraum Luft.

In m/20 KH_2PO_4 ohne Glucose	In m/20 KH_2PO_4 mit m/18 Glucose
Atmungshemmung	Atmungshemmung
durch 10^{-5} n HCN: Null	durch 10^{-5} n HCN: 28%
durch 10^{-4} n HCN: Null	durch 10^{-4} n HCN: 80%
durch 10^{-3} n HCN: 61%	durch 10^{-3} n HCN: 100%

3. R. Emerson[1] hat in diesem Laboratorium gefunden, daß die Atmung der Chlorella unter gewissen Bedingungen durch Kohlenoxyd und Blausäure gehemmt wird, unter anderen Bedingungen nicht. Qualitativ ähnlich sind diese Erscheinungen bei Chlorella und Hefe quantitativ so verschieden, daß sie nicht nach dem gleichen Prinzip erklärt werden können.

9. Wirkung des Lichtes.

Nach Daten der ersten Arbeit[2] sank die Atmungshemmung in 95% Kohlenoxyd und 5% Sauerstoff von 71 auf 14%, wenn Hefe in Glucosephosphat belichtet wurde. Wenden wir auf diesen Fall die Gleichungen (8) und (9) an und rechnen, weil der Sättigungsgrad 1 ist, mit der einfachen Gleichung

$$\frac{n}{1-n} \cdot \frac{\mathrm{CO}}{\mathrm{O}_2} = k,$$

so war $k_{\text{dunkel}} = 7{,}8$ und $k_{\text{hell}} = 116$. Die Belichtung wirkte, als ob die Affinität des Atmungsferments zu Kohlenoxyd auf $^1/_{15}$ des Dunkelwertes verkleinert würde. Ist nun nach Abschnitt 6 der Minimalwert der Konstanten

$$k_{\mathrm{CO}} = \frac{Fe\mathrm{CO}}{Fe \cdot p_{\mathrm{CO}}} \tag{20}$$

im Dunkeln 280, so war er im hellen, bei der angewandten Lichtintensität 19.

Bei der Bestrahlung von Hefe in Kohlenoxyd sind die Wellenlängen 436, 546 und 578 $\mu\mu$ photochemisch wirksam[2]. Das Atmungsferment ist eine gefärbte Substanz, deren Lichtabsorptionskurve nach Gleichung (12) bestimmt werden kann.

---

[1] Emerson, R.: Journ. General Physiol. **10**, 469. 1927.

[2] Warburg, O.: diese Zeitschr. **177**, 471. 1926.

10. Andere Versuchsbedingungen und Objekte[1].

An Heferassen habe ich außer käuflichen Bäckerhefen und Bierhefen geprüft: Rasse M, Rasse XII, Rasse U und Torula utilis, alle vom Berliner Institut für Gärungsgewerbe; an Suspensionsflüssigkeiten außer Phosphat: Bierwürze, Citrat nach SOERENSEN (p_H 3), Glykokoll-Natronlauge nach SOERENSEN (p_H 10), die beiden letzteren mit 1% Alkohol. Immer fand ich, daß 95% Kohlenstoff und 5% Sauerstoff die Atmung im Dunkeln stark hemmte. Wie die Hefen, verhielt sich ein Staphylococcus albus. Nicht gehemmt wurde die Atmung der roten Vogelblutzellen, eine Ausnahme, die insofern interessant ist, als diese Zellen vorwiegend aus Hämoglobin bestehen, das bei dem Atmungsversuch in Kohlenoxydhämoglobin verwandelt war.

Bei Versuchen mit Geweben tritt die Schwierigkeit auf, daß der niedrige Sauerstoffdruck zur Versorgung der Gewebe mit Sauerstoff nicht ausreicht. Man hat hier den Fall, daß die Objektdicke größer ist als die „Grenzschnittdicke"[2] und muß sich fragen, ob es unter solchen Umständen möglich ist, eine Atmungshemmung nachzuweisen.

Wir denken uns eine Gewebelamelle und bezeichnen mit

x_{O_2} den Sauerstoffverbrauch des Gewebes ohne Kohlenoxyd,
x'_{O_2} den Sauerstoffverbrauch des Gewebes mit Kohlenoxyd,
q_{O_2} den Sauerstoffverbrauch der Gewichtseinheit Gewebe ohne Kohlenoxyd,
q_{O_2} den Sauerstoffverbrauch der Gewichtseinheit Gewebe mit Kohlenoxyd,
D die mittlere Dicke der Gewebelamelle,
d die Grenzschnittdicke ohne Kohlenoxyd,
d' die Grenzschnittdicke mit Kohlenoxyd.

Ist D größer als d und auch größer als d' und beziehen wir alle x- und q-Werte auf gleiche Zeiten, so ist

$$\frac{x'_{O_2}}{x_{O_2}} = \frac{q'_{O_2} \cdot d'}{q_{O_2} \cdot d}. \tag{21}$$

Ist der Sauerstoffdruck in der umspülenden Lösung ohne und mit Kohlenoxyd gleich, so ist nach einer früher abgeleiteten Formel[3]

$$\frac{d'}{d} = \sqrt{\frac{q_{O_2}}{q'_{O_2}}} \tag{22}$$

---

[1] Vgl. hierzu auch J. B. S. HALDANE: Nature 1927. — J. B. S. HALDANE fand, daß Kohlenoxyd-Sauerstoffgemische, die nach meinen Hefeversuchen die Atmung hemmen, auf Galleria mellonella und Lepidium sativum lähmend wirken (Bewegung, Keimung).

[2] WARBURG, O.: diese Zeitschr. **142**, 317. 1923.

[3] Diese Zeitschr. **142**, 317. 1923.

Tabelle 4: *Gewebe in 5%* CO_2, *10%* O_2, *85%* CO.

Gewebe	Leber (Ratte)	Chorion (Ratte)	Retina (Ratte)	Embryo (Ratte)	Embryo (Huhn)	Jensen-Sarkom (Ratte)
Trockengewicht	14 mg (Schnitt)	9,3 mg	3,4 mg (2 Häute)	2,3 mg (3 Embryonen)	2,6 mg (4 Embryonen)	4,6 mg (Schnitt)
Medium	Serum	Serum	Ringer, 0,2% Glucose	Serum	Ringer, 0,2% Glucose	Ringer, 0,2% Glucose
Gefäßvolumina in ccm	v_F 7 v_G 6,8	v_F 3 v_G 10,4	v_F 3 v_G 10,8	v_F 3 v_G 10,6	v_F 3 v_G 10,8	v_F 3 v_G 10,5
Temperatur	25°	37,5°	37,5°	37,5°	37,5°	25°
Druckänderung	mm	mm	mm	mm	mm	mm
	(20′ d — 8)	20′ d + 43	20′ d + 73	30′ d + 9	40′ d + 13	30′ h + **5,5**
h bedeutet hell (75 Watt-Lampe 4 cm)	20 h — **11**	20 h + **23**	20 h + **56**	30 h + **7,5**	40 h + **10**	30 d + 7,5
	20 d — 4,5	20 d + 38	20 d + 71	30 d + 8,5	40 d + 14,5	30 h + **4,5**
	20 h — **11**	20 h + **23**	20 h + **47**	30 h + **6,0**	40 h + **12**	30 d + 7,5
d bedeutet dunkel	20 d — 5					
	↓ 5% CO_2 95% O_2 20′ — 32	↓ 5% CO_2, 95% O_2 20′ — 10	↓ 5% CO_2, 95%, O_2 20′ + 35	↓ 5% CO_2, 95% O_2 30′ — 0,5	5% CO_2, 95% O_2 40′ 0	
		↓ 5% CO_2, 10% O_2, 85% N_2 20′ + 15	↓ 5% CO_2, 10% O_2, 85% N_2 20′ + 46	↓ 5% CO_2, 10% O_2, 85% N_2 30′ + 5,5		

(22) in (21) eingesetzt, ergibt

$$\frac{x'_{O_2}}{x_{O_2}} = \sqrt{\frac{q'_{O_2}}{q_{O_2}}}, \qquad (23)$$

das heißt, die verbrauchten Sauerstoffmengen verhalten sich wie die Wurzeln aus den Atmungsgrößen.

Es zeigt sich also, daß eine etwa vorhandene Atmungshemmung teilweise, aber nicht vollständig verdeckt wird. Sie wird teilweise verdeckt, weil sich um so mehr Gewebe an der Atmung beteiligt, je kleiner der Sauerstoffverbrauch der Gewichtseinheit ist. Die Atmungshemmung wird nicht vollständig verdeckt, weil die Gewebemenge, die atmet, nicht in demselben Maße zunimmt, als der Sauerstoffverbrauch der Gewichtseinheit abnimmt. Es ist nicht $\frac{d'}{d} = \frac{q_{O_2}}{q'_{O_2}}$, sondern $\frac{d'}{d} = \sqrt{\frac{q_{O_2}}{q'_{O_2}}}$.

Bei der Ausführung der Versuche empfiehlt es sich, mit und ohne Kohlenoxyd dieselbe Gewebelamelle zu benutzen, also die Gasgemische hintereinander auf dasselbe Objekt einwirken zu lassen. Anstatt die Gasgemische auszuwechseln, ist es bequemer, abwechselnd zu belichten und zu verdunkeln. Hinreichend starke Belichtung wirkt ja wie ein Ersatz des Kohlenoxyds durch ein indifferentes Gas. Hat man ferner Zellen, die gären, so ist es einfacher, statt der Wirkung auf die Atmung die Wirkung auf die Gärung zu messen.

Tabelle 4 ist eine Zusammenstellung der Versuche. Das Verhältnis CO/O_2 war bei allen Versuchen gleich, nämlich 8,5. Große Wirkungen wurden gefunden für Leber, Chorion und Netzhaut, kleinere für Embryonen und ein Sarkom der Ratte, keine Wirkung (in der Tabelle nicht angeführt) für ein Sarkom[1] des Huhns.

Das Ergebnis ist, daß das Atmungsferment nicht nur in Hefe, sondern sehr allgemein mit Kohlenoxyd reagiert, und daß die hierbei entstehende Verbindung nicht nur in Hefe, sondern sehr allgemein durch Licht gespalten wird.

11. Verwandtschaft des Atmungsferments mit dem Hämoglobin.

Hämoglobin (Hb) verteilt sich zwischen Sauerstoff und Kohlenoxyd nach der Gleichung

$$\frac{\mathrm{HbO_2}}{\mathrm{HbCO}} \cdot \frac{\mathrm{CO}}{\mathrm{O_2}} = K. \tag{24}$$

Kohlenoxydhämoglobin wird, wie JOHN HALDANE 1897 fand[2], bei Belichtung gespalten, während Oxyhämoglobin im Lichte beständig ist. Deshalb nimmt K der Gleichung (24) bei Belichtung zu:

$$K_{\mathrm{hell}} > K_{\mathrm{dunkel}}. \tag{25}$$

Die Ausdrücke (24) und (25) fassen eine Reihe sehr spezieller Eigenschaften des Hämoglobins zusammen, die nach dem Vorhergehenden auch Eigenschaften des Atmungsferments sind. Aus der Häufung gleicher und ganz spezieller Eigenschaften, die hier vorliegt, folgt daß das Atmungsferment eine Eisenpyrrolverbindung ist, in der das Eisen wie im Hämoglobin an Stickstoff gebunden ist. Es war kein Zufall, daß das an Stickstoff gebundene Eisen der Blutkohlen Reaktionen zeigte[3], die charakteristisch für das Atmungsferment sind.

Bedenkt man, daß Kohlenoxyd bei gewöhnlicher Temperatur ein chemisch fast indifferentes Gas ist, so bedarf der Schluß, daß

---

[1] ROUS-Sarkom.

[2] HALDANE u. SMITH: Journ. of Physiol. **20**, 497. 1896. — HARTRIDGE u. ROUGHTON: Proced. Roy. Soc. B. **94**, 336. 1923.

[3] WARBURG u. BREFELD: diese Zeitschr. **145**, 461. 1924.

Atmungsferment und Hämoglobin verwandt sind, keiner näheren Begründung. Notwendiger erscheint es zu begründen, warum Atmungsferment und Hämoglobin nur verwandt und nicht identisch sind. Es genügen dazu die folgenden vier Zahlen[1]:

Atmungsferment der Hefe	Hämoglobin
$\frac{FeO_2}{FeCO} \cdot \frac{CO}{O_2} = 9$	$\frac{HbO_2}{HbCO} \cdot \frac{CO}{O_2} \sim 0{,}01$
$\frac{FeO_2}{Fe \cdot p_{O_2}} \lesseqgtr 2500$	$\frac{HbO_2}{Hb \cdot p_{O_2}} \sim 50$

Eine mit dem Hämoglobin verwandte Substanz, die weit verbreitet in Zellen vorkommt, ist das KEILINsche Cytochrom[2]. Auch Cytochrom ist nicht identisch mit dem Atmungsferment. Denn Cytochrom reagiert nicht mit Kohlenoxyd[3].

Es ist merkwürdig, daß Kohlenoxyd, obwohl es nicht mit dem Cytochrom reagiert, die Oxydation des Cytochroms an der Luft verhindert. Dem Anschein zum Trotz ist Cytochrom nicht autoxydabel, sondern es ist der aktivierte Sauerstoff des Atmungsferments, der das Cytochrom in der Zelle oxydiert.

Was die Funktion dieser interessanten Substanz anbetrifft, so gibt es zwei Möglichkeiten, zwischen denen man so lange nicht entscheiden wird, als es keine Methoden gibt, um das Eisen des Cytochroms und das Eisen des Atmungsferments zu bestimmen. Bezeichnen wir die Reduktionsform des Cytochroms mit Z, seine Oxydationsform mit ZO_2 — ohne damit über die Wertigkeit des Eisens in ZO_2 etwas aussagen zu wollen — und die verbrennende Substanz mit C, so ist die erste Möglichkeit

$$\left.\begin{aligned} Fe + O_2 &= FeO_2 \\ FeO_2 + Z &= Fe + ZO_2 \\ ZO_2 + C &= Z + CO_2 \end{aligned}\right\} \text{aerob}$$

Dann wäre das Cytochrom eine „Peroxydase“ und als solche ein Bestandteil des Atmungsferments im weiteren Sinne.

Die zweite Möglichkeit ist

$$\begin{aligned} Fe + O_2 &= FeO_2 \quad \text{aerob}, \\ Fe + ZO_2 &= FeO_2 + Z, \quad \text{anaerob}, \\ FeO_2 + C &= Fe + CO_2. \end{aligned}$$

Dann wäre das Cytochrom kein Teil des Atmungsferments, sondern würde in der Zelle dieselbe Rolle spielen, wie das Hämoglobin außerhalb der Zelle.

---

[1] p_{O_2} ist in Atmosphären ausgedrückt.

[2] KEILIN, D.: Proc. Roy. Soc. London, B, **98**, 312. 1925; **100**, 129. 1926.

[3] WARBURG, O.: Naturwissenschaften **15**, H. 26. 1927 (Vortrag in der Royal Society vom 12. Mai 1927). KEILIN, D.: Le Cytochrome. Paris 1927 (Vortrag in der Société de biologie vom 27. Mai 1927).

12. Blausäurewirkung bei verschiedenen Sauerstoffdrucken.

Würde die Blausäure, wie das Kohlenoxyd, mit der reduzierten Form des Atmungsferments reagieren, so wäre die Primärreaktion der Blausäurewirkung

$$Fe + \mathrm{HCN} = Fe\mathrm{HCN},$$

die Bilanzgleichung

$$Fe\mathrm{O_2} + \mathrm{HCN} = Fe\mathrm{HCN} + \mathrm{O_2}$$

und das Gleichgewicht

$$\frac{Fe\mathrm{O_2}}{Fe(\mathrm{HCN})} \cdot \frac{\mathrm{HCN}}{\mathrm{O_2}} = K$$

und die Blausäurewirkung müßte in gleichem Maße von dem Sauerstoffdruck abhängig sein, wie die Kohlenoxydwirkung.

Versuchsanordnung.

Das Versuchsobjekt war Bäckerhefe, suspendiert in m/20 KH_2PO_4 und m/100 Essigsäure, die Suspension zur Herstellung stationärer Verhältnisse vor dem Versuch 2 Stunden mit Luft geschüttelt. Der Sauerstoffdruck wurde zwischen einer Atmosphäre und $^1/_{30}$ Atmosphäre variiert, die Blausäure war $1{,}5 \cdot 10^{-4}$ n.

Bei allen Versuchen mit niedrigen Sauerstoffdrucken ist die Gefahr, daß Sauerstoffmangel in den Zellen entsteht, wodurch Wirkungen vorgetäuscht werden. Die Zellsuspensionen müssen so dünn wie möglich, die Suspensionsvolumina so klein wie möglich sein. Man muß sehr schnell schütteln und darf nicht, wie es sonst üblich ist, während des Ablesens anhalten. Endlich müssen die Versuchszeiten so kurz sein, daß die Destillation der Blausäure in den Kalilaugeeinsatz die Konzentration der Blausäure im Hauptraum nicht merklich vermindert. Die Anordnung ohne Kalilaugeeinsatz, mit der wir im allgemeinen die Blausäurewirkung messen, war bei niedrigen Sauerstoffdrucken wegen der zu großen Flüssigkeitsvolumina unzweckmäßig.

Tabelle 5 enthalt ein Versuchsbeispiel. A_0, die Atmung ohne Blausäure, ist zwischen 2,9 und 97 Vol.-% Sauerstoff gleich. A, die Atmung in $1{,}5 \cdot 10^{-4}$ n Blausäure, beträgt bei allen vier Sauerstoffdrucken rund 40% von A_0, d. h., die Blausäurewirkung ist in den geprüften Grenzen unabhängig vom Sauerstoffdruck.

Es geht daraus hervor, daß die Blausäure nicht mit der reduzierten Form des Atmungsferments reagiert, wenn sie die Atmung hemmt. Bemerkenswerterweise ist auch das zweiwertige Eisen des Hämoglobins unempfindlich gegen Blausäure. Oxydiert man aber das Hämoglobin zu Methämoglobin, so tritt eine starke Affinität zu Blausäure auf. Methämoglobin reagiert, im Gegensatz zu Hämoglobin und Oxyhämoglobin, mit Blausäurekonzentrationen, wie sie für die Atmungshemmung in Betracht kommen.

Tabelle 5. *Bäckerhefe in m/20 KH_2PO_4, m/100 Essigsäure. 20°.*

Gasraum	2,5 Vol.-% O_2	5,2 Vol.-% O_2	21 Vol.-% O_2	97 Vol.-% (Rest-N_2)
Hauptraum . . .	1 ccm Suspension 5 cmm Zellen	1 ccm Suspension 5 cmm Zellen	1 ccm Suspension 5 cmm Zellen	1 ccm Suspension 0,5 cmm Zellen
Einsatz	0,5 ccm KOH	0,5 ccm KOH	0,5 ccm KOH	0,5 ccm KOH
Volumina in ccm	v_F 1,5 v_G 15,27	v_F 1,5 v_G 15,25	v_F 1,5 v_G 14,77	v_F 1,5 v_G 15,13
Gefäßkonst. in qmm	$k_{O_2} = 1{,}43$	$k_{O_2} = 1{,}43$	$k_{O_2} = 1{,}38$	$k_{O_2} = 1{,}42$
Nach 30 Min. .	—24,5 mm	—25,0 mm	—25,0 mm	—25,0 mm
$A^0 =$	**35** cmm	**35,7** cmm	**34,5** cmm	**35,5** cmm
	↓ 1,5·10⁻⁴n HCN	↓ 1,5·10⁻⁴n HCN	↓ 1,5·10⁻⁴n HCN	↓ 1,5·10⁻⁴n HCN
Nach 30 Min. .	—11,0 mm	— 9,5 mm	—10,5 mm	—11,5 mm
$A =$	**15,8** cmm	**13,6** cmm	**14,5** cmm	**16,3** cmm
$\frac{A}{A_0} =$	0,45	0,39	0,41	0,46

13. Absorptionskoeffizient der Blausäure.

Für viele Versuche mit Blausäure ist die Kenntnis des Blausäuredampfdrucks wichtig. Eine einfache Bestimmungsmethode ist folgende:

In die Birne eines kegelförmigen Gefäßes[1] bringt man titrierte Kaliumcyanidlösung, in den Hauptraum eine Säurelösung, deren Säure genügen muß, um die Blausäure aus dem Kaliumcyanid in Freiheit zu setzen. Man hängt in den Thermostaten ein, gleicht Temperatur und Druck aus, gibt dann den Inhalt der Birne in den Hauptraum und schüttelt, bis der positive Druck nicht mehr zunimmt. Zu beachten ist, daß das Kaliumcyanid frei von Kohlensäure ist, was durch Zusatz von Bariumchlorid und Zentrifugieren leicht erreicht wird.

Ist x die Blausäuremenge in der Birne in Kubikmillimetern, H der entstandene Druck und P_0 der Normaldruck der Sperrflüssigkeit, α der Absorptionskoeffizient der Blausäure, T die absolute Versuchstemperatur, v_G das Volumen des Gasraums und v_F das Volumen der Flüssigkeit im Meßgefäß, so ist

$$x = \frac{H}{P_0}\left(v_G \frac{273}{T} + v_F\,\alpha\right). \tag{26}$$

Beim Versuch war die Säurelösung im Hauptraum m/2 KH_2PO_4, die Kaliumcyanidlösung in der Birne war n/10, ferner

$x = 4480$ cmm $v_F = 2200$ cmm $v_G = 13\,600$ cmm
$H = +\ 83$ mm $P_0 = 10\,000$ mm
$T = 293°$

woraus nach (26) folgt

$$\alpha = 240.$$

[1] Form vgl. Abb. 1, diese Zeitschr. **177**, 471. 1926.

Kennt man α, so kann man für beliebige Gas- und Flüssigkeitsvolumina den Partialdruck H der Blausäure berechnen, der entsteht, wenn in ein Gefäß x cmm Blausäure hineingebracht werden

$$H = P_0 \cdot \frac{x}{v_G \frac{273}{T} + v_F \alpha}. \qquad (26\text{a})$$

Im allgemeinen ist v_G klein gegen $v_F \alpha$, so daß (26a) übergeht in

$$H = P_0 \cdot \frac{x}{v_F \alpha}. \qquad (26\text{b})$$

Dann ist H unabhängig vom Volumen des Gasraums.

Bei dem in Tabelle 5 wiedergegebenen Versuch war der Dampfdruck der Blausäure, nach Gleichung (26b) berechnet, 0,14 mm. Man sieht daraus, daß Änderungen des Blausäuredrucks manometrisch ganz zu vernachlässigen waren.

14. Schwermetall in gärenden Zellen.

Die Bildung dissoziierender Blausäure- und Schwefelwasserstoffverbindungen ist eine dem Atmungs- und Gärungsferment gemeinsame Eigenschaft[1]. Ist nun die Schwermetalltheorie der Atmung bewiesen, so ist es im Prinzip auch die Schwermetalltheorie der Gärung. Verstehen wir unter dem Gärungsferment mit PASTEUR die Substanz, die den Sauerstoff innerhalb der Moleküle bei der Gärung verschiebt, so ist die energieliefernde chemische Reaktion der lebendigen Substanz allgemein eine Sauerstoffübertragung durch Schwermetall, in der Atmung eine Übertragung von freiem, in der Gärung eine Übertragung von gebundenem Sauerstoff.

Die Theorie verlangt, daß überall da, wo Gärung ist, Schwermetall ist. Zur Prüfung eignen sich Hefen, die stark gären und schwach atmen. Wir vergleichen sie mit Hefen, die schwach gären und stark atmen, und züchten beide Hefen in demselben Nährboden. Dabei zeigt sich folgendes:

Rasse U, anaerob gezüchtet	Torula utilis, aerob gezüchtet
Atmung: $Q_{O_2} = -17$	Atmung: $Q_{O_2} = -160$
Gärung: $Q_G^{N_2} = +170$	Gärung: $Q_G^{N_2} = +90$
Eisen: $0{,}9 \cdot 10^{-1}$ mg: g Trockensubstanz	Eisen: $1 \cdot 10^{-1}$ mg: g Trockensubstanz
Kupfer: $0{,}4 \cdot 10^{-1}$ mg: g Trockensubstanz	Kupfer: $0{,}7 \cdot 10^{-1}$ mg: g Trockensubstanz
Mangan: —	Mangan: —

Beide Hefen enthielten also reichlich Eisen und Kupfer, und zwar ungefähr gleich viel Eisen, obwohl die Atmung der Rasse U zehnmal so klein war wie die Atmung der Torula. Durch Extrapolation können

[1] WARBURG, O.: diese Zeitschr. **165**, 196. 1925. — NEGELEIN, E.: ebendaselbst **165**, 203. 1925.

wir aus diesen Zahlen schließen, daß der Eisengehalt der Rasse U bei der Atmung Null nicht wesentlich kleiner sein würde.

Auch die gärenden Extrakte von Hefezellen enthalten reichlich Schwermetall. Ich züchtete Rasse U bei 6° in Bierwürze, die in Glasgefäßen hergestellt und deren Metallgehalt gemessen war. Nach v. LEBEDEW[1] extrahiert, ergab der nicht veraschte Saft pro Kubikzentimeter

$$4 \cdot 10^{-3} \text{ mg Kupfer,}$$
$$3 \cdot 10^{-3} \text{ mg Eisen,}$$

ein Metallgehalt, der beim Umrechnen auf Trockensubstanz zehnmal so groß wird, da der Saft rund 90% Wasser enthält.

Experimentelles.

Die im Laboratorium in Glasgefäßen hergestellte Bierwürze wurde im Platintiegel verascht, der Metallgehalt der Aschenlösung nach der Cysteinmethode[2] bestimmt. Er war pro Kubikzentimeter Bierwürze $0{,}4 \cdot 10^{-3}$ mg Cu und $0{,}5 \cdot 10^{-3}$ mg Fe. In 86 ccm Bierwürze wurde eine Öse der Rasse U oder der Torula geimpft und bei 30° 36 Stunden lang Sauerstoff (Torula) oder geglühter Stickstoff (Rasse U) durchgeleitet. Die Ernte betrug 0,6 ccm Zellen. Aus diesen Zahlen und dem Metallgehalt der Würze und der Zellen kann man berechnen, daß zur Zeit der Ernte 1 Volumen Zellen rund 50mal soviel Eisen enthielt als 1 Volumen der sie umspülenden Würze. Der Stoffwechsel der Zellen wurde in Bierwürze gemessen, in der der Sättigungsgrad $\varepsilon = 1$ ist. 0,5 ccm Zellen wurden im Platintiegel ohne Phosphatzusatz verascht (24 Stunden, Heraeus Ofen, ganz schwache Rotglut). Dann wurde mit 0,3 ccm n-Salzsäure aufgenommen, mit Wasser auf 2,2 ccm aufgefüllt, 1½ Stunden im Quarzröhrchen auf 100° erhitzt und in je 0,1 ccm Aschenlösung der Pyrophosphat- und der Boratausschlag mit Cystein gemessen. — Der Lebedewsaft wurde unverascht und ohne ihn zu konzentrieren nach der Cysteinmethode gemessen. 0,1 ccm gaben sehr beträchtliche Ausschläge. Die oben angegebenen Zahlen sind Minimalzahlen, da möglicherweise ein Teil des Metalls zu fest gebunden ist, um ohne Veraschung von der Cysteinmethode erfaßt zu werden.

15. Kohlenoxyd und Gärung.

Untersucht man die Wirkung des Kohlenoxyds auf die Gärung, so ist zu beachten, daß Kohlenoxyd die Vermehrung mancher Zellen, z. B. von Hefe, hemmt. Bringt man Hefe in Bierwürze und mißt die Gärung, so steigt sie in Kohlenoxyd langsamer an als in Stickstoff. Auf gleiche Zellenzahlen bezogen, ist jedoch die Gärung in beiden Gasen gleich.

Allgemein hat sich gezeigt, daß Kohlenoxyd die Gärung nicht hemmt, weder die Milchsäuregärung noch die alkoholische Gärung. Selbst in

[1] LEBEDEW, A. v.: Hoppe-Seylers Zeitschr. f. physiol. Chem. **73**, 447. 1911.
[2] WARBURG, O.: diese Zeitschr. **187**, 255. 1927.

Kohlenoxyd von 60 Atmosphären Druck fand ich keine Wirkung des Kohlenoxyds auf die Gärung.

Experimentelles zu den Überdruckversuchen.

Abb. 3 erläutert die Versuchsanordnung.

40 ccm Hefesuspension wurden in die Bombe eingefüllt. Nach zweimaligem Spülen mit Stickstoff und Kohlenoxyd (10 Atmosphären) und Einpressen von 60 Atmosphären Kohlenoxyd wurde 2—3 Szunden auf der Maschine geschüttelt. Dann wurde die Hefesuspension zentrifugiert und der Glucosegehalt in der überstehenden Flüssigkeit polarimetrisch bestimmt. Bei einem Parallelversuch enthielt die Bombe statt 60 Atmosphären Kohlenoxyd 60 Atmosphären Stickstoff, die Hefesuspension 10^{-3} Mole Blausäure pro Liter, zur Hemmung der Atmung (in 60 Atmosphären Bombenstickstoff ist der Sauerstoffdruck etwa 0,3 Atmosphären).

Beispiel. Heferasse XII, aerob in Bierwürze gezüchtet. Suspension in m/20 KH_2PO_4 mit 0,5% Glucose. Für jeden Versuch 40 ccm Hefesuspension mit 300 cmm (= 60 mg) Zellen. Versuchszeit 3 Stunden. Temperatur im Schüttelraum 22°.

Drehung im 2-dcm-Rohr (Na-Licht) vor dem Versuch . . . . + 0,61°

Drehung im 2-dcm-Rohr (Na-Licht) nach 3 Stunden 60 Atm. CO . . . + 0,22°

Drehung im 2-dcm-Rohr (Na-Licht) nach 3 Stunden 60 Atm. N_2 . . . + 0,22°

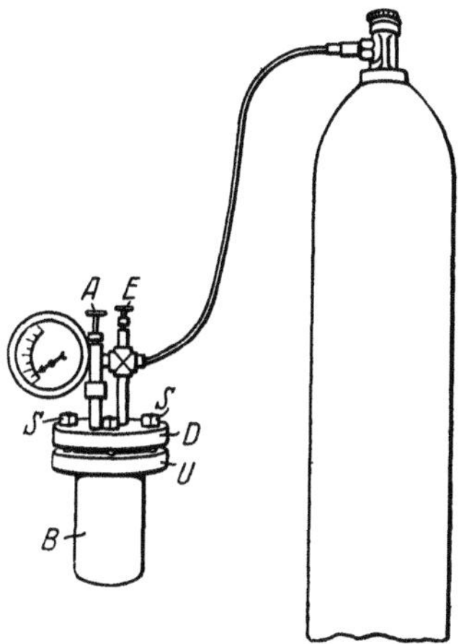

Abb. 3.
B Stahlbombe von 11 mm Wandstärke und 1,2 Liter Rauminhalt, innen emailliert, für 125 Atm. geprüft. *E* Einlaßventil mit Manometer. *A* Ablaßventil. *D* Deckel mit Sechskantenschrauben *S*, auf Unterlage *U* befestigt.

Die Drehungsabnahmen waren also in Kohlenoxyd und Stickstoff gleich und betrugen 0,39°. Mit $[\alpha]_D = +52,5°$ berechnet sich daraus ein Zuckerverbrauch von 148 mg für die Versuchszeit und 60 mg Hefe, oder ein Zuckerverbrauch von 0,82 mg pro Stunde und Milligramm Hefe ($Q_G^{N_2} = Q_G^{CO} = 205$).

16. Wirkung des Stickoxyds auf die Gärung.

Wie Kohlenoxyd, so bildet auch Stickoxyd mit einfachen und komplexen Schwermetallsalzen Verbindungen, die bei gewöhnlicher Temperatur dissoziieren. Man kennt reversible Stickoxydverbindungen des Eisens, Kobalts, Nickels, Mangans, Kupfers und anderer Schwermetalle[1], die beim Einleiten von Stickoxyd in die wässerigen Lösungen

[1] Hüfner: Zeitschr. f. physikl Chem. **59**, 416. 1907. — Kohlschütter und Sazanoff: Ber. **41**, 14 23. 1911. — Manchot: ebendaselbst **47**, 1601, 1914; **59**, 2445. 1926.

der Salze entstehen; man kennt auch eine reversible Stickoxydverbindung des Hämoglobins[1], das von HÜFNER entdeckte Stickoxyd-Methämoglobin, in dem das Stickoxyd an Eisen gebunden ist. Bemerkenswert ist der starke Einfluß der Temperatur[2] auf die Dissoziation der Stickoxyd-Metallverbindungen, den man bei der Reinigung des Stickoxyds präparativ benutzt. Man läßt dabei Stickoxyd von Ferrosulfat bei gewöhnlicher Temperatur absorbieren und treibt das Gas durch gelindes Erwärmen wieder aus.

Die Bildung von Stickoxydverbindungen, die bei gewöhnlicher Temperatur dissoziieren, ist nicht weniger spezifisch für Schwermetalle wie die Bildung reversibler Kohlenoxydverbindungen. Ich habe die Wirkung des Stickoxyds auf die Gärung untersucht und gefunden, daß das Gärungsferment eine dissoziierende Stickoxydverbindung bildet. Mit Hinblick auf das Verhalten der einfachen Stickoxyd-Metallverbindungen ist wichtig, daß man Stickoxyd, das bei niedriger Temperatur in Hefe fest gebunden ist, durch Erwärmen auf 37 ⁰ austreiben kann.

Versuchsanordnung.

Abb. 4 zeigt einen Teil der Versuchsanordnung. Der Kolben *K* enthält saure Ferrosulfatlösung (50 g $FeSO_4$ 7 H_2O + 90 ccm Wasser + 10 ccm konzentrierte Schwefelsäure), der Trichter *T* eine Natriumnitritlösung (20 g Natriumnitrit in 50 ccm). *S* ist ein auf 40⁰ einstehendes Wasserbad, *a* und *b* sind Schwanzhähne, 1, 2 und 3 Waschflaschen mit konzentrierter Schwefelsäure, die zur Absorption des Stickstoffdioxyds dienen. Die Gefäße I_a und I_b denke man sich zunächst fort.

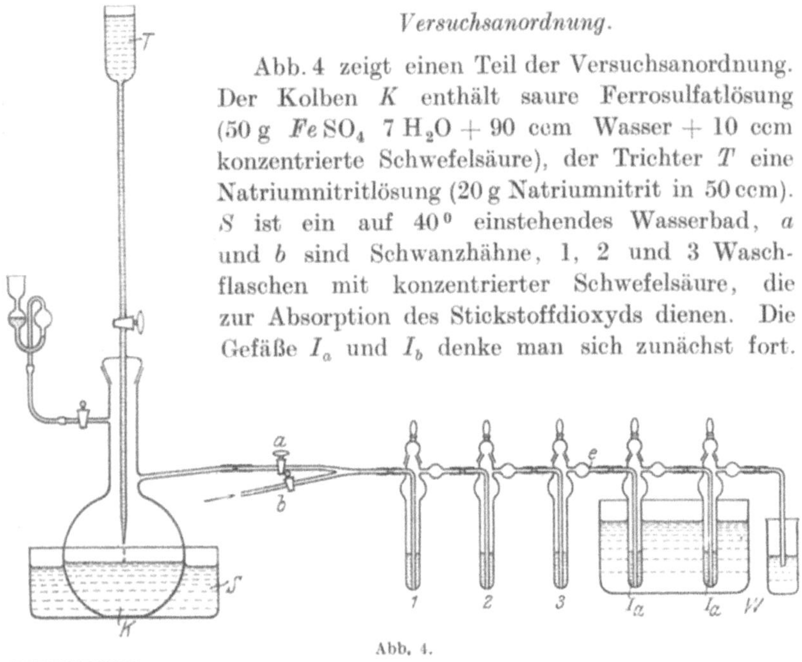

Abb. 4.

[1] HÜFNER u. REINHOLD: Arch. Anat. Physiol. 1904, Suppl. II, S. 391.— HARTRIDGE: Journ. Physiol. **44**, 34.— ANSON u. MIRSKY: ebendaselbst **60**, 100.

[2] THOMAS, V.: Cpt. rend. **123**, 943. 1896; Bull. Soc. Chim. (3) **19**, 419.

Tropft Natriumnitrit in das Ferrosulfat, so entwickelt sich Stickoxyd, das mit dem Luftsauerstoff in $K\ NO_2$ bildet und durch den Schwanz des Hahnes *a* nach außen abgeleitet wird. Inzwischen wird das System von *b* aus mit (über Cu) geglühtem Stickstoff durchströmt. Ist die Luft durch den Stickstoff verdrängt, so wird durch Umstellen der Hähne *a* und *b* bewirkt, daß das Stickoxyd durch das System und der Stickstoff nach außen strömt. Bei *e* hat man dann reines Stickoxyd, das entweder als solches benutzt oder in einem Quecksilbergasometer mit indifferenten Gasen verdünnt wurde.

Die Gärung in Stickoxyd wurde manometrisch und polarimetrisch gemessen. Zur manometrischen Gärungsmessung wurden die Meßtröge mit Zell- oder Gewebesuspension gefüllt und mit ihren Manometern verbunden. Dann wurden Manometerkapillare und Meßtrog unter Schütteln des Meßtrogs sauerstofffrei gespült und ohne Unterbrechung des Gasstroms mit der NO-haltigen Gasmischung gefüllt. War die Gärung in NO gemessen, so wurden die Meßtröge unter dem Überdruck eines indifferenten Gases geöffnet, mit dem Gas einige Zeit durchströmt und zur Prüfung auf Reversibilität wieder geschlossen.

Zur polarimetrischen Gärungsmessung wurden bei *e* (Abb. 4) zwei Flaschen, I_a und I_b, mit Hefesuspension angesetzt, in einem durch Eisstücke auf 0^0 gehaltenen Wasserbad (*W*). Sie wurden von *e* aus sauerstofffrei gespült, dann mit Stickoxyd gesättigt, auf 20^0 erwärmt und 1 Stunde lang in Stickoxyd bei 20^0 gehalten. Dann wurde wieder auf 0^0 gekühlt, mit Stickstoff gewaschen, zentrifugiert und in der überstehenden Flüssigkeit der Zuckerverbrauch polarimetrisch bestimmt. Mit I_a und I_b stand eine Kontrollsuspension in dem Wasserbad *W*, die während der gesamten Versuchszeit mit Stickstoff durchströmt wurde. Sie machte alle Temperaturänderungen, denen I_a und I_b unterworfen waren, mit, und ergab die Normalgärung während der Versuchszeit.

Die Komplikation bei den Stickoxydversuchen ist, daß NO sich mit Luftsauerstoff und Wasser zu salpetriger und Salpetersäure umsetzt. Deshalb muß vor dem Einleiten des Stickoxyds der Sauerstoff aus den Gefäßen und Lösungen ausgetrieben sein.

Hemmung der Milchsäuregärung.

Als Versuchsobjekt benutzte ich Tumorschnitte. 95 Vol.-% Stickoxyd hemmte die Tumorgärung bei 37^0 um 50—60%. Wurde das Stickoxyd durch Stickstoff ersetzt, so stieg die Tumorgärung wieder auf ihren Normalwert.

Jensen-Sarkom in Ringerlösung bei 37,5°. $2{,}5 \cdot 10^{-2}$ n $NaHCO_3$. 0,2% Glucose.

Versuch 1	Versuch 2
mm Druckänderung	mm Druckänderung
5% CO_2, 95% N_2: 10′: + 18	5% CO_2, 95% N_2: 10′: + 12
10′: + 17,5	5% CO_2, 95% NO: 10′: + 6
5% CO_2, 95% NO: 10′: + 7	5% CO_2, 95% N_2: 10′: + 10,5
5% CO_2, 95% N_2: 10′: + 16,5	10′: + 11,5

Hemmung der alkoholischen Gärung.

Bei den Versuchen mit Hefe spielt die Temperatur eine wichtige Rolle. Je höher die Temperatur während der Stickoxydbehandlung ist, um so schlechter sind die Hemmungen reversibel. Hefe, deren Gärung bei 37° durch Stickoxyd gehemmt worden ist, gärt nach Entfernung des Stickoxyds nicht mehr, weder bei 37°, noch bei einer anderen Temperatur. Andererseits kann man das an Gärungsferment gebundene Stickoxyd um so leichter austreiben, je höher die Temperatur ist. Es sind also zwei verschiedene Reaktionen des Stickoxyds zu unterscheiden, eine reversible mit dem Gärungsferment und eine irreversible Nebenreaktion, die die Zellen tötet, um so schneller, je höher die Temperatur ist. Diese Nebenreaktion hat man nicht in Tumorzellen, die deshalb ein geeigneteres Objekt für NO-Versuche sind als Hefe.

1. Beispiel. Bäckerhefe manometrisch. Suspensionsflüssigkeit m/20 KH_2PO_4, m/18 Glucose.

Gefäß I 12 cmm Hefe in 2 ccm	Gefäß II 12 cmm Hefe in ccm
10,7°	10,7°
100% H_2	80% H_2, 20% NO
5′: 9,9 cmm CO_2	5′: 2,4 cmm CO_2
5 : 10,3 cmm CO_2	5 : 1,6 cmm CO_2
↓	↓
10,7°	10,7°
100% H_2	100% H_2
5′: 11,4 cmm CO_2	5′: 3,2 cmm CO_2
5 : 10,3 cmm CO_2	5 : 3,2 cmm CO_2
↓	↓
37,5°	37,5°
100% H_2	100% H_2
1te 5′: 91 cmm CO_2	1te 5′: 45 cmm CO_2
2te 5 : 95 cmm CO_2	2te 5 : 52 cmm CO_2
8te 5 : 85 cmm CO_2	8te 5 : 85 cmm CO_2
9te 5 : 88 cmm CO_2	9te 5 : 89 cmm CO_2

20% NO hemmte also die Gärung bei 11° um 85%. Wurde das NO bei 11° durch H_2 ersetzt, so betrug die Gärungshemmung 70%. Diese Hemmung verschwand bei 37,5°.

2. Beispiel. Bäckerhefe polarimetrisch. Suspension in m/2 KH_2PO_4, 0,48% Glucose. Die Suspension enthielt pro Kubikzentimeter 10 cmm (= 2 mg) Zellen. Vier Gefäße wie *I*, Abb. 4, mit 15 ccm Zellsuspension, I_a und I_b mit 100% NO, II_a und II_b mit N_2 durchströmt. Durchströmungszeiten: I_a und I_b: 70 Minuten mit N_2 bei 0°, 5 Minuten mit NO bei 0°, 60 Minuten mit NO bei 20°, 10 Minuten mit NO bei 0°, 90 Minuten mit N_2 bei 0°. II_a und II_b: wie I_a und I_b, aber immer mit N_2.

Drehung im 2-dcm-Rohr (Na-Licht) vor dem Versuch: + 0,51°, Flüssigkeit aus I_a und I_b: + 0,50°, Flüssigkeit aus II_a und II_b: + 0,25°.

In Stickstoff war also pro Kubikzentimeter Suspension 2,35 mg Glucose vergoren. In Stickoxyd war die Gärung fast Null.

Ein Teil der Suspensionen aus *I* und *II* wurde zur Prüfung auf Reversibilität benutzt. Manometrisch:

1 ccm Suspension aus Gefäß II direkt bei 20° in N_2	1 ccm Suspension aus Gefäß I direkt bei 20° in N_2	1 ccm Suspension aus Gefäß I bei 20°, nachdem vorher 1 Stunde bei 37,5° in N_2 geschüttelt worden war in N_2
10′: 68 cmm CO_2 10 : 69 cmm CO_2	10′: 34 cmm CO_2 10 : 36 cmm CO_2	10′: 58 cmm CO_2 10 : 56 cmm CO_2

Die vorher vollständige Gärungshemmung betrug also 49%, wenn bei 0° mit N_2 durchströmt war, und 17%, wenn bei 37,5° mit N_2 geschüttelt war.

Klin. Wochenschr. 1927, 6. Jahrg., Nr. 23.

Über Kupfer im Blutserum des Menschen.

Von
Otto Warburg.

Bei Versuchen, Eisen im Blutserum zu bestimmen, zeigte sich, daß das Serum des Menschen konstant Kupfer in lockerer Bindung und in relativ großen Mengen enthält.

Die Methode der Kupferbestimmung im Serum beruht auf der oxydationskatalytischen Wirkung des Kupfers. In die zu prüfende Flüssigkeit, deren p_H durch Puffer festgelegt ist, bringt man reines Cystein, schüttelt mit Luft und beobachtet manometrisch, ob und wie schnell Sauerstoff absorbiert wird. Ist die Flüssigkeit frei von Schwermetall, so oxydiert sich das Cystein nicht. Enthält die Flüssigkeit Eisen, Kupfer oder Mangan, so wird Sauerstoff verbraucht, und aus der Geschwindigkeit des Sauerstoffverbrauchs wird die Metallmenge berechnet. Es ist leicht, auf diese Weise einige $^1/_{100000}$ Milligramme Metall nachzuweisen und zu bestimmen.

Durch Zusätze läßt sich entscheiden, welches der drei genannten Metalle vorliegt. Mangan wird durch sein besonderes Verhalten gegen Blausäure erkannt. Kupfer zeichnet sich vor Eisen und Mangan dadurch aus, daß seine Wirkung durch Natriumpyrophosphat nicht gehemmt wird.

0,1 ccm Serum ,zu 2 ccm einer Cysteinlösung hinzugefügt, bewirkt bei geeignetem p_H und bei 20^0 eine gut meßbare Oxydation. Verascht man das Serum, bringt die Aschenlösung auf das Volumen des Serums und wiederholt mit 0,1 ccm Aschenlösung den Oxydationsversuch, so berechnet sich aus der Oxydation in Pyrophosphat die gleiche Kupfermenge im veraschten und nichtveraschten Serum. Sie beträgt beim gesunden erwachsenen Menschen 1×10^{-3} bis 2×10^{-3} mg Kupfer in 1 ccm Serum. Dieses Kupfer ist also so locker gebunden, daß es sich mittels der Cysteinmethode ohne vorherige Veraschung des Serums bestimmen läßt.

Um sich von dem Kupfergehalt des Serums eine Vorstellung zu bilden, kann man ihn mit dem Eisengehalt des Gesamtbluts, d. h. mit dem Hämoglobineisen vergleichen. Es zeigt sich dann, daß die Kupfermenge 0,2 bis 0,4% der Gesamteisenmenge beträgt. —

Ich habe das Ergebnis der Cysteinmethode durch eine ältere chemische Methode kontrolliert, die colorimetrische Bestimmung des Kupfers mit Kaliumferrocyanid. 5 ccm Serum wurden nach Zusatz von 1 ccm KH_2PO_4 zur Trockne verdampft, 6 Stunden im elektrischen Ofen bei ganz schwacher Rotglut erhitzt, bis die Asche weiß war, dann mit 1 ccm n-HCl in der Kälte aufgenommen, von einer Spur Kohle abzentrifugiert und mit 0,1 ccm frischer Kaliumferrocyanidlösung versetzt. Es trat die rotbraune Färbung des Kupferferrocyanids auf, und zwar rein, nicht in Mischfarbe mit Berlinerblau. Denn beim Glühen mit Phosphat bildete sich Pyrophosphat, das die Reaktion des Eisens, nicht aber die Reaktion des Kupfers mit Ferrocyanid verhindert. Ist neben dem Kupfer in der Asche viel Eisen, so verblaßt die rotbraune Färbung allmählich. Ich finde colorimetrisch mit Ferrocyanid ebensoviel Kupfer im Serum, wie mit der Cysteinmethode. —

Zum Schluß erwähne ich, daß in der Asche von Säugetierorganen vielfach Kupfer gefunden worden ist, so von K. B. Lehmann[1], Rost und Weitzel[2] u. a., daß es ferner Desgrez und Meunier[3] gelang, in der Asche von 1 kg Pferdeserum Kupfer nachzuweisen. (*Aus dem Kaiser Wilhelm-Institut für Biologie, Berlin-Dahlem.*)

Literatur: [1] Arch f. Hyg. **24**, 18. 1895. — [2] Arb. a. d. Reichsgesundheitsamte **51**, 494. 1919. — [3] Chem. Zentralbl. 1920, IV, S. 426.

II. Kohlensäureassimilation und Nitratassimilation.

Biochem. Zeitschr. **166**, 386. 1925.

Versuche über die Assimilation der Kohlensäure[1].

Von

Otto Warburg (Berlin-Dahlem.)

(Eingegangen am 5. Oktober 1925.)

Mit 5 Abbildungen.

Versuchsobjekt.

Unser Versuchsobjekt ist Chlorella, eine im Durchmesser 3 bis 6 μ messende Grünalge, die sich leicht im Laboratorium in großen Mengen züchten[2] läßt. Die Kulturflüssigkeit ist eine Lösung von Natriumnitrat, Magnesiumsulfat und saurem Kaliumphosphat, durch die kohlensäurehaltige Luft geleitet wird. Die Geschwindigkeit des Wachstums sowie der Chlorophyllgehalt der entstehenden Zellen hängt von der Intensität der Belichtung ab. Belichtet man schwach, so entstehen bei langsamem Wachstum Zellen, die bis 5% Chlorophyll[3] enthalten. Belichtet man stark, so entstehen bei schnellem Wachstum Zellen mit einem Chlorophyllgehalt von etwa 2%.

Neben dem Chlorophyll enthält das Assimilationsorgan der Alge die gelben Begleitpigmente des Chlorophylls, Caroten und Xantophyll, die nach WILLSTÄTTERS Methode[4] von dem Chlorophyll getrennt werden können. Die gelben Begleitpigmente absorbieren Licht nur im Blaugrün und Blau, während Chlorophyll in dem ganzen Wellenlängenbereich des sichtbaren Spektrums absorbiert. Der Bruchteil der Gesamtabsorption, der bei der Wellenlänge 436 $\mu\mu$ auf die gelben Pigmente entfällt, beträgt[5] — in dem methylalkoholischen Chlorellaextrakt — etwa 30%.

Durch Schütteln eines Algensediments mit wässerigen Flüssigkeiten werden Suspensionen gewonnen, die sich mit Pipetten wie Flüssigkeiten

[1] Ein Auszug dieser Zusammenfassung ist in den Naturwissenschaften, Heft 49, 1925, erschienen.

[2] Zeitschr. f. physikal. Chem. **102**, 250. 1922.

[3] Ebendaselbst **102**. 266. 1922.

[4] WILLSTÄTTER u. STOLL: Untersuchungen über Chlorophyll. Berlin 1913.

[5] Zeitschr. f. physikal. Chem. **106**, 197. 1923.

der Maßanalyse abmessen lassen. Die Alge ist widerstandsfähig gegen mechanische und chemisehe Einwirkungen. Sie kann ohne Schädigung auf der Zentrifuge aus ihrer Nährlösung abgeschleudert und in andere Lösungen übertragen werden. Sie assimiliert Kohlensäure in Lösungen der verschiedensten Zusammensetzung, in stark sauren und alkalischen Flüssigkeiten und in reinem Wasser[1]. Sie verbraucht bei 20^0 und im Dunkeln pro Stunde ein ihrem Volumen gleiches Volumen an Sauerstoff und zersetzt bei intensiver Bestrahlung pro Stunde etwa das 20fache ihres Volumens an Kohlensäure.

Meßmethoden.

Wir messen die Assimilation gasanalytisch[2] oder manometrisch[3]. Zur gasanalytischen Messung schließen wir eine Algensuspension mit kohlensäurehaltiger Luft in einen Rezipienten ein und bestimmen Kohlensäure- und Sauerstoffgehalt vor und nach der Bestrahlung. Durch einen gleichzeitig angestellten Dunkelversuch wird die Atmung ermittelt, die bei der Berechnung der Assimilation zu dem Gaswechsel des Hellversuchs zu addieren ist.

Bequemer und genauer als das gasanalytische ist das manometrische Verfahren. Diese Methode ist im Falle der Kohlensäureassimilation nicht ohne weiteres anwendbar, weil ungefähr ebensoviel Sauerstoff entsteht, als Kohlensäure verschwindet, eine nennenswerte Druckänderung im allgemeinen also nicht auftritt. Vergrößert man aber das Flüssigkeitsvolumen gegenüber dem Gasraum, so entstehen — wegen der verschiedenen Löslichkeit des Sauerstoffs und der Kohlensäure — beträchtliche positive Drucke, aus denen die Kohlensäurezersetzung berechnet werden kann. Wir lesen die Manometerausschläge in kurzen Zeitintervallen — etwa von 10 zu 10 Minuten — ab und haben so den gesamten Verlauf der Assimilation vor Augen, ein Vorteil gegenüber dem gasanalytischen Verfahren, das nur den Anfangs- und Endzustand liefert.

Als Manometer benutzen wir sogenannte Blutgasmanometer nach Barcroft und Haldane[4] oder Differentialmanometer nach Barcroft[5]. Das Barcroftsche Differentialmanometer ist einem von E. Warburg zur Messung der Desozonisation verwendeten Differentialmanometer[6] sehr ähnlich und unterscheidet sich von ihm im wesentlichen durch zwei Hähne, durch die zu jeder Zeit die Verbindung mit der äußeren Atmosphäre hergestellt werden kann.

---

[1] Diese Zeitschr. **100**, 231. 1919.
[2] Zeitschr. f. physikal. Chem. **102**, 252. 1922; diese Zeitschr. **110**, 69. 1920.
[3] Diese Zeitschr. **100**, 235. 1919; **110**, 71. 1920.
[4] Journ. of Physiol. **28**, 232. 1902.
[5] Ebendaselbst **37**, 12. 1908.
[6] Ann. d. Phys., 4. Folge, **9**, 781. 1902.

Die Assimilationskurve.

Bestrahlt man grüne Zellen bei konstanter Temperatur und Überschuß von Kohlensäure mit verschiedenen Intensitäten i und mißt die Assimilationsgeschwindigkeiten v, so erhält man Kurven von der Form der Abb. 1, in der i und v in willkürlichen Einheiten eingetragen sind[1]. $\frac{dv}{di}$ ist bei kleinen Intensitäten konstant, nimmt mit wachsender Intensität ab und wird schließlich Null.

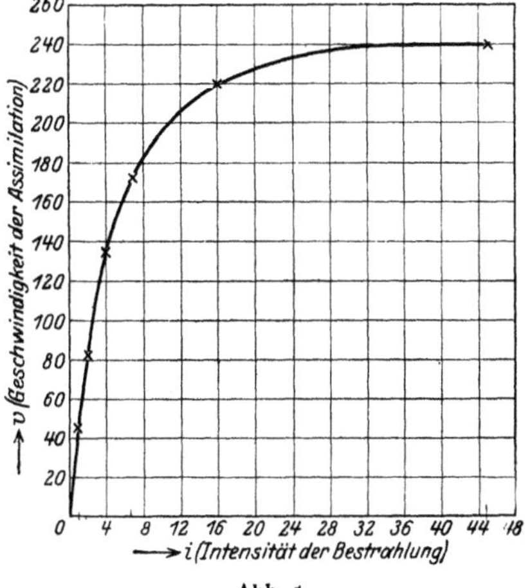

Abb. 1.

BLACKMAN[2] machte die wichtige Entdeckung, daß die Assimilationsgeschwindigkeit bei niedrigen Intensitäten — in dem Gebiet des geraden Anfangsteils der Kurve — von der Temperatur unabhängig ist, daß aber die Assimilationsgeschwindigkeit bei intensiver Bestrahlung mit der Temperatur stark ansteigt. Es bestimmen also, je nach der Intensität der Bestrahlung, verschiedene Vorgänge die Geschwindigkeit der Assimilation. Wir unterscheiden beide Vorgänge als die „photochemische Reaktion" und die „BLACKMANsche Reaktion" und definieren sie, indem wir die Versuchstemperatur mit ϑ bezeichnen, durch die Bedingungen:

$$\text{Photochemische Reaktion:}\quad \frac{dv}{di}\ \text{konstant},\quad \frac{dv}{d\vartheta}=0,$$

$$\text{BLACKMANsche Reaktion:}\quad \frac{dv}{di}=0,\quad \frac{dv}{d\vartheta}>0.$$

Die BLACKMANsche Reaktion, die durch Bestrahlung nicht beeinflußt wird, ist eine gewöhnliche chemische Reaktion. Sie geht der photochemischen Reaktion voran oder folgt auf sie. Die photochemische Reaktion ist der Vorgang, in dem absorbierte Strahlungsenergie in chemische Energie verwandelt wird. Sie ist, in Übereinstimmung mit den Erfahrungen der allgemeinen Photochemie, von der Temperatur unabhängig und proportional der absorbierten Strahlung.

[1] Diese Zeitschr. **100,** 255. 1919. Ähnliche Kurven für andere Objekte findet man bei WILLSTÄTTER und STOLL: Assimilation der Kohlensäure, S. 149. Berlin 1918.

[2] Ann. of Bot. **19,** 281. 1905.

Wir untersuchen die Assimilation entweder bei sehr schwacher oder bei sehr starker Bestrahlung und vernachlässigen das Zwischengebiet der Intensität, das allerdings das praktisch wichtige ist. Wir trennen so die Einflüsse, die die photochemische Reaktion und die BLACKMANsche Reaktion ausüben. Auch in dieser Darstellung werden wir die Trennung in photochemische Reaktion und BLACKMANsche Reaktion, soweit dies möglich ist, durchführen.

Die photochemische Reaktion.

Charakteristisch für eine photochemische Reaktion ist[1] „die chemische Wirkung, die von der Einheit der absorbierten Strahlungsenergie hervorgebracht wird“. In seinen grundlegenden photochemischen Arbeiten nennt E. WARBURG dieses Verhältnis die spezifische photochemische Wirkung und bezeichnet es mit φ.

Bei der Kohlensäureassimilation wird die photochemisch wirksame Strahlung nicht von derjenigen Substanz absorbiert, die gespalten wird. Die Substanz, die gespalten wird, ist die Kohlensäure, die Substanzen, die die wirksame Strahlung absorbieren, sind — in grünen Zellen — Chlorophyll, Xantophyll und Caroten. φ bei der Kohlensäureassimilation ist also die zersetzte Kohlensäure, dividiert durch die von den Pigmenten des Chlorophyllkorns absorbierte Strahlungsenergie.

Bei der Kohlensäureassimilation ist die spezifische photochemische Wirkung — für eine bestimmte Wellenlänge — nicht konstant, sondern ändert sich mit der Intensität der Bestrahlung. Wie aus der Form der Assimilationskurve hervorgeht, nimmt φ mit der Intensität der Bestrahlung ab und ist am größten bei kleinen Intensitäten, bei denen die photochemische Wirkung proportional der Intensität ist. Nur dieser besondere Wert von φ, den wir φ_0 nennen, ist für die photochemische Reaktion bei der Kohlensäureassimilation charakteristisch.

Die Versuche von Brown und Escombe.

Wenn auch in der Literatur keine Versuche vorliegen, aus denen die spezifische photochemische Wirkung bei der Kohlensäureassimilation berechnet werden kann, so gibt es doch Arbeiten, die zu unserer Fragestellung in Beziehung stehen.

BROWN und ESCOMBE[2] bestrahlten grüne Blätter mit unzerlegtem Sonnenlicht und bestimmten die Kohlensäurezersetzung pro Kalorie auffallender Strahlung. Indem sie die Verbrennungswärme der ent-

[1] WARBURG, E.: Quantentheoretische Grundlagen der Photochemie, Zeitschr. f. Elektrochem. **26**, 54. 1920.

[2] Proc. Roy. Soc. London, Ser. B., **76**, 29. 1905.

standenen Kohlehydrate mit der Energie der auffallenden Sonnenstrahlung verglichen, konnten sie das Verhältnis

$$\frac{\text{gewonnene chemische Energie}}{\text{Energie der auffallenden Sonnenstrahlung}}$$

berechnen.

Brown und Escombe arbeiteten zum Teil mit ungeschwächtem Sonnenlicht, zum Teil mit geschwächtem Sonnenlicht und gingen bei ihren Versuchen bis auf Intensitäten von $^1/_{12}$ Sonnenlichtintensität herunter. Hierbei stieg, wie es nach der Assimilationskurve sein muß, die Ausnutzung des Sonnenlichtes. Bei $^1/_{12}$ Sonnenlichtintensität fanden sie, daß 4,1% der auffallenden Sonnenenergie in chemische Energie verwandelt wurde.

Bei den Versuchen von Brown und Escombe wurde ein Teil der auf das Blatt fallenden Sonnenstrahlung reflektiert und zerstreut, ein Teil von der farblosen Blattsubstanz (Wärmestrahlen) und von den Pigmenten des Chlorophyllkorns absorbiert. Der Rest ging durch das Blatt durch und konnte von einem auf der Rückseite des Blattes aufgestellten Meßinstrument aufgefangen werden. Dieser Rest betrug im Durchschnitt 25% der auffallenden Energie. Da dieser Rest sicher photochemisch unwirksam war, so schlossen Brown und Escombe, daß mindestens 6% der auffallenden Sonnenenergie in chemische Energie verwandelt werden können.

Die Rechnung von F. Weigert.

Aus den Versuchen von Brown und Escombe kann die spezifische photochemische Wirkung nicht berechnet werden, weil die von den Pigmenten des Chlorophyllkorns absorbierte Strahlungsenergie nicht gemessen worden ist. Wir erfahren zwar, daß die Strahlungsintensität auf der Hinterseite des Blattes um 75% kleiner ist als auf der Vorderseite des Blattes, aber wir erfahren nicht, wieviel von diesem Verlust auf Rechnung der Absorption durch die Blattpigmente zu setzen ist.

In Zusammenhang mit der Frage der Absorption steht folgender Versuch, den Brown und Escombe in ihrer Arbeit, ohne weitere Schlüsse aus ihm zu ziehen, mitteilten: Grüne und weiße (sogenannte Albino-) Blätter derselben Pflanze, des Acer negundo, wurden mit unzerlegtem Sonnenlicht bestrahlt und die Intensität des Sonnenlichtes auf der Vorder- und Rückseite der Blätter gemessen. War die Intensität auf der Vorderseite der Blätter 100, so waren die Intensitäten auf der Hinterseite

des weißen Blattes 25,5
des grünen Blattes . . . . 21,3.

Aus diesem Versuch berechnete WEIGERT[1] die von den Pigmenten des grünen Blattes absorbierte Energie zu 25,5—21,3 = 4,2%. Da nun nach BROWN und ESCOMBE bei Bestrahlung mit $^1/_{12}$ Sonnenlichtintensität 4,1% der auffallenden Energie als chemische Energie gewonnen werden, so berechnete WEIGERT die Ausbeute an chemischer Energie bei $^1/_{12}$ Sonnenlichtintensität zu

$$\frac{4{,}1}{4{,}2} \cdot 100 = 98 \text{ Proz.}$$

Bei $^1/_{12}$ Sonnenlichtintensität macht sich, worauf BROWN und ESCOMBE ausdrücklich hinweisen, eben ein Einfluß der Intensität auf die photochemische Wirkung bemerkbar. Bei $^1/_{12}$ Sonnenlichtintensität befinden wir uns also an einer Stelle der Assimilationskurve, an der sie beginnt, sich gegen die x-Achse zu neigen (etwa Punkt $i = 16$ der Abb. 1). Geht man auf niedrigere Intensitäten herunter, so steigt die Ausnutzung der Energie — die immer proportional dem Verhältnis $\frac{\text{Ordinate}}{\text{Abszisse}}$ der Assimilationskurve ist —, und zwar, wenn man in Abb. 1 von $i = 16$ auf $i = 1$ heruntergeht, auf das Dreifache. Wäre also der Gewinn an chemischer Energie bei $^1/_{12}$ Sonnenlichtintensität 98%, so wäre er bei niedriger Intensität rund 300%.

Es folgt daraus, daß die Rechnung von WEIGERT auch nicht der Größenordnung nach richtig sein kann. WEIGERT übersah, worauf WILLSTÄTTER[2] aufmerksam machte, daß die Lichtschwächungen durch die weiße Blattsubstanz in dem grünen und dem weißen Blatte nicht gleich sind. Die lichtschwächende Wirkung der weißen Substanz ist in dem grünen Blatte kleiner als in dem weißen Blatte, weil in jedes innerhalb des grünen Blattes liegende Volumenelement weniger Lichtenergie einströmt als in ein entsprechendes Volumenelement des weißen Blattes.

Man kann heute, wo der Energieumsatz bei niedrigen Intensitäten bekannt ist, den Energieumsatz bei den von BROWN und ESCOMBE angewandten Intensitäten schätzen und als Höchstgrenze 20% angeben, das ist ein Fünftel des von WEIGERT berechneten Wertes. Die von den Pigmenten des grünen Blattes absorbierte Energie war mindestens fünfmal so groß, wie WEIGERT annahm.

Trotzdem bleibt WEIGERT dabei[3], daß durch den Versuch mit dem weißen und grünen Blatte, aus dem er den Energieumsatz berechnete, die von den Blattpigmenten absorbierte Energie „gemessen“ worden sei, wenn auch „ungenau“, und gründet auf diese, nur dem Wortlaut nach zutreffende Behauptung einen Prioritätsanspruch.

[1] Zeitschr. f. wiss. Photogr. **11**, 381. 1912.
[2] Untersuchungen über die Assimilation der Kohlensäure, S. 120. Berlin 1918.
[3] Zeitschr. f. physikal. Chem. **106**, 313. 1923.

Ältere Versuche über die Wirkung der Spektralbezirke.

Während Brown und Escombe mit unzerlegtem Sonnenlicht arbeiteten, haben andere Autoren die Wirkung der verschiedenen Spektralbezirke untersucht, so Draper[1], Pfeffer[2], Engelmann[3], Timiriazeff[4], Kniep und Minder[5] und viele andere.

Draper zerlegte Sonnenlicht mittels eines Prismas, ließ die Spektralbezirke getrennt auf grüne, in kohlensäurehaltigem Wasser befindliche Blätter einwirken und bestimmte den bei der Kohlensäurezersetzung entwickelten Sauerstoff. Draper fand die folgenden relativen Sauerstoffmengen, bezogen auf gleiche Blattmengen und Versuchszeiten:

	Sauerstoffentwicklung
Im intensiven Rot und Rot	—
„ Rot und Orange	25
„ Gelb und Grün	44
„ Grün und Blau	4
„ Blau	1
„ Indigo	0
„ Violett	0

Pfeffer wiederholte die Versuche von Draper mit dem Unterschied, daß er an Stelle des Prismas Farbfilter verwandte und an Stelle des entwickelten Sauerstoffs die zersetzte Kohlensäure bestimmte. Er fand die folgenden relativen Kohlensäurezersetzungen, bezogen auf gleiche Blattmengen und Versuchszeiten:

	Kohlensäurezersetzung
Im Rot und Orange	32
„ Gelb	46
„ Grün	15
„ Blau, Indigo und Violett	7,6

Mit einer anderen Methode arbeitete Engelmann. Engelmann beobachtete, daß sich gewisse Fäulnisbakterien an Stellen höherer Sauerstoffkonzentration ansammeln. Brachte er solche Bakterien mit einem Algenfaden in einen hängenden Tropfen und projizierte auf den Algenfaden ein Spektrum, so häuften sich die Bakterien in den verschiedenen Farben nach Maßgabe der Sauerstoffausscheidung an. Die Höhen der Bakterienhaufen betrachtete Engelmann als Maß der photochemischen Wirkungen und fand so im Normalspektrum der Sonne die folgenden relativen Wirkungen:

---

[1] Draper, J. W.: Ann. de Chim. et de Phys. (3), **11**, 214. 1844.

[2] Pfeffer, W.: Arbeiten des Botanischen Instituts in Würzburg **1**, 1. Leipzig 1874.

[3] Engelmann, Th. W.: Bot.-Ztg. **39**, 441, 1881; **40**, 419. 1882; **41**, 1. 1883.

[4] Timiriazeff, C.: Proc. of the roy. soc. of London **72**, 424. 1904 (Croonian Lecture).

[5] Zeitschr. f. Bot. **1**, 619. 1909.

Fraunhofersche Linien:								
a	$B^1/_2 C$	$C^1/_2 D$	D	$D^1/_2 E$	$E^1/_2 b$	$E^1/_2 F$	F	G
Relative Wirkung:								
6	100	81	55	44	36	70	86	47

Neben den relativen photochemischen Wirkungen bestimmte Engelmann die Bruchteile γ der auffallenden Strahlung, die von seinem Versuchsobjekt in den verschiedenen Farben absorbiert wurden. Trug er diese Bruchteile neben den photochemischen Wirkungen als Funktion der Wellenlänge auf, so erhielt er zwei Kurven von ähnlichem Verlauf, woraus er schloß, daß „Assimilation und Absorption zusammengehen“.

Wenn dieser Schluß mehr besagen soll, als daß nur absorbierte Strahlung wirkt, so ist er unrichtig. Die von Engelmann gemessenen γ-Werte standen nicht im Verhältnis der absorbierten Energiemengen, weil die auffallenden Intensitäten in den verschiedenen Spektralbezirken ungleich waren.

Im ganzen folgte aus den früheren Arbeiten über Assimiliation in verschiedenfarbigem Lichte — von denen hier nur die wichtigsten erwähnt sind —, daß in jedem Bezirk des sichtbaren Spektrums Kohlensäure assimiliert wird, aber nicht mehr. Insbesondere blieb die spezifische photochemische Wirkung sowohl absolut als auch relativ unbestimmt, weil die absorbierte Energie weder absolut noch relativ gemessen worden war.

Messung der spezifischen photochemischen Wirkung[1].

Wir umgehen die Schwierigkeiten der Absorptionsmessung, indem wir mit vollständiger Absorption arbeiten, d. h. wir füllen in unsere Versuchströge so dichte Suspensionen von Chlorella ein, daß die gesamte in die Tröge eingestrahlte Energie absorbiert wird. Dann ist die absorbierte Energie gleich der eingestrahlten Energie.

Wir messen die eingestrahlte Energie bolometrisch nach einer von E. Warburg und seinen Mitarbeitern angegebenen Methode[2], die wir in dem Laboratorium der Herren E. Warburg und C. Müller gelernt haben. Die Intensität der eingestrahlten Energie ist im Mittel $3 \cdot 10^{-5}$ cal/qcm $\times$ Sek., die bestrahlte Fläche mißt 17 qcm, die Versuchszeit beträgt 10 Minuten. Es werden also im Mittel $600 \cdot 17 \cdot 3 \cdot 10^{-5} = 0{,}3$ cal während eines Versuchs in den Assimilationstrog eingestrahlt.

Wir messen die photochemische Wirkung manometrisch. Als Sperrflüssigkeit benutzen wir Capronsäure, weil sie leicht beweglich ist und trotzdem — bei Zimmertemperatur — nur einen kleinen Dampfdruck

[1] Zeitschr. f. physikal. Chem. **102**, 235. 1922; **106**, 191. 1923 (mit E. Negelein).

[2] Warburg, E., G. Leithäuser, E. Hupka u. C. Müller: Ann d. Phys. (4), **40**, 609. 1913.

besitzt. Die Manometerausschläge betragen, wenn 0,3 cal eingestrahlt sind, 10 bis 20 mm Capronsäure und werden mit einem Kathetometermikroskop auf 5% genau abgelesen. Erheblich genauer ist die bolometrische Strahlungsmessung, so daß die spezifische photochemische Wirkung im allgemeinen auf 5% genau erhalten wird.

Bei jeder Messung prüfen wir, ob die Intensität hinreichend klein ist, indem wir die Intensität der eingestrahlten Energie variieren. Die in den gleichen Zeiten beobachteten Manometerausschläge, dividiert durch die Intensitäten, müssen dann gleich sein.

Als Strahlungsquelle benutzen wir für die Rotversuche eine Metallfadenlampe, aus deren Strahlung wir durch prismatische Zerlegung einen von 610 bis 690 $\mu\mu$ reichenden Spektralbezirk gewinnen. Für die Versuche im Gelb, Grün und Blau isolieren wir aus der Strahlung der Quecksilberdampflampe die Linien 578, 546 und 436 $\mu\mu$ mit Hilfe von Strahlenfiltern.

Ergebnis der Messungen.

In Tabelle I ist das Ergebnis der Messungen zusammengestellt. Spalte 2 enthält die φ_0-Werte in cmm CO_2/cal, Spalte 3 in Molen CO_2/cal, Spalte 4 in cal/cal · 100. Bei der Umrechnung von Molen in Kalorien ist angenommen, daß die Energiegleichung der Kohlensäureassimilation ist:

$$6\{CO_2\} + 6\,(H_2O) = [C_6H_{12}O_6] + 6\,\{O_2\} - 674000 \text{ cal.}$$

Die φ_0-Werte der Tabelle sind Mittelwerte, und zwar im Rot aus 18, im Gelb aus 36 und im Blau aus 20 φ_0-Messungen. Im Grün haben wir nur zwei mehr orientierende Messungen ausgeführt, weil die Versuche im Grün weniger genau sind (Fehlergrenze etwa 10%). Aus diesem Grunde sind die Grünwerte in der Tabelle eingeklammert.

Tabelle 1.

1	2	3	4	5
Spektralbezirk	φ_0 $\frac{\text{cmm } CO_2}{\text{cal.}}$	φ_0 $\frac{\text{Mole } CO_2}{\text{cal.}}$	φ_0 $\frac{\text{cal.}}{\text{cal.}} \cdot 100$	Absorptionskoeffizient a einer methylalkoholischen Lösung d. Chlorella-Pigmente
Rot 610 bis 690 $\mu\mu$. Schwerpunkt 660 $\mu\mu$	117	$5{,}3 \cdot 10^{-6}$	59	1,04
Gelb 578 $\mu\mu$ . . .	106	$4{,}8 \cdot 10^{-6}$	54	0,207
Grün 546 $\mu\mu$ . . .	(88)	$(4{,}0 \cdot 10^{-6})$	(44)	0,115
Blau 436 $\mu\mu$ . . .	67	$3{,}0 \cdot 10^{-6}$	34	2,67

Aus der Tabelle erkennt man:

1. daß die spezifische photochemische Wirkung in den vier untersuchten Spektralgebieten bemerkenswert groß ist; drückt man die Wirkung in Kalorien aus, so werden im Rot fast 60% der absorbierten Strahlungsenergie als chemische Energie gewonnen;

2. daß die spezifische photochemische Wirkung im Spektrum von Rot nach Blau hin abnimmt. Die Wirkung im Blau ist etwas mehr als halb so groß wie die Wirkung im Rot, dazwischen liegen die Werte für Gelb und Grün. Eine Beziehung der spezifischen photochemischen Wirkung zu der Stärke der Absorption besteht nicht. Der Absorptionskoeffizient einer Lösung der Chlorellapigmente ist im Blau am größten, wo die Wirkung am kleinsten ist. (Vgl. Spalte 5 der Tabelle und Abb. 2, in der die Absorptionskoeffizienten α einer methylalkoholischen Pigmentlösung als Funktion der Wellenlänge dargestellt sind. α ist $\frac{-di/dx}{i}$, $-di$ die Abnahme der Lichtintensität i auf dem Wege dx.)

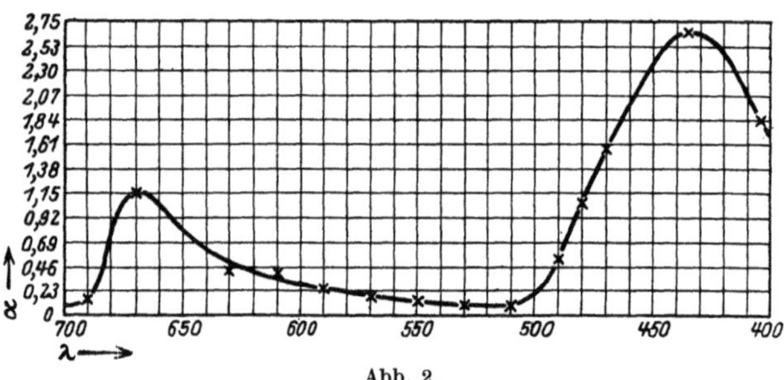

Abb. 2.

Die spezifische photochemische Wirkung nach R. Wurmser.

Kürzlich hat R. Wurmser[1] versucht, die spezifische photochemische Wirkung bei der Kohlensäureassimilation zu messen und als Versuchsobjekt Ulva lactuca benutzt. Die Spektralbezirke waren Rot und Grün. Für φ_0 im Rot gibt Wurmser 60%, für φ_0 im Grün 80% an.

Ähnlich wie Weigert berechnete Wurmser die Lichtabsorption aus den Lichtschwächungen, die grüne und weiße (entfärbte) Ulvastücke hervorbrachten. Da dieses Verfahren, wie oben erörtert, nicht einmal der Größenordnung nach richtige Werte liefert, so können wir die Wurmserschen Zahlen nicht gelten lassen und halten auch seine Bestätigung unserer Rotversuche für ein zufälliges Rechenergebnis.

Wurmser selbst betrachtet seine Messungen nicht als endgültig. Im besonderen legt er auf den von ihm gefundenen Unterschied zwischen

[1] Ann. d. Physiol. 1, 47. 1925.

der Ausbeute im Rot und im Grün keinen Wert, spricht vielmehr die Vermutung aus, daß der Energieumsatz im ganzen Bereich des Spektrums gleich sei. Diese Ansicht wird weder durch unsere Messungen, noch durch seine eigenen Messungen gestützt und ist auch nach den Erfahrungen der allgemeinen Photochemie wenig wahrscheinlich.

Zahl der bei der Assimilation verbrauchten Quanten.

Wenn der chemische Mechanismus der Kohlensäureassimilation in den verschiedenen Spektralbezirken gleich ist — wofür vieles spricht —, so kann der Energieumsatz in den verschiedenen Spektralbezirken nicht gleich sein. Gleich wäre dann vielmehr die Zahl der an dem Vorgang beteiligten Elementarvorgänge oder, nach der Lichtquantentheorie von PLANCK und EINSTEIN, die Zahl der bei der Spaltung eines Kohlensäuremoleküls verbrauchten Quanten. Diese Betrachtungsweise hat den Vorzug, daß sie die Abnahme der spezifischen photochemischen Wirkung von Rot nach Blau hin erklärt, denn die Energie eines Quantums ist im Rot kleiner als im Blau. Die Betrachtungsweise hat den weiteren Vorzug, daß sie an Erfahrungen der allgemeinen Photochemie anknüpft, denn E. WARBURG[1] hat gefunden, daß bei der Photolyse der Halogenwasserstoffsäuren durch Licht verschiedener Wellenlängen die Zahl der pro Molekül verbrauchten Quanten gleich ist, also unabhängig von der Energie der Quanten.

Zur Prüfung unserer Annahme berechnen wir die Zahl der pro Molekül Kohlensäure verbrauchten Quanten aus den φ_0-Werten der Tabelle 1 (Spalte 3) und dem Energiegehalt von einem Mol Quanten ($N_0 h\nu$), der in den drei Versuchsspektralbezirken ist

im Rot (λ 660 $\mu\mu$) . . . . 43000 cal
„ Gelb (λ 578 $\mu\mu$) . . . . 49200 „
„ Blau (λ436 $\mu\mu$) . . . . 65100 „

und finden, daß

im Rot 4,4
„ Gelb 4,4
„ Blau 5,1

Quanten pro Molekül Kohlensäure verbraucht werden.

Berechnet man die Quantenzahlen nicht aus den Mittelwerten von φ_0, die in der Tabelle angegeben sind, sondern aus den gefundenen Höchstwerten, so ist die Zahl der pro Molekül Kohlensäure verbrauchten Quanten

im Rot 4,1
„ Gelb 3,8
„ Blau 4,6

[1] Zeitschr. f. Elektrochem. **26**, 54. 1920.

Berücksichtigt man die Fehlerquellen der Messungen, so ist die Zahl der pro Molekül Kohlensäure verbrauchten Quanten im Rot und Gelb gleich, nämlich 4, im Blau größer, nämlich 5. Die Quantentheorie erklärt also die Abnahme der spezifischen photochemischen Wirkung von Rot nach Gelb, während die Abnahme von Gelb nach Blau größer ist, als nach der Quantentheorie zu erwarten wäre. Wahrscheinlich spielt hierbei der Umstand eine Rolle, daß im Blau neben dem Chlorophyll die Begleitpigmente Xanthophyll und Caroten absorbieren.

Photochemische Sauerstoffübertragung durch Chlorophyll.

Bestrahlt man eine eosinhaltige Jodkaliumlösung unter Zutritt von Luft, so wird, wie W. Straub[1] im Jahre 1904 fand, Jodkalium unter Abscheidung von Jod oxydiert. Eosin überträgt, wenn es belichtet wird, molekularen Sauerstoff. Andere Beispiele photochemischer Sauerstoffübertragung wurden von Tappeiner[2], Jodlbauer[2], Neuberg[3], Willstätter[4] und von Noack[5] beschrieben.

Wir untersuchten mit H. Gaffron die photochemische Sauerstoffübertragung durch organische Farbstoffe quantitativ, indem wir die übertragenen Sauerstoffmengen mit den absorbierten Strahlungsenergien verglichen. Dabei zeigte sich, daß das Verhältnis

$$\frac{\text{übertragener Sauerstoff}}{\text{absorbierte Strahlungsenergie}}$$

von Rot und Blau hin abnimmt, ähnlich wie φ bei der Kohlensäureassimilation.

Weiterhin zeigte sich, daß es Fälle gibt, in denen das Einsteinsche photochemische Äquivalentgesetz nahezu erfüllt ist, so bei gewissen, von Gaffron gefundenen Sauerstoffübertragungen durch Chlorophyll oder durch Hämatoporphyrin. In diesen Fällen wird für jedes absorbierte Lichtquantum nahezu ein Molekül Sauerstoff übertragen, wie die Tabelle auf folgender Seite zeigt.

Die Tatsache, daß außerhalb der Zelle, unter einfachen experimentellen Bedingungen, die photochemische Wirkung des Chlorophylls proportional der Zahl der absorbierten Quanten ist, beweist, daß die quantentheoretische Behandlung des Assimilationsvorgangs berechtigt ist. Denn so verschiedene Vorgänge die photochemische Sauerstoff-

[1] Archiv exper. Path. und Pharm. **51**, 383. 1904.

[2] Deutsches Archiv f. klin. Med. **82**, 250. 1905. Vgl. auch Ergebnisse der Physiologie **8**, 698. 1909.

[3] Diese Zeitschr. **13**, 305. 1908; **61**, 315. 1914.

[4] Untersuchungen über die Assimilation der Kohlensäure. Berlin 1918.

[5] Zeitschr. f. Botanik, **17**, 481. 1925.

übertragung durch Chlorophyll und die photochemische Kohlensäurereduktion durch Chlorophyll auch sind, so unzweifelhaft ist es, daß die photochemischen Primärreaktionen in beiden Fällen identisch sind.

Tabelle 2. *Sauerstoffübertragung im Licht der gelben, grünen und blauen Quecksilberlinie.*

	Farbe	Wellenlänge $\mu\mu$	Übertragener Sauerstoff (cmm) / absorb. Strahlungsenergie (cal.)	Zahl der übertrag. O_2-Moleküle / Zahl der absorbierten Quanten
Sauerstoffübertragung durch Chlorophyll	gelb	578	332	0,74
	blau	436	256	0,75
Sauerstoffübertragung durch Hämatoporphyrin	grün	546	338	0,79
	blau	436	276	0,81

Energieübertragung an Oberflächen.

Obwohl in der assimilierenden Zelle bis 60% der absorbierten Strahlungsenergie von den Pigmenten des Chlorophyllkorns auf die Kohlensäure übertragen werden, ist eine solche Energieübertragung außerhalb der Zelle bisher nie nachgewiesen worden[1]. Bestrahlt man kohlensäurehaltige Lösungen von Chlorophyll oder anderen Farbstoffen mit Wellenlängen des sichtbaren Spektrums, so bleibt die Kohlensäure unverändert. Dies beweist, daß die Bedingungen, unter denen die Energieübertragung in der assimilierten Zelle erfolgt, verschieden sind von den Bedingungen, die in kohlensäurehaltigen Farbstofflösungen herrschen.

In der Tat läßt sich zeigen, daß die Energieübertragung in assimilierenden Zellen kein Vorgang ist, der sich in Lösung abspielt[2]. Bringt

[1] Entgegengesetzte Angaben der Literatur haben sich als unrichtig erwiesen. Eine Kritik der älteren Angaben findet man bei Willstätter und Stoll, Untersuchungen über die Assimilation der Kohlensäure. Berlin 1918. Neuerdings gibt Baly an (Baly, Morris, Heilbronn und Baker: Journ. Chem. Soc. London **119**, 1025. 1921), daß bei Belichtung kohlensäurehaltiger Malachitgrünlösungen Spuren von Formaldehyd erhalten werden. In der Arbeit von Baly wie in ähnlichen früheren Arbeiten fehlt der Nachweis, daß die organische Substanz aus der Kohlensäure stammt, d. h., der durch keinen anderen Versuch ersetzbare Versuch, daß der Kohlensäuregehalt der Versuchsflüssigkeiten bei der Bestrahlung abnimmt. Daß Kohlensäure durch Ultraviolett der Wellenlänge 200 $\mu\mu$ gespalten wird (Baly, l. c.), ist zwar eine an sich interessante Tatsache, hat aber mit der Wirkung der langen Wellen des sichtbaren Lichtes, die in assimilierenden Zellen die Kohlensäure spalten, nichts zu tun.

[2] Diese Zeitschr. **100**, 269. 1919; **103**, 196. 188.

man in assimilierende Zellen chemisch indifferente Stoffe, die von festen Grenzflächen adsorbiert werden, so sinkt die spezifische photochemische Wirkung und kann bei geeigneter Konzentration des zugefügten Stoffes fast Null werden. Hierbei bleibt die Zelle am Leben, ihre Farbe unverändert. Die Lichtenergie wird also von der „narkotisierten" Zelle in normaler Weise absorbiert, aber nicht auf die Kohlensäure übertragen, sondern als Wärme von der Zelle wieder abgegeben.

Läßt man verschiedene chemisch indifferente Stoffe auf assimilierende Zellen einwirken und vergleicht ihre Wirkungsstärken, so findet man, daß sie mit den Adsorptionskonstanten wachsen. Je stärker ein Stoff adsorbiert wird, um so stärker hemmt er die Energieübertragung. Dieselben Stoffe hemmen, nach ihren Wirkungsstärken geordnet, in derselben Reihenfolge Reaktionen, die sich an der Oberfläche von Kohle abspielen. Es ist daraus zu schließen, daß die Energieübertragung bei der Kohlensäureassimilation ein Vorgang ist, der sich an Oberflächen abspielt.

Daß die Energie auf diese Weise auf die Kohlensäure übertragen und wieviel Energie dabei auf die Kohlensäure übertragen wird, ist kurz zusammengefaßt das Ergebnis unserer Arbeiten über die photochemische Reaktion bei der Kohlensäureassimilation.

Die Blackmansche Reaktion.

Von den Versuchen mit niedriger Strahlungsintensität gehen wir, indem wir das Zwischengebiet der Intensität überspringen, zu Versuchen mit hoher Strahlungsintensität über, bei denen die Bedingung $\frac{dv}{di} = 0$ erfüllt ist. Dann verschwindet der Einfluß der photochemischen Reaktion und wir haben es ausschließlich mit der Blackmanschen Reaktion zu tun.

Dabei ist zu beachten, daß die Bedingung $\frac{dv}{di} = 0$ bei jeder Variation der Versuchsbedingungen bestehen bleiben muß. Finden wir, daß bei Zusatz irgendeiner Substanz die Assimilationsgeschwindigkeit von v auf v' sinkt, so dürfen wir die Wirkung der Substanz nur dann auf die Blackmansche Reaktion beziehen, wenn nicht nur

$$\frac{dv}{di} = 0,$$

sondern auch

$$\frac{dv'}{di} = 0$$

ist.

Hemmung der Blackmanschen Reaktion durch Narkotica.

Die Blackmansche Reaktion verhält sich in einer Beziehung ähnlich wie die photochemische Reaktion. Auch die Blackmansche Reaktion wird durch chemisch indifferente Stoffe nach Maßgabe ihrer Adsorptionskonstanten gehemmt[1], auch die Blackmansche Reaktion ist also ein Vorgang, der sich an Oberflächen abspielt.

Die Empfindlichkeit beider Vorgänge gegen Narkotica ist ungefähr die gleiche und beträchtlich größer als die Empfindlichkeit der Atmung. So finden wir bei einer Phenylurethankonzentration von $0{,}5 \cdot 10^{-4}$ Molen/Liter eine starke Hemmung sowohl der photochemischen Reaktion als auch der Blackmanschen Reaktion, während die Atmung erst durch die zehnfache Phenylurethankonzentration gehemmt wird.

Hemmung der Blackmanschen Reaktion durch Blausäure Schwefelwasserstoff.

Abweichend von der photochemischen Reaktion wird die Blackmansche Reaktion durch Blausäure spezifisch gehemmt. Um dies zu zeigen, teilen wir eine Chlorellasuspension in zwei Teile und fügen zu dem einen Teil Blausäure. Bestrahlen wir stark, so finden wir in Blausäure die Kohlensäurezersetzung gehemmt, bestrahlen wir schwach, so finden wir in Blausäure die Kohlensäurezersetzung normal und ungehemmt.

Variieren wir die Blausäurekonzentrationen, so sind die Hemmungen der Blackmanschen Reaktion bei einer Blausäurekonzentration

von $0{,}5 \cdot 10^{-5}$	Molen/Liter	20%
„ $1{,}0 \cdot 10^{-4}$	„	55%
„ $1{,}0 \cdot 10^{-3}$	„	95%

Da Blausäure eine besondere Affinität zu Schwermetall besitzt und Vorgänge antikatalytisch hemmt[2], die Schwermetallkatalysen sind, so schließen wir aus dem Verhalten der Blackmanschen Reaktion gegen Blausäure, daß eine Schwermetallkatalyse vorliegt. Ist dies wahr, so müssen auch andere Stoffe, die mit Schwermetall reagieren, die Blackmansche Reaktion hemmen.

In der Tat hemmt Schwefelwasserstoff die Blackmansche Reaktion in sehr kleinen Konzentrationen. Nach E. Negelein[3] sind die Hemmungen der Blackmanschen Reaktion bei einer Schwefelwasserstoffkonzentration

von 10^{-6}	Molen/Liter	12%
„ 10^{-5}	„	72%
„ 10^{-4}	„	100%

[1] Nach Messungen von A. v. Ranke, vgl. diese Zeitschr. **100**, 230. 1919; **103**, 188. 1920.

[2] Ber. d. deutsch. chem. Ges. **58**, 1001. 1925.

[3] Diese Zeitschr. **165**, 203. 1925.

ein Ergebnis, das, wie man fast sagen kann, den Schluß, den wir gezogen haben, beweist und jedenfalls durch keine andere Theorie erklärt werden kann.

Schon vor Jahren hat B. MOORE[1] die Vermutung geäußert, ein Schwermetall, nämlich Eisen, spiele bei der Kohlensäureassimilation eine Rolle. Diese Vermutung, obwohl experimentell kaum begründet, war im ganzen richtig. Unrichtig an ihr war die Idee, daß das Schwermetall an der Absorption und Übertragung der Strahlungsenergie beteiligt sei, denn die photochemische Reaktion wird durch Blausäure nicht spezifisch gehemmt.

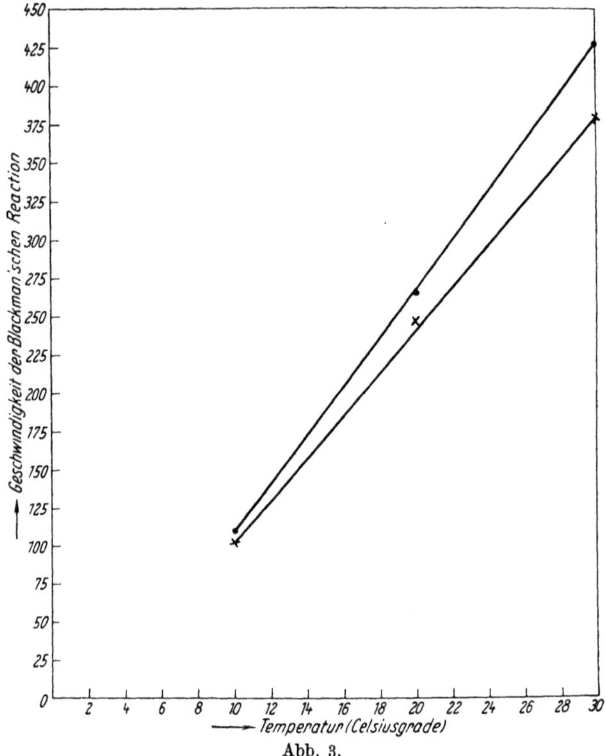

Abb. 3.

Der Einfluß der Temperatur.

Trägt man die Geschwindigkeit der BLACKMANschen Reaktion v als Funktion der Temperatur ϑ in ein Koordinatensystem ein, so erhält man die Kurve der Abb. 3. Zwischen 10 und 30° ist v nahezu eine lineare Funktion von ϑ, $\frac{dv}{d\vartheta}$ also konstant[2].

[1] MOORE, B.: Proc. of the roy. soc. of London B. **87**, 556. 1914.

[2] Nach Versuchen von MUNEO YABUSOE, diese Zeitschr. **152**, 498. 1924.

Im allgemeinen ist $\frac{dv}{d\vartheta}$ bei chemischen Reaktionen in Zellen nicht konstant, sondern nimmt mit steigender Temperatur stark zu. Statt $\frac{dv}{d\vartheta}$ ist oft $\frac{dv/d\vartheta}{v}$ konstant, also log v eine lineare Funktion der Temperatur. Diesen „normalen" Einfluß der Temperatur finden wir beispielsweise für die Atmung der Chlorella (Abb. 4).

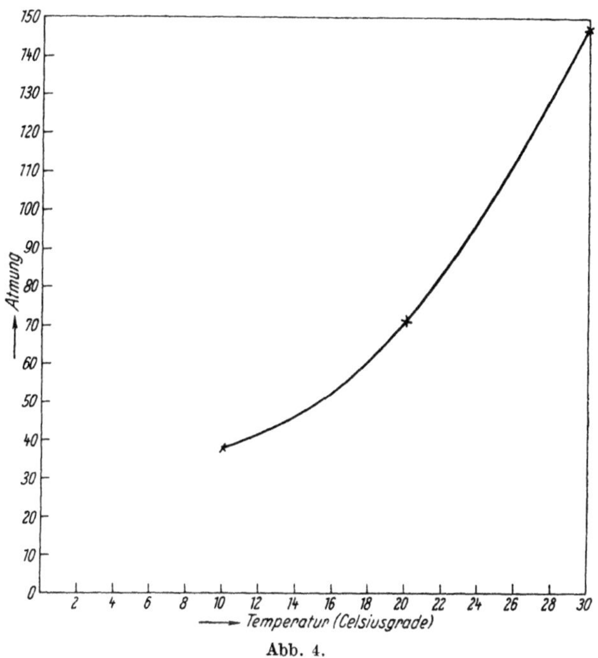

Abb. 4.

Vorbereitende oder fortführende Reaktion.

Fragen wir nach der Bedeutung der BLACKMANschen Reaktion, so liegen von vornherein zwei Möglichkeiten vor: die BLACKMANsche Reaktion kann der photochemischen Reaktion vorangehen oder auf sie folgen, sie kann eine vorbereitende oder eine fortführende Reaktion sein.

Wir nehmen zunächst an[1], daß sie eine vorbereitende Reaktion ist, in der die Kohlensäure chemisch verändert, etwa verestert oder amidiert wird („Akzeptortheorie"). Dann sollte es möglich sein, der Kohlensäure nahestehende Substanzen zu finden, die in der bestrahlten Zelle unter Entwicklung von Sauerstoff gespalten werden.

[1] Diese Zeitschr. **103**, 206. 1920.

Zur Prüfung der Theorie bestrahlen wir Chlorella in kohlensäurefreier Salzlösung unter Zusatz von Kohlensäurederivaten, wie Kohlensäureestern, carbaminsauren Salzen, hochoxydierten Carbonsäuren usw., und finden, daß immer reichlich Sauerstoff entwickelt wird. Dieser Sauerstoff jedoch stammt, wie die nähere Untersuchung lehrt, nicht aus den zugesetzten Kohlensäurederivaten, sondern aus dem Nitrat und dem Wasser der Salzlösung.

Die Nitratassimilation.

Bestrahlt man Chlorella in nitrathaltigen Salzlösungen, so wird der Stickstoff des Nitrats unter Entwicklung von molekularem Sauerstoff zu Ammoniak reduziert, nach der Bilanzgleichung

$$HNO_3 + H_2O = NH_3 + 2\,O_2,$$

ein Vorgang, der durch geeignete Maßnahmen so beschleunigt werden kann, daß seine Geschwindigkeit ein Mehrfaches von der Geschwindigkeit der Atmung beträgt.

Der Mechanismus dieses Vorganges ist ein anderer, als es nach der Bilanzgleichung scheint[1]. Zunächst haben wir eine Dunkelreaktion, in der die Salpetersäure mit Kohlenstoff der Zellsubstanz unter Bildung von Kohlensäure reagiert, wobei sie selbst bis zur Stufe des Ammoniaks reduziert wird. Es folgt bei Bestrahlung eine zweite Reaktion, in der der Kohlenstoff der Zellsubstanz unter Entwicklung von Sauerstoff regeneriert wird:

$$\begin{array}{r} HNO_3 + H_2O + 2\,C = NH_3 + 2\,CO_2 \\ 2\,CO_2 = 2\,C \quad + O_2 \\ \hline HNO_3 + H_2O = NH_2 + O_2. \end{array}$$

So ist die Nitratassimilation mit einem Kreislauf des Kohlenstoffs verbunden, der über die Oxydationsstufe der Kohlensäure immer zum Kohlenstoff zurückführt, und kleine Mengen Kohlenstoff können beliebig große Mengen Nitrat zu Ammoniak reduzieren.

Die Reaktion zwischen Nitrat und dem Kohlenstoff der Zellsubstanz — die wir durch Verdunkelung von der zweiten Reaktion trennen — wird durch Schwermetallreagenzien spezifisch gehemmt. In n/10000 Blausäure[2] oder n/10000 Schwefelwasserstoff[3] ist eine Wirkung des Nitrats auf den Kohlenstoff der Zellsubstanz nicht mehr nachweisbar. Auch hier liegt also eine Schwermetallkatalyse vor. Das Metall — wahrscheinlich Eisen — überträgt den Sauerstoff des Nitrats auf den Kohlenstoff der Zellsubstanz.

[1] Diese Zeitschr. **110**, 66. 1920.
[2] Ebendaselbst **110**, 81. 1920.
[3] NEGELEIN, E.: Ebendaselbst **165**, 203. 1925.

Ein einfaches Modell[1] einer derartigen Übertragung von gebundenem Sauerstoff ist die Oxydation der Oxalsäure durch Jodsäure. Oxalsäure und Jodsäure reagieren in reinen wässerigen Lösungen nicht miteinander. Fügt man aber minimale Mengen Eisensalz hinzu, so wird die Oxalsäure zu Kohlensäure oxydiert, nach der Bilanzgleichung:

$$2\,HJO_3 + 5\,H_2C_2O_4 = 6\,H_2O + 10\,CO_2 + J_2.$$

Diese Reaktion wird, wie die Reaktion zwischen Nitrat und dem Kohlenstoff der Zellsubstanz, durch minimale Mengen Blausäure gehemmt. Blausäure bindet das Eisen und stellt damit den Zustand der Reaktionslosigkeit her, wie er in reinen Jodsäure-Oxalsäurelösungen herrscht[2].

Willstätters Theorie.

Bei den Versuchen, einen photochemisch reaktionsfähigen Körper zu finden, der nicht Kohlensäure ist, wurde der Weg entdeckt, auf dem die grüne Pflanzenzelle das zum Aufbau ihrer Substanz notwendige Ammoniak gewinnt. Aber auch dieser Weg führt, wie sich gezeigt hat, über die Kohlensäure. So bleibt kein Versuch übrig, der zugunsten der Akzeptortheorie spricht. Wir wollen sie deshalb aufgeben und untersuchen, ob wir mit der Theorie, die BLACKMANsche Reaktion sei eine fortführende Reaktion, weiter kommen.

Die Auffassung, daß die BLACKMANsche Reaktion eine fortführende Reaktion ist, vertreten WILLSTÄTTER und STOLL. Nach WILLSTÄTTERS Theorie[3] wird in der photochemischen Reaktion das Hydrat der Kohlensäure in das isomere Formaldehydperoxyd umgelagert, in der BLACKMANschen Reaktion des Formaldehydperoxyd in Formaldehyd und molekularen Sauerstoff gespalten:

$$H_2CO_3 = CH_2O(O_2) \text{ (Photochemische Reaktion)},$$
$$CH_2O(O_2) = CH_2O + O_2 \text{ (BLACKMANsche Reaktion)}.$$

Die BLACKMANsche Reaktion ist hiernach vergleichbar mit der Spaltung von Wasserstoffperoxyd in Wasser und molekularen Sauerstoff, der Katalysator der BLACKMANschen Reaktion gehört zu den „Katalasen".

Vergleich von Wasserstoffperoxydspaltung und Blackmanscher Reaktion.

Um WILLSTÄTTERS Theorie zu prüfen, bringen wir in Chlorella Wasserstoffperoxyd, von dem die Alge kleine Konzentrationen ohne wesentliche Schädigung erträgt. Es zeigt sich[4], daß die Alge Wasserstoffper-

[1] Chem. Ber. **58**, 1010. 1925 (Versuche von SHIGERU TODA).

[2] *Zusatz beim Neudruck:* Dies ist unrichtig. Vgl. Seite 235 dieses Buches.

[3] WILLSTÄTTER u. STOLL: Untersuchungen über die Assimilation der Kohlensäure, S. 241 bis 246. Berlin 1908.

[4] Diese Zeitschr. **146**, 486. 1924 (mit T. UJESUGI).

oxyd in Wasser und Sauerstoff spaltet, wobei aus einer m/300-Wasserstoffperoxydlösung — in einer gegebenen Zeit und von einer gegebenen Algenmenge — im Dunkeln etwa ebensoviel Sauerstoff entwickelt wird, wie bei Bestrahlung in der BLACKMANschen Reaktion. Die peroxydspaltende Wirksamkeit der Alge reicht also aus, um die Geschwindigkeit der BLACKMANschen Reaktion zu erklären.

Weiterhin untersuchen wir, ob die Peroxydspaltung durch Chlorella dieselben besonderen Eigenschaften zeigt wie die BLACKMANsche Reaktion.

Zu den besonderen Eigenschaften der BLACKMANschen Reaktion gehört, daß ihre Geschwindigkeit zwischen 10 und 30° eine lineare Funktion der Temperatur ist. Nach Messungen von MUNEO YABUSOE[1]

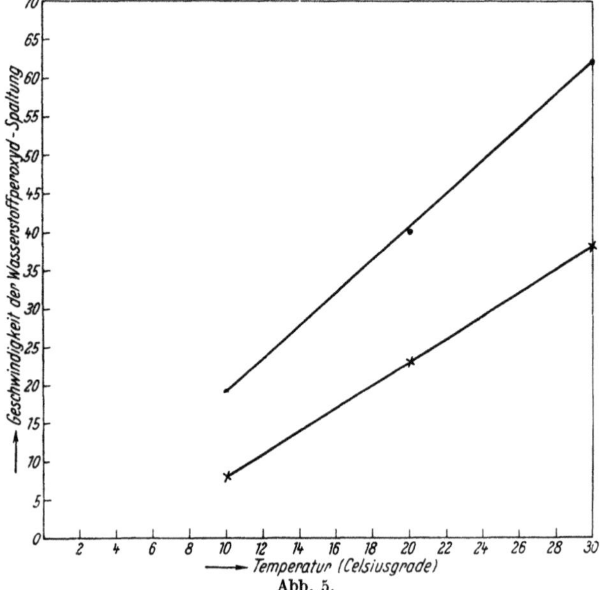

Abb. 5.

wird die Wasserstoffperoxydspaltung durch die Temperatur nach demselben Gesetz beschleunigt. Auch hier finden wir, daß die Geschwindigkeit zwischen 10 und 30° eine lineare Funktion der Temperatur ist (Abb. 5).

Eine zweite besondere Eigenschaft der BLACKMANschen Reaktion ist ihre große Empfindlichkeit gegenüber Blausäure. Ähnlich empfindlich gegenüber Blausäure ist die Wasserstoffperoxydspaltung, die durch 10^{-5} mol. Blausäure deutlich gehemmt wird. Die Hemmungen der Wasserstoffperoxydspaltung bei verschiedenen Blausäurekonzentrationen betragen[2] bei einer Blausäurekonzentration von

[1] MUNEO YABUSOE: Diese Zeitschr. **152**, 498. 1924.
[2] Diese Zeitschr. **146**, 486. 1924 (mit T. UJESUGI).

von $0{,}5 \cdot 10^{-5}$ Mole/Liter 32%
„ $1{,}0 \cdot 10^{-4}$ „ 83%
„ $1{,}0 \cdot 10^{-3}$ „ 93%

Vergleicht man diese Zahlen mit den für die BLACKMANsche gefundenen Hemmungen, so erkennt man die große Übereinstimmung. Die Übereinstimmung ist um so bemerkenswerter, als zwei andere Vorgänge in Chlorella — die photochemische Reaktion und die Atmung — selbst durch n/100 Blausäure nicht gehemmt werden.

Eine dritte besondere Eigenschaft der BLACKMANschen Reaktion ist ihre Empfindlichkeit gegen Narkotica. Ähnlich empfindlich gegen Narkotica ist die Wasserstoffperoxydspaltung. Dies zeigt Tabelle 3, in der die wirksamen Konzentrationen der Urethanreihe verzeichnet sind. Die Wasserstoffperoxydspaltung in Chlorella ist gegen Narkotica erheblich empfindlicher als die Atmung, und ungefähr ebenso empfindlich wie die BLACKMANsche Reaktion.

Tabelle 3.

Narkotikum	Hemmung der Atmung um 50% Millimole/Liter	Hemmung der BLACKMANschen Reaktion um 50% Millimole/Liter	Hemmung der H_2O_2-Zusetzung um 50% Millimole/Liter
Methylurethan	1200	660	440
Äthylurethan	780	225	135
Propylurethan	100	73	80
Buthylurethan (iso) . . .	43	26	27
Amylurethan (iso)	32	12	9
Phenylurethan	6	0,5	weniger als 1,5

Der Vergleich von BLACKMANscher Reaktion und Wasserstoffperoxydspaltung spricht durchaus zugunsten von WILLSTÄTTERS Theorie. Nehmen wir diese Theorie als die zurzeit wahrscheinlichste an, so wird auch die Rolle, die das Schwermetall in dem Assimilationsprozeß spielt, verständlich und zurückführbar auf Vorgänge, die sich außerhalb der Zelle abspielen. Denn seit THÉNARD und BERZELIUS ist bekannt, daß Oxyde der schweren Metalle Wasserstoffperoxyd in Wasser und Sauerstoff katalytisch spalten.

Assimilationsproblem.

Trotz der in dieser Übersicht mitgeteilten Versuche und Ergebnisse ist und bleibt der Assimilationsvorgang problematisch, weil es nicht gelingt, Kohlensäure außerhalb der lebenden Zelle zu assimilieren, d. h. Kohlensäure mit den Wellenlängen des sichtbaren Spektrums außerhalb der Zelle zu spalten. Dies beweist, daß uns wesentliche Bedingungen, an die der Lebensvorgang gebunden ist, noch verborgen sind.

Biochem. Zeitschr. **100**, 230. 1919.

Über die Geschwindigkeit der photochemischen Kohlensäurezersetzung in lebenden Zellen.

Von

Otto Warburg.

(Aus dem Kaiser Wilhelm-Institut für Biologie, Berlin-Dahlem.

(Eingegangen am 16. Oktober 1919.)

Mit 11 Abbildungen.

Nach den bisherigen Erfahrungen[1] ist die Fähigkeit der Pflanzenzelle, Kohlensäure photochemisch zu zersetzen, an die Intaktheit des Chlorophyllkorns gebunden. „Sobald die Struktur des Chlorophyllkorns überall zerstört ist...., hört die Möglichkeit der Sauerstoffproduktion sofort und definitiv auf" (Th. W. Engelmann[2]). Es entsteht so die Frage, welche Faktoren die photochemische Zersetzlichkeit der Kohlensäure in dem intakten Chlorophyllkorn bedingen.

Um der Lösung dieser Frage näher zu kommen, wurden die im folgenden beschriebenen Versuche unternommen, die in ihrer Anlage eine Fortsetzung von Untersuchungen Blackmans[3] und Willstaetters[1] bilden.

Gegenüber früheren Arbeiten wurde, wie ich glaube, die Technik der Versuche vereinfacht, sowohl durch die Wahl des Versuchsobjektes — einer kleinen, isoliert wachsenden Grünalge —, als auch durch Anwendung von Meßmethoden, die durch Umbildung der Haldane-Barcroftschen[4] Methode der Blutgasanalyse entstanden.

In der vorliegenden ersten Mitteilung beschränke ich mich nach Möglichkeit auf die Beschreibung von Methoden und Tatsachen, später soll dann auf den Zusammenhang der Tatsachen vom physikalisch-

---

[1] Willstaetter u. Stoll: Untersuchungen über die Assimilation der Kohlensäure. Berlin 1918.

[2] Botan. Zeitg. **39**, 441. 1881.

[3] Zusammenfassung in „Optima and Limiting Factors". Annals of Botany **19**, 281. 1905.

[4] Barcroft, J.: Ergebnisse der Physiologie **7**, 690. 1908.

chemischen Standpunkt aus, d. h. auf die Kinetik der Kohlensäureassimilation, näher eingegangen werden.

Die Wiedergabe der Versuche zerfällt in folgende Abschnitte:

I. Züchtung und Eigenschaften der Alge.
II. Meßmethoden: Die Lichtquelle. Prinzip der Messungen. Ausführung der Messungen. Die rotierenden Sektorscheiben.
III. Einfluß der Kohlensäurekonzentration.
IV. Einfluß der Beleuchtungsstärke.
V. Einfluß der Temperatur.
VI. Einfluß intermittierender Beleuchtung.
VII. Einfluß permeierender Substanzen. Allgemeines. Versuche mit Blausäure. Versuche mit Phenylurethan.

I. Züchtung und Eigenschaften der Alge.

Für die Wahl des Organismus waren schnelles Wachstum, Unbeweglichkeit und einfacher Entwicklungszyklus maßgebend. Nach einigen Vorversuchen blieb ich bei einer runden, unbeweglichen, im Durchmesser 3—6 μ messenden grünen Alge, die sich ohne Bildung größerer Verbände oder beweglicher Sporen durch sukzessive Zweiteilung vermehrte, ähnlich der in der Literatur[1] als „Chlorella" beschriebenen Grünalge.

Wenn die Zelle auch durchweg grün erscheint, so ist doch anzunehmen, daß sie ein abgegrenztes Chlorophyllkorn[1] besitzt, das in Form einer fast geschlossenen Hohlkugel den farblosen Zelleib umgibt.

Die Alge wächst gut bei künstlicher Beleuchtung, sowohl auf Agar als auch in rein anorganischen Salzlösungen. Seit 10 Monaten züchte ich sie in Knopscher Lösung unter Beleuchtung mit einer Metallfadenlampe, ohne daß bis jetzt Degenerationserscheinungen aufgetreten wären.

Nach einer Vorschrift von Tollens[2] hielt ich mir folgende Stammflüssigkeiten vorrätig:

1. 100 g Calciumnitrat
   25 g Kaliumnitrat
   15 g Natriumchlorid
   1000 ccm Wasser

2. 25 g Kaliumphosphat (primär)
   1000 ccm Wasser

3. 50 g Magnesiumsulfat
   1000 ccm Wasser

und gab je 10 ccm zu 1000 ccm Wasser, das aus Glas in Glas destilliert war. Zur Kultur wurden 2 ccm einer 0,3proz. Ferrosulfatlösung pro

[1] Oltmanns: Morphologie und Biologie der Algen I, 1904, S. 183.
[2] Küster: Kultur der Mikroorganismen 1913, S. 17.

Liter zugesetzt, während zur Messung der Assimilation KNOPsche Lösungen ohne Eisenzusatz verwendet wurden.

Als Aussaat diente eine nach KOCHS Plattenverfahren gewonnene Einzelkultur, die zunächst steril weitergezüchtet wurde. Später war steriles Arbeiten nicht mehr erforderlich, da in den anorganischen Nährflüssigkeiten, bei den hohen Beleuchtungsstärken und relativ großen Aussaaten weder Bakterien noch andere Algen aufkamen.

Die Lichtquelle, eine $^1/_2$-Watt-Metallfadenlampe von 300 Watt Stromverbrauch, war in einem von fließendem Kühlwasser umgebenen Becherglas aufgehängt und brannte Tag und Nacht. Ein langsamer Luftstrom, dem 4 Volumenteile Kohlensäure beigemengt waren, perlte dauernd durch die Kulturkolben und verhinderte die Sedimentierung der Zellen (Abb. 1).

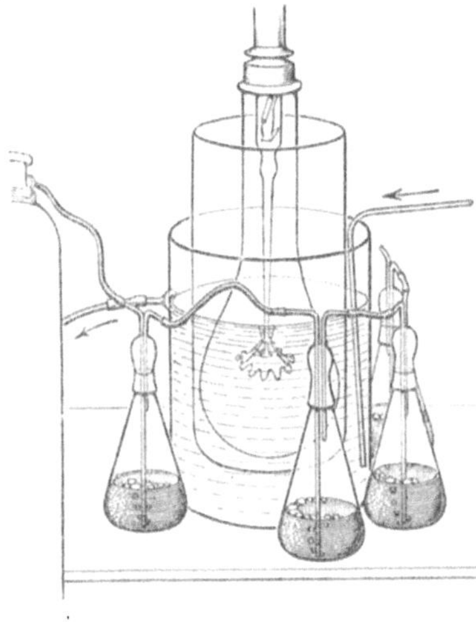

Abb. 1.

Bei einer mittleren Temperatur von 18^0 stieg die Zellenzahl im Laufe einiger Tage auf ein Mehrfaches der Aussaat, wobei die anfangs hellgrüne Kulturflüssigkeit allmählich schwarzgrün wurde. Genauere Angaben über die Geschwindigkeit der Vermehrung haben wenig Interesse; sie ändert sich in komplizierter Weise mit der Zeit, indem mit fortschreitender Vermehrung innere Faktoren gegen äußere Bedingungen wie Beleuchtungsstärke, Suspensionsdichte und Form der Kulturkolben zurücktreten. Die Vermehrung hört auf, wenn Gleichgewicht zwischen Assimilation und Atmung herrscht.

Beziehen wir den Gaswechsel nach dem Vorgang von TH. SAUSSURE[1] auf das Volumen des lebenden Organismus, so zersetzte die Alge unter günstigsten Bedingungen bei 25^0 in etwa 2 Minuten ein ihrem Eigenvolumen gleiches Volumen an Kohlensäuregas (0^0, 760 mm); im Dunkeln schied sie unter sonst gleichen Bedingungen $^1/_{20}$ bis $^1/_{30}$ dieses Volumens an Atmungskohlensäure aus. Assimilationsvermögen und Atmung stiegen bei Belichtung in Nährlösungen langsam an, entsprechend der Zunahme an Zellsubstanz.

Das Assimilationsvermögen der Alge änderte sich zunächst nicht, wenn sie aus der Kulturflüssigkeit in destilliertes Wasser gebracht wurde

[1] Chemische Untersuchungen über die Vegetation in OSTWALDS Klassik. d. Naturwissensch. (Leipzig 1890).

oder in nicht zu konzentrierte Lösungen von freien Alkalien, Mineralsäuren, Alkali-, Erdalkali- oder Schwermetallsalzen, von Zuckern oder Aminosäuren. Erst im Laufe von Stunden oder Tagen trat in diesen Lösungen eine Schädigung ein, die an dem allmählichen Sinken des Assimilationsvermögens verfolgt werden konnte. Die Alge ist somit, ähnlich den Kokken unter den Bakterien, ein typischer Vertreter der Zellen mit unempfindlicher Grenzschicht.

Die Zeit, nach der sich die Schädigungen bemerkbar machen, wurde außerordentlich herabgesetzt durch kleine Mengen oberflächenaktiver Substanzen. So blieb die Alge in einer reinen Carbonat-Bicarbonatlösung, deren OH-Ionenkonzentration $10^{-4,8}$, betrug, tagelang intakt und von unverändertem Assimilationsvermögen; es genügte aber die Zugabe eines Krystalls des fast unlöslichen und in Knopscher Flüssigkeit unschädlichen n-Dodecylalkohols, um die Zelle bei 25^0 fast sofort zu vergiften. Das Assimilationsvermögen erlosch dann innerhalb weniger Minuten, und bei Belichtung wurde kein Sauerstoff ausgeschieden, sondern mehr Sauerstoff verbraucht als im Dunkeln. Das Auftreten dieser „Photooxydation" war stets ein sicheres Zeichen der definitiven Zerstörung.

Wurde auch in den genannten Salzlösungen vielfach lange Zeit keine Schädigung bemerkbar, so unterblieb doch bald, wenn unentbehrliche Baustoffe fehlten, die Vermehrung und damit der für messende Versuche sehr störende Anstieg der Assimilation mit der Zeit. Diese Beobachtung wurde für die Methodik ausgenutzt und die Alge für längerdauernde quantitative Versuche nicht in Knopscher Lösung, sondern in einseitig zusammengesetzten Salzlösungen suspendiert. Als besonders geeignet erwiesen sich Gemische von Carbonat- und Bicarbonatlösungen, die gleichzeitig als Kohlensäurequellen dienten.

Bemerkenswert war die große Resistenz gegen niedrige Temperaturen. Suspensionen in Knopscher Lösung konnten wochenlang bei $+ 5^0$ aufbewahrt werden, ohne daß sich das Assimilationsvermögen änderte; stundenlange Kühlung in flüssiger Luft und darauffolgendes schnelles Auftauen brachte das Assimilationsvermögen nicht zum Verschwinden. Allerdings sank in einigen Fällen die Assimilationsleistung nach Vorbehandlung mit flüssiger Luft, stieg aber allmählich wieder auf ihre normale Höhe, ein Phänomen, das wohl zu denen von Ewart[1] als „Assimilatory inhibition" beschriebenen gehört.

Vermutlich verdankt die Alge ihre Resistenz gegen tiefe Temperaturen der besonderen Lage ihres Chlorophyllkorns, das an die starre Zellulosehaut grenzt und bei einer plötzlichen Dehnung, wie sie beim Ge-

[1] The Journal of the Linnean Society, Botany, **31**, 364. 1895 bis 1897.

frieren eintritt, vor Zerreißung geschützter ist als frei in der Zelle liegende Chlorophyllkörner. Algen mit freiliegenden Chlorophyllkörnern, wie Euglena viridis, büßten beim Gefrieren ihr Assimilationsvermögen völlig ein; die Chlorophyllkörner wurden hierbei breiter und zeigten deutliche Veränderungen ihrer Struktur.

II. Meßmethoden.

Die Lichtquelle.

Als Lichtquelle benutzte ich nach dem Vorgang Willstaetters[1] Metallfadenlampen, und zwar meist $^1/_2$-Watt-Metallfadenlampen der Allgemeinen Elektrizitätsgesellschaft; sie wurden mit Gleichstrom (220 Volt) betrieben und brannten stets bei maximaler Belastung, auf die sich alle Angaben des Energieverbrauchs beziehen.

Nach Bestimmungen, die in der Physikalisch-Technischen Reichsanstalt mit einer meiner Versuchslampen ausgeführt wurden, änderte sich die Lichtstärke um 8%, wenn die Spannung von 220 auf 225 Volt stieg oder von 220 auf 215 Volt sank. Während der Assimilationsversuche konnte die Spannung mittels eines Regulierwiderstandes leicht innerhalb 2 Volt konstant gehalten werden, so daß die Schwankungen der Lichtintensität während eines Versuchs nicht mehr als 3% betrugen. Neue Lampen, deren Lichtstärken sich anfangs bei konstanter Spannung erheblich ändern, wurden stets vor ihrer Verwendung einige Stunden gebrannt.

Wie Willstaetter[1] hervorhebt, erzielt man mit den im Handel befindlichen Lampen von 1500 Watt Stromverbrauch bei Annäherung auf etwa 15 cm an die zu beleuchtende Fläche Beleuchtungsstärken, die, photometrisch gemessen, die Helligkeit in direktem Sonnenlicht übertreffen. Auch die (bolometrisch gemessene) Energie der sichtbaren Strahlung, die unter gleichen Bedingungen auf 1 qcm beleuchteter Fläche auffällt, ist größer als in direktem Sonnenlicht[2].

Prinzip der Messungen.

Bei der Assimilation der Kohlensäure entsteht aus einem Volumen Kohlensäure ein Volumen Sauerstoff[3]. Schließt man grüne Zellen mit kohlensäurehaltiger Luft in einem Gefäß ab und belichtet, so bleibt

---

[1] Willstaetter: l. c. Berlin 1918, S. 68.

[2] Nach Lux: Zeitschr. f. Beleuchtungswesen **20**, H. 2 u. 3. 1914, beträgt die Ausbeute an sichtbarer Strahlung in cal für die ½-Wattlampe 5% des Gesamtenergieverbrauchs.

[3] Willstaetter: l. c. 315ff.

also im allgemeinen der Druck unverändert. Eine Druckänderung tritt jedoch auf, wenn

entweder das Flüssigkeitsvolumen gegen den Gasraum nicht klein ist, wobei dann die Differenz der Absorptionskoeffizienten der umgewandelten Gase wirksam wird,

oder die Kohlensäure einer in der Flüssigkeit gelösten chemischen Verbindung entnommen wird.

Auf beide Prinzipien lassen sich einfache Methoden zur Messung der Assimilation gründen.

Erstes Prinzip.

Wir denken uns ein luftdicht verschlossenes Gefäß zum Teil mit einer wässerigen Suspension grüner Zellen, zum Teil mit einem Gemisch von Sauerstoff- und Kohlensäuregas gefüllt und bei konstanter Temperatur so lange geschüttelt, bis Gleichgewicht zwischen dem Gasraum und der Flüssigkeit eingetreten ist. Es sei

v_G das Volumen des Gasraumes in ccm,
v_F das Volumen der Flüssigkeit in ccm,
P der Partialdruck des Sauerstoffs in mm Hg,
P_1 der Partialdruck der Kohlensäure in mm Hg,
T die Temperatur in absoluter Zählung,
α der Absorptionskoeffizient des Sauerstoffs für Wasser bei der Temperatur T,
α_1 der Absorptionskoeffizient der Kohlensäure für Wasser bei der Temperatur T.

Dann erhält

der Gasraum $\frac{P v_G}{760} \times \frac{273}{T}$ ccm Sauerstoff . . . . (0°, 760 mm)

$\frac{P_1 v_G}{760} \times \frac{273}{T}$ ccm Kohlensäure . . . (0°, 760 mm)

die Flüssigkeit $\frac{P v_F \alpha}{760}$ ccm Sauerstoff . . . . (0°, 760 mm)

$\frac{P_1 v_F \alpha_1}{760}$ ccm Kohlensäure . . . . . (0°, 760 mm)

Bei der Belichtung sollen sich x ccm Kohlensäure in x ccm Sauerstoff umwandeln, wobei der Partialdruck des Sauerstoffs von P auf p steige, der Partialdruck der Kohlensäure von P_1 auf p_1 sinke. Nach der Belichtung enthält

der Gasraum $\frac{p v_G}{760} \times \frac{273}{T}$ ccm Sauerstoff . . . . (0°, 760 mm)

$\frac{p_1 v_G}{760} \times \frac{273}{T}$ ccm Kohlensäure . . . (0°, 760 mm) die Flüssigkeit $\frac{p v_F \alpha}{760}$ ccm Sauerstoff . . . . . . (0°, 760 mm)

$\frac{p_1 v_F \alpha_1}{760}$ ccm Kohlensäure . . . . . (0°, 760 mm)

Bezeichnen wir die Änderung des Gesamtdrucks in mm Hg mit H, so ist

$$H = (p - P) - (P_1 - p_1)$$

$$x = \frac{p - P}{760}\left(v_G \frac{273}{T} + v_F \alpha\right)$$

$$x = \frac{P_1 - p_1}{760}\left(v_G \frac{273}{T} + v_F \alpha_1\right).$$

Nach Elimination von P, P_1, p und p_1

$$x = H\left[\frac{\left(v_G \frac{273}{T} + v_F \alpha\right)\left(v_G \frac{273}{T} + v_F \alpha_1\right)}{760\, v_F (\alpha_1 - \alpha)}\right] \tag{1}$$

x, die zersetzte Kohlensäuremenge, ist also proportional H, der Änderung des Gesamtdrucks, und unabhängig von den Anfangspartialdrucken an Sauerstoff und Kohlensäure.

Die Druckänderung wurde an einem Manometer abgelesen, dessen Sperrflüssigkeit die von Brodie[1] angegebene wässerige Lösung war, von der 10000 mm = 760 mm Hg. Das Volumen v_M der Manometercapillare bis zum Meniskus der Sperrflüssigkeit war gegen v_G nicht zu vernachlässigen; die Druckänderung in dem Gefäß ergab sich aus der am Manometer beobachteten Druckänderung durch Multiplikation mit $\frac{v_G + v_M}{v_M}$, unter der Voraussetzung, daß sich die Gase der Capillare an dem Gasaustausch nicht beteiligten. Bezeichnen wir mit h die beobachtete Druckänderung in Millimetern Brodiescher Flüssigkeit, mit x_1 die zersetzten Kohlensäuremengen in Kubikmillimetern, so folgt aus (1)

$$x_1 = h\left[\frac{\frac{v_G + v_M}{v_G}\left(v_G \frac{273}{T} + v_F \alpha\right)\left(v_G \frac{273}{T} + v_F \alpha_1\right)}{10\, v_F (\alpha_1 - \alpha)}\right]. \tag{2}$$

Der in der eckigen Klammer stehende Ausdruck ist für bestimmte Abmessungen und eine bestimmte Temperatur eine Konstante; er wird

[1] Barcroft, I.: Ergebn. d. Physiol. 7, 775. 1908.

für jedes Gefäß einmalig berechnet und ergibt die zersetzte Kohlensäuremenge in Kubikmillimetern für eine Druckänderung von 1 mm.

Betrug der Rauminhalt des Gefäßes 15 ccm, das Volumen der eingefüllten Flüssigkeit 10 ccm, das Volumen der Manometercapillare bis zur Sperrflüssigkeit 1,2 ccm, so war die Konstante für $25^0 = 1$. Dies waren ungefähr die Abmessungen bei der Ausführung der Versuche, so daß also 1 mm Druckänderung die Zersetzung von 1 cmm Kohlensäure anzeigte.

Während der Assimilation nimmt die Kohlensäurekonzentration in dem abgeschlossenen Gefäß ab. Diese Abnahme darf nicht so weit gehen, daß sie die Geschwindigkeit der Assimilation beeinflußt. Sättigte man mit 4 Volumprozent Kohlensäure bei dem Gesamtdruck von einer Atmosphäre, so enthielt das Gefäß einen Kohlensäurevorrat von 490 cmm Kohlensäure; erst wenn die Druckänderung etwa 490 mm betrug, war also der Kohlensäurevorrat erschöpft. Wurde der Versuch abgebrochen, wenn die Druckänderung nicht mehr als 200 mm betrug, so war man sicher, daß die Abnahme der Kohlensäurekonzentration die Assimilationsgeschwindigkeit nicht merklich (vgl. Abschnitt III) verminderte.

Voraussetzung der Methode ist, daß chemische Bindungen der Gase, wie die von Willstaetter[1] entdeckte Addition der Kohlensäure an die Blattsubstanz, gegen den Umsatz in der Assimilation zu vernachlässigen sind. Bei den außerordentlich kleinen Mengen an Zellsubstanz, die verwendet wurden — 1 bis 2 mg Substanz auf 10 ccm Flüssigkeit — konnte diese Voraussetzung stets als erfüllt betrachtet werden.

Zweites Prinzip.

Aus den beiden Gleichungen für die elektrolytische Dissoziation der Kohlensäure

$$\frac{H^+ \times HCO_3^-}{CO_2} = k_I \,^{2*} \qquad \frac{H^+ \times CO_3^{--}}{HCO_3^-} = k_{II}$$

ergibt sich durch Division

$$\frac{(HCO_3^-)^2}{CO_3^{--} \times CO_2} = \frac{k_I}{k_{II}} = K. \tag{3}$$

[1] l. c. S. 172 und 226ff.

[2*] k_I = der wahren Dissoziationskonstante der Kohlensäure $\times \frac{H_2CO_3}{CO_2}$. Vgl. Thiel u. Strohecker: Ber. d. d. Chem. Ges. 47, 945. 1914.

Kennen wir in Mischungen von Bicarbonat- und Carbonatlösungen die Werte für HCO_3^- und CO_3^{--}, so läßt sich, wenn K bekannt ist, die CO_2-Konzentration in jedem Fall berechnen.

Bezeichnen wir mit $NaHCO_3$ die Gesamtkonzentration des zugesetzten Bicarbonats, mit Na_2CO_3 die Gesamtkonzentration des zugesetzten Carbonats, beide in Molen pro Liter, mit α den Dissoziationsgrad des Bicarbonats $\left(\frac{HCO_3^-}{NaHCO_3}\right)$, mit β den Dissoziationsgrad des Carbonats $\left(\frac{CO_3^{--}}{Na_2CO_3}\right)$, so ergibt sich aus (3)

$$\frac{\alpha^2 (NaHCO_3)^2}{\beta\, Na_2CO_3 \times CO_2} = K$$

$$\frac{(NaHCO_3)^2}{Na_2CO_3 \times CO_2} = K \frac{\beta}{\alpha^2} = K'. \qquad (4)$$

Diese Gleichung wurde für nicht zu verdünnte Lösungen, in denen die Hydrolyse zu vernachlässigen ist, von Mc. Coy[1], Auerbach und Pick[2] und Seyler und Lloyd[3] verifiziert.

K' ist konstant, wenn der Gesamt-Na-Gehalt konstant gehalten wird; variieren wir den Gesamtgehalt an Na, so ändert sich $\frac{\beta}{\alpha_2}$, und damit auch K'.

Bezeichnen wir mit c den Gesamtgehalt an Na in Milliäquivalenten pro Liter, so gilt für das Gebiet zwischen $c = 100$ und $c = 1000$ bei 25^0 die empirische Formel

$$K' = 8739 - 1671 \log c. \qquad (5)$$

Zur Berechnung der Kohlensäurekonzentration für andere Temperaturen als 25^0 liegen keine Bestimmungen von K' vor: doch läßt sich die Änderung von K' mit der Temperatur aus der Wärmetönung des Bicarbonatzerfalls, die allerdings sehr ungenau bekannt ist, ungefähr berechnen. Beim Zerfall von 2 Mol $NaHCO_3$ (gelöst) in 1 Mol CO_2 (gelöst) und 1 Mol Na_2CO_3 (gelöst) werden 2028 cal absorbiert[4]. Unter

[1] Amer. Chem. Journ. **29**, 437. 1903.

[2] Arbeiten aus d. Gesundheitsamt **38**, 274. 1911.

[3] Journ. Chem. Soc. London **111**, 138. 1917.

[4] Landolt-Börnstein: Tabellen, S. 874. 1912. Den Hinweis verdanke ich der Freundlichkeit des Herrn Prof. F. Auerbach.

der Annahme, daß sich die Dissoziationsgrade der Salze mit der Temperatur nicht merklich ändern, ergibt sich für die absolute Temperatur T

$$\log K'_{(T)} = \frac{\left(\frac{2028}{2 \times T} - \frac{2028}{2 \times 298}\right) + 2,3 \log K'_{(298)}}{2,3}. \qquad (6)$$

In Tabelle 1 sind für 11 verschiedene Carbonatgemische und 3 verschiedene Temperaturen die Kohlensäurekonzentrationen nach den Gleichungen 4, 5 und 6 berechnet. Wird eine spätere genauere Bestimmung von K' auch Korrektionen der absoluten Werte von c_{CO_2} erforderlich machen, so dürften doch die relativen Werte von c_{CO_2} innerhalb einer Reihe auf etwa 10% genau sein.

Tabelle 1.

Nr. des Gemisches	Zusammensetzung des Gemisches		Millimole Na pro l	Für 5°		Für 10°		Für 25°	
	ccm $^1/_{10}$ molar Na_2CO_3	ccm $^1/_{10}$ molar $NaHCO_3$		K′	Mole CO_2 pro l	K′	Mole CO_2 pro l	K′	Mole CO_2 pro l
1	85	15	185	6400	$0,41 \times 10^{-6}$	6000	$0,44 \times 10^{-6}$	5000	$0,53 \times 10^{-6}$
2	80	20	180	6400	$0,78 \times 10^{-6}$	6000	$0,83 \times 10^{-6}$	5000	$1,0 \times 10^{-6}$
3	75	25	175	6400	$1,3 \times 10^{-6}$	6000	$1,4 \times 10^{-6}$	5000	$1,7 \times 10^{-6}$
4	70	30	170	6400	$2,0 \times 10^{-6}$	6000	$2,1 \times 10^{-6}$	5000	$2,6 \times 10^{-6}$
5	60	40	160	6500	$4,1 \times 10^{-6}$	6100	$4,4 \times 10^{-6}$	5100	$5,3 \times 10^{-6}$
6	50	50	150	6500	$7,7 \times 10^{-6}$	6100	$8,2 \times 10^{-6}$	5100	$9,8 \times 10^{-6}$
7	35	65	135	6700	18×10^{-6}	6200	19×10^{-6}	5200	23×10^{-6}
8	25	75	125	6700	33×10^{-6}	6200	36×10^{-6}	5200	43×10^{-6}
9	15	85	115	6800	71×10^{-6}	6300	76×10^{-6}	5300	91×10^{-6}
10	10	90	110	6800	120×10^{-6}	6300	129×10^{-6}	5300	150×10^{-6}
11	5	95	105	6900	260×10^{-6}	6500	274×10^{-6}	5400	330×10^{-6}

Bringt man die grüne Alge aus ihrer Nährlösung in derartige Carbonat-Bicarbonatgemische, so tritt zunächst keine Schädigung ein; die Zeit, bis die ersten Anzeichen einer Schädigung bemerkbar werden, ist für die verschiedenen Gemische verschieden, und um so kürzer, je höher die OH-Ionenkonzentration. Gemisch 9 mit einer OH-Ionenkonzentration von $10^{-4,8}$ läßt die Zellen bei tagelanger Einwirkung intakt. Gemisch 1 — das Gemisch höchster OH-Ionenkonzentration — schädigt bei 25° schon bei 5- bis 6stündiger Einwirkung, bei 10° sehr viel langsamer. Im allgemeinen wurde mit Gemisch 9 gearbeitet, mit den Gemischen 1—8 nur zur Lösung einer besonderen Fragestellung, wobei die Versuchszeiten einige Stunden nicht überschritten.

Belichtet man die Alge in den Carbonatgemischen, so wird durch Zersetzung der Kohlensäure das Gleichgewicht gestört; es zerfällt neues

Bicarbonat in Carbonat und Kohlensäure, und die Konzentrationen der Salze — somit auch die Konzentration der Kohlensäure — ändern sich. Ist der Kohlensäureverbrauch jedoch klein gegen die Menge der Salze, so fällt die Änderung der Konzentrationen nicht ins Gewicht und die Carbonatgemische spielen die Rolle von Puffergemischen im Sinne von L. J. HENDERSON[1] und SÖRENSEN[2].

Die „Resistenz" des am meisten benutzten Puffergemisches, des Gemisches 9, soll als Beispiel berechnet werden. Für dieses Gemisch ist bei 25°:

$$\begin{aligned} c_{NaHCO_3} &= 0{,}085 \text{ Mole pro Liter} \\ c_{Na_2CO_3} &= 0{,}015 \quad ,, \quad ,, \quad ,, \\ c_{CO_2} &= 91 \times 10^{-6} \text{ Mole pro Liter} \\ K' &= 5{,}3 \times 10^3 \quad ,, \quad ,, \quad ,, \end{aligned}$$

Entziehen wir 10 ccm des Gemisches 0,2 ccm Kohlensäure, so nehmen wir pro Liter $0{,}9 \times 10^{-3}$ Mole Kohlensäure heraus, wobei die gleiche Zahl an Na_2CO_3 Molekülen entsteht, die doppelte Zahl an $NaHCO_3$ Molekülen verschwindet. Aus Gleichung 4 berechnet sich

$$c_{CO_2} = \frac{(0{,}085 - 1{,}8 \times 10^{-3})^2}{(0{,}015 + 0{,}9 \times 10^{-3}) \times 5{,}3 \times 10^3} = 82 \times 10^{-6},$$

c_{CO_2} sinkt also von 91×10^{-6} auf 82×10^{-6} oder um ca. 10%.

Berechnung der Assimilation.

Wir denken uns ein abgeschlossenes Gefäß zum Teil mit einem algenhaltigen Carbonatgemisch, zum Teil mit Luft gefüllt. Bei Belichtung sollen x cmm Kohlensäure in x cmm Sauerstoff umgewandelt werden.

Bezeichnen wir mit

v_G das Volumen des Gasraumes in ccm,

v_F das Volumen der Flüssigkeit in ccm,

α[3] den Absorptionskoeffizienten des Sauerstoffs bei der Temperatur T,

T die Temperatur in absoluter Zählung,

P den Partialdruck des Sauerstoffs vor der Belichtung,

p den Partialdruck des Sauerstoffs nach der Belichtung

(beide: in mm Brodiescher Flüssigkeit,)

[1] Ergebnisse der Physiologie 8, 254. 1909.

[2] Ergebnisse der Physiologie 12, 393. 1912.

[3] Für α ist ohne merklichen Fehler stets der Absorptionskoeffizient in Wasser zu setzen. Über die Abweichungen vgl. GEFFKEN, Zeitschr. f. physikal. Chem. 49, 257. 1904.

so ist

$$x = p - P\left[\frac{v_G \frac{273}{T} + v_F\,\alpha}{10}\right],$$

oder, wenn $(p - P) = h$ gesetzt wird

$$x = h\left[\frac{v_G \frac{273}{T} + v_F\,\alpha}{10}\right]. \tag{7}$$

x ist also proportional h und unabhängig vom Anfangs-Partialdruck des Sauerstoffs.

Der eingeklammerte Ausdruck ist für bestimmte Abmessungen und eine bestimmte Temperatur eine Konstante; er wird für jedes Gefäß einmalig berechnet und ergibt die entwickelte Sauerstoffmenge in cmm für eine Änderung des Sauerstoffpartialdrucks von 1 mm.

Die beobachtete Druckänderung war ohne merklichen Fehler gleich h, der Änderung des Sauerstoffpartialdrucks, zu setzen, indem die Änderung des Kohlensäurepartialdrucks nicht ins Gewicht fiel. Wurde $v_G = 5$, $v_F = 10$ gemacht, so ergab sich für die Konstante bei 25° der Wert von 0,5, das heißt: wenn 0,5 cmm Kohlensäure zersetzt wurden, änderte sich der Sauerstoffpartialdruck um 1 mm, oder um 400 mm, wenn 200 cmm Kohlensäure zersetzt wurden. Der Kohlensäurepartialdruck des Carbonatgemisches 9 ist bei 25° $= 0{,}27 \cdot 10^{-2}$ Atmosphären oder $= 27$ mm unserer Manometerflüssigkeit, er änderte sich nach der gegebenen Berechnung um 10% oder 3 mm, wenn aus 10 ccm des Gemischs 200 cmm Kohlensäure fortgenommen wurden. Die Änderung des Kohlensäurepartialdrucks beträgt also weniger als 1% von der Änderung des Gesamtdrucks, ist mithin zu vernachlässigen. Noch günstiger liegen die Verhältnisse für die resistenteren Carbonatgemische mittlerer Zusammensetzung.

Was den Einfluß auf die Geschwindigkeit der Assimilation betrifft, so fällt eine Änderung des Kohlensäurepartialdrucks um so mehr ins Gewicht (vgl. Abschnitt III), je niedriger der Anfangsdruck ist. In allen Fällen ließen sich die Versuche so anordnen, daß der Kohlensäureverbrauch die Geschwindigkeit nicht merklich verminderte.

Ausführung der Messungen.

Eine mehrtägige Kultur wurde aus den Kolben (Abb. 1) in ein Zentrifugierglas gespült und zunächst einige Minuten bei niedriger Tourenzahl zur Entfernung von Salzniederschlägen zentrifugiert. Die in der überstehenden Flüssigkeit befindlichen Zellen wurden dann zweimal auf der Zentrifuge bei hoher Tourenzahl mit KNOPscher Lösung gewaschen, für Versuche mit Carbonatgemischen zuletzt mit $^1/_{10}$ molar $NaNO_3$-Lösung, damit beim Eingießen in die Carbonatgemische keine Niederschläge entstanden.

Die geeignete Dichte der Suspensionen wurde zunächst durch Vorversuche bestimmt; war dies einmal geschehen, so wurden Standardsuspensionen von bekanntem Assimilationsvermögen im Eisschrank aufbewahrt und späterhin frische Kulturen durch colorimetrischen Vergleich mit den Standardsuspensionen auf passende Verdünnungen gebracht. Man sparte so die täglichen Vorversuche; selbstverständlich aber durften Messungen nicht auf gleiche Färbungen bezogen werden, sondern nur auf gleiche Zellmengen ein- und derselben Suspension. Jeder Versuch stellte, mit allen erforderlichen Kontrollen, ein in sich abgeschlossenes Ganze dar; die Kenntnis absoluter Werte war in keinem Fall erforderlich.

Die Assimilation wurde bestimmt als Differenz der Druckänderungen, die in einem belichteten und einem verdunkelten Gefäß auftraten[1]. „Dunkel-“ und „Hellgefäß“ waren gleich groß und mit gleichen Mengen Zellsuspension beschickt; sie unterschieden sich voneinander nur dadurch, daß das eine eine Metallhülse zur Abblendung des Lichts trug. War die Atmung nicht klein im Vergleich zur Assimilation, so wurde sie vielfach nicht nur gleichzeitig mit der Assimilation, sondern auch vorher und nachher gemessen[2].

Alle Versuche wurden in Wasserthermostaten ausgeführt deren Temperatur auf $^1/_{10}$ Grad konstant gehalten werden konnte. Auch bei höchster Beleuchtungsstärke entstanden zwischen Thermostatenwasser und den Zellsuspensionen keine größeren Temperaturdifferenzen, als $^1/_{10}$ Grad.

Die Fehler, die durch die Abmessung der Zellen entstanden, waren die Ablesungsfehler der Pipetten, der Fehler einer Druckmessung betrug etwa $^1/_2$ mm. Weder diese Fehler, noch Unsicherheiten durch Schwankungen der Lichtstärke (vgl. den Anfang dieses Abschnitts) kamen in Betracht gegen Schwankungen der Leistung infolge der Inkonstanz innerer Faktoren. Im allgemeinen blieb die Leistung, wenn die Vermehrung verhindert wurde, unter konstanten äußeren Bedingungen während der Versuche innerhalb 5% konstant, doch wurden vereinzelt auch Schwankungen bis zu 20% beobachtet. Wenn irgend möglich,

---

[1] Dieses Verfahren ist nicht unter allen Umständen richtig; in einer späteren Mitteilung wird gezeigt werden, daß der Atmungsprozeß in der belichteten Zelle rückgängig gemacht wird, ehe sich Kohlensäure bildet.

[2] Vgl. hierzu KREUSLER: Landwirtsch. Jahrbücher **14**, 913. 1885.

wurden deshalb am Schluß eines Versuches die Anfangsbedingungen wieder hergestellt, um festzustellen, wie weit die Leistung unter gleichen Bedingungen als konstant zu betrachten war.

Es folgt nunmehr die Beschreibung der einzelnen Anordnungen, die Verfahren zur Messung sowohl der Atmung, als auch der Assimilation sind und sich im Anschluß an früher beschriebene Methoden entwickelt haben[1]. Als Manometer benutzte ich die HALDANE-BARCROFTschen Blutgasmanometer[2], die sich wiederum, wie schon früher bei den Atmungsstudien, ausgezeichnet bewährt haben[3].

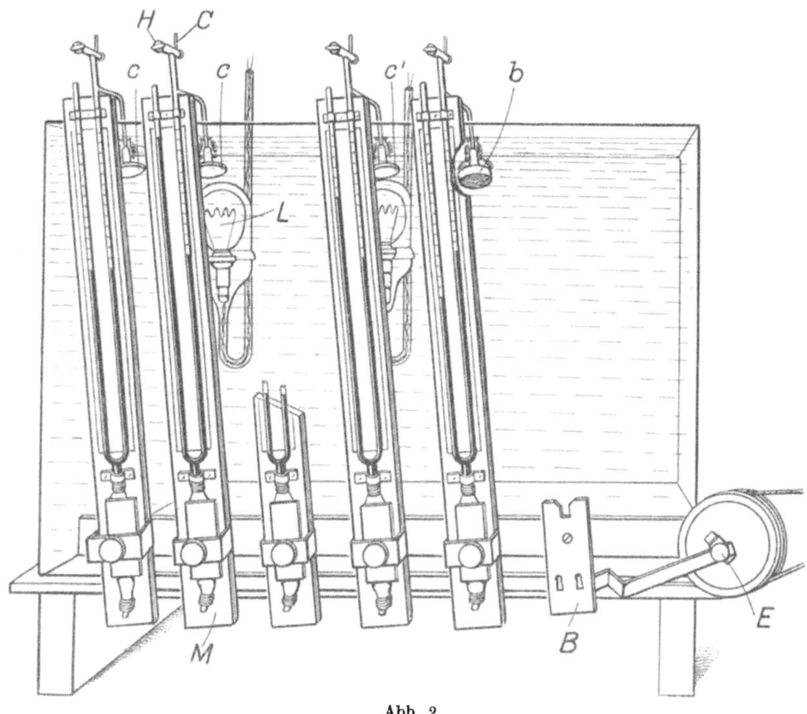

Abb. 2.

Anordnung I (Abb. 2). Die Lichtquellen, $^1/_1$ Watt-Metallfadenlampen von 40 Watt Stromverbrauch, sind in wasserdichten Glasgehäusen in das Wasser des Thermostaten versenkt; ihr leuchtender Faden kann den Assimilationsgefäßen c' bis auf 4 cm genähert werden.

[1] SIEBECK: In Abderhalden, Biochem. Arbeitsmethoden 1915.

[2] BARCROFT, J.: Ergebnisse der Physiologie 7, 699. 1908.

[3] Die Glasgefäße wurden von der Firma HANFF & BUEST, Berlin, Luisenstraße, die übrigen Geräte von den Mechanikern SCHLUDER und NEGELEIN, Berlin-Dahlem, Boltzmannstraße, hergestellt.

Der Rauminhalt der Assimilationsgefäße (Abb. 3) beträgt etwa 15 ccm. Zum Versuch werden sie mit je 10 ccm Zellsuspension beschickt und durch einen Glasschliff mit den Manometern verbunden. Arbeitet man mit KNOPscher Lösung, so wird von *C* aus bei geöffnetem Hahn *H* (Abb. 2) Luft mit Zusatz von 4 Volumprozent Kohlensäure eingeleitet, arbeitet man mit Carbonatgemischen, so fällt die Gaseinleitung fort. Manometer und Gefäße werden darauf in den Thermostaten eingehängt und bei geöffneten Hähnen *H* 10 Minuten durch Bewegen der Exzenterscheibe *E* geschüttelt, bis Temperatur- und Druckgleichgewicht eingetreten ist. Dann unterbricht man das Schütteln, stellt die Sperrflüssigkeit der Manometer auf eine bestimmte Marke ein, schließt die Hähne *H* und entzündet die Lampen unter den „Hellgefäßen". Die „Dunkelgefäße" *b* tragen Metallkappen zum Schutze gegen seitliche Be-

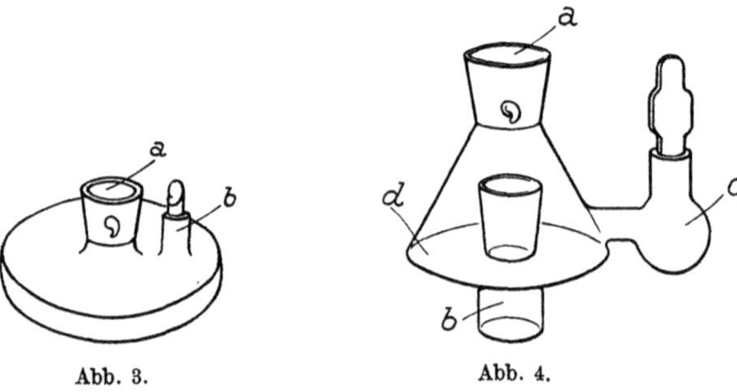

Abb. 3. Abb. 4.

leuchtung. *c* ist ein „Leergefäß" und dient als Thermobarometer. Unter fortgesetztem Schütteln beobachtet man nunmehr die Druckänderungen; nachdem sie eine passende Höhe erreicht haben, unterbricht man das Schütteln, stellt die Sperrflüssigkeit auf ihren Anfangsstand ein und erhält so die Druckänderungen bei konstantem Volumen, die durch den Ausschlag des Thermobarometers auf die Anfangstemperatur und den Anfangsaußendruck korrigiert werden. Die korrigierten Druckänderungen, mit den Gefäßkonstanten multipliziert (Gleichung (2) oder (7)) ergeben den Gaswechsel im Hellen und Dunkeln, die Differenz dieser Werte ist gleich der Assimilation.

Ein Vorzug der Anordnung ist die Möglichkeit, in kurzen Intervallen abzulesen und so den „Gang" der Prozesse zu beobachten; ein Nachteil, daß jedes einzelne Assimilationsgefäß durch eine gesonderte Lichtquelle beleuchtet wird. Die Anordnung eignet sich im wesentlichen für Beeinflussungsversuche bei hohen Beleuchtungsstärken, bei denen erhebliche Unterschiede in der Beleuchtung die Assimilationsleistung nicht ändern.

Anordnung II unterscheidet sich hinsichtlich der Apparatur von Anordnung I nur durch die Form der Assimilationsgefäße (Abb. 4).

Der Rauminhalt der Gefäße beträgt etwa 15 ccm, die Zellsuspensionen, 1—2 ccm, werden auf den flachen Boden gebracht. Der Tubus *b* dient zur Aufnahme von Absorptionsmitteln, aus dem Ansatz *c* können der Zellsuspension, ohne daß die Messung unterbrochen wird, Substanzen zugefügt werden.

Ist der Gasraum mit Luft, der Tubus *b* mit verdünnter Kalilauge gefüllt, so wird der Gasraum frei von Kohlensäure gehalten und das Manometer zeigt nur Änderungen des Sauerstoffdrucks an; ist der Gasraum mit Kohlensäure und einem indifferenten Gas, wie Stickstoff oder Wasserstoff, gefüllt, der Einsatz *b* mit einer sauerstoffabsorbierenden Flüssigkeit, so wird der Gasraum frei von Sauerstoff gehalten und das Manometer zeigt nur Änderungen des Kohlensäuredrucks an. Bedeckt man den Boden *d* des Gefäßes mit lebenden grünen Zellen und belichtet, so wird im ersten Fall dem Gasraum um so viel weniger Sauerstoff entnommen, als im Assimilationsprozeß entsteht; die Druckänderung ist im Hellen geringer als im Dunkeln, im zweiten Fall ist die Druckänderung im Dunkeln Null; bei Belichtung erscheint ein negativer Druck, entsprechend einem Verbrauch an Kohlensäure.

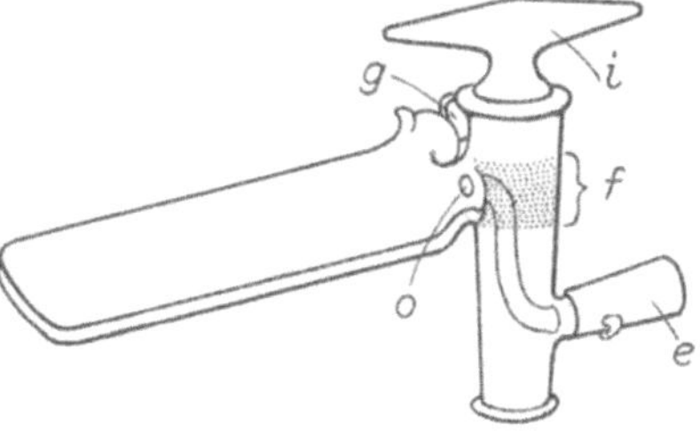

Abb. 5.

Die Anordnung diente zur Lösung von Fragenstellungen, die im folgenden nicht berührt sind.

Anordnung III. Das Assimilationsgefäß (Abb. 5), dessen Rauminhalt etwa 15 ccm beträgt, wird durch den Schliff *e* mit dem Haldane-Barcroftschen Manometer verbunden, von dem Tubus *g* aus mit der Zellsuspension, meist 10 ccm, beschickt. Sättigung mit Gasen erfolgt, indem man bei *g* ein bis auf den Boden des Gefäßes reichendes Glasröhrchen einführt. Der bei *F* nicht eingefettete Hahn *i* ermöglicht es, das Assimilationsgefäß gasdicht zu verschließen und die Belichtung getrennt von dem Manometer vorzunehmen.

In dem „Meßthermostaten" wird zunächst durch Schütteln Temperatur- und Druckgleichgewicht herbeigeführt. Dann schließt man den Hahn *i* unter Wasser, trennt das Gefäß von dem Manometer und befestigt es auf einer sich langsam drehenden Scheibe in dem „Belichtungsthermostaten", einer Wanne aus Eisenblech, die einen durch eine Spiegelglasscheibe verschlossenen Ausschnitt trägt (Abb. 6).

Die Lichtquelle, eine $^1/_2$-Watt-Metallfadenlampe, ist außerhalb des Belichtungsthermostaten aufgehängt; in den Versuchen mit den rotierenden Sektorscheiben schaltet man zwischen Lichtquelle und Assimilationsgefäß ein Kondensorsystem (Abb. 6), im übrigen wird ohne Linsen gearbeitet. In den Versuchen mit variierenden Beleuchtungsstärken steht die Lichtquelle fest, der Belichtungsthermostat ist auf einer Schiene verschiebbar; das reflektierte Licht wird, wie in der Photometrie üblich, durch geschwärzte Schirme von dem Assimilationsgefäß ferngehalten.

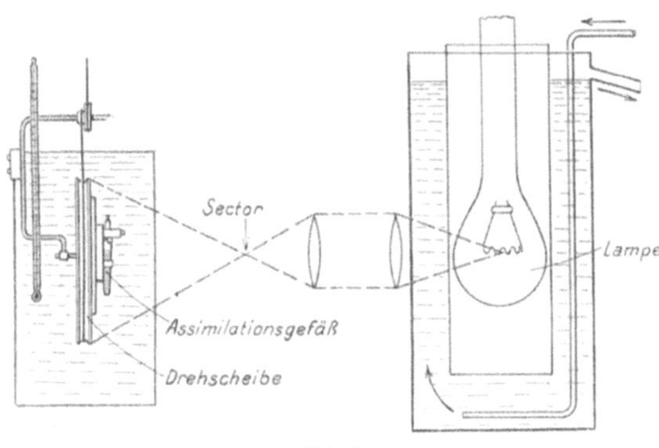

Abb. 6.

Nach einer passenden Zeit entfernt man das Assimilationsgefäß von der Drehscheibe, verbindet mit dem Manometer, hängt in den Meßthermostaten ein und öffnet, nachdem Temperaturgleichgewicht eingetreten ist, den Hahn *i*. Der hierbei auftretende Druck wird mittels eines Thermobarometers auf konstante Anfangsbedingungen reduziert. Die reduzierte Druckänderung, mit der Gefäßkonstante (Gleichung (2) oder (7)) multipliziert, ergibt den Gaswechsel, die Differenz des Gaswechsels im Hellen und Dunkeln die Assimilation.

Die Anordnung ist von den beschriebenen die genaueste und hat sich im Lauf von über 1000 Messungen bewährt. Durch die Möglichkeit, die Belichtung getrennt von dem Manometer vorzunehmen, wird die Freiheit der Experimente außerordentlich erweitert, ohne daß sich irgendwelche Nachteile ergeben hätten. Werden mehrere Assimilationsgefäße symmetrisch zur Lichtquelle auf der Drehscheibe befestigt, so sind die Beleuchtungsverhältnisse für die verschiedenen Gefäße völlig gleich und der Einfluß variierender Beleuchtungsstärken auf verschieden behandelte Zellen kann in sehr genauer Weise ermittelt werden.

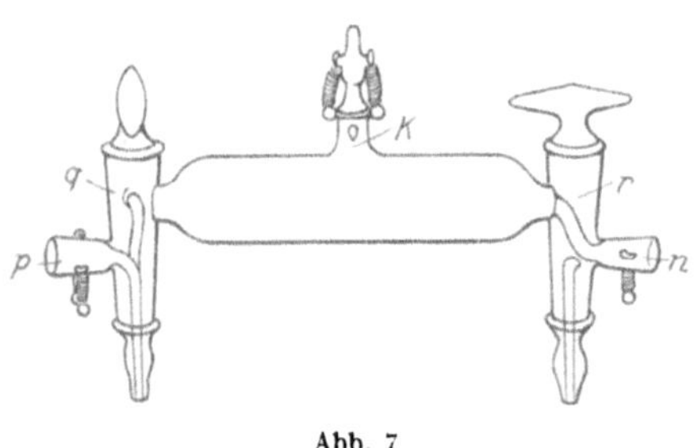

Abb. 7.

Anordnung IV. Der Rauminhalt des Assimilationsgefäßes (Abb. 7) beträgt 15–20 ccm. Zum Versuch füllt man durch den Tubus einige Kubikzentimeter Zellsuspension ein, setzt bei *p* und *w* rechtwinklig gebogene Gaszu- und -ableitungsröhren an, versenkt das Ganze in einen Wasserthermostaten, leitet bei geöffneten Hähnen *q* und *r* unter ständigem Schütteln 10 Minuten eine Gasmischung bekannter Zusammensetzung durch schließt dann die Hähne und bringt das Gefäß in den Belichtungsthermostaten (Abb. 8).

Die Lichtquelle ist eine $^1/_1$-Watt-Metallfadenlampe von 40 Watt Stromverbrauch, ihr leuchtender Faden kann bis auf etwa 4 cm dem Assimilationsgefäß genähert werden.

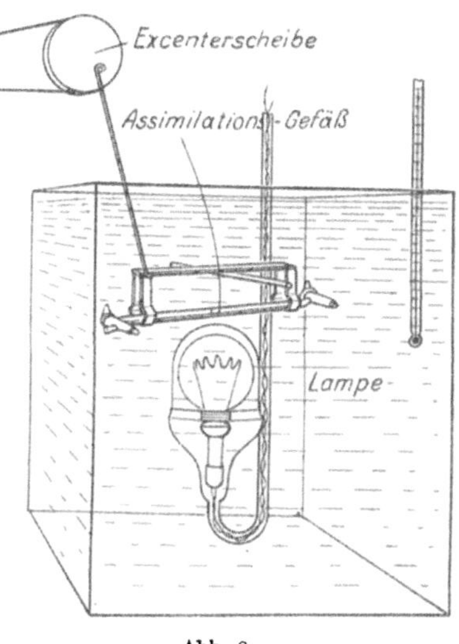

Abb. 8.

Während des Versuchs wird das Assimilationsgefäß durch die Exzenterscheibe geschüttelt. Nach einer passenden Zeit nimmt man das Gefäß heraus, verbindet es mit einem HALDANEschen Analysenapparat und ermittelt die Zusammensetzung des Gasinhalts in bekannter Weise. Auf den Hellversuch folgt der Dunkelversuch, aus der Differenz des Gaswechsels im Hellen und Dunkeln ergibt sich die Assimilation.

Die Anordnung ist umständlicher als I, II und III und diente lediglich zur Kontrolle der Druckverfahren.

Die rotierenden Sektorscheiben.

Zur periodischen Erhellung und Verdunkelung in kurzen Intervallen wurden zwischen Lichtquelle und Assimilationsgefäß rotierende Scheiben eingeschaltet, die mit einem oder mehreren Ausschnitten versehen waren (Abb. 9). Der Umfang der Ausschnitte war in allen Fällen gleich dem halben Scheibenumfang, so daß während einer Umdrehung die Hälfte des Lichts abgeschnitten wurde.

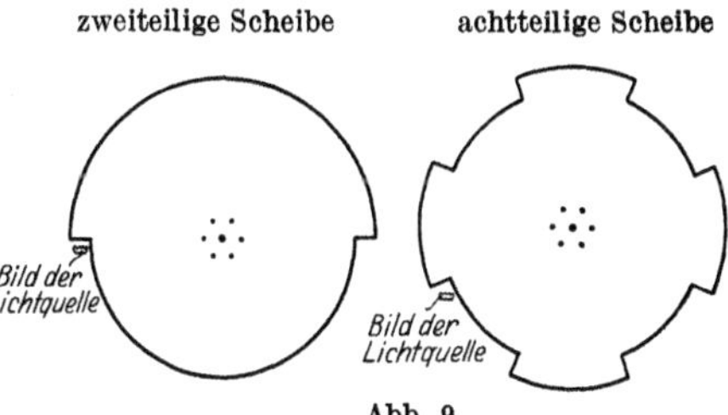

Abb. 9.

Als Antrieb diente ein Gleichstrommotor. Die Tourenzahl wurde zwischen 2 und 2000 pro Minute variiert und mittels eines Zählers oder nach der Stimmgabelmethode gemessen. Bezeichnen wir mit T die Tourenzahl der Scheibe pro Minute, mit S die Zahl der Scheibenausschnitte, so war die Dauer einer Verdunkelung oder Erhellung

$$t = \frac{60}{T \times 2S} \text{ Sekunden.} \tag{9}$$

Als Lichtquelle diente eine $^1/_2$-Watt-Metallfadenlampe von 1500 Watt Stromverbrauch; ihr leuchtender Draht wurde in der Ebene der vertikal stehenden Sektorscheibe so abgebildet, daß die Höhe des Bildes etwa 1,2 cm betrug.

Rotiert die Scheibe, so liegen zwischen den Perioden völliger Erhellung und Verdunkelung Übergangsperioden zunehmender und abnehmender Helligkeit; diese müssen nach Möglichkeit verkleinert werden und fallen um so weniger ins Gewicht, je kleiner das Lichtquellenbild im Vergleich zu dem Umfang eines Scheibenausschnittes. Bei einem Scheibendurchmesser von 50 cm betrug die Übergangsperiode für die zweiteilige Scheibe 2%, für die achtteilige Scheibe 8% der reinen Erhellungs- oder Verdunkelungsperiode. Kam es nicht auf Erzielung besonders kurzer Perioden an, so wurde stets mit der zweiteiligen Scheibe gearbeitet.

III. Einfluß der Kohlensäurekonzentration.

Mittels der im vorhergehenden Abschnitt beschriebenen Carbonatgemische wurden 8 verschiedene Kohlensäurekonzentrationen hergestellt, die zwischen $0,53 \cdot 10^{-6}$ und $91 \cdot 10^{-6}$ Molen pro Liter lagen. Die Konzentration, die mit 0,03 Volumprozent oder dem normalen Kohlensäureteildruck der Atmosphäre im Gleichgewicht ist, beträgt bei 25° und für Wasser etwa $10 \cdot 10^{-6}$, so daß also die Konzentrationen von $^1/_{20}$ bis auf das 10fache der atmosphärischen Sättigungskonzentration variiert wurden.

Gleiche Zellmengen werden zu gleichen Volumina der verschiedenen Carbonatgemische gegeben, und die Assimilationsleistungen in je 10 ccm bei hoher und konstanter Beleuchtungsstärke nach Anordnung III bestimmt.

Tabelle 2.

Beleuchtungsstärke 16[1]. 25°. 1 mm = 0,67 cmm CO_2.

Nr. des Carbonatgemischs[2]	C_{CO_2} = in Molen pro Liter	Dauer des Versuchs in Minuten	Abgelesene Druckdifferenz Hell-Dunkel in mm	Assimilation in mm pro Stunde
1	$0,53 \times 10^{-6}$	60	29	**29**
2	$1,0 \times 10^{-6}$	60	47	**47**
4	$2,6 \times 10^{-6}$	30	60	**120**
5	$5,3 \times 10^{-6}$	30	72	**144**
6	$9,8 \times 10^{-6}$	30	89	**178**
7	23×10^{-6}	30	101	**202**
8	43×10^{-6}	30	107	**214**
9	91×10^{-6}	30	121	**242**

Tabelle 2 und die graphische Darstellung Abb. 10 zeigen, daß die Assimilationsgeschwindigkeit bei niedrigen Kohlensäurekonzentrationen

[1] Vgl. Abschnitt IV. [2] Vgl. Tabelle 1.

nahezu proportional der Kohlensäurekonzentration wächst; bei höheren Kohlensäurekonzentrationen, etwa von $2 \cdot 10^{-6}$ Molen pro Liter an, entspricht einem bestimmten Zuwachs der Konzentration ein stetig kleiner werdender Zuwachs der Assimilationsgeschwindigkeit, die schließlich unabhängig von der Konzentration wird.

Die Form der Kurve wird verständlich, wenn wir die Geschwindigkeit der Assimilation proportional der Konzentration der Kohlensäure und der Konzentration eines zweiten Stoffes setzen, mit dem die

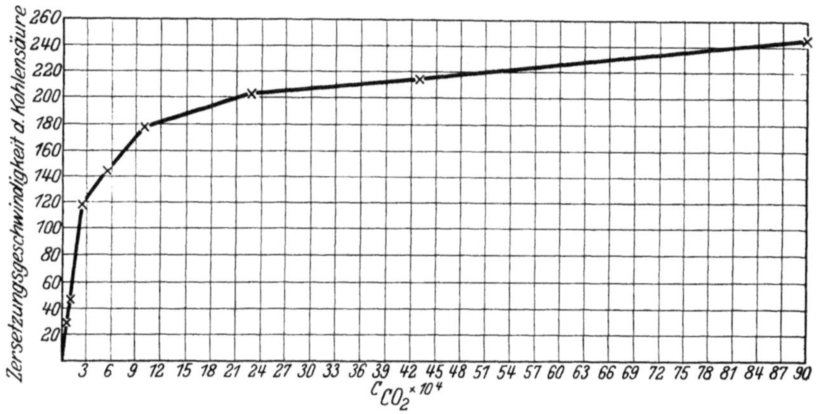

Abb. 10.

Kohlensäure reagiert[1]. Bezeichnen wir mit A die in der Zelle vorhandene Gesamtmenge dieses zweiten Stoffes, mit x und $A - x$ die jeweils in freiem und gebundenem Zustand vorhandenen Mengen, mit c_{CO_2} die Konzentration der Kohlensäure, so wäre im stationären Zustand $\frac{c_{CO_2} \cdot x}{A - x}$ konstant.

Hierbei nehmen wir also an, daß die Geschwindigkeit der Assimilation bei allen, auch den niedrigsten Kohlensäurekonzentrationen, nicht durch die Diffussion, sondern durch eine chemische Reaktion bestimmt wird. Für die Richtigkeit dieser Annahme spricht, daß bei niedrigen Kohlensäurekonzentrationen eine Temperatursteigerung von 10^0 die Assimilationsgeschwindigkeit etwa vervierfachte bis verfünffachte (vgl. Abschnitt V).

---

[1] Vgl. hierzu die Entdeckung Willstaetters (l. c. S. 172 u. 226ff.), daß die Kohlensäure mit Bestandteilen grüner Zellen chemische Verbindungen eingeht.

Die Konzentrationsgeschwindigkeitskurven, die früher[1] in Versuchen an grünen Blättern erhalten wurden, zeigen recht erhebliche Abweichungen von der Form unserer Kurve; so geht nach BLACKMAN[1] die gerade ansteigende Linie, die dem Gebiet proportionalen Wachstums entspricht, durch einen scharfen Knick in eine zur Abszissenachse parallele Linie über. In diesen sowohl als auch in den übrigen früher beschriebenen Versuchen bestand jedoch bei niedrigen Kohlensäurekonzentrationen zwischen der Außenkonzentration und der Konzentration an den Reaktionsorten kein Gleichgewicht, so daß die Assimilationsgeschwindigkeit vorwiegend oder zum Teil durch die Diffussion bestimmt wurde. In der Formel für die Assimilationsgeschwindigkeit im stationären Zustand kommt dann eine Konstante hinzu und das Abhängigkeitsverhältnis wird ein komplizierteres als in unserem Fall.

IV. Einfluß der Beleuchtungsstärke.

Die Beleuchtungsstärken wurden durch Veränderung der Entfernung zwischen Lichtquelle und Assimilationsgefäß variiert, ihre relativen Größen nach dem Entfernungsgesetz berechnet. Je größer die räumliche Ausdehnung der Lichtquelle und je geringer ihr Abstand vom Assimilationsgefäß, um so ungenauer wird die Berechnung; doch betrugen nach Bestimmungen, die mit meiner Versuchslampe in der Physikalisch-Technischen Reichsanstalt ausgeführt wurden[2], die Fehler nicht mehr als 3%, wenn die Lampe dem Assimilationsgefäß bis auf 20 cm genähert wurde.

Die Suspensionsflüssigkeit war das Carbonatgemisch 9 (Tabelle 1), die Konzentration der Kohlensäure somit $91 \cdot 10^{-6}$ oder so hoch, daß kleine Änderungen der Konzentration die Assimilationsgeschwindigkeit nicht merklich beeinflußten.

Die Versuche werden um so reiner, je weniger das Licht beim Durchgang durch das Assimilationsgefäß geschwächt wird. Ich arbeitete deshalb mit möglichst dünnen Zellsuspensionen, die von dem auffallenden Licht nur 10—20% absorbierten[3].

---

[1] KREUSLER: Landwirtschaftl. Jahrb. **14**, 913. 1885. — BROWN u. ESCOMBE: Proc. of the roy. soc. of London **70**, 397. 1902. — BLACKMAN u. SMITH: Proc. of the roy. soc. of London B. **83**, 389. 1911.

[2] Herrn Geheimrat LIEBENTHAL von der Physikalisch-Technischen Reichsanstalt spreche ich auch hier für die Ausführung der Bestimmungen meinen herzlichen Dank aus.

[3] Die Größe der Absorption läßt sich in einfacher Weise bestimmen, indem man bei tiefen Lichtstärken die Assimilationsleistung für verschieden dichte Zellsuspensionen mißt. Die Zelle dient hierbei selbst als Photometer.

Tabelle 3.

$C_{CO_2} = 91 \cdot 10^{-6}$. 25^0. 1 mm = 0,67 cmm CO_2.

Stromverbrauch der Lampe bei normaler Belastung Watt	Abstand der Lampe vom Assimilationsgefäß cm	Relative Beleuchtungsstärke	Dauer des Versuches Min.	Abgelesene Druckdifferenz Hell-Dunkel in mm	Assimilation in mm pro Stunde
300	80	1	60	45	45
300	56,5	2	30	41	82
300	40	4	20	45	135
300	30	7,1	15	43	172
300	20	16	15	55	220
1500	20	ca. 45	15	60	(240)

Zur Messung wurde je 10 ccm Zellsuspension in ein Assimilationsgefäß pipettiert und weiterhin nach Anordnung III verfahren. Ein Beispiel ist in Tabelle 3 und der graphischen Darstellung (Abb. 11) wiedergegeben. Die Geschwindigkeit für die höchste Beleuchtungsstärke, deren relative Größe nur ungenau definiert ist, wurde in die graphische Darstellung nicht aufgenommen und ist in der Tabelle eingeklammert.

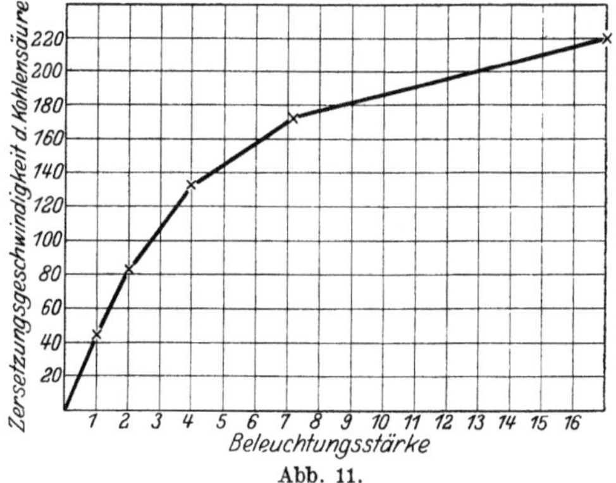

Abb. 11.

Aus den Zahlen geht hervor, daß bei niedrigen Beleuchtungsstärken die Assimilationsgeschwindigkeit annähernd proportional der Beleuchtungsstärke ist, ein Resultat, das im Einklang mit allen früheren Beobachtungen steht[1]; bei höheren Beleuchtungsstärken entspricht einem bestimmten Zuwachs der Beleuchtungsstärke ein stetig kleiner werdender Zuwachs der Assimilationsgeschwindigkeit, ein Verhalten, das mit Willstaetters[2] Beobachtungen an den gelben Blättern der Ulme und des Hollunders übereinstimmt.

Das Bild der Kurve Abb. 11 ist ähnlich der Kurve Abb. 10, die den Einfluß verschiedener Kohlensäurekonzentrationen bei konstanter Beleuchtungsstärke veranschaulicht; die „Konzentration der Lichtenergie" wirkt hier wie die Konzentration eines chemischen Stoffes. Diese Übereinstimmung legt die Vermutung nahe, daß jeder Beleuch-

[1] Pfeffer: Pflanzenphysiologie **1**, 324. 1897. — Brown u. Escombe: Proc. of the roy. soc. of London B. **76**, 29. 1905. — Blackman u. Matthaei, Proc. of the roy. soc. of London B. **76**, 402. 1905. — Blackman u. Smith: Proc. of the roy. soc. of London B. **83**, 389. 1911.

[2] l. c. S. 149.

tungsstärke eine ihr bestimmte Konzentration an photochemischem Primärprodukt entspricht, das nach Maßgabe seiner Konzentration in einer chemischen Reaktion wirksam würde.

Die Form der Kurve Abb. 11 würde dann ebenso wie die Form der Kurve Abb. 10 zu erklären sein, indem wir die Assimilationsgeschwindigkeit proportional der Konzentration des photochemischen Primärproduktes und der Konzentration eines zweiten Stoffes setzten, mit dem das photochemische Primärprodukt reagierte.

V. Einfluß der Temperatur.

Der Belichtungsthermostat war auf Temperaturen zwischen 5 und 32° eingestellt. Die Assimilationsgefäße wurden nach Einbringen in den Belichtungsthermostaten vor Entzündung der Lichtquelle 15 Minuten vorgewärmt oder vorgekühlt. Selbst bei den höchsten Beleuchtungsstärken stieg die Temperatur der Zellensuspensionen nie höher als $^1/_{10}$° über die Temperatur des Thermostatenwassers. Eine Schwierigkeit, die in Versuchen mit Blättern nie ganz überwunden wurde, die genaue Bestimmung der Temperatur der assimilierenden Zelle, fiel also in unsrer Anordnung fort.

Die Suspensionsflüssigkeiten waren Carbonatgemische oder bei 25° mit 4 Volumprozent Kohlensäure gesättigte Knopsche Lösung; in beiden Flüssigkeiten ändert sich die Konzentration der Kohlensäure mit der Temperatur, im ersten Fall steigt sie, im zweiten Fall sinkt sie, wenn die Temperatur steigt. Bei niedrigen Kohlensäurekonzentrationen müssen diese Änderungen berücksichtigt und die beobachteten Assimilationswerte auf gleiche Kohlensäurekonzentrationen umgerechnet werden. Bei Kohlensäurekonzentrationen von über 1000×10^{-6} sind Korrektionen nicht erforderlich.

Da sich der Temperatureinfluß mit der Temperatur stark ändert, ist es nicht korrekt, Temperaturkoeffizienten für 10° anzugeben. Um jedoch den Vergleich mit früheren Versuchen zu erleichtern, habe ich die Temperaturkoeffizienten in der üblichen Weise für 10° berechnet; sie sind im letzten Stab der Tabelle 5, in der einige Versuchsresultate zusammengestellt sind, beigefügt.

Betrachten wir zunächst das Verhalten bei hohen Kohlensäurekonzentrationen und Beleuchtungsstärken (Versuch 3, 4 und 5 der Tabelle), so ergibt sich, daß sich der Temperatureinfluß mit der Temperatur sehr stark ändert; in dem Gebiet zwischen 5° und 32° sinkt der Temperaturkoeffizient von 4,3 auf 1,6. Die Assimilation verhält sich in dieser Beziehung ganz ähnlich wie die Atmung, deren Koeffizient in Versuchen an roten Blutzellen zwischen 0° und 38° von 5 auf 2,4

Tabelle 4.

Nr. des Versuchs	Milieu	Temperatur °C	C_{CO_2} in Molen pro Liter	Beleuchtungsstärken[1]	Beobachtete Druckdifferenz Hell-Dunkel	Meß-temperatur °C	Assimilation in mm pro Std.	Auf gleiche CO_2-Konzentrationen korrigiert	Temperatur-koeffizient für 10°
1	Carbonat-gemisch 1	5	$0{,}41 \times 10^{-6}$	16	+ 15 in 120′	10	7,5	8,1	4,7
		10	$0{,}44 \times 10^{-6}$		+ 35 in 120′	10	17,5	17,5	
	Carbonat-gemisch 2	5	$0{,}78 \times 10^{-6}$		+ 25 in 120′	10	12,5	13,2	5,0
		10	$0{,}83 \times 10^{-6}$		+ 59 in 120′	10	29,5	29,5	
	Carbonat-gemisch 9	5	71×10^{-6}		+ 20 in 20′	10	60	61	4,7
		10	76×10^{-6}		+ 44 in 20′	10	132	132	
2	Carbonat-gemisch 9	16	80×10^{-6}	16	+ 135 in 60′	25	135	139	2,0
		25	91×10^{-6}		+ 127 in 30′	25	254	254	
3	Knopsche Lösung	5,4	mehr als 1000×10^{-6}	45	+ 29 in 30′	25	58		4,3
		5,4	1000×10^{-6}		+ 29 in 30′	25	58		
		10	1000×10^{-6}		+ 57 in 30′	25	114		
		10	1000×10^{-6}		+ 61 in 30′	25	122		
4	Knopsche Lösung	10	1000×10^{-6}	45	+ 42 in 30′	25	84		2,1
		20	1000×10^{-6}		+ 45 in 15′	25	180		
		20	1000×10^{-6}		+ 46 in 15′	25	184		
5	Knopsche Lösung	20	1000×10^{-6}	45	+ 56 in 15′	25	224		1,6
		30	1000×10^{-6}		+ 88 in 15′	25	352		
6	Knopsche Lösung	15	1000×10^{-6}	1,8	+ 62 in 30′	25	124		1,06
		25	1000×10^{-6}		+ 66 in 30′	25	132		
7	Carbonat-gemisch 9	25	91×10^{-6}	1	+ 50 in 15′	25	200	203	1
		32	99×10^{-6}		+ 52 in 15′	25	204	204	

sank[2]. Für die Assimilation in Blättern wurde bisher eine derartig starke Änderung der Koeffizienten mit der Temperatur nicht beobachtet, Blackman[3] berechnete einen konstanten Wert von etwa 2 für den gesamten Temperaturbereich der Assimilation, während nach Kanitz[4] der Koeffizient zwischen 0° und 37° von 2,4 auf 1,8 fällt. Da jedoch in den Versuchen, auf denen diese Berechnungen beruhen, die Zustände vielfach nicht stationär waren, sondern Zeitfaktoren eine Rolle spielten, ferner die schon erwähnte Schwierigkeit einer genauen Temperaturbestimmung bestand, so ist die Differenz der Werte für Blätter und unsere Grünalge nicht allzu auffallend[5].

Versuch 6 u. 7 bestätigen die wichtige Entdeckung Blackmans[6], daß sich der Koeffizient bei niedrigen Beleuchtungsstärken dem Wert von 1 nähert.

---

[1] In den Einheiten der Tabelle 3.
[2] Asher-Spiro: Ergebn. d. Physiol. **14**, 310. 1914.
[3] Annales of Botany **19**, 281. 1905.
[4] Temperatur u. Lebensvorgänge, Berlin 1915, S. 18.
[5] Vgl. von Willstaetter: l. c. S. 152ff.
[6] Annales of Botany **19**, 281. 1905.

Versuch 1 zeigt, daß der Koeffizient bei niedrigen Kohlensäurekonzentrationen 4 bis 5 beträgt, also etwa ebenso hoch ist, wie bei hohen Kohlensäurekonzentrationen unter sonst gleichen Bedingungen.

VI. Einfluß intermittierender Beleuchtung.

Zur Unterbrechung der Lichtzufuhr dienten die beschriebenen Sektorscheiben (Abb. 8), die während einer Umdrehung die Hälfte des Lichts abschnitten, so daß die Belichtungszeiten gleich der Hälfte der Versuchszeiten waren. Die Dauer einer Belichtungsperiode war gleich der Dauer einer Dunkelperiode und verschieden, je nach der Rotationsgeschwindigkeit der Scheiben und der Zahl ihrer Ausschnitte.

Die Zellen wurden in dem Carbonatgemisch 9 oder in Knopscher Lösung suspendiert, im letzteren Fall unter Sättigung mit 4 Volumprozent Kohlensäure. Die Kohlensäurekonzentrationen waren demnach so hoch, daß erhebliche Konzentrationsänderungen die Assimilationsleistungen nicht beeinflußten.

Bei der „hohen Beleuchtungsstärke" blieb die Assimilationsleistung unverändert, wenn das Licht mittels eines Rauchglases auf die Hälfte geschwächt wurde; bei der „niedrigen Beleuchtungsstärke" hatte die gleiche Schwächung eine Verminderung der Assimilationsleistung auf etwa die Hälfte zur Folge.

Die Wirkungen intermittierender und kontinuierlicher Beleuchtung wurden verglichen, indem die Assimilationsleistungen nicht auf gleiche Versuchszeiten, sondern auf gleiche Belichtungszeiten bezogen wurden. Die Differenz der Werte für gleiche Belichtungszeiten ist in den Tabellen 5 bis 8, in denen einige Messungsergebnisse zusammengestellt sind, als

Tabelle 5.

1 mm = 0,67 cmm CO_2.

25°. Hohe Beleuchtungsstärke. 2teilige Sektorscheibe. $C_{CO_2} = 91 \times 10^{-6}$.

Versuchs-zeit Min.	Be-lichtungs-zeit Min.	Tourenzahl des Sektors pro Minute	Dauer einer Periode in Sek.	Abgelesene Druck-differenz Hell-Dunkel in mm	Mehrleistung des Lichts bei intermittieren-der Beleuch-tung in %
15	15	0 (kontin.)		+ 31	
30	15	2	15	+ 37	14
15	15	0 (kontin.)		+ 34	
30	15	20	1,5	+ 45	36
15	15	0 (kontin.)		+ 32	
30	15	200	0,15	+ 50	56
30	15	2000	0,015	+ 55	72
15	15	0 (kontin.)		+ 32	

„Mehrleistung des Lichts" bezeichnet. Sämtliche Messungen, im ganzen über 200, wurden nach Anordnung III ausgeführt.

Tabelle 6.

1 mm = 0,67 cmm CO_2.

25°. Hohe Beleuchtungsstärke. 8teilige Sektorscheibe. $C_{CO_2} = 91 \times 10^{-6}$.

Versuchs-zeit Min.	Be-lichtungs-zeit Min.	Tourenzahl des Sektors pro Minute	Dauer einer Periode in Sek.	Abgelesene Druck-differenz Hell-Dunkel in mm	Mehrleistung des Lichts bei intermittieren-der Beleuch-tung in %
15	15	0 (kontin.)		+ 49	
30	15	2000	0,0038	+ 94	96
30	15	200	0,038	+ 85	77
15	15	0 (kontin.)		+ 46	
30	15	20	0,38	+ 70	46

Tabelle 7.

1 mm = 1,04 cmm CO_2.

25°. Hohe Beleuchtungsstärke. 8teilige Sektorscheibe. $C_{CO_2} = 1360 \times 10^{-6}$.

Versuchs-zeit Min.	Be-lichtungs zeit Min.	Tourenzahl des Sektors pro Minute	Dauer einer Periode in Sek.	Abgelesene Druck-differenz Hell-Dunkel in mm	Mehrleistung des Lichts bei intermittieren-der Beleuch-tung in %
15	15	0 (kontin.)		+ 30	
30	15	2000	0,0038	+ 60	88
15	15	0 (kontin.)		+ 33	

Tabelle 8.

1 mm = 0,67 cmm CO_2.

25°. Niedrige Beleuchtungsstärke. 8 teilige Sektorscheibe. $C_{CO_2} = 91 \times 10^{-6}$.

Versuchs-zeit Min.	Be-lichtungs zeit Min.	Tourenzahl des Sektors pro Minute	Dauer einer Periode in Sek.	Abgelesene Druck-differenz Hell-Dunkel in mm	Mehrleistung des Lichts bei intermittieren-der Beleuch-tung in %
30	15	2000	0,0038	+ 42	—
15	15	0 (kontin.)		+ 45	
15	15	0 (kontin.)		+ 45	—
30	15	2000	0,0038	+ 43	

Das Ergebnis der Versuche läßt sich folgendermaßen zusammenfassen:

Bei hoher Intensität der Strahlung zersetzte eine bestimmte Energiemenge mehr Kohlensäure, wenn sie intermittierend, als wenn sie kontinuierlich auffiel. Die Mehrleistung hing ab von der Schnelligkeit, mit der Hell- und Dunkelperioden wechselten; sie betrug fast 100% bei einer Wechselzahl von 8000 pro Minute und etwa 10% bei einer Wechselzahl von 4 pro Minute.

Bei niedriger Intensität der Strahlung zersetzte eine bestimmte Energiemenge ebensoviel Kohlensäure, wenn sie intermittierend, als wenn sie kontinuierlich auffiel.

Sowohl bei hohen als auch bei niedrigen Intensitäten kontinuierlich auffallender Strahlung geht nur ein Bruchteil der absorbierten Energie in chemische Energie über, so daß der erste Fall nicht in Widerspruch zu dem ersten Energiesatz steht, der zweite Fall nach demselben Satz nicht vorauszusehen ist.

Der zweite Fall entspricht dem des menschlichen Auges, in dem eine bestimmte Energiemenge die gleichen chemischen Wirkungen hervorbringt, ob sie intermittierend oder kontinuierlich auffällt.

Leistet eine bestimmte Energiemenge, die im Wechsel mit gleichlangen Dunkelperioden auffällt, 100% mehr als bei kontinuierlicher Einwirkung, so können wir auch sagen: in einem Zeitabschnitt, der groß gegen die Dauer einer Periode ist, werden bei intermittierender und bei kontinuierlicher Beleuchtung gleiche Kohlensäuremengen zersetzt, oder die durchschnittlichen Assimilationsgeschwindigkeiten sind bei beiden Beleuchtungsarten gleich. Zur Erklärung gibt es zwei Möglichkeiten. Entweder die Zersetzung geht in den Dunkelperioden mit unveränderter Geschwindigkeit weiter — wobei an eine Art Energiespeicherung zu denken wäre — oder die Zersetzung ist in den Dunkelperioden unterbrochen, in den Hellperioden verdoppelt. Den letzteren Fall halten wir zunächst für den wahrscheinlicheren und nehmen an, daß bei Unterbrechung der Lichtzufuhr Teilreaktionen des Assimilationsmechanismus noch eine kurze Zeit, bis zur Einstellung eines Dunkelgleichgewichts, weitergehen. Nach einer Dunkelperiode würde dann das Licht auf höhere Konzentrationen an zersetzlicher Substanz treffen und deshalb mehr leisten, als bei kontinuierlicher Einwirkung. Licht niedriger Intensität würde nach einer Dunkelperiode nicht mehr leisten, weil in der Hellperiode das Dunkelgleichgewicht praktisch nicht verschoben würde, mithin die Konzentration an zersetzlicher Substanz während der Verdunkelung nicht zunehmen könnte. Auf die Prüfung dieser Theorie, nach der sich mittels der Sektormethode die Zeitgesetze der verschiedenen Dunkelvorgänge ermitteln lassen müßten, soll erst in einer späteren Mitteilung eingegangen werden.

Die Versuche mit intermittierender Beleuchtung wurden durch eine Bemerkung von BROWN und ESCOMBE[1] angeregt, nach der sie sich in ihren Assimilationsversuchen zur Schwächung des Lichts vielfach der Methode der rotierenden Sektoren bedienten. Wurde zwischen ein stark beleuchtetes Blatt und die Lichtquelle ein rotierender Sektor eingeschaltet, so konnte $^3/_4$ des Lichts fortgenommen werden, „bevor irgendeine merkbare Verminderung der assimilatorischen Leistung des Blattes nachzuweisen war". WILLSTAETTER[2] nimmt an, daß hier bei dem niedrigen Kohlensäuregehalt der umgebenden Luft die verkürzte Belichtungszeit schon genügte, „um die in den kurzen Verdunkelungsintervallen zu den Chloroplasten gelangende Kohlensäure vollständig zu reduzieren".

Haben BROWN und ESCOMBE das Licht nicht nur geschwächt, sondern, was sich aus ihren Angaben nicht ersehen läßt, die assimilierende Zelle periodenweise verdunkelt, so ist der erwähnte Versuch wahrscheinlich nach WILLSTAETTER zu erklären. Auch in diesem Falle würde während der Verdunkelungperioden ein Teilvorgang der Assimilation weitergehen, jedoch keine chemische Reaktion, wie in unserem Fall, sondern die Diffusion der Kohlensäure.

VII. Einfluß permeierender Substanzen.

Der grundlegende Versuch über die Wirkung der Narkotica auf die Assimilation stammt von CLAUDE BERNARD[3]. Mittels kleiner Dosen Chloroform konnte die Assimilation reversibel gehemmt werden, ohne daß gleichzeitig die Oxydationsgeschwindigkeit sank. „On pourrait donc, a l'aide des anesthésiques, séparer la fonction chlorophyllienne... de la respiration." Diese Beobachtung wurde in der Folgezeit vielfach bestätigt[4], in BLACKMANS Laboratorium dahin erweitert[5], daß Chloroformkonzentrationen, die die Assimilation hemmen, die Atmung sehr erheblich beschleunigen.

In Übereinstimmung mit diesen Erfahrungen ließ sich die Assimilation in der grünen Alge durch Narkotica der verschiedensten Klassen reversibel hemmen, die Atmung recht erheblich — und zwar gleichfalls reversibel — beschleunigen. Sieht man ab von den leicht flüchtigen, bei höheren Konzentrationen cytolytisch wirkenden Narkotica, so konnte

[1] Proc. of the roy. soc. of London B. **76**, 29. 1905.
[2] l. c. S. 240.
[3] Leçons sur les Phénomènes de la Vie, **1**, 278 bis 279. Paris 1885.
[4] Z. B.: BONNIER u. MANGIN, Compt. rend. **101**, 1303. 1885.
[5] IRVING: Annals of Botany **25**, 1077. 1911. — THODAY: Annals of Botany **27**, 97. 1913.

die Atmung, wie in früheren Versuchen an nichtgrünen Zellen[1], auch reversibel gehemmt werden.

Wir haben hiernach drei verschiedene Wirkungen der Narkotica zu unterscheiden: die Assimilationshemmung, die Atmungsbeschleunigung und die Atmungshemmung. Die Konzentrationen, bei denen diese Wirkungen eintraten, sind in Tabelle 9 für Phenylurethan zusammengestellt und mit den in anderen Fällen wirksamen Konzentrationen desselben Narkoticums verglichen.

Tabelle 9. *Phenylurethan.*

Gewichtsprozente	Wirkung auf die Assimilation der Alge	Wirkung auf die Atmung der Alge	Wirkung auf andere Lebensvorgänge
0,1	völlig gehemmt	ca. 50% gehemmt	Hemmung der Gärung in lebender Hefe um ca. 50%
0,05	völlig gehemmt	unverändert	Hemmung der Atmung in nichtgrünen Zellen um ca. 50%
0,025	fast völlig gehemmt	stark beschleunigt	
0,013	sehr stark gehemmt	,,	Grenzkonzentration für die Gehirnnarkose der Kaulquappen[2] (0,013–0,0076)
0,0076	ca. 50% gehemmt	,,	
0,005	ca. 30% gehemmt	beschleunigt	
0,002	Grenzgebiet	,,	
0,001		Grenzgebiet	

Aus der Tabelle ergibt sich, daß die Konzentrationen, durch die die Assimilation in der Alge eben nachweisbar gehemmt, die Atmung eben nachweisbar beschleunigt wird, nahe zusammenliegen und etwa 20 mal so niedrig sind, wie die atmungshemmende Konzentration. Ein Vergleich mit den in anderen Fällen wirksamen Konzentrationen zeigt, daß die Assimilation schon bei Konzentrationen gehemmt wird, bei denen noch keine Wirkung auf die Gehirnganglien von Kaltblütern nachweisbar ist. Ordnet man die Lebensvorgänge nach ihrer Empfindlichkeit gegenüber hemmend wirkenden narkotischen Substanzen in eine Reihe, so steht die Assimilation an erster Stelle. Berücksichtigen wir, daß die Wirkung der Narkotica auf einer Veränderung der Grenzschichten beruht, so hebt also die geringfügigste Veränderung der Grenzschichten

[1] Asher-Spiro: Ergebnisse der Physiologie 14, 253. 1914.
[2] Overton: Studien über die Narkose, Jena 1901, 112.

das Assimilationsvermögen auf. Hierzu stimmt die Erfahrung, daß die Assimilation im Gegensatz zu anderen Zellvorgängen, wie Atmung und Gärung, schon durch die geringfügigsten mechanischen Eingriffe in die Zellstruktur sistiert wird.

Von Substanzen, die nicht in die Klasse der Narkotica gehören, wurde besonders die Blausäure geprüft. In früheren Versuchen an tierischen und pflanzlichen Zellen hemmte Blausäure die Oxydationsgeschwindigkeit bei Konzentrationen von 10^{-4} bis 10^{-5} Molen pro Liter. Durch etwa die gleichen Konzentrationen ließ sich die Assimilation der grünen Alge — und zwar reversibel — hemmen; hierbei waren die Oxydationen jedoch nicht gehemmt, sondern beschleunigt. Noch eine $^{n}/_{100}$-Blausäurelösung — d. h. das 100fache der assimilationshemmenden Konzentration — beschleunigte die Oxydationen erheblich. Die Assimilation in der grünen Zelle verhält sich also gegenüber Blausäure wie die Atmung in nichtgrünen Zellen, während die Atmung der grünen Zelle völlig atypisch reagiert. Hierfür fehlt zunächst jede Erklärung.

Wird die Assimilationsgeschwindigkeit unter verschiedenen äußeren Bedingungen durch verschiedene Teilvorgänge bestimmt, so ist zu erwarten, daß sich die Wirkung eines Stoffes mit den äußeren Bedingungen ändern wird. In der Tat war eine Blausäurekonzentration, die die Assimilation bei hohen Beleuchtungsstärken um 50% hemmte, bei niedrigen Beleuchtungsstärken fast wirkungslos. Phenylurethan in mittleren Konzentrationen hemmte sowohl bei hoher als auch bei niedriger Intensität der Beleuchtung und zwar in letzterem Fall etwas stärker. Der bei hohen Beleuchtungsstärken maßgebende Vorgang ist also empfindlich, der bei niedrigen Beleuchtungsstärken maßgebende Vorgang unempfindlich gegen Blausäure, beide Vorgänge sind empfindlich gegen Phenylurethan. Die Empfindlichkeit des bei niedrigen Beleuchtungsstärken maßgebenden Vorganges gegen oberflächenaktive Stoffe ist von besonderem Interesse und zeigt, daß hier neben der Lichtabsorption, die durch Phenylurethan ja nicht gehemmt wird, eine oberflächenempfindliche Dunkelreaktion eine Rolle spielt (vgl. hierzu Abschnitt IV).

Versuche mit Blausäure.

Die Blausäurelösungen wurden hergestellt entweder durch Zugabe von freier Blausäure zu Knopscher Lösung oder durch Zugabe von Kaliumcyanid zu Carbonatgemischen. Im zweiten Fall berechnete sich die Konzentration an freier Blausäure aus der Wasserstoffionenkonzentration der Carbonatgemische und der Dissoziationskonstante der Blausäure, sofern die zugesetzten Cyanidmengen im Vergleich zu den Carbonatmengen klein waren. Bezeichnen wir mit C die Gesamtkonzentration an Cyanid, mit H^+ die Wasserstoffionenkonzentration der Carbonatgemische, mit K die Dissoziationskonstante der Blausäure, so ist die Konzentration der freien Blausäure

$$x = \frac{C \times H^+}{H^+ + K}.$$

Für das meistbenutzte Carbonatgemisch 9 (Tabelle 1) wurde H^+ nach SOERENSENS colorimetrischer Methode[1] bei $25^0 = 10^{-9,36}$ gefunden; bei der gleichen Temperatur ist K[2*] $= 7,2 \times 10^{-10}$, somit x

$$x = \frac{C}{2,65}.$$

Zum Versuch wurden gleiche Zellmengen zu gleichen Mengen blausäurehaltiger und blausäurefreier Flüssigkeit gegeben und 2 Assimilationsgefäße mit je 10 ccm blausäurehaltiger, 2 Assimilationsgefäße mit je 10 ccm blausäurefreier Zellsuspension beschickt. Von den 4 Gefäßen wurden 2 auf der Drehscheibe symmetrisch zur Lichtquelle befestigt und belichtet, 2 dienten als Dunkelkontrollen und wurden während der Belichtung auf der gleichen Scheibe in Metallhülsen gedreht.

Die Kohlensäurekonzentrationen waren so hoch, daß erhebliche Änderungen die Assimilationsgeschwindigkeit nicht merklich beeinflußten, die Beleuchtungsstärken entweder gleichfalls sehr hoch (Stärke 16 bis 45) oder so niedrig (Stärke 1), daß bei einer Schwächung des Lichts auf die Hälfte die Assimilationsgeschwindigkeit auf die Hälfte sank.

Aus Tabelle 10, in der einige Messungsergebnisse zusammengestellt sind, geht hervor, daß eine Blausäurekonzentration von $3,8 \times 10^{-5}$

Tabelle 10.

25^0. $c_{CO_2} = 91 \times 10^{-6}$. a = Carbonatgemisch, b = Carbonatgemisch + $3,8 \times 10^{-5}$ Mole freie HCN pro Liter. 1 mm = 0,7 cmm O_2.

Nr. des Versuchs	Versuchsdauer Min.	Beleuchtungsstärke	Druckdifferenz bei Belichtung		Druckänderung im Dunkeln		Assimilation in mm pro Stunde		Atmung in mm pro Stunde		Assimilationshemmg.	Atmungsbeschleunigung
			in b	in a	in b	in a	in b	in a	in b	in a		
1	30	0			— 22	— 14			44	28		57%
	10	ca. 45	+ 45	+ 86			270	516			48%	
	60	1	+ 81	+ 82			81	82			1%	
	30	0			— 17	— 12			34	24		42%
2	30	0			— 16	— 12			32	24		33%
	15	ca. 45	+ 66	+ 113			254	452			44%	
	30	1,5	+ 39	+ 42			78	84			7%	
	30	0			— 13	— 11			26	22		20%

[1] Ergebnisse der Physiol. 12, 393. 1912.

[2*] LANDOLT-BÖRNSTEIN: Tabellen, 1912. 1138.

Molen pro Liter die Assimilation bei hohen Beleuchtungsstärken um 40 bis 50%, bei niedrigen Beleuchtungsstärken nur um wenige Prozente hemmte, während gleichzeitig die Atmung stark beschleunigt war.

Wie sich die Atmung bei höheren Blausäurekonzentrationen verhält, zeigt die folgende Zusammenstellung

25°.

c_{HCN} in Molen pro Liter	Beobachtete Druckänderung im Dunkeln in 60 Min.	Wirkung
0	— 59	
10^{-3}	— 77	31% Beschleunigung
10^{-2}	— 70	18% ,,
10^{-1}	— 36	40% Hemmung

Hierbei war die Suspensionsflüssigkeit KNOPsche Lösung, die frisch bereitete Blausäurelösung vor Herstellung der Verdünnungen mit Silbernitrat titriert. Aus den Zahlen ergibt sich, daß, bei Versuchszeiten von 60 Minuten, erst eine $^n/_{10}$-Blausäurelösung die Sauerstoffaufnahme merklich verminderte, während niedrigere Blausäurekonzentrationen die Oxydationen beschleunigten.

Versuche mit Phenylurethan.

Die Anordnung entsprach den Blausäureversuchen. Das Phenylurethan wurde in KNOPscher Flüssigkeit gelöst, die Zellsuspension bei 25° mit 4 Volumprozent Kohlensäure gesättigt.

Sollte auf Reversibilität einer Hemmung geprüft werden, so wurde nach Messung der Hemmung der Inhalt der 4 Assimilationsgefäße getrennt in 4 Zentrifugiergläser übergeführt, auf der Zentrifuge mehrmals mit reiner KNOPscher Lösung gewaschen, nach dem letzten Zentrifugieren auf das Anfangsvolumen aufgefüllt und die Assimilation erneut gemessen.

Aus Tabelle 11, in der einige Resultate zusammengestellt sind, ergibt sich, daß eine Phenylurethankonzentration von 5×10^{-4} Molen pro Liter die Assimilation bei hoher Beleuchtungsintensität um 40 bis 50%, bei niedriger Beleuchtungsintensität gleichfalls erheblich — und zwar eher stärker als schwächer — hemmte. Durch die gleiche Konzentration wurde die Atmung um 100 bis 240% beschleunigt. Sowohl die Assimilationshemmung als auch die Atmungsbeschleunigung waren reversibel. Wurde die Assimilationshemmung mit wachsenden Beleuchtungsstärken geringer, so entsprach einem bestimmten Anstieg der Beleuchtungsstärke ein mehr als proportionales Anwachsen der Assimilationsleistung, beispielsweise in Versuch 3 einer Verdoppelung der Beleuchtungsstärke fast eine Verdreifachung der Assimilationsleistung.

Tabelle 11.

25°. $c_{CO_2} = 1360 \times 10^{-6}$. Knopsche Lösung = a. Knopsche Lösung + $4{,}6 \times 10^{-4}$ Mol Phenylurethan pro Liter = b. 1 mm = 1,04 cmm O_2.

Nr. des Versuchs	Versuchsdauer Min.	Beleuchtungsstärke	Druckdifferenz bei Belichtung		Druckänderung im Dunkeln		Assimilation in mm pro Stunde		Atmung in mm pro Stunde		Assimilationshemmg.	Atmungsbeschleunigung
1	30	1	in b + 6	in a + 25			in b 12	in a 50			**76 %**	
	30	0			in b — 19	in a — 8			in b 38	in a 16		**140 %**
	10	16	+ 27	+ 48			162	288			**44 %**	
	30	1	aus b in a + 23	aus a in a + 23			aus b in a 46	aus a in a 46			—	
2	30	2	in b + 35	in a + 67			in b 70	in a 134			**50 %**	
	30	0			in b — 36	in a — 18			in b 72	in a 36		**100 %**
	30	2	aus b in a + 66	aus a in a + 69			aus b in a 132	aus a in a 138			**4 %**	
	30	0			aus b in a — 14	aus a in a — 15			aus b in a 28	aus a in a 30	**2 %**	—
	10	ca. 45	+ 100	+ 102			600	612				
3	30	1	in b + 9	in a + 23			in b 18	in a 46			**61 %**	
	30	2	+ 25	+ 46			50	92			**46 %**	
	30	0			in b — 20	in a — 6			in b 40	in a 12		**234 %**
	10	16	+ 28	+ 49			168	294			**43 %**	

Biochem. Zeitschr. **103,** 188. 1920.

Über die Geschwindigkeit der photochemischen Kohlensäurezersetzung in lebenden Zellen. II.

Von

Otto Warburg.

(Aus dem Kaiser Wilhelm-Institut für Biologie, Berlin-Dahlem.)

(Eingegangen am 6. Januar 1920.)

Mit 3 Abbildungen.

Die vorliegende Mitteilung[1] zerfällt in folgende Abschnitte:

I. Photochemische Induktion bei der Assimilation: Intermittierende Bestrahlung bei langer Dauer der Perioden. Einfluß der Intensität der Bestrahlung. Anwachsen der Assimilationsgeschwindigkeit nach langen Dunkelperioden.

II. Einfluß der Sauerstoffkonzentration auf die Assimilation.

III. Die Wirkung der Narkotica auf die Assimilation: Abhängigkeit der Wirkung von der Narkoticumkonzentration. Änderung der Wirkungsstärke innerhalb einer homologen Reihe. Wirkung bei tiefen CO_2-Konzentrationen.

IV. Die Wirkung der Blausäure auf die Assimilation.

V. Die assimilierende Zelle als Photolyt: Physikalisch-chemische Vorbemerkung. Kinetik der Assimilation. Der Primärvorgang. Die Acceptorbildung. Sekundärreaktion und Acceptorbildung.

VI. Reduktion der Salpetersäure in der lebenden Zelle.

I. Photochemische Induktion.

Bestrahlt man ein Gemisch von Chlor und Wasserstoff, so bildet sich anfangs nur wenig Salzsäure, und erst allmählich steigt die Geschwindigkeit der Salzsäurebildung zu einem konstanten Endwert an. Eine derartige Erscheinung, die vielfach bei photochemischen Vorgängen beobachtet wird, nannten Bunsen und Roscoe „photochemische Induktion"; sie beruht, wie wir heute wissen, nicht auf einer Besonderheit des photochemischen Primärvorganges, sondern auf sekundären

[1] Fortsetzung von dieser Zeitschr. **100**, 230. 1919.

Reaktionen[1], im Fall der Chlorwasserstoffbildung auf der Reaktion der bei Bestrahlung primär[2] gebildeten freien Chloratome mit Verunreinigungen des Chlorknallgases.

Bei Fortsetzung der Assimilationsversuche mit intermittierender Bestrahlung zeigte es sich, daß die Erscheinung der photochemischen Induktion auch bei der Assimilation beobachtet wird. Geht man nämlich zu langen Perioden über und vergrößert außerdem die Dunkelperioden im Vergleich zu den Hellperioden, so zersetzt eine bestimmte Menge Strahlung, die im Wechsel mit Dunkelperioden einwirkt, weniger Kohlensäure als bei kontinuierlicher Bestrahlung.

Die Versuche wurden in Carbonatgemischen von 85 Teilen $^m/_{10}$-$NaHCO_3$ und 15 Teilen $^m/_{10}$-Na_2CO_3 angestellt. Die Kohlensäurekonzentration war somit bei 25° $91 \cdot 10^{-6}$ oder so hoch, daß eine Verdopplung die Assimilationsgeschwindigkeit nur unerheblich steigerte. „Hohe" Bestrahlungsintensität war eine solche von 10000 bis 20000 Lux[3], bei der die Assimilation nahezu ihren Maximalwert erreicht hat und etwa das 20fache der Atmung beträgt; „tiefe" Bestrahlungsintensität war eine solche von 400 bis 800 Lux, bei der die Assimilation etwa gleich der Atmung ist. Bei den Versuchen mit hoher Bestrahlungsintensität waren die Zellsuspensionen so dünn, daß das Licht beim Durchgang durch das Assimilationsefäß nur um etwa 10% geschwächt wurde.

In Tabelle 1 ist ein Versuch wiedergegeben, in dem die Dauer der Hellperioden gleich war, und zwar stets gleich einer Minute, während

Tabelle 1.
25°. Hohe Bestrahlungsintensität. 1 mm = 0,7 cmm Sauerstoff.

Gesamt-belichtungszeit in Minuten	Belichtungsart	Abgelesene Druckdifferenz Hell-Dunkel mm	Wenigerleistung des Lichts bei intermittierender Bestrahlung %
10	kontinuierlich	+ 40	
10	1′ dunkel 1′ hell	+ 36	10
10	2′ dunkel 1′ hell	+ 26	35
10	3′ dunkel 1′ hell	+ 18	55
10	4′ dunkel 1′ hell	+ 14	65

[1] Burgess u. Chapman: Journ. of the chem. soc. (London) **89**, 1319. 1906. — Luther u. Goldberg: Zeitschr. f. physikal. Chem. **56**, 43. 1906.

[2] Nernst: Zeitschr. f. Elektrochem. 1918, 335.

[3] Eine Bestrahlungsintensität, bei der die Zellen gezüchtet werden können.

Tabelle 2.

25°. Hohe Bestrahlungsintensität. 1 mm = 0,7 cmm Sauerstoff.

Nr. des Versuchs	Gesamtbelichtungszeit in Minuten	Belichtungsart	Abgelesene Druckdifferenz Hell-Dunkel mm	Wenigerleistung des Lichts bei intermittierender Bestrahlung %
1	10	kontinuierlich	+ 45	73
	10	5′ dunkel, 1′ hell	+ **12**	
2	10	kontinuierlich	+ 45	71
	10	5′ dunkel, 1′ hell	+ **13**	
3	10	kontinuierlich	+ 20	75
	10	5′ dunkel, 1′ hell	+ **5**	
8	10	kontinuierlich	+ 27	85
	10	5′ dunkel, 1′ hell	+ **4**	
5	10	kontinuierlich	+ 26	77
	10	5′ dunkel, 1′ hell	+ **6**	

die Dauer der Dunkelperioden zwischen einer und vier Minuten variiert wurde. Der Versuch begann nach vorheriger halbstündiger kontinuierlicher Bestrahlung.

Tabelle 2 enthält 5 Versuche, in denen auf eine Dunkelperiode von 5 Minuten eine Hellperiode von 1 Minute folgte.

Aus beiden Tabellen ergibt sich, daß eine bestimmte Menge Strahlung nach langen Dunkelperioden weniger leistet als bei kontinuierlicher Einwirkung. Diese Wenigerleistung ist bei der Folge von einer Hellminute und einer Dunkelminute unerheblich, sie beträgt bei einer Verlängerung der Dunkelperioden auf 5 Minuten 70 bis 80% der Leistung bei kontinuierlicher Bestrahlung. Eine Verlängerung der Dunkelperioden über 5 Minuten hinaus hatte, unter sonst gleichen Bedingungen, kein weiteres Herabgehen der Leistung zur Folge.

Die Geschwindigkeit der Assimilation steigt also nach einer langen Dunkelperiode allmählich an. Will man diesen Anstieg direkt messen, so ist es methodisch nicht korrekt, die Druckänderungen am Manometer etwa von Minute zu Minute zu beobachten, da es einiger Zeit bedarf, bis der in der Zelle gebildete Sauerstoff an den Gasraum abgegeben wird. Die Anordnung war deshalb folgende: Nach einer Dunkelperiode von 5 Minuten wurde zunächst 0,5 Minuten bestrahlt, dann verdunkelt und erst nach einigen Dunkelminuten abgelesen, wenn die Druckdifferenz zwischen dem bestrahlten Gefäß und der nicht bestrahlten Kontrolle konstant geworden war. Der Versuch wurde mit Bestrahlungszeiten von 1,0, 1,5, 2,0 und 3,0 Minuten wiederholt, indem der Bestrahlung stets eine Dunkelperiode von 5 Minuten vorausging. Um nach so kurzen Bestrahlungszeiten schon gut meßbare Ausschläge zu erhalten, mußte mit ziemlich dichten Zellsuspensionen gearbeitet werden, die das Licht beim Durchgang durch das Assimilationsgefäß um etwa 75% schwächten. Man erhält so nicht die Kurve für die hohe Intensität der auffallenden Strahlung, sondern für eine mittlere Strahlungsintensität.

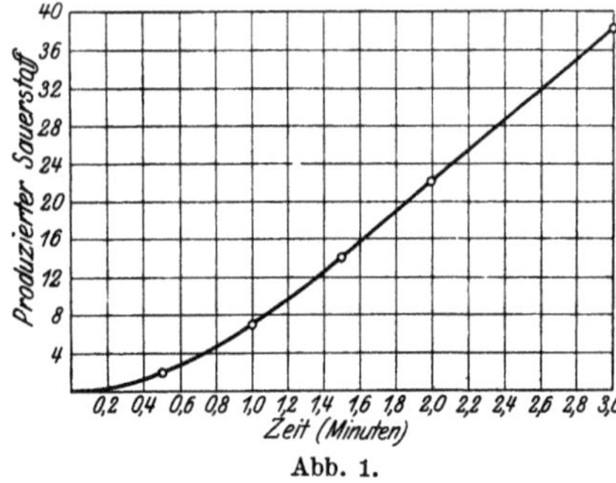

Abb. 1.

Eine Beobachtungsreihe ist in Tabelle 3 zahlenmäßig, in Abb. 1 graphisch wiedergegeben. Die zunächst kleine Assimilationsgeschwindigkeit erreicht also bei 25° nach etwa 2 Minuten einen konstanten Endwert.

Tabelle 3. *25°. Hohe Intensität der auffallenden Strahlung.*
1 mm = 0,7 cmm Sauerstoff.

Belichtungszeit in Minuten	Abgelesene Druckdifferenz Hell-Dunkel in mm	Sauerstoffproduktion, auf 30 Sek. berechnet
0,5	2	2
1,0	7	5
1,5	14	7
2,0	22	8
3,0	38	8

Hätte die Induktion bei der Assimilation ähnliche Ursachen wie bei der Chlorknallgasreaktion, so müßte die Induktionszeit um so kürzer sein, je höher die Bestrahlungsintensität. Tabelle 4, in der einige Versuche mit niedriger Bestrahlungsintensität wiedergegeben sind, zeigt, daß hier eine Induktion nicht nachzuweisen ist, indem bei intermittierender und kontinuierlicher Bestrahlung innerhalb der Fehlergrenzen gleiche Leistungen gefunden werden. Es geht daraus hervor, daß die Induktion bei der Assimilation in anderer Weise als bei der Chlorknallgasreaktion gedeutet werden muß.

Zusammenfassung.

Bestrahlt man eine vorher verdunkelte Zelle mit hoher Intensität, so steigt die Assimilationsgeschwindigkeit von einem niedrigen Anfangswert im Laufe einiger Minuten auf einen konstanten Endwert.

Tabelle 4. *25°. Niedrige Bestrahlungsintensität.*
1 mm = 0,7 cmm Sauerstoff.

Nr. des Versuchs	Gesamt-belich-tungszeit in Minuten	Belichtungsart	Abgelesene Druck-differenz Hell-Dunkel in mm	Wenigerleistung des Lichts bei intermittierender Bestrahlung %
1	10	kontinuierlich	+ 12	—
	10	5′ dunkel 1′ hell	+ **11**	
2	10	kontinuierlich	+ 13	—
	10	3′ dunkel 1′ hell	+ **13**	
3	10	kontinuierlich	+ 14	—
	10	5′ dunkel 1′ hell	+ **15**	

Bestrahlt man eine vorher verdunkelte Zelle mit niedriger Intensität, so ist eine Induktionszeit nicht nachweisbar.

Verdunkelt man eine Zelle nach vorheriger intensiver Bestrahlung, so stellt sich allmählich der inaktive Zustand wieder ein; nach einer Verdunkelungszeit von einer Minute ist die Inaktivierung eben merklich, nach einer Verdunkelungszeit von 5 Minuten ist die Inaktivierung beendigt oder das „Dunkelgleichgewicht" erreicht.

II. Einfluß der Sauerstoffkonzentration auf die Assimilationsgeschwindigkeit.

Bei niedrigen Sauerstoffdrucken verliert eine grüne Zelle die Fähigkeit, Kohlensäure photochemisch zu zersetzen; der kritische Sauerstoffdruck liegt hierbei nach Beobachtungen WILLSTAETTERS[1] unter $^1/_{1000}$ Atmosphäre.

Abgesehen von dieser Hemmung ergab sich ein weiterer Einfluß des Sauerstoffdruckes, als die Assimilationsgeschwindigkeit bei Sauerstoffdrucken zwischen $^1/_{50}$ und 1 Atmosphäre gemessen wurde; und zwar sank die Assimilationsgeschwindigkeit, wenn der Sauerstoffdruck stieg.

Die Versuche waren so angeordnet, daß die Assimilationsgefäße zunächst mit ihren Manometern verbunden wurden und dann die Luft aus dem überstehenden Gasraum und der Manometercapillare, unter lebhaftem Schütteln, durch Gasgemische verschiedenen Sauerstoff-

[1] WILLSTAETTER u. STOLL: Untersuchungen über die Assimilation der Kohlensäure, Berlin 1918.

partialdrucks vertrieben wurde. Der Gesamtgasdruck betrug etwa 1 Atmosphäre, zur Verdünnung des Sauerstoffs diente entweder Stickstoff oder Wasserstoff. Wie immer, so wurde auch hier jeder Versuch doppelt angesetzt, das eine Gefäß diente zur Bestrahlung, das zweite als Dunkelkontrolle. Ein etwaiger Einfluß des Sauerstoffdruckes auf die Atmung fällt so im Resultat der Assimilationsmessung heraus, doch wurde, in Übereinstimmung mit früheren Erfahrungen, niemals eine Beschleunigung der Atmung beobachtet, wenn der Sauerstoffdruck in den angegebenen Grenzen stieg.

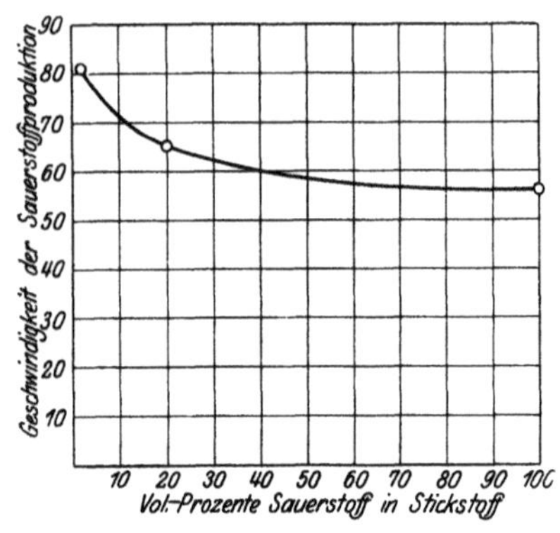

Abb. 2.

Als Suspensionsflüssigkeit diente ein Carbonatgemisch von 85 Teilen $^{m}/_{10}$-$NaHCO_3$ und 15 Teilen $^{m}/_{10}$-Na_2CO_3, c_{CO_2} war demnach bei 25° $= 91 \cdot 10^{-6}$ oder sehr hoch; hinsichtlich der „hohen" und „tiefen" Bestrahlungsintensitäten gilt das in Abschnitt I Gesagte.

In Abb. 2 ist ein Versuch graphisch wiedergegeben; auf der Abszissenachse sind die Volumprozente an Sauerstoff oder die Sauerstoffpartialdrucke abgetragen, die Ordinaten bedeuten die in 30 Minuten beobachteten Druckänderungen (Druckdifferenzen Hell-Dunkel) oder die Geschwindigkeiten der Sauerstoffproduktion. Die Bestrahlungsintensität war hoch. Wie man sieht, sinkt die Geschwindigkeit der Sauerstoffproduktion von 81 auf 55, wenn der Sauerstoffdruck von $^{1}/_{50}$ auf 1 Atmosphäre steigt, und zwar wird der Einfluß des Sauerstoffdruckes mit steigenden Sauerstoffdrucken kleiner.

Tabelle 5.

25°. Hohe Bestrahlungsintensität. 1 mm = 0,7 cmm Sauerstoff.

Nr. des Versuchs	Volumprozente Sauerstoff	Abgelesene Druckdifferenz Hell-Dunkel in mm	Die Verminderung des Sauerstoffpartialdruckes bewirkt eine Beschleunigung der Sauerstoffproduktion um %
1	100% 2% in Wasserstoff	+ 45 + 65	44
2	100% 2% in Wasserstoff	+ 28 + 46	66
3	100% 2% in Stickstoff	+ 32 + 45	41
4	100% 2% in Stickstoff	+ 26 + 45	73

Tabelle 5 ergibt vier Versuche mit verschiedenem Zellmaterial bei Variation des Sauerstoffdruckes um das 50fache wieder und zeigt, daß der Einfluß des Sauerstoffdruckes quantitativ etwas verschieden ist. Ob der Sauerstoff mit Wasserstoff oder mit Stickstoff verdünnt wird, scheint keine Rolle zu spielen.

Bei niedrigen Bestrahlungsintensitäten war ein deutlicher Einfluß des Sauerstoffdruckes nicht festzustellen (Tabelle 6).

Tabelle 6. *25°. Niedrige Bestrahlungsintensität.*

1 mm = 0,7 cmm Sauerstoff.

Nr. des Versuchs	Abgelesene Druckdifferenz Hell-Dunkel in mm in 30 Minuten	
1	2 Vol.-% Sauerstoff in Stickstoff 55	100 Vol.-% Sauerstoff 58
2	2 Vol.-% Sauerstoff in Stickstoff 73	20 Vol.-% Sauerstoff in Stickstoff 72

Was die Deutung der Versuche betrifft, so kommen zunächst zwei Möglichkeiten in Betracht. Bei hohen Bestrahlungsintensitäten entstehen die Assimilate in hoher Konzentration und könnten, ehe sie in eine stabile Form übergehen, durch Sauerstoff zu Kohlensäure zurückoxydiert werden. Dies wäre der uninteressantere Fall. Es ist aber auch daran zu denken, daß der Sauerstoff mit dem photochemischen Primärprodukt reagiert, indem er, wie das Kohlensäurederivat, als Acceptor fungiert.

Ein hemmender Einfluß des Sauerstoffs wurde bei vielen photochemischen Vorgängen in vitro betrachtet, z. B. bei der klassischen photochemischen Reaktion, der Salzsäurebildung aus Chlorknallgas. Nach LUTHER[1] ist die Hemmung durch Sauerstoff für alle Photochlorierungen, nach WILDERMANN[2] für alle photochemischen Gasreaktionen charakteristisch[3].

Wie man sich den Einfluß des Sauerstoffs auch vorstellen mag, immer wird man berücksichtigen, daß sich der assimilatorische Quotient mit wachsenden Sauerstoffdrucken nicht ändert, daß also in der schließlichen Bilanz kein Sauerstoff verschwinden darf.

---

[1] Zeitschr. f. physikal. Chem. 56, 43. 1906.

[2] Zeitschr. f. physikal. Chem. 42, 313. 1903.

[3] Vgl. auch WEIGERT: „Über Hemmung photochemischer Reaktionen durch Sauerstoff". Nernst-Festschrift, S. 464.

III. Die Wirkung der Narkotica auf die Assimilation.

1. Beruht die hemmende Wirkung der Narkotica auf einer Veränderung von Grenzflächen und ist diese Veränderung angenähert der Narkoticumkonzentration an den Grenzflächen proportional, so wird für die Abhängigkeit der Wirkung von der Narkoticumkonzentration eine der FREUNDLICHschen Adsorptionsisotherme[1] ähnliche Kurve zu erwarten sein. In der Tat erhält man eine derartige Kurve, wenn man die Außenkonzentrationen des Narkoticums Phenylurethan als Abszissen, die Hemmungen der Assimilationsgeschwindigkeit als Ordinaten aufträgt.

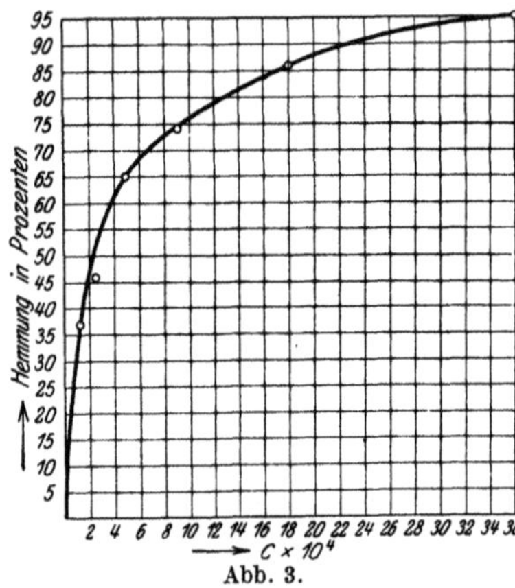

Abb. 3.

Bei den Versuchen wurden die Zellen in Gemischen von 85 Teilen $^m/_{10}$-$NaHCO_3$ und 15 Teilen $^m/_{10}$-Na_2CO_3 unter Zusatz steigender Phenylurethanmengen suspendiert. Die Temperatur bei der Bestrahlung war 10°, c_{CO_2} somit $76 \cdot 10^{-6}$ oder so hoch, daß eine Verdoppelung der CO_2-Konzentration die Assimilationsgeschwindigkeit nur unerheblich steigerte. Die Bestrahlungsintensität betrug etwa 10000 Lux, war also gleichfalls sehr hoch. Bedeutet v_0 die Assimilationsgeschwindigkeit ohne Narkoticum, v_1 die Assimilationsgeschwindigkeit bei der Narkoticumkonzentration c, so ist $\frac{v_0 - v_1}{v_0} \cdot 100$ die prozentische Hemmung der Assimilationsgeschwindigkeit, die in Abb. 3 als Ordinate aufgetragen ist. Die Abszissen entsprechen den Außenkonzentrationen an Phenylurethan.

2. Wie in früheren Versuchen die Wirkung[2] auf Atmung und Gärung innerhalb einer homologen Reihe mit der Adsorbierbarkeit zunahm, so stieg, wie zu erwarten war, in ähnlicher Weise die Wirkung auf die Assimilationsgeschwindigkeit. In Tabelle 7 sind die Konzentrationen, die eine bestimmte Hemmung der Assimilation bewirken, für die Reihe der Urethane zusammengestellt, daneben die viel höheren Konzentrationen, die die Atmung derselben Zelle um den gleichen Betrag hemmen. Die Tabelle zeigt den bekannten Anstieg der Wirkungsstärken, für die Assimilationshemmung vom Anfangsglied bis zum Endglied auf das 800 fache.

[1] FREUNDLICH: Zeitschr. f. physikal. Chem. 57, 385. 1907.
[2] ASHER-SPIRO: Ergebn. d. Physiol 14, 253. 1914.

Tabelle 7. *25°. Hohe CO_2-Konzentration und hohe Bestrahlungsintensität.*

Narkoticum	Assimilationshemmung von 50% durch Millimole pro Liter	Atmungshemmung von 50% durch Millimole pro Liter
Methyl-Urethan	400	1200
Äthyl-Urethan	220	780
Propyl-Urethan	50	100
Butyl-Urethan(iso)	17	43
Amyl-Urethan(iso)	12	32
Phenyl-Urethan	0,5	6

Die Zahlen sind einer Dissertation von Fräulein Alexandra v. Ranke entnommen (Methode: Anordnung I; Suspensionsflüssigkeit: mit 4 Vol.-% CO_2 gesättigte Knopsche Lösung). Sie beziehen sich auf hohe Kohlensäurekonzentrationen und Bestrahlungsintensitäten und zeigen, daß der unter diesen Bedingungen maßgebende Teilvorgang der Assimilation eine Reaktion an Grenzflächen ist.

3. Durch Untersuchung der Assimilation unter verschiedenen äußeren Bedingungen ist die Möglichkeit gegeben, Wirkungen auf die einzelnen Teilvorgänge der Assimilation festzustellen. Als verschiedene äußere Bedingungen kommen in erster Linie in Betracht:

hohe CO_2-Konzentration und hohe Bestrahlungsintensität,
hohe CO_2-Konzentration und tiefe Bestrahlungsintensität,
tiefe CO_2-Konzentration und hohe Bestrahlungsintensität.

Die Wirkung der Narkotica in den beiden ersten Fällen wurde bereits verglichen[1] und nicht sehr verschieden gefunden. Die Wirkung im dritten Fall konnte früher nicht festgestellt werden, weil in den Carbonatgemischen niedriger Kohlensäurekonzentration, wohl infolge ihrer hohen OH-Ionenkonzentration, die Narkoticahemmungen vielfach irreversibel waren. Später zeigte sich, daß viele Narkotica auch in stark alkalischen Carbonatgemischen völlig reversibel hemmen, wenn man nicht bei 25°, sondern bei 10° arbeitet und die Versuche nicht länger als 2 Stunden ausdehnt. Die noch bestehende Lücke konnte somit ausgefüllt werden, indem die Wirkung des Phenylurethans bei Kohlensäurekonzentrationen von 76×10^{-6} Molen pro Liter (85 Teile $^{m}/_{10}$-$NaHCO_3$ und 15 Teile $^{m}/_{10}$-Na_2CO_3) und $0{,}44 \cdot 10^{-6}$ Molen pro Liter (15 Teile $^{m}/_{10}$-$NaHCO_3$ und 85 Teile $^{m}/_{10}$-Na_2CO_3) verglichen wurde, unter intensiver Bestrahlung.

In Tabelle 8 ist eine derartige Beobachtungsreihe zusammengestellt. Sie zeigt, daß auch bei tiefsten Kohlensäurekonzentrationen

[1] Vgl. die I. Mitteilung.

Tabelle 8. *40°. Hohe Intensität der Bestrahlung.*
1 mm = 0,7 cmm Sauerstoff.

Phenyl-Urethan-Gewichtsprozente	Phenyl-Urethan-Mole pro Liter	Beobachtete Druckdifferenz Hell-Dunkel in mm in 60 Minuten[1]		Assimilationshemmung in Prozenten	
		$c_{CO_2} = 0{,}44 \cdot 10^{-6}$	$c_{CO_2} = 76 \cdot 10^{-6}$	$c_{CO_2} = 0{,}44 \cdot 10^{-6}$	$c_{CO_2} = 76 \cdot 10^{-6}$
0	0	33	42		
0,002	$1{,}2 \times 10^{-4}$	26	24	21	37
0,004	$2{,}4 \times 10^{-4}$	21	17	36	46
0,008	$4{,}8 \times 10^{-4}$	18	9	46	65

Phenylurethan in ähnlicher Weise wie bei hohen Kohlensäurekonzentrationen wirkt.

Es ist hieraus zu schließen, daß die Bindung der Kohlensäure eine Grenzflächenreaktion von ähnlicher Empfindlichkeit ist, wie die übrigen im Assimilationsmechanismus verketteten Vorgänge.

IV. Die Wirkung der Blausäure auf die Assimilation.

Unter bestimmten Bedingungen hemmt eine $^{n}/_{10000}$-Blausäurelösung die Assimilation, die nach Entfernung der Blausäure wieder auf ihre normale Höhe steigt. Die Assimilation ist also gegenüber Blausäure recht empfindlich. Im Gegensatz hierzu wird die Sauerstoffatmung selbst durch die hundertfache Blausäurekonzentration, also eine $^{n}/_{100}$-Lösung, zunächst nicht gehemmt, Sauerstoffaufnahme und Kohlensäureabgabe sind in derartigen Lösungen zunächst größer als in den blausäurefreien Kontrollösungen. Erst nach Stunden beginnt in den konzentrierten Blausäurelösungen ein hemmender Einfluß auf die Atmung merklich zu werden.

An diese Tatsachen, die in der vorhergehenden Arbeit mitgeteilt wurden, schließen die folgenden Versuche an, zu deren Verständnis eine Bemerkung über das Gaswechselgleichgewicht vorausgeschickt sei.

In einfachen Salzlösungen ist der respiratorische und assimilatorische Quotient für unser Versuchsobjekt nahezu gleich 1. Die Gleichung der Atmung kann somit summarisch

$$C + O_2 = CO_2,$$

[1] Da bei der hohen CO_2-Konzentration die Assimilationsgeschwindigkeit etwa 7mal so groß wie bei der niedrigen CO_2-Konzentration ist (vgl. Mitteil. I), so wurde, um in gleichen Versuchszeiten beobachten zu können, bei tiefer CO_2-Konzentration mit etwa 7mal so dichter Zellsuspension gearbeitet wie bei hoher CO_2-Konzentration.

die Gleichung der Assimilation

$$CO_2 = C + O_2$$

geschrieben werden.

Bestrahlen wir, so erhalten wir nach der einfachsten Annahme die beiden Vorgänge

$$C + O_2 \rightleftarrows CO_2.$$

In einer CO_2-haltigen Flüssigkeit überwiegt, je nach der Intensität der Bestrahlung, der Vorgang von links nach rechts oder in umgekehrter Richtung, wird Sauerstoff von der Zelle aufgenommen oder Sauerstoff von der Zelle abgegeben. Bei einer bestimmten Intensität der Bestrahlung sind die Geschwindigkeiten der beiden entgegengesetzten Vorgänge gleich. Es herrscht „Gaswechselgleichgewicht".

Diese einfache Auffassung ist wahrscheinlich insofern richtig, als die bestrahlte, ebenso wie die verdunkelte Zelle, Sauerstoff aufnimmt und als in der bestrahlten Zelle die Oxydation, thermodynamisch betrachtet, zur Oxydationsstufe der Kohlensäure führt. Die Auffassung ist insofern inkorrekt, als dieses Oxydationsprodukt nicht in allen Fällen Kohlensäure ist.

Der erste Punkt folgt daraus, daß die bestrahlte Zelle wächst, also Arbeit leistet; nichts berechtigt zu der Annahme, in der bestrahlten Zelle könne unter Umgehung der Atmung Wachstumsarbeit gewonnen werden.

Der zweite Punkt folgt aus der Bestrahlungskurve (Abszissen: Bestrahlungsintensitäten. Ordinaten: Geschwindigkeiten der Sauerstoffabspaltung), die im Punkte des Gaswechselgleichgewichts keinen Knick zeigt. Es bedarf mit anderen Worten der gleichen Arbeit, um ein Mol veratmeten Sauerstoffs oder ein Mol Sauerstoff aus Kohlensäure abzuspalten.

Der dritte Punkt folgt aus den nachstehend beschriebenen Versuchen mit Blausäure hoher Konzentration.

a) *Wirkung steigender Blausäurekonzentrationen bei hoher und konstanter Intensität der Bestrahlung.*

Viele Stoffe hemmen die Assimilation völlig; es wird dann von der bestrahlten Zelle ebensoviel Sauerstoff absorbiert wie von der verdunkelten. Irgendeine Besonderheit von dem Zustand an, in dem die Sauerstoffproduktion = der Sauerstoffabsorption, der Sauerstoffwechsel also = Null ist, ist im allgemeinen nicht zu beobachten, wenn man steigende Konzentrationen eines hemmenden Stoffes einwirken läßt.

Auch in blausäurebeladenen Zellen wird zunächst die Sauerstoffproduktion nach Maßgabe der Cyanidkonzentration gehemmt. Ist jedoch der Zustand erreicht, in dem sich bei Bestrahlung Sauerstoffproduktion und Sauerstoffabsorption das Gleichgewicht halten, und läßt man die Cyanidkonzentration weiter wachsen, so beobachtet man entweder keine oder nur eine sehr geringe Zunahme der Wirkung: das heißt, der Einfluß der Bestrahlung auf den veratmeten Sauerstoff wird auch durch große Cyanidmengen nur wenig gehemmt.

Um dieses Phänomen deutlich zur Anschauung zu bringen, arbeitet man am besten bei niedrigen CO_2-Konzentrationen, bei denen die Assimilation nicht allzu groß gegen die Atmung ist.

Die Zellen wurden in einem Carbonatgemisch von 15 Teilen $^m/_{10}$-$NaHCO_3$ und 85 Teilen $^m/_{10}$-Na_2CO_3 suspendiert und unter Zusatz steigender Cyanidmengen[1] bei 10° bestrahlt.

Tabelle 9. *10°. Hohe Bestrahlungsintensität.*
$c_{CO_2} = 0{,}4 \cdot 10^{-6}$. 1 mm = 0,7 cmm Sauerstoff.

Nr. des Versuchs	Gesamtkonzentration an Cyanid[1]	Beobachtete Druckänderung in mm in 60 Minuten		Druckdifferenz Hell-Dunkel
		dunkel	bestrahlt	
1	0	—11	+13	24
	$0{,}8 \cdot 10^{-4}$	—13	+3	16
	$0{,}8 \cdot 10^{-3}$	—17	—2	15
2	0	—16	+8	24
	$0{,}4 \cdot 10^{-4}$	—16	+3	19
	$0{,}8 \cdot 10^{-4}$	—18	+1	19
	$0{,}8 \cdot 10^{-3}$	—25	—5	20

Tabelle 9, in der einige Beobachtungen zusammengestellt sind, zeigt, daß die Sauerstoffproduktion schon durch kleine Cyanidkonzentrationen fast völlig gehemmt wird, daß aber, wenn die Sauerstoffproduktion gehemmt ist, eine weitere Steigerung der Cyanidkonzentration um das 10fache die Lichtwirkung nicht mehr wesentlich beeinträchtigt. Bei hohen Kohlensäurekonzentrationen, bei denen die Assimilation etwa das 20fache der Atmung beträgt, wird diese Erscheinung

[1] Die Außenkonzentration an freier HCN berechnet sich aus der H-Ionenkonzentration des Carbonatgemisches, die bei 18° $= 2{,}8 \cdot 10^{-11}$ gefunden wurde und der Dissoziationskonstante der Blausäure $K_{18} = 4{,}7 \cdot 10^{-10}$ für 18° zu $0{,}056 \cdot C$, wenn C die Gesamtkonzentration an Cyanid bedeutet. Die Konzentration der freien HCN in der Zelle ist hierdurch nicht gegeben, da die H-Ionenkonzentration in der Zelle unbekannt ist. Aus diesem letzteren Grunde ist es zunächst nicht möglich, die Wirkungsstärke der Blausäure oder der Cyanidionen bei verschiedenen CO_2-Konzentrationen zu vergleichen.

leicht übersehen; man kann hier die Assimilation durch Cyanid um 95% hemmen, während man in den Beispielen unserer Tabelle nur bis zu einer Hemmung von 40% (Versuch 1) oder 20% (Versuch 2) kommt, je nach dem Verhältnis zwischen Assimilation und Atmung in der cyanidfreien Kontrolle.

b) Wirkung hoher Blausäurekonzentrationen bei verschiedener Intensität der Bestrahlung.

Als Lichtquelle diente eine $^1/_2$-Wattlampe der Osramwerke, deren Stärke bei normaler Belastung in der Physikalisch-technischen Reichsanstalt zu 3500 Hefner-Kerzen bestimmt war. Durch Änderung der Entfernung zwischen Lichtquelle und Assimilationsgefäß (Anordnung III, Mitteilung I) wurden die Intensitäten der Bestrahlung um etwa das 40fache variiert.

Die Zellen waren in einem Carbonatgemisch von 85 Teilen $^m/_{10}$-$NaHCO_3$ und 15 Teilen $^m/_{10}$-Na_2CO_3 suspendiert, mit oder ohne Zusatz von Kaliumzyanid. Die Kohlensäurekonzentration war somit $91 \cdot 10^{-6}$ oder sehr hoch; der Kohlensäuredruck wurde durch „Pufferwirkung" der Carbonate konstant gehalten, so daß die beobachteten Druckänderungen solche des Sauerstoffpartialdrucks waren. Unter Cyanidkonzentration ist die Gesamtkonzentration an Cyanid (Salz + Ionen + undissoziierte Blausäure) verstanden, die Konzentration der Blausäure ist nach der früher gegebenen Formel (Abschnitt VII, erste Mitteilung) berechenbar.

Gleiche Mengen gleichkonzentrierter Zellsuspensionen wurden in Assimilationsgefäße gleichen Rauminhalts und gleicher Form eingefüllt, so daß bei einer bestimmten Intensität der auffallenden Strahlung gleiche Energiemengen absorbiert wurden.

Die Bestrahlungsintensität, bei der Gaswechselgleichgewicht herrschte, wurde durch Vorversuche mit sehr dünnen Zellsuspensionen ermittelt und zu etwa 500 Lux gefunden. Die eigentlichen Versuche wurden dann, um größere Ausschläge zu erhalten, mit dichteren Zellsuspensionen ausgeführt; der Vorversuch gab die Sicherheit, daß bei der Intensität der einfallenden Strahlung entweder Gaswechselgleichgewicht herrschte oder Sauerstoff von der Zelle aufgenommen wurde. Dieser Punkt ist wesentlich für die Reinheit der Versuchsanordnung.

Die Bestrahlungszeiten waren im allgemeinen 30 Minuten, für die blausäurefreie Kontrolle bei intensiver Bestrahlung 5 Minuten; im letzteren Fall war die Messung der Atmung naturgemäß ungenau. Um bei den kurzdauernden Versuchen die Induktionsperiode vor die Zeit der Messung zu legen, wurde der Versuch erst nach vorheriger 5 Minuten langer Bestrahlung begonnen.

Bei Blausäurekonzentrationen über $^{m}/_{200}$ pro Liter beginnt eine narkotische Wirkung bemerkbar zu werden; da die spezifische Blausäurewirkung dann verdeckt wird, so wurde diese Grenzkonzentration nicht überschritten.

Tabelle 9a. 25°. $C_{CO_2} = 91 \cdot 10^{-6}$.
1 mm = 0,6 cmm Sauerstoff.

Nr. des Versuchs	Abstand der Lampe (3500 H. K.) vom Assimilationsgefäß in cm	Ungefähre Beleuchtungsstärke in Lux	Cyanidkonzentration in Molen pro Liter	Dauer des Versuchs in Minuten	Abgelesene Druckänderung Dunkelgefäß	Abgelesene Druckänderung bestrahltes Gefäß	Unterhalb des Gasweehselgleichgewichts in 30 Min. abgespaltener Sauerstoff in mm	Oberhalb des Gasweehselgleichgewichts in 30 Min. abgespaltener Sauerstoff in mm
1	285	440	0	30	— 37	— 20	**17**	
	285	440	$^1/_{1000}$	30	— 49	— 31	**18**	
	43	19000	0	5	— 2 (± 3)	+ 74		**444**
	43	19000	$^1/_{1000}$	30	— 46	+ 16		**16**
2	285	440	0	30	— 36	— 16	**20**	
	285	440	$^1/_{500}$	30	— 40	— 23	**17**	
	43	19000	0	5	— 2 (± 3)	+ 80		**480**
	43	19000	$^1/_{500}$	30	— 46	+ 4		**4**
3	285	440	0	30	— 27	— 11	**16**	
	285	440	$^1/_{200}$	30	— 34	— 17	**17**	
	43	19000	0	5	— 2 (± 3)	+ 49		**294**
	43	19000	$^1/_{200}$	30	— 29	— 2		**0**

Die Zahlen, die in Tabelle 9a zusammengestellt sind, zeigen, daß $^{n}/_{400}$-Blausäurelösungen die Sauerstoffabspaltung aus Kohlensäure völlig hemmen, bei der hohen Bestrahlungsintensität von 19000 Lux ist die Zelle nicht mehr imstande, einen positiven Druck zu entwickeln. Gleichwohl spaltet eine bestimmte Menge Strahlung niedriger Intensität den veratmeten Sauerstoff aus blausäurebeladenen Zellen mit der gleichen Geschwindigkeit ab, wie aus blausäurefreien Zellen. Hohe Cyanidkonzentrationen lassen also den photochemischen Reaktionsmechanismus an sich — wie aus der Wirkung auf den in der Atmung gebundenen Sauerstoff hervorgeht — intakt, heben aber die photochemische Reaktionsfähigkeit der Kohlensäure auf.

c) $^{n}/_{10000}$-*Blausäurelösungen* hemmen die Assimilation bei hoher Intensität der Bestrahlung, sind jedoch ohne Wirkung bei niedriger Intensität der Bestrahlung (Abschnitt VII, Mitteilung I). Nachdem sich in den Versuchen mit hohen Blausäurekonzentrationen gezeigt hatte, daß wir photochemische Vorgänge unterhalb und oberhalb des Gaswechselgleichgewichts zu unterscheiden haben, erschien es erwünscht, die Versuche mit niedrigen Blausäurekonzentrationen daraufhin nachzuprüfen, ob auch hier der Punkt des Gaswechselgleichgewichts das Gebiet der Wirkung von dem der Wirkungslosigkeit trennte. Ersieht man schon aus den früher mitgeteilten Zahlen, daß dies nicht der Fall ist, so gebe ich doch einen kürzlich zur Nachprüfung ausgeführten Versuch wieder, da es sich um eine für das Verständnis der Kohlensäureassimilation grundlegende Tatsache handelt.

Die Bestrahlungsintensität wurde so gewählt, daß in der blausäurefreien Kontrolle das Gaswechselgleichgewicht etwa um den Betrag der Atmung überschritten wurde, die Assimilation also etwa zur Hälfte in der Aufhebung der Atmung, zur Hälfte in Produktion von Sauerstoff aus Kohlensäure bestand.

Als Suspensionsflüssigkeit diente dasselbe Carbonatgemisch, wie in b, die Gesamtkonzentration an Cyanid war $^{n}/_{10\,000}$.

Aus Tabelle 9b geht hervor, daß eine $^{n}/_{10\,000}$-Cyanidlösung, die bei hoher Bestrahlungsintensität um 65% hemmt, bei tiefer Bestrahlungsintensität wirkungslos ist; bei tiefer Bestrahlungsintensität sind die Ausschläge mit und ohne Cyanid 61, eine Zahl, die in beiden Fällen zu einem erheblichen Bruchteil Sauerstoffabspaltung aus Kohlensäure anzeigt. Dieser Bruchteil ist für die blausäurehaltige Zelle etwas kleiner, weil die Atmung durch Blausäure beschleunigt ist.

Tabelle 9b. 25°. $C_{CO_2} = 91 \times 10^{-6}$. 1 mm = 0,6 cmm Sauerstoff.

Abstand der Lampe (3500 H. K.) in cm	Ungefähre Beleuchtungsstärke in Lux	Cyanidkonzentration in Molen pro Liter	Dauer des Versuchs in Minuten	Abgelesene Druckänderung Dunkelgefäß	Abgelesene Druckänderung bestrahltes Gefäß	Druckdifferenz Hell-Dunkel	Assimilation in 30 Min. in mm
142	1800	0	30	−29	+32	61	**61**
142	1800	$^{1}/_{10\,000}$	30	−39	+22	61	**61**
43	19000	0	5	−4	+86	90	**540**
43	19000	$^{1}/_{10\,000}$	5	−5	+27	32	**192**

Es ergibt sich somit, daß hier nicht diejenige Bestrahlungsintensität, bei der Gaswechselgleichgewicht herrscht, das Gebiet der Wirkung von dem der Wirkungslosigkeit trennt, sondern die kritische Bestrahlungsintensität liegt höher. In $^{n}/_{10\,000}$-Blausäurelösungen wird mit anderen Worten Kohlensäure noch photochemisch gespalten; die Geschwindigkeit dieser Spaltung, die in maximo erreicht werden kann, ist jedoch gegenüber blausäurefreien Zellen herabgesetzt.

Zusammenfassung.

Blausäure hemmt die photochemische Sauerstoffabspaltung aus Kohlensäure, nicht aber die Sauerstoffabspaltung aus Zwischenprodukten der Atmung; denn bei völlig gehemmter Kohlensäurespaltung wird der veratmete Sauerstoff aus blausäurebeladenen Zellen mit der gleichen photochemischen Ausbeute abgespalten, wie aus blausäurefreien Zellen.

Sehen wir von der sehr unwahrscheinlichen Annahme ab, daß Blausäure den Eintritt der Kohlensäure in die Zelle verhindert, so folgt:

1. Kohlensäure wird in der bestrahlten grünen Zelle erst nach einer chemischen Umwandlung reduziert.

2. Die Wirkung der Blausäure auf die Assimilation besteht lediglich darin, daß sie diese Umwandlung hemmt; der photochemische Reduktionsmechanismus an sich wird durch Blausäure nicht beeinflußt.

3. Zwischenprodukte der Atmung können im Gegensatz zur Kohlensäure direkt photochemisch reduziert werden.

4. In der bestrahlten blausäurebeladenen Zelle entsteht keine Atmungskohlensäure.

V. Die assimilierende Zelle als Photolyt.

Physikalisch-chemische Vorbemerkung. Wie bei der Elektrolyse sind bei der Photolyse[1] primäre und sekundäre Reaktionen zu unterscheiden. Die Primärreaktion besteht stets in einer Veränderung des absorbierenden Moleküls, die Sekundärreaktionen spielen sich zwischen den photochemischen Primärprodukten untereinander oder zwischen diesen und anderen Bestandteilen des Photolyten ab.

Bei der Photolyse des Bromwasserstoffs[2] ist die Primärreaktion $HBr = Br + H$, sekundäre Reaktionen sind $H + HBr = H_2 + Br$, sowie $Br + Br = Br_2$. Bei der Photobromierung des Hexahydrobenzols[3] ist die Primärreaktion $Br_2 = Br + Br$, sekundär ist die Reaktion zwischen den freien Bromatomen untereinander und die Reaktion zwischen freien Bromatomen und dem Hexahydrobenzol.

Bestandteile des Photolyten, die mit den photochemischen Primärprodukten reagieren, nennt man Acceptoren. In dem Photolyten Brom + Hexahydrobenzol ist das Hexahydrobenzol der Acceptor.

[1] Warburg, E.: „Über die Anwendung der Quantenhypothese auf die Photochemie", Die Naturwissenschaften 1917, Heft 30.

[2] Warburg, E.: Zusammenfassung in Zeitschr. f. Elektrochemie **26**, 54. 1920.

[3] Nernst: Zeitschr. f. Elektrochemie 1918, S. 335.

Die Zahl n der bei Bestrahlung eines Photolyten primär umgewandelten Moleküle fand E. WARBURG[1] in einigen Fällen, in Übereinstimmung mit EINSTEINS[2] photochemischem Äquivalentgesetz

$$= \frac{Q}{h\nu}$$

worin $h = 1{,}56 \cdot 10^{-34}$, wenn ν die Schwingungszahl der wirksamen Strahlung pro Sekunde, Q die absorbierte Strahlung in Grammcalorien bedeutet.

Kinetik der Assimilation[3]. Die Assimilation ist keine einfache Photolyse der Kohlensäure.

Der photochemische Primärvorgang, in dem Sauerstoff nicht abgespalten wird, besteht in einer Wirkung auf das Chlorophyllmolekül und führt zur Bildung des photochemischen Primärprodukts. Die Bildungsgeschwindigkeit des photochemischen Primärprodukts ist der in der Zeiteinheit absorbierten Strahlung proportional. Die Konzentration des photochemischen Primärprodukts ist durch die Geschwindigkeit der Bildung und des Verbrauchs bestimmt.

Das photochemische Primärprodukt reagiert in Sekundärreaktionen mit dem Acceptor.

Acceptor ist nicht die Kohlensäure, sondern ein Kohlensäurederivat, das sich in der Zelle in einer Kette von chemischen Reaktionen bildet. Zu dem photochemischen Primärvorgang und den Sekundärreaktionen kommt so in der Zelle eine dritte Klasse von Reaktionen, die der Acceptorbildung. Die Acceptorbildung ist eine Folge freiwillig verlaufender Reaktionen, die ohne Bestrahlung durch Anhäufung der Endprodukte schnell zum Stillstand kommen. Bei Bestrahlung werden diese Endprodukte — die Acceptoren — in der Sekundärreaktion verbraucht, wobei das Dunkelgleichgewicht gestört wird.

Sowohl die Reaktionen, die zur Bildung des Acceptors führen, als auch die Reaktion des Acceptors mit dem photochemischen Primärprodukt sind Reaktionen an Oberflächen und in ihrem Ablauf außerordentlich empfindlich gegenüber Veränderungen des Oberflächenmilieus.

---

[1] WARBURG, E.: Zusammenfassung in Zeitschr. f. Elektrochemie **26,** 54. 1920.

[2] EINSTEIN: Annal. d. Physik, **17,** 132. 1905; **37,** 832. 1912.

[3] *Zusatz beim Neudruck*: Ich habe diese Theorie, da sie unfruchtbar war, später wieder aufgegeben (vgl. die folgende Arbeit mit UYESUGI über die BLACKMANsche Reaktion). Trotzdem ist sie als Möglichkeit lehrreich und deshalb in diese Sammlung aufgenommen worden.

Im Gegensatz zu der Sekundärreaktion wird die Acceptorbildung durch kleine Blausäuremengen gehemmt. Da die Blausäurewirkung wahrscheinlich in einer Überführung von Schwermetallen aus einer wirksamen Form in unwirksame Komplexverbindungen besteht, so ist bei der Acceptorbildung an die Mitwirkung eines Schwermetalls zu denken.

Alle Beeinflussungen dcr Assimilation in der lebenden Zelle betreffen die Acceptorbildung oder Sekundärreaktionen, eine Beeinflussung der Primärreaktion in der lebenden Zelle dürfte bis jetzt noch nicht beobachtet sein.

Wollte man nach dieser Auffassung eine photochemische Reaktion in vitro, etwa die Photochlorierung des Benzols, dem Assimilationsvorgang ähnlich leiten, so würde man das Chlor in der wäßrigen Phase eines heterogenen Systems lösen, in diesem das Benzol in einer Grenzflächenreaktion entstehen lassen und die bei Belichtung gebildeten Chloratome an den Grenzflächen mit dem Benzol zur Reaktion bringen. In diesem Modell wäre die photochemische Primärreaktion die Spaltung der Chlormoleküle in Chloratome, die Acceptorbildung die Entstehung des Benzols; die Sekundärreaktionen beständen, je nach der Bestrahlungsintensität und der Geschwindigkeit der Benzolbildung, vorwiegend in der Chlorierung des Benzols durch freie Chloratome oder in der Wiedervereinigung der durch Bestrahlung gebildeten Chloratome zu Chlormolekülen.

Fehlt es in dem Modell an Acceptor, so gehen die primär gebildeten freien Chloratome wieder zu Chlormolekülen zusammen oder die Menge des lichtabsorbierenden Stoffes, des Chlors, bleibt konstant. Bei Gegenwart des Acceptors nimmt die Menge des lichtabsorbierenden Stoffes in dem Photolyten ab, indem Chlor in das Benzolmolekül eintritt. Bei der Assimilation bleibt die Menge des lichtabsorbierenden Stoffes, des Chlorophylls, in beiden Fällen, bei Gegenwart und bei Abwesenheit des Acceptors, konstant, wie aus Willstaetters[1] Chlorophyllbestimmungen vor und nach Bestrahlung folgt. Das Modell unterscheidet sich in diesem wesentlichen Punkt von der lebenden Zelle.

Alle den Primärvorgang betreffenden Hypothesen haben zu berücksichtigen, daß die Bilanz des Assimilationsprozesses $CO_2 = C + O_2$ ist, andere Spaltungen somit im Kreislauf des Assimilationsprozesses wieder rückgängig gemacht werden und in der Summe der Reaktionsgleichungen verschwinden müssen.

Der Primärvorgang. Bestrahlt man eine Zelle mit konstanter Intensität, so wird im photochemischen Primärvorgang in gleichen Zeiten

---

[1] loc. cit.

die gleiche Anzahl von Molekülen verändert; gleichwohl ist die Sauerstoffentwicklung, wenn nach Verdunkelung mit konstanter Intensität bestrahlt wird, zunächst klein und steigt erst allmählich zu einem konstanten Endwert an. Diese Erscheinung kann nicht so gedeutet werden, daß sich in der Dunkelperiode Stoffe anhäufen, die den bei Bestrahlung gebildeten Sauerstoff, etwa in statu nascendi, zunächst wegfangen; in diesem Fall müßte die Induktionsperiode um so länger sein, je niedriger die Bestrahlungsintensität, während die tatsächlichen Verhältnisse umgekehrt liegen. Vielmehr folgt aus den Beobachtungen über die Induktion, 1. daß in dem Primärvorgang kein Sauerstoff abgespalten wird, und 2. daß in dem Primärvorgang keine Stoffe entstehen, die freiwillig (in Dunkelreaktionen) Sauerstoff abspalten. Auch der zweite Punkt ist wichtig; er ergibt sich aus der Anlage der Induktionsversuche, in denen die Lichtwirkung stets nach Verdunkelung, nachdem die Druckdifferenz zwischen dem bestrahlten Gefäß und der Dunkelkontrolle konstant geworden war, abgelesen wurde.

Punkte 1 und 2 sind das einzige Sichere, was sich über den Primärvorgang aussagen läßt; sie machen es wahrscheinlich, daß der Primärvorgang nicht das Kohlensäuremolekül betrifft.

Die Möglichkeit, an eine primäre Veränderung der Kohlensäure zu denken, war durch eine Beobachtung WILLSTÄTTERS gegeben, nach der sich die Kohlensäure unter gewissen Bedingungen in vitro an das Chlorophyllmolekül anlagert. Anderseits war die quantentheoretische Betrachtungsweise von vornherein der Annahme einer primären Lichtwirkung auf das Kohlensäuremolekül nicht günstig. Nach EINSTEIN[1] wird von einem absorbierenden Molekül stets nur ein Elementarquantum Strahlung aufgenommen; bezeichnen wir das Elementarquantum der wirksamen Strahlung mit $h\,\nu$, so ist Bedingung für die Zersetzung, worauf E. WARBURG[2] zuerst aufmerksam machte, $h\nu > \frac{A}{N_0}$; hier bedeutet A die Arbeit, deren es zur Zersetzung eines Grammoleküls bei der Versuchstemperatur bedarf, N_0 die Avogadrosche Zahl.

$h\nu$ ist für die assimilatorisch wirkende Wellenlänge $0{,}77\,\mu = \mathbf{5{,}99 \times 10^{-20}}$.

$$\frac{A}{N_0} \text{ ist für } CO_2 = C + O_2 \text{ bei Zimmertemperatur}^3 = \frac{98\,000}{6{,}17 \times 10^{23}} = \mathbf{15{,}9 \times 10^{-20}}$$

$$\text{für } CO_2 = CO + \tfrac{1}{2}\,O_2 \quad \text{„} \quad \text{„} \quad {}^3 = \frac{66\,600}{6{,}17 \times 10^{23}} = \mathbf{10{,}8 \times 10^{-20}}$$

Die Bedingung $h\nu > \frac{A}{N_0}$ ist also nicht erfüllt oder die beiden einfachen Vorgänge $CO_2 = C + O_2$ und $2\,CO_2 = 2\,CO + O_2$ wären als photochemische Primärreaktionen auszuschließen.

---

[1] loc. cit.

[2] Sitzungsber. d. Preuß. Akad. d. Wiss., Physik.-mathem. Klasse, 1914, 884.

[3] POLLITZER, F.: Berechnung chemischer Affinitäten. Stuttgart 1912.

Acceptorbildung. Von bestimmten hohen CO_2-Konzentrationen und Bestrahlungsintensitäten an läßt sich die Geschwindigkeit der Assimilation weder durch Erhöhung der CO_2-Konzentration noch durch Erhöhung der Bestrahlungsintensität steigern; unter diesen Bedingungen entspricht einer Temperatursteigerung von 15° auf 25° etwa eine Verdoppelung der Assimilationsgeschwindigkeit. Mit diesen von BLACKMAN[1] gefundenen Tatsachen beginnt die physikalisch-chemische Aufklärung der Assimilation; sie zeigen, daß im Mechanismus der Kohlensäurereduktion eine langsam verlaufende chemische Reaktion eine Rolle spielt.

Es war ein Fortschritt gegenüber früheren Versuchen, daß wir mit isolierten, sehr kleinen Zellen arbeiteten; dank des kurzen Diffusionsweges von der Außenfläche der Zelle bis zu den Reaktionsorten war hier die Nachdiffusion der Kohlensäure, auch bei den niedrigsten Kohlensäurekonzentrationen, als geschwindigkeitsbestimmender Faktor ausgeschaltet. In allen folgenden Überlegungen können wir somit von der Nachdiffusion der Kohlensäure absehen (Abschnitt III, erste Mitteilung).

Der Theorie der Acceptorbildung stelle ich die Tatsachen, auf denen sie beruht, voran. Sie beziehen sich sämtlich auf hohe Intensitäten der Bestrahlung.

1. Nachweis einer chemischen Bindung der Kohlensäure im Mechanismus der Assimilation: Bei niedrigen Kohlensäurekonzentrationen, bei denen die Assimilationsgeschwindigkeit proportional der Kohlensäurekonzentration wächst, entspricht einer Temperaturerhöhung von 5° auf 10° etwa eine Verdopplung der Geschwindigkeit. Für ein Intervall von 10° berechnet sich der hohe, zweifellos „chemische" Koeffizient von 5 (Abschnitt V, erste Mitteilung).

2. Derselbe Nachweis von anderer Seite: In der bestrahlten blausäurebeladenen Zelle kann Kohlensäure nicht reduziert werden, während der photochemische Reduktionsmechanismus anderen Stoffen gegenüber intakt ist (Abschnitt IV, diese Mitteilung).

3. Nachweis einer chemischen Reaktion, deren Geschwindigkeit von der Konzentration der Kohlensäure unabhängig ist: Neben den erwähnten Versuchen BLACKMANS der Erfolg intermittierender Bestrahlung kurzer Periodendauer. Eine bestimmte Menge absorbierter Strahlung zersetzt mehr Kohlensäure, wenn die Bestrahlung durch kurze Dunkelperioden unterbrochen wird, als bei kontinuierlicher Einwirkung; dies bei hohen Kohlensäurekonzentrationen, deren Steigerung die Assimilation nicht beschleunigt (Abschnitt VI, erste Mitteilung).

---

[1] Optima and limiting Factors, Annals of Botany **19**, 281. 1905.

4. Trägt man die Kohlensäurekonzentrationen als Abszissen, die Geschwindigkeiten der Kohlensäurespaltung als Ordinaten auf, so erhält man eine Kurve, die zunächst geradlinig ansteigt, sich dann allmählich zur Abszissenachse krümmt und schließlich der Abszissenachse parallel wird (Abschnitt III, erste Mitteilung).

Gehen wir von der Form der Kurve aus, so macht sie es wahrscheinlich, daß die beiden im Mechanismus der Assimilation nachgewiesenen Reaktionen in direktem Zusammenhang stehen, sei es, daß auf eine schnell bis zu einem Gleichgewicht (Dissoziationsgleichgewicht) verlaufende Reaktion eine langsame folgt, sei es, daß wir es mit zwei langsam verlaufenden gekoppelten Reaktionen zu tun haben. Ohne zwischen diesen beiden Möglichkeiten schon jetzt eine Entscheidung treffen zu wollen, gebe ich zunächst der zweiten Auffassung den Vorzug, weil die Assimilationsgeschwindigkeit durch einige Stoffe in dem Anfangsteil und dem Endteil der Kurve in verschiedener Weise beeinflußt wird. Wir nehmen also zwei langsam verlaufende gekoppelte Reaktionen an; in diesen soll die Kohlensäure unter intermediärer Bindung an einen Zellbestandteil chemisch verändert werden, das entstehende Endprodukt sei der photochemische Acceptor der Kohlensäureassimilation.

Bezeichnen wir die Gesamtmenge des wirksamen Zellbestandteils mit B, seine jeweilige Menge in freiem Zustand mit x, so ist die in gebundenem Zustand vorhandene Menge $= B - x$. Für die Geschwindigkeiten v_1 und v_2 der gekoppelten Reaktionen erhalten wir im einfachsten Fall

$$v_1 = c_{CO_2} \cdot x\, k_1 \tag{1}$$

$$v_2 = (B - x)\, k_2 \tag{2}$$

wo k_1 und k_2 chemische Geschwindigkeitskonstanten bedeuten. Im stationären Zustand ist $v_1 = v_2$, folglich

$$c_{CO_2}\, x\, k_1 = (B - x)\, k_2. \tag{3}$$

Aus (1) und (3) ergibt sich nach Elimination von x die Geschwindigkeit der Assimilation im stationären Zustand

$$v = c_{CO_2} k_1 \frac{B \cdot k_2}{c_{CO_2} k_1 + k_2} \tag{4}$$

eine Gleichung, die die beobachtete Abhängigkeit der Assimilationsgeschwindigkeit von der CO_2-Konzentration befriedigend wiedergibt. Für kleine Werte von c_{CO_2} wird

$$v = c_{CO_2} B\, k_1 \tag{5}$$

oder proportional der CO_2-Konzentration, für große Werte von c_{CO_2} wird

$$v = B\, k_2$$

oder unabhängig von der CO_2-Konzentration.

Es bestimmen also, je nachdem c_{CO_2} groß oder klein ist, verschiedene Reaktionen die Geschwindigkeit der Assimilation.

Sekundärreaktion und Acceptorbildung. Wie in dem Modell der Photochlorierung je nach der Intensität der Bestrahlung die Acceptorbildung oder die Reaktion zwischen Acceptor und freien Chloratomen die Geschwindigkeit der Chlorierung bestimmt, so ist für die Geschwindigkeit der Assimilation bei hoher Intensität der Bestrahlung die Acceptorbildung, bei niedriger Intensität der Bestrahlung die Reaktion zwischen Acceptor und photochemischem Primärprodukt maßgebend.

Die Grundlage dieser Theorie bilden folgende Tatsachen, die sich sämtlich auf hohe CO_2-Konzentration beziehen:

1. Läßt man bei hoher konstanter Kohlensäurekonzentration die Bestrahlungsintensität wachsen, so steigt die Kurve (Abszissen: Bestrahlungsintensitäten, Ordinaten: Assimilationsgeschwindigkeiten) zunächst geradlinig, krümmt sich dann allmählich zur Abszissenachse und wird schließlich dieser parallel. (Abschnitt IV, erste Mitteilung).

2. Oberflächenaktive Stoffe hemmen die Assimilationsgeschwindigkeit in dem geraden Anfangsteil der Kurve, also bei sehr niedrigen Intensitäten der Bestrahlung; da diese Stoffe die Absorption nicht verändern, so folgt, daß hier nicht nur die Lichtabsorption oder — was dasselbe besagt — der photochemische Primärvorgang für die Geschwindigkeit der Assimilation maßgebend sind, sondern außerdem noch ein chemischer Vorgang an Grenzflächen. (Abschnitt VII, erste Mitteilung).

3. Hemmt eine bestimmte Blausäurekonzentration die Assimilationsgeschwindigkeit bei intensiver Bestrahlung um 50%, so ist die gleiche Blausäurekonzentration bei schwacher Bestrahlung wirkungslos. Im Verein mit 2. folgt hieraus, daß bei hohen und tiefen Bestrahlungsintensitäten verschiedene chemische Vorgänge die Geschwindigkeit der Assimilation bestimmen. (Abschnitt III, diese Mitteilung.)

4. Aus den Versuchen mit intermittierender Bestrahlung ergibt sich, daß nach intensiver Bestrahlung Teilvorgänge der Assimilation im Dunkeln noch weitergehen. Ohne Bestrahlung nimmt die Geschwindigkeit dieser Vorgänge im Lauf einer $^1/_{100}$ Sekunde schon merklich ab und wird bei längerer Dauer der Dunkelperioden sehr klein. Bei Unterbrechung der Bestrahlung kommt es also schnell zur Einstellung von „Dunkelgleichgewichten“ (Abschnitt VI, erste Mitteilung).

Bezeichnen wir mit c_A die Konzentration des Acceptors, mit c_i die Konzentration des photochemischen Primärprodukts, die bei niedriger der Bestrahlungsintensität dieser proportional sein soll, so ist die Geschwindigkeit der Assimilation im einfachsten Fall

$$v = c_A c_i k_3 \tag{7}$$

worin k_3 eine chemische Geschwindigkeitskonstante bedeutet.

Der Acceptor bilde sich bei konstanter CO_2-Konzentration mit der konstanten Geschwindigkeit K, die Acceptorbildung sei eine umkehrbare Reaktion, die schon bei kleinen Acceptorkonzentrationen zum Stillstand komme. Wir erhalten dann zunächst ohne Bestrahlung

$$\frac{dc_A}{dt} = K - c_A k_4 \tag{8}$$

oder im „Dunkelgleichgewicht“

$$K = c_A' k_4 \qquad \left(\frac{dc_A}{dt} = o\right)$$

$$c_A' = \frac{K}{k_4} \tag{9}$$

wenn wir mit c_A' die Acceptorkonzentration im Dunkelgleichgewicht bezeichnen.

Bei Bestrahlung (aus 7 und 8)

$$\frac{dc_A}{dt} = K - c_A k_4 - c_A c_i k_3$$

Im stationären Zustand

$$K = c_A k_4 + c_A c_i k_3 \qquad \left(\frac{dc_A}{dt} = o\right)$$

$$c_A = \frac{K}{c_i k_3 + k_4} \tag{10}$$

Aus (7) und (10)

$$v = c_i k_3 \frac{K}{c_i k_3 + k_4} \tag{11}$$

eine Gleichung, die das Abhängigkeitsverhältnis zwischen Assimilationsgeschwindigkeit und Bestrahlungsintensität befriedigend wiedergibt. Für kleine Werte von c_i wird

$$v = c_i k_3 \frac{K}{k_4}$$

oder, indem wir $K = c_A' =$ der Acceptorkonzentration im Dunkelgleichgewicht (Gleichung (9)) setzen

$$v = c_i c_A' k_3 \tag{12}$$

das heißt, die Assimilationsgeschwindigkeit ist proportional c_i oder der Intensität der Bestrahlung.

Für große Werte von c_i wird

$$v = K \tag{13}$$

oder unabhängig von der Intensität der Bestrahlung.

Diese Auffassung macht es verständlich, daß die Assimilation bei tiefen und hohen Bestrahlungsintensitäten in verschiedener Weise beeinflußt werden kann, indem im ersten Fall die Sekundärreaktion, im zweiten Fall die Acceptorbildung der maßgebende Vorgang ist.

VI. Reduktion der Salpetersäure in der lebenden Zelle.

Nach der im vorhergehenden Abschnitt entwickelten Auffassung ist die Reduktion der Kohlensäure in der bestrahlten grünen Zelle ein sekundärer Vorgang, während der photochemische Primärvorgang, gleichgültig, ob Kohlensäure vorhanden ist oder nicht, in dem bestrahlten Chlorophyllkorn stets derselbe ist. Trifft diese Auffassung zu, so ist zu erwarten, daß bei Bestrahlung nicht nur Kohlensäure, sondern auch andere Stoffe reduziert werden. Von diesem Gesichtspunkt aus wurde eine Reihe sauerstoffreicher organischer und anorganischer Substanzen, unter Ausschluß von Kohlensäure, geprüft.

Bestrahlt man in dem Assimilationsgefäß eine mit Luft gesättigte Zellsuspension, wobei die Suspensionsflüssigkeit etwa eine $^{n}/_{10}$-NaCl-Lösung sei, so werden zunächst die kleinen Kohlensäuremengen, die in dem Gasraum, der NaCl-Lösung und der Zelle selbst enthalten sind, in Sauerstoff umgewandelt, ein Vorgang, der in dem angeschlossenen Manometer zum Auftreten eines positiven Drucks führt. Bei geeigneten Abmessungen der Zellmengen, der Gas- und Flüssigkeitsräume, sowie bei hohen Bestrahlungsintensitäten sind diese kleinen Kohlensäuremengen schnell umgewandelt und man beobachtet nun weiterhin eine ganz geringfügige Sauerstoffentwicklung, die wir als „Restassimilation“ bezeichnen wollen und die, solange die Zelle am Leben ist, nie völlig erlischt.

Neben der Restassimilation bewirkt Bestrahlung die Aufhebung der Atmung; nach der alten Auffassung, indem die Atmungskohlensäure in Sauerstoff und Kohlenstoffhydrat zurückverwandelt wird, nach Abschnitt IV vielleicht in anderer Weise. Diese zweite Wirkung der Bestrahlung führt in dem angeschlossenen Manometer zu keiner Druckänderung, bei einem respiratorischen Quotienten von 1 wird der in der Atmung verbrauchte Sauerstoff quantitativ an den Gasraum wieder abgegeben.

Entsprechend diesen Überlegungen waren die Versuche so angeordnet, daß zwei Assimilationsgefäße mit gleichen Mengen luftgesättigter Zellsuspension beschickt und mit etwa 10000 Lux bestrahlt wurden; die Suspensionsflüssigkeit in dem einen Assimilationsgefäß war eine indifferente Lösung, etwa eine $^{n}/_{10}$-Natriumchlorid- oder Kaliumphosphatlösung, die Suspensionsflüssigkeit in dem zweiten Gefäß enthielt die zu prüfende Substanz, deren Reduktion durch eine Mehrausscheidung von Sauerstoff angezeigt werden mußte.

Bei derartigen Versuchen ergab sich zunächst, daß in einer Natriumnitratlösung stets mehr Sauerstoff im Gasraum erschien als in Chlorid-, Sulfat- oder Phosphatlösungen. Die Ausschläge waren jedoch nicht so groß, daß mit Sicherheit auf eine Abspaltung von Sauerstoff aus Nitrat geschlossen werden konnte. Ähnlich geringe Ausschläge wie mit Nitrat wurden mit verdünnten Lösungen freier Salpetersäure erhalten. Sehr erheblich wurde die Sauerstoffabscheidung jedoch, als die freie Salpetersäure nicht in Wasser, sondern in $^{n}/_{10}$-Natriumnitrat gelöst wurde, wahrscheinlich, weil nicht die Ionen, sondern nur die undissoziierten Säuremoleküle mit einiger Geschwindigkeit in die Zelle eindringen. In $^{n}/_{100}$-Salpetersäure-, $^{n}/_{10}$-Natriumnitratlösungen war die Reduktion so lebhaft, daß in 8 Stunden bei 25^{0} etwa 10% des Trockengewichts der Zelle an Sauerstoff abgeschieden wurde. Hierbei blieb die Zelle völlig grün, teilungsfähig und von unverändertem Assimilationsvermögen gegenüber Kohlensäure. Die Herkunft des Sauerstoffs aus Zellbestandteilen erscheint demnach ausgeschlossen. Bei längerer Versuchsdauer ging die Zelle allmählich unter Verfärbung zugrunde.

Die Wirkung auf die Sauerstoffabscheidung sank nur unerheblich, wenn die kurzwelligen Strahlen durch eine Rotscheibe aus dem Licht der Metallfadenlampe fortgenommen wurden.

Mit der Sauerstoffabspaltung aus der Salpetersäure ist eine Ammoniakabscheidung in die umgebende Flüssigkeit verbunden, wobei jedoch weniger Ammoniak erscheint, als sich, unter Annahme einer quantitativen Reduktion der Salpetersäure zu Ammoniak, aus der Menge des abgespalteten Sauerstoffs berechnet.

Was den Reaktionsverlauf anbetrifft, so ist es zweifelhaft, ob die Salpetersäure direkt reduziert wird, oder ob sie zunächst in einer durch Bestrahlung beschleunigten Reaktion mit Zellbestandteilen unter Kohlensäurebildung reagiert und die Sauerstoffabspaltung dann auf dem normalen Wege der Kohlensäureassimilation erfolgt. Mit der letzteren Möglichkeit muß gerechnet werden, weil in den salpetersauren Lösungen ohne Bestrahlung stets Kohlensäure abgeschieden wird, deren Sauerstoff wahrscheinlich aus der Salpetersäure stammt, allerdings in sehr viel kleineren Mengen, als es die bei Bestrahlung abgeschiedenen Sauerstoffmengen sind. Die Entscheidung dieser Frage, die nicht ganz einfach ist, muß einer folgenden Mitteilung über Nitratassimilation vorbehalten bleiben.

Einige Beobachtungen über die Sauerstoffabscheidung der bestrahlten Zellen bei Ausschluß von Kohlensäure, in salpetersäurehaltigen und salpetersäurefreien Lösungen, seien schließlich in Tabelle 10 wiedergegeben.

Tabelle 10. 25°. Ca. 10000 Lux.
1 mm = 0,88 cmm Sauerstoff.

Nr. des Versuchs	Suspensionsflüssigkeit	Versuchszeit in Min.	Beobachtete Druckänderung in mm	Bemerkungen
1	$^m/_{10}$-KH_2PO_4	30	+ 12	
		30	+ 8	
		30	+ 3	
	$^m/_{10}$-$NaNO_3$, $^m/_{100}$-HNO_3	30	+ **101**	
		30	+ **100**	
		30	+ **82**	
2	$^m/_{10}$-KH_2PO_4	30	+ 8	
		30	+ 5	
		30[1]	+ 2	
	$^m{}_{10}$-$NaNO_3$, $^m/_{100}$-HNO_3	30	+ **111**	
		30	+ **115**	
		30[1]	+ **72**	
3	$^m/_{10}$-KH_2PO_4	30	+ 3	
		30	+ 3	
	$^m/_{10}$-$NaNO_3$, $^m/_{100}$-HNO_3	30	+ **57**	Mit Rotscheibe[2]
		30	+ **61**	Ohne Rotscheibe
4	$^m/_{10}$-NaCl	100	+ 30	
	$^m/_{10}$-NaCl, $^m/_{100}$-HCl	100	+ 37	
	$^m/_{10}$-NaCl, $^m/_{50}$-HCl	100	+ 36	
	$^m/_{10}$-$NaNO_3$, $^m/_{100}$-HNO_3	100	+ **510**	

[1] Nach dazwischen liegender 5stündiger Bestrahlung.
[2] Rotfilter von Schott & Gen., Jena, F 4512, 1 mm dick, praktisch undurchlässig für Wellenlängen unter 610 $\mu\mu$.

Herrn Erwin Negelein spreche ich auch hier für seine Mitarbeit meinen Dank aus.

Biochem. Zeitschr. **110**, 66. 1920.

Über die Reduktion der Salpetersäure in grünen Zellen.

Von

Otto Warburg und **Erwin Negelein.**

(Aus dem Kaiser Wilhelm-Institut für Biologie, Berlin-Dahlem.)

(Eingegangen am 28. Juni 1920.)

Mit 1 Abbildung.

1. Neben einigen Bakterien und Schimmelpilzen sind es vor allem die autotrophen Pflanzen, die ihren Stickstoffbedarf aus Nitraten decken. Der Stickstoff der Salpetersäure geht hierbei in die Reduktionsstufe des Ammoniaks über, mit der Assimilation des Stickstoffs ist also, summarisch betrachtet, folgender Reduktionsvorgang verbunden:

$$HNO_3 + H_2O = NH_3 + 2\,O_2. \tag{1}$$

2. Als SCHIMPER[1] fand, daß der Nitratgehalt grüner Blätter nur bei Bestrahlung merklich abnahm, sprach er die Vermutung aus, die Nitratassimilation in grünen Pflanzen sei ein lichtchemischer Vorgang und als solcher der Kohlensäureassimilation an die Seite zu stellen. In der Form, in der sie geäußert wurde, hat diese Auffassung einer späteren Kritik nicht standgehalten. Die Stickstoffbilanzen, die GODLEWSKI[2] für dunkel und hell gezogene Weizenkeimlinge aufstellte, lassen keinen Zweifel daran, daß Nitrate auch im Dunkeln assimiliert werden können; allerdings war die Verwertung bei Bestrahlung eine bessere, GODLEWSKI faßte daher seine Ergebnisse in dem heute allgemein angenommenen Satze zusammen, daß „das Licht auf die Verarbeitung der Nitrate — begünstigend einwirkt".

3. Die Fähigkeit, Nitrate oder Nitrogruppen zu reduzieren, ist nicht auf die nitratassimilierenden Organismen beschränkt. SCHÖNBEIN[3] beobachtete, daß rote Blutkörperchen Nitrate in Nitrite überführen.

---

[1] SCHIMPER, Botan. Ztg. **46**, 65. 1888.
[2] GODLEWSKI: Extrait Bull. Acad. Scient. Cracovie, Juin 1903.
[3] SCHÖNBEIN: Journ. f. prakt. Chemie **84**, 193. 1861.

Nach NEUBERG und WELDE[1] verwandelt gärende Hefe Nitrobenzol in Anilin; als Zwischenstufen nimmt NEUBERG Nitrosobenzol und Phenylhydroxylamin an, da auch diese Stoffe durch gärende Hefe zu Anilin reduziert werden[2].

Organbreie und zellfreie Flüssigkeiten tierischer oder pflanzlicher Herkunft reagieren vielfach mit Nitratsauerstoff, wobei niedrigere Oxydationsstufen des Stickstoffs entstehen; man spricht in diesem Fall von „Reduktasen". In der SCHARDINGERschen Milchprobe kann das Methylenblau nach BACH[3] durch Nitrat vertreten werden, an Stelle von Methylenweiß bildet sich dann Nitrit.

Als Zwischenstufe der Nitratreduktion betrachtet B. MOORE[4] salpetrige Säure und vermutet, daß diese in bestrahlten grünen Blättern entsteht; er stützt sich dabei auf die bekannte Tatsache, daß kurzwellige Strahlung Nitrat in Nitrit und Sauerstoff spaltet[5].

4. In nitratassimilierenden Zellen tritt normalerweise die Reduktion der Salpetersäure gegen die Oxydation der Brennstoffe völlig zurück und konnte deshalb nie direkt gemessen werden. Durch einen einfachen Kunstgriff gelang es, die Geschwindigkeit der Nitratreduktion so zu steigern, daß sie der Geschwindigkeit der übrigen Zellvorgänge gleichkam oder diese sogar übertraf. Als Versuchsobjekt diente eine kleine isoliert wachsende Grünalge, Chlorella pyrenoidea Chick. aus dem Formenkreis der Chlorella vulgaris Beyerink[6]. Bringt man diese Alge in konzentriertere Nitratlösungen oder in Lösungen verdünnter freier Salpetersäure, so beobachtet man keine oder nur eine unbedeutende Beschleunigung der Nitratreduktion. Da undissoziierte Säuremoleküle im Gegensatz zu Salzen und Ionen vielfach schnell in lebende Zellen eindringen, lag es nahe, weitere Versuche mit höheren Konzentrationen an undissoziierter Salpetersäure anzustellen, also mit Gemischen von Salpetersäure und Nitrat. Wurde die Alge in derartige Gemische eingebracht, so stieg die Geschwindigkeit der Nitratreduktion zu außerordentlich hohen Beträgen an, indem sie im Dunkeln durchschnittlich 70%, bei Bestrahlung 200% des Gesamtstoffwechsels ausmachte, in beiden Fällen mithin ohne Schwierigkeiten direkt gemessen werden

---

[1] NEUBERG u. WELDE: diese Zeitschr. **60**, 472. 1914.

[2] NEUBERG u. WELDE: diese Zeitschr. **67**, 18. 1914; vgl. auch W. LIPSCHÜTZ: Hoppe-Seylers Zeitschr. f. physiol. Chem. **109**, 189. 1920.

[3] Diese Zeitschr. **31**, 443. 1911; **33**, 282. 1911.

[4] MOORE: Proc. of the roy. soc. of London B. **90**, 158. 1918.

[5] z. B. WARBURG, E.: Sitzungsber. d. Preuß. Akad. d. Wiss. Physik.-mathem. Klasse 1918, S. 1228.

[6] Herrn Dr v. WETTSTEIN sage ich auch hier für die Bestimmung der Alge vielen Dank.

konnte. Hierbei blieb die Alge etwa 10 Stunden unverändert grün und teilungsfähig.

Die Wiedergabe der Versuche zerfällt in folgende Abschnitte:

I. Versuchsanordnung.
II. Meßmethoden. Messung des Gaswechsels a) durch Analyse, b) nach der Druckmethode. Bestimmung des Ammoniaks. Bestimmung der salpetrigen Säure.
III. Extra-Kohlensäure.
IV. Ammoniak und Extra-Kohlensäure. Die Gleichung der Nitratreduktion. Reduktion und Assimilation des Salpetersäure-Stickstoffs.
V. Trennung der Nitratreduktion von Atmung und Assimilation mittels Blausäure.
VI. Thermodynamik der Nitratreduktion.
VII. Narkose und Nitratreduktion.
VIII. Einfluß der Sauerstoffkonzentration. Salpetrige Säure und Ammoniak.
IX. Extra-Sauerstoff und Ammoniak bei Bestrahlung.
X. Mechanismus der Lichtwirkung.
XI. Protokolle.

I. Versuchsanordnung.

Die Alge wurde, wie früher beschrieben[1], unter Bestrahlung mit einer Metallfadenlampe gezüchtet. Die Aussaat betrug etwa 0,1 ccm an frischer Zellsubstanz (entsprechend 20 mg Trockensubstanz) auf 200 ccm Knopsche Lösung. Nach 2 Tagen, wenn sich die Zellmenge auf etwa das Vierfache vermehrt hatte, wurde das Material für die Versuche benutzt; ältere Kulturen — besonders solche, in denen die Algen schon sedimentiert waren — sind für die Versuche weniger geeignet.

Die Kulturflüssigkeit wurde zunächst unter mehrmaligem Waschen auf der Zentrifuge durch $^{n}/_{10}$-Natriumnitratlösung ersetzt und eine neutrale Stammsuspension hergestellt, die 0,2—0,4 ccm Zellsubstanz auf 10 ccm enthielt. Zur Messung der Nitratreduktion wurde 1 Volumen dieser Stammsuspension mit 1 Volumen $^{n}/_{10}$-$NaNO_3$-, $^{n}/_{50}$-HNO_3-Lösung vermischt, so daß die Zellen dann — bei einer Suspensionsdichte von 0,1—0,2 ccm auf 10 ccm — in einer $^{n}/_{10}$-$NaNO_3$-, $^{n}/_{100}$-HNO_3-Lösung suspendiert waren. Die Konzentration an undissoziierter Salpetersäure in diesem Gemisch, im folgenden kurz als „Nitratgemisch" bezeichnet, berechnet sich[2] zu ungefähr $6 \cdot 10^{-4}$ Molen pro Liter und ist etwa 9mal so groß wie in einer $^{n}/_{100}$-HNO_3-Lösung ohne Nitratzusatz. 10 ccm einer

[1] Diese Zeitschr. **100**, 232. 1919.

[2] Bogdan: Zeitschr. f. Elektrochemie **12**, 489. 1916.

derartigen Suspension werden mit Luft oder anderen Gasmischungen einige Zeit geschüttelt und aus den Veränderungen des Gasdrucks, die analytisch oder manometrisch festgestellt wurden, Sauerstoff- und Kohlensäurewechsel berechnet, dann zentrifugiert und in den überstehenden Flüssigkeiten die Reduktionsprodukte der Salpetersäure bestimmt.

Die Mengen an Stoffen, die hierbei auftraten oder verschwanden, waren von der Größenordnung 10^{-6} bis 10^{-5} Mole. Für Druckmessungen bedeuten derartige Mengen sehr erhebliche Ausschläge; denken wir uns, daß aus einem Raum von 10 ccm $5 \cdot 10^{-6}$ Mole eines Gases verschwinden, so zeigt ein angeschlossenes Wassermanometer bei Zimmertemperatur eine Druckänderung von rund 100 mm.

II. Meß-Methoden.

Messung des Gaswechsels durch Analyse. Wenn auch das früher beschriebene Druckverfahren[1] einfacher und deshalb zur Auffindung neuer Tatsachen geeigneter ist, so muß die Gasanalyse doch als die Standardmethode betrachtet werden; sie ist unentbehrlich, solange die chemische Natur der im Gaswechsel entstehenden und verschwindenden Stoffe nicht bekannt ist.

Zu den gasanalytischen Versuchen diente ein beiderseitig mit Schwanzhähnen versehener flacher Rezipient (diese Zeitschr. **100**, 250, Abb. 7), dessen etwa 20 ccm fassender Rauminhalt zur Hälfte mit Zellsuspension gefüllt wurde. Bei geöffneten Hähnen in einen Wasserthermostaten versenkt, wurde eine Gasmischung bekannter Zusammensetzung durchgeleitet, bis sich die Flüssigkeit mit dieser ins Gleichgewicht gesetzt hatte; dann wurden die Hähne geschlossen und der bei Schluß der Hähne herrschende Atmosphärendruck notiert. Der Rezipient wurde im Thermostaten (diese Zeitschr. **100**, 250, Abb. 8) eine passende Zeit, verdunkelt oder bestrahlt, geschüttelt und dann durch Schliff mit dem Meßrohr eines Haldaneschen Analysenapparates verbunden; in dieses wurde ein Teil der im Gasraum enthaltenen Gase übergeführt, wobei eine Entgasung der Flüssigkeit leicht vermieden werden konnte. Der Prozentgehalt an Sauerstoff und Kohlensäure wurde nach bekannten Methoden ermittelt.

Die Berechnung des Gaswechsels gestaltet sich folgendermaßen.

Es sei:

P der Gesamtdruck im Rezipienten bei Beginn des Versuchs in mm Hg,

P' der Gesamtdruck im Rezipienten bei Beendigung des Versuchs in mm Hg,

---

[1] Diese Zeitschr. **100**, 230. 1919.

T die Thermostatentemperatur in absoluter Zählung,
p der Sättigungsdruck des Wasserdampfes bei T Grad in mm Hg,
α_{O_2} der Absorptionskoeffizient des Sauerstoffs in der Suspensionsflüssigkeit bei T Grad,
α_{CO_2} der Absorptionskoeffizient der Kohlensäure in der Suspensionsflüssigkeit bei T Grad,
v_F das Volumen der eingefüllten Zellsuspension in ccm,
v_G das Volumen des Gasraums in ccm,
$b_{O_2} b_{CO_2} b_{N_2}$ der Prozentgehalt der Gasmischung an O_2, CO_2 und N_2 vor dem Versuch,
$b'_{O_2} b'_{CO_2} b'_{N_2}$ der Prozentgehalt der Gasmischung an O_2, CO_2 und N_2 nach dem Versuch,
x_{O_2} die entstandene Menge Sauerstoff in ccm (0°, 760 mm Hg),
x_{CO_2} die entstandene Menge Kohlensäure in ccm (0°, 760 mm Hg).

Dann ist:

$$x_{O_2} = \left(v_G \frac{273}{T} + v_F \alpha_{O_2}\right)\left(\frac{P'-p}{760} \frac{b'_{O_2}}{100} - \frac{P-p}{760} \frac{b_{O_2}}{100}\right). \tag{2}$$

$$x_{CO_2} = \left(v_G \frac{273}{T} + v_F \alpha_{CO_2}\right)\left(\frac{P'-p}{760} \frac{b'_{CO_2}}{100} - \frac{P-p}{760} \frac{b_{CO_2}}{100}\right). \tag{3}$$

Der Gesamtdruck P' nach dem Versuch läßt sich aus dem Resultat der Gasanalyse in einfacher Weise berechnen. Da Stickstoff von der Alge weder gebunden noch entwickelt wird, bleibt der Partialdruck des Stickstoffs während des Versuchs konstant. Ergibt die Analyse gleichwohl eine Änderung des Prozentgehalts an Stickstoff, so muß sich der Gesamtdruck geändert haben und es gilt:

$$(P-p)\frac{b_{N_2}}{100} = (P'-p)\frac{b'_{N_2}}{100},$$

$$P'-p = (P-p)\frac{b_{N_2}}{b'_{N_2}}. \tag{4}$$

Aus (4), (3) und (2):

$$x_{O_2} = \left[v_G \frac{273}{T} + v_F \alpha_{O_2}\right] \frac{P-p}{760 \cdot 100}\left(\frac{b_{N_2}}{b'_{N_2}} b'_{O_2} - b_{O_2}\right), \tag{5}$$

$$x_{CO_2} = \left[v_G \frac{273}{T} + v_F \alpha_{CO_2}\right] \frac{P-p}{760 \cdot 100}\left(\frac{b_{N_2}}{b'_{N_2}} b'_{CO_2} - b_{CO_2}\right). \tag{6}$$

Die eckig eingeklammerten Ausdrücke sind für verschiedene Versuche konstant, wenn man mit denselben Gas- und Flüssigkeitsräumen und bei derselben Temperatur arbeitet (in den Protokollen als „Gefäßkonstanten“ mit K_{O_2} und K_{CO_2} bezeichnet).

Der Absorptionskoeffizient des Sauerstoffs wurde für 25^0 in allen Fällen = 0,028 gesetzt; der Absorptionskoeffizient der Kohlensäure bei der gleichen Temperatur = 0,75, wenn die Suspensionsflüssigkeit $^1/_{10}$ molar war, = 0,76, wenn sich die Zellen in der etwa $^1/_{50}$ molaren Knopschen Lösung befanden[1].

Die in das Meßrohr des Haldane-Apparates übergeführte Gasmenge betrug im Mittel 7 ccm, die Änderung des Kohlensäure- oder Sauerstoffgehalts in dieser Gasmenge während eines Versuchs 0,2 ccm, während als Fehler einer Analyse 0,01 ccm = einer halben Einheit der Meßrohrteilung zu betrachten ist. Im Mittel wurde also der Gaswechsel auf 5% bestimmt, d. h. mit einer für unsere Zwecke völlig ausreichenden Genauigkeit.

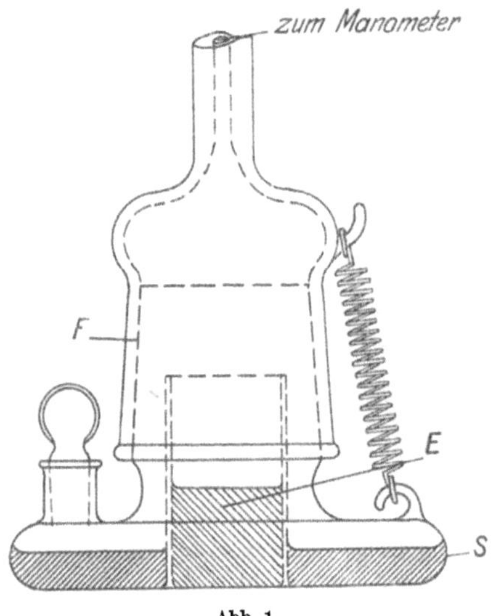

Abb. 1.

Messung des Gaswechsels nach der Druckmethode. 2 Gefäße, Nr. I und II, wurden mit je 10 ccm Zellsuspension (S in der Abb. 1) beschickt. In den Einsatz (E) von Nr. I wurde 5proz. Kalilauge gegeben, der Einsatz von Nr. II blieb leer. Beide Gefäße wurden darauf durch den Schliff F mit Haldane-Barcroftschen Blutgasmanometern verbunden und in einem Wasserthermostaten, bestrahlt oder verdunkelt, wie früher (diese Zeitschr. **100**, 245, Abb. 2) beschrieben, geschüttelt. Die Druckmessung geschah bei konstantem Volumen, indem der Meniscus der Sperrflüssigkeit vor jeder Ablesung auf dieselbe Marke eingestellt wurde. Die mit den Gefäßen I und II verbundenen Manometer zeigten hierbei verschiedene Druckänderungen, die im ersten Fall, wenn der Gasraum durch Kalilauge frei von Kohlensäure gehalten wird, = der Änderung des Sauerstoffpartialdrucks, im zweiten Fall = der Änderung des Sauerstoffpartialdrucks + der Änderung des Kohlensäurepartialdrucks sind.

---

[1] Über die Änderung der Absorptionskoeffizienten mit der Salzkonzentration vgl. Geffken, Zeitschr. f. physikal. Chemie **49**, 257. 1904.

Zur Berechnung des Gaswechsels bezeichnen wir mit:

v_F das Volumen der eingefüllten Zellsuspension in ccm,

v_G das Volumen des Gasraums bis zum Ansatz der Manometercapillare in ccm,

v_M das Volumen der Manometercapillare bis zum Meniscus der Sperrflüssigkeit in ccm,

T die Temperatur des Thermostaten in absoluter Zählung,

α_{O_2} den Absorptionskoeffizienten des Sauerstoffs bei T Grad,

α_{CO_2} den Absorptionskoeffizienten der Kohlensäure bei T Grad,

h_{O_2}, h_{CO_2} die Zunahmen des Sauerstoff- oder Kohlensäurepartialdrucks in mm Brodiescher Flüssigkeit,

H_I, H_{II} die beobachteten Druckzunahmen für die Gefäße I und II in mm Brodiescher Flüssigkeit,

x_{O_2}, x_{CO_2} die entstandenen Mengen Sauerstoff und Kohlensäure in cmm (0^0,760 mm).

Für Gefäß I ist:

$$h_{CO_2} = 0; \qquad H_I = h_{O_2},$$

also (vgl. auch diese Zeitschr. **100**, 242, Formel 7):

$$x_{O_2} = H_I \left[\frac{v_G + v_M}{v_F} \; \frac{v_G \frac{273}{T} + v_F \alpha_{O_2}}{10} \right], \tag{7}$$

Für Gefäß II ist, indem wir alle Größen, die sich auf Gefäß II beziehen, mit einem Index versehen:

$$x'_{O_2} = \frac{v'_G + v'_M}{v'_G} h'_{O_2} \frac{v'_G \frac{273}{T} + v'_F \alpha_{O_2}}{10}, \tag{8}$$

$$x'_{CO_2} = \frac{v'_G + v'_M}{v'_G} h'_{CO_2} \frac{v'_G \frac{273}{T} + v'_F \alpha_{CO_2}}{10} \tag{9}$$

$$H_{II} = h'_{O_2} + h'_{CO_2}. \tag{10}$$

Berücksichtigen wir, daß $x'_{O_2} = x_{O_2}$, da in beiden Gefäßen gleiche Mengen an Sauerstoff verschwinden, so enthalten die drei Gleichungen 8, 9 und 10 noch 3 Unbekannte; aufgelöst nach x_{CO_2} erhalten wir:

$$x'_{CO_2} = H_{II}\left[\frac{v'_G + v_M}{v'_G} \frac{v'_G \frac{273}{T} + v'_F \alpha_{CO_2}}{10}\right] - x_{O_2}\left[\frac{v'_G \frac{273}{T} + v'_F \alpha_{CO_2}}{v'_G \frac{273}{T} + v'_F \alpha_{O_2}}\right]. \tag{11}$$

Arbeitet man mit denselben Flüssigkeitsmengen und bei derselben Temperatur, so sind für ein bestimmtes Gefäß die eckig eingeklammerten Ausdrücke konstante Größen (in den Protokollen als „Gefäßkonstanten“ bezeichnet, und zwar bei Rechnung nach Gleichung (11) der Faktor für H_{II} mit „Gefäßkonstante 1“, der Faktor für x_{O_2} mit „Gefäßkonstante 2“), die man sich notiert. Die Berechnung des Sauerstoff- und Kohlensäurewechsels ist dann außerordentlich einfach. Voraussetzung der Methode ist, daß außer Sauerstoff und Kohlensäure Gase weder entstehen noch verschwinden. Gasanalysen zeigten, daß diese Voraussetzung zutrifft und daß insbesondere bei der Reduktion der Salpetersäure kein Stickstoff in Freiheit gesetzt wird (Protokolle 15 und 34).

Vergleich der gasanalytischen und der Druckmethode. Zur Kontrolle der Druckmethode wurde der Gaswechsel grüner Zellen unter verschiedenen Bedingungen gleichzeitig nach beiden Verfahren gemessen, wobei gut übereinstimmende Werte gefunden wurden. Als Beispiel führen wir zwei Versuche an; Suspensionsflüssigkeit war im ersten Fall reines Nitratgemisch, im zweiten Fall Nitratgemisch mit Phenylurethan (Protokolle 1 und 2).

Versuch:		Sauerstoff-verbrauch	Kohlensäure-produktion	CO_2/O_2
1	Gasanalyse	0,35 ccm	0,56 ccm	1,6
	Druckmethode	0,36 ccm	0,56 ccm	1,56
2	Gasanalyse	0,37 ccm	0,47 ccm	1,27
	Druckmethode	0,39 ccm	0,50 ccm	1,28

Die größte Differenz zwischen den nach beiden Verfahren erhaltenen Werten beträgt hier 6%, wobei zu berücksichtigen ist, daß in dieser Zahl auch die bei der Abmessung der Zellen entstehenden Fehler inbegriffen sind.

Messung der Ammoniakausscheidung. 1 ccm Gas (0°,760 mm) ist gleich $45 \cdot 10^{-6}$ Grammolekülen. Die Ausschläge bei den Gaswechselmessungen waren von der Größenordnung 0,1 ccm Gas $= 4{,}5 \cdot 10^{-6}$ Grammmoleküle. Da es darauf ankam, die Ammoniakausscheidung in Beziehung zum Gaswechsel zu setzen, so mußten beide Größen in derselben

Zellsuspension bestimmt werden, die zu messenden Ammoniakmengen lagen also in der Größenordnung von Milliontel Grammolekülen.

Zur Bestimmung diente die colorimetrische Methode nach NESSLER. Eine Zellsuspension, deren Gaswechsel gemessen war, wurde aus den Gefäßen (Abb. 1) quantitativ in Zentrifugiergläser übergespült, sofort scharf zentrifugiert und die überstehende Flüssigkeit auf ein bestimmtes Volumen aufgefüllt. 10 ccm wurden dann mit 0,5 ccm von NESSLERS Reagens in einem Standzylinder gemischt und derselbe Farbenton in einem zweiten Standzylinder durch Verdünnung einer $^{n}/_{500}$-Ammonchloridlösung (1 ccm $= 2 \cdot 10^{-6}$ Grammoleküle Ammoniak) hergestellt. Ein Teil der Ammoniakbestimmungen wurde nicht direkt, sondern nach Übertreiben des Ammoniaks in eine $^{n}/_{50}$-HCl-Lösung ausgeführt; hierzu wurde die Flüssigkeit mit 1 g Natriumchlorid und 2 ccm einer normalen Kaliumcarbonatlösung versetzt und das in Freiheit gesetzte Ammoniak bei 25° durch einen kräftigen Luftstrom nach der Vorschrift FOLINS[1] in die Vorlage übergetrieben. Diese kompliziertere Art der Ammoniakbestimmung liefert im allgemeinen dieselben Resultate wie die direkte Bestimmung. Wenn jedoch die Zellen geschädigt werden, wie bei niedrigen Sauerstoffdrucken, so treten Stoffe in die Außenflüssigkeit über, die die NESSLERsche Reaktion stören. In solchen Fällen ist die direkte Bestimmung nicht möglich, die Anwendung des FOLINschen Verfahrens unumgänglich.

Auch die salpetrige Säure wurde colorimetrisch bestimmt, und zwar mittels α-Naphthylamin-Sulfanilsäure nach ILOSVAY[2]. Nach Beendigung der Gaswechselmessung wurde sofort scharf zentrifugiert, die überstehende Flüssigkeit, je nach den besonderen Bedingungen, auf das 10- bis 100fache verdünnt und das ILOSVAYsche Reagens hinzugefügt.

III. Extra-Kohlensäure (Dunkelversuche).

Wird die Alge in luftgesättigter KNOPscher Lösung suspendiert, so scheidet sie auf ein Volumen veratmeten Sauerstoffs ein Volumen Kohlensäure aus. An diesem Verhältnis ändert sich im allgemeinen nichts, wenn wir die KNOPsche Lösung durch andere Flüssigkeiten ersetzen (Tabelle 1).

Tabelle 1.

Suspensionsflüssigkeit	$CO_2 : O_2$	Nr. des Protokolls
KNOP	1,00	6
$^{n}/_{10}$-KH_2PO_4	1,03	5
$^{n}/_{10}$-$NaNO_3$	1,01	3
$^{n}/_{10}$-Na_2SO_4, $^{n}/_{100}$-H_2SO_4	1,04	4

[1] Zeitschr. f. physiol. Chemie **37**, 161. 1902/03. ABDERHALDENS Biochem. Arbeitsmethoden **7**, 715. 1913.

[2] TREADWELL: Quantitat. Analyse 1913, S. 291.

Die Abweichungen von 1 fallen in die Fehlergrenzen der Messungen.

Bringen wir die Alge in das Nitratgemisch, so steigt der Sauerstoffverbrauch um etwa 40% an (Protokoll 7). Ein derartiger Anstieg ist nicht auffallend, er wird vielfach in Flüssigkeiten beobachtet, die permeierende Substanzen, wie Narkotica, Amine, Fettsäuren, Blausäure usw. enthalten (vgl. diese Zeitschr. **100**, 230, Abschn. VII). Bemerkenswert dagegen ist, daß die Kohlensäureproduktion stärker wächst als der Sauerstoffverbrauch. In dem Nitratgemisch — und von allen untersuchten Flüssigkeiten nur in diesem — steigt der Quotient $CO_2 : O_2$ bedeutend an, im Mittel auf etwa 1,5 (Protokolle 1, 8, 9, 10 und 11). Unter einigen hundert Messungen war der niedrigste Quotient, der gefunden wurde, 1,3, der höchste 2,0, wenn die Zellen jungen Kulturen entstammten.

Es läßt sich zeigen, daß in dem Nitratgemisch Kohlensäure zweierlei Herkunft ausgeschieden wird, nämlich erstens Atmungskohlensäure, deren Menge genau dem Sauerstoffverbrauch entspricht, und zweitens Kohlensäure, die bei der Reduktion der Salpetersäure entsteht. Die letztere nennen wir Extra-Kohlensäure, ihre Größe ist gegeben durch die Differenz der Ausscheidungen an Gesamtkohlensäure und Atmungskohlensäure.

Die Ausscheidung an Extra-CO_2 beginnt sofort, nachdem die Zellen in das Nitratgemisch eingebracht sind, und wird dann allmählich im Lauf von Stunden geringer (Tabelle 2, nach Protokoll 14).

Tabelle 2.

	$CO_2 : O_2$	Extra-CO_2 cmm
1. Stunde	1,6	156
2. Stunde	1,6	139
3. Stunde	1,4	87
4. Stunde	1,3	58
5. Stunde	1,2	27

Betrachten wir als Maß des normalen Stoffwechsels den Sauerstoffverbrauch in Knopscher Lösung, setzen diesen gleich 1 und vergleichen die verschwindenden und entstehenden Stoffe nach Molen, so ist in dem Nitratgemisch der Sauerstoffverbrauch gleich 1,4, die Ausscheidung an Gesamtkohlensäure gleich 2,1, die Ausscheidung an Extra-Kohlensäure gleich 0,7, das ist 70% des normalen Stoffwechsels. Der Stoffwechsel der Alge erleidet also in dem Nitratgemisch eine tiefgreifende Veränderung; diese wird viele Stunden ohne Schädigung ertragen, die Zelle bleibt unverändert grün und teilungsfähig.

IV. Ammoniak und Extra-Kohlensäure (Dunkelversuche).

Gleichzeitig mit der Extra-Kohlensäure scheiden die Algen ein Reduktionsprodukt der Salpetersäure aus, Ammoniak. Suspendiert man 30 mg Algen (bezogen auf Trockensubstanz) in 10 ccm Nitratgemisch und schüttelt einige Stunden mit Luft oder Sauerstoff, so findet man die Suspensionsflüssigkeit etwa $^1/_{1000}$ normal in bezug auf Ammonnitrat.

Ammoniak und Extra-Kohlensäure erscheinen also zusammen und beide in keiner anderen Flüssigkeit als dem Salpetersäure-Nitratgemisch. Sie sind als Endprodukte eines Vorgangs zu betrachten, in dem die Salpetersäure reduziert wird. Über die relativen Mengen, in denen beide Stoffe ausgeschieden werden, geben Versuche Aufschluß, in denen Ammoniak und Extra-Kohlensäure gleichzeitig für ein und dieselbe Zellsuspension gemessen wurde.

Tabelle 3.

Versuch	Zeit	Extra-CO_2 Milliontel Mole	NH_3 Milliontel Mole	Mole NH_3 auf 2 Mole Extra-CO_2
1 (Protokoll 12)	1. Stunde	12	1	0,17
	2. Stunde	11	3	0,55
	3. u. 4. Stde.	13	6	0,86
2 (Protokoll 13)	1. Stunde	7,2	1,2	0,33
	2. Stunde	6,8	1,2	0,35
	3. Stunde	4,5	2,4	1,1
3 (Protokoll 14)	1. Stunde	7	0,9	0,26
	2. Stunde	6,3	1,3	0,41
	3. Stunde	3,9	1,8	0,92

Tabelle 3 zeigt, daß die Ausscheidung an Extra-CO_2 mit der Zeit abnimmt, die Ausscheidung an Ammoniak mit der Zeit zunimmt, bis in der dritten Stunde auf 2 Moleküle Extra-CO_2 etwa 1 Molekül Ammoniak erscheint. In dieser Periode ist der Vorgang folgendermaßen zu formulieren:

$$HNO_3 + H_2O + 2\,C = NH_3 + 2\,CO_2\,, \tag{12}$$

wobei unter C nicht Kohlenstoff zu verstehen ist, sondern eine organische Verbindung von der Reduktionsstufe des Kohlenstoffs.

Was die früheren Perioden anbetrifft, so fragte es sich, ob anfänglich Ammoniak als solches in der Zelle zurückgehalten wird, etwa durch Adsorption oder Bindung an Säuren. Zur Prüfung wurden die Zellen, nachdem sie einige Stunden in dem Nitratgemisch mit Luft geschüttelt waren, abzentrifugiert und die Sedimente mit $^n/_2$-Salpetersäure zerstört. Nach Übersättigung mit Kaliumcarbonat wurde dann, der Vorschrift von Folin folgend, mit einer Säurevorlage verbunden und bei

25° Luft durchgeblasen. In die Vorlage gingen hierbei nur Spuren von Ammoniak über. Hieraus ist zu schließen, daß in Betracht kommende Mengen von NH_3 oder NH_4^+ in der Zelle nicht zurückgehalten werden.

Weitere Versuche betrafen die Frage, ob die Reduktion in den ersten Stunden andere Wege gehe und Endprodukte, wie salpetrige Säure, Stickoxydul oder freier Stickstoff aufträten. Salpetrige Säure ließ sich in den von Zellen abgetrennten Zentrifugaten mittels der empfindlichen Diazoreaktion nicht nachweisen. Stickoxydul war nach den Gasanalysen auszuschließen; denn die Absorption in der Kalilaugepipette war stets nach einmaligem Übertreiben beendigt, während sich die Anwesenheit von Stickoxydul durch eine allmähliche Absorption in der großen Flüssigkeitsmenge hätte verraten müssen. Um auf Stickstoff zu prüfen, wurde die Nitratreduktion in fast reinem (99,8proz.) Sauerstoff vorgenommen; nach 2 Stunden wurde das Gas in den Analysenapparat übergeführt, in dem sich eine bekannte Menge Stickstoff befand. Kalilauge und Hydrosulfit absorbierten hierbei das eingeführte Gas ebenso vollständig wie den zum Versuch verwendeten Sauerstoff; der Gasrest hatte also während der Reduktion nicht zugenommen. Beispielsweise betrug der Gasrest vor und nach einem Versuch (Protokoll 15) 0,02 ccm, war somit sicher um weniger als 0,01 ccm vermehrt, während 0,25 ccm Stickstoff hätten entstehen müssen, wenn die Reduktion vorwiegend nach der Gleichung

$$2\,N_2O_5 + 5\,C = 2\,N_2 + 5\,CO_2 \tag{13}$$

verlaufen wäre.

Es scheint also, daß als einziges Endprodukt der Reduktion Ammoniak von der Zelle abgegeben wird, jedoch zunächst in geringeren Mengen, als nach der Produktion an Extra-Kohlensäure zu erwarten wäre. Die Auffassung liegt nahe, daß das in den ersten Stunden entstehende Ammoniak teilweise von der Zelle zum Aufbau ihrer Leibessubstanz zurückgehalten, d. h. assimiliert wird, und daß erst nachdem die Zelle mit Stickstoff gesättigt ist, alles neugebildete Ammoniak an die Außenflüssigkeit abgegeben wird. Wir hätten dann zu unterscheiden die Perioden der Assimilation, in der die Salpetersäure reduziert und das Reduktionsprodukt zum Aufbau verwertet wird, und die Periode der reinen Reduktion, in der eine Verwertung nicht mehr stattfindet.

Diese Auffassung wird gestützt durch Versuche mit stickstoffarmen Zellen, die man sich durch Bestrahlung in nitratfreien Lösungen verschaffen kann. Als stickstofffreie Lösungen dienten $^n/_{10}$-$NaHCO_3$ oder Knopsche Flüssigkeit, deren Nitrate durch Chloride ersetzt waren. In derartigen Lösungen kann Kohlensäure tagelang lebhaft assimiliert werden; bei konstanter Stickstoffmenge und wachsendem Gesamtgewicht tritt dann eine Verarmung an Stickstoff ein. Als stickstoffreiche

Zellen bezeichnen wir solche, die in einer nitratreichen Flüssigkeit bestrahlt waren.

Um vergleichbares Material an beiden Zellarten zu gewinnen, wurde eine normale Kultur in 2 Teile geteilt; der eine Teil wurde mit einer nitrathaltigen, der andere Teil mit einer nitratfreien Lösung auf der Zentrifuge mehrmals gewaschen, beide Teile wurden unter Durchlüftung mit kohlensäurehaltiger Luft etwa 20 Stunden bestrahlt und dann, jeder Teil gesondert, in das Nitratgemisch eingebracht.

Tabelle 4.

Versuch		$CO_2 : O_2$	NH_3 Milliontel Mole	Mole NH_3 : 2 Molen Extra-CO_2
1	Stickstoffreiche Zellen . .	1,6	2	0,5
(Protokoll 16)	Stickstoffarme Zellen. . .	1,6	0	—
2	Stickstoffreiche Zellen . .	1,8	3,6	0,5
(Protokoll 17)	Stickstoffarme Zellen. . .	1,7	0	—

In Tabelle 4 sind die Resultate von 2 Versuchen zusammengestellt, die Versuchszeiten überschritten nicht 2 Stunden, lagen also innerhalb der Periode des „Ammoniakdefizits". Die stickstoffreichen Zellen verhalten sich wie oben beschrieben; mit der Extra-Kohlensäure erscheint reichlich Ammoniak, jedoch weniger als nach Gleichung 12 zu erwarten wäre. Die stickstoffarmen Zellen scheiden, relativ zum Sauerstoffverbrauch, die gleichen Mengen Extra-Kohlensäure aus, wie die stickstoffreichen Zellen, die Quotienten $CO_2 : O_2$ sind für beide Zellarten nicht sehr verschieden; in bezug auf die Ammoniakausscheidung jedoch ergibt sich ein qualitativer Unterschied, die stickstoffarmen Zellen geben keine nachweisbaren Mengen Ammoniak an die umgebende Flüssigkeit ab.

Das Ammoniakdefizit ist also um so größer, je stickstoffärmer die Zellen sind oder, wie wir auch sagen können, je größer ihr Stickstoffbedarf. Wir schließen daraus auf eine Assimilation des Ammoniaks als Ursache des Defizits und nehmen an, daß in dem Nitratgemisch der Stickstoff der Salpetersäure zunächst nicht nur reduziert, sondern auch assimiliert wird. Ist dieser Schluß richtig, so ergibt sich die Möglichkeit, die Assimilation der Nitrate, geradeso wie ihre Reduktion, direkt zu messen und ihre Beeinflussung durch Bestrahlung, Narkotica, Blausäure usw. zu untersuchen, ein weites Feld für spätere Versuche.

Im Zusammenhang dieser Arbeit allerdings bedeutet die Assimilation eine unerwünschte Komplikation, nicht nur, weil dabei ein Endprodukt der Reduktion verschwindet und so der Messung entzogen wird, sondern auch aus folgendem Grunde: Entsteht bei der Assimilation beispielsweise Amidocapronsäure, so können wir, analog Gleichung 12, schreiben:

$$C_6H_{12}O_6 + HNO_3 + 3{,}5\,C = C_6H_{13}NO_2 + 3{,}5\,CO_2\,. \qquad (14)$$

Es bildet sich also pro Mol reduzierter Salpetersäure mehr Extra-Kohlensäure als bei der reinen Reduktion; solange wir die Endprodukte der Assimilation nicht kennen, darf die Menge des reduzierten Nitrats nicht aus der Extra-Kohlensäure berechnet werden. Eine solche Berechnung wird erst in der Periode der reinen Reduktion zulässig; hier entspricht der Bildung von zwei Molekülen Extra-Kohlensäure die Reduktion von einem Molekül Salpetersäure (Gleichung (12)).

V. Trennung der Nitratreduktion von der Atmung und Kohlensäureassimilation mittels Blausäure (Dunkelversuche).

Wie früher beschrieben[1], lassen sich Sauerstoffatmung und Kohlensäureassimilation der Alge mittels Blausäure trennen, und zwar ist die Kohlensäureassimilation von beiden Vorgängen der empfindlichere. Zur Hemmung der Kohlensäureassimilation um 50% ist eine $4 \cdot 10^{-5}$ normale, zur Hemmung der Sauerstoffatmung um den gleichen Betrag eine 10^{-1} normale Blausäurelösung erforderlich.

Ähnlich liegen die Verhältnisse, wenn wir die Algen der gleichzeitigen Wirkung von Salpetersäure und Blausäure aussetzen, indem wir sie in blausäurehaltigen Nitratgemischen suspendieren. Nach Tabelle 5 ist hier zur Hemmung der Kohlensäureassimilation um 20% eine 10^{-5} normale Blausäurelösung erforderlich, zur Hemmung der Sauerstoffatmung um den gleichen Betrag eine 10^{-2} normale Blausäurelösung, d. h. die tausendfache Konzentration.

Tabelle 5.

HCN Mole pro Liter	10^{-6}	10^{-5}	10^{-4}	10^{-3}	10^{-2}	Proto-koll-Nr.
Hemmung der Sauerstoffatmung . .			1,5%	13%	26%	18
Hemmung d. Kohlensäureassimilation		19%				19

Noch empfindlicher als die Kohlensäureassimilation ist die Nitratreduktion. Eine 10^{-6} normale Blausäurelösung hemmt die Ausscheidung an Extra-Kohlensäure und Ammoniak um 60—80%, eine 10^{-5} normale Blausäurelösung um etwa 95% (Tabellen 6 und 7). Die Nitratreduktion

[1] Diese Zeitschr. **100**, 264. 1919; **103**, 199. 1920.

Tabelle 6.

Versuch	HCN-Mole pro Liter	O_2-Verbrauch cmm	CO_2-Produktion cmm	Extra-CO_2 cmm	Extra-CO_2 10^{-6} Mole	NH_3 10^{-6} Mole
1 (Protokoll 20)	0	228	387	**159**	7,2	**1,8**
	10^{-6}	249	314	**65**	2,9	**0,28**
	10^{-5}	215	227	**12**	0,5	**0**
2 (Protokoll 21)	0	360	637	**277**	12,6	**2,6**
	10^{-5}	353	363	**10**	0,45	**0,1**

Tabelle 7.

Versuch	HCN-Mole pro Liter	10^{-6}	10^{-5}
1	Hemmung der Ausscheidung an Extra-CO_2 . . .	59%	92%
	Hemmung der Ausscheidung an NH_3	83%	96%
2	Hemmung der Ausscheidung an Extra-CO_2 . . .		96%
	Hemmung der Ausscheidung an NH_3		96%

ist somit 20mal empfindlicher als die Kohlensäureassimilation und 20000mal empfindlicher als die Sauerstoffatmung.

In der Nitratreduktion verbrennt Kohlenstoff durch gebundenen Sauerstoff, in der Atmung verbrennt Kohlenstoff durch freien Sauerstoff. Die Tatsache, daß gleichwohl eine glatte Trennung beider Vorgänge mittels Blausäure möglich ist, zeigt, daß beiden Vorgängen durchaus verschiedene Mechanismen zugrunde liegen.

Theorie[1]. Die spezifische Beeinflussung der Lebensvorgänge durch Blausäure beruht darauf, daß sie Schwermetalle aus einer katalytischen wirksamen Form in katalytisch unwirksame komplexe Cyanide überführt. Blausäure wirkt in sehr kleinen Mengen, weil die in der Zelle wirksamen Schwermetallmengen sehr kleine sind.

Die Richtigkeit dieser Theorie vorausgesetzt, spielen also auch bei der Nitratreduktion, wie bei vielen anderen Lebensvorgängen, Schwermetallspuren eine Rolle.

VI. Thermodynamik der Nitratreduktion.

Oxydieren wir Ammoniak in saurer Lösung zu Salpetersäure, so verläuft der Vorgang nach folgender Gleichung:

$$NH_4^+ + 2\,O_2 = NO_3^- + H_2O + 2\,H^+ . \qquad (15)$$

Bezeichnen wir mit A die maximale Arbeit, die hierbei gewonnen wird, so ist

$$A = RT \ln \frac{NH_4^+ \cdot (p_{O_2})^2}{NO_3^- \, (H^+)^2} - RT \ln K. \qquad (16)$$

[1] Zeitschr. f. physiol. Chemie **92**, 231. 1914.

Die Änderungen der freien Energie für die Übergänge der verschiedenen Oxydationsstufen des Stickstoffs ineinander sind vor kurzem von H. Pick[1] berechnet und die hierbei erhaltenen Werte in Form einer Potentialtabelle zusammengestellt. Aus dieser Tabelle ergibt sich für den Übergang $NH_4^+ \rightarrow NO_3^-$ die Änderung der freien Energie zu $+ 65500$ cal, wenn die Konzentration der gelösten Reaktionsteilnehmer 1 Mol pro Liter, der Druck der gasförmigen Reaktionsteilnehmer 1 Atmosphäre ist. Setzen wir diesen Wert in Gleichung (16) ein, so ist ($T_{\text{absol}} = 298^0$)

$$A_{\text{cal}} = R\,T \ln \frac{NH_4^+ \cdot (p_{O_2})^2}{NO_3^- \cdot (H^+)^2} + 65\,500\,. \tag{17}$$

Lassen wir die Oxydation in unserem Nitratgemisch unter Schütteln mit Luft vor sich gehen, so ist einzusetzen für

$$p_{O_2} = 0{,}2; \qquad NO_3^- = 10^{-1}; \qquad H^+ = 10^{-2}.$$

Die NH_4-Konzentration ändert sich während der Oxydation, ihr mittlerer Wert liegt in unserer Anordnung bei $0{,}5 \cdot 10^{-3}$. Legen wir diesen Wert zugrunde, so wird ($T_{\text{absol}} = 298^0$)

$$A_{\text{cal}} = 2740 + 65\,500 = 68\,240.$$

Um also unter unseren Versuchsbedingungen Salpetersäure zu Ammoniak zu reduzieren, müssen rund 68000 cal Arbeit zugeführt werden. Diese Arbeit könnte durch die Sauerstoffatmung geliefert werden; wahrscheinlich war dies von vornherein nicht, da die Atmungsarbeit eine wenn auch noch zumeist unbekannte Bestimmung in der Zelle hat und nicht anzunehmen ist, daß diese Arbeit, wenn die Zellen in das Nitratgemisch eingebracht werden, zu einem großen Teil ihrer früheren Bestimmung entzogen werden kann.

In der Tat wird die zur Reduktion erforderliche Arbeit nicht durch die Sauerstoffatmung geliefert, sondern durch einen mit der Reduktion gekoppelten Vorgang, in welchem Sauerstoff der Salpetersäure und Sauerstoff des Wassers sich mit Kohlenstoff organischer Verbindungen zu Kohlensäure vereinigt.

Um die Änderung der freien Energie für diesen gekoppelten Vorgang zu berechnen, denken wir ihn in zwei Phasen verlaufend. In der ersten Phase bilde sich Sauerstoff von $^1/_5$ Atmosphärendruck nach der Gleichung:

$$NO_3^- + H_2O + 2\,H^+ = NH_4^+ + 2\,O_2 - 68\,000 \text{ cal.} \tag{18}$$

[1] Zeitschr. f. Elektrochemie **26**, 182. 1920.

In der zweiten Phase reagiere dieser Sauerstoff mit dem Kohlenstoff eines Kohlenhydrats nach der Gleichung:

$$2\,O_2 + 2\,C = 2\,CO_2 + 2 \cdot 115\,000 \text{ cal.} \tag{19}$$

Die Zahl 115000 cal ist für $^1/_6$ Mol Traubenzucker nach der Nernstschen Näherungsformel in derselben Weise berechnet, wie der Wert von Pollitzer (98000 cal) für die Verbrennung von amorphem Kohlenstoff. Addieren wir die Gleichungen (18) und (19), so erhalten wir für den Gesamtvorgang:

$$NO_3^- + H_2O + 2\,H^+ + 2\,C = NH_4^+ + 2\,CO_2 + 162\,000 \text{ cal.} \tag{20}$$

Unter den Bedingungen unserer Versuche werden also bei der Nitratreduktion rund 160000 cal Arbeit frei, oder, wie wir auch sagen können, nutzlos entwickelt, während 68000 cal Arbeit in Form chemischer Energie der Zelle erhalten bleiben.

Es berechnet sich so für die Nitratreduktion ein Nutzeffekt von etwa 30%.

VII. Narkose und Nitratreduktion (Dunkelversuche).

Bringt man die Algen in Nitratgemische, denen mittlere Konzentrationen eines Narkoticums zugesetzt sind, so gehen sie in einigen Stunden unter Braunfärbung zugrunde; werden die braunen Zellen abzentrifugiert, so findet man in den überstehenden Flüssigkeiten reichliche Mengen salpetriger[1] Säure. An Phenylurethan genügt eine Konzentration von 0,026 g in 100 ccm $= 1{,}6 \cdot 10^{-3}$ Molen pro Liter, um diese Wirkung hervorzubringen, während höhere Konzentrationen in Knopscher Lösung oder Carbonatgemischen unter sonst gleichen Bedingungen[2] unschädlich sind.

Es war deshalb nicht möglich, die Wirkung der Narkotica auf die Nitratreduktion in einem ähnlich weiten Konzentrationsbereich zu prüfen, wie früher[2] die Wirkung auf Atmung oder Kohlensäureassimilation. Immerhin haben Versuche mit Phenylurethan ein bemerkenswertes Resultat ergeben.

Die höchste Konzentration an Phenylurethan, die in mehrstündigen Versuchen ohne Schädigung angewendet werden kann, ist 0,013% $= 0{,}8 \cdot 10^{-3}$ Mole pro Liter Nitratgemisch. Diese Konzentration hemmt die Kohlensäureassimilation fast völlig, die Bildung an Extra-Kohlensäure jedoch nur um etwa 30%. Wir können uns also mittels Phenylurethan Zellen verschaffen, die zwar Salpetersäure noch lebhaft

---

[1] Vgl. hierzu das folgende Kapitel.
[2] Diese Zeitschr. **100**, 265. 1919 und **103**, 196. 1920.

reduzieren, Kohlensäure jedoch nicht mehr photochemisch zerlegen. Bestrahlungsversuche mit derartigen Zellen waren entscheidend für die Frage, in welcher Weise das Licht die Nitratreduktion beeinflußt (Kapitel X).

Einige Resultate für Zellen in Nitratgemisch ohne Narkoticum und mit 0,013% Narkoticum sind in Tabelle 8 zusammengestellt.

Tabelle 8.

Versuch	Lösung	$CO_2 : O_2$	Extra-CO_2 cmm	Hemmung der Ausscheidungen an Extra-CO_2
1	ohne Phenylurethan .	1,5	82	33%
(Protokoll 22)	0,013% Phenylurethan	1,3	55	
2	ohne Phenylurethan .	1,5	99	27%
(Protokoll 23)	0,013% Phenylurethan	1,3	72	
3	ohne Phenylurethan .	1,6	210	30%
(Protokoll 24)	0,013% Phenylurethan	1,35	150	

Die Atmung war in allen Fällen etwas beschleunigt. Beschleunigung der Atmung bewirkt, auch wenn die Ausscheidung an Extra-Kohlensäure unverändert ist, ein Sinken des Quotienten $CO_2 : O_2$; die Änderung dieses Quotienten ist deshalb hier kein Maß für die Hemmung Extra-CO_2-Ausscheidung.

Wird durch eine bestimmte Konzentration Phenylurethan die Atmung beschleunigt, die Nitratreduktion ein wenig gehemmt, die Kohlensäureassimilation völlig gehemmt, so können wir unser Resultat dahin zusammenfassen, daß die Nitratreduktion, hinsichtlich ihrer Empfindlichkeit gegen Narkotica, zwischen Atmung und Kohlensäureassimilation steht.

VIII. Einfluß der Sauerstoffkonzentration (Dunkelversuche).

a) In den bisher beschriebenen Versuchen entsprach die Sauerstoffkonzentration der Nitratgemische der Sättigungskonzentration für $^1/_5$ Atmosphäre Sauerstoffdruck; der Gasraum der Schüttelgefäße war mit Luft gefüllt und änderte seine Zusammensetzung während der Versuche nur unwesentlich. Die Zellen blieben hierbei, wie erwähnt, lange Zeit unverändert grün und teilungsfähig.

Füllt man jedoch den Gasraum der Schüttelgefäße mit Mischungen niedrigen Sauerstoffpartialdrucks oder bringt man die Suspensionen in gasdicht verschlossene Zylinder, so werden die Zellen bald hellgrün und schließlich braun. In anderen Flüssigkeiten — der Knopschen

Lösung, einer neutralen Natriumnitratlösung, einer verdünnten Schwefelsäurelösung — wird eine derartige Wirkung des Sauerstoffmangels nicht beobachtet. Freie Salpetersäure zerstört also bei Sauerstoffmangel das Chlorophyll.

Schon bevor die Zellen ihre Farbe ändern, sind sie tot, nicht mehr teilungsfähig und nicht mehr imstande, Kohlensäure zu assimilieren. Der zeitliche Verlauf der Schädigung läßt sich in einfacher Weise verfolgen, indem man Proben ein- und derselben Zellsuspension verschiedene Zeiten dem Sauerstoffmangel aussetzt und dann unter normalen Bedingungen die Maximalgeschwindigkeit der Kohlensäureassimilation mißt. Bei dem in Tabelle 9 wiedergegebenen Versuch wurde die Zerstörung des Chlorophylls nach etwa 2 Stunden sichtbar, während das Assimilationsvermögen schon nach $^1/_2$ Stunde deutlich herabgesetzt, nach $1^1/_2$ Stunden fast völlig verschwunden war.

Tabelle 9 (Protokoll 25).

0,1 ccm Zellen in 10 ccm Nitratgemisch.

	Nach Unterbrechung der Sauerstoffzufuhr von			
	0′	30′	60′	90′
Maximale Assimilation in 15′ (cmm zersetzte CO_2)	60	48	18	5

b) Bei niedrigen Sauerstoffkonzentrationen erscheint neben Ammoniak ein zweites Reduktionsprodukt der Salpetersäure, die salpetrige Säure. Nitratgemische, in denen Algen kurze Zeit unter Sauerstoffmangel suspendiert waren, geben mit dem Diazoreagens beim Erwärmen tiefrote Färbungen. 0,1 ccm Algen, in 10 ccm Nitratgemisch suspendiert, scheiden hierbei pro Stunde so viel salpetrige Säure aus, daß die umgebende Flüssigkeit in bezug auf HNO_2 10^{-5} bis 10^{-4} normal wird (Protokoll 26).

c) Die giftige Wirkung des Sauerstoffmangels ist nichts anderes als eine Nitritvergiftung: In einem Nitratgemisch, dem 10^{-5} Mole salpetrige Säure pro Liter zugesetzt sind und das mit Luft oder Sauerstoff geschüttelt wird, gehen die Algen unter denselben Erscheinungen, Verblassung und Braunfärbung, zugrunde, wie bei Sauerstoffmangel in anfänglich nitritfreiem Nitratgemisch.

d) Die Nitritbildung wird durch Blausäure nicht gehemmt. Bringt man gleiche Mengen grüner Zellen in gleiche Mengen blausäurehaltiger und blausäurefreier Nitratgemische und beobachtet bei unterbrochener Sauerstoffzufuhr den zeitlichen Verlauf der Verfärbung, so ist kein Unterschied wahrzunehmen. Da die Ammoniakbildung durch Blausäure völlig gehemmt wird (Kapitel V), so ist zu schließen, daß der Reduktion zu Nitrit und der Reduktion zu Ammoniak verschiedene

Mechanismen zugrunde liegen. Offenbar ist nur die Reduktion zu Ammoniak ein physiologischer Vorgang.

e) Die Ammoniakausscheidung bei Sauerstoffmangel ist herabgesetzt (Tabelle 10) um so mehr, je länger der Sauerstoffmangel einwirkt (Versuch 2 der Tabelle) oder je weiter die Nitritvergiftung vorgeschritten ist. Durch Nitrit abgetötete Zellen sind nicht mehr imstande, Salpetersäure zu Ammoniak zu reduzieren, bei der Empfindlichkeit dieses Reduktionsvorganges ein zu erwartendes Resultat.

Tabelle 10.
0,1 ccm Zellen auf 10 ccm Nitratgemisch.

Versuch	Sauerstoffdruck in Atmosphären	Zeit	Ammoniakausscheidung in Milliontel Molen
1 (Protokoll 27)	0,01	4 Stunden	0,08
	0,21	4 Stunden	3,2
2 (Protokoll 28)	0,01	1. Stunde	0,2
		2. Stunde	0
	0,21	1. Stunde	1,0
		2. Stunde	3,0

Wichtiger ist die Frage, ob Sauerstoffmangel auf die Ammoniakausscheidung schon wirkt, ehe die Zellen durch Nitrit vergiftet sind. Leider läßt sich die Ammoniakausscheidung völlig intakter Zellen, nach Unterbrechung der Sauerstoffzufuhr, nicht messen, da die Nitritvergiftung schnell einsetzt. Immerhin ist der Vergiftungsgrad nach 30 Minuten (vgl. Tabelle 9) nur etwa 20%, so daß sich irreversible Folgen der Vergiftung in kurzdauernden Versuchen relativ wenig bemerkbar machen werden.

In Tabelle 11 ist das Resultat eines 30 Minuten dauernden Versuchs zusammengestellt, in dem die ausgeschiedenen Mengen an Ammoniak und salpetriger Säure[1] sowie die gleichzeitig veratmeten Sauerstoffmengen gemessen wurden.

Tabelle 11 (Protokoll 29).
0,1 ccm Zellen in 10 ccm Nitratgemisch.

Im Gleichgewicht mit Sauerstoff von	Veratmeter O_2 Milliontel Mole	Ausgeschiedenes NH_3 Milliontel Mole	Ausgeschiedene HNO_2 Milliontel Mole
0,01 Atmosphären	1,8	0,34	0,26
0,017 ,,	2,4	0,46	0,20
0,055 ,,	4,5	0,9	0,04
0,21 ,,	4,9	1,0	0

[1] Bei Zimmertemperatur und den niedrigen Konzentrationen an salpetriger Säure und Ammoniak wirken beide Stoffe nicht aufeinander, so daß die ausgeschiedenen Mengen nebeneinander bestimmt werden können.

Aus der Tabelle ist ersichtlich, daß sich alle drei Größen in einem Gebiet niedrigen Sauerstoffdrucks erheblich ändern; und zwar wird um so mehr salpetrige Säure, um so weniger Ammoniak ausgeschieden, je geringer der Sauerstoffdruck.

f) *Theorie.* Sinken des Sauerstoffverbrauchs und Bildung von Nitrit sind Erscheinungen, die gleichzeitig bei Verminderung des Sauerstoffdrucks auftreten. Wir schließen daraus, daß ein Sauerstoffatom der Salpetersäure veratmet werden kann wie freier Sauerstoff. Die Veratmung dieses Sauerstoffatoms tritt zurück, wenn die Konzentration an freiem Sauerstoff eine hohe ist; sie wird merklich, wenn der Sauerstoffdruck unter 0,05 Atmosphären sinkt.

Der Einfluß des Sauerstoffdrucks auf die Ammoniakbildung ergibt sich dann aus der einfachen Annahme, daß die in die Zelle eindringende Salpetersäure sofort reduziert wird[1]. Unter solchen Bedingungen ist die Geschwindigkeit der Nitratreduktion bestimmt durch die Menge Salpetersäure, die in einer gegebenen Zeit in die Zelle eindringt, oder die Summe an beiden Reduktionsprodukten, $NH_3 + HNO_2$, ist konstant. Vermindern wir den Sauerstoffdruck, so wird das zweite Glied der konstanten Summe größer, das erste also kleiner.

Bildlich gesprochen gibt es für den Strom der in die Zelle eindringenden Salpetersäure zwei Kanäle; in dem ersten erfolgt Reduktion zu Ammoniak, in dem zweiten zu Nitrit. Sinkt der Sauerstoffdruck, so hebt sich die Schleuse des zweiten Kanals und der Strom in dem ersten wird langsamer.

Für diese Auffassung spricht, daß bei Verminderung des Sauerstoffdrucks die Nitritausscheidung, der Größenordnung nach, um den gleichen Betrag steigt, als die Ammoniakausscheidung fällt (Tabelle 11). Eine genauere Übereinstimmung ist nicht zu erwarten, da wir die ausgeschiedenen, nicht die gebildeten Mengen der beiden Reduktionsprodukte messen.

IV. Extra-Sauerstoff und Ammoniak bei Bestrahlung.

a) *Extra-Sauerstoff.* Die Menge des von der Zelle in einer bestimmten Zeit aufgenommenen oder abgegebenen Sauerstoffs sei x_{O_2}, die Menge der von der Zelle gleichzeitig aufgenommenen oder abgegebe-

[1] Trocknet man die Algen durch Überblasen eines Luftstroms bei Zimmertemperatur und nimmt sie wieder in Knopscher Lösung auf, so sind sie unverändert, was Form und Farbe anbetrifft; doch ist ihre Grenzschicht zerstört, wie man auf vielfache Weise zeigen kann. Bringt man derartige vorbehandelte Algen in das Nitratgemisch und schüttelt mit Sauerstoff, so färben sie sich in etwa 10 Minuten braun. Der Versuch zeigt, daß in dem Nitratgemisch zwischen dem Innern der lebenden Zelle und der umgebenden Flüssigkeit kein Ausgleich der Konzentrationen stattfindet.

nen Kohlensäure x_{CO_2}; Gasaufnahme werde negativ, Gasabgabe positiv gerechnet. Als Extra-Gas bezeichnen wir dann die algebraische Summe des Sauerstoff- und Kohlensäurewechsels, so daß

$$\text{Extra-Gas} = x_{O_2} + x_{CO_2}.$$

Im allgemeinen ist die Menge der abgegebenen Gase nahezu gleich der Menge der aufgenommenen Gase, die Ausscheidung an Extra-Gas also sehr klein. In dem Nitratgemisch ist ohne Bestrahlung, wie wir gesehen haben, die Kohlensäureabgabe größer als die Sauerstoffaufnahme, es wird Extra-Kohlensäure ausgeschieden; von einer bestimmten Intensität der Bestrahlung an ist die Sauerstoffabgabe größer als die Kohlensäureaufnahme, es wird Extra-Sauerstoff ausgeschieden.

b) Bestrahlen wir Algen unter Ausschluß von Kohlensäure, so wird gleichwohl, solange die Zelle lebt, Sauerstoff ausgeschieden, der aus Bestandteilen der Zelle — chemisch gebundener Kohlensäure oder anderen Stoffen — stammt. Die Geschwindigkeit dieser Sauerstoffproduktion ist in Lösungen von Chloriden, Sulfaten oder Phosphaten sehr klein, sie steigt auf den 15- bis 20fachen Wert, wenn wir die Algen in das Nitratgemisch bringen.

Die Ausscheidung von Extra-Sauerstoff in den Nitratgemischen wird verständlich auf Grund der Dunkelversuche; nehmen wir an, daß bei Bestrahlung die Dunkelreaktion, in der die Salpetersäure reduziert wird, weitergeht, so muß hier das Extra-Gas in Form von Sauerstoff erscheinen, da Kohlensäure in einer bestrahlten Zelle nicht beständig ist. Als neue Tatsache jedoch kommt hinzu, daß Extra-Gas und Ammoniak bei Bestrahlung in sehr viel größeren Mengen auftreten als im Dunkeln.

Tabelle 12.

Lichtquelle 150 Kerzen in 4 ccm Entfernung.

Versuch		Extragas Milliontel Mole	Ammoniak Milliontel Mole	Mole Ammoniak auf 2 Mole Extragas
1	dunkel	7,2 (CO_2)	1,6	0,44
(Protokoll 30)	hell	20,7 (O_2)	5,6	0,54
2	dunkel	5,9 (CO_2)	1,4	0,5
(Protokoll 31)	hell	16,7 (O_2)	4,4	0,5
3	dunkel	5,9 (CO_2)	1,2	0,4
(Protokoll 32)	hell	14,4 (O_2)	2,4	0,33
4	dunkel	1,4 (CO_2)		
(Protokoll 33)	hell	12,2 (O_2)		

Versuch 1—3 der Tabelle 12 zeigen, in welchem Maß Extra Gas- und Ammoniakausscheidung im allgemeinen durch Bestrahlung beschleu-

nigt werden; es erscheint $2^1/_2$—3mal soviel Extra-Sauerstoff als Extra-Kohlensäure im Dunkeln, und gleichzeitig die 2—3fache Menge an Ammoniak.

Betrachten wir wiederum, wie im ersten Kapitel, als Maß des Gesamtstoffwechsels die Dunkelatmung in KNOPscher Lösung und vergleichen die verschwindenden und entstehenden Gase nach Molen, so beträgt der bei Bestrahlung auftretende Extra-Sauerstoff rund 200% des Gesamtstoffwechsels. Diese tiefgreifende Veränderung der Lebenstätigkeit wird lange Zeit ertragen, ohne daß die Alge zugrunde geht.

Versuch 4 ist mit Zellen einer alten Kultur angestellt, in denen die Dunkelreduktion der Salpetersäure relativ langsam verläuft; hier steigt die Extra-Gasbildung bei Bestrahlung auf das 9fache.

c) Sind die Endprodukte der Nitratreduktion Sauerstoff und Ammoniak, so lautet die Gleichung der Reduktion

$$HNO_3 + H_2O = NH_3 + 2\,O_2\,. \tag{1}$$

Hiernach müßte mit 2 Molen Extra-Sauerstoff 1 Mol Ammoniak erscheinen, während (letzte Spalte der Tabelle 12) nur 0,3—0,5 Mole Ammoniak gefunden werden. Auch wenn man die Ausscheidung beider Stoffe 8 Stunden lang verfolgt, findet man keine Änderung zugunsten der Gleichung (1). Es besteht also, gegenüber dem Extra-Sauerstoff, ein „Ammoniakdefizit", zu dessen Erklärung nach anderen Reduktionsprodukten der Salpetersäure gesucht wurde.

Salpetrige Säure ließ sich mittels der empfindlichen Diazoreaktion nicht nachweisen, Stickoxydul war nach dem Verlauf der Gasanalysen (vgl. Kap. IV) auszuschließen. Auch Stickstoff, der nach Gleichung

$$2\,N_2O_5 = 2\,N_2 + 5\,O_2 \tag{21}$$

entstehen könnte, bildet sich, wie eingehende Versuche zeigten, nicht; die Gasreste blieben während der Reduktion konstant (Protokoll 34).

Es scheint demnach, daß andere Reduktionsstufen der Salpetersäure neben Ammoniak nicht auftreten und daß das Ammoniakdefizit auf eine Stickstoffassimilation zurückzuführen ist. Die Reduktion nach Gleichung (1) wäre dann mit anderen Reduktionsvorgängen gekoppelt (Gleichung (14), Kap. IV), die neben der Nitratreduktion Quellen des Extra-Sauerstoffs sein könnten. Ebenso liegen die Verhältnisse anfänglich im Dunkeln; während jedoch hier die Assimilation allmählich gegen die Reduktion zurücktritt, wird bei Bestrahlung offenbar die Koppelung zwischen Assimilation und Reduktion nie gelöst.

X. Mechanismus der Lichtwirkung.

a) Folgt bei Bestrahlung auf die Dunkelreaktion

$$HNO_3 + H_2O + 2\,C = NH_3 + 2\,CO_2 + 162000 \text{ cal}, \tag{12}$$

die Reaktion

$$2\,CO_2 = 2\,C + 2\,O_2 - 230000 \text{ cal}, \tag{22}$$

so fällt die Kohlensäure, wie die Addition beider Gleichungen ergibt, aus der Bilanz heraus und wir erhalten für den Anfangs- und Endzustand

$$HNO_3 + H_2O = NH_3 + 2\,O_2 - 68000 \text{ cal}. \tag{1}$$

Hierbei spielt die Kohlensäure als Zwischenkörper eine wichtige Rolle, indem durch ihre Vermittlung die zur Nitratreduktion erforderlichen 68000 cal. Arbeit von der absorbierten Strahlung geleistet werden.

Diese Auffassung erklärt zunächst nur, daß bei Bestrahlung als Endprodukt der Reduktion statt Kohlensäure Sauerstoff erscheint, jedoch nicht, warum mehr Sauerstoff erscheint als Kohlensäure.

Die Frage, in welcher Weise Bestrahlung die Reduktion beschleunigt, konnte durch einen einfachen Versuch beantwortet werden. Bestrahlt man narkotisierte Zellen, in denen die Dunkelreduktion der Salpetersäure nur wenig, die Kohlensäureassimilation fast völlig gehemmt ist[1], so steigt die Ausscheidung an Extra-Gas um einen ähnlichen Betrag wie bei Bestrahlung normaler Zellen; das Extra-Gas in der Narkose ist jedoch kein Sauerstoff, sondern Kohlensäure (Tabelle 13). Es geht daraus hervor, daß Bestrahlung den Vorgang nach Gleichung (12) beschleunigt, und daß zwei durchaus verschiedene Wirkungen der Bestrahlung zu unterscheiden sind, die Kohlensäureassimilation, in der die absorbierte Strahlung Arbeit leistet, und die Beschleunigung eines von selbst verlaufenden Vorgangs.

Tabelle 13
Nitratgemisch, 0,013% Phenylurethan.

Versuch		Extra-CO_2 ccm	$\frac{\text{Extra-}CO_2 \text{ hell}}{\text{Extra-}CO_2 \text{ dunkel}}$
1 (Protokoll 35 I)	dunkel hell[2])	0,1 0,23	2,3
2 (Protokoll 35 II)	dunkel hell[2])	0,15 0,28	1,9
3 (Protokoll 36)	dunkel hell[2])	0,09 0,26	2,9

[1] Vgl. Kapitel VII.
[3] 150 Kerzen in 4 cm Entfernung.

b) Liegt der Beschleunigung der Nitratreduktion und der Kohlensäureassimilation derselbe photochemische Primärvorgang zugrunde, so ist zu erwarten, daß wir ähnliche Wirkungen beobachten, wenn wir gleiche Mengen Strahlung absorbieren lassen. Zur Prüfung dieser Frage wurden die Geschwindigkeiten der Nitratreduktion und der Kohlensäurereduktion bei verschiedenen Bestrahlungsintensitäten verglichen.

Nach früheren Versuchen wird die Wirkung der Bestrahlung auf die Kohlensäurereduktion für unser Versuchsobjekt bei einigen 100 Meterkerzen (Nitralampe) merklich und wächst bis zu Bestrahlungsintensitäten von einigen 10000 Meterkerzen[1]. In einem Gebiet gleicher Intensität beginnt und wächst die Wirkung auf die Nitratreduktion, wie Tabelle 14 zeigt.

Tabelle 14.

Versuch	Intensität der Bestrahlung	Extragas	Extragas hell minus Extragas dunkel in ccm = Wirkung der Bestrahlung
1	dunkel	0,16	
(Protokoll 30)	500 Meterkerzen	0,25	0,09
	über 20000 Meterkerzen	0,46	0,30
2	dunkel	0,13	
(Protokoll 31)	500 Meterkerzen	0,22	0,09
	über 20000 Meterkerzen	0,37	0,24

c) *Theorie.* Wird die Geschwindigkeit der Nitratreduktion durch die Menge Salpetersäure bestimmt, die in einer gegebenen Zeit in die Zelle eindringt, so kann eine Beschleunigung nur eintreten, wenn sich der Aufnahmemechanismus ändert. In einer derartigen Änderung sehen wir zunächst den wahrscheinlichsten Grund für die beschleunigende Wirkung der Bestrahlung.

XI. Protokolle.

Versuchstemperatur: 25 Grad.

„*G*“: Gasanalytische Methode. x_{O_2} nach Gleichung 5, x_{CO_2} nach Gleichung 6 berechnet.

„*D*“: Druckmethode. x_{O_2} nach Gleichung 7, x_{CO_2} nach Gleichung 11 berechnet.

„Stickstoff“ bei den Luftanalysen bedeutet den Gasrest der Luft, also Stickstoff + Edelgase.

Nr. 1. Vergleich der gasanalytischen und der Druckmethode.

Zellmaterial: In $^n/_{10}$-$NaNO_3$, $^n/_{100}$-HNO_3. Für Gasanalyse die doppelte Zellkonzentration wie für Druckmethode.

a) *Gasanalyse.* In den Rezipienten 10 ccm Zellsuspension eingefüllt, bei 25° mit Luft gesättigt. Barometerstand bei Schluß der Hähne 753 mm Hg.

$$v_F = 10; \quad v_G = 11{,}9; \quad K_{O_2} = 11{,}3; \quad K_{CO_2} = 18{,}5.$$

[1] Diese Zeitschr. **100**, 256. 1919.

Prozentische Zusammensetzung der Gasmischung vor dem Versuch: 0% CO_2, 20,9% Sauerstoff, 79,1% Stickstoff.

Prozentische Zusammensetzung der Gasmischung nach 60 Min.: Stickstoff im Apparat 6,16 ccm. Gasvolumen nach Einsaugen der Gasprobe: 12,48 ccm. Eingesaugt: 6,32 ccm. Nach Absorption durch Kalilauge: 12,28 ccm. Nach Absorption durch Hydrosulfit: 11,16 ccm. $CO_2 = 0{,}20$ ccm $= 3{,}16\%$. $O_2 = 1{,}12$ ccm $= 17{,}7\%$. $N_2 = 79{,}1\%$.

$$x_{O_2} = -0{,}35 \text{ ccm}; \quad x_{CO_2} = +0{,}56 \text{ ccm}; \quad \frac{CO_2}{O_2} = \mathbf{1{,}6}.$$

b) *Druckmethode.* Je 10 ccm Zellensuspension in die Gefäße I und II eingefüllt. In I 2 ccm KOH. Gasraum Luft.

Glas I: $v_F = 12$; $v_M = 1{,}3$; $v_G = 20{,}7$. Konstante 2,06.

Glas II: $v_F = 10$; $v_M = 1{,}3$; $v_G = 18{,}3$. 1. Gefäßkonstante 2,6, 2. Gefäßkonstante 1,42.

Beobachtete Druckänderung in 60 Minuten in Glas I: -87 mm; Glas II: $+9$ mm.

$$x_{O_2} = -179 \text{ ccm}; \quad x_{CO_2} = +278 \text{ ccm}; \quad \frac{CO_2}{O_2} = \mathbf{1{,}56}.$$

c) aus a) und b) auf gleiche Zellmengen berechnet:

	Sauerstoff-verbrauch	Kohlensäure-produktion	$\frac{CO_2}{O_2}$
Gasanalyse	0,35 ccm	0,56 ccm	1,6
Druckmethode	0,36 ccm	0,56 ccm	1,56

Nr. 2. Vergleich der gasanalytischen und der Druckmethode.

Zellmaterial: In $^n/_{10}$-$NaNO_3$, $^n/_{100}$-HNO_3, 0,013% Phenylurethan. Für Gasanalyse die doppelte Zellkonzentration wie für Druckmethode.

a) *Gasanalyse.* In den Rezipienten 10 ccm Zellsuspension eingefüllt, bei 25° mit Luft gesättigt. Barometerstand bei Schluß der Hähne 757 mm Hg.

$$v_F = 10, \quad v_G = 10{,}7, \quad K_{O_2} = 10{,}12, \quad K_{CO_2} = 17{,}34.$$

Prozentische Zusammensetzung der Gasmischung vor dem Versuch: 0% CO_2, 20,9% O_2, 79,1% N_2.

Prozentische Zusammensetzung der Gasmischung nach 60 Min.: Stickstoff im Apparat: 7,12 ccm; Gesamtvolumen nach Einsaugen der Gasprobe: 13,13 ccm; eingesaugt: 6,01 ccm; nach Absorption durch Kalilauge: 12,96 ccm; nach Absorption durch Hydrosulfit: 11,92 ccm. $CO_2 = 0{,}17$ ccm $= 2{,}83\%$, $O_2 = 1{,}04$ ccm $= 17{,}3\%$. $N_2 = 79{,}9\%$.

$$x_{O_2} = -0{,}37 \text{ ccm}; \quad x_{CO_2} = +0{,}47 \text{ ccm}; \quad \frac{CO_2}{O_2} = \mathbf{1{,}27}.$$

b) *Druckmethode.* Je 10 ccm Zellsuspension in die Gefäße I und II eingefüllt In den Einsatz von I 2 ccm Kalilauge. Gasraum Luft.

Glas I: $v_F = 12$; $v_M = 1{,}1$; $v_G = 24{,}9$. Gefäßkonstante: 2,42.

Glas II: $v_F = 10$; $v_M = 1{,}2$; $v_G = 28{,}0$. 1. Gefäßkonstante: 3,5. 2. Gefäßkonstante: 1,28.

Druckänderung in Glas I nach 60 Minuten: — 81 mm.
Druckänderung in Glas II nach 60 Minuten: 0 mm.

$$x_{O_2} = -196 \text{ cmm}; \quad x_{CO_2} = +251 \text{ cmm}, \quad \frac{CO_2}{O_2} = \mathbf{1{,}28}.$$

c) aus a) und b) auf gleiche Zellmengen berechnet:

	Sauerstoff-verbrauch	Kohlensäure-produktion	$\frac{CO_2}{O_2}$
Gasanalyse	0,37 ccm	0,47 ccm	1,27
Druckmethode	0,39 ccm	0,50 ccm	1,28

Nr. 3. Quotient $\frac{CO_2}{O_2}$ *in* $^n/_{10}$-$NaNO_3$ (*D*).

Je 10 ccm Zellsuspension wurden in die Gefäße I und II eingefüllt, in den Einsatz von Glas I 2 ccm Kalilauge. Suspensionsflüssigkeit war eine $^1/_{10}$ normale Natriumnitratlösung. Gasraum Luft.

Glas I: $v_F = 12$, $v_M = 1{,}1$, $v_G = 24{,}9$, Gefäßkonstante 2,42.

Glas II: $v_F = 10$, $n_M = 1{,}2$, $v_G = 28{,}0$, 1. Gefäßkonstante 3,5. 2. Gefäßkonstante 1,28.

Druckänderung in Glas I nach 60 Min.: — 43 mm. $x_{O_2} = -104$ cmm.
Druckänderung in Glas II nach 60 Min.: — 8 mm. $x_{CO_2} = +105$ cmm.

$$\text{Quotient } \frac{\mathbf{CO_2}}{\mathbf{O_2}} = \frac{\mathbf{105}}{\mathbf{104}} = \mathbf{1}.$$

Nr. 4. Quotient $\frac{CO_2}{O_2}$ *in Schwefelsäure-Sulfatgemisch* (*D*).

Je 10 ccm Zellsuspension wurden in die Gefäße I und II eingefüllt, in den Einsatz von Glas I 2 ccm Kalilauge. Suspensionsflüssigkeit war eine $^n/_{10}$-Na_2SO_4, $^n/_{100}$-H_2SO_4-Lösung. Gasraum Luft.

Glas I: $v_F = 12$, $v_M = 1{,}1$, $v_G = 24{,}9$, Gefäßkonstante 2,42.

(Glas II: $v_F = 10$, $v_M = 1{,}2$, $v_G = 28{,}0$, 1. Gefäßkonstante 3,5, 2. Gefäßkonstante 1,28.

Druckänderung in Glas I nach 60 Min.: — 42 mm. $x_{O_2} = -102$ cmm.
Druckänderung in Glas II nach 60 Min.: — 7 mm. $x_{CO_2} = +106$ cmm.

$$\text{Quotient } \frac{\mathbf{CO_2}}{\mathbf{O_2}} = \frac{\mathbf{106}}{\mathbf{102}} = \mathbf{1}.$$

Nr. 5. Quotient $\frac{CO_2}{O_2}$ *in Kaliumphosphatlösung* (*G*).

In den Rezipienten 10 ccm Zellsuspension eingefüllt. Suspensionsflüssigkeit $^n/_{10}$-KH_2PO_4-Lösung. Bei 25° Luft durchgeleitet bis zur Sättigung. Barometerstand bei Schluß der Hähne 750 mm Hg.

$$v_F = 10, \quad v_G = 11{,}9, \quad K_{O_2} = 11{,}3, \quad K_{CO_2} = 18{,}5.$$

Prozentische Zusammensetzung der Gasmischung vor dem Versuch: 0% CO_2, 20,9% O_2, 79,1% N_2.

Prozentische Zusammensetzung der Gasmischung nach 120 Minuten: Stickstoff im Analysenapparat 9,88 ccm; Gesamtvolumen nach Einsaugen der Gasprobe: 16,74 ccm. Eingesaugt 6,86 ccm. Nach Absorption durch Kalilauge 16,47 ccm; nach Absorption durch Hydrosulfit 15,45 ccm. $CO_2 = 0{,}27$ ccm $= 3{,}94\%$. $O_2 = 1{,}02$ ccm $= 14{,}9\%$. $N_2 = 81{,}2\%$.

$$x_{O_2} = -0{,}65 \text{ ccm}, \quad x_{CO_2} = +0{,}67 \text{ ccm}, \quad \frac{\mathbf{CO_2}}{\mathbf{O_2}} = \mathbf{1{,}03}.$$

Nr. 6. Quotient $\frac{CO_2}{O_2}$ *in* KNOP*scher Lösung* (*G*).

In den Rezipienten 10 ccm Zellsuspension eingefüllt. Suspensionsflüssigkeit KNOPsche Lösung. Bei 25° Luft durchgeleitet bis zur Sättigung. Barometerstand bei Schluß der Hähne 750 mm Hg.

$$v_F = 10, \quad v_G = 11{,}9, \quad K_{O_2} = 11{,}3, \quad K_{CO_2} = 18{,}5.$$

Prozentische Zusammensetzung der Gasmischung vor dem Versuch: 0% CO_2, 20,9% O_2, 79,1% N_2.

Prozentische Zusammensetzung der Gasmischung nach 120 Minuten: Stickstoff im Analysenapparat 7,01 ccm; Gesamtvolumen nach Einsaugen der Gasprobe 14,11 ccm. Eingesaugt 7,10 ccm. Nach Absorption durch Kalilauge 13,95 ccm Nach Absorption durch Hydrosulfit 12,71 ccm. $CO_2 = 0{,}16$ ccm $= 2{,}25\%$. $O_2 =$ 1,24 ccm $= 17{,}5\%$. $N_2 = 80{,}3\%$.

$$x_{O_2} = -0{,}38 \text{ ccm}, \quad x_{CO_2} = +0{,}38 \text{ ccm}, \quad \frac{\mathbf{CO_2}}{\mathbf{O_2}} = \mathbf{1}.$$

Nr. 7. Sauerstoffverbrauch in KNOP*scher Lösung und in dem Nitratgemisch (D).*

Je 10 ccm Zellsuspension wurden in Glas I und II eingefüllt, in die Einsätze beider Gläser 2 ccm Kalilauge, Suspensionsflüssigkeit in Glas I war KNOPsche Lösung, in Glas II $^n/_{10}$-$NaNO_3$, $^n/_{100}$-HNO_3. Gasraum Luft.

Glas I: $v_F = 12$, $v_M = 1{,}1$, $v_G = 23{,}8$, Gefäßkonstante 2,23.
Glas II: $v_F = 12$, $v_M = 1{,}1$, $v_G = 24{,}9$, Gefäßkonstante 2,42.

Druckänderung in Glas I nach 60 Min.: — 65 mm. $x_{O_2} = -145$ cmm.
Druckänderung in Glas II nach 60 Min.: — 82 mm. $x_{O_2} = -198$ cmm.

Resultat: In dem Nitratgemisch wird etwa 40% mehr Sauerstoff verbraucht, als in der KNOPschen Lösung.

Nr. 8. Quotient $\frac{CO_2}{O_2}$ *in Nitratgemisch* (*G*).

In den Rezipienten 10 ccm Zellsuspension eingefüllt. Suspensionsflüssigkeit $^n/_{10}$-$NaNO_3$, $^n/_{100}$-HNO_3. Bei 25° bis zur Sättigung Luft durchgeleitet. Barometerstand bei Schluß der Hähne 754 mm Hg.

$$v_F = 10{,}0, \quad v_G = 9{,}7, \quad K_{O_2} = 9{,}2, \quad K_{CO_2} = 16{,}4.$$

Prozentische Zusammensetzung der Gasmischung vor dem Versuch: 0% CO_2, 20,9% O^2, 79,1% N_2.

Prozentische Zusammensetzung der Gasmischung nach 120 Minuten: Volumen der in den Analysenapparat eingesaugten Gasprobe 5,57 ccm. Nach Absorption durch Kalilauge 5,15 ccm. Nach Absorption durch Hydrosulfit 4,48 ccm. CO_2 = 0,42 ccm = 7,54%. O_2 = 0,67 ccm = 12,03%. N_2 = 80,4%.

$$x_{O_2} = -0{,}8 \text{ cmm}, \quad x_{CO_2} = +1{,}16 \text{ ccm}, \quad \text{Extra-}CO_2 = 0{,}36 \text{ ccm}, \quad \mathbf{\frac{CO_2}{O_2} = 1{,}45}.$$

Nr. 9. Quotient $\frac{CO_2}{O_2}$ *in Nitratgemisch* (*G*).

In den Rezipienten 10 ccm Zellsuspension eingefüllt. Suspensionsflüssigkeit $^{n}/_{10}$-$NaNO_3$, $^{n}/_{100}$-HNO_3. Bei 25° bis zur Sättigung Luft durchgeleitet. Barometerstand bei Schluß der Hähne 751 mm Hg.

$$v_F = 10{,}0, \quad v_G = 9{,}7, \quad K_{O_2} = 9{,}2, \quad K_{CO_2} = 16{,}4.$$

Prozentische Zusammensetzung der Gasmischung vor dem Versuch: 0% CO_2, 20,9% O_2, 79,1% N_2.

Prozentische Zusammensetzung der Gasmischung nach 120 Minuten: Volumen der in den Analysenapparat eingesaugten Gasprobe 7,07 ccm. Nach Absorption durch Kalilauge 6,67 ccm. Nach Absorption durch Hydrosulfit 5,65 ccm. CO_2 = 0,40 ccm = 5,66%. O_2 = 1,02 ccm = 14,4%. N_2 = 80,0%.

$$x_{O_2} = -0{,}59 \text{ ccm}, \quad x_{CO_2} = +0{,}88 \text{ ccm}, \quad \text{Extra-}CO_2 = 0{,}29 \text{ ccm}, \quad \mathbf{\frac{CO_2}{O_2} = 1{,}5}.$$

Nr. 10. Quotient $\frac{CO_2}{O_2}$ *in Nitratgemisch* (*G*).

In den Rezipienten 10 ccm Zellsuspension eingefüllt. Suspensionsflüssigkeit $^{n}/_{10}$-$NaNO_3$, $^{n}/_{100}$-HNO_3. Bei 25° bis zur Sättigung Luft durchgeleitet. Barometerstand bei Schluß der Hähne 761 mm Hg.

$$v_F = 10{,}0, \quad v_G = 10{,}7, \quad K_{O_2} = 10{,}1, \quad K_{CO_2} = 17{,}3.$$

Prozentische Zusammensetzung der Gasmischung vor dem Versuch: 0% CO_2, 20,9% O_2, 79,1% N_2.

Prozentische Zusammensetzung der Gasmischung nach 60 Min.: Stickstoff im Analysenapparat: 6,97 ccm, Gesamtvolumen nach Einsaugen der Gasprobe: 13,38 ccm. Eingesaugt 6,41 ccm. Nach Absorption durch Kalilauge 13,20 ccm. Nach Absorption durch Hydrosulfit 12,07 ccm. CO_2 = 0,18 ccm = 2,81%. O_2 = 1,13 ccm = 17,6%. N_2 = 79,6%.

$$x_{O_2} = -0{,}34 \text{ ccm}, \quad x_{CO_2} = +0{,}47 \text{ ccm}, \quad \text{Extra-}CO_2 = 0{,}13 \text{ ccm}, \quad \mathbf{\frac{CO_2}{O_2} = 1{,}4}.$$

Nr. 11. Quotient $\frac{CO_2}{O_2}$ *in Nitratgemisch* (*D*).

Je 10 ccm Zellsuspension in die Gefäße I und II eingefüllt, in den Einsatz von Gefäß I 2 ccm Kalilauge. Suspensionsflüssigkeit $^{n}/_{10}$-$NaNO_3$, $^{n}/_{100}$-HNO_3.

Gefäß I: $v_F = 12$, $v_M = 1{,}2$, $v_G = 24{,}5$. Gefäßkonstante 2,4.

Gefäß II: $v_F = 10$, $v_M = 1{,}1$, $v_G = 25{,}8$. 1. Gefäßkonstante 3,24; 2. Gefäßkonstante 1,3.

Druckänderung in Gefäß I nach 60 Min.: — 48 mm. $x_{O_2} = -115$ cmm.

Druckänderung in Gefäß II nach 60 Min.: + 10 mm. $x_{CO_2} = +182$ cmm.

$$\text{Extra-CO}_2 = 67 \text{ cmm}, \quad \text{Quotient } \frac{CO_2}{O_2} = \frac{182}{115} = \mathbf{1{,}6}.$$

Nr. 12. Extra-Kohlensäure und Ammoniak.

50 ccm Zellsuspension. Suspensionsflüssigkeit $^n/_{10}$-$NaNO_3$, $^n/_{100}$-HNO_3. Davon je 10 ccm in Glas I und II für Gaswechselmessung nach Druckmethode, je 10 ccm in drei weitere Gläser für colorimetrische Ammoniakbestimmung. Gasraum in beiden Fällen Luft. Die Druckänderungen in den Gläsern I und II wurden fortlaufend 4 Stunden lang beobachtet; zur Ammoniakbestimmung wurde nach einer, zwei und vier Stunden der Inhalt je eines Glases in ein Zentrifugierglas übergespült und im Zentrifugat der Ammoniakgehalt ermittelt.

a) *Gaswechsel (D).* In den Einsatz von Glas I 2 ccm Kalilauge.

Glas I: $v_F = 12$, $v_M = 1{,}3$, $v_G = 20{,}7$. Gefäßkonstante 2,06.

Glas II: $v_F = 10$, $v_M = 1{,}3$, $v_G = 18{,}3$. 1. Gefäßkonstante 2,6; 2. Gefäßkonstante 1,42.

Tabelle 15.

Zeit	Druckänderung mm beobachtet		Gaswechsel berechnet		$\frac{CO_2}{O_2}$	Extra-CO_2
	Glas I	Glas II	cmm O_2	cmm CO_2		cmm
1. Stunde	— 177	+ 45	— 365	+ 635	1,7	270
2. Stunde	— 142	+ 44	— 293	+ 530	1,8	240
3. Stunde	— 125	+ 26	— 258	+ 434	1,7	180
4. Stunde	— 117	+ 15	— 241	+ 381	1,6	140

b) *Ammoniak.* Nach FOLIN in verdünnte Säure übergetrieben.

Nach 1 Stunde: Zentrifugat 10 ccm. Alles übergetrieben. Gehalt in Vorlage 0,5 ccm $^n/_{500}$-NH_3 = $1 \cdot 10^{-6}$ Mole NH_3.

Nach 2 Stunden: Zentrifugat auf 20 ccm. 10 ccm übergetrieben. Gehalt in Vorlage 1,0 ccm $^n/_{500}$-NH_3 = $2 \cdot 10^{-6}$ Mole NH_3. Gesamtproduktion an NH_3 also $4 \cdot 10^{-6}$ Mole.

Nach 4 Stunden: Zentrifugat auf 40 ccm. 10 ccm übergetrieben. Gehalt in Vorlage 1,25 ccm $^n/_{500}$-NH_3 = $2{,}5 \cdot 10^{-6}$ Mole NH_3. Gesamtproduktion an NH_3 also $10 \cdot 10^{-6}$ Mole.

c) *aus a) und b) zusammengestellt.* 10 ccm Zellsuspension scheiden aus:

Tabelle 16.

Zeit	Extra CO_2 cmm (0°,760 mm)	NH_3 ccm $^n/_{1000}$	Extra-CO_2 Mole	NH_3 Mole	Mole NH_3 auf 2 Mole Extra-CO_2
1. Stunde	270	1	$12 \cdot 10^{-6}$	$1 \cdot 10^{-6}$	0,17
2. Stunde	240	3	$11 \cdot 10^{-6}$	$3 \cdot 10^{-6}$	0,55
3. u. 4. Std.	320	6	$14 \cdot 10^{-6}$	$6 \cdot 10^{-6}$	0,86

Nr. 13. Extra-Kohlensäure und Ammoniak.

Gleichzeitige Bestimmung der Ausscheidung an beiden Stoffen in $^n/_{10}$-$NaNO_3$, $^n/_{100}$-HNO_3. Anordnung wie in Protokoll 12 beschrieben.

a) *Gaswechsel* (*D*). 1,8 ccm Kalilauge in den Einsatz von Glas I.

Glas I: $v_F = 11,8$, $v_M = 1,3$, $v_G = 20,9$. Gefäßkonstante 2,07.
Glas II: $v_F = 10,0$, $v_M = 1,3$, $v_G = 18,3$. 1. Gefäßkonstante 2,6; 2. Gefäßkonstante 1,42.

Tabelle 17.

Zeit	Druckänderung mm beobachtet		Gaswechsel berechnet		$\frac{CO_2}{O_2}$	Extra-CO_2 cmm
	Glas I	Glas II	cmm O_2	cmm CO_2		
1. Stunde	— 113	+ 25	— 233	+ 396	1,7	163
2. Stunde	— 97	+ 25	— 201	+ 350	1,7	149
3. Stunde	— 86	+ 10	— 178	+ 279	1,6	101

b) *Ammoniak.* Bestimmung direkt in den Zentrifugaten, die auf 20 ccm aufgefüllt wurden.

Nach 1 Stunde: 10 ccm = 0,3 ccm $^n/_{500}$-NH_3 = $0,6 \cdot 10^{-6}$ Mole. Gesamt-NH_3 = $1,2 \cdot 10^{-6}$ Mole.

Nach 2 Stunden: 5 ccm = 0,3 ccm $^n/_{500}$-NH_3 = $0,6 \cdot 10^{-6}$ Mole. Gesamt-NH_3 = $2,4 \cdot 10^{-6}$ Mole.

Nach 3 Stunden: 5 ccm = 0,6 ccm $^n/_{500}$-NH_3 = $1,2 \cdot 10^{-6}$ Mole. Gesamt-NH_3 = $4,8 \cdot 10^{-6}$ Mole.

c) *aus* a) *und* b) *zusammengestellt.* 10 ccm Zellsuspension scheiden aus:

Tabelle 18.

Zeit	Extra-CO_2 cmm (0°,760 mm)	NH_3 ccm $^n/_{1000}$	Extra-CO_2 Mole	NH_3 Mole	Mole NH_3 auf 2 Mole Extra-CO_2
1. Stunde	163	1,2	$7,2 \cdot 10^{-6}$	$1,2 \cdot 10^{-6}$	0,33
2. Stunde	149	1,2	$6,8 \cdot 10^{-6}$	$1,2 \cdot 10^{-6}$	0,35
3. Stunde	101	2,4	$4,5 \cdot 10^{-6}$	$2,4 \cdot 10^{-6}$	1,1

Nr. 14. Extra-Kohlensäure und Ammoniak.

Bestimmung der Ausscheidung an beiden Stoffen in $^n/_{10}$-$NaNO_3$, $^n/_{100}$-HNO_3. Gaswechsel in 5 aufeinanderfolgenden Stunden, Ammoniakausscheidung in 3 aufeinanderfolgenden Stunden. Gasraum bei Beginn des Versuchs nicht Luft, sondern Sauerstoff (mit etwa 3% Stickstoff). Im übrigen Anordnung wie in Protokoll 12 beschrieben.

a) *Gaswechsel* (*D*). 1,8 ccm Kalilauge in den Einsatz von Glas I.

Glas I: $v_F = 11,8$, $v_M = 1,3$, $v_G = 20,9$. Gefäßkonstante 2,07.
Glas II: $v_F = 10,0$, $v_M = 1,3$, $v_G = 18,3$. 1. Gefäßkonstante 2,6; 2. Gefäßkonstante 1,42.

Tabelle 19.

Zeit	Druckänderung mm beobachtet		Gaswechsel berechnet		$\frac{CO_2}{O_2}$	Extra-CO_2 cmm
	Glas I	Glas II	cmm O_2	cmm CO_2		
1. Stunde	— 122	+ 19	— 253	+ 409	1,6	156
2. Stunde	— 109	+ 17	— 226	+ 365	1,6	139
3. Stunde	— 97	+ 1	— 201	+ 288	1,4	87
4. Stunde	— 91	— 8	— 188	+ 246	1,3	58
5. Stunde	— 73	— 14	— 151	+ 178	1,2	27

b) *Ammoniak.* Bestimmung direkt in den auf 20 ccm aufgefüllten Zentrifugaten

Nach 1 Stunde: 10 ccm = 0,22 ccm $^{n}/_{500}$-NH_3 = $0{,}44 \cdot 10^{-6}$ Mole. Gesamt-NH_3 = $0{,}88 \cdot 10^{-6}$ Mole.

Nach 2 Stunden: 10 ccm = 0,55 ccm $^{n}/_{500}$-NH_3 = $1{,}1 \cdot 10^{-6}$ Mole. Gesamt-NH_3 = $2{,}2 \cdot 10^{-6}$ Mole.

Nach 3 Stunden: 10 ccm = 1,0 ccm $^{n}/_{500}$-NH_3 = $2{,}0 \cdot 10^{-6}$ Mole. Gesamt-NH_3 = $4 \cdot 10^{-6}$ Mole.

c) *aus* a) *und* b) *zusammengestellt.* 10 cm Zellsuspension scheiden aus:

Tabelle 20.

Zeit	Extra-CO_2 cmm (0°,760 mm)	NH_3 ccm $^{n}/_{1000}$	Extra-CO_2 Mole	NH_3 Mole	Mole NH_3 auf 2 Mole Extra-CO_2
1. Stunde	156	0,9	$7 \cdot 10^{-6}$	$0{,}9 \cdot 10^{-6}$	0,26
2. Stunde	139	1,3	$6{,}3 \cdot 10^{-6}$	$1{,}3 \cdot 10^{-6}$	0,41
3. Stunde	87	1,8	$3{,}9 \cdot 10^{-6}$	$1{,}8 \cdot 10^{-6}$	0,92

Nr. 15. Entsteht bei der Reduktion der Salpetersäure freier Stickstoff?

In den Rezipienten 10 ccm Zellsuspension eingefüllt. Suspensionsflüssigkeit $^{n}/_{10}$-$NaNO_3$, $^{n}/_{100}$-HNO_3. 30 Minuten Sauerstoff durchgeleitet. Der Sauerstoff wurde elektrolytisch an einer Eisenelektrode entwickelt, zwischen Elektrolyseur und Rezipient war ein 30 cm langes, mit Kupferoxyd gefülltes glühendes Quarzrohr und eine in fließendem Wasser befindliche Kühlschlange geschaltet.

$$v_F = 10, \quad v_G = 11{,}9, \quad K_{CO_2} = 18{,}5.$$

Zusammensetzung der Gasmischung vor dem Versuch: Stickstoff im Analysenapparat 6,92 ccm. Gesamtvolumen nach Einsaugen der Gasprobe 15,85 ccm. Eingesaugt 8,93 vcm. Nach Absorption durch Kalilauge und Hydrosulfit 6,94 ccm. Gasrest in 6,92 ccm: 0,02 ccm.

Zusammensetzung der Gasmischung nach 120 Minuten: Stickstoff im Analysenapparat 6,99 ccm; Gesamtvolumen nach Einsaugen der Gasprobe 13,16 ccm; eingesaugt 6,17 ccm; nach Absorption durch Kalilauge 12,47 ccm; nach Absorption durch Hydrosulfit 7,01 ccm; Gasrest in 6,17 ccm: 0,02 ccm, d. h. der Gasrest hat während des Versuchs nicht zugenommen. CO_2 = 0,69 ccm = 11,2%. Schätzung der Bildung an Extra-Kohlensäure: Nehmen wir an, der Gesamtdruck habe sich während des Versuchs nicht merklich geändert, so wird in Formel (3) $P' = P$ und $x_{CO_2} = 1{,}9$ ccm.

Im Mittel ist CO_2/O_2 in dem Nitratgemisch = 1,5 oder der dritte Teil der gebildeten Kohlensäure ist Extra-Kohlensäure, in unserem Fall 0,63 ccm.

Würde die Salpetersäure in den ersten Stunden vorwiegend nach der Gleichung

$$2\,N_2O_5 + 5\,C = 2\,N_2 + 5\,CO_2$$

reagieren, so müßten in unserem Fall $^2/_5 \cdot 0{,}63 = 0{,}25$ ccm Stickstoff ausgeschieden werden. Nach der Analyse ist die Stickstoffausscheidung jedenfalls kleiner als 0,01 ccm, ein Zerfall nach obiger Gleichung findet also in merklichem Betrage nicht statt.

Nr. 16. Das Verhältnis NH_3: Extra-CO_2 für N-reiche und N-arme Zellen.

Ungefähr gleiche Teile einer normalen, in Knopscher Lösung gezogenen Algenkultur durch mehrmaliges Waschen auf der Zentrifuge in eine stickstoffhaltige und eine stickstofffreie Lösung übergeführt. Stickstoffhaltige Lösung: Knop. Stickstofffreie Lösung: $^n/_{10}$-$NaHCO_3$. Beide Teile 16 Stunden bestrahlt unter Durchleitung von 4% CO_2-Luft. Dann zentrifugiert und, jede Kultur gesondert, in $^n/_{10}$-$NaNO_3$, $^n/_{100}$-HNO_3 gebracht. Bestimmung des Gaswechsels und der NH_3 Ausscheidung in je 10 ccm. Gasraum Luft. Vergleichbar sind nicht die absoluten Werte, da die Vermehrung und somit die Zellenzahl ungleich war, sondern nur die Verhältniszahlen $CO_2 : O_2$ und NH_3 : Extra-CO_2.

a) *Gaswechsel.* (*D*). Je 10 ccm Zellsuspension der normalen Kultur in die Gläser I und II, je 10 ccm der Bicarbonatkultur in die Gläser III und IV. In die Einsätze der Gläser I und III je 2 ccm Kalilauge.

Glas I: $v_F = 12$, $v_M = 1{,}3$, $v_G = 20{,}7$. Gefäßkonstante 2,06.

Glas II: $v_F = 10$, $v_M = 1{,}3$, $v_G = 18{,}3$. 1 Gefäßkonstante 2,6; 2. Gefäßkonstante 1,42.

Glas III: $v_F = 12$, $v_M = 1{,}3$, $v_G = 20{,}7$. Gefäßkonstante 2,06.

Glas IV: $v_F = 10$, $x_M = 1{,}3$, $v_G = 18{,}3$. 1 Gefäßkonstante 2,6; 2. Gefäßkonstante 1,42.

Druckänderung in Glas I nach 60 Min.: — 145 mm. $x_{O_2} = -299$ cmm.
Druckänderung in Glas II nach 60 Min.: + 23 mm. $x_{CO_2} = +485$ cmm.
Druckänderung in Glas III nach 60 Min.: — 141 mm. $x_{O_2} = -291$ cmm.
Druckänderung in Glas IV nach 60 Min.: + 16 mm. $x_{CO_2} = +455$ cmm.

Normale Kultur: Extra-CO_2 186 cmm, $\frac{CO_2}{O_2} = 1{,}6$.

Bicarbonatkultur: Extra-CO_2 164 cmm, $\frac{CO_2}{O_2} = 1{,}56$.

b) *Ammoniak.* Bestimmung direkt in den auf 20 ccm aufgefüllten Zentrifugaten.

Normalkultur: 10 ccm = 0,5 ccm $^n/_{500}$-$NH_3 = 1 \cdot 10^{-6}$ Mole NH_3. Gesamt-$NH_3 = 2 \cdot 10^{-6}$ Mole.

Bicarbonatkultur: kein Ammoniak nachweisbar.

c) *aus* a) *und* b) *zusammengestellt.*

Tabelle 21.

	$\frac{CO_2}{O_2}$	Extra-CO_2 Mole	NH_3 Mole	Mole NH_3 auf 2 Mole Extra-CO_2
Normalkultur	1,6	$8{,}6 \cdot 10^{-6}$	$2 \cdot 10^{-6}$	0,47
Bicarbonatkultur . . .	1,6	$7{,}2 \cdot 10^{-6}$	0	0

Nr. 17. Das Verhältnis NH_3: Extra-CO_2 für N-reiche und N-arme Zellen.

Ungefähr gleiche Teile einer normalen, in Knopscher Lösung gezogenen Algenkultur durch mehrmaliges Waschen auf der Zentrifuge in eine stickstoffreiche und eine stickstofffreie Lösung übergeführt. Stickstoffreiche Lösung: Knop, mit Kaliumnitratzusatz bis zu 1%. Stickstofffreie Lösung: Knop, worin die Nitrate durch Chloride ersetzt waren. Beide Teile 24 Stunden bestrahlt unter Durchleitung von 4% CO_2-Luft. Dann zentrifugiert und, jede Kultur gesondert, in $^n/_{10}$-$NaNO_3$, $^n/_{100}$-HNO_3 gebracht. Bestimmung des Gaswechsels und der NH_3-Ausscheidung in je 10 ccm Gasraum Luft. Vergleichbar sind nicht die absoluten Werte, da die Vermehrung und somit die Zellenzahl ungleich war, sondern nur die Verhältniszahlen $CO_2 : O_2$ und NH_3 : Extra-CO_2.

a) *Gaswechsel* (*D*). Je 10 ccm Suspension N-reicher Zellen in die Gläser I und II, je 10 ccm Suspension N-armer Zellen in die Gläser III und IV. In die Einsätze der Gläser I und III je 2 ccm Kalilauge.

Glas I: $v_F = 12$, $v_M = 1{,}3$, $v_G = 20{,}7$. Gefäßkonstante 2,06.

Glas II: $v_F = 10$, $v_M = 1{,}3$, $v_G = 18{,}3$. 1. Gefäßkonstante 2,6; 2. Gefäßkonstante 1,42.

Glas III: $v_F = 12$, $v_M = 1{,}3$, $v_G = 20{,}7$. Gefäßkonstante 2,06.

Glas IV: $v_F = 10$, $v_M = 1{,}3$, $v_G = 18{,}3$. 1. Gefäßkonstante 2,6; 2. Gefäßkonstante 1,42.

Druckänderung in Glas I nach 120 Min.: — 193 mm. $x_{O_2} = -398$ cmm.
Druckänderung in Glas II nach 120 Min.: + 64 mm. $x_{CO_2} = +731$ cmm.
Druckänderung in Glas III nach 120 Min.: — 126 mm. $x_{O_2} = -260$ cmm.
Druckänderung in Glas IV nach 120 Min.: + 24 mm. $x_{CO_2} = +432$ cmm.

Für N-reiche Zellen: Extra-CO_2 333 cmm, $\frac{CO_2}{O_2} = 1{,}8$.

Für N-arme Zellen: Extra-CO_2 172 cmm, $\frac{CO_2}{O_2} = 1{,}7$.

b) *Ammoniak.* Bestimmung direkt in den auf 20 ccm aufgefüllten Zentrifugaten.

N-reiche Zellen: 10 ccm = 0,9 ccm $^n/_{500}$-NH_3 = $1{,}8 \cdot 10^{-6}$ Mole. Gesamt-NH_3 = $3{,}6 \cdot 10^{-6}$ Mole.

N-arme Zellen: kein NH_3 nachweisbar.

c) *aus* a) *und* b) *zusammengestellt.*

Tabelle 22.

	$\frac{CO_2}{O_2}$	Extra-CO_2 Mole	NH_3 Mole	Mole NH_3 auf 2 Mole Extra-CO_2
N-reiche Zellen	1,8	$15 \cdot 10^{-6}$	$3{,}6 \cdot 10^{-6}$	0,48
N-arme Zellen	1,7	$7{,}7 \cdot 10^{-6}$	0	0

Nr. 18. Wirkung der Blausäure auf die Atmung in den Nitratgemischen.

Suspensionsflüssigkeit: $^n/_{10}$-$NaNO_3$, $^n/_{100}$-HNO_3, mit und ohne Blausäure. Suspensionsdichte: 0,1 ccm Zellen: 10 ccm.

Je 10 ccm Zellsuspension in 4 Gefäße der Form Abb. 1, deren Einsatz mit 2 ccm Kalilauge gefüllt war.

Tabelle 23.

HCN Mole pro Liter	0	10^{-4}	10^{-3}	10^{-2}
Im Einsatz KOH . ccm	2	2	2	2
v_F . . . . ccm	12	12	12	12
v_M . . . . ccm	1,1	1,2	0,9	1,1
v_G . . . . ccm	23,8	24,5	23,5	24,9
Gefäßkonstanten . . .	2,3	2,4	2,3	2,4
Druckänderungen nach 60′ . . . . . . mm	— 84	— 79	— 75	— 60
x_{O_2}	—193	—190	—171	—145
Hemmung d. Atmung %		1,5	13	26

Nr. 19. Wirkung der Blausäure auf die Kohlensäureassimilation in Nitratgemischen.

Suspensionsflüssigkeit: $^n/_{10}$-$NaNO_3$, $^n/_{100}$-HNO_3, mit und ohne Blausäure. Suspensionsdichte: 0,02 ccm Zellen : 10 ccm.

Je 8,5 ccm Zellsuspension in 3 Gefäße gleichen Rauminhalts eingefüllt (Form vgl. diese Zeitschr. **100**, 246, Abb. 3). Gasraum 4% CO_2 in Luft. Für alle 3 Gefäße: $v_F = 8{,}5$, $v_G = 10$. Gefäßkonstante 2,4, berechnet nach dieser Zeitschr. **100**, 237, Gleichung 2.

Lichtquelle: Metallfadenlampe von 40 Kerzen, in 4 cm Entfernung von den Gefäßen. Meßmethode: Anordnung I, diese Zeitschr. **100**, 245.

Tabelle 24.

HCN Mole pro Liter.	0	10^{-6}	10^{-5}
Druckänderung nach 45′ . . . . mm	+ 92	+ 94	+ 75
Zersetzte CO_2-Mengen . . . . . ccm	221	226	180
Hemmung der Assimilation . . . %		—	19

Nr. 20. Wirkung der Blausäure auf die Ausscheidung von Extra-CO_2 und Ammoniak.

Suspensionsflüssigkeit: $^n/_{10}$-$NaNO_3$, $^n/_{100}$-HNO_3, ohne und mit Blausäure. Von 6 Glasgefäßen wurde je ein Paar mit je 10 ccm Zellsuspension gefüllt, ein Einsatz jedes Paares außerdem mit 1 ccm Kalilauge. Nach Einhängen in den Thermostaten wurden die in 60 Minuten auftretenden Druckänderungen abgelesen. Dann wurde der Inhalt je eines Glases gesondert zentrifugiert, die überstehende Flüssigkeit auf 20 ccm aufgefüllt und das Ammoniak bestimmt. Die colorimetrische Bestimmung des Ammoniaks wird durch HCN-Konzentrationen bis zu 10^{-5} Molen pro Liter nicht beeinträchtigt, so daß es nicht nötig war, das Ammoniak nach Folin überzutreiben.

a) *Gaswechsel.*

Tabelle 25.

HCN Mole pro Liter	0		10^{-6}		10^{-5}	
Im Einsatz KOH. . . . . . . ccm	—	1	—	1	—	1
v_F . . . . ccm	10	11	10	11	10	11
v_M . . . . ccm	1,3	1,3	1,3	1,3	1,3	1,3
v_G . . . . ccm	18,3	21,7	18,3	21,7	18,3	21,7
Gefäßkonstanten	2,6 1,42	2,15	2,6 1,42	2,15	2,6 1,42	2,15
Druckänderungen nach 30′ . . mm	+ 28	— 106	— 11	— 116	— 30	— 100
x_{O_2} und x_{CO_2} . . . . cmm	+ 387	— 228	+ 314	— 240	+ 227	— 215
Extra-CO_2 . . . . cmm	159		65		12	
Extra-CO_2 10^{-6} Mole	7,2		2,9		0,5	

NH_3 in den auf 20 ccm verdünnten Zentrifugaten. Ohne HCN: 10 ccm = 0,45 ccm $^n/_{500}$-NH_3 = $0,9 \cdot 10^{-6}$ Mole. Sa. $1,8 \cdot 10^{-6}$ Mole.
10^{-6} n · HCN: 10 ccm = 0,07 ccm $^n/_{500}$-NH_3 = $0,14 \cdot 10^{-6}$ Mole. Sa. $0,28 \cdot 10^{-6}$ Mole.
10^{-5} n · HCN: kein Ammoniak nachweisbar.

Nr. 21. Wirkung der Blausäure auf die Ausscheidung von Extra-CO_2 und Ammoniak.

Suspensionsflüssigkeit: $^n/_{10}$-$NaNO_3$, $^n/_{100}$-HNO_3, mit und ohne Blausäure.
Suspensionsdichte: 0,1 ccm Zellen : 10 ccm.
Gaswechsel nach der Druckmethode, wie in vorhergehendem Protokoll, Ammoniakbestimmung in den unverdünnten, durch Zentrifugieren von den Zellen abgetrennten Flüssigkeiten.

a) *Gaswechsel.* Tabelle 26.
b) NH_3.
Ohne HCN: 10 ccm = 1,3 ccm $^n/_{500}$-NH_3 = $2,6 \cdot 10^{-6}$ Mole.
10^{-5} HCN: 10 ccm = 0,05 ccm $^n/_{500}$-NH_3 = $0,1 \cdot 10^{-6}$ Mole.

Tabelle 26.

HCN Mole pro Liter	0		10^{-5}	
Im Einsatz KOH . . . . ccm	—	2	—	2
v_F . . . . ccm	10	12	10	12
v_M . . . . ccm	1,1	1,2	0,9	1,1
v_G . . . . ccm	25,8	24,5	25,5	24,9
Gefäßkonstanten	3,24 1,3	2,4	3,22 1,3	2,42
Druckänderungen nach 120′ . . mm	+ 52	— 150	— 30	— 146
x_{O_2} und x_{CO_2} . . . . cmm	+ 637	— 360	+ 363	— 353
Extra-CO_2 . . . . cmm	277		10	
Extra-CO_2 Milliontel Mole	12,6		0,45	

Nr. 22. Wirkung von Phenylurethan auf die Ausscheidung der Extra-CO_2 (D).

Zellsuspension in $^n/_{10}$-$NaNO_3$ vermischt mit gleichen Volumen a) $^n/_{10}$-$NaNO_3$, $^n/_{50}$-HNO_3, b) $^n/_{10}$-$NaNO_3$, $^n/_{50}$-HNO_3, 0,026% Phenylurethan. Es entstand hierbei im Fall a) $^n/_{10}$-$NaNO_3$, $^n/_{100}$-HNO_3, im Fall b) $^n/_{10}$-$NaNO_3$, $^n/_{100}$-HNO_3, 0,013% Phenylurethan. Je 10 ccm von a) wurden in die Gläser I und II, je 10 ccm von b) in die Gläser III und IV eingefüllt, in die Einsätze von I und III je 2 ccm Kalilauge. Gasraum Luft.

Glas I: v_F = 12, v_M = 1,2, v_G = 24,5 Gefäßkonstante 2,4.

Glas II: v_F = 10, v_M = 1,1, v_G = 25,8. 1. Gefäßkonstante 3,24; 2. Gefäßkonstante 1,3.

Glas III: v_F = 12, v_M = 1,1, v_G = 24,9. Gefäßkonstante 2,42.

Glas IV: v_F = 10, v_M = 1,2, v_G = 28,0. 1. Gefäßkonstante 3,5; 2. Gefäßkonstante 1,28.

Druckänderung in Glas I nach 60 Min.:
— 69 mm x_{O_2} = — 166 cmm
Druckänderung in Glas II nach 60 Min.:
+ 10 mm x_{CO_2} = — 248 cmm
} ohne Phenylurethan

Druckänderung in Glas III nach 60 Min.:
— 81 mm x_{O_2} = — 196 cmm
Druckänderung in Glas IV nach 60 Min.:
0 mm x_{CO_2} = + 251 cmm
} mit Phenylurethan

Ohne Phenylurethan: $\frac{CO_2}{O_2} = 1{,}5$, Extra-$CO_2 = 82$ cmm.

Mit Phenylurethan: $\frac{CO_2}{O_2} = 1{,}3$, Extra-$CO_2 = 55$ cmm. Hemmung der Extra-CO_2 Bildung $\frac{82-55}{82} \cdot 100 = 33\,\%$.

Nr. 23. Wirkung von Phenylurethan auf die Ausscheidung der Extra-CO_2 (D).

Suspensionsflüssigkeit a) $^n/_{10}$-$NaNO_3$, $^n/_{100}$-HNO_3, b) $^n/_{10}$-$NaNO_3$, $^n/_{100}$-HNO_3, 0,013% Phenylurethan. Herstellung, wie in dem vorhergehenden Protokoll beschrieben. Je 10 ccm von a) wurden in die Gläser I und II, je 10 ccm von b) in die Gläser III und IV eingefüllt, in die Einsätze von I und III je 2 ccm Kalilauge. Gasraum Luft.

Glas I: $v_F = 12$, $v_M = 1{,}3$, $v_G = 20{,}7$. Gefäßkonstante 2,06.

Glas II: $v_F = 10$, $v_M = 1{,}3$, $v_G = 18{,}3$. 1. Gefäßkonstante 2,6; 2. Gefäßkonstante 1,42.

Glas III: $v_F = 12$, $v_M = 1{,}3$, $v_G = 20{,}7$. Gefäßkonstante 2.06.

Glas IV: $v_F = 10$, $v_M = 1{,}3$, $v_G = 18{,}3$. 1. Gefäßkonstante 2,6. 2. Gefäßkonstante 1,42.

Druckänderung in Glas I nach 60 Min.: — 103 mm $x_{O_2} = -212$ cmm.
Druckänderung in Glas II nach 60 Min.: + 4 mm $x_{CO_2} = +311$ cmm.
Druckänderung in Glas III nach 60 Min.: — 122 mm $x_{O_2} = -251$ cmm.
Druckänderung in Glas IV nach 60 Min.: — 13 mm $x_{CO_2} = -323$ cmm.

Ohne Phenylurethan: $\frac{CO_2}{O_2} = 1{,}5$, Extra-$CO_2 = 99$ cmm.

Mit Phenylurethan: $\frac{CO_2}{O_2} = 1{,}3$, Extra-$CO_2 = 72$ cmm. Hemmung der Extra-CO_2-Bildung $\frac{99-72}{99} \cdot 100 = 27\,\%$.

Nr. 24. Wirkung von Phenylurethan auf die Ausscheidung der Extra-CO_2 (G).

Suspensionsflüssigkeit a) $^n/_{10}$-$NaNO_3$, $^n/_{100}$-HNO_3. b) $^n/_{10}$-$NaNO_3$, $^n/_{100}$-HNO_3, 0,013% Phenylurethan. Herstellung wie in Protokoll 22 beschrieben. Je 10 ccm in den Rezipienten eingefüllt, für den

$$v_F = 10,\ v_G = 11{,}9,\ K_{O_2} = 11{,}3,\ K_{CO_2} = 18{,}5.$$

Bei 25° bis zur Sättigung Luft durchgeleitet. Prozentische Zusammensetzung der Gasmischung vor dem Versuch: 0% CO_2, 20,9% O_2, 79,1% N_2.

a) *ohne Phenylurethan.* Barometerstand bei Schluß der Hähne 753 mm Hg.

Prozentische Zusammensetzung der Gasmischung nach 60 Minuten: Stickstoff im Analysenapparat 6,16 ccm. Gesamtvolumen nach Einsaugen der Gasprobe 12,48 ccm, eingesaugt 6,32 ccm, nach Absorption durch Kalilauge 12,28 ccm, eingesaugt 6,32 ccm, nach Absorption durch Kalilauge 12,28 ccm, nach Absorption durch Hydrosulfit 11,16 ccm. $CO_2 = 0{,}20$ ccm $= 3{,}16\,\%$. $O_2 = 1{,}12$ ccm $= 17{,}7\,\%$ $N_2 = 79{,}1\,\%$.

$x_{O_2} = -0{,}35$ ccm, $x_{CO_2} = +0{,}56$ ccm, $\frac{CO_2}{O_2} = 1{,}6$, Extra-$CO_2 = 0{,}21$ ccm.

b) *mit Phenylurethan.* Barometerstand bei Schluß der Hähne 753 mm Hg. Prozentische Zusammensetzung der Gasmischung nach 60 Minuten: Stickstoff im Analysenapparat 6,38 ccm, Gesamtvolumen nach Einsaugen der Gasprobe 13,10 ccm, eingesaugt 6,72 ccm, nach Absorption durch Kalilauge 12,88 ccm, nach Absorption durch Hydrosulfit 11,73 ccm $CO_2 = 0{,}22$ ccm $= 3{,}27\,\% \cdot O_2 = 1{,}15$ ccm $= 17{,}1\,\%$. $N_2 = 79{,}6\,\%$.

$$x_{O_2} = -0{,}43 \text{ ccm}, \quad x_{CO_2} = +0{,}58 \text{ ccm}, \quad \frac{CO_2}{O_2} = 1{,}35, \quad \text{Extra-}CO_2 = 0{,}15 \text{ ccm}.$$

c) aus und a) b): Phenylurethan hemmt die Extra-CO_2-Bildung um $\frac{0{,}21 - 0{,}15}{0{,}21} \cdot 100 = 30\,\%$.

Nr. 25. Schädigung durch Sauerstoffmangel.

Suspensionsdichte: 0,1 ccm Zellen (= 20 mg Trockensubstanz) auf 10 ccm. Suspensionsflüssigkeit: $^{n}/_{10}$-$NaNO_3$, $^{n}/_{100}$-HNO_3.

Je 10 ccm unter Luftabschluß bei 25°, vor Licht geschützt. Nach 0, 30, 60 und 90 Min. der Inhalt je eines Zylinders zentrifugiert, das Sediment mit einer Mischung von 85 Teilen $^{n}/_{10}$-$NaHCO_3$ und 15 Teilen $^{n}/_{10}$-Na_2CO_3 gewaschen und schließlich so verdünnt, daß auf 8 ccm 0,02 ccm Zellen kamen. Diese in Assimilationsgefäße eingefüllt, für die

$$v_F = 8, \quad v_G = 10{,}5, \quad K = 1$$

und 15 Minuten mit etwa 10000 Lux bestrahlt. Druckänderungen nach 15 Minuten Bestrahlung: + 60 (Exposition 0 Min.); + 46 (Exposition 30 Min.); + 18 (Exposition 60 Min.); + 5 (Exposition 90 Min.). Da $K = 1$, so sind die gleichen Mengen CO_2 (cmm, 0°, 760 mm) zersetzt.

Nr. 26. Bildung von salpetriger Säure bei Sauerstoffmangel.

Suspensionsflüssigkeit: $^{n}/_{10}$-$NaNO_3$, $^{n}/_{100}$-HNO_3.
Suspensionsdichte: 0,1 ccm Zellen auf 10 ccm.

Vier Glaszylinder von 10 ccm Inhalt wurden mit Zellsuspension gefüllt, durch eingeschliffene Stöpsel unter Vermeidung von Luftblasen verschlossen und in ein vor Licht geschütztes Wasserbad von 25° eingestellt. Nach verschiedenen Zeiten wurde der Inhalt je eines Zylinders zentrifugiert und in je 0,5 ccm der auf das Doppelte verdünnten überstehenden Flüssigkeit die salpetrige Säure nach Ilosvay bestimmt. Hierzu wurde mit Wasser auf 10 ccm aufgefüllt, 1 ccm Diazoreagenz zugesetzt und einige Zeit auf 80° erwärmt. Zum Vergleich dienten Verdünnungen einer 10^{-5} normalen Kaliumnitritlösung.

Nach 60 Minuten Sauerstoffmangel: 0,5 ccm = 1,5 ccm 10^{-5} normal KNO_2. Die auf das doppelte verdünnte überstehende Flüssigkeit war also in bezug auf $HNO_2 = 3 \cdot 10^{-5}$ normal oder die unverdünnte überstehende Flüssigkeit $6 \cdot 10^{-5}$ normal. Da 1 ccm 10^{-5} normale HNO_2-Lösung 10^{-8} Mole HNO_2 enthält, so waren auf 10 ccm, das heißt von 0,1 ccm Zellen, $6 \cdot 10^{-7}$ Mole HNO_2 abgeschieden.

Nach 90, 120 und 150 Minuten Sauerstoffmangel wurde der gleiche Gehalt an HNO_2 gefunden, HNO_2 wird also nur in der ersten Zeit nach Abschluß des Sauerstoffs ausgeschieden.

Die überstehenden Flüssigkeiten färben eine stärkehaltige Jodkaliumlösung blau; die Intensität dieser Reaktion wird im Laufe von Stunden intensiver. Bekanntlich ist die Diazoreaktion, nicht aber die Jodstärkereaktion, eine eindeutige Reaktion auf salpetrige Säure.

Nr. 27. Ammoniakausscheidung bei Sauerstoffmangel.

Suspensionsflüssigkeit: $^{n}/_{10}$-$NaNO_3$, $^{n}/_{100}$-HNO_3.

Suspensionsdichte: 0,2 ccm Zellen: 10 ccm.

Je 10 ccm a) 4 Stunden mit Luft geschüttelt,
b) 4 Stunden mit 1% Sauerstoff in Stickstoff geschüttelt.

Nach dieser Zeit war a) unverändert grün, b) braun. Zur Ammoniakbestimmung wurde zentrifugiert und das Ammoniak aus den passend verdünnten überstehenden Flüssigkeiten nach FOLIN übergetrieben.

a) Überstehende Flüssigkeit auf 40 ccm. 10 ccm = 0,4 ccm $^{n}/_{500}$-NH_3 = 0,8 10^{-6} Mole. Gesamtammoniak $3{,}2 \cdot 10^{-6}$ Mole.

b) Überstehende Flüssigkeit insgesamt = 0,04 ccm $^{n}/_{500}$-NH_3 = $0{,}08 \cdot 10^{-6}$ Mole. Gesamtammoniak $0{,}08 \cdot 10^{-6}$ Mole.

Nr. 28. Ammoniakausscheidung bei Sauerstoffmangel.

Suspensionsflüssigkeit: $^{n}/_{10}$-$NaNO_3$, $^{n}/_{100}$-HNO_3.

Suspensionsdichte: 0,2 ccm Zellen: 10 ccm.

Je 20 ccm a) mit Luft, b) mit 1% Sauerstoff in Stickstoff geschüttelt. Nach einer und zwei Stunden je 10 ccm von a) und b) zentrifugiert und das Ammoniak nach FOLIN bestimmt.

Gasraum Luft, nach einer Stunde: Gesamtmenge der überstehenden Flüssigkeit übergetrieben. In der Vorlage gefunden 0,5 ccm $^{n}/_{500}$-NH_3 = $1{,}0 \cdot 10^{-6}$ Mole.

Gasraum Luft, nach 2 Stunden: die Hälfte der überstehenden Flüssigkeit übergetrieben. In der Vorlage gefunden 1,0 ccm $^{n}/_{500}$-NH_3 = $2 \cdot 10^{-6}$ Mole. Gesamtammoniak $4 \cdot 10^{-6}$ Mole.

Gasraum 1% Sauerstoff, nach einer Stunde: Gesamtmenge der überstehenden Flüssigkeit übergetrieben. In der Vorlage gefunden 0,1 ccm $^{n}/_{500}$-NH_3 = $0{,}2 \cdot 10^{-6}$ Mole.

Gasraum 1% Sauerstoff, nach 2 Stunden: Gesamtmenge der überstehenden Flüssigkeit übergetrieben. In der Vorlage gefunden 0,1 ccm $^{n}/_{500}$-NH_3 = $0{,}2 \cdot 10^{-6}$ Mole.

Nr. 29. Einfluß des Sauerstoffdrucks auf Sauerstoffverbrauch, Ammoniak- und Nitritausscheidung.

Suspensionsflüssigkeit: $^{n}/_{10}$-$NaNO_3$, $^{n}/_{100}$-HNO_3.

Suspensionsdichte: 0,1 ccm Zellen: 10 ccm.

Je 10 ccm Zellsuspension wurde in 8 Gefäße der Form Abb. 1 eingefüllt, in die Einsätze von 4 Gefäßen je 2 ccm Kalilauge. Die Gefäße wurden zu 4 Paaren so zusammengestellt, daß sich in jedem Paar ein kalilaugefreier und ein kalilaugehaltiger Einsatz befand. Je ein Paar wurde mit derselben Gasmischung, Sauerstoff in Stickstoff, gefüllt. Nach 30 Minuten langem Schütteln im Thermostaten wurden die Druckänderungen abgelesen, dann der Inhalt jedes Gefäßpaares gesondert zentrifugiert und in den überstehenden Flüssigkeiten Ammoniak und salpetrige Säure bestimmt.

Gasräume und Zellmengen waren so gewählt, daß sich der Sauerstoffgehalt der Gasmischungen im Lauf des Versuchs nur unwesentlich änderte.

a) *Gaswechsel.*

Tabelle 27.

O_2-Druck Atmosphären	0,01		0,017		0,055		0,21	
Im Einsatz KOH ccm	—	2	—	2	—	2	—	2
v_F . . . . ccm	10	12	10	12	10	12	10	12
v_M . . . . ccm	0,9	1,1	1,1	1,2	1,1	1,2	0,9	1,2
v_G . . . . ccm	25,5	24,9	25,8	24,5	25,8	24,5	25,5	24,9
Gefäßkonstanten	3,22 1,3	2,42	3,24 1,3	2,4	3,24 1,3	2,4	3,22 1,3	2,42
Druckänderung n. 30′	+ 12	— 16	+ 11	— 22	+ 18	— 42	+ 24	— 45
x_{O_2} und x_{CO_2} . cmm	+ 89	— 39	+ 105	— 53	+ 190	— 101	+ 219	— 109
Extra-CO_2 . . cmm	50		52		89		110	
Sauerstoffverbrauch 10^{-6} Mole		1,8		2,4		4,5		4,9

b) NH_3 *in 10 ccm der Zentrifugate*

Mit O_2 von 0,01 Atm. geschüttelt: 0,17 ccm $^n/_{500}$-NH_3 = $0{,}34 \cdot 10^{-6}$ Mole.
Mit O_2 von 0,017 Atm. geschüttelt: 0,23 ccm $^n/_{500}$-NH_3 = $0{,}46 \cdot 10^{-6}$ Mole.
Mit O_2 von 0,055 Atm. geschüttelt: 0,45 ccm $^n/_{500}$-NH_3 = $0{,}9 \cdot 10^{-6}$ Mole.
Mit O_2 von 0,21 Atm. geschüttelt: 0,5 ccm $^n/_{500}$-NH_3 = $1{,}0 \cdot 10^{-6}$ Mole.

c) HNO_2 in der Suspensionsflüssigkeit.

Mit O_2 von 0,01 Atm. geschüttelt: **0,5** cm = 1,3 ccm 10^{-5} n-HNO_2. Sa. 26 ccm 10^{-5} n-HNO_2 = $26 \cdot 10^{-8}$ Mole.
Mit O_2 von 0,017 Atm. geschüttelt: **0,5** ccm = 1,0 ccm 10^{-5} n-HNO_2. Sa. 20 ccm 10^{-5} n-HNO_2 = $20 \cdot 10^{-8}$ Mole.
Mit O_2 von 0,055 Atm. geschüttelt: **5** ccm = 0,2 ccm 10^{-5} n-HNO_2. Sa. 0,4 ccm 10^{-5} n-HNO_2 = $0{,}4 \cdot 10^{-8}$ Mole.
Mit O_2 von 0,21 Atm. geschüttelt: keine HNO_2 nachweisbar.

Zusammenstellung der Resultate im Text, Tabelle 11.

Nr. 30. Extra-Sauerstoff und *Ammoniak bei Bestrahlung.*

Suspensionsflüssigkeit: $^n/_{10}$-$NaNO_3$, $^n/_{100}$-HNO_3.
Suspensionsdichte: 0,2 ccm Zellen: 10 ccm.
Lichtquellen: Metallfadenlampen von 150 Kerzen und von 25 Kerzen.
Bestrahlung: nach Anordnung IV, Abb. 8, diese Zeitschr. **100**, 250.

Versuchsanordnung: Für je 10 ccm Zellsuspension wurde der Sauerstoff- und Kohlensäurewechsel, ohne Bestrahlung und bei verschiedenen Intensitäten der Bestrahlung, gasanalytisch bestimmt. Nach Entnahme der Gasprobe wurde der Inhalt des Rezipienten sofort zentrifugiert, die überstehende Flüssigkeit auf 20 ccm verdünnt und der Ammoniakgehalt colorimetrisch festgestellt. Für jede Messung wurde die Nitratgemisch-Suspension frisch bereitet; als Stammsuspension diente eine bei Zimmertemperatur aufbewahrte Suspension in $^n/_{10}$-$NaNO_3$, die direkt vor Beginn des Versuchs mit dem gleichen Volumen einer $^n/_{10}$-$NaNO_3$, $^n/_{50}$-HNO_3-Lösung gemischt wurde.

a) *Gasanalyse.*

Rezipient: $v_F = 10$, $v_G = 10{,}7$, $K_{O_2} = 10{,}12$, $K_{CO_2} = 17{,}34$.

Bei 25° bis zur Sättigung Luft durchgeleitet. Prozentische Zusammensetzung der Gasmischung vor dem Versuch: 0% Kohlensäure, 20,9% Sauerstoff, 79,1% Stickstoff.

Dunkel: Barometerstand bei Schluß der Hähne 763 mm Hg. Prozentische Zusammensetzung der Gasmischung nach 60 Min.: Stickstoff im Analysenapparat 6,94 ccm. Gesamtvolumen nach Einsaugen der Gasprobe 13,46 ccm, eingesaugt

6,52 ccm, nach Absorption durch Kalilauge 13,25 ccm, nach Absorption durch Hydrosulfit 12,13 ccm. $CO_2 = 0{,}21$ ccm = 3,2%. $O_2 = 1{,}12$ ccm = 17,2%. $N_2 = 79{,}6\%$.

$x_{O_2} = -0{,}38$ ccm; $x_{CO_2} = +0{,}54$ ccm. Extra-CO_2: **0,16** ccm.

Niedrige Lichtstärke (25 Kerzen, 19 cm vom Rezipienten): Barometerstand bei Schluß der Hähne 763 nm Hg. Prozentische Zusammensetzung der Gasmischung nach 60 Min.: Stickstoff im Analysenapparat 6,85 ccm, Gesamtvolumen nach Einsaugen der Gasprobe 13,31 ccm, eingesaugt 6,46 ccm, nach Absorption durch Kalilauge 13,17 ccm, nach Absorption durch Hydrosulfit 11,91 ccm. $CO_2 = 0{,}14$ ccm = 2,17%. $O_2 = 1{,}26$ ccm = 19,5%. $N_2 = 78{,}3\%$.

$x_{O_2} = -0{,}12$ ccm. $x_{CO_2} = +0{,}37$ ccm. Extra-CO_2: **0,25** ccm.

Hohe Lichtstärke (150 Kerzen, 4 cm vom Rezipienten): Barometerstand bei Schluß der Hähne 762 mm Hg. Prozentische Zusammensetzung der Gasmischung nach 60 Min.: Stickstoff im Analysenapparat 7,05 ccm, Gesamtvolumen nach Einsaugen der Gasprobe 14,26 ccm, eingesaugt 7,21 ccm. Nach Absorption durch Kalilauge 14,26 ccm, nach Absorption durch Hydrosulfit 12,5 ccm. CO_2: —. O_2: 1,76 ccm = 24,4%.

x_{O_2}: + 0,46 ccm. x_{CO_2}: — Extra-Sauerstoff: **0,46** ccm.

b) NH_3 nach Zentrifugieren und Verdünnen der überstehenden Flüssigkeit auf 20 ccm:

Dunkel: 10 ccm = 0,4 ccm $^n/_{500}$-NH_3 = $0{,}8 \cdot 10^{-6}$ Mole. Gesamt-NH_3 = $1{,}6 \cdot 10^{-6}$ Mole.

Niedrige Lichtstärke: 10 ccm = 0,3 ccm $^n/_{500}$-NH_3 = $0{,}6 \cdot 10^{-6}$ Mole. Gesamt-NH_3 = $1{,}2 \cdot 10^{-6}$ Mole.

Hohe Lichtstärke: 5 ccm = 0,7 ccm $^n/_{500}$-NH_3 = $1{,}4 \cdot 10^{-6}$ Mole. Gesamt-NH_3 = $5{,}6 \cdot 10^{-6}$ Mole.

c) *aus* a) *und* b) *zusammengestellt:*

Tabelle 28.

10 ccm Zellsuspension scheiden in 60 Min. aus.

	Extragas ccm	Extragas Milliontel Mole	NH_3 Milliontel Mole	Mole NH_3 auf 2 Mole Extragas
Dunkel.	0,16 (CO_2)	7,2	1,6	0,44
Niedr. Lichtstärke. . .	0,25 (CO_2)	11,2	1,2	0,2
Hohe Lichtstärke . . .	0,46 (O_2)	20,7	5,6	0,54

Nr. 31. Extra-Sauerstoff und Ammoniak bei Bestrahlung.

Suspensionsflüssigkeit: $^n/_{10}$-$NaNO_3$, $^n/_{100}$-HNO_3.
Suspensionsdichte: 0,2 ccm Zellen: 10 ccm.
Anordnung wie in Protokoll 30.

a) *Gasanalyse.* Rezipient: $v_F = 10$, $v_G = 10{,}7$; $K_{O_2} = 10{,}12$, $K_{CO_2} = 17{,}34$.

Bei 25° bis zur Sättigung Luft durchgeleitet. Prozentische Zusammensetzung der Gasmischung vor dem Versuch: 0% Kohlensäure, 20,9% Sauerstoff, 79,1% Stickstoff.

Dunkel: Barometerstand bei Schluß der Hähne 761 mm Hg. Prozentische Zusammensetzung der Gasmischung nach 60 Min.: Stickstoff im Analysenapparat

6,97 ccm; Gesamtvolumen nach Einsaugen der Gasprobe 13,38 ccm; eingesaugt 6,41 ccm; nach Absorption durch Kalilauge 13,20 ccm; nach Absorption durch Hydrosulfit 12,07 ccm. $CO_2 = 0{,}18$ ccm $= 2{,}81\%$; $O_2 = 1{,}13$ ccm $= 17{,}6\%$; $N_2 = 79{,}6\%$.

$$x_{O_2} = -0{,}34 \text{ ccm}; \; x_{CO_2} = +0{,}47 \text{ ccm}. \; \text{Extra-}CO_2 = \mathbf{0{,}13} \text{ ccm}.$$

Niedrige Lichtstärke (25 Kerzen, 19 cm). Barometerstand bei Schluß der Hähne 761 mm Hg. Prozentische Zusammensetzung der Gasmischung nach 60 Min.: Stickstoff im Analysenapparat 6,93 ccm; Gesamtvolumen nach Einsaugen der Gasprobe 13,44 ccm; eingesaugt 6,51 ccm; nach Absorption durch Kalilauge 13,33 ccm; nach Absorption durch Hydrosulfit 12,03 ccm. $CO_2 = 0{,}11$ ccm $= 1{,}7\%$, $O_2 = 1{,}3$ ccm $= 20\%$. $N_2 = 78{,}3\%$.

$$x_{O_2} = -0{,}07 \text{ ccm}; \; x_{CO_2} = +0{,}29 \text{ ccm}. \; \text{Extra-}CO_2 = \mathbf{0{,}22} \text{ ccm}.$$

Hohe Lichtstärke (150 Kerzen, 4 cm). Barometerstand bei Schluß der Hähne 761 mm Hg. Prozentische Zusammensetzung der Gasmischung nach 60 Min.: Stickstoff im Analysenapparat 6,93 ccm; Gesamtvolumen nach Einsaugen der Gasprobe 13,61 ccm; eingesaugt 6,68 ccm; nach Absorption durch Kalilauge 13,61 ccm; nach Absorption durch Hydrosulfit 12,03 ccm. CO_2 —. $O_2 = 1{,}58$ ccm $= 23{,}7\%$. $N_2 = 76{,}3\%$.

$$x_{O_2} = +0{,}37 \text{ ccm}. \; x_{CO_2} = 0. \; \text{Extra-Sauerstoff} = \mathbf{0{,}37} \text{ ccm}.$$

b) NH_3 nach Zentrifugieren und Verdünnen der überstehenden Flüssigkeit 20 ccm:

Dunkel: 10 ccm = 0,35 ccm $^n/_{500}$-$NH_3 = 0{,}7 \cdot 10^{-6}$ Mole. Gesamt-$NH_3 = 1{,}4 \cdot 10^{-6}$ Mole.

Niedrige Lichtstärke: 10 ccm = 0,33 ccm $^n/_{500}$-$NH_3 = 0{,}66 \cdot 10^{-6}$ Mole. Gesamt-$NH_3 = 1{,}3 \cdot 10^{-6}$ Mole.

Hohe Lichtstärke: 5 ccm = 0,55 ccm $^n/_{500}$-$NH_3 = 1{,}1 \cdot 10^{-6}$ Mole. Gesamt-$NH_3 = 4{,}4 \cdot 10^{-6}$ Mole.

c) *aus* a) *und* b) *zusammengestellt:*

Tabelle 29.
10 ccm Zellsuspension scheiden in 60 Min. aus.

	Extragas ccm	Extragas Milliontel Mole	Ammoniak Milliontel Mole	Mole NH_3 auf 2 Mole Extragas
Dunkel.	0,13 (CO_2)	5,9	1,4	0,5
Niedr. Lichtstärke . .	0,22 (CO_2)	9,9	1,3	0,26
Hohe Lichtstärke . . .	0,37 (O_2)	16,7	4,4	0,5

Nr. 32. Extra-Sauerstoff und Ammoniak bei Bestrahlung.

Suspensionsflüssigkeit: $^n/_{10}$-$NaNO_3$, $^n/_{100}$-HNO_3.

Suspensionsdichte: 0,2 ccm Zellen: 10 ccm.

Zur Bestimmung 8 ccm Zellsuspension, im übrigen Anordnung wie in Protokoll 30.

a) *Gasanalyse.* Rezipient: $v_F = 8$, $v_G = 6{,}9$, $K_{O_2} = 6{,}57$, $K_{CO_2} = 12{,}35$.

Bei 25° bis zur Sättigung Luft durchgeleitet. Prozentische Zusammensetzung der Gasmischung vor dem Versuch: 0% Kohlensäure, 20,9% Sauerstoff, 79,1% Stickstoff.

Dunkel. Barometerstand bei Schluß der Hähne 761 mm Hg. Prozentische Zusammensetzung der Gasmischung nach 60 Min.: Stickstoff im Analysenapparat 7,01 ccm. Gesamtvolumen nach Einsaugen der Gasprobe 11,93 ccm; eingesaugt

4,92 ccm; nach Absorption durch Kalilauge 11,75 ccm; nach Absorption durch Hydrosulfit 10,95 ccm. CO_2 = 0,18 ccm = 3,66%, O_2 = 0,8 ccm = 16,3%. N_2 = 80,1%.

$$x_{O_2} = -0{,}31 \text{ ccm}; \; x_{CO_2} = +0{,}44 \text{ ccm}. \; \text{Extra-}CO_2 = \mathbf{0{,}13} \text{ ccm}.$$

Hohe Lichtstärke: Barometerstand bei Schluß der Hähne 761 mm Hg. Prozentische Zusammensetzung der Gasmischung nach 60 Min.: Stickstoff im Analysenapparat 7,01 ccm; Gesamtvolumen nach Einsaugen der Gasprobe 12,23 ccm; eingesaugt 5,22 ccm; nach Absorption durch Kalilauge 12,23 ccm; nach Absorption durch Hydrosulfit 10,94 ccm. CO_2: —. O_2 = 1,29 ccm = 24,7%. N_2 = 75,3%.

$$x_{O_2} = +0{,}32 \text{ ccm}. \; x_{CO_2} = -. \; \text{Extra-Sauerstoff} = \mathbf{0{,}32} \text{ ccm}.$$

b) NH_3 nach Zentrifugieren und Verdünnen der überstehenden Flüssigkeit auf 20 ccm.

Dunkel: 10 ccm = 0,3 ccm $^n/_{500}$-NH_3 = $0{,}6 \cdot 10^{-6}$ Mole. Gesamt-NH_3 = $1{,}2 \cdot 10^{-6}$ Mole.

Hell: 10 ccm = 0,6 ccm $^n/_{500}$-NH_3 = $1{,}2 \cdot 10^{-6}$ Mole. Gesamt-NH_3 = $2{,}4 \cdot 10^{-6}$ Mole.

c) *aus* a) *und* b) *zusammengestellt:*

Tabelle 30.
8 ccm Zellsuspension scheiden in 60 Min. aus.

	Extragas ccm	Extragas Milliontel Mole	Ammoniak Milliontel Mole	Mole Ammoniak 2 Mole Extragas
Dunkel.	0,13 (CO_2)	5,9	1,2	0,4
Hohe Lichtstärke . . .	0,32 (O_2)	14,4	2,4	0,33

Nr. 33. Extragas bei Bestrahlung alter Zellen.

Zellmaterial: aus alter Kultur, in der die Zellen sedimentiert waren.
Suspensionsflüssigkeit: $^n/_{10}$-$NaNO_3$, $^n/_{100}$-HNO_3.
Suspensionsdichte: 0,2 ccm Zellen: 10 ccm.

Zur Bestimmung 10 ccm Zellsuspension, Anordnung wie in Protokoll 30. *Gasanalyse:* Rezipient: $v_F = 10$, $v_G = 10{,}7$, $K_{O_2} = 10{,}12$, $K_{CO_2} = 17{,}34$. Bei 25° bis zur Sättigung Luft durchgeleitet. Prozentische Zusammensetzung der Gasmischung vor dem Versuch: 0% Kohlensäure, 20,9% Sauerstoff, 79,1% Stickstoff.

Dunkel: Barometerstand bei Schluß der Hähne 766 mm Hg. Prozentische Zusammensetzung der Gasmischung nach 90 Min: Stickstoff im Analysenapparat 6,72 ccm; Gesamtvolumen nach Einsaugen der Gasprobe 13,05 ccm; eingesaugt 6,33 ccm; nach Absorption durch Kalilauge 12,92 ccm; nach Absorption durch Hydrosulfit 11,78 ccm. CO_2 = 0,13 ccm = 2,05%, O_2 = 1,14 ccm = 18,01%. N_2 = 79,9%.

$$x_{O_2} = -0{,}31 \text{ ccm}. \; x_{CO_2} = +0{,}34 \text{ ccm}. \; \text{Extra-}CO_2 = \mathbf{0{,}03} \text{ ccm}.$$

Hell (150 Kerzen, 4 cm). Barometerstand bei Schluß der Hähne 766 mm Hg. Prozentische Zusammensetzung der Gasmischung nach 90 Min.: Stickstoff im Analysenapparat 7,00 ccm; Gesamtvolumen nach Einsaugen der Gasprobe 13,55 ccm; eingesaugt 6,55 ccm; nach Absorption durch Kalilauge 13,55 ccm; nach Absorption durch Hydrosulfit 12,05 ccm. CO_2: —. O_2 = 1,5 ccm = 22,9%.

$$x_{O_2} = +0{,}27 \text{ ccm} \cdot x_{CO_2}: -. \; \text{Extra-Sauerstoff} = \mathbf{0{,}27} \text{ ccm}.$$

Nr. 34. Bildet sich bei Bestrahlung in dem Nitratgemisch freier Stickstoff?

Suspensionsflüssigkeit: $^{n}/_{10}$-$NaNO_3$, $^{n}/_{100}$-HNO_3.

Suspensionsdichte: 0,2 ccm Zellen: 10 ccm.

Zunächst wurde für 10 ccm Zellsuspension Gaswechsel und Ammoniakausscheidung bei Bestrahlung bestimmt, indem der Gasraum Luft war. Dieser Versuch ergab das Ammoniakdefizit oder die zu erwartende Menge an freiem Stickstoff. Dann wurde der Versuch unter gleichen Bedingungen wiederholt mit dem Unterschied, daß mit elektrolytisch gewonnenem Sauerstoff gesättigt wurde. (Darstellung des Sauerstoffs vgl. Protokoll 15.) Durch den zweiten Versuch wurde festgestellt, ob eine Vermehrung des Gasrestes von der Größenordnung des Ammoniakdefizits auftrat.

a) *Gasanalyse* in Luft. Rezipient $v_F = 10$, $v_G = 10{,}7$, $K_{O_2} = 10{,}12$, $K_{CO_2} = 17{,}34$.

Bei 25° bis zur Sättigung Luft durchgeleitet. Prozentische Zusammensetzung der Gasmischung vor dem Versuch: 0% Kohlensäure, 20,9% Sauerstoff, 79,1% Stickstoff.

Barometerstand bei Schluß der Hähne 762 mm Hg. Prozentische Zusammensetzung der Gasmischung nach 60 Min. Bestrahlung (150 Kerzen, 4 cm): Stickstoff im Analysenapparat 7,08 ccm; Gesamtvolumen nach Einsaugen der Gasprobe 13,88 ccm; Eingesaugt 6,80 ccm; nach Absorption durch Kalilauge 13,88 ccm; nach Absorption durch Hydrosulfit 12,25 ccm. CO_2: —. $O_2 = 1{,}63 = 24{,}0\%$. $N_2 = 76\%$.

$$x_{O_2} = +\,0{,}40 \text{ ccm.} \quad x_{CO_2}\text{: —.} \quad \text{Extra-Sauerstoff} = 0{,}40 \text{ ccm.}$$

b) Ammoniak nach Zentrifugieren in der überstehenden auf 20 ccm verdünnten Flüssigkeit.

10 ccm = 0,7 ccm $^{n}/_{500}$-NH_3 = $1{,}4 \cdot 10^{-6}$ Mole. Gesamt-NH_3 = $2{,}8 \cdot 10^{-6}$ Mole.

a') *Gasanalyse* in Sauerstoff.

Rezipient $v_F = 10$, $v_G = 10{,}7$, $K_{O_2} = 10{,}12$ $K_{CO_2} = 17{,}34$.

Bei 25° 30 Min. Sauerstoff durchgeleitet. Gasrest in 7 ccm des Sauerstoffs vor dem Versuch: 0,02 ccm. Prozentische Zusammensetzung des Gasraums nach 60 Min. Bestrahlung (150 Kerzen, 4 cm): Stickstoff im Analysenapparat 7,02 ccm; Gesamtvolumen nach Einsaugen der Gasprobe 14,01 ccm; eingesaugt 6,99 ccm; nach Absorption durch Kalilauge und Hydrosulfit 7,04 ccm; Gasrest also 0,02 ccm.

c) *Zusammenfassung.* Mit 0,4 ccm = $18 \cdot 10^{-6}$ Molen Extra-Sauerstoff müßten $9 \cdot 10^{-6}$ Mole Ammoniak erscheinen nach der Gleichung

$$HNO_3 + H_2O = NH_3 + 2\,O_2\,,$$

während nur$2{,}8 \cdot 10^{-6}$ Mole, das heißt $\frac{1}{3}$ dieser Menge nachgewiesen wurden.

Würden 70% des Extra-Sauerstoffs der Reaktion

$$2\,N_2O_5 = 2\,N_2 + 5\,O_2$$

entstammen, so müßten $0{,}4 \cdot \frac{70}{100} \cdot \frac{2}{5} = 0{,}11$ ccm Stickstoff entwickelt werden, während der Gasrest um sicher weniger als 0,01 ccm zunahm.

Nr. 35. Bestrahlung narkotisierter Zellen in Nitratgemisch.

Suspensionsflüssigkeit: $^{n}/_{10}$-$NaNO_3$, $^{n}/_{100}$-HNO_3, 0,013% Phenylurethan.

Suspensionsdichte: 0,2 ccm Zellen: 10 ccm.

Eine Stammsuspension in $^{n}/_{10}$-$NaNO_3$ wurde bei Zimmertemperatur aufbewahrt und direkt vor Beginn einer Messung mit dem gleichen Volumen $^{n}/_{10}$ $NaNO_3$, $^{n}/_{50}$-HNO_3, 0,026% Phenylurethan vermischt. Je 10 ccm Zellsuspension in den Rezipienten eingefüllt, für den

$$v_F = 10,\quad v_G = 10{,}7,\quad K_{O_2} = 10{,}12,\quad K_{CO_2} = 17{,}34.$$

Bei 25° bis zur Sättigung Luft durchgeleitet. Zusammensetzung der Gasmischung vor dem Versuch: 0% Kohlensäure, 20,9% Sauerstoff, 79,1% Stickstoff.

Lichtquelle: $\frac{1}{2}$-Watt-Metallfadenlampe, 150 Kerzen, in 4 cm Entfernung.

Gasanalysen:

Tabelle 31.

	Versuch I[1]		Versuch II[1]	
	dunkel	hell	dunkel	hell
Barometerstand bei Schluß der Hähne mm Hg	757	757	762	762
Stickstoff i. Analysenappar. ccm	7,12	6,85	6,89	6,92
Gesamtvolumen nach Einsaugen der Gasprobe . . . . ccm	13,13	13,01	13,42	13,42
Eingesaugt . . . . ccm	6,01	6,16	6,53	6,50
N. Absorption d. Kalilauge . . ccm	12,96	12,91	13,20	13,28
N. Absorption d. Hydrosulfit . ccm	11,92	11,66	12,10	11,99
CO_2 . . . . ccm	0,17	0,1	0,22	0,14
CO_2 . . . . %	2,83	1,62	3,37	2,15
O_2 . . . . ccm	1,04	1,25	1,10	1,29
O_2 . . . . %	17,3	20,3	16,85	19,85
N_2 . . . . %	79,9	78,1	79,8	78,0
x_{CO_2} . . . . ccm	+ 0,47	+ 0,27	+ 0,56	+ 0,36
x_{O_2} . . . . ccm	— 0,37	— 0,039	— 0,41	— 0,083
Extra-CO_2 . . . . ccm	0,1	0,23	0,15	0,28

Nr. 36. Bestrahlung narkotisierter Zellen in Nitrat- und Sulfatgemisch.

Suspensionsflüssigkeiten:

$^{n}/_{10}$-$NaNO_3$, $^{n}/_{100}$-HNO_3, 0,013% Phenylurethan und $^{n}/_{10}$-Na_2SO_4, $^{n}/_{100}$-H_2SO_4 0,013% Phenylurethan.

Suspensionsdichte: 0,2 ccm Zellen: 10 ccm.

Darstellung der Suspensionen, wie in Protokoll 35. Je 10 ccm Suspension in den Rezipienten, für den

$$v_F = 10,\quad v_G = 10{,}7,\quad K_{O_2} = 10{,}12,\quad K_{CO_2} = 17{,}34.$$

Bei 25° bis zur Sättigung Luft durchgeleitet. Zusammensetzung der Gasmischung vor dem Versuch: 0% Kohlensäure, 20,9% Sauerstoff, 79,1% Stickstoff.

Lichtquelle: $\frac{1}{2}$-Watt-Metallfadenlampe, 150 Kerzen, in 4 cm Entfernung.

[1] Für Versuch I und II verschiedenes Zellmaterial.

Gasanalysen:

Tabelle 32.

Gemisch	Nitrat hell	Sulfat hell	Nitrat dunkel
Barometerstand b. Schluß der Hähne . mm Hg	758	757	757
Stickstoff im Analysenapparat . . . . . . ccm	7,07	6,93	7,05
Gesamtvolumen nach Einsaugen der Gasprobe ccm	13,82	13,58	13,60
Eingesaugt . . . . ccm	6,75	6,65	6,55
Nach Absorption durch Kalilauge . . . . ccm	13,70	13,58	13,39
Nach Absorption durch Hydrosulfit. . . . ccm	12,34	12,19	12,30
CO_2 . . . . ccm	0,12	0	0,21
CO_2 . . . . %	1,8		3,2
O_2 . . . . ccm	1,36	1,39	1,09
O_2 . . . . %	20,2	20,9	16,6
N_2 . . . . %	78	79,1	80,2
x_{CO_2} . . . . ccm	+ 0,31	0	+ 0,53
x_{O_2} . . . . ccm	— 0,05	0	— 0,44
Extra-CO_2 . . . . ccm	0,26	0	0,09

Zeitschr. für physikalische Chemie **102**. 236. 1922.

Über den Energieumsatz bei der Kohlensäureassimilation.

Von

Otto Warburg und **Erwin Negelein.**

Mit 7 Abbildungen.

(Mitteilung aus dem Kaiser Wilhelm-Institut für Biologie, Berlin-Dahlem.)

(Eingegangen am 7. Juni 1922.)

Die vorliegende Abhandlung zerfällt in zwei Teile, einen allgemeinen Teil und einen speziellen Teil. Der allgemeine Teil enthält die Anordnung und die Ergebnisse der Versuche, der spezielle Teil experimentelle Einzelheiten, Formeln und Protokolle.

Allgemeiner Teil.

I.

Die in grünen Pflanzenzellen absorbierte Strahlungsenergie wird im allgemeinen auf dreierlei Art verwandelt: in Strahlung anderer Frequenz, im sichtbaren Gebiet als Fluoreszenzstrahlung erscheinend, in Wärme und in chemische Energie.

Die Verwandlung in chemische Energie geschieht in dem Vorgang der Kohlensäureassimilation, in dem Traubenzucker und Sauerstoff aus Kohlensäure und Wasser entstehen nach der Gleichung:

$$6\,CO_2 + 6\,H_2O = C_6H_{12}O_6 + 6\,O_2 - 674000 \text{ cal},$$

worin 674000 cal die Zunahme der Gesamtenergie bedeutet, wenn sich der Vorgang von links nach rechts abspielt.

Im folgenden soll die Frage behandelt werden, welcher Bruchteil der absorbierten Strahlungsenergie bei der Kohlensäureassimilation in chemische Energie verwandelt werden kann, eine oft diskutierte, bisher jedoch nicht beantwortete Frage.

Bezeichnen wir die absorbierte Strahlungsenergie mit E, die gleichzeitig geleistete chemische Arbeit — die Zunahme der Gesamtenergie —

mit U, so ist es der Quotient $\frac{U}{E}$, der uns interessiert und zwar $\frac{U}{E}$ unter einer besonderen Bedingung. Tragen wir die pro Sekunde absorbierte Strahlungsenergie auf der Abszisse, die pro Sekunde geleistete chemische Arbeit auf der Ordinate auf, so erhalten wir (Abb. 1) eine nach der Abszissenachse zu gekrümmte Kurve. Das Verhältnis $\frac{U}{E}$ ändert sich also mit der Intensität der absorbierten Strahlung. Je intensiver die Strahlung, um so geringer ist der in chemische Energie verwandelte Bruchteil. $\frac{U}{E}$, das mit wachsender Intensität unbegrenzt kleiner wird, nähert sich mit sinkender Intensität einem Grenzwert. Dieser Grenzwert ist es, dessen Bestimmung wir uns zum Ziel gesetzt haben, die Bestimmung des Energieumsatzes bei sehr kleinen Intensitäten, genauer ausgedrückt des $\lim \frac{dU}{dE}$ für $E = 0$.

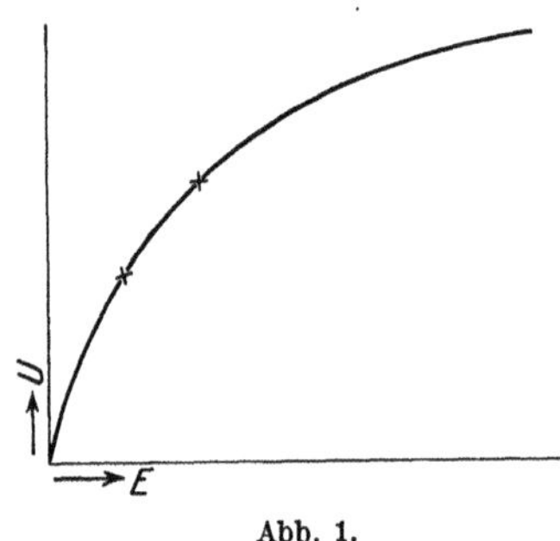

Abb. 1.

Verschieden von unserer Frage ist die praktisch wichtige Frage, wieviel nutzbare chemische Energie in der Natur aus dem absorbierten Tageslicht gewonnen wird, ein Problem, das nicht durch Laboratoriumsversuche gelöst werden kann und das in jeder Hinsicht anders angefaßt werden muß, als unser Problem.

Die Versuche wurden in dem Laboratorium von Herrn Emil Warburg in der Physikalisch-Technischen Reichsanstalt begonnen, wo wir, insbesondere unterstützt von Herrn Dr. Carl Müller, die bolometrische Strahlungsmessung gelernt haben. Wir haben als Versuchsobjekt eine einzellige Grünalge, Chlorella vulgaris, benutzt. Wir haben die Größe E unseres Quotienten, die absorbierte Strahlung, mittels eines Flächenbolometers gemessen, die Größe U, die geleistete chemische Arbeit, mittels eines Manometers, an dem die bei Bestrahlung entwickelten Sauerstoffmengen abgelesen werden konnten.

II.

Sitz des Assimilationsvorgangs in der Pflanzenzelle sind besondere Organe, die Chromatophoren, in denen die assimilatorisch wirksame Strahlung absorbiert wird, und in denen die Endprodukte der Assimilation, Zucker und Sauerstoff, erscheinen. Dieses Organ, das in verschiedenartigen Formen auftritt, hat in unserer Alge die Form einer Glocke, die der Wand der runden, im Durchmesser etwa 3 μ starken

Zelle anliegt. Es enthält dasselbe Farbstoffgemisch, das WILLSTAETTER[1] in allen grünen Zellen antraf, das grüne Chlorophyll, das gelbe Caroten und das gelbe Xanthophyll. Die gelben Farbstoffe absorbieren merklich nur im Blau, das Chlorophyll in dem gesamten Bereich des sichtbaren Spektralgebiets, am stärksten im Blau und im Rot, wo zwischen 645 und 670 $\mu\mu$ die bekannte scharfe Chlorophyllbande liegt. Die Absorption in dem unsichtbaren Spektralgebiet ist für uns ohne Interesse, da bisher, mittels einwandfreier Methoden, nur im sichtbaren Gebiet assimilatorische Wirkung beobachtet wurde.

Nach einer bekannten Entdeckung von WILLSTAETTER enthält das Chlorophyll Magnesium. Wird das Magnesium abgespalten, so bleibt ein wenig gefärbter Rest zurück, das WILLSTAETTERsche Phäophytin, das sich mit Metallsalzen wieder leicht zu tiefgefärbten Stoffen vereinigt. In dieser farbvertiefenden Wirkung sehen wir die Bedeutung des Magnesiums für den Assimilationsvorgang. Indem das Magnesium in den organischen Rest eintritt, wird das Absorptionsspektrum breiter und tiefer, es vermehren sich die Anregungsmöglichkeiten.

III.

Die Verwandlung von strahlender in chemische Energie in dem Chromatophor ist ein streng spezifischer Vorgang, d. h., absorbierte Strahlungsenergie kann allein zur Reduktion der Kohlensäure, nicht aber zur Reduktion anderer Stoffe verwendet werden.

Die Behauptung, daß allein Kohlensäure photochemisch reduziert werde, scheint zunächst im Widerspruch zu dem zu stehen, was wir beim Wachstum der Alge beobachten. Die Alge wächst, wenn wir sie in einer kohlensäurehaltigen Lösung anorganischer Salze bestrahlen.

Die Substanz, die hier bei entsteht, enthält Wasserstoff, der aus dem Wasser der Nährlösung stammt, z. B. in den CH_2-Gruppen der Fettsäuren, und Stickstoff, der aus dem Nitrat der Nährlösung stammt, z. B. in den Amidogruppen des Eiweißmoleküls. Es muß also neben Kohlensäure auch Wasser und Nitrat reduziert werden, und in der Tat findet man[2], wenn man unter Ausschluß von Kohlensäure bestrahlt, eine langsame Entwicklung von Sauerstoff aus Wasser und Nitrat.

Indessen läßt sich zeigen, daß sich Vorgänge dieser Art unter Vermittlung der Kohlensäure abspielen. Betrachten wir beispielsweise die Bildung von Amidostickstoff, so haben wir zunächst die Dunkelreaktion:

$$HNO_3 + H_2O + 2\,C = NH_3 + 2\,CO_2$$

---

[1] WILLSTAETTER u. STOLL: Untersuchungen über Chlorophyll. Berlin 1913.

[2] WARBURG, O.: u. E. NEGELEIN: Über die Reduktion der Salpetersäure in grünen Zellen. Biochem. Zeitschr. **110**, 66. 1920.

(C für $^1/_6$ Molekül Traubenzucker) und darauf folgend die photochemische Reaktion:

$$2\,CO_2 = 2\,C + 2\,O_2.$$

Addieren wir beide Gleichungen, so fällt die Kohlensäure aus der Bilanz heraus, wir erhalten:

$$HNO_3 + H_2O = NH_3 + 2\,O_2$$

und wir haben scheinbar eine photochemische Reduktion von Wasser und Salpetersäure.

Derartige Vorgänge bewirken — und darauf kommt es hier an — daß eine bestrahlte Zelle an die Umgebung mehr Sauerstoff abgibt, als sie Kohlensäure aus der Umgebung aufnimmt. Die Verhältnisse liegen in unserem Fall so, daß die Alge 10 Moleküle Sauerstoff abgibt, während sie gleichzeitig nur 9 Moleküle Kohlensäure aufnimmt. Von diesen 10 Molekülen Sauerstoff stammen also 9 aus von außen aufgenommener Kohlensäure, 1 Molekül aus innerhalb der Zelle gebildeter Kohlensäure.

Es ist notwendig, daß in bezug auf diese Verhältnisse Klarheit herrscht. Denn wir haben die chemische Arbeit aus der entwickelten Sauerstoffmenge berechnet unter der Annahme, daß ebensoviele Moleküle Kohlensäure gespalten, als Sauerstoffmoleküle entwickelt worden waren.

IV.

Neben der Verwandlung von strahlender in chemische Energie haben wir in der Zelle eine zweite Art von Energieverwandlung, die Verwandlung von chemischer Energie in Wärme, auf dem Umweg über noch nicht näher bekannte Energieformen. Während sich die Verwandlung erster Art in einem gesonderten Organ der Zelle bei Bestrahlung abspielt, findet die Verwandlung zweiter Art, die Atmung, in allen Teilen der Zelle und zu jeder Zeit statt.

Die Bedeutung der Kohlensäureassimilation für die organische Welt ist einfach und klar. Der Sinn der Atmung ist komplizierter und dunkler. Es mag hier die Bemerkung genügen, daß die lebende Zelle ein instabiles, mit merklicher Geschwindigkeit einem Gleichgewichtszustand zustrebendes System ist, das nur unter Aufwand von Arbeit erhalten werden kann. Das energetische Äquivalent dieser Arbeit ist die in der Atmung verbrauchte chemische Energie.

Die Gleichung der Atmung in unserem Fall lautet:

$$C_6H_{12}O_6 + 6\,O_2 = 6\,CO_2 + 6\,H_2O + 674000\text{ cal},$$

ein in der Bilanz der Kohlensäureassimilation genau entgegengesetzter Vorgang. Da es in keiner Weise gelingt, beide Vorgänge so zu trennen, daß nur die Assimilation übrig bleibt, so haben wir es bei unseren Versuchen immer mit beiden Vorgängen zu tun und eine Messung der Assimilation setzt die Kenntnis der Atmung voraus. Es ergibt sich so die Anordnung eines Assimilationsversuchs. Wir messen zunächst die Atmung getrennt von der Assimilation, d. h., den Sauerstoffverbrauch im Dunkeln, darauf den Sauerstoffwechsel bei Bestrahlung. Aus der Kombination beider Messungen, die auf gleiche Zeiten bezogen werden, finden wir die durch Bestrahlung entwickelte Sauerstoffmenge.

Bei diesem Verfahren wird vorausgesetzt, daß die Atmung während der Bestrahlung ebenso groß ist, wie vor der Bestrahlung im Dunkeln, eine Voraussetzung, die aus folgendem Grund nicht korrekt ist. Bringen wir in die anorganische Lösung, in der unsere Algen suspendiert sind, Traubenzucker, so dringt er in die Zelle ein und bewirkt hier, indem er die Konzentration an verbrennlicher Substanz vermehrt, einen Anstieg der Atmung. Bestrahlen wir, so bildet sich in dem Chromatophor Zucker, der alsbald in die Zelle hineindiffundiert und hier, wie der von außen eingeführte Zucker, die Atmung beschleunigt. Man kann diese Wirkung der Bestrahlung auf die Atmung leicht nachweisen, indem man einige Zeit im Dunkeln gehaltene Zellen bestrahlt und dann wieder verdunkelt. Man findet dann, daß die Atmung nach der Bestrahlung größer ist, als sie vorher im Dunkeln war, und daß sie im Dunkeln allmählich wieder absinkt.

Die Atmung wird also während der Bestrahlung größer sein, als nach der Bestrahlung, der Zeit, in der wir sie messen. Indem wir aber für die Belichtungszeit eine zu kleine Atmung einsetzen, finden wir die geleistete chemische Arbeit kleiner, als sie tatsächlich ist.

Man kann diesen Fehler nicht ganz beseitigen, aber dadurch wesentlich verkleinern, daß man Bestrahlungs- und Verdunkelungsperioden fortgesetzt in kurzen Abständen folgen läßt. Man schafft so einigermaßen stationäre Verhältnisse in der Zelle, die Zuckerkonzentrationen schwanken weniger, als im Lauf langer Perioden.

V.

Als Strahlungsquelle benutzten wir eine Metallfadenlampe mit Stickstoffüllung. Aus der Strahlung dieser Lampe nahmen wir mittels Ferro- und Kupfersulfat Rot und Ultrarot, mit Hilfe von Anilinfarbstoffen Blau und Grün heraus und verwandten im allgemeinen nur den von 570—645 $\mu\mu$ reichenden Spektralbezirk, das ist Gelb und Gelbrot. Nach dem, was wir über die Absorption in dem Chromatophor erfahren haben, ist dies ein Bezirk, in dem von den drei Farbstoffen allein das

Chlorophyll absorbiert, und zwar schwach absorbiert, indem die dunkeln Absorptionsbanden des Chlorophylls außerhalb unseres Spektralbezirks liegen.

Die Strahlung, die mittels eines Regulierwiderstandes auf 1% konstant gehalten wurde, trat in horizontaler Richtung in einen Wasserthermostaten ein (Abb. 2) und traf hier auf einen um 45° gegen die Horizontale geneigten Spiegel, der sie senkrecht nach oben reflektierte. In einer genau festgelegten Horizontalebene des Thermostaten befand sich die Blende des Bolometers, durch das die Intensität der Strahlung in der genannten Ebene gemessen wurde. Hierbei bedienten wir uns einer von EMIL WARBURG[1] angegebenen Schaltung, bei der die in der Brücke auftretende Potentialdifferenz mittels eines zweiten Stromkreises kompensiert, das Galvanometer also nur als Nullinstrument gebraucht wurde. Wir eichten das Bolometer mit der Hefnerlampe nach GERLACH[2] und erhielten die gesuchte Intensität in cal/sec/qcm mit einer Genauigkeit von etwa 1%.

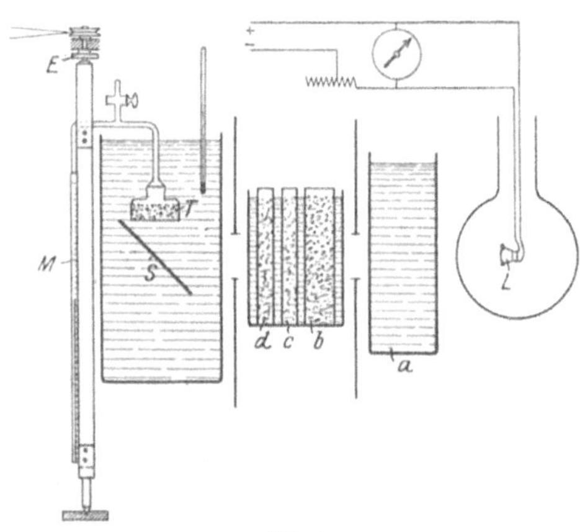

Abb. 2.

L = Lampe. a = Küvette mit fließendem Wasser. b = Küvette mit 20% Ferrosulfat, Schichtdicke 2 cm. c = Küvette mit 12% Kupfersulfat, Schichtdicke 1 cm. d = Küvette mit 0,02% Tartrazin, 0,02% Rose bengale, Schichtdicke 1 cm. S = Spiegel. T = Versuchstrog. M = Manometer. E = Exzenterscheibe.

War die Intensität gemessen, so ersetzten wir das Bolometer durch den Assimilationstrog, ein Glasgefäß, dessen Seitenwände außen versilbert und zum Schutz des Silberspiegels verkupfert waren. Der Trog war zu $^2/_3$ mit einer Suspension grüner Zellen gefüllt. Sein nicht versilberter Boden kam genau an die Stelle des Thermostaten, an der sich vorher die Bolometerblende befunden hatte. Bei bekannter Grundfläche F des Troges und einer Bestrahlungszeit von t Sekunden war somit die in den Trog eingestrahlte Energie JFt cal.

Da jede Zelle Licht nicht nur absorbiert, sondern auch bricht, reflektiert und zerstreut, so wird der Strahlengang in der Zellsuspension ungeordnet und das diffus austretende Licht kann nicht gemessen

[1] WARBURG, E., G. LEITHÄUSER, E. HUPKA, C. MÜLLER: Über die Konstante c des Wien-Planckschen Strahlungsgesetzes. Ann. d. Physik, 4. Folge, **40**, 609. 1913.

[2] GERLACH, W.: Phys. Zeitschr. **14**, 577. 1903.

werden. Die Schwierigkeit, die sich so der Absorptionsmessung entgegenstellte, haben wir umgangen, indem wir mit vollständiger Absorption arbeiteten, d. h., wir füllten eine so dichte Zellsuspension in den Trog ein, daß die gesamte eingestrahlte Energie absorbiert wurde. Der Beweis vollständiger Absorption wurde auf zwei Arten erbracht. Erstens hatte eine Vermehrung der Zelldichte keine Vermehrung der photochemischen Wirkung zur Folge, unsere Ausschläge waren unabhängig von der Zelldichte. Zweitens zogen wir den Farbstoff mit Alkohol aus und brachten die klare alkoholische Lösung in der fraglichen Konzentration und Schichtdicke zwischen Bolometer und Lampe. Das Bolometer zeigte dann keinen Ausschlag, zum Zeichen, daß die Absorption praktisch vollständig war. Wir fanden also die absorbierte Energie, indem wir sie gleich der eingestrahlten setzten.

Bei diesem Verfahren vernachlässigten wir die Lichtmengen, die infolge von Reflexion und Zerstreuung durch den Boden des Troges wieder austraten. Wir haben Grund zu der Annahme, daß diese Mengen relativ klein waren, daß wir also ohne merkliche Fehler eingestrahlte und absorbierte Energie gleichsetzen durften. Trifft diese Annahme nicht zu, so haben wir für die absorbierte Energie einen zu großen Wert eingesetzt, das Verhältnis $\frac{U}{E}$ also kleiner gefunden, als es tatsächlich war.

Wird die Strahlung vollständig absorbiert, so sinkt auf dem Weg durch den Trog ihre Intensität von J, der Intensität an der Eintrittsstelle, bis auf einen unmerklich kleinen Wert herab, und wir messen die Assimilation bei Intensitäten, die zwischen J und Null liegen. Denken wir uns den Inhalt des Troges durch horizontale Schnitte in kleine Scheiben von der Höhe dx zerlegt, so nimmt die pro Scheibe absorbierte Lichtmenge — mithin auch die photochemische Wirkung — von unten nach oben ab, während die Atmung in den Scheiben verschiedener Höhe nahezu gleich ist. Wir haben also in dem Trog ein veränderliches Verhältnis von Assimilation zu Atmung, in den untersten Schichten überwiegt die Assimilation, in den obersten die Atmung. Die Assimilation in dem ganzen Trog ist gleich der Summe der Assimilation in den einzelnen Scheiben und das entsprechende gilt von der Atmung in dem ganzen Trog.

Was wir messen, sind diese Summen, und es ist aus methodischen Gründen wünschenswert, daß das Verhältnis der Summen,

$$\frac{\text{Assimilation im ganzen Trog}}{\text{Atmung im ganzen Trog}},$$

nicht zu klein ist. Die Intensität der Strahlung an der Eintrittsstelle muß deshalb, wie eine einfache Rechnung lehrt, relativ hoch sein.

Andererseits interessiert uns, wenn wir uns an unsere Aufgabe erinnern, allein die Assimilation bei niedrigen Intensitäten. Auf Grund dieser Überlegungen wird man einen Mittelweg einschlagen und die Intensität an der Eintrittsstelle so wählen, daß die Assimilation neben der Atmung noch mit hinreichender Genauigkeit gemessen werden kann.

Dieser Bedingung genügt eine Intensität von $0{,}2 \times 10^{-4}$ bis $0{,}4 \times 10^{-4}$ cal/sek/qcm, das ist etwa der 1000. Teil der Intensität der Sonnenstrahlung auf der Erdoberfläche. Bestrahlten wir mit diesen Intensitäten, so betrug die Assimilation in den untersten Schichten des Troges das fünf- bis zehnfache der Atmung, die Assimilation in dem ganzen Trog $^1/_2$ bis $^1/_1$ der Atmung in dem ganzen Trog. Hierbei waren die Intensitäten hinreichend klein, und wir konnten, wenn wir zwei Messungen bei zwei verschiedenen Intensitäten machten, die Werte für die Intensität Null durch Interpolation finden.

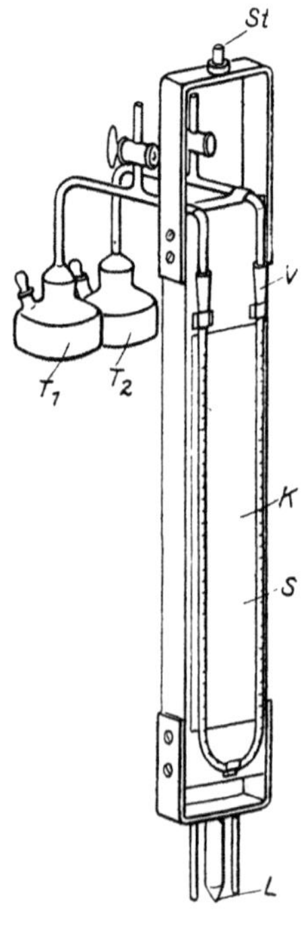

Abb. 3.

K = Manometerkapillare von 0,2qmm Querschnitt. V = Verbindungsschliff. T_1 = Trog mit Zellsuspension und kohlensäurehaltiger Luft gefüllt. T_2 = Trog mit Salzlösung und kohlensäurehaltiger Luft gefüllt. St = Stift, der in das Loch der Exzenterscheibe paßt. L = Spitzenlager. S = Spiegel.

VI.

Zur Messung der chemischen Arbeit, der Größe U unseres Quotienten, wurde der Assimilationstrog, nach Füllung mit kohlensäurehaltiger Luft, mit dem einen Schenkel eines Barcroftschen Differentialmanometers[1] verbunden (Abb. 3). An dem anderen Manometerschenkel befand sich ein ähnlicher Trog, der an Stelle der Zellsuspension zellfreie Salzlösung enthielt. Bei dieser Anordnung zeigte das Manometer nur solche Druckänderungen an, die von der Tätigkeit der Zellen herrührten, während Schwankungen der Temperatur und des Atmosphärendruckes ohne Einfluß auf den Stand des Manometers waren.

Die mit dem Manometer verbundenen Tröge wurden mittels einer Exzenterscheibe — bei kleinen Exkursionen, jedoch hohen Tourenzahlen — schnell geschüttelt, so daß Gas- und Flüssigkeitsphase in jedem Augenblick nahezu im Gleichgewicht waren. Die Temperatur des Thermostaten war hierbei 10° und wurde auf einige hundertstel Grade konstant gehalten.

[1] Barcroft, J.: Journ. of Physiology **37**, 12. 1908.

Wird in dem Trog Sauerstoff in Kohlensäure verwandelt, so nimmt der Druck ab, weil Kohlensäure in Wasser leichter löslich ist, als Sauerstoff. Wird Kohlensäure in Sauerstoff verwandelt, so nimmt aus dem gleichen Grund der Druck zu. Kennt man die Volumina der gasförmigen und flüssigen Phase, so ergibt die Anwendung der Gasgesetze und des HENRIschen Absorptionsgesetzes einen einfachen Ausdruck für die umgesetzte Sauerstoffmenge, die einer Druckänderung von einem Millimeter entspricht.

Da die Entwicklung eines Mols Sauerstoff einer Zunahme der Gesamtenergie von 112300 cal entspricht, so war, wenn v ccm Sauerstoff entwickelt waren:

$$U = v \frac{112\,300}{22\,400} \text{ cal.}$$

Was die Genauigkeit der Messungen anbetrifft, so hing alles davon ab, ob es gelang, die Atmung hinreichend stationär zu halten. War das der Fall, so wurde die Atmung in Perioden von 5 Minuten, die Wirkung der Bestrahlung in Perioden von 10 Minuten bestimmt und v mit einer Genauigkeit von 5% erhalten. Dies also war der Fehler bei der Messung der Größe U, der als solcher in den Quotienten $\frac{U}{E}$ einging. Der Fehler bei der Messung der Größe E — mit 1% — war hiergegen klein.

VII.

Einige Resultate sind in Tabelle 1 zusammengestellt. Wir finden in der ersten Spalte die Intensität J an der Eintrittsstelle in den Trog, in der zweiten Spalte das Produkt JFt, die in der Bestrahlungszeit absorbierte Energie E. Es folgt in der dritten Spalte der beobachtete Manometerausschlag Δh, in der vierten Spalte die Gefäßkonstante K[1], die mit Δh multipliziert, den in der fünften Spalte stehenden Wert von v ergibt. In der sechsten Spalte ist der aus v berechnete Wert von U verzeichnet, in der siebenten Spalte der Quotient $\frac{U}{E}$, in der achten Spalte der Grenzwert $\lim \frac{dU}{dE}$ für $E = 0$.

Es ergibt sich aus der Tabelle, daß im Mittel etwa 70% der absorbierten Strahlungsenergie in chemische Energie umgewandelt werden können. Der höchste bisher gemessene Wert liegt nach einer Angabe von

[1] Vgl. die Bemerkungen zu Abschnitt VI, Formel 12.

Brown und Escombe um 6%. Indessen sind die Versuche von Brown und Escombe[1], die mit anderen Objekten und mit Strahlung von anderer spektraler Zusammensetzung angestellt wurden, mit den unsrigen kaum vergleichbar.

Erinnern wir uns, daß wir zwei Fehler begehen, die den Wert unserer Quotienten herabdrücken — von denen der eine mit der Atmungsmessung, der andere mit der Absorptionsmessung zusammenhängt — so müssen wir die Werte der Tabelle als Minimalwerte betrachten. Die Ausbeuten an chemischer Energie waren möglicherweise größer, als es den Anschein hat.

Tabelle 1. *Spektralbezirk* (λ) = *570 — 645* $\mu\mu$. *Bestrahlte Fläche* (F) = *14 qcm. Bestrahlungszeit* (t) = *600 Sek.*

Nr.	J auffallende Intensität (cal/qcm/Sek.)	$E = J \cdot F \cdot t$ = in t Sek. absorbierte Energie (cal)	$\varDelta h$ = beobachteter Manometerausschlag (mm)	K (Gefäßkonstante)	v = in t Sek. entwickelter Sauerstoff (cmm)	U (cal.)	$\frac{U}{E} \cdot 100$	$\lim\limits_{E=0} \frac{dU}{dE} \cdot 100$
1	$0{,}162 \cdot 10^{-4}$	0,136	6,9	2,23	15,4	0,078	57	72
	$0{,}327 \cdot 10^{-4}$	0,275	10,3		23,0	0,116	42	72
2	$0{,}203 \cdot 10^{-4}$	0,171	8,5	2,23	19,0	0,096	56	67
	$0{,}406 \cdot 10^{-4}$	0,341	3,8		30,8	0,155	45	
3	$0{,}212 \cdot 10^{-4}$	0,178	9,4	2,23	21,0	0,106	60	73
	$0{,}424 \cdot 10^{-4}$	0,356	14,5		32,4	0,163	46	
4	$0{,}215 \cdot 10^{-4}$	0,181	8,8	2,23	19,7	0,099	55	69
	$0{,}430 \cdot 10^{-4}$	0,362	13,1		29,2	0,147	41	
5	$0{,}215 \cdot 10^{-4}$	0,181	9,1	2.23	20,3	0,102	56	66
	$0{,}430 \cdot 10^{-4}$	0,362	15,3		34,1	0,172	48	
6	$0{,}197 \cdot 10^{-4}$	0,166	8,4	2,33	19,6	0,099	60	64
	$0{,}389 \cdot 10^{-4}$	0,327	15,5		36,2	0,183	56	
7	$0{,}202 \cdot 10^{-4}$	0,169	10,3	2,33	24,0	0,121	72	92
	$0{,}397 \cdot 10^{-4}$	0,334	14,7		34,0	0,173	52	
8	$0{,}182 \cdot 10^{-4}$	0,153	7,8	2,33	18,2	0,092	60	72
	$0{,}358 \cdot 10^{-4}$	0,301	12,2		28,5	0,144	48	
9	$0{,}178 \cdot 10^{-4}$	0,149	7,3	2.33	17,0	0,086	58	60
	$0{,}350 \cdot 10^{-4}$	0,295	13,8		32,2	0,162	55	
10	$0{,}178 \cdot 10^{-4}$	0,149	8,3	2,33	19,4	0,098	66	68
	$0{,}350 \cdot 10^{-4}$	0,295	15,8		36,9	0,186	63	
11	$0{,}173 \cdot 10^{-4}$	0,145	8,8	2,33	20,5	0,103	71	83
	$0{,}343 \cdot 10^{-4}$	0,288	14,7		34,3	0,173	60	
12	$0{,}175 \cdot 10^{-4}$	0,147	7,2	2,33	16,8	0,085	58	65
	$0{,}347 \cdot 10^{-4}$	0,291	12,5		29,2	0,147	51	
							Mittel:	71

[1] Brown u. Escombe: Proc. of the roy. soc. of London, B. **76**, 24. 1905.

Es ist nicht ohne Interesse, den Energieumsatz bei der Kohlensäureassimilation mit dem Energieumsatz bei einfachen chemischen Reaktionen zu vergleichen. Bestrahlt man mit der Wellenlänge 209 $\mu\mu$, so ist nach E. WARBURG[1]

bei der Reaktion	$\frac{U}{E} \cdot 100$
$3\,O_2 = 2\,O_3$	50
$2\,HBr = H_2 + Br_2$ (gasförmig)	18
$2\,HJ = H_2 + J_2$ (gasförmig)	2,1

Eine höhere Ausbeute als 50% — im Fall der Ozonisierung des Sauerstoffs durch die Wellenlänge 209 $\mu\mu$ — ist unseres Wissens bisher nie gemessen worden.

VIII.

Die nächste Aufgabe ist es nunmehr, das Verhältnis $\frac{U}{E}$ in verschiedenen Spektralbezirken zu messen. Versuche in dieser Richtung sind begonnen, jedoch noch nicht abgeschlossen. Die Schwierigkeit liegt in der Beschaffung einer Lichtquelle von hoher Flächenhelligkeit, die bei spektraler Zerlegung schmale Bezirke hinreichender Intensität liefert und die lange Zeit konstant brennt.

Immerhin lassen die bisher vorliegenden Versuche erkennen, daß in den Spektralbezirken, in denen die Chromatophorenfarbstoffe am stärksten absorbieren, im Blau und im oben erwähnten Bezirk des Rot, $\frac{U}{E}$ nicht größer, wahrscheinlich aber etwas kleiner ist, als im Gelb und Gelbrot. $\frac{U}{E}$ würde dann in der Nähe des Gelb ein flaches Maximum zeigen, ähnlich wie die Intensität der Sonnenstrahlung auf der Erdoberfläche[2].

IX.

Bei der Betrachtung der Tabelle fällt auf, daß der Quotient $\frac{U}{E}$ Schwankungen unterworfen ist, die außerhalb der Fehlergrenzen liegen. Viel größer waren die Schwankungen im Gesamtverlauf der etwa 2000 Versuche, indem wir anfangs wenig mehr als 20% fanden. Der Energieumsatz ist also in hohem Maße veränderlich mit dem Zustand der Zelle und es erhebt sich die Frage, ob wir die Bedingungen angeben können, unter denen der eine oder andere dieser verschiedenartigen Zustände entsteht.

---

[1] WARBURG, E.: Quantentheoretische Grundlagen der Photochemie, Zeitschr. f. Elektrochemie **26**, 54. 1920.

[2] *Zusatz beim Neudruck:* Dieser Absatz ist unrichtig. Vergleiche die folgende Arbeit.

Die Bedingung, auf die es hier in erster Linie ankommt, ist eine einfache. Züchten wir bei hohen Lichtstärken — etwa in 7 cm Entfernung von einer 75 Wattlampe — so entstehen Zellen, die nur einen geringen Bruchteil der absorbierten Strahlungsenergie in chemische Energie verwandeln können. Züchten wir bei niedriger Lichtstärke — etwa in 30 cm Entfernung von einer 75 Wattlampe — so entstehen Zellen, die einen großen Bruchteil der absorbierten Strahlungsenergie in chemische Energie verwandeln können. Man wird in diesem Verhalten eine zweckmäßige Anpassung an äußere Verhältnisse sehen, da offenbar das Interesse der Zelle an der Ausnutzung der eingestrahlten Energie um so größer ist, je weniger Energie ihr in der Zeiteinheit zugeführt wird.

Läßt man hellgezüchtete Zellen bei niedriger Lichtstärke weiterwachsen, so ändert sich ihre chemische Zusammensetzung im Lauf weniger Tage, ihre Substanz wird prozentisch reicher an Chlorophyll. Aus „Lichtpflanzen" sind „Schattenpflanzen" geworden, die als feiner schwarzer Sand den Boden der Kulturgefäße bedecken. Dies ist der Zustand, in dem die absorbierte Strahlung am besten ausgenutzt werden kann. Dauernd bei niedriger Lichtstärke gezüchtet, degenerieren die Zellen, sie verkleben und wachsen merklich langsamer. Man darf deshalb die bei niedriger Lichtstärke gewachsenen Zellen nicht zur Nachzucht benutzen, sondern man hält am besten eine Stammkultur bei hellem Tageslicht, läßt von hier aus abgezweigte Kulturen etwa acht Tage bei schwacher Beleuchtung wachsen und mißt dann den Energieumsatz. Tut man das, so wird man immer Material haben, das den größeren Teil der absorbierten Strahlungsenergie in chemische Energie verwandeln kann.

X.

Können wir uns durch Variation der Kulturbedingungen Organismen verschaffen, die absorbierte Energie in verschiedenem Maße ausnutzen, so ist es andererseits auch möglich. den Energieumsatz eines gegebenen Organismus direkt zu beeinflussen. Wie bisher, so haben wir im folgenden nur den Energieumsatz bei niedrigen Bestrahlungsintensitäten im Auge, sehen also von den besonderen Faktoren, die den Energieumsatz bei hohen Intensitäten bestimmen, völlig ab.

Bringen wir gewisse chemisch indifferente Stoffe in das Chromatophor hinein, so sinkt die Ausbeute an chemischer Energie, um so mehr, je ausgesprochener diese Stoffe die Eigenschaft haben, an Grenzflächen adsorbiert zu werden[1]. Entfernen wir sie wieder aus dem Chromatophor, so wird der Energieumsatz alsbald wieder normal.

---

[1] Warburg, O.: Biochem. Zeitschr. **103**, 188. 1920; Zeitschr. f. Elektrochemie **28**, 70. 1922.

Derartige und andere Versuche, auf die wir hier nicht eingehen, führen zu der Auffassung, daß wir es mit einem Vorgang an Grenzflächen zu tun haben. Wir wollen diese Auffassung folgendermaßen präzisieren: Die in Wasser unlöslichen Chromatophorenfarbstoffe sind mit dem farblosen Gerüst des Chromatophors zu einem festen Adsorbens verbunden. An der Grenze dieses gefärbten Adsorbens gegen den farblosen wässrigen Inhalt des Chromatophors ist die Kohlensäure — in einer noch nicht näher bekannten Form[1] — adsorbiert. Hier, in der Grenzschicht, wird die von den Farbstoffen aufgenommene Energie auf das Kohlensäuremolekül übertragen. Es ist damit zunächst die Tatsache erklärt, daß gelöste oder kolloidal verteilte Chromatophorenfarbstoffe nicht imstande sind, bei Bestrahlung Kohlensäure zu spalten. Der Versuch, mit Hilfe vom Chromatophor abgelöster Farbstoffe Kohlensäure zu reduzieren, verlief, so oft er unternommen wurde, negativ.

Betrachten wir die Vorgänge, die sich in der genannten Grenzschicht abspielen, etwas näher, so ergibt zunächst die Anwendung der Quantentheorie, wieviel Energie von einem Farbstoffmolekül bei der Absorption aufgenommen wird. Bei Bestrahlung mit Natriumlicht, dessen Wellenlänge etwa dem Schwerpunkt der von uns angewandten Strahlung entsprechen dürfte, ist der fragliche Energiebetrag etwa 49000 cal. (wobei wir der Übersichtlichkeit wegen $h\nu$ mit der Avogadroschen Zahl multiplizieren). Dies also ist die Energie, die ein Mol Chlorophyll bei der Absorption von Natriumlicht aufnimmt.

Um ein Mol Kohlensäure nach der Assimilationsgleichung zu reduzieren, ist eine Energiezufuhr von 112300 cal. erforderlich, woraus folgt, daß ein Kohlensäuremolekül mit mindestens 3 Farbstoffmolekülen in Wechselwirkung treten muß. Wie man sich den Vorgang der Energieübertragung im einzelnen auch denken mag, jedenfalls verläuft er unter geeigneten Bedingungen so, daß der größere Teil der absorbierten Strahlungsenergie von dem Kohlensäuremolekül aufgenommen und in ihm zur Leistung chemischer Arbeit benutzt wird. Insbesondere ist hier für Zwischenreaktionen von erheblicher Wärmetönung kein Raum.

Willstaetter[2] hat die Vermutung ausgesprochen, daß bei der Kohlensäureassimilation aus Kohlensäure oder einem Kohlensäurederivat zunächst Ameisensäureperoxyd entstehe:

[1] In einem langsam verlaufenden chemischen Dunkelvorgang, der sogenannten Blackmannschen Reaktion, wird die Kohlensäure, nachdem sie in die Zelle hineindiffundiert ist, zunächst verändert, und zwar offenbar so, daß aus CO_2 oder H_2CO_3 ein stärker adsorbierbarer Stoff entsteht. Die Blackmansche Reaktion bestimmt den Umsatz in chemische Energie bei hohen Bestrahlungsintensitäten, d. h. unter Bedingungen, von denen in dieser Untersuchung nicht die Rede ist.

[2] Willstaetter u. Stoll: Untersuchungen über die Assimilation der Kohlensäure, Berlin 1918, S. 416.

$$\begin{matrix} HO \\ HO \end{matrix}\!\!>C=O \rightarrow \begin{matrix} H \\ HO \end{matrix}\!\!>C\!\!<\!\!\begin{matrix} O \\ | \\ O \end{matrix}$$

(Kohlensäure) (Ameisensäureperoxyd).

Die Abspaltung des Peroxydsauerstoffs würde Formaldehyd, die Kondensation des Formaldehyds würde Traubenzucker liefern, beides freiwillig verlaufende mit geringer Wärmetönung verbundene Reaktionen. Die chemische Arbeit wird bei dem ersten Vorgang geleistet, bei dem innerhalb des Kohlensäuremoleküls eine Umlagerung von Atombindungen erfolgt. Dies ist ein von Kohlensäure zum Traubenzucker führender Weg, auf dem — so wie wir es verlangen — Zwischenreaktionen von erheblicher Wärmetönung nicht vorkommen.

XI.

Die bei der Absorption aufgenommene Energie steht einem Molekül nur für kurze Zeit in freiverwandelbarer Form zur Verfügung. Diese Zeit, die sogenannte „Lebensdauer" des energiereichen Moleküls, schätzt man im allgemeinen auf 10^{-8} Sekunden. Trifft ein Chlorophyllmolekül innerhalb dieser kurzen Zeit nicht auf ein Kohlensäuremolekül, so ist die absorbierte Strahlungsenergie für die chemische Arbeitsleistung verloren[1].

Soll also die absorbierte Energie möglichst vollständig ausgenutzt werden, so darf kein Teil der Oberfläche länger als 10^{-8} Sekunden mit einem anderen Stoff, als mit Kohlensäure bedeckt sein, eine Bedingung, die niemals erfüllt sein kann, weil die Zelle neben Kohlensäure andere adsorbierbare Stoffe, zum mindesten Traubenzucker, in gelöster Form enthält. Diese Stoffe werden Kohlensäure von der Oberfläche verdrängen. Sie werden zwar in kinetischem Austausch mit der Kohlensäure ihre Plätze an der Oberfläche wechseln, jedoch zeitweise bestimmte Oberflächenbezirke blockieren und hier den Umsatz in chemische Energie verhindern.

Die Theorie erklärt in einfacher Weise eine Reihe von Tatsachen: daß eine Zelle, die schwach belichtet wurde — also wenig Zucker enthält — die Energie vollständiger ausnutzt, als eine stark vorbelichtete Zelle; daß chemisch indifferente Stoffe, die an Grenzflächen gehen, den Umsatz in chemische Energie verhindern; daß die schwach adsorbierbare Blausäure, die andere Vorgänge in dem Chromatophor hemmt, ohne Einfluß auf den Energieumsatz ist. Die Theorie erklärt allgemein,

[1] *Zusatz beim Neudruck*: Das Hineinbringen der Lebensdauer der aktivierten Moleküle ist hier überflüssig. Es genügt zu wissen, daß die Energieübertragung ein Vorgang an Oberflächen ist.

warum der Energieumsatz bei der Kohlensäureassimilation keine konstante Größe ist, sondern veränderlich mit dem Zustand der Zelle.

Spezieller Teil.

Zu den Abschnitten II und IX.

Züchtung der Chlorella. Stammlösungen zur Herstellung der Kulturflüssig keit.

I.	$MgSO_4\ 7\ H_2O$	50 g:	1000 ccm aus Glas destill. Wassers	(0,2 molar)
II.	KNO_3·	25 g:	1000 ,, ,, ,, ,, ,,	(0,25 ,,)
III.	KH_2PO_4	25 g:	1000 ,, ,, ,, ,, ,,	(0,18 ,,)
IV.	$FeSO_4 7 H_2O$	2,8 g:	1000 ,, ,, ,, ,, ,,	(0,01 ,,)

100 ccm I, 100 ccm II, 100 ccm III und 1 ccm IV wurden mit Leitungswasser auf 1000 ccm aufgefüllt. Das Leitungswasser war in bezug auf Ca $2,4 \cdot 10^{-3}$ molar, in bezug auf Fe $1 \cdot 10^{-6}$ molar. Die Kulturflüssigkeit war somit in bezug auf

$MgSO_4$	0,02 molar
KNO_3	0,025 molar
KH_2PO_4	0,018 molar
Ca	0,0024 molar
$FeSO_4$	0,00001 molar.

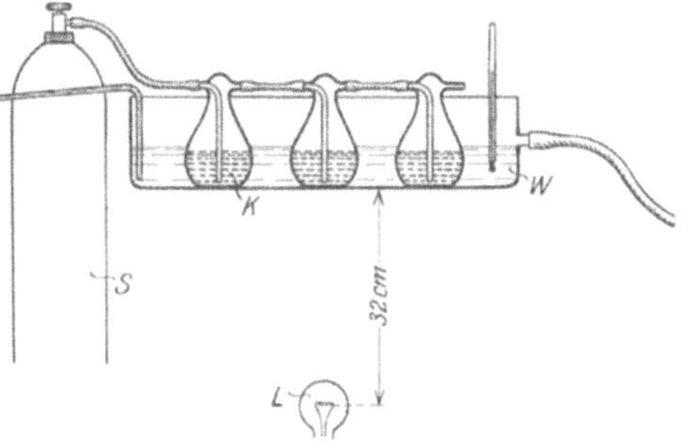

Abb. 4.

S = Stahlflasche mit 4% Kohlensäure in Luft. *W* = Wasser von 20°. *K* = Kulturkolben (300 ccm Rauminhalt). *L* = ½ Watt Metallfadenlampe von 75 Watt Stromverbrauch.

Die Anordnung der Kultur ist aus Abb. 4 ersichtlich. Gaszuleitungs- und Ableitungsrohre sind in die Kolben eingeschmolzen, Schliffe sind vermieden, um die Nährlösung vor Verunreinigung mit Dichtungsfett zu schützen.

Die Einsaat pro Kolben beträgt 0,05 ccm Zellen (= 10 mg Trockensubstanz) in 250 ccm Kulturflüssigkeit. Nach Vermehrung auf das vier- bis fünffache werden die Algen auf der Zentrifuge mehrfach mit frischer Nährlösung gewaschen, in einem graduierten Zentrifugierröhrchen gemessen und dann in die Kolben eingesäet. Die zur Nachzucht bestimmten Zellen hält man bei natürlichem Licht an einem Nordfenster. Die zum Versuch bestimmten Zellen werden im Dunkelzimmer, wie in Abb. 4 veranschaulicht, eine Woche lang bestrahlt und vermehren sich dabei auf etwa das Vierfache.

Trotz der Rührung durch die Gasdurchleitung setzen sich die Algen am Boden der Kolben langsam ab. Es genügt, sie im Lauf von 24 Stunden einmal aufzuwirbeln. Fortgesetzte mechanische Schüttelung der Kolben hat nach unsern Erfahrungen keine Vorteile. Die Zellen sollen sich bei leichtem Schütteln der Kolben sofort wieder fein verteilen. Kleben sie am Boden der Kolben oder aneinander, so ist die Kultur auszuscheiden.

Absorptionsspektrum der Chlorella. Bekanntlich zeigt in der Zelle gebundenes Chlorophyll ein etwas anderes Absorptionsspektrum als gelöstes Chlorophyll. Betrachtet man das Absorptionsspektrum einer Algensuspension, so erscheint die rote Chlorophyllbande weniger scharf und um etwa 30 $\mu\mu$ nach dem langwelligen Ende des Spektrums verschoben.

Zu den Abschnitten III und IV.

Die Menge des von der Alge in einer bestimmten Zeit aufgenommenen oder abgegebenen Sauerstoffs (in ccm von 0°, 760 mm Hg) sei x_{O_2}, die Menge der von der Alge gleichzeitig aufgenommenen oder abgegebenen Kohlensäure sei x_{CO_2}; Gasaufnahme werde negativ, Gasabgabe werde positiv gerechnet. Wir bilden die Quotienten

$$\frac{-x_{O_2}}{+x_{CO_2}} \text{ (respiratorischer Quotient) und}$$

$$\frac{+x_{O_2}}{-x_{CO_2}} \text{ (assimilatorischer Quotient).}$$

Zur Bestimmung der Quotienten diente ein beiderseitig mit Schwanzhähnen versehener flacher Rezipient (*R* in Abb. 6), dessen etwa 12 ccm fassender Rauminhalt mit 5 ccm Zellsuspension gefüllt wurde. Bei geöffneten Hähnen in einen Wasserthermostaten von 10° versenkt, wurde eine Gasmischung bekannter Zusammensetzung durchgeleitet, bis sich die Flüssigkeit mit dieser ins Gleichgewicht gesetzt hatte; dann wurden die Hähne geschlossen und der bei Schluß der Hähne herrschende Atmosphärendruck notiert. Der Rezipient wurde im Thermostaten bei 10° eine passende Zeit — verdunkelt oder bestrahlt — geschüttelt (Abb. 5) und dann durch Schliff mit dem Meßrohr eines HALDANEschen Analysenapparates verbunden. In dieses wurde der größte Teil der im Gasraum enthaltenen Gase so übergeführt, daß eine Entgasung der Zellsuspension vermieden wurde. Dies geschah nach Abb. 6, indem in den vertikal gestellten Rezipienten von unten her 10proz. Kochsalzlösung langsam einfloß. Der Prozentgehalt an Sauerstoff und Kohlensäure wurde dann in bekannter Weise ermittelt.

Zur Berechnung von x_{O_2} und x_{CO_2} bezeichnen wir mit:

P den Gesamtdruck im Rezipienten bei Beginn des Versuchs in mm Hg,

P' den Gesamtdruck im Rezipienten bei Beendigung des Versuchs im mm Hg,

T die Thermostatentemperatur in absoluter Zählung,
p den Sättigungsdruck des Wasserdampfes bei T Grad in mm Hg,
α_{O_2} den Absorptionskoeffizienten des Sauerstoffs in der Suspensionsflüssigkeit bei T Grad,
α_{CO_2} den Absorptionskoeffizienten der Kohlensäure in der Suspensionsflüssigkeit bei T Grad,
v_F das Volumen der eingefüllten Zellsuspension in ccm,
v_G das Volumen des Gasraumes in ccm,
$b_{O_2} b_{CO_2} b_{N_2}$ den Prozentgehalt der Gasmischung an O_2, CO_2 und N_2 vor dem Versuch,
$b_{O_2}' b_{CO_2}' b_{N_2}'$ den Prozentgehalt der Gasmischung an O_2, CO_2 und N_2 nach dem Versuch.

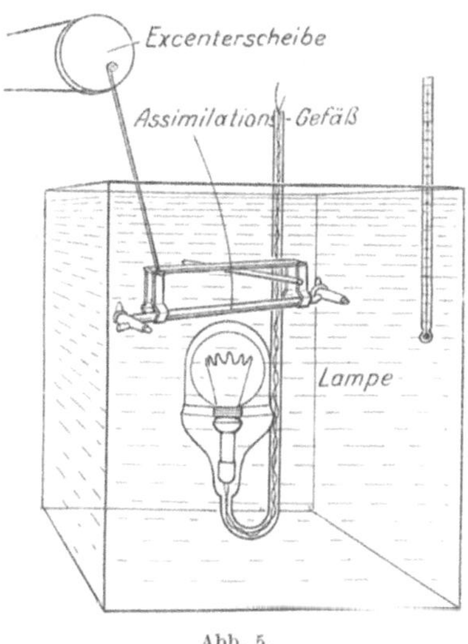

Abb. 5.

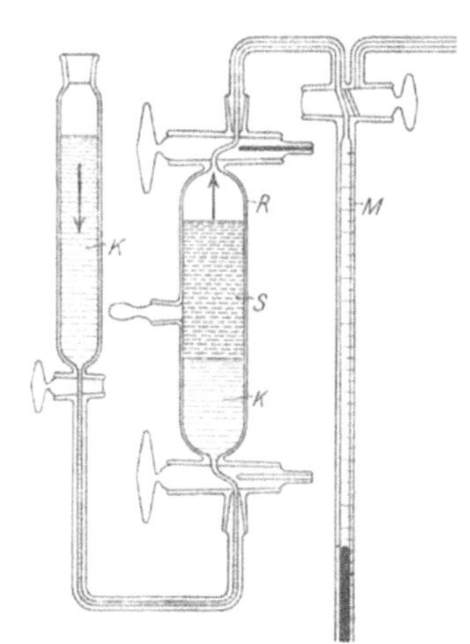

Abb. 6. R = Rezipient. S = Zellsuspension. K = 10%ige Kochsalzlösung. M = Messrohr des HALDANEschen Analysenapparates.

Dann ist:

$$x_{O_2} = \left(v_G \frac{273}{T} + v_F \alpha_{O_2}\right)\left(\frac{P' - p}{760} \frac{b'_{O_2}}{100} - \frac{P - p}{760} \frac{b_{O_2}}{100}\right). \tag{1}$$

$$x_{CO_2} = \left(v_G \frac{273}{T} + v_F \alpha_{CO_2}\right)\left(\frac{P' - p}{760} \frac{b'_{CO_2}}{100} - \frac{P - p}{760} \frac{b_{CO_2}}{100}\right). \tag{2}$$

Der Gesamtdruck P' nach dem Versuch läßt sich aus dem Resultat der Gasanalyse in einfacher Weise berechnen. Da Stickstoff von der Alge weder gebunden noch entwickelt wird, bleibt der Partialdruck des Stickstoffs während des Versuchs konstant. Ergibt die Analyse gleichwohl eine Änderung des Prozentgehalts an Stickstoff, so muß sich der Gesamtdruck geändert haben und es gilt:

$$(P-p)\frac{b_{N_2}}{100} = (P'-p)\frac{b'_{N_2}}{100},$$

$$P'-p = (P-p)\frac{b_{N_2}}{b'_{N_2}}. \quad (3)$$

Aus (3), (2) und (1):

$$x_{O_2} = \left[v_G \frac{273}{T} + v_F \alpha_{O_2}\right] \frac{P-p}{760 \cdot 100} \left(\frac{b_{N_2}}{b'_{N_2}} b'_{O_2} - b_{O_2}\right) \quad (4)$$

$$x_{CO_2} = \left[v_G \frac{273}{T} + v_F \alpha_{CO_2}\right] \frac{P-p}{760 \cdot 100} \left(\frac{b_{N_2}}{b'_{N_2}} b'_{CO_2} - b_{CO_2}\right). \quad (5)$$

Die eckig eingeklammerten Ausdrücke sind für verschiedene Versuche konstant, wenn man mit denselben Gas- und Flüssigkeitsräumen und bei derselben Temperatur arbeitet (in den Protokollen als „Gefäßkonstanten" mit Ko_2 und Kco_2 bezeichnet).

Das Meßrohr des Analysenapparates war in $^1/_{50}$ ccm geteilt, der Ablesungsfehler war etwa $^1/_{100}$ ccm. Die Änderungen im Sauerstoff- oder Kohlensäuregehalt der eingeführten Gasproben betrugen einige $^1/_{10}$ ccm, so daß die Quotienten auf etwa 5% genau bestimmt werden konnten.

Beispiele.

Respiratorischer Quotient. Dichte der Zellsuspension: 0,2 ccm (= 40 mg) Zellen auf 5 ccm.

$$v_F = 5; \quad v_G = 6{,}1; \quad K_{O_2} = 6{,}09; \quad K_{CO_2} = 11.9.$$

Barometerstand bei Schluß der Hähne: 758 mm *Hg*. Prozentische Zusammensetzung der Gasmischung vor dem Versuch: 3,72% CO_2, 20,36% O_2, 75,92% N_2. Prozentische Zusammensetzung der Gasmischung nach 5stündigem Schütteln bei 10° dunkel: 8,60% CO_2, 12,28% O_2, 79,12% N_2.

$$x_{O_2} = -0{,}515 \text{ ccm}; \quad x_{CO_2} = +0{,}532 \text{ ccm}; \quad \frac{-x_{O_2}}{+x_{CO_2}} = 0{,}97.$$

Assimilatorischer Quotient. Dichte der Zellsuspension: 0,1 ccm (= 20 mg) Zellen auf 5 ccm.

$$v_F = 5; \quad v_G = 6{,}1; \quad K_{O_2} = 6{,}09; \quad K_{CO_2} = 11{,}9.$$

Prozentische Zusammensetzung der Gasmischung vor dem Versuch: 6,86% CO_2. 19,6% O_2, 73,54% N_2. Barometerstand bei Schluß der Hähne: 763 mm *Hg*. Prozentische Zusammensetzung der Gasmischung nach $1^1/_2$-stündigem Schütteln bei 10^0 und Belichtung durch eine 25 Watt Metallfadenlampe in 8 cm Entfernung: 3,125% CO_2, 26,37% O_2, 70,5% N_2.

$$x_{O_2} = +0{,}475 \text{ ccm}; \qquad x_{CO_2} = -0{,}425 \text{ ccm}; \qquad \frac{+x_{O_2}}{-x_{CO_2}} = 1{,}12.$$

Assimilatorischer Quotient. Dichte der Zellsuspension: 0,1 ccm (= 20 mg) Zellen auf 5 ccm.

$$v_F = 5; \qquad v_G = 6{,}1; \qquad K_{O_2} = 6{,}09; \qquad K_{CO_2} = 11{,}9.$$

Prozentische Zusammensetzung der Gasmischung vor dem Versuch: 6,86% CO_2, 19,6% O_2, 73,54% N_2. Barometerstand bei Schluß der Hähne: 758 mm *Hg*. Prozentische Zusammensetzung der Gasmischung nach 2stündigem Schütteln bei 10^0 und Belichtung wie im vorhergehenden Versuch: 0,32% CO_2, 31,19% O_2, 68,49% N_2.

$$x_{O_2} = +0{,}847 \text{ ccm}; \qquad x_{CO_2} = -0{,}778 \text{ ccm}; \qquad \frac{+x_{O_2}}{-x_{CO_2}} = 1{,}09.$$

Assimilatorischer Quotient. Dichte der Zellsuspension: 0,1 ccm (= 20 mg) Zellen auf 5 ccm.

$$v_F = 5; \qquad v_G = 6{,}1; \qquad K_{O_2} = 6{,}09; \qquad K_{CO_2} = 11{,}9.$$

Prozentische Zusammensetzung der Gasmischung vor dem Versuch: 6,86% CO_2, 19,6% O_2, 73,54% N_2. Barometerstand bei Schluß der Hähne: 755 mm Hg. Prozentische Zusammensetzung der Gasmischung nach $1^1/_2$-stündigem Schütteln bei 10^0 und Belichtung wie im vorhergehenden Versuch: 3,20% CO_2, 26,11% O_2, 70,69% N_2.

$$x_{O_2} = +0{,}452 \text{ ccm}; \qquad x_{CO_2} = -0{,}412 \text{ ccm}; \qquad \frac{+x_{O_2}}{-x_{CO_2}} = 1{,}1.$$

Zu Abschnitt V.

Das zur Strahlungsmessung benutzte Bolometer bestand aus zwei Rahmenpaaren. Jeder Rahmen enthielt zehn mit Platinschwarz bedeckte Platinstreifen von 34 mm Länge und etwa 1,8 mm Breite und besaß einen Widerstand von etwa 20 Ohm. Je zwei hintereinander geschaltete Rahmen bildeten einen Zweig der WHEATSTONEschen Brücke. Die Schaltung der Brücke, des Galvanometers und des Kompensationskreises ergibt sich aus Abb. 7.

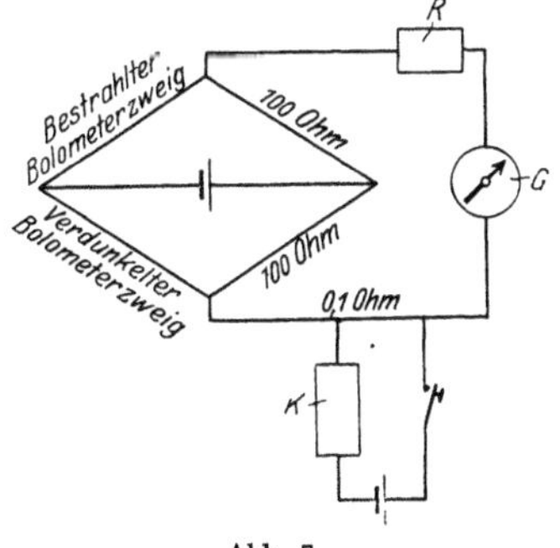

Abb. 7.

R = Widerstand, durch den die Empfindlichkeit des Galvanometers variiert werden kann. *G* = Galvanometer. *K* = Kompensationswiderstand.

Jedes Rahmenpaar war so montiert, daß die Zwischenräume des einen Gitters durch die Streifen des andern Gitters überdeckt wurden, wodurch eine Fläche von etwa 1000 qmm entstand. Mit Hilfe einer Reihe verschieden großer Blenden wurde die „nutzbare“ Bolometerfläche nach E. WARBURG[1] ermittelt, ein in der Mitte der Fläche liegender Bezirk von etwa 300 qmm.

Die Rahmenpaare befanden sich in einem mit Fenster versehenen Kasten, dessen Wände — von innen nach außen — aus starkwandigem Kupfer, mehrfachen Lagen Asbestpappe und aus Holz bestanden. Das Fenster war verschließbar durch eine Quarzscheibe, die nur zur Eichung herausgenommen wurde.

Eichung des Bolometers. Die nach GERLACH[2] aufgestellte Hefnerlampe war 1 m von der Bolometerblende (275 qmm) entfernt. Temperatur des Raumes 15°. Spannung des Brückenakkumulators 2,00 Volt. Spannung des Kompensationsakkumulators 2,01 Volt. Galvanometerausschlag etwa 33 Skalenteile. Um das Galvanometer auf die Nullstellung zurückzubringen, mußten in den Kompensationskreis 11400 Ohm gelegt werden.

Setzt man nach GERLACH[3] die Energie, die pro Sekunde durch 1 qcm der Blendenöffnung geht, gleich $22{,}6 \cdot 10^{-6}$ cal, so ist die Intensität J, bei der ω Ohm zur Kompensation des Galvanometerausschlags erforderlich sind,

$$J = \frac{11400}{\omega} 22{,}6 \cdot 10^{-6} \text{ cal/sek/qcm}, \tag{1}$$

falls Blendenöffnung, Zimmertemperatur und Spannung der Akkumulatoren dieselben sind wie bei der Eichung.

Für die Zimmertemperatur[4] t, die Spannung des Brückenakkumulators V_B und die Spannung des Kompensationsakkumulators V_K ist

$$J = \frac{11400}{\omega\left(1 + 0{,}01 \cdot \frac{15 - t}{3}\right)} \cdot 22{,}6 \cdot 10^{-6} \frac{V_K}{2{,}01} \cdot \frac{2{,}00}{V_B}. \tag{2}$$

Korrektion. War das Bolometer geeicht, so wurde das Fenster mit der Quarzplatte verschlossen und der Kasten, wie in Abschnitt III beschrieben, in den Thermostaten eingesetzt. Das Wasser des Thermostaten reichte bis nahe an die Bolometerblende, ohne sie jedoch

[1] WARBURG, E.: Zeitschr. f. Elektrochemie 1921, S. 135.

[2] GERLACH, W.: Physik. Zeitschr. 14, 577. 1903.

[3] GERLACH, W.: Physik. Zeitschr. 11, 577. 1903.

[4] Vgl. E. WARBURG u. C. MÜLLER: Über einige Eigenschaften des Bolometers. Verh. d. D. Physik. Ges. 18, 245. 1916.

zu berühren. Wir hatten so dreimal einen Strahlungsverlust durch Reflexion, nämlich an der Grenze Wasser-Luft, Luft-Quarz und Quarz-Luft. Andererseits tauchte der Assimilationstrog in das Wasser ein und wir hatten zweimal einen Strahlungsverlust durch Reflexion, nämlich an der Grenze Wasser-Glas und Glas-Wasser.

Den reflektierten Bruchteil α der Strahlung setzen wir nach FRESNELS Formel für senkrechte Incidenz

$$= \left(\frac{n-1}{n+1}\right)^2 \quad (n \text{ das Brechungsverhältnis}).$$

Wir finden so

für den Übergang	α
Wasser-Luft	0,02
Luft-Quarz	0,047
Quarz-Luft	0,044
Wasser-Glas	0,0055
Glas-Wasser	0,005

Mit Hilfe dieser Zahlen war die nach Formel (2) berechnete Intensität J zu korrigieren und es ergab sich die gesuchte Intensität, die pro Sekunde und qcm in die Zellsuspension eintretende Energie,

$$J_{\text{korr.}} = 1{,}1 \cdot J.$$

Die Strahlungsquelle war auf einer eisernen Schiene verschiebbar, wie auf einer Photometerbank. Durch Verschieben der Lampe auf der Schiene wurden die Intensitäten der Bestrahlung variiert.

Die Schiene und die Stellung der Lampe zur Schiene wurden so fixiert, daß die Intensität der Strahlung in der ganzen Fläche des Assimilationstroges gleich war. Die bestrahlte Fläche des Assimilationstroges war 1400 qmm, die Bolometerblende 275 qmm. Durch Verschieben des Bolometers konnte die Intensität an verschiedenen Stellen der 1400 qmm gemessen werden. Unter Kontrolle mittels des Bolometers ließ sich die Lampe leicht so einstellen, daß die Intensität der Strahlung an verschiedenen Stellen der 1400 qmm um weniger als 1% differierte.

Blende des Assimilationstroges. Um Strahlungsverluste durch Zerstreuung nach den Seiten zu vermeiden, war am Boden des Assimilationstroges eine ringförmige Blende befestigt, die einen 6,5 mm breiten Ring vom Rande her abblendete. Die bestrahlte Fläche war also kleiner als der Boden des Assimilationstroges.

Die Absorptionströge befanden sich in einem großen, mit Wasser gefüllten Trog, dessen Temperatur innerhalb eines Grades konstant gehalten wurde. Dies war notwendig, weil sich die Absorptionskoeffizienten unserer Flüssigkeiten mit der Temperatur erheblich änderten.

Interpolation für die Intensität Null. Wir bezeichnen mit:

I die Intensität der Strahlung an der Eintrittsstelle in den Assimilationstrog,

d die Höhe der Zellsuspension in dem Assimilationstrog,

F die bestrahlte Fläche des Assimilationstroges,

E die pro Sekunde in dem ganzen Trog absorbierte Strahlungsenergie,

U die pro Sekunde in dem ganzen Trog geleistete chemische Arbeit.

Dann ist in der Entfernung x vom Boden des Assimilationstroges die Intensität der Strahlung

$$i = I\varphi(x)$$

und die zwischen x und $x + dx$ pro Sekunde absorbierte Energie

$$dE = FI\varphi'(x)\,dx$$

oder die in dem ganzen Trog pro Sekunde absorbierte Energie

$$E = FI\int_0^d \varphi'(x)\,dx.$$

Für große Werte von d, das heißt für vollständige Absorption, wird das bestimmte Integral

$$\int_0^d \varphi'(x)\,dx = 1 \quad \text{und} \quad E = FI.$$

Nach Abb. 1 ist U im allgemeinen nicht proportional E, sondern in komplizierteer Weise von E abhängig. Entwickeln wir die unbekannte Funktion $U = \Psi(E)$ in eine Potenzreihe, die wir mit dem quadratischen Glied abbrechen, so können wir schreiben

$$U = a + bE + cE^2, \tag{1}$$

worin a, b und c Konstanten bedeuten. Für $E = 0$ ist $U = 0$, folglich $a = 0$; b und c werden mit Hilfe von zwei Messungen bei zwei verschiedenen Intensitäten ermittelt. Insbesondere findet man die Konstante

$$b = \frac{U_2 E_1^2 - U_1 E_2^2}{E_2 E_1^2 - E_1 E_2^2}. \tag{2}$$

Differenzieren wir Gleichung (1) nach E, so erhalten wir

$$\frac{dU}{dE} = b + 2cE$$

und für $E = 0$

$$\lim_{E=0} \frac{dU}{dE} = b.$$

Die nach Gleichung (2) berechnete Konstante b ist also der gesuchte Grenzwert, der Energieumsatz unter der Bedingung, daß U proportional E, das heißt, daß in jeder Elementarschicht der Zellsuspension dU proportional dE ist.

In der graphischen Darstellung (Abb. 1) der Funktion $U = \Psi\,(E)$ bedeutet die Konstante b den Tangens des Winkels, unter dem die Kurve $\Psi\,(E)$ aus dem Koordinatenanfangspunkt aufsteigt.

Zu Abschnitt VI.

Der Thermostat bestand aus (unbelegten) Spiegelglasscheiben, die wie die Wände einer Absorptionsküvette wasserdicht verbunden waren Er wurde mit Wasser gefüllt und durch Kühlwasser, das ihn durchfloß, auf 10^0 gehalten. Das Kühlwasser zweigten wir von einem breiten schnell durchflossenen Rohr mittels eines Rossignolventils — wie man es zur Regulierung von Gasströmen benutzt — ab und konnten so die Temperatur leicht auf einige $^1/_{100}$ Grade konstant halten. Zur Rührung diente ein schnellrotierender Glasflügel.

Die Temperatur von 10^0 wurde gewählt, weil die Atmung bei 10^0 nur halb so groß war, wie bei 20^0, der Temperatur, bei der die Zellen gezüchtet waren. Es kam hinzu, daß wir bei 10^0 die Ausbeute höher fanden, als bei 20^0. Dies beruhte jedoch nicht — wie wir früher glaubten[1] — auf einer Beeinflussung des Energieumsatzes durch die Temperatur, sondern darauf, daß die Atmung nach der Belichtung bei 20^0 schneller absank, als bei 10^0 und so der in Abschnitt IV besprochene Fehler bei 20^0 größer war als bei 10^0.

Die Manometerkapillare hatte einen Querschnitt von 0,178 qmm. Jeder Schenkel war etwa 350 mm lang und über eine Strecke von 300 mm in mm geteilt. Hinter der Kapillare befand sich ein Spiegel.

Als Sperrflüssigkeit benutzten wir Isokapronsäure (Isobutylessigsäure). Vor andern Sperrflüssigkeiten hat sie den Vorzug, daß sie — obwohl relativ leicht beweglich — bei Zimmertemperatur einen ver-

[1] Warburg, O.: Theorie der Kohlensäureassimilation, Die Naturwissenschaften, 1921, Heft 18.

schwindend kleinen Dampfdruck besitzt, daß sie ferner Fett löst und so die Wände der Kapillare selbst reinigt. Ihr spezifisches Gewicht fanden wir bei 15° = 0,926, woraus sich der „Normaldruck in Kapronsäure“ $= \frac{760 \cdot 13{,}6}{0{,}926} = 11160$ mm berechnet.

Da die Steighöhe der Kapronsäure in einer Kapillare von dem genannten Querschnitt etwa 24 mm beträgt, so durften nur gut kalibrische Kapillaren für das Manometer verwendet werden. Beim Verschieben eines kleinen Quecksilberfadens in unserer Kapillare fanden wir die größte Differenz des Durchmessers gleich 0,5 %, eine Differenz, die auf Steighöhen umgerechnet 0,12 mm Kapronsäure bedeutet.

Die Tröge, die mit dem Manometer verbunden wurden, unterscheiden wir als „Versuchstrog“ — in den die Zellsuspension eingefüllt wurde — und als „Kontrolltrog“ — in den die Salzlösung eingefüllt wurde (Abb. 3). Die Böden der Tröge hatten einen Durchmesser von etwa 55 mm, der Rauminhalt der Tröge war etwa 56 ccm. Ihre Form ist aus Abb. 3 ersichtlich. Mit Hilfe von Glasperlen wurde der Rauminhalt des Kontrolltroges dem des Versuchstroges bis auf $^1/_{10}$ ccm gleichgemacht.

Die Tröge waren aus einem Stück geblasen, wobei besonders auf fehlerfreie Beschaffenheit der Böden geachtet wurde. Sprengte man die geblasenen Böden ab und ließ an ihre Stelle planparallele Böden aufbrennen, so wurden keine besseren Ausbeuten erhalten. Es ist daraus zu schließen, daß beim Durchgang der Strahlung durch einen gutgeblasenen Boden keine nennenswerte Verluste entstehen.

Die Füllung der Tröge. Die Tröge wurden zu etwa $^2/_3$ mit Flüssigkeit gefüllt und zwar der Kontrolltrog mit einer Salzlösung, die in bezug auf

$MgSO_4$	0,02	molar
KNO_3	0,025	„
KH_2PO_4	0,018	„
$FeSO_4$	0,00005	„

war, der Versuchstrog mit derselben Salzlösung, in der 0,4 ccm Zellen (= 200 mg Trockensubstanz) suspendiert waren. Diese Zellmenge genügte zur vollständigen Absorption der Strahlung nicht nur bei ruhendem Trog, sondern in jeder durch die Schüttelbewegung hervorgerufenen Lage der Zellsuspension.

Waren die Flüssigkeiten eingefüllt, so wurde zunächst mittels eines kleinen Röhrchens eine Gasmischung von 4 Volumenprozent Kohlensäure in Luft bis zur annähernden Sättigung durchgeleitet. Dann wurden die Tröge mit dem Manometer verbunden und die Gasräume der Tröge mit der gleichen Gasmischung gefüllt, indem das Gas durch den Hahn der Verbindungskapillare (Abb. 3) eintrat, durch den Tubus des Troges austrat. So vorbereitet wurde der Apparat in die Schüttelvorrichtung des Thermostaten eingespannt.

Schüttelvorrichtung. Die mit 400 Touren pro Minute rotierende Scheibe E (Abb. 2) war mit einem Loch versehen, in das der Zapfen St (Abb. 3) des Manometerbügels eingesetzt wurde. Der Mittelpunkt des Loches war 2 mm von der Scheibenachse entfernt. Indem die Tröge sich schnell ohne große Exkursionen um ihre Ruhelage bewegten, wurden Flüssigkeits- und Gasphase gemischt, ohne daß in der Flüssigkeit „Trichter" — die einen Verlust an Strahlung verursacht hätten — auftraten.

Um das Hochkriechen von Flüssigkeit aus den Trögen in die Kapillare zu verhindern, waren die Verbindungshelme innen mit (festem) Paraffin ausgegossen. Den Flüssigkeiten — sowohl der Salzlösung, als auch der Zellsuspension — war eine Spur flüssigen Paraffins zugesetzt. Wir erreichten so, daß Blasen, die beim Schütteln an der Phasengrenze auftraten, bei Unterbrechung des Schüttelns sofort platzten, eine Vorbedingung für genaue Druckmessungen.

Durch eine besondere Vorrichtung konnte die Schüttelung schnell unterbrochen und wieder in Gang gesetzt werden. Die Ablesung des Druckes geschah bei stillstehendem Apparat und dauerte 10—15 Sekunden, während deren praktisch kein Ausgleich zwischen Flüssigkeits- und Gasphase stattfand. Wurde der Apparat zu den Zeiten 0, t_1, t_2 angehalten, so ergaben die Ablesungen die Atmung oder Assimilation für die Zeitintervalle $t_1 - 0$ und $t_2 - t_1$. Die Zeitpunkte des Anhaltens also, nicht etwa die mittleren Zeiten der Ablesung, bestimmten die Dauer der Versuchsperioden.

Nachwirkung. Beim Übergang von Verdunkelung zu Bestrahlung beobachteten wir „Nachwirkungen", d. h., die Wirkung der Bestrahlung schien erst einige Zeit nach Beginn der Bestrahlung einzusetzen, nach Verdunkelung noch einige Zeit fortzudauern. Die Erscheinung hat mit der früher beschriebenen photochemischen Induktion[1] — die nur bei sehr hohen Bestrahlungsintensitäten auftritt — nichts zu tun, sondern war bedingt durch die Zeit, die der Konzentrationsausgleich zwischen Zellinnerem und umgebender Flüssigkeit, zwischen Flüssigkeit und Gasraum, in Anspruch nahm. Unter diesen Umständen durfte die Wirkung der Bestrahlung nicht direkt nach Unterbrechung der Bestrahlung abgelesen werden, sondern erst nach Ablauf einer gewissen Dunkelzeit.

---

[1] Warburg, O.: Biochem. Zeitschr. **103**, 188. 1920.

Berechnung. Die Aufgabe, aus der am Manometer auftretenden Niveaudifferenz die in dem Versuchstrog entwickelte Sauerstoffmenge zu berechnen, zerlegen wir in zwei Teile.

1. Wir berechnen zunächst die Niveaudifferenz h, die auftritt, wenn in den Gasraum des Versuchstroges v_0 cmm irgendeines Gases entwickelt werden. Es sei

V das Volumen des Gasraumes — sowohl des Kontrolltrogs, als auch des Versuchstrogs — bis zum Meniskus der auf gleichem Niveau stehenden Sperrflüssigkeit in cmm,

A der Querschnitt der Manometerkapillare in qmm,

T die (absolute) Versuchstemperatur,

P_0 der Normaldruck in mm Kapronsäure,

P der Gesamtdruck in den Trögen bei Beginn des Versuchs (Atmosphärendruck bei Schluß der Hähne) in mm Kapronsäure,

v_0 die in den Gasraum des Versuchstroges entwickelte, auf Normalverhältnisse reduzierte Gasmenge in cmm,

h die der Entwicklung von v_0 cmm Gas entsprechende Niveauänderung in mm Kapronsäure,

P_1 der Druck in dem Versuchstrog, in dessen Gasraum v_0 cmm Gas entwickelt worden sind.

Dann haben wir

$$v_0 = \frac{P_1}{P_0}\frac{273}{T}\left(V + A\frac{h}{2}\right) - \frac{P}{P_0}\frac{273}{T}V \tag{1}$$

$$P_1 = h + P\frac{V}{V - A\frac{h}{2}}. \tag{2}$$

Ist das Volumen der Manometerkapillare klein gegen den Gesamtgasraum, so wird nach Elimination von P_1

$$v_0 = h\left[\frac{273}{T}\frac{V + AP}{P_0}\right]. \tag{3}$$

Dies ist die von Barcroft für sein Differentialmanometer gegebene Formel.

Schwankungen des Atmosphärendrucks P von 750—770 mm *Hg* ändern den in der eckigen Klammer stehenden Ausdruck nicht merklich, wenn A klein ist. Für eine gegebene Temperatur und ein gegebenes Volumen V ist dieser Ausdruck also konstant; er soll mit k bezeichnet werden. (3) wird dann

$$v_0 = hk. \tag{4}$$

k bedeutet hier die (auf Normalverhältnisse reduzierten) cmm Gas, die der Niveauänderung von 1 mm Kapronsäure entsprechen.

k wird nach BARCROFT, sowie MÜNZER und NEUMANN[1] am einfachsten bestimmt, indem man eine bekannte Gasmenge v_0 in den Versuchstrog hineindrückt und h notiert. k ist dann gleich $\frac{v_0}{h}$.

2. v_0 ist in dem Assimilationsversuch die Differenz der in dem Gasraum entwickelten Sauerstoffmenge und der aus dem Gasraum verschwundenen Kohlensäuremenge. Die weitere Aufgabe besteht nun darin, aus der beobachteten Größe h und der nach (4) berechneten Größe v_0 die in den ganzen Trog — in den Gasraum und in die Flüssigkeit — entwickelte Sauerstoffmenge zu berechnen.

Wir setzen

$$v_0 = \beta v_0 - (\beta - 1)\, v_0, \tag{5}$$

worin βv_0 die in den Gasraum entwickelte Sauerstoffmenge, $(\beta - 1)\, v_0$ die aus dem Gasraum verschwundene Kohlensäuremenge bedeutet.

Wir setzen ferner

$$h = \beta h - (\beta - 1)\, h, \tag{6}$$

worin wir unter βh die Zunahme des Sauerstoffpartialdrucks, $(\beta - 1)\, h$ die Abnahme des Kohlensäurepartialdrucks verstehen, die einer Entwicklung von v_0 cmm Gas in den Gasraum entsprechen.

Sei weiterhin

x_{O_2} die in den ganzen Trog entwickelte Sauerstoffmenge in cmm (auf Normalverhältnisse reduziert),

x_{CO_2} die aus dem ganzen Trog verschwundene Kohlensäuremenge in cmm (auf Normalverhältnisse reduziert),

α_1 der Absorptionskoeffizient des Sauerstoffs bei T^0 in der Salzlösung,

α_2 der Absorptionskoeffizient der Kohlensäure bei T^0 in der Salzlösung,

v_F das Volumen der in den Trog eingefüllten Flüssigkeit in cmm,

so haben wir

$$x_{O_2} = \beta v_0 + \beta \frac{h}{P_0} v_F\, \alpha_1 \tag{7}$$

$$x_{CO_2} = (\beta - 1)\, v_0 + (\beta - 1) \frac{h}{P_0} v_F\, \alpha_2 \tag{8}$$

---

[1] Biochem. Zeitschr. 81, 319. 1917.

und wenn wir den assimilatorischen Quotient = 1 setzen, als dritte Gleichung

$$x_{O_2} = x_{CO_2}. \tag{9}$$

Eliminieren wir aus (7), (8) und (9) β und x_{CO_2}, so wird

$$x_{O_2} = \frac{\left(v_0 + \frac{h v_F \alpha_2}{P_0}\right)\left(v_0 + \frac{h v_F \alpha_1}{P_0}\right)}{\frac{h v_F (\alpha_2 - \alpha_1)}{P_0}}. \tag{10}$$

Setzen wir nach (4) $v_0 = hk$, so wird

$$x_{O_2} = h \left[\frac{\left(k + \frac{v_F \alpha_2}{P_0}\right)\left(k + \frac{v_F \alpha_1}{P_0}\right)}{\frac{v_F (\alpha_2 - \alpha_1)}{P_0}}\right]. \tag{11}$$

Der in der eckigen Klammer stehende Ausdruck ist für gegebene k und v_F konstant. Wir bezeichnen ihn mit K. K bedeutet die (auf Normalverhältnisse reduzierten) in den ganzen Trog entwickelten cmm Sauerstoff, die der Niveauänderung von 1 mm Kapronsäure entsprechen.

Zahlenbeispiel. Wir geben die Abmessungen für ein oft benutztes Differentialmanometer und die Werte für T, α_1 und α_2, die unseren Versuchsbedingungen entsprechen.

$$\left.\begin{aligned} V &= 16440 \\ A &= 0{,}178 \\ T &= 283 \\ P_0 &= 11160 \end{aligned}\right\} \text{ woraus nach (3) und (4) folgt: } k = 1{,}59.$$

Ferner:

$$\left.\begin{aligned} v_F &= 38000 \\ \alpha_1 &= 0{,}038\,^1 \\ \alpha_2 &= 1{,}182\,^1 \end{aligned}\right\} \text{ woraus nach (11) folgt: } K = 2{,}49.$$

Korrektionen.

1. Nach Gleichung (2) ist die Druckänderung $\varDelta P$ in dem Versuchstrog, wenn die Niveauänderung der Sperrflüssigkeit h mm beträgt

$$\varDelta P = h + P\left(\frac{V}{V - A\frac{h}{2}} - 1\right),$$

[1] Absorptionskoeffizient des Sauerstoffs und der Kohlensäure bei 10°, korr. für die Salzlösung nach Geffken, Zeitschr. f. physik. Chemie 49, 257. 1904.

Beispiel eines Versuchsprotokolls. t *(Bestrahlungszeit in Sek.).* F *(bestrahlte Fläche)* $= 14$ *qcm.* $K = 2{,}23$.

Zeit	Δh				
600″ hell 300″ dunkel	vorbehandelt				$J = 0{,}424 \cdot 10^{-4}$ cal/Sek./qcm
300″ dunkel	— 6,5	300″ dunkel	— 6,25		$J \cdot F \cdot t = E = 0{,}356$ cal
600″ hell 300″ dunkel	— 4,1	900″ dunkel	— 18,75	Differenz	$\Delta' h$ (Mittel) $= 14{,}45$ mm
		600″ hell 300″ dunkel	— 4,1	$\Delta' h = + 14{,}65$	$\Delta' h \cdot k = v = 32{,}3$ cmm
300″ dunkel	— 6,0	300″ dunkel	— 5,85		$U = 0{,}163$ cal.
600″ hell 300″ dunkel	— 3,3	900″ dunkel	— 17,55	Differenz	
300″ dunkel	— 5,7	600″ hell 300″ dunkel	— 3,3	$\Delta' h = + 14{,}25$	$\frac{U}{E} \cdot 100 = 45{,}7$
600″ hell 300″ dunkel	vorbehandelt				$J = 0{,}212 \cdot 10^{-4}$ cal/Sek./qcm
300″ dunkel	— 5,0	300″ dunkel	— 5,05		$J \cdot F \cdot t = E = 0{,}178$ cal
600″ hell 300″ dunkel	— 6,0	900″ dunkel	— 15,15	Differenz	$\Delta' h$ (Mittel) $= 9{,}37$ mm
		600″ hell 300″ dunkel	— 6,0	$\Delta' h = + 9{,}15$	$\Delta' h \cdot k = v = 20{,}9$ cmm
300″ dunkel	— 5,1	300″ dunkel	— 5,1		$U = 0{,}105$ cal
600″ hell 300″ dunkel	— 5,7	900″ dunkel	— 15,3	Differenz	
300″ dunkel	— 5,1	600″ hell 300″ dunkel	— 5,7	$\Delta' h = + 9{,}6$	$\frac{U}{E} \cdot 100 = 59$
600″ hell 300″ dunkel	vorbehandelt				
300″ dunkel	— 5,1	300″ dunkel	— 5,1		
600″ hell 300″ dunkel	— 1,1	900″ dunkel	— 15,3	Differenz	$J = 0{,}424 \cdot 10^{-4}$ cal/Sek./qcm
		600″ hell 300″ dunkel	— 1,1	$\Delta' h = + 14{,}2$	$J \cdot F \cdot t = E = 0{,}356$ cal
300″ dunkel	— 5,1	300″ dunkel	— 5,1		$\Delta' h$ (Mittel) $= 14{,}5$ mm
600″ hell 300″ dunkel	— 0,3	900″ dunkel	— 15,3	Differenz	$\Delta' h \cdot k = v = 32{,}4$ cmm
300″ dunkel	— 5,1	600″ hell 300″ dunkel	— 0,3	$\Delta' h = + 15{,}0$	$U = 0{,}163$ cal
600″ hell 300″ dunkel	— 0,5	300″ dunkel	— 4,95		$\frac{U}{E} \cdot 100 = 45{,}7$
300″ dunkel	— 4,8	900″ dunkel	— 14,85	Differenz	
		600″ hell 300″ dunkel	— 0,5	$\Delta' h = + 14{,}35$	

$$\lim_{E=0} \frac{dU}{dE} \cdot 100 = 72.$$

während wir in Gleichung (6) die beobachtete Niveauänderung h gleich der Änderung des Gesamtdruckes gesetzt haben.

Vertauschen wir in Gleichung (10) h durch ΔP, so wird die Konstante K kleiner und zwar — bei Zugrundelegung der voranstehenden Zahlen — um 1%.

2. Ist der assimilatorische Quotient $\frac{x_{O_2}}{x_{CO_2}}$ nicht $= 1$, sondern $= \gamma$, so haben wir an Stelle Gleichung (9)

$$\frac{x_{O_2}}{x_{CO_2}} = \gamma$$

und erhalten statt Gleichung (11)

$$x_{O_2} = h \left[\frac{\left(\gamma k + \gamma \frac{v_F \alpha_2}{P_0}\right)\left(k + \frac{v_F \alpha_1}{P_0}\right)}{k(\gamma - 1) + \gamma \frac{v_F \alpha_2}{P_0} - \frac{v_F \alpha_1}{P_0}} \right]. \tag{12}$$

Nach den Bemerkungen zu Abschnitt III ist $\gamma = 1{,}1$. Berechnet man K — unter Zugrundelegung der voranstehenden Zahlen — mit $\gamma = 1{,}1$ nach Gleichung (12), so wird $K = 2{,}39$ oder um 4% kleiner, als mit $\gamma = 1$.

Beide Korrektionen fallen ins Gewicht und müssen an K angebracht werden.

Zu Abschnitt IX.

Chlorophyllgehalt der Algen. Wir zentrifugierten die Zellen zusammen, ersetzten die umgebende Salzlösung durch mehrmaliges Waschen auf der Zentrifuge durch destilliertes Wasser — was ohne Schädigung der Zellen möglich ist — und verwandten einen Teil der so erhaltenen Suspension zur Bestimmung der Trockensubstanz, den andern Teil extrahierten wir auf der Zentrifuge mit absolutem Methylalkohol, wobei der gesamte Farbstoff in kurzer Zeit in Lösung ging, während ein rein weißes Zellsediment zurückblieb.

Zur Bestimmung der in der Lösung vorhandenen Chlorophyllmenge verfuhren wir nach WILLSTAETTER und STOLL[1], indem wir die gelben Pigmente abtrennten und die Chlorophyllinkaliumlösung im Kolorimeter mit einer Lösung von bekanntem Chlorophyllinkaliumgehalt verglichen. Die Vergleichslösung stellten wir uns aus kristallisiertem Äthylchlorophyllid[1] her, das wir auf Rat von Professor KOLKWITZ-Dahlem aus Aegopodium podagraria (Giersch) gewannen. Hierbei erwies es sich als zweckmäßig, das mit dem Alkohol vermischte Blattmehl (100 g Blattmehl mit 200 ccm 90 proz. Äthylalkohol) mindestens vier Tage bis zur Verarbeitung stehen zu lassen.

Einige Bestimmungen seien hier angeführt:

„*Tageslichtzellen*" 164 mg Trockensubstanz enthielten 4,34 mg Chlorophyll oder 2,6%.

In 10 cm Entfernung von einer 75-Wattlampe gezüchtete Zellen. 111 mg Trockensubstanz enthielten 2,03 mg Chlorophyll oder 1,8%.

„*Schattenzellen*" (75-Wattlampe, 32 cm). 120,6 mg Trockensubstanz enthielten 4,93 mg Chlorophyll oder 4,08%.

„*Schattenzellen*" (75-Wattlampe 32 cm). 186,6 mg Trockensubstanz enthielten 7,40 mg Chlorophyll oder 3,96%.

Nach WILLSTAETTER und STOLL[2] liegt der Chlorophyllgehalt normaler Blätter zwischen 0,6 und 1,2%. Der Chlorophyllgehalt der Algen war also höher als der normaler Blätter.

---

[1] WILLSTAETTER u. STOLL: Untersuchungen über Chlorophyll, Berlin 1913.

[2] WILLSTAETTER u. STOLL: Untersuchungen über die Assimilation der Kohlensäure, Berlin 1918, S. 3.

Zeitschr. f. physikalische Chemie **106**, 191. 1923.

Über den Einfluß der Wellenlänge auf den Energieumsatz bei der Kohlensäureassimilation.

Von

Otto Warburg und Erwin Negelein.

(Aus dem Kaiser Wilhelm-Institut für Biologie, Berlin-Dahlem.)

(Eingegangen am 11. Juni 1923.)

Mit 4 Abbildungen.

In einer vorhergehenden Mitteilung[1] haben wir eine Anordnung beschrieben, nach der der Energieumsatz bei der Kohlensäureassimilation — die pro Kalorie absorbierter Strahlung gewonnene chemische Energie — in einfacher Weise gemessen werden kann. Mit dieser Anordnung sind wir an das in der Überschrift genannte Problem herangegangen und haben den Energieumsatz im Rot, Gelb, Grün und Blau gemessen. Die Spektralgebiete hierbei waren 610—690 $\mu\mu$, 578 $\mu\mu$, 546 $\mu\mu$ und 436 $\mu\mu$.

Auch in einigen anderen Spektralgebieten haben wir Assimilationsversuche angestellt, so im Ultrarot zwischen 800 und 900 $\mu\mu$, im sichtbaren Rot zwischen 700 und 780 $\mu\mu$ und im Ultraviolett bei 366 $\mu\mu$. Im Ultrarot haben wir in keinem Fall eine Zersetzung von Kohlensäure beobachtet, gegenteilige Beobachtungen, die vorliegen, sind, wie wir annehmen müssen, unrichtig. Im langwelligen Rot und im Ultraviolett wird Kohlensäure zersetzt, doch eignen sich diese Gebiete aus verschiedenen Gründen nicht für quantitative Versuche.

Wir behandeln unser Problem in folgenden Abschnitten:

I. Die Versuche von Brown und Escombe und von anderen.
II. Die Strahlungsquellen und die Isolierung der vier Spektralbezirke.
III. Die Absorption der Algenfarbstoffe in den vier Spektralbezirken.
IV. Die Anordnung der Versuche.
V. Die Zerstreuung und die Absorption in den Assimilationstrog.
VI. Die Berechnung der Ausbeute.
VII. Resultate.
VIII. Diskussion der Resultate.
IX. Experimentelle Einzelheiten.

[1] Warburg, O. u. E. Negelein: Zeitschr. f. physik. Chemie **102**, 235. 1922.

I. Die Versuche von Brown und Escombe und von anderen.

So viele wertvolle Arbeiten auch über die Photochemie der Kohlensäureassimilation existieren, so findet sich unter ihnen doch keine, aus der der Energieumsatz berechnet werden kann. Dies gilt auch von den ausgezeichneten und berühmten Untersuchungen von BROWN und ESCOMBE[1], die Blätter mit Sonnenlicht von gemessener Intensität bestrahlten und die zersetzten Kohlensäuremengen bestimmten. Hierbei gewannen sie etwa 4% der auffallenden Strahlungsenergie als chemische Energie.

Doch kann aus den Versuchen von BROWN und ESCOMBE die absorbierte Strahlungsenergie nicht berechnet werden. Bringt man nämlich, wie BROWN und ESCOMBE es taten, zwischen Strahlungsquelle und Meßinstrument ein Blatt, so läßt sich aus der Schwächung des Lichts die Absorption des Lichts nicht berechnen[2] Denn das Licht wird bei seinem Durchgang durch das Blatt zerstreut und das aus dem Blatt austretende Licht fällt größtenteils nicht in das Meßinstrument.

Liegt nun auch von älteren Versuchen nichts vor, was über die absolute Größe des Energieumsatzes Aufschluß gibt, so kann man doch fragen, ob sich aus den Assimilationsversuchen in verschiedenfarbigem Licht — etwa aus den Versuchen von DRAPER[3], PFEFFER[3]-ENGELMANN[4] KNIEP und MINDER[5], WURMSER[6] — nicht ein Urtei gewinnen läßt über die Änderung des Energieumsatzes mit der Wellen länge.

Zerlegt man das Licht einer Strahlungsquelle mit Hilfe von Prismen oder Filtern, so erhält man verschiedenfarbiges Licht von im allgemeinen verschiedenen Intensitäten, die für zwei Spektralbezirke J_1 und J_2 sein mögen. Bestrahlt man ein Objekt mit J_1 und J_2 in parallelem Licht, sieht von der Zerstreuung ab und macht die weitere vereinfachende Annahme, daß die Intensitäten J_1 und J_2 sehr niedrig sind, so ist das Verhältnis der photochemischen Wirkungen W_1 und W_2:

---

[1] Proc. of the roy. soc. of London, B. **76**, 29. 1905.

[2] Indem F. WEIGERT (Zeitschr. f. wiss. Phot. **11**, 381. 1912) aus den von BROWN u. ESCOMBE angegebenen Schwächungswerten die Absorption des Lichtes berechnet, kommt er auf einen Ausnützungsfaktor von nahezu 100%, ein Wert, den schon ENGELMANN (Botan. Zeitung **42**, 81. 1884) auf Grund seiner mikroskopischen Beobachtungen als wahrscheinlich annahm. Beide Schätzungen jedoch beruhen auf Voraussetzungen, die uns nicht zulässig zu sein scheinen.

[3] PFEFFER: Handbuch der Pflanzenphysiologie, Band I, Leipzig 1897.

[4] Botan Zeitung, **40**, 419. 1882.

[5] Zeitschr. f. Botanik **1**, 619. 1909.

[6] Recherches sur l'Assimilation Chlorophyllienne. Paris: J. Hermann 1921.

$$\frac{W_1}{W_2} = \frac{J_1(1 - e^{-\alpha_1 d})\,\varphi_1}{J_2(1 - e^{-\alpha_2 d})\,\varphi_2} \tag{1}$$

(α_1 und α_2 Absorptionskoeffizienten, φ_1 und φ_2 Energieumsätze in den Spektralbezirken 1 und 2, d Schichtdicke des Objekts in der Strahlenrichtung).

Das Verhältnis der beobachteten Wirkungen hängt also im allgemeinen von einer Reihe von Größen ab und nur wenn $J_1 = J_2$ und d groß, so daß $e^{-\alpha d}$ klein gegen 1 ist, wird

$$\frac{W_1}{W_2} = \frac{\varphi_1}{\varphi_2}, \tag{2}$$

das heißt, das Verhältnis der Wirkungen ein Maß für die Energieumsätze in den verschiedenen Spektralbezirken.

Indessen erkennt man bei Durchsicht der vorliegenden Arbeiten leicht, daß die Bedingungen der Gleichung (2) in keinem Fall erfüllt waren. Entweder war weder $J_1 = J_2$, noch d hinreichend groß — wie in den Versuchen von Draper, Pfeffer, Engelmann — oder es war zwar die erste Bedingung erfüllt — wie in den Versuchen von Kniep und Minder — nicht aber die zweite[1].

Unter diesen Umständen wird es verständlich, daß die „Assimilationskurven" je nach der Strahlungsquelle, der Zerlegungsvorrichtung und der Objektdicke, verschieden aussehen. Und man wird in unseren Zahlen, wenn man sie mit diesen Kurven vergleicht, keinen Widerspruch zu älteren Beobachtungen sehen.

II. Die Strahlungsquellen und die Isolierung der vier Spektralbezirke.

Als Strahlungsquellen benutzten wir eine Quecksilberdampflampe aus Quarz von Heraeus und eine Metallfadenlampe mit Stickstofffüllung, die von den Osramwerken angefertigt wurde[2].

Die Quecksilberlampe wurde mit 185 Volt 3,5 Ampere betrieben, ihre Strahlung mittels eines Regulierwiderstandes auf 1% konstant gehalten. Aus ihr isolierten wir die gelbe Linie (578 $\mu\mu$), die grüne

[1] Gegenüber der Arbeit von Wurmser (loc. cit.) treffen diese Bemerkungen nicht zu. Wurmser hat versucht, die photochemische Wirkung verschiedener Farben auf die absorbierte Strahlung zu beziehen, doch ist das Problem, die absorbierte Energie zu messen, von Wurmser noch nicht gelöst worden. — In der Arbeit von Wurmser findet sich, worauf besonders hingewiesen sei, eine ausgezeichnete und sehr vollständige Literaturübersicht über die Photochemie des Assimilationsvorganges.

[2] Herrn Direktor Dr. May sprechen wir auch hier für sein Entgegenkommen unseren Dank aus.

Linie (546 $\mu\mu$) und eine blaue Linie (436 $\mu\mu$) mit Hilfe von Farblösungen, über deren Bereitung und Prüfung man in Abschnitt IX unter Ziffer 1 Näheres findet. Die Prüfung geschah photometrisch und bolometrisch.

Leider gibt es keine Möglichkeit, in ähnlicher Weise Rot hinreichend intensiv und rein zu gewinnen. Zwar kann man aus der Cadmiumamalgamlampe die Linie 644 $\mu\mu$ mittels roter Farbstoffe so isolieren, daß die Strahlung für das Auge fast monochromatisch erscheint, doch erweist sie sich bei spektralbolometrischer Prüfung als erheblich verunreinigt mit langwelligem, nur schwach sichtbarem Rot.

Wir waren so genötigt, uns Rot durch spektrale Zerlegung zu verschaffen. Der von der Firma Leiss, Berlin-Steglitz, angefertigte Monochromator bestand aus zwei Flintglasprismen von 75 × 75 mm brechender Fläche, in YOUNGscher Anordnung montiert. Die freie Öffnung der Objektive war 70 mm, ihre Brennweite 245 mm. Die Dispersion (C—F) betrug 3 Grad 25 Min.

Abb. 1.

Selbst mit diesem recht leistungsfähigen Instrument war es zunächst schwierig, Rot in genügender Intensität zu erhalten. Nach vielen Versuchen blieben wir bei der Anordnung Abb. 1 stehen. Der leuchtende Spiralfaden einer Metallfadenlampe dient als Spalt. Der Faden ist gerade, 1,5 cm lang, der Durchmesser einer Windung 1,5 mm. Ein System von drei Mikrometerschrauben hält die Lampe und ermöglicht es, ihren leuchtenden Faden in der Brennebene der Kollimatorlinse in die richtige Lage zu bringen. Da das Stellwerk der Lampe am Kollimatorrohr befestigt ist, so behält der einmal eingestellte leuchtende Faden seine Lage zur Kollimatorlinse auch bei Erschütterungen des Arbeitstisches bei.

Die Lampe wird mit 15 Volt 8,6 Ampere betrieben, ihre Strahlung mittels eines Regulierwiderstandes auf 1% konstant gehalten. Der benutzte Wellenlängenbezirk reicht von 610 bis 690 $\mu\mu$, bei einer Okularspaltweite von 1,7 mm, der Schwerpunkt liegt bei etwa 660 $\mu\mu$.

III. Die Absorption der Algenfarbstoffe in den vier Spektralbezirken.

Der Absorptionskoeffizient α eines Mediums ist definiert durch die Gleichung

$$-di = \alpha i dx, \tag{1}$$

wo — di die Abnahme der Intensität i auf dem Weg dx bedeutet.

(1) ergibt integriert für den endlichen Weg d, auf dem die Intensität von i_0 bis i sinkt:

$$\alpha = \frac{1}{d} \ln \frac{i_0}{i}. \tag{2}$$

Wegen der Zerstreuung ist es nicht möglich, die Absorption der an die Zelle gebundenen Farbstoffe zu messen. Doch kann man die Farbstoffe mit einem passenden Lösungsmittel aus der Zelle extrahieren und die Absorptionskoeffizienten der klaren Farbstofflösung in den verschiedenen Spektralbezirken vergleichen. Unter der Voraussetzung, daß sich das Verhältnis der Absorptionskoeffizienten durch die Extraktion nicht ändert, erhält man so ein Bild von den Absorptionsverhältnissen in der Zelle.

Wir extrahieren die Farbstoffe unseres Versuchsobjektes, der Alge Chlorella, mit Methylalkohol bei Zimmertemperatur und erhalten eine Lösung von Chlorophyll[1] ($C_{55}H_{72}O_5N_4Mg$ und $C_{55}H_{70}O_6N_4Mg$) und den

Tabelle 1.

$$\alpha = \frac{1}{d} \ln \frac{i_0}{i} = \frac{1}{d} \ln \frac{\operatorname{tg} \varphi_1}{\operatorname{tg} \varphi_2}.$$

Mittlere Wellenlänge $\mu\mu$	d cm	Beobachtete Winkel in Graden		α
		φ_1	φ_2	
690	1	40,0	35,8	1,51
670	1	54,1	23,5	1,16
650	1	48,8	27,0	0,807
630	1	43,6	31,6	0,437
610	2	48,4	27,3	0,389
590	2	44,4	30,5	0,253
570	2	41,8	32,7	0,166
550	2	40,1	33,8	0,115
530	2	39,4	34,4	0,092
510	2	39,0	34,0	0,092
490	1	43,8	29,6	0,522
480	1	52,5	24,2	1,06
470	1	58,6	18,8	1,57
436	1	71,5	11,8	2,67
405	1	63,1	17,3	1,84

[1] WILLSTAETTER u. STOLL: Untersuchungen über Chlorophyll, Berlin 1913.

einfacher gebauten gelben Farbstoffen Caroten[1] ($C_{40}H_{56}$) und Xanthophyll[1] ($C_{40}H_{56}O_2$). Wir messen die Absorption mittels des KÖNIG-MARTENSschen Spektralphotometers[2] für Schichtdicken von 1 und 2 cm und Farbstoffkonzentrationen, die bei Extraktion von 1 ccm Zellen (= 0,2 g Trockensubstanz) mit 1000 ccm Methylalkohol entstehen (Tabelle 1 und Abb. 2).

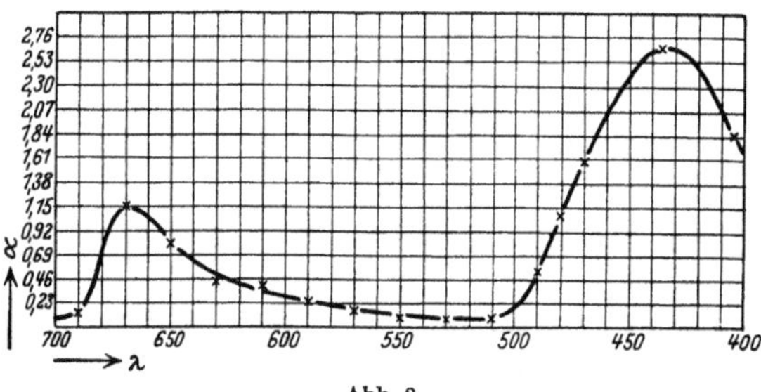

Abb. 2.

Aus Abb. 2 entnehmen wir die Absorptionskoeffizienten in den uns interessierenden Spektralbezirken:

Wellenlänge ($\mu\mu$)	Absorptionskoeffizient
660	1,04
578	0,207
546	0,115
436	2,67

Die Absorptionskoeffizienten in unseren Versuchsbezirken sind also außerordentlich verschieden. α ist im Grün am kleinsten, im Gelb 1,8 mal so groß, im Rot 9 mal so groß, im Blau 23 mal so groß als im Grün. —

Wichtig für das Folgende ist weiterhin die Frage, in welchem Maße sich die gelben Farbstoffe an der Absorption beteiligen. Auch hier sind wir auf Messungen an den extrahierten Farbstoffen angewiesen, können also die gestellte Frage wiederum nur unter der Reserve beantworten, daß die Absorptionsverhältnisse durch die Extraktion nicht wesentlich geändert werden.

Die Versuchsanordnung ist einfach und benutzt WILLSTAETTERS Methode[3] zur Trennung der grünen und gelben Farbstoffe. Wir messen zunächst den Absorptionskoeffizienten α_1 eines methylalkoholischen Zellextraktes, nehmen dann aus dem Farbstoffgemisch das Chlorophyll

[1] WILLSTAETTER u. STOLL: Untersuchungen über Chlorophyll, Berlin 1913.

[2] MARTENS, F. F. u. F. GRÜNBAUM: Über eine Neukonstruktion des KÖNIGschen Spektralphotometers (Ann. Physik, 4. Folge, 12, 984. 1903).

[3] WILLSTAETTER u. STOLL: loc. cit.

durch Verseifung heraus, bringen die gelben Farbstoffe in Methylalkohol auf ihre Konzentration im Zellextrakt und messen den Absorptionskoeffizienten a_2 der gelben Lösung. $\frac{a_2}{a_1}$ ist dann der Bruchteil der Strahlung, der in dem Gemisch von den gelben Farbstoffen absorbiert wird.

Wie es scheint, ist dieses Verfahren insofern korrekt, als die grünen und gelben Farbstoffe, in Methylalkohol gelöst, sich in ihrer Absorption gegenseitig nicht beeinflussen. Denn löst man kristallisiertes Chlorophyll (Äthylchlorophyllid) in gleichen Volumina von Methylalkohol oder einer methylalkoholischen Lösung der gelben Farbstoffe, so nimmt der Absorptionskoeffizient in beiden Fällen um den gleichen Betrag zu.

Eine Versuchsreihe ist in Tabelle 2 wiedergegeben. Die Extraktkonzentration ist die oben angegebene. Die in der ersten Spalte verzeichneten Wellenlängen sind Linien einer Cadmiumamalgamlampe, mit der das König-Martenssche Photometer beleuchtet wurde. In der letzten Spalte stehen die Quotienten $\frac{a_2}{a_1}$, die im Rot, Gelb und Grün, wo die gelben Farbstoffe nicht absorbieren, Null sind. Im Blaugrün ist der von gelben Farbstoffen absorbierte Anteil — mit etwa 46% — am größten, im Blau ist er rund 30%.

Tabelle 2.

$$\alpha = \frac{1}{d} \ln \frac{\operatorname{tg} \varphi_1}{\operatorname{tg} \varphi_2}.$$

Wellenlänge $\mu\mu$	d cm	Gemisch			Gelbe Farbstoffe			$\frac{\alpha_2}{\alpha_1}$ in %
		Beobachtete Winkel		α_1	Beobachtete Winkel		α_2	
		φ_1	φ_2		φ_1	φ_2		
644	1	36,8	23,7	0,535	Innerhalb der		—	0
578	2	31,5	21,4	0,223	Fehlergrenzen		—	0
546	2	27,8	22,9	0,110	gleich		—	0
480	1	42,5	17,4	1,06	37,4	25,5	0,472	45
468	1	48,3	14,3	1,48	40,8	23,5	0,690	47
436	1	63,3	7,3	2,73	42,0	21,3	0,840	31
405	1	52,2	10,4	1,94	37,3	23,7	0,550	28

IV. Die Anordnung der Versuche

ist in Abb. 3 abgebildet. Die von der Quecksilberlampe Hg ausgehende Strahlung passiert eine Reihe von kreisförmigen Blenden b, wird durch die Linse L_1 parallel gemacht, tritt durch die Irisblende I_1, die Farbtröge F, die Irisblende I_2, die Linse L_2 und wird schließlich durch den Spiegel S_2 in den Assimilationstrog T geworfen. Die in dem Trog T auftretende Druckänderung wird von dem BARCROFTschen Differentialmanometer M angezeigt und mittels des Kathetometer-Doppelmiskroskops K (in der Abbildung ist nur eine Säule ein Mikroskop zu sehen) abgelesen. Zwei Beobachter sind zur Ablesung nötig, von denen jeder mit seinem Mikroskop dem Meniskus der Sperrflüssigkeit folgt und beim Ablesen sein Fadenkreuz mit der Tangente des Meniskus zur Deckung bringt.

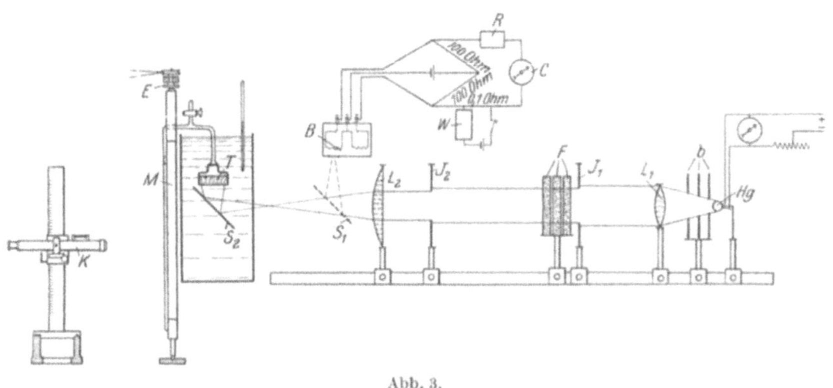

Abb. 3.

Die Bestrahlungszeit beträgt 10 Minuten. Ist sie abgelaufen, so wird der Assimilationstrog durch den Spiegel S_1 verdunkelt, der die Strahlung auf die Platinstreifen des Bolometers B wirft. Die Verdunkelungszeit beträgt 10 Minuten, nämlich 5 Minuten bis zur Ablesung der photochemischen Wirkung und 5 Minuten zur Atmungsmessung. Jeder Wechsel der Versuchsbedingungen — Übergang zu einer anderen Intensität oder Farbe — bedingt eine Änderung der Atmung. Da eine Messung der Assimilation nur möglich ist, wenn die Atmung vor und nach der Bestrahlung gleich ist, so wird nach jedem Übergang vor die Meßperiode eine „Vorperiode" gelegt.

Der Wechsel der Spektralbezirke nimmt etwa eine Minute in Anspruch und wird in der Dunkelzeit, während einer Atmungsmessung, vollzogen. Der Wechsel zwischen Gelb, Grün und Blau erfordert lediglich eine Umstellung von Farbtrögen. Der Übergang zu Rot geschieht durch Einschalten eines Planspiegels zwischen die Farbtröge F und die Irisblende I_2, der das Licht der Quecksilberlampe abblendet und das aus dem Okularspalt des in der Abbildung nicht gezeichneten Monochromators austretende Licht auf S_1 oder S_2 wirft.

Auf dem Weg von der Linse L_2 bis zum Bolometer B wird die Strahlung in anderer Weise — und zwar weniger — geschwächt, als auf dem

Weg von der Linse L_2 zum Assimilationstrog T. Indem man bei konstanter Intensität der Strahlungsquelle das Bolometer einmal an Stelle von T und dann, wie in der Abbildung gezeichnet, montiert und an beiden Stellen die Strahlung mißt, erhält man einen für jeden Spektralbezirk verschiedenen Faktor, durch den die bei B gemessenen Werte auf die Stelle T reduziert werden können.

Die Strahlungsmessung geschieht in der früher beschriebenen Weise nach dem Kompensationsverfahren[1]. Die von den Platinstreifen des Bolometers eingenommene Fläche ist 10 qcm, die „nutzbare" Bolometerfläche, innerhalb deren die bestrahlte Fläche liegen muß, etwa 3 qcm. Eine merkliche Vergrößerung der bestrahlten Fläche darf keinen Einfluß auf den Galvanometerausschlag haben, eine Kontrolle, die durch Verschieben der Linse L_2 leicht angestellt werden kann.

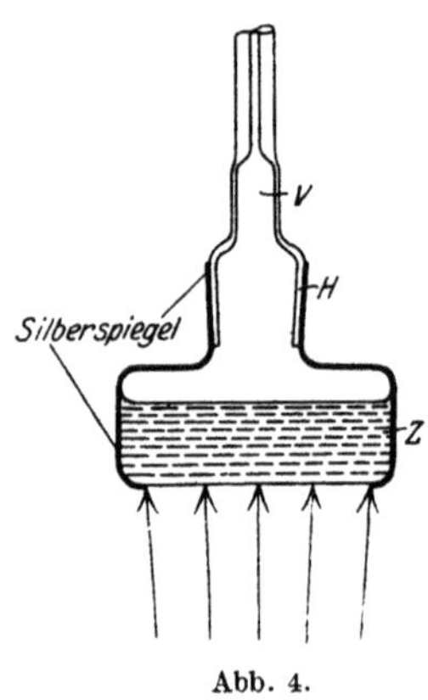

Abb. 4.

Die Assimilationsmessung geschieht in der früher beschriebenen Weise. Zu achten ist auf die Bedingung, daß die Zellsuspension mit den Gasen des Gasraumes in jedem Augenblick nahezu praktisch im Absorptionsgleichgewicht ist, daß also die Schüttelgeschwindigkeit ausreicht. Ist dies der Fall, so hat eine Vergrößerung der Schüttelgeschwindigkeit keinen Einfluß auf die Ausschläge am Manometer — eine notwendige und leicht auszuführende Kontrolle.

Die Form des Assimilationstroges zeigt Abb. 4. Die Grundfläche des Troges ist 23 qcm, die bestrahlte Fläche etwa 17 qcm, die Höhe der Zellsuspension Z bei ruhendem Trog 1,6 cm, bei bewegtem Trog an keiner Stelle kleiner als 1 cm. Die Seitenwände sind außen versilbert und zum Schutz des Silberspiegels verkupfert. Praktisch wichtig ist die veränderte Form des Helms H, der durch Vermittlung eines verjüngten Zwischenstückes V in die Manometerkapillare übergeht. Das Zwischenstück verhindert, daß die beim Schütteln hochspritzenden Flüssigkeitstropfen die Capillare erreichen, was eine Unterbrechung des Versuches bedeuten würde.

V. Die Zerstreuung und die Absorption in dem Assimilationstrog.

Die in den Assimilationstrog eintretende Strahlung wird zum Teil von der farblosen Zwischenflüssigkeit durchgelassen, zum Teil, sofern

[1] Warburg, E., G. Leithäuser, E. Hupka u. C. Müller: Ann. d. Physik, 4. Folge, **40**, 609. 1913.

sie auf Zellen trifft, absorbiert oder zerstreut. Das durchgelassene und zerstreute Licht wird zum Teil von dem Silberspiegel der Trogwände in die Zellsuspension zurückgeworfen, der Rest verläßt den Trog durch den Helm und den Boden und ist bei der Berechnung von dem eingestrahlten Licht abzuziehen.

Das Licht, das durch den Boden des Assimilationstroges wieder austritt, kann in einfacher Weise, nach einer in der Photometrie gebräuchlichen Methode, gemessen werden. Wir füllen den Trog, wie zum Assimilationsversuch, mit Zellsuspension, bedecken den Boden zur Hälfte mit einem durch Magnesiumoxyd geweißten Blechstreifen und bestrahlen beide Hälften mit parallelem Licht gleicher Intensität. Betrachten wir den Boden des Troges von der Seite, so erscheint das mit Magnesiumoxyd bedeckte Feld hell, das andere Feld dunkel. Nimmt man an — was erlaubt ist —, daß das Magnesiumoxyd alles auffallende Licht zerstreut, so ergibt das Helligkeitsverhältnis beider Felder den gesuchten Zerstreuungsverlust.

Um dieses Verhältnis zu bestimmen, verdunkeln wir durch Rauchgläser, die in geeigneter Weise in den Strahlengang eingeschaltet werden, das helle Feld so weit, daß es dem dunkeln gleich erscheint. Ist die Durchlässigkeit der hierzu erforderlichen Rauchglaskombination β — β wird bolometrisch gemessen —, so ist β der Bruchteil der Strahlung, der als zerstreutes Licht durch den Boden des Assimilationstroges wieder austritt.

β hängt ab sowohl von der Dichte der Zellsuspension, als auch von der Farbe des eingestrahlten Lichtes, und zwar ist der Zerstreuungsverlust größer für Wellenlängen, die schwach absorbiert werden, als für Wellenlängen, die stark absorbiert werden. Denn je stärker die Absorption, um so weniger Zellen werden auf dem Absorptionsweg getroffen.

Wir wählen für die Zerstreuungsmessungen die Zelldichte der Assimilationsversuche — 2 ccm Zellen (= 0,4 g Trockensubstanz): 100 ccm — und finden:

Für die Wellenlängen ($\mu\mu$)	β
610—690	kleiner als 0,005
578	„ „ 0,005
546	0,005
436	kleiner als 0,005

Im Rot, Gelb und Blau ist β so klein, daß wir nur eine obere Grenze angeben können, im Grün, dem Gebiet der schwächsten Absorption, ist β etwa 0,5%, also auch hier für unsere Rechnungen zu vernachlässigen.

Schwieriger ist die Messung der Strahlung, die aus dem Helm des Assimilationstroges austritt. Um sie zu umgehen, arbeiten wir mit vollständiger Absorption, das heißt, wir füllen eine so dichte Zellsuspension in den Trog ein, daß die durch den Helm austretende Strahlung zu vernachlässigen ist. Ob dies tatsächlich der Fall ist, muß für jede Anordnung geprüft werden, und zwar verfahren wir in folgender Weise:

Wir messen die photochemische Wirkung einer bestimmten Menge eingestrahlter Energie bei zwei verschiedenen Zelldichten 1 und 2, von denen 2 doppelt so groß ist wie 1. Ist die Absorption bei der Zelldichte 1 vollständig, so ist die photochemische Wirkung bei 1 und 2 gleich, die Ausschläge sind unabhängig von den Zelldichten.

Indessen genügt diese Kontrolle nicht. Ist die Absorption unvollständig, so wird zwar eine Vermehrung der Zelldichte im allgemeinen einen Anstieg der Wirkung zur Folge haben, immer dann, wenn die angewandte Strahlung monochromatisch ist. Hat man es jedoch mit einem Gemisch von Wellenlängen zu tun, so kann ein Teil, der stark absorbiert wird, bei beiden Zelldichten fast vollständig durchgehen. Die Wirkung wird also bei einer Vermehrung der Zelldichte — trotz unvollständiger Absorption — nicht steigen. Dieser Fall war realisiert bei unseren Vorversuchen im Rot. Der angewandte Spektralbezirk reichte von 660—710 $\mu\mu$ und enthielt neben Wellenlängen, die sehr stark absorbiert werden, 660—690 $\mu\mu$, solche, die sehr schwach absorbiert werden 690—710 $\mu\mu$. Trotz der Kontrolle mit verschiedenen Zelldichten war die Absorption, wie wir durch die nachstehende zweite Kontrolle feststellen konnten, unvollständig, und die Ausbeute im Rot wurde zu klein berechnet. Unsere Bemerkung, das Maximum der Wirkung scheine im Gelb zu liegen[1], ist auf Grund dieses nunmehr aufgeklärten Irrtums entstanden.

Was die zweite Kontrolle[2] betrifft, so messen wir die Absorption des methylalkoholischen Zellextraktes in den vier Versuchsspektral-

[1] Vgl. Zeitschr. f. physik. Chemie **102**, 246. 1922, wo der zweite Absatz des Abschnittes VIII als falsch zu streichen ist.

[2] Gegen die zweite Kontrolle kann eingewendet werden, daß die Absorptionsverhältnisse der Farbstoffe sich durch die Extraktion ändern. Dieser Einwand ist an sich richtig, aber nicht sehr schwerwiegend. Der wesentlichste Unterschied zwischen den Absorptionsspektren der Zelle und des Extrakts betrifft die rote Chlorophyllbande, die weiter in das langwellige Gebiet hineinragt, wenn das Chlorophyll in der Zelle gebunden, als wenn es in Methylalkohol gelöst ist. Nun ist das von dem Extrakt in unserem roten Spektralbezirk durchgelassene Licht im wesentlichen der langwelligste Teil des Bezirks. Sind die Farbstoffe an die Zelle gebunden, so ist die Absorption gerade in diesem Gebiet stärker; oder: absorbieren die Farbstoffe, in Methylalkohol gelöst, bei 610—690 $\mu\mu$ vollständig, so absorbieren sie, an die Zelle gebunden, a fortiori vollständig.

bezirken bolometrisch. Die Extraktkonzentration wählen wir hierbei der Versuchszelldichte entsprechend, das heißt, wir extrahieren 2 ccm Zellen (= 0,4 g Trockensubstanz) mit 100 ccm Methylalkohol, so daß auf 1 Volumen Extrakt dieselbe Menge Farbstoff kommt, wie auf 1 Volumen Zellsuspension beim Versuch. Die Schichtdicke wählen wir entsprechend dem tiefsten Stand der Zellsuspension im bewegten Trog, das heißt, gleich 1 cm, bringen also eine 1 cm tiefe, mit Extrakt gefüllte Küvette in den Strahlengang zwischen die Farbtröge F und die Linse L_2 (Abb. 3). Dabei beobachten wir folgendes:

Wellenlänge $\mu\mu$	Galvanometerausschläge (Skalenteile)		Durchlässigkeit in %
	Küvette mit reinem Methylalkohol	Küvette mit Extrakt	
610—690	32	1	3
578	30	1	3
546	32	3	10
436	21	kleiner als 0,2	kleiner als 1

Viel geringer wird die Durchlässigkeit einer Zellsuspension gleicher Tiefe und Farbstoffdichte sein, weil das Licht die Zellsuspension nicht geradlinig, sondern im Zickzack durchsetzt, der Absorptionsweg mithin ein Mehrfaches von 1 cm ist. Auch ist zu bedenken, daß der Silberspiegel der Trogwände einen Teil des durchgelassenen Lichtes wieder in die Suspension zurückwirft.

Auf Grund dieser Überlegungen und der obenstehenden Zahlen wird man die Durchlässigkeit im Rot, Gelb und Blau vernachlässigen können, im Grün mit einigen Prozenten jedenfalls nicht zu niedrig schätzen.

VI. Die Berechnung der Ausbeute.

Die Größen, deren wir zur Berechnung der Ausbeute bedürfen, sind die absorbierte Strahlungsenergie E und die photochemische Wirkung W. Die Größen, die wir nach dem vorhergehenden messen, sind der Widerstand ω im Kompensationskreis der Bolometerschaltung und die Niveauänderung ΔH der Manometerschenkel. Das Folgende erläutert die Berechnung von E aus ω und von W aus ΔH.

Berechnung von E aus ω.

Wir eichen das Bolometer, indem wir vor die Platinstreifen des Bolometers eine Blende von 2,75 qcm bringen und die Hefnerlampe 1 m von der Blende entfernt aufstellen. Zwischen Hefnerlampe und Bolometer stehen die drei Gerlachschen Blenden.

Nach GERLACH[1] strahlt die Hefnerlampe pro Sekunde auf 1 qcm einer 1 m entfernten Fläche $22{,}6 \cdot 10^{-6}$ cal, mithin auf die Platinstreifen unseres Bolometers bei der Eichung $2{,}75 \cdot 22{,}6 \cdot 10^{-6}$ cal. Hierbei finden wir den Kompensationswiderstand, der das Galvanometer in die Nullstellung zurückbringt, gleich 11400 Ohm, bei einer Temperatur von 15^0 und den Akkumulatorenspannungen von 2,01 Volt.

Daraus ergibt sich die pro Sekunde auf die Streifen fallende Energie, wenn der Kompensationswiderstand ω gefunden wird:

$$e = 2{,}75 \cdot 22{,}6 \cdot 10^{-6} \frac{11400}{\omega},$$

wenn die Temperatur des Arbeitsraumes und die Akkumulatorenspannungen die gleichen sind, wie bei der Eichung.

Beim Versuch sind die Platinstreifen des Bolometers durch ein Quarzfenster geschützt. Das Bolometer befindet sich an der Stelle des Assimilationstroges T, das Thermostatenwasser reicht bis nahe an das Quarzfenster heran, ohne dasselbe zu berühren. Der bei Bestrahlung zur Kompensation erforderliche Widerstand, auf die Eichungsbedingungen reduziert, sei ω. Dann ist die pro Sekunde in den Assimilationstrog eingestrahlte Energie

$$e_{\text{corr}} = 1{,}1 \cdot 2{,}75 \cdot 22{,}6 \cdot 10^{-6} \frac{11400}{\omega},$$

die in den Assimilationstrog eingestrahlte Energie also 1,1 mal so groß, als die auf die Platinstreifen des Bolometers fallende Energie. (Der Korrektionsfaktor 1,1 entsteht durch Berücksichtigung der verschiedenen Reflexionen, die die Strahlung auf dem Weg zu den Bolometerstreifen einerseits, zum Assimilationstrog andererseits erleidet, worüber man näheres in unserer früheren Arbeit[2] findet. Über die Reduktion von ω auf die Eichungsbedingungen vgl. Abschnitt IX, Ziffer 2 dieser Arbeit.)

Ist die Bestrahlungszeit t Sekunden, so werden $e \cdot t$ cal in den Trog eingestrahlt, ebenso groß ist die absorbierte Energie, die nach Abschnitt V der eingestrahlten gleichgesetzt werden darf. Wir erhalten so die gesuchte Größe E, die in der Bestrahlungszeit absorbierte Energie

$$E = 1{,}1 \cdot 2{,}75 \cdot 22{,}6 \cdot 10^{-6} \frac{11400}{\omega} \cdot t\,[\text{cal}].$$

Bei einer Bestrahlungszeit von 600 Sekunden war E in der Mehrzahl unserer Versuche 0,2—0,4. Im Mittel 0,3 cal also trafen in 600

[1] Physikal. Zeitschr. **14**, 577. 1903.

[2] Zeitschr. f. physik. Chemie **102**, 256. 1922.

Sekunden den Boden des Assimilationstroges auf einer Fläche von 17 qcm, woraus die mittlere Intensität der Strahlung an der Eintrittsstelle

$$i_0 = \frac{0,3}{600 \cdot 17} = 3 \cdot 10^{-5} \left[\frac{\text{cal}}{\text{qcm} \cdot \text{Sek.}}\right]$$

gefunden wird.

Was die Genauigkeit bei der Messung von E anbetrifft, so wird ω und damit auch E mit einem Fehler von etwa 1% erhalten.

Berechnung von W aus Δ H.

Aus den Abmessungen des Differentialmanometers und des Assimilationstroges (Abschnitt IX, Ziffer 3 dieser Arbeit) wird die Gefäßkonstante K berechnet. K bedeutet die Kubikmillimeter entwickelten Sauerstoffs, die durch eine Niveauänderung von 1 mm angezeigt werden und war in allen Versuchen 2,34. Beträgt also die Niveauänderung in der Bestrahlungszeit ΔH mm, so ist

$$W[\text{cmm}] = \Delta H \cdot K.$$

Aus W[cmm] erhält man W[Mole] oder W[cal] durch die Beziehungen

$$W[\text{Mole}] = 4{,}48 \cdot 10^{-8} \cdot W[\text{cmm}] \quad \text{und} \quad W[\text{cal}] = 5{,}03 \cdot 10^{-3} \cdot W[\text{cmm}].$$

Der Umrechnung in cal liegt die Annahme zugrunde, daß die Energiegleichung der Kohlensäureassimilation lautet:

$$6\{CO_2\} + 6(H_2O) = [C_6H_{12}O_6] + 6\{O_2\} - 674000 \text{ cal.}$$

Der Fehler bei der Messung von ΔH beträgt 2—5%. W[cmm] und W[Mole] werden also mit einer Genauigkeit von 2—5% erhalten. Weniger sicher ist der Wert von W[cal], da bei seiner Berechnung die Gültigkeit der Assimilationsgleichung vorausgesetzt wird.

Berechnung der Ausbeute.

Das Verhältnis $\frac{W}{E}$ — die von einer Kalorie absorbierter Strahlung hervorgebrachte chemische Wirkung — das wir nach E. Warburg[1] als φ bezeichnen, hängt bei der Kohlensäureassimilation von der Intensität der angewandten Strahlung ab. φ wird mit wachsender Intensität kleiner und nähert sich mit sinkender Intensität einem Grenzwert φ_0, den wir als die „Ausbeute" bei der Kohlensäureassimilation bezeichnen.

[1] Quantentheoretische Grundlagen der Photochemie, Zeitschr. f. Elektrochemie **26**, 54. 1920.

Um φ_0 zu finden, haben wir früher zwei φ-Werte bei zwei Intensitäten gemessen und dann φ_0 durch Extrapolation auf die Intensität Null berechnet. Da jedoch der Verlauf der φ-Kurve unbekannt ist, so haben wir die Berechnung der Ausbeute durch Extrapolation aufgegeben. Wir messen φ nunmehr bei möglichst niedrigen Intensitäten. Ändert sich φ in dem Gebiet, in dem wir messen, mit der Intensität nicht erheblich, so betrachten wir den bei der niedrigsten Intensität gemessenen Wert als die Ausbeute φ_0.

Wir finden so die Ausbeute niedriger, als sie vielleicht ist, und niedriger, als sie in der früheren Arbeit durch Extrapolation berechnet wurde. Dem Mittelwert von 70%, der früher durch Berechnung erhalten wurde, steht jetzt — im Rot — ein gemessener Mittelwert von 59% und ein gemessener Höchstwert von 63,5% gegenüber.

VII. Resultate.

Da die Ausbeute einer Algenkultur verschieden gefunden wird je nach den Bedingungen, unter denen die Kultur entstanden ist — worüber in unserer früheren Arbeit ausführlich berichtet ist — so sollten für vergleichende Versuche möglichst gleichartig gezüchtete Zellen verwendet werden.

Den Chlorellastamm, mit dem wir arbeiten, züchten wir seit $4^1/_2$ Jahren im Laboratorium. Kulturen, die hohe Ausbeuten geben, entstehen, wenn man hellgezüchtete Zellen einige Zeit bei niedriger Lichtstärke weiterwachsen läßt. Nur derartige Zellen haben wir für unsere Messungen benutzt, von denen wir eine vollständige zwischen dem 1. März und 23. April dieses Jahres beobachtete Reihe in den Tabellen 3—6 wiedergeben. Wie weit es uns gelungen ist, unser Material gleichartig zu züchten, ergibt sich am besten durch Vergleich der in einem bestimmten Spektralbezirk gefundenen Ausbeuten.

Die Versuchsreihe ergibt folgende Mittelwerte für φ_0:

Wellenlänge $\mu\mu$	$\varphi_0 \left[\frac{\text{cm}}{\text{cal}}\right]$
660	117
578	106
436	67

das heißt, die Ausbeute nimmt mit sinkender Wellenlänge ab. Der Wert von 88 für φ_0 im Grün ordnet sich in diese Regel ein, selbst wenn wir in diesem Spektralbezirk mit einer Unsicherheit von 10%, die nach Abschnitt V zu hoch geschätzt ist, rechnen. Weil wir jedoch der vollständigen Absorption im Grün nicht sicher sind, haben wir uns hier mit einem, mehr orientierenden Versuch begnügt.

Die Ausbeuten im Rot und Blau liegen weit auseinander. φ_0 im Rot ist in jedem Fall größer als im Blau, welche der verschiedenen Einzelversuche wir auch vergleichen. Denn der niedrigste Wert im Rot ist 113, der höchste Wert im Blau 73.

Anders fällt ein Vergleich der Einzelversuche im Rot und Gelb aus. Der höchste Wert im Gelb ist 121, also größer, als der niedrigste

Tabelle 3. *Rot.* $\lambda = 610$—$690\ \mu\mu$. *Schwerpunkt etwa 660* $\mu\mu$.

Nr.	Datum	ω Ohm	E cal	ΔH mm	W cmm	φ_0 $\frac{\text{cmm}}{\text{cal}}$	φ_0 $\frac{\text{cal}}{\text{cal}} \cdot 100$
1	1. 3.	2350	0,204	10,25	24,2	118	59,8
2	6. 3.	2690	0,179	8,59	20,2	113	57,1
3	7. 3.	1320	0,364	17,66	41,4	114	57,2
4	9. 3.	2300	0,208	10,30	24,2	116	58,2
5	16. 4.	2620	0,184	9,35	21,9	120	60,0
6	17. 4.	2490	0,193	10,36	24,3	126	63,5
7	18. 4.	2470	0,194	9,35	21,9	113	57,0
8	19. 4.	1260	0,382	18,26	43,0	113	57,0
9	23. 4.	2600	0,184	9,25	21,7	118	59,4
				Mittelwert von φ_0:		**116,8**	**59**

Tabelle 4. *Gelb.* $\lambda = 578\ \mu\mu$.

Nr.	Datum	ω Ohm	E cal.	ΔH mm	W cmm	φ_0 $\frac{\text{cmm}}{\text{cal}}$	φ_0 $\frac{\text{cal}}{\text{cal}} \cdot 100$
1	12. 3.	1030	0,466	20,4	47,6	102	51,6
2	14. 3.	1960	0,245	10,7	25,1	102	51,6
3	15. 3.	1960	0,245	10,91	25,6	104	52,6
4	20. 3.	1080	0,444	19,66	46,2	104	52,6
5	22. 3.	1120	0,430	19,2	45,0	104	52,8
6	23. 3.	570	0,843	36,45	85,8	102	51,3
7	31. 3.	1280	0,376	16,06	37,7	100	50,3
8	5. 4.	1080	0,444	20,76	48,8	110	55,4
9	6. 4.	1100	0,436	19,30	45,5	104	52,5
10	7. 4.	1085	0,440	21,66	50,8	116	58,2
11	9. 4.	1100	0,435	19,85	46,7	107	54,1
12	10. 4.	1100	0,436	19,66	46,2	106	53,2
13	11. 4.	1120	0,429	20,30	47,5	111	55,9
14	12. 4.	2080	0,232	12,01	28,0	121	61,0
15	17. 4.	2080	0,232	10,31	24,2	104	52,7
16	18. 4.	1180	0,407	17,65	41,5	102	51,4
17	19. 4.	1160	0,414	18,70	43,8	106	53,2
18	23. 4.	1220	0,393	17,51	41,0	104	52,7
				Mittelwert von φ_0:		**106**	**53,5**

Tabelle 5. *Grün.* $\lambda = 546\ \mu\mu$.

Nr.	Datum	ω Ohm	E cal	ΔH mm	W cmm	φ_0 $\frac{\text{cmm}}{\text{cal}}$	φ_0 $\frac{\text{cal}}{\text{cal}} \cdot 100$
1	31. 3.	1160	0,414	15,55	36,5	88,3	44,4

Tabelle 6. *Blau.* $\lambda = 436\ \mu\mu$.

Nr.	Datum	ω Ohm	E cal	ΔH mm	W cmm	φ_0 $\frac{\text{cmm}}{\text{cal}}$	φ_0 $\frac{\text{cal}}{\text{cal}} \cdot 100$
1	12. 3.	1620	0,296	8,65	20,3	68,7	34,5
2	14. 3.	1720	0,280	7,56	17,8	63,8	32,2
3	15. 3.	1720	0,280	8,39	19,7	70,3	35,4
4	17. 3.	1500	0,320	7,81	18,4	57,5	29,0
5	20. 3.	1790	0,269	7,91	18,6	69,0	34,8
6	22. 3.	1540	0,312	9,05	21,2	68,0	34,3
7	5. 4.	3430	0,140	3,90	9,15	65,3	32,9
8	6. 4.	1580	0,304	9,41	22,1	72,8	36,6
9	11. 4.	1620	0,296	8,65	20,3	68,9	34,6
10	12. 4.	1620	0,296	8,30	19,4	65,7	33,0
				Mittelwert von φ_0:		**67,0**	**33,8**

Wert im Rot, 113. Hier gibt der Vergleich von Einzelversuchen unter Umständen ein falsches Bild.

Von den individuellen und unvermeidbaren Unterschieden der Kulturen machen wir uns frei, wenn wir Ausbeuten, die für ein und dieselbe Kultur gemessen sind, vergleichen. Versuche, die dieser Bedingung genügen, befinden sich unter den oben mitgeteilten. Wir haben sie aus den Tabellen 3—6 ausgezogen und in den Tabellen 7 und 8 zusammengestellt.

Um das Verhältnis der Ausbeuten in den verschiedenen Spektralbezirken, die Quotienten $\frac{\varphi_{660}}{\varphi_{578}}$ und $\frac{\varphi_{578}}{\varphi_{436}}$ zu berechnen, benutzt man entweder die Tabellen 3—6 und dividiert die Mittelwerte von φ durcheinander, oder man bedient sich, was sachgemäßer ist, der Tabellen 7 und 8 und bildet die Mittelwerte der aus den Einzelversuchen berechneten Quotienten. Man erhält so:

Quotient	Durch Division der mittleren Ausbeuten nach Tab. 3 bis 6	Mittelwerte der Quotienten nach Tab. 7 und 8
$\frac{\varphi_{660}}{\varphi_{578}}$	1,10	**1,13**
$\frac{\varphi_{578}}{\varphi_{436}}$	1,58	**1,55**

Tabelle 7. *Vergleich von Gelb und Blau.*

Datum	Wellenlänge $\mu\mu$	E cal	W cmm	φ_0 $\frac{\text{cmm}}{\text{cal}}$	$\frac{\varphi_{578}}{\varphi_{436}}$
12. 3.	578 436	0,466 0,296	47,6 20,3	102 68,8	1,49
14. 3.	578 436	0,245 0,279	25,1 17,8	102 63,8	1,60
15. 3.	578 436	0,245 0,280	25,6 19,7	104 70,3	1,48
20. 3.	578 436	0,444 0,269	46,2 18,6	104 69,0	1,51
5. 4.	578 436	0,444 0,140	48,8 9,15	110 65,3	1,68
6. 4.	578 436	0,437 0,304	47,4 22,1	108 72,8	1,49
11. 4.	578 436	0,429 0,296	47,5 20,3	111 68,8	1,62
				Mittel:	**1,55**

Tabelle 8. *Vergleich von Rot und Gelb.*

Datum	Wellenlänge $\mu\mu$	E cal	W cmm	φ_0 $\frac{\text{cmm}}{\text{cal}}$	$\frac{\varphi_{660}}{\varphi_{578}}$
17. 4.	660 578	0,193 0,232	24,3 24,2	126 104	1,21
18. 4.	660 578	0,194 0,407	21,9 41,5	113 102	1,09
19. 4.	660 578	0,382 0,414	43,0 43,8	113 106	1.07
23. 4.	660 578	0,184 0,393	21,7 41,0	118 104	1,13
				Mittel	**1,13**

VIII. Diskussion der Resultate.

Das Resultat unserer Versuche ist, daß die Ausbeute bei der Kohlensäureassimilation mit abnehmender Wellenlänge — in der Richtung von Rot nach Blau — abnimmt. Irgendeine Beziehung zu den Absorptionsbanden ist nicht zu erkennen, die Ausbeute im Rot, einem Gebiet starker Absorption, ist größer als im Grün, einem Gebiet sehr schwacher Absorption, und im Grün größer als im Blau, dem Gebiet stärkster Absorption. —

Bekanntlich sieht die Quantentheorie eine Abnahme der photochemischen Ausbeute mit abnehmender Wellenlänge voraus (Photochemisches Äquivalentgesetz von EINSTEIN) und hat EMIL WARBURG diese Abnahme in dem von der Theorie verlangten Maße bei der Photolyse der Brom- und Jodwasserstoffsäure gefunden[1]. Es liegt nahe, den Gang der Ausbeute mit der Wellenlänge auch in unserem Fall durch die Quantentheorie zu erklären.

Da ein Quantum in keinem unserer Spektralbezirke ausreicht, um ein Molekül Kohlensäure zu zerlegen, so ist der Ansatz

$$n = \frac{Q}{h\nu}$$

von vornherein auszuschließen, wenn wir unter n die Zahl der zerlegten Kohlensäuremoleküle, unter Q die absorbierte Strahlungsenergie verstehen. Wohl aber wäre möglich

$$n = k\frac{Q}{h\nu} \tag{1}$$

(k ein Proportionalitätsfaktor), ein Ansatz, der besagt: die Zahl der zerlegten Kohlensäuremoleküle ist proportional der Zahl der absorbierten Quanten, und der die Annahme einschließt, daß jedes absorbierte Quantum dieselbe chemische Wirkung hervorbringt.

Aus (1) folgt für zwei verschiedene Spektralbezirke 1 und 2

$$\frac{\varphi_1}{\varphi_2} = \frac{\lambda_1}{\lambda_2}$$

eine Beziehung, die für Rot und Gelb nahezu erfüllt ist. Denn wir finden

$$\frac{\varphi_{660}}{\varphi_{578}} = 1{,}13, \quad \text{während} \quad \frac{660}{578} = 1{,}14\,.$$

Dagegen ist die Ausbeute im Blau kleiner, als Gleichung (1) voraussieht, denn wir finden

$$\frac{\varphi_{578}}{\varphi_{436}} = 1{,}55, \quad \text{während} \quad \frac{578}{436} = 1{,}32\,.$$

Die Abweichung im Blau, die nicht sehr erheblich, aber doch weit außerhalb der Fehlergrenzen ist, erklären wir folgendermaßen: Im Rot und Gelb absorbiert nur das Chlorophyll, im Blau absorbieren

[1] WARBURG, E.: Quantentheoretische Grundlagen der Photochemie (Zeitschr. f. Elektrochemie **26**, 54. 1920).

neben dem Chlorophyll auch die gelben Farbstoffe. Man kann nun zwar annehmen, daß die Primärvorgänge im Rot und Gelb dieselben sind, aber es ist sicher, daß die Primärvorgänge im Blau zum Teil andere sind, als im Rot und Gelb.

In diesem Zusammenhang wäre dann zu denken, für Q in Gleichung (1) an Stelle der gesamten nur die vom Chlorophyll absorbierte Energie einzusetzen. Für Rot und Gelb ändert sich dann nichts. Im Blau jedoch beträgt nach Abschnitt III die vom Chlorophyll absorbierte Energie nur etwa 70% der gesamten absorbierten Energie, durch die Umrechnung wird also die im Blau zu klein gefundene Ausbeute größer, aber nunmehr im Sinne der Quantenbeziehung zu groß, so daß diese Art zu rechnen keine einfacheren Verhältnisse ergibt. Offenbar ist auch die von den gelben Farbstoffen absorbierte Energie photochemisch wirksam, aber mit schlechterer Ausbeute, als die von dem Chlorophyll absorbierte Energie. —

Es bleibt noch die Berechnung des Faktors k der Gleichung (1). k bedeutet die Zahl der Kohlensäuremoleküle, die von einem Quantum zerlegt werden, oder $\frac{1}{k}$ die Zahl der Quanten, die zur Zerlegung eines Kohlensäuremoleküls erforderlich sind.

Zur Berechnung von k dividieren wir beide Seiten der Gleichung (1) durch die Avogadrosche Zahl N_0 und erhalten

$$\frac{n}{N_0} = k \frac{Q}{h\nu N_0}$$

woraus

$$k = \varphi_0 \cdot h\nu \cdot N_0, \quad \varphi_0 \text{ in Molen/cal ausgedrückt.} \qquad (2).$$

Setzen wir in Gleichung (2) die Mittelwerte von φ_0 in Molen/cal ein, so finden wir

Wellenlänge $\mu\mu$	$\varphi_0 \left[\frac{\text{Mole}}{\text{cal}}\right]$	$N_0 h\nu$ [cal]	k	$\frac{1}{k}$
660	$5{,}25 \cdot 10^{-6}$	43000	0,226	**4,4**
578	$4{,}75 \cdot 10^{-6}$	49200	0,234	**4,3**
436	$3{,}01 \cdot 10^{-6}$	65100	0,196	**5,1**

Setzen wir in Gleichung (2) die Höchstwerte von φ_0 in Molen/cal ein, so finden wir

Wellenlänge $\mu\mu$	$\varphi_0 \left[\frac{\text{Mole}}{\text{cal}}\right]$	$N_0 h\nu$ [cal]	k	$\frac{1}{k}$
660	$5{,}67 \cdot 10^{-5}$	43000	0,244	**4,1**
578	$5{,}42 \cdot 10^{-5}$	49200	0,267	**3,8**
436	$3{,}26 \cdot 10^{-5}$	65100	0,213	**4,7**

Man sieht aus der letzten Spalte der Tabellen, daß im Rot und Gelb etwa vier Quanten, im Blau etwa fünf Quanten zur Zerlegung eines Kohlensäuremoleküls erforderlich waren. Ob nun die Reduktion eines Kohlensäuremoleküls durch weniger als vier Quanten nicht möglich ist, oder ob man bei Verbesserung der Züchtungsmethoden auf noch höhere Ausbeuten, das heißt kleinere Werte von $\frac{1}{k}$ kommen wird, ist eine Frage, deren Beantwortung wir der Zukunft überlassen müssen.

Anmerkung. Lösungen von Chlorophyll fluoreszieren, wenn man sie mit Licht der grünen, der gelben oder der blauen Quecksilberlinie bestrahlt, eine Eigenschaft, die nach K. Stern[1] auch dem in der Zelle gebundenen Chlorophyll zukommt. Es wird also bei der Bestrahlung von Zellen mit gelb, grün oder blau immer ein Teil der absorbierten Energie in Fluorescenzlicht umgewandelt. Welchen Einfluß wird diese Umwandlung auf die Ausbeute haben?

Das Fluorescenzlicht in den drei genannten Farben ist rot und gibt bei spektraler Zerlegung zwei kontinuierliche Streifen von 630—650 $\mu\mu$ und von 660—690 $\mu\mu$. Diese Streifen liegen in der roten Absorptionsbande des Chlorophylls. Das Fluorescenzlicht ist also Licht, das von der Zelle stark absorbiert wird und das eine höhere Ausbeute gibt, als das erregende Licht. Deshalb wird eine Verwandlung von Gelb, Grün oder Blau in Fluorescenzlicht — über deren Umfang wir gar nichts aussagen können — die Ausbeute erhöhen, das heißt, dem Abfall der Ausbeute von Rot nach Blau hin entgegenwirken.

IX. Experimentelle Einzelheiten.

1. Die Farbfilter für die Quecksilberlampe.

Die Strahlung der Quecksilberlampe, die aus der Linse L_1 der Abb. 3 austritt, enthält an Spektralgebieten erheblicher Intensität:

Die ultraviolette Linie 366 $\mu\mu$.
Zwei blaue Linien 405 und **436** $\mu\mu$.
Die grüne Linie **546** $\mu\mu$.
Die gelbe Linie **578** $\mu\mu$.
Eine große Anzahl roter Linien zwischen 600 und 700 $\mu\mu$.
Ultrarot.

Aus diesem Gemisch waren die fett gedruckten Bezirke zu isolieren, die nach den Messungen E. Ladenburgs[2] mit annähernd gleicher Intensität von der Quecksilberlampe ausgestrahlt werden.

Zunächst kann man das kurzwellige Ende — die Linien 366 und 405 — durch Chinin, das langwellige Ende — Ultrarot und einen Teil des sichtbaren Rot — durch Wasser und Kupfersulfatlösung fortnehmen.

---

[1] Ber. d. d. bot. Ges. **38**, 28. 1920.
[2] Physikal. Zeitschr. **5**, 525. 1904.

Wir benutzen eine Lösung von 2 g Chinin in 100 ccm norm. Salzsäure in 1 cm tiefer Schicht, die das Ultraviolett vollständig und die Linie 405 zu 99,7% absorbiert, während sie die Linie 436 zu 99% durchläßt. Die Wasserschicht, die die Strahlung auf dem Weg bis zum Trog T der Abb. 3 durchsetzt, ist 20 cm und genügt zur Absorption des langwelligen Ultrarot. Die Kupfersulfatlösung enthält 6 g Kupfersulfat ($CuSO_4$ 5 H_2O) in 100 ccm Wasser, ihre Tiefe ist 1 cm. Sie zeigt, mit dem Photometer von König-Martens gemessen, folgende Durchlässigkeiten:

Wellenlänge $\mu\mu$	Für $d = 1$ cm $\frac{i}{i_0} \cdot 100$
730	1
710	2,2
690	4,9
670	10,4
650	19,4
630	35,7
610	52,5
590	70,4

Die Kupferlösung läßt also das kurzwelligere Rot, wenn auch geschwächt, durch, und dieses Licht ist im wesentlichen die „Verunreinigung“ unserer Spektralbezirke. Die Größe der Verunreinigung messen wir für jeden Bezirk, indem wir in den Strahlengang eine Farblösung einschalten, die zwar Rot vollständig durchläßt, den zu prüfenden Bezirk jedoch vollständig absorbiert. Aus den Bolometerausschlägen ohne und mit „Prüflösung“ ergibt sich dann die Verunreinigung.

Unsere Prüflösungen sind:

Für Blau: 0,02 g Tartrazin : 100 ccm Wasser in 1 cm tiefer Schicht. Diese Lösung absorbiert die Linie 436 vollständig und läßt Rot vollständig durch.

Für Grün: 0,02 g Erythrosin : 100 ccm Wasser in 1 cm tiefer Schicht. Diese Lösung absorbiert Grün vollständig und läßt Rot vollständig durch.

Für Gelb: 0,003 g Säurerhodamin : 100 ccm Wasser in 1 cm tiefer Schicht. Diese Lösung absorbiert Gelb vollständig und läßt Rot vollständig durch.

Isolierung[1] *der blauen Linie λ 436.*

1. Chinin 2%, 1 cm Tiefe.
2. Kupfersulfat 6%, 1 cm Tiefe.

[1] Die Auswahl der Farbstoffe geschah nach dem schönen Buch von A. Hübl, Die Lichtfilter, Halle 1921.

3. 0,003 g Säurerhodamin : 100 ccm Wasser in 1 cm Tiefe. Dient zur Absorption von Gelb und Grün. Durchlässigkeit nach König-Martens für λ 436: 72%, für λ 546: — %, für λ 578: —%.

4. $^1/_{10}$ mol Kupfersulfatlösung, mit norm. Ammoniak bis zur vollständigen Lösung des Niederschlages versetzt, in 1 cm Tiefe. Dient zur Schwächung des Rot und des vom Säurerhodamin ausgehenden Fluorescenzlichtes.

Die bolometrische Prüfung der so filtrierten Strahlung ergibt:

Galvanometerausschlag	ohne Prüflösung	40	Skalenteile
	nach Einschaltung der Prüflösung	0,3	,,

Die Verunreinigung mit Rot beträgt hiernach 0,7%. Dazu kommt noch eine Verunreinigung mit Blau der Linie 405 von einigen $^1/_{10}$%.

Isolierung der grünen Linie λ 546.

1. Chinin, wie oben.

2. Kupfersulfat, wie oben.

3. 0,02 g Tartrazin : 100 ccm Wasser in 1 cm Tiefe. Dient zur Absorption von Blau. Durchlässigkeit nach König-Martens für λ 436: —%.

4. Didymglas von Schott und Gen., Jena. Dicke 1,3 cm. Dient zur Absorption von Gelb. Durchlässigkeit nach König-Martens für λ 546: 84%, für 578: 1,3%.

Die bolometrische Prüfung der so filtrierten Strahlung ergibt:

Galvanometerausschlag	ohne Prüflösung	64	Skalenteile
	nach Einschaltung der Prüflösung . .	2	,,

Die Verunreinigung beträgt hiernach 3,4% und ist im wesentlichen rot neben etwas gelb.

Isolierung der gelben Linie λ 578.

1. Chinin, wie oben.

2. Kupfersulfat, wie oben.

3. 0,02 g Tartrazin, 0,02 g Erythrosin : 100 ccm Wasser in 1 cm Tiefe. Dient zur Absorption von Blau und Grün. Durchlässigkeit nach König-Martens für λ 436: —%, für λ 546: —%, für λ 578: 87%.

Die bolometrische Prüfung der so filtrierten Strahlung ergibt:

Galvanometerausschlag	ohne Prüflösung	63	Skalenteile
	nach Einschaltung der Prüflösung . .	2	,,

Die Verunreinigung mit Rot beträgt hiernach 3,2%.

2. *Bolometerkorrektionen.*

Die Formel des Abschnitts VI

$$e = 2{,}75 \cdot 22{,}6 \cdot 10^{-6} \frac{11400}{\omega}$$

gilt nur, wenn die Temperatur des Arbeitsraumes und die Akkumulatorenspannungen die gleichen sind, wie bei der Eichung des Bolometers. Ist jedoch

t die Temperatur des Arbeitsraumes bei der Eichung,
t' die Temperatur des Arbeitsraumes beim Versuch,
V_B die Spannung des Brückenakkumulators bei der Eichung,
V'_B die Spannung des Brückenakkumulators beim Versuch,
V_K die Spannung des Kompensationsakkumulators bei der Eichung,
V'_K die Spannung des Kompensationsakkumulators beim Versuch,

so wird

$$e = 2{,}75 \cdot 22{,}6 \cdot 10^{-6} \frac{11400}{\omega\left(1 + 0{,}01 \dfrac{t - t_1}{3}\right)} \frac{V'_K}{V_K} \frac{V_B}{V'_B}.$$

Mit Hilfe dieser Formel[1] sind alle beobachteten Kompensationswiderstände auf die Eichungsbedingungen reduziert worden. ω in unseren Tabellen sind die so reduzierten Widerstände.

3. *Das Differentialmanometer*

ist in unserer früheren Arbeit[2] abgebildet. In derselben Arbeit findet man auf S. 264 unter (12) die Formel zur Berechnung der Gefäßkonstanten K.

Das Volumen des Assimilationstroges bis zum Meniskus der auf gleichem Niveau stehenden Sperrflüssigkeit war 53530 cmm, das Volumen der eingefüllten Flüssigkeit 37000 cmm, der Querschnitt der Manometercapillare 0,1575 qmm. Als Sperrflüssigkeit diente wiederum Capronsäure vom spez. Gewicht $d_{16} = 0{,}926$ (Normaldruck in Capronsäure 11160 mm). Aus diesen Daten berechnet sich für $T = 283^0$, $K = 2{,}34$.

Reinigt man die Manometercapillare mit heißer konzentrierter Salpetersäure und füllt reine, mehrfach destillierte Capronsäure ein, so ereignet es sich häufig, daß Capronsäuretröpfchen an den Wandungen der Capillare hängen bleiben, die dann beim Abfließen das enge Lumen der Capillare verschließen. Dieses Verhalten hat uns große Schwierigkeiten bereitet. Wir haben schließlich gefunden, daß die störende Erscheinung nicht mehr auftritt, wenn man der Capronsäure eine sehr kleine Menge von gallensaurem Natron zusetzt, einem Stoff, den BRODIE aus demselben Grund als Zusatz zum Wasser von Wassermanometern empfohlen hat.

[1] Vgl. E. WARBURG u. C. MÜLLER: Über einige Eigenschaften des Bolometers Verh. d. d. Physik. Ges. **18**, 245. 1916.

[2] Zeitschr. f. physik. Chemie **102**, 443. 1922.

4. Beispiele von Protokollen. *Vergleich von Gelb und Blau.*

Datum	λ	Zeit	Beobachtete Manometerausschläge (mm)	
14. 3.	578 μμ	600″ hell 300″ dunkel 300″ dunkel 600″ hell 300″ dunkel 300″ dunkel	vorbehandelt — 9,8 } 300″ dunkel — 9,7 — 18,4 } 900″ dunkel — 29,1 } Differenz — 9,6 } 600″ hell 300″ dunkel — 18,4 } $\Delta H = 10,7$	$\omega = 1960$ Ohm $E = 0,245$ cal $W = 25,1$ cmm $\varphi = 102$ cmm/cal
		600″ hell 300″ dunkel 300″ dunkel 600″ hell 300″ dunkel 300″ dunkel	vorbehandelt — 10,7 } 300″ dunkel — 10,7 — 12,7 } 900″ dunkel — 32,1 } Differenz — 10,7 } 600″ hell 300″ dunkel — 12,7 } $\Delta H = 19,4$	$\omega = 1045$ Ohm $E = 0,458$ cal $W = 45,4$ cmm $\varphi = 99$ cmm/cal
	436 μμ	600″ hell 300″ dunkel 300″ dunkel 600″ hell 300″ dunkel 300″ dunkel	vorbehandelt — 8,9 } 300″ dunkel — 8,77 — 18,75 } 900″ dunkel — 26,31 } Differenz — 8,65 } 600″ hell 300″ dunkel — 18,75 } $\Delta H = 7,56$	$\omega = 1720$ Ohm $E = 0,279$ cal $W = 17,8$ cmm $\varphi = 63,8$ cmm/cal
		600″ hell 300″ dunkel 300″ dunkel 600″ hell 300″ dunkel 300″ dunkel	vorbehandelt — 10,0 } 300″ dunkel — 9,97 — 15,35 } 900″ dunkel — 29,91 } Differenz — 9,95 } 600″ hell 300″ dunkel — 15,35 } $\Delta H = 14,56$	$\omega = 797$ Ohm $E = 0,602$ cal $W = 34,1$ cmm $\varphi = 56,5$ cmm/cal
5. 4.	436 μμ	600″ hell 300″ dunkel 300″ dunkel 600″ hell 300″ dunkel 300″ dunkel	vorbehandelt — 8,75 } 300″ dunkel — 8,67 — 17,90 } 900″ dunkel — 26,01 } Differenz — 8,60 } 600″ hell 300″ dunkel — 17,90 } $\Delta H = 8,11$	$\omega = 1590$ Ohm $E = 0,302$ cal $W = 19,0$ cmm $\varphi = 63$ cmm/cal
		600″ hell 300″ dunkel 300″ dunkel 600″ hell 300″ dunkel 300″ dunkel	vorbehandelt — 7,95 } 300″ dunkel — 7,85 — 19,65 } 900″ dunkel — 23,55 } Differenz — 7,75 } 600″ hell 300″ dunkel — 19,65 } $\Delta H = 3,9$	$\omega = 3430$ Ohm $E = 0,140$ cal $W = 9,15$ cmm $\varphi = 65,3$ cmm/cal
	578 μμ	600″ hell 300″ dunkel 300″ dunkel 600″ hell 300″ dunkel 300″ dunkel	vorbehandelt — 9,7 } 300″ dunkel — 9,87 — 8,85 } 900″ dunkel — 29,61 } Differenz — 10,05 } 600″ hell 300″ dunkel — 8,85 } $\Delta H = 20,76$	$\omega = 1080$ Ohm $E = 0,444$ cal $W = 48,8$ ccm $\varphi = 110$ cmm/cal

Vergleich von Rot und Gelb.

Datum	λ	Zeit	Beobachtete Manometerausschläge (mm)	
18. 4.	610bis 690 $\mu\mu$	600″ hell 300″ dunkel 300″ dunkel 600″ hell 300″ dunkel 300″ dunkel	vorbehandelt — 10,60 } 300″ dunkel — 10,45 — 22,0 } 900″ dunkel — 31,35 } Differenz — 10,3 } 600″ hell 300″ dunkel — 22,00 } $\Delta H = 9{,}35$	$\omega = 2470$ Ohm $E = 0{,}194$ cal $W = 21{,}9$ cmm $\varphi = 113$ cmm/cal
	578 $\mu\mu$	600″ hell 300″ dunkel 300″ dunkel 600″ hell 300″ dunkel 300″ dunkel	vorbehandelt — 10,15 } 300″ dunkel — 10,3 — 13,25 } 900″ dunkel — 30,9 } Differenz — 10,45 } 600″ hell 300″ dunkel — 13,25 } $\Delta H = 17{,}65$	$\omega = 1180$ Ohm $E = 0{,}407$ cal $W = 41{,}5$ cmm $\varphi = 102$ cmm/cal
	610 bis 690 $\mu\mu$	600″ hell 300″ dunkel 300″ dunkel 600″ hell 300″ dunkel 300″ dunkel	vorbehandelt — 10,05 } 300″ dunkel — 9,92 — 12,15 } 900″ dunkel — 29,76 } Differenz — 9,8 } 600″ hell 300″ dunkel — 12,15 } $\Delta H = 17{,}61$	$\omega = 1260$ Ohm $E = 0{,}381$ cal $W = 41{,}2$ cmm $\varphi = 108$ cmm/cal
19. 4.	578 $\mu\mu$	600″ hell 300″ dunkel 300″ dunkel 600″ hell 300″ dunkel 300″ dunkel	vorbehandelt — 10,75 } 300″ dunkel — 10,75 — 22,20 } 900″ dunkel — 32,25 } Differenz — 10,75 } 600″ hell 300″ dunkel — 22,20 } $\Delta H = 10{,}05$	$\omega = 2110$ Ohm $E = 0{,}228$ cal $W = 23{,}5$ cmm $\varphi = 103$ cmm/cal
	610 bis 690 $\mu\mu$	600″ hell 300″ dunkel 300″ dunkel 600″ hell 300″ dunkel 300″ dunkel	vorbehandelt — 10,4 } 300″ dunkel — 10,40 — 21,8 } 900″ dunkel — 31,20 } Differenz — 10,4 } 600″ hell 300″ dunkel — 21,80 } $\Delta H = 9{,}4$	$\omega = 2410$ Ohm $E = 0{,}199$ cal $W = 22{,}0$ cmm $\varphi = 111$ cmm/cal
	578 $\mu\mu$	600″ hell 300″ dunkel 300″ dunkel 600″ hell 300″dunkel 300″ dunkel	vorbehandelt — 11,3 } 300″ dunkel — 11,25 — 15,05 } 900″ dunkel — 33,75 } Differenz — 11,2 } 600″ hell 300″ dunkel — 15,05 } $\Delta H = 18{,}7$	$\omega = 1160$ Ohm $E = 0{,}414$ cal $W = 43{,}8$ cmm $\varphi = 106$ cmm/cal
	610 bis 690 $\mu\mu$	600″ hell 300″ dunkel 300″ dunkel 600″ hell 300″ dunkel 300″ dunkel	vorbehandelt — 10,90 } 300″ dunkel — 10,92 — 14,50 } 900″ dunkel — 32,76 } Differenz — 10,95 } 600″ hell 300″ dunkel — 14,50 } ΔH 18,26	$\omega = 1260$ Ohm $E = 0{,}382$ cal $W = 43{,}0$ cmm $\varphi = 113$ cmm/cal

Biochem. Zeitschr. **146**, 486. 1924.

Über die Blackmansche Reaktion.

Von

Otto Warburg und **Tsunao Uyesugi.**

(Eingegangen am 18. Februar 1924.)

Als BLACKMANsche Reaktion bezeichnen wir den chemischen Vorgang, der bei sehr starker Bestrahlung einer grünen Zelle das Tempo der Kohlensäurespaltung bestimmt. Die BLACKMANsche Reaktion zeichnet sich aus durch ihre Temperaturempfindlichkeit[1] und ihre Blausäureempfindlichkeit[2]. Erhöhung der Temperatur beschleunigt sie, Blausäure in kleinen Konzentrationen hemmt sie. Die übrigen Teilvorgänge der Assimilation sind weder temperatur- noch blausäureempfindlich. Betrahlen wir eine grüne Zelle sehr schwach, so bewirkt Erhöhung der Temperatur keine Beschleunigung[1], Blausäure keine Hemmung[2] der Kohlesäurespaltung.

Fragt man nach der Bedeutung der BLACKMANschen Reaktion, so liegen, wie es scheint, zwei Möglichkeiten vor: sie kann eine „vorbereitende“ Reaktion sein, die der Wirkung des Lichtes vorangeht, oder eine „fortführende“ Reaktion, die auf die Wirkung des Lichtes folgt. Beide Auffassungen sind geäußert worden, die erste von WARBURG[2], die zweite von WILLSTÄTTER[3]; beide lassen sie sich in Einklang bringen mit der Kinetik des Assimilationsvorganges, die also nicht imstande ist, eine Entscheidung zwischen beiden Theorien zu treffen.

WARBURG nahm an, in der BLACKMANschen Reaktion bilde sich der „photochemische Acceptor“, ein photochemisch angreifbares Derivat der Kohlensäure. WILLSTÄTTER sprach die Vermutung aus, bei der photochemischen Reduktion der Kohlensäure entstehe ein Peroxyd, und die Abspaltung von Sauerstoff aus diesem Peroxyd sei die BLACKMANsche Reaktion. Da sich die Theorie von WARBURG nicht bewährt hat, so soll sie aufgegeben werden. Ist WILLSTÄTTERS Theorie richtig,

---

[1] BLACKMAN: Ann. of Bot. **19**, **281**, 1905.

[2] WARBURG, O.: diese Zeitschr. **100**, 230. 1919; **103**, 188. 1920.

[3] WILLSTÄTTER u. STOLL: Untersuchungen über die Assimilation der Kohlensäure. Berlin 1918.

so ist anzunehmen, daß Peroxyde, in eine lebende grüne Zelle eingeführt, gespalten werden und daß diese Spaltung sich ähnlich verhält wie die BLACKMANsche Reaktion. Von diesem Gesichtspunkte aus haben wir die Spaltung von Wasserstoffperoxyd durch Chlorella näher untersucht und diese Peroxydspaltung mit der BLACKMANschen Reaktion verglichen.

Die Anordnung der Versuche war folgende: Wir suspendierten Chlorellen in KNOPscher Lösung, brachten die Suspensionen in Atmungströge, die in einem Thermostaten bewegt wurden, und ließen, wenn Temperaturgleichgewicht eingetreten war, aus einer kleinen Birne so viel Wasserstoffperoxyd zufließen, daß die Konzentration an Peroxyd in der KNOPschen Lösung m/300 war. KNOPsche Lösung, die sauer ist, zersetzt unter den Bedingungen unserer Versuche Wasserstoffperoxyd nicht merklich. Sind jedoch Chlorellen in der Lösung, so wird Wasserstoffperoxyd in Wasser und Sauerstoff gespalten, und die Geschwindigkeit dieser Spaltung kann an einem angeschlossenen Barcroftmanometer genau verfolgt werden. Wählt man dabei die Zellmengen so klein, daß in den ersten 15—30 Minuten nach Zugabe des Wasserstoffperoxyds die Geschwindigkeit der Sauerstoffentwicklung nur wenig abfällt, so kann man ohne umständliche Rechnung die Geschwindigkeit des Zerfalls aus den beobachteten Druckänderungen berechnen und — wenn die verwendeten Zellmengen gleich sind — die Geschwindigkeiten des Zerfalls unter der Einwirkung verschiedener Stoffe vergleichen. Erscheint beispielsweise in reiner KNOPscher Lösung nach t Minuten der Druck p_0 und unter sonst gleichen Bedingungen nach Zusatz eines Stoffes der kleinere Druck p_1, so ist die Hemmung der Zerfallsgeschwindigkeit, die der zugesetzte Stoff hervorbringt, gleich $\frac{p_0 - p_1}{p_0}$.

Mit Hilfe dieser Anordnung haben wir zunächst die Wirkung der Blausäure auf den Zerfall des Wasserstoffperoxyds untersucht. Spalte 2 der Tabelle 1 enthält das Ergebnis der Messungen. Blausäure hemmt den Zerfall des Peroxyds, und zwar beginnt die Hemmung bei einer Blausäurekonzentration von $^1/_{200\,000}$ Mol pro Liter und ist bei einer Blausäurekonzentration von $^1/_{1000}$ Mol pro Liter fast vollständig. Nachdem dies festgestellt war, haben wir die früheren Versuche[1] über die Wirkung der Blausäure auf die BLACKMANsche Reaktion wiederholt, um die Wirkung der Blausäure auf beide Vorgänge für dieselbe Chlorellakultur vergleichen zu können. Wir hielten uns dabei genau an die früher beschriebene Versuchsanordnung und bestimmten die Wirkung der

[1] WARBURG, O.: diese Zeitschr. **100**, 230. 1919; **103**, 188. 1920.

Blausäure auf die Sauerstoffentwicklung einer sehr stark bestrahlten kohlensäurehaltigen Algensuspension in Lösungen, die natürlich frei von Wasserstoffperoxyd waren.

Tabelle 1.

Konzentration der Blausäure	1	2
	Hemmung der BLACKMANschen Reaktion %	Hemmung des Wasserstoffperoxydzerfalls %
n/200000	20	32
n/10000	55	83
n/1000	95	93

Spalte 1 der Tabelle 1 enthält das Ergebnis der Messungen. Die BLACKMANsche Reaktion wird durch Blausäure gehemmt, und zwar beginnt die Hemmung bei einigen $^1/_{100000}$ Molen Blausäure pro Liter und ist bei einer Blausäurekonzentration von $^1/_{1000}$ Mol pro Liter fast vollständig. Die Übereinstimmung in dem Verhalten der beiden Vorgänge, der Peroxydspaltung im Dunkeln und der Sauerstoffentwicklung aus Kohlensäure bei Bestrahlung gegenüber Blausäure ist also eine weitgehende, wenn auch die Form der Hemmungskurven in beiden Fällen verschieden zu sein scheint.

Des weiteren haben wir die Wirkung einiger Narkotica auf den Zerfall des Wasserstoffperoxyds untersucht, und zwar die Wirkung der Urethane. Spalte 3 der Tabelle 2 enthält das Ergebnis der Messungen,

Tabelle 2.

Narkotikum	1	2	3
	Atmungshemmung um 50% durch Millimol/Lit.	Hemmung der BLACKMANschen Reaktion um 50% durch Millimol/Liter	Hemmung des H_2O_2-Zerfalls um 50% durch Millimol/Liter
Methylurethan	1200	660	440
Äthylurethan	780	225	135
Propylurethan	100	73	80
Butylurethan (iso) . . .	43	26	27
Amylurethan (iso) . . .	32	12	weniger als 9
Phenylurethan	6	0,5	weniger als 1,5

aus denen man erkennt, daß der Peroxydzerfall durch Narkotica gehemmt wird, und daß er ein Vorgang ist, der sich an Oberflächen abspielt. Nachdem dies festgestellt war, haben wir die Versuche A. v. RANKES[1] über die Beeinflussung der BLACKMANschen Reaktion durch Narkotica

[1] WARBURG, O.: diese Zeitschr. **100**, 230. 1919; **103**, 188. 1920.

wiederholt, um so die Wirkung der Narkotica auf beide Vorgänge für dieselbe Chlorellakultur vergleichen zu können. Wir hielten uns dabei genau an die früher beschriebene Versuchsanordnung und fanden mit geringen Abweichungen dieselben Werte wie A. v. RANKE (vgl. Spalte 2 der Tabelle 2). In Spalte 1 der Tabelle 2 führen wir noch die Werte für die Atmungshemmung der Chlorella an, die wir nicht neu bestimmt, sondern einer früheren Arbeit[1] entnommen haben. Bei Betrachtung der Tabelle 2 erkennt man die weitgehende Übereinstimmung in dem Verhalten der Peroxydspaltung und der BLACKMANschen Reaktion gegenüber den geprüften Narkotica. Der Peroxydzerfall ist erheblich empfindlicher als die Atmung, aber mindestens ebenso empfindlich wie die BLACKMANsche Reaktion.

Beide Tabellen sprechen durchaus zugunsten von WILLSTÄTTERS Theorie. Allerdings ist die Übereinstimmung in dem Verhalten der Peroxydspaltung und der BLACKMANschen Reaktion keine vollkommene, aber eine solche ist auch dann nicht zu erwarten, wenn der Katalysator beider Vorgänge identisch ist. Denn WILLSTÄTTERS Peroxyd ist nicht Wasserstoffperoxyd, das Substrat in beiden Fällen also jedenfalls verschieden.

Experimenteller Teil.

Die Chlorellen wurden nach einer früher gegebenen Vorschrift[2] in KNOPscher Lösung gezüchtet. Die Zellmengen, die für eine Messung verwendet wurden, waren: für die Messung der Peroxydspaltung je 0,05 ccm Zellen = 10 mg Trockensubstanz pro Trog, für die Messung der BLACKMANschen Reaktion je 0,02 ccm Zellen = 4 mg Trockensubstanz pro Trog. Diese Angaben sollen nur einen ungefähren Anhaltspunkt für die einzuhaltenden Mengenverhältnisse geben. Die Zellmengen in verschiedenen Versuchen genau gleich zu halten, wäre mühsam und zwecklos, da die Wirksamkeit pro Milligramm Zellsubstanz je nach dem Zustande der Kultur schwankt. Um die Wirkung eines Stoffes zu ermitteln, müssen von ein und derselben Zellsuspension genau gleiche Volumina abpipettiert werden und die in ihnen enthaltenen Zellmengen — ohne Zusatz und mit Zusatz — gleichzeitig geprüft werden.

Wie schon früher, so stellte sich auch in dieser Arbeit heraus, daß die Atmung der Chlorella schnell im Dunkeln abfällt, offenbar weil die Alge, im Gegensatz zu tierischen Zellen, arm an verbrennlicher Substanz ist. Die Tatsache, daß zugesetzte organische Stoffe, falls ihre Konzentrationen nicht zu hoch sind, die Atmung beschleunigen,

[1] WARBURG, O.: diese Zeitschr. **102**, 188. 1920.

[2] Zeitschr. f. physik. Chem. **10** , 250. 1922.

erklären wir so, daß sie der Chlorella als Brennmaterial dienen. Blausäure wirkt, wie sich wiederum[1] zeigte, selbst in hohen Konzentrationen auf die Atmung der Chlorella nicht hemmend, sondern, wie alle übrigen organischen Stoffe, beschleunigend.

Messung der Wasserstoffperoxydspaltung: Je 10 ccm Zellsuspension wurden in Atmungströge der in dieser Zeitschr. **142**, 494, 1923, abgebildeten Form eingefüllt, in den Einsatz zur Absorption der Atmungskohlensäure 1 ccm 5proz. Kalilauge. Die Suspensionsflüssigkeit war Knopsche Lösung, im Gasraume befand sich Luft. Die Temperatur des Thermostaten war 20°, das Zimmer während der Messungen verdunkelt. Das Gesamtvolumen der Gefäße war 30 ccm, die Gefäßkonstante für Sauerstoff, da etwa 11 ccm Flüssigkeit eingefüllt waren, etwa 2, was bedeutet, daß eine Druckänderung von 1 mm den Verbrauch oder die Entwicklung von 2 cmm Sauerstoff anzeigte.

Das Wasserstoffperoxyd war aus Natriumperoxyd und primärem Natriumphosphat nach W. Friedrich (vgl. Vanino, Präparat. Chemie **1**, 10. 1921) hergestellt und im Vakuum destilliert. Je 0,5 ccm einer m/15 Lösung wurden in die Ansatzbirne eingefüllt, ihr Inhalt, nachdem Temperaturausgleich eingetreten war, dem Inhalt des Atmungstroges zugefügt, in dem die Konzentration an Wasserstoffperoxyd dann m/300 war.

Die auftretenden Druckänderungen wurden etwa 30 Minuten lang beobachtet. Für die Berechnung dienten nur die in den ersten 15 Minuten auftretenden Druckänderungen.

Eine Schwierigkeit bei den Peroxydversuchen war die Frage, in welcher Weise die Atmung bei der Berechnung zu berücksichtigen sei. Erhält man in dem peroxydfreien Troge infolge der Atmung einen negativen Druck von 20 mm und gleichzeitig in dem peroxydhaltigen Troge einen positiven Druck von 100 mm, so weiß man zunächst nicht, ob die Peroxydspaltung 100 oder 120 mm entspricht. Doch ist anzunehmen, daß eine Zelle, der Wasserstoffperoxyd zur Verfügung steht, dieses an Stelle des molekularen Sauerstoffs in der Atmung verbraucht, daß also in einer peroxydhaltigen Lösung molekularer Sauerstoff von der Zelle nicht absorbiert wird. Unter dieser Voraussetzung haben wir die Peroxydspaltung berechnet und nur die positiven Drucke berücksichtigt[2]. Erkennt man diese Voraussetzung nicht an, so kann man die Tabellen unter Berücksichtigung der Atmung, die immer angegeben

[1] Diese Zeitschr. **100**, 230. 1919.

[2] Ist h der beobachtete positive Druck, K_{O_2} die Gefäßkonstante für Sauerstoff, so ist die entwickelte Sauerstoffmenge x_{O_2} in cmm

$$x_{O_2} = hK_{O_2}.$$

ist, umrechnen. An dem Wesentlichen unserer Ergebnisse ändert sich dadurch nichts.

Messung der Blackmanschen Reaktion: Die Form der Gefäße war die in dieser Zeitschr. **100**, 246, Abb. 3 abgebildete. Die Suspensionsflüssigkeit war KNOPsche Lösung, der Gasraum erhielt Luft mit 4 Vol.-Proz. Kohlensäure. Als Lichtquelle verwendeten wir $^1/_2$-Watt-Metallfadenlampen, und zwar 75-Wattlampen, deren leuchtender Faden sich in einigen Zentimetern Entfernung von dem Assimilationstroge befand. Die Beleuchtungsstärke war dann so hoch, daß ihre Vermehrung ohne Einfluß auf die Kohlensäurespaltung war. Die Lampen wurden nach dieser Zeitschr. **100**, 245, Abb. 2 montiert. Die Temperatur des Thermostaten war 20^0.

War K_{O_2} die Gefäßkonstante für Sauerstoff, K_{CO_2} die Gefäßkonstante für Kohlensäure, so war die zersetzte Kohlensäuremenge x_{CO_2} in Kubikmillimetern

$$x_{CO_2} = h\,\frac{K_{O_2} K_{CO_2}}{K_{CO_2} - K_{O_2}},$$

wo h die beobachtete Druckänderung in Millimetern BRODIEscher Flüssigkeit bedeutet.

Protokolle.

Tabelle 3. *Blausäure auf Atmung und H_2O_2-Zerfall.*

HCN Mol/Liter	Atmung		H_2O_2-Zerfall	
	ohne HCN cmm O_2	mit HCN cmm O_2	ohne HCN cmm O_2	mit HCN cmm O_2
$^1/_{200000}$	15′: — 26 30 : 34	15′: — 24 30 : — 31	15′: + 74 30 : + 157	15′: + 50 30 : + 106
$^1/_{10000}$	15′: — 34 30 : — 44	15′: — 35 30 : — 50	15′: + 62 30 : + 119	15′: + 11 30 : + 32
$^1/_{1000}$	15′: — 8 30 : — 16	15′: — 18 30 : — 35	15′: + 84 30 : + 146	15′: + 6 30 : + 17

Tabelle 4. *Blausäure auf Blackmansche Reaktion.*

HCN Mol/Liter	Atmung (dunkel)		Assimilation (hell)	
	ohne HCN cmm O_2	mit HCN cmm O_2	ohne HCN cmm O_2	mit HCN cmm O_2
$^1/_{200000}$	15′: — 4 30 : — 6	15′: — 5 30 : — 7	15′: + 43 30 : + 83	15′: + 34 30 : + 64
$^1/_{10000}$	15’: — 4 30 : — 6	15’: — 5 30 : — 9	15’: 48 30 : + 91	15’: + 18 30 : + 34
$^1/_{1000}$	15′: — 4 30 : — 6	15′: — 7 30 : — 9	15′: + 48 30 : + 97	15′: — 5 30 : — 5

Tabelle 5.

Urethane auf Atmung und H_2O_2-Zerfall.

Substanz	Gew.-Proz.	Atmung ohne Urethan cmm O_2	Atmung mit Urethan cmm O_2	H_2O_2-Zerfall ohne Urethan cmm O_2	H_2O_2-Zerfall mit Urethan cmm O_2
Methylurethan	2	15′: — 9 30 : — 15	15′: — 12 30 : — 22	15′: + 78 30 : + 146	15′: + 54 30 : + 99
	4	15′: — 12 30 : — 19	15′: — 14 30 : — 26	15′: + 51 30 : + 93	15′: + 19 30 : + 39
Äthylurethan	1	15′: — 16 30 : — 26	15′: — 25 30 : — 41	15′: + 75 30 : + 136	15′: + 41 30 : + 78
	2	15′: — 15 30 : — 22	15′: — 22 30 : — 35	15′: + 73 30 : + 142	15′: + 22 30 : + 41
Propylurethan	0,5	15′: — 14 30 : — 22	15′: — 21 30 : — 35	15′: + 87 30 : + 152	15′: + 62 30 : + 113
	1	15′: — 9 30 : — 12	15′: — 14 30 : — 21	15′: + 57 30 : + 114	15′: + 23 30 : + 48
Butylurethan	0,2	15′: — 12 30 : — 20	15′: — 27 30 : — 45	15′: + 97 30 : + 166	15′: + 58 30 : + 102
	0,4	15′: — 16 30 : — 29	15′: — 14 30 : — 27	15′: + 75 30 : + 137	15′: + 32 30 : + 61
Amylurethan	16	15′: — 26 30 : — 23	15′: — 47 30 : — 69	15′: + 73 30 : + 138	15′: + 23 30 : + 50
Phenylurethan	0,025	15′: — 22 30 : — 29	15′: — 43 30 : — 66	15′: + 73 30 : + 138	15′: + 32 30 : + 60

Tabelle 6.

Urethane auf Blackmansche Reaktion.

Substanz	Gew.-Proz.	Atmung (dunkel) ohne Urethan cmm O_2	Atmung (dunkel) mit Urethan cmm O_2	Assimilation (hell) ohne Urethan cmm O_2	Assimilation (hell) mit Urethan cmm O_2
Methylurethan	3	15′: — 3 30 : — 8	15′: — 5 30 : — 12	15′: + 45 30 : + 84	15′: + 31 30 : + 56
	5	15′: — 5 30 : — 13	15′: — 5 30 : — 10	15′: + 56 30 : + 107	15′: + 20 30 : + 36
Äthylurethan	2	15′: — 5 30 : — 10	15′: — 5 30 : — 12	15′: + 62 30 : + 124	15′: + 28 30 : + 53
Propylurethan	0,75	15′: — 5 30 : — 13	15′: — 8 30 : — 16	15′: + 94 30 : + 174	15′: + 39 30 : + 66
Butylurethan	0,3	30 : — 8	30 : — 14	15′: + 134 30 : + 265	15′: + 76 30 : + 154
Amylurethan	0,16	15′: — 4 30 : — 8	15′: — 8 30 : — 13	15′: + 76 30 : + 164	15′: + 32 30 : + 64
henylurethan	0,0088	30 : — 4	15′: — 5 30 : — 12	15′: + 155 30 : + 315	15′: + 62 30 : + 118

Biochem. Zeitschr. 152, 498. 1924.

Über den Temperaturkoeffizienten der Kohlensäureassimilation.

(II. Mitteilung über die Blackmansche Reaktion[1]).

Von

Muneo Yabusoe.

(Aus dem Kaiser Wilhelm-Institut für Biologie, Berlin-Dahlem).

(Eingegangen am 2. Oktober 1924.)

Mit 3 Abbildungen.

Wie BLACKMAN[2] fand, wird die photochemische Kohlensäurespaltung in grünen Zellen durch die Temperatur nicht beeinflußt. Schwach bestrahlte grüne Zellen zersetzen pro Calorie absorbierter Strahlung bei verschiedenen Temperaturen gleiche Kohlensäuremengen. Andererseits zeigte BLACKMAN[2], daß die Kohlensäureassimilation beim Übergang von schwacher zu intensiver Bestrahlung temperaturempfindlich wird. Dieses merkwürdige Verhalten rührt daher[2,3], daß je nach der Intensität der Bestrahlung verschiedene Vorgänge die Geschwindigkeit der Kohlensäurezersetzung bestimmen. Bei intensiver Bestrahlung ist der limitierende Vorgang nicht die Lichtreaktion, sondern eine Dunkelreaktion, die BLACKMANsche Reaktion, und diese letztere ist temperaturempfindlich. Spricht man von dem Temperaturkoeffizienten der Kohlensäureassimilation, so meint man also immer den Temperaturkoeffizienten der BLACKMANschen Reaktion.

I.

Ich habe auf Veranlassung von Herrn WARBURG den Einfluß der Temperatur auf die BLACKMANsche Reaktion näher untersucht. Als Versuchsmaterial benutzte ich Chlorellen, die in KNOPscher Lösung

---

[1] Erste Mitteilung: O. WARBURG u. T. UJESUGI, diese Zeitschrift **146**, 486. 1924.

[2] BLACKMAN: Ann. of Botany **19**, 281. 1905.

[3] WARBURG, O.: diese Zeitschr. **100**, 230. 1919; **103**, 188. 1920.

suspendiert waren. Die Suspensionen wurden mit einem Gasgemisch von 5 Vol.-Proz. Kohlensäure, 2 Vol.-Proz. Sauerstoff und 93 Vol.-Proz. Stickstoff gesättigt und in dünnen Schichten so stark bestrahlt, daß eine Vermehrung der Lichtintensität keine Beschleunigung der Assimilation bewirkte. Die bei der Bestrahlung im Assimilationstrog auftretenden Druckänderungen wurden gemessen und aus ihnen in bekannter[1] Weise die zersetzten Kohlensäuremengen berechnet.

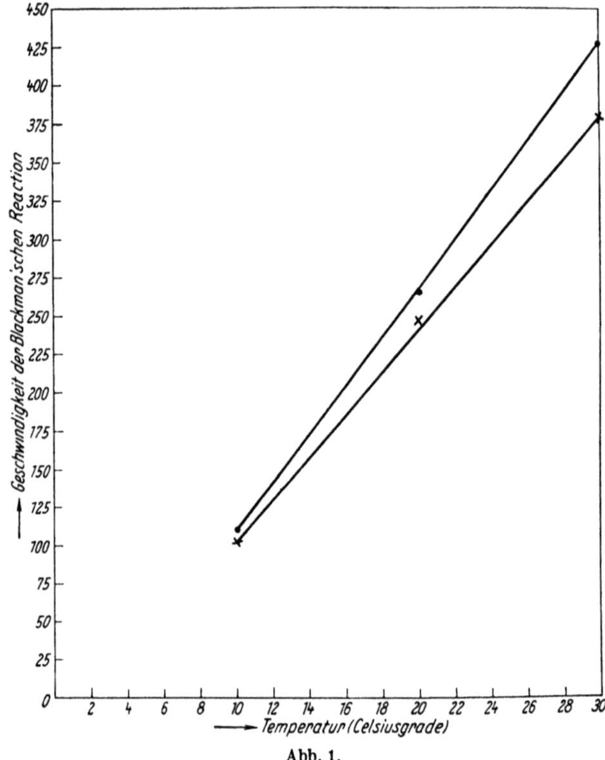

Abb. 1.

Die pro Versuch verwendeten Zellmengen waren 100 cmm frischer Zellsubstanz = 20 mg Trockensubstanz. Das Volumen der Knopschen Lösung war 8 ccm, das Volumen des Gasraumes 10 ccm. 1 mm Druckänderung zeigte, je nach der Temperatur, die Zersetzung von 2—3 cmm Kohlensäure an. In bezug auf die Formeln, nach denen ich gerechnet

[1] In der Arbeit von O. Warburg, diese Zeitschr. **100**, 230, 1919, findet man einige Messungen des Temperaturkoeffizienten der Blackmanschen Reaktion. Stellt man die Messungen graphisch dar, so erhält man auch dort eine gerade Linie.

habe, und sonstige Einzelheiten verweise ich auf frühere Arbeiten aus diesem Institut.

Das Ergebnis meiner Messungen ist, daß die Geschwindigkeit der BLACKMANschen Reaktion zwischen 10 und 30° eine lineare Funktion der Temperatur ist[1]. Bei tieferen Temperaturen treten Abweichungen von dieser einfachen Beziehung auf, und zwar ist die Geschwindigkeit bei tiefen Temperaturen größer, als sie bei linearem Verlauf der Kurve wäre (vgl. Tabelle 1 und Abb. 1).

Tabelle 1. *Blackmansche Reaktion.*

Temperatur °C	Versuch 1 2 mg Zellsubstanz. Pro Stunde entwickelter Sauerstoff cmm	Versuch 2 2 mg Zellsubstanz. Pro Stunde entwickelter Sauerstoff cmm
5	50	—
10	101	110
20	248	266
30	380	430

Der Einfluß der Temperatur auf die Kohlensäureassimilation ist also ein durchaus anderer als der Einfluß der Temperatur auf chemische Reaktionen im homogenen System. Bezeichnen wir die Geschwindigkeitskonstante mit k, die Temperatur mit ϑ, so findet man in homogenen Systemen, daß $\frac{dk}{d\vartheta}$ sehr stark mit der Temperatur wächst und daß oft, worauf VAN 'T HOFF aufmerksam gemacht hat, $\frac{dk}{d\vartheta}$ proportional k ist. In homogenen Systemen ist also vielfach $\frac{\frac{dk}{d\vartheta}}{k}$ konstant, in unserem Falle dagegen ist $\frac{dk}{d\vartheta}$ konstant.

Bekanntlich versteht VAN'T HOFF[2] unter dem „Geschwindigkeitsquotienten" nicht den Differentialquotienten der Geschwindigkeit nach der Temperatur, sondern das Verhältnis der Geschwindigkeiten für ein gegebenes Temperaturintervall. Ist nun $\frac{\frac{dk}{d\vartheta}}{k}$ konstant, so ist es auch der Geschwindigkeitsquotient, ist aber $\frac{dk}{d\vartheta}$ konstant, so nimmt

[1] In der Arbeit von O. WARBURG, diese Zeitschr. **100**, **230**. **1919**, findet man einige Messungen des Temperaturkoeffizienten der BLACKMANschen Reaktion. Stellt man die Messungen graphisch dar, so erhält man auch dort eine gerade Linie.

[2] Der VAN'T HOFFsche Geschwindigkeitsquotient für 10° ist das, was in der Biologie unzulässigerweise als Temperaturkoeffizient bezeichnet wird.

der Geschwindigkeitsquotient mit steigender Temperatur ab und besitzt jeden Wert zwischen ∞ und 1.

Schon vor vielen Jahren haben O. WARBURG[1] und A. KROGH[2] darauf hingewiesen, daß die VAN 'T HOFFsche und die ihr ähnliche ARRHENIUSsche Beziehung, die für homogene chemische Systeme gilt, auf chemische Vorgänge in Zellen nicht allgemein anwendbar ist. Insbesondere hat schon A. KROGH einige Fälle beschrieben, in denen die Geschwindigkeit des chemischen Umsatzes eine lineare Funktion der Temperatur ist.

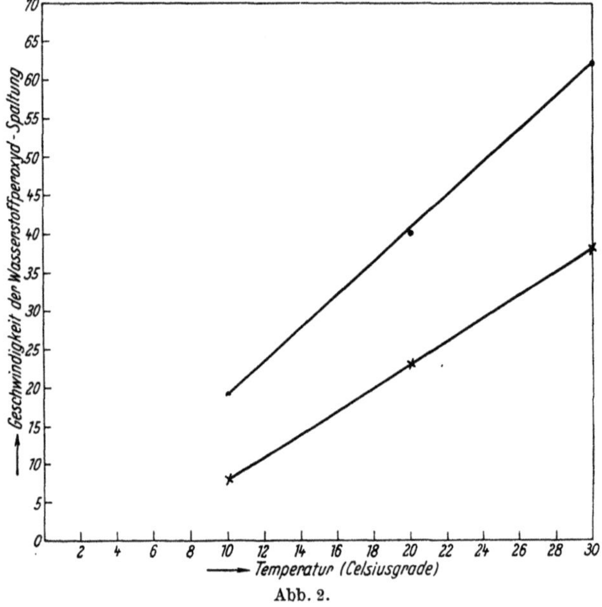

Abb. 2.

II.

WARBURG und UJESUGI[3] haben gezeigt, daß die BLACKMANsche Reaktion sich gegenüber chemischen Einflüssen ähnlich verhält wie Spaltung die von Wasserstoffperoxyd in der Zelle. Bringt man Chlorellen in verdünnte Lösungen von Wasserstoffperoxyd, so zersetzen sie — im Dunkeln — das Peroxyd zu Wasser und Sauerstoff, ein Vorgang, der durch Blausäurekonzentrationen von n/200000 merklich gehemmt wird. Bei der gleichen Blausäurekonzentration — in Lösungen, die frei von Wasserstoffperoxyd sind — tritt eine Hemmung der BLACKMAN-

[1] WARBURG, O.: Ergebn. d. Physiol. **14**, 253. 1914.

[2] KROGH, A.: Zeitschr. f. allgem. Physiol. **16**, 163 und 178. 1914.

[3] WARBURG, O. u. T. UJESUGI: diese Zeitschr. **146**, 486. 1924.

schen Reaktion auf. Dieser und ähnliche Versuche sprechen zugunsten der Annahme, daß die BLACKMANsche Reaktion — was schon WILLSTÄTTER[1] vermutete — nichts anderes ist als die Spaltung eines bei der Kohlensäurereduktion gebildeten Peroxyds.

Um den Gedanken weiter zu verfolgen, habe ich den Einfluß der Temperatur auf die Peroxydspaltung geprüft. Die Chlorellen befanden sich — bei Abschluß von Licht — in luftgesättigter KNOPscher Lösung, das Wasserstoffperoxyd in einer Ansatzbirne des Meßtroges. Sofort nach dem Einkippen des Peroxyds begann die Druckmessung, die nach 15 Minuten immer beendet war. Die Konzentration des Wasserstoffperoxyds in der KNOPschen Lösung war hierbei nach dem Einkippen m/300 und konnte während der Messung als konstant betrachtet werden.

Die Messungen lehrten, daß auch die Geschwindigkeit der Peroxydspaltung zwischen 10 und 30° eine lineare Funktion der Temperatur ist, und weiterhin, daß auch hier beim Übergang zu tieferen Temperaturen

Tabelle 2. *Peroxydspaltung.*

Temperatur °C	Versuch 1 4 mg Zellsubstanz. In 15 Min. entwickelter Sauerstoff cmm	Versuch 2 3,6 mg Zellsubstanz. In 15 Min. entwickelter Sauerstoff cmm
5	4,5	—
10	7,8	19.
20	23	40
30	38	62

Abweichungen von dem linearen Verlauf auftreten (Tabelle 2 und Abb. 2). In dieser Übereinstimmung erblicke ich ein neues Argument zugunsten der Annahme, daß die BLACKMANsche Reaktion eine Peroxydspaltung ist.

III.

Die Form der Temperaturfunktion, die ich für die BLACKMANsche Reaktion und die Peroxydspaltung gefunden habe, ist zwar, wie erwähnt, in einigen Fällen schon von A. KROGH beobachtet worden, ist aber doch selten. Natürlich bedeutet die Ähnlichkeit der Temperaturfunktion in den beiden von mir beschriebenen Fällen um so mehr, je seltener diese Form der Funktion ist.

Ich habe außer der BLACKMANschen Reaktion und der Peroxydspaltung noch einige andere Vorgänge untersucht, die Atmung der roten Vogelblutzellen, die Atmung der Hefezellen, die Gärung der

[1] WILLSTÄTTER u. STOLL: Untersuchungen über die Assimilation der Kohlensäure. Berlin 1918.

Hefezellen, die Gärung der Milchsäurebakterien, die Glykolyse der Carcinomzelle, die Leucinoxydation an Kohle, und habe in allen diesen Fällen keine lineare Temperaturfunktion gefunden, sondern ein Ansteigen des $\frac{dk}{d\vartheta}$ mit der Temperatur.

Besonders bemerkenswert erscheint es mir, daß die Atmung der Chlorella durch die Temperatur in ganz anderer Weise beeinflußt wird als die Peroxydspaltung und die BLACKMANsche Reaktion. Ein Beispiel sei mitgeteilt (Tabelle 3 und Abb. 3), das zeigt, daß die Temperaturfunktion der Atmung keine gerade Linie ist, sondern daß wir hier das übliche Steigen des $\frac{dk}{d\vartheta}$ mit der Temperatur finden.

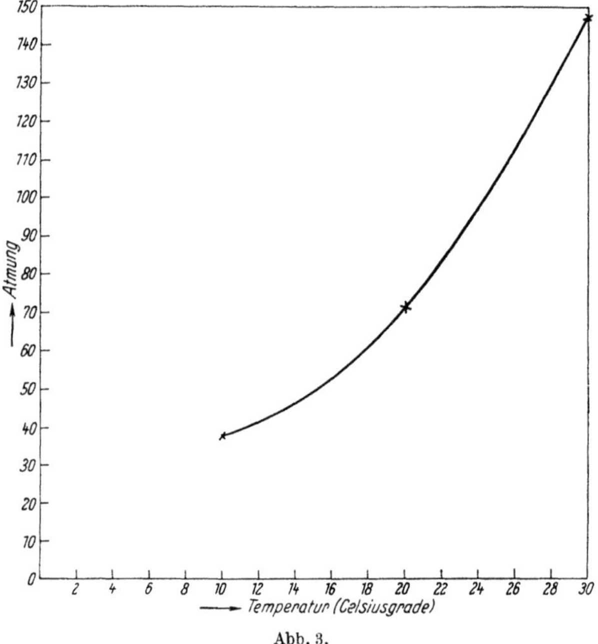

Abb. 3.

Tabelle 3. *Atmung.*

Temperatur °C	20 mg Zellsubstanz. Pro Stunde verbrauchter Sauerstoff cmm
10	38
20	71
30	147

Bemerkung über die Anwendung der Quantentheorie auf die Kohlensäureassimilation.

Von

Otto Warburg.

V. HENRI hat in den Naturwissenschaften Jahrgang 14, Heft 9. 1926 die Ansicht vertreten, daß man auf die Kohlensäureassimilation, weil sie zu kompliziert sei, die Quantentheorie nicht anwenden könne. Ich habe darauf folgendes erwidert (Naturwissenschaften, Jahrgang 14, Heft 9. 1926):

Ich gehe von der Tatsache aus, daß die Kohlensäureassimilation ein Vorgang ist, der sich an festen Grenzflächen abspielt. Man denke sich das Chlorophyll an dem festen Gerüst des Chlorophyllkorns (Stroma) in einfach-molekularer Schicht ausgebreitet und an diesem gefärbten Gerüst die Kohlensäure (oder ein Derivat der Kohlensäure von gleicher Oxydationsstufe) adsorbiert (vgl. Skizze).

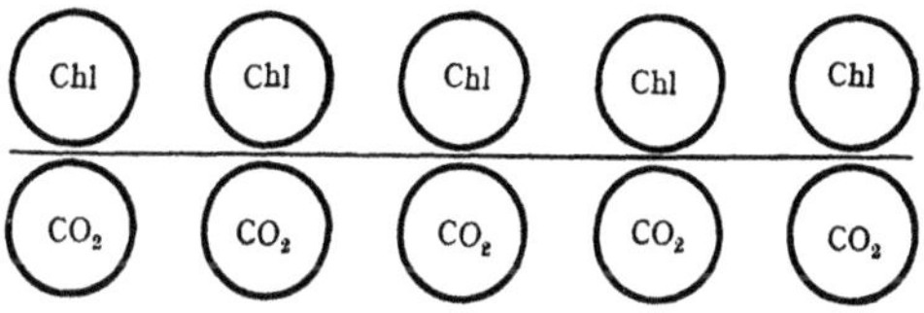

Belichten wir, so wird das Chlorophyll chemisch aktiviert und reduziert die Kohlensäure, wobei es selbst in den Normalzustand zurückkehrt. Da *ein* Absorptionsvorgang nicht reicht, um die Kohlensäure zur Stufe der Glucose zu reduzieren, muß sich ein solcher Vorgang mehrmals wiederholen. Ist dies geschehen und die Reduktionsstufe der Glucose erreicht, so löst sich das Endprodukt von der Oberfläche ab und wird durch ein neues Kohlensäuremolekül ersetzt. Nach dieser Auffassung reagieren die aktivierten Chlorophyllmoleküle, die zur vollständigen Reduktion der Kohlensäure nötig sind, nicht gleichzeitig mit der Kohlensäure, sondern zeitlich hintereinander und reduzieren die Kohlensäure stufenweise. Entsprechend faßt man die Verbrennung der Glucose durch Sauerstoff

$$C_6H_{12}O_6 + 6\,O_2 = 6\,CO_2 + 6\,H_2O$$

nicht als eine gleichzeitige Reaktion von 6 Molekülen Sauerstoff mit 1 Molekül Glucose auf, sondern als eine stufenweise Oxydation.

Weiterhin mache ich von der Tatsache Gebrauch, daß bestrahltes Chlorophyll, gleichgültig ob man mit blauem oder grünem oder gelbem Licht bestrahlt, immer rot fluoresciert. Betrachten wir nun die Erzeugung fluorescierender und chemisch aktivierter Chlorophyllmoleküle als parallele Vorgänge, so wird jeder Absorptionsvorgang, unabhängig von der Farbe des erregenden Lichtes, immer den gleichen aktivierten Zustand des Chlorophylls hervorbringen. Dann ist die Zahl der Absorptionsvorgänge — das heißt die Zahl der absorbierten Quanten —, die zur Reduktion eines Kohlensäuremoleküls erforderlich sind, in den verschiedenen Spektralbezirken gleich, und die spezifische photochemische Wirkung muß sich mit der Wellenlänge so ändern, wie wir es beim Übergang von Rot zu Gelb finden und wie es das EINSTEINsche Gesetz verlangt.

Diese Überlegungen zeigen, daß man die wesentlichsten Ergebnisse unserer Energiemessungen — die Größe der Ausbeute und die Änderung der Ausbeute mit der Wellenlänge — quantentheoretisch ungezwungen erklären kann, wenn man sich nur daran erinnert, daß die Kohlensäureassimilation ein Vorgang an Oberflächen ist.

Berichte der Deutschen Chemischen Gesellschaft Jahrg. 60, 1927, H. 3, S. 755.

Sauerstoffübertragung durch Chlorophyll und das photochemische Äquivalentgesetz.

Von

Hans Gaffron.

(Aus dem Kaiser Wilhelm-Institut für Biologie, Berlin-Dahlem.)

(Eingegangen am 20. Januar 1927.)

Mit 2 Abbildungen.

Löst man Chlorophyll in Aceton und belichtet, so wird Sauerstoff aufgenommen, wobei das Chlorophyll allmählich unter Oxydation zerstört wird. Durch Zusatz geeigneter Substanzen — welche die wirksame Strahlung nicht absorbieren — kann man die Sauerstoffaufnahme erheblich verstärken, die oxydative Zerstörung des Chlorophylls verhindern. Solche Substanzen nennen wir Acceptoren. Da der Acceptor oxydiert wird, während der Farbstoff, der das Licht absorbiert, in der Bilanz unverändert bleibt, so kann man von einer photochemischen Sauerstoffübertragung sprechen, ein Ausdruck, der nur die Bilanz, nicht den Mechanismus des Vorgangs charakterisieren soll. Ich habe auf Anregung und unter Hilfe von Herrn OTTO WARBURG gemessen, wieviel Sauerstoff bei derartigen Reaktionen pro Calorie absorbierter Strahlung übertragen wird.

1. Methodik.

Die Strahlungsenergie wurde bolometrisch, die aufgenommene Sauerstoffmenge manometrisch gemesssn[1]. Immer waren die Chlorophyll-Lösungen so konzentriert, daß die gesamte, in den Versuchstrog eingestrahlte Energie absorbiert wurde. Die absorbierte Energie war also gleich der eingestrahlten. Die Belichtungszeit betrug 5 Min. Den während dieser Zeit eingestrahlten Energiemengen von etwa $^1/_{10}$ Gramm-Calorie entsprachen Manometerausschläge von 10—20 mm. Die Fehler bei der bolometrischen Energiemessung (Kompensationsverfahren nach E. WARBURG[2] betrugen 2%. Etwa ebenso groß waren die Fehler bei der manometrischen Messung (Ablesung mit Kathetometer-Mikroskop), so daß der Fehler in dem Quotienten $\frac{\text{photochemische Wirkung}}{\text{absorbierte Strahlung}}$ keinesfalls 5% übersteigt.

---

[1] Vgl. O. WARBURG u. E. NEGELEIN: Zeitschr. physikal. Chem. **106**, 198. 1923.

[2] WARBURG, E., G. LEITHÄUSER, E. HUPKA u. C. MÜLLER: Ann. d. Physik [4] **40**, 609. 1913.

Ich habe die photochemischen Wirkungen im Rot, Gelb, Grün und Blau gemessen. Als Lichtquelle diente für Rot ($\lambda = 640$—$670\ \mu\mu$) ein Monochromator, für die übrigen Farben eine Quecksilberdampflampe, aus deren Strahlung die Wellenlängen $\lambda = 578$, 546 und 436 $\mu\mu$ isoliert wurden.

Wesentlich für meine Anordnung war, daß der photochemische Umsatz die Anfangskonzentrationen nicht merklich änderte. Dies wurde erreicht durch kurze Belichtungszeit und niedrige Strahlungsintensität.

2. Farbstoff, Lösungsmittel, Acceptor, Sauerstoff.

Als Farbstoff benutzte ich krystallisiertes Äthyl-chlorophyllid, das nach Willstätter dargestellt worden war (vgl. experimentellen Teil). Besonderes Gewicht wurde auf die vollständige Abtrennung der gelben (photochemisch unwirksamen) Begleitpigmente gelegt.

Das zunächst als Lösungsmittel verwendete Wasser erwies sich als für solche Versuche ungeeignet. Denn in organischen Lösungsmitteln verschiedenster Art erhielt ich stets größere Ausbeuten. Besonders bewährte sich Aceton (Kahlbaum „zur Analyse"). Es hat die Eigenschaft, viele Substanzen leicht zu lösen, ohne, wie das Wasser, die photochemische Wirkung zu stören.

Um einen geeigneten Acceptor zu finden, habe ich Versuche mit den verschiedensten Stoffen ausgeführt. Dabei zeigte sich, daß viele organische Substanzen schon im Dunkeln durch molekularen Sauerstoff oxydiert werden, wenn man sie bei Zimmertemperatur in Aceton löst. Solche Stoffe waren für meine Zwecke ungeeignet. Gut brauchbar als Acceptor erwies sich Allylthioharnstoff (Thiosinamin), $NH_2 . SC . NH . CH_2 . CH : CH_2$, der weder in Abwesenheit noch in Gegenwart von Farbstoff eine meßbare Dunkel-Oxydation zeigte, und den ich für alle quantitativen Versuche verwendet habe.

Die Photoxydation greift am Schwefel an und liefert, neben komplizierteren Oxydationsprodukten, Schwefeldioxyd. Läßt man den Prozeß so lange weiterlaufen, bis die Reaktionsgeschwindigkeit sehr klein geworden ist, so kommen im allgemeinen 1½ Mol. Sauerstoff auf 1 Mol. Thiosinamin. Dabei wird ½ Mol. Schwefeldioxyd frei. Das SO_2 wird dann weiter, wie bekannt, zu SO_3 oxydiert[1].

Den Gasraum der Versuchsgefäße füllte ich mit Luft. Bei einem Gesamtdruck von 760 mm Hg und 20° war dann der Partialdruck des Sauerstoffs: $(760-180) \times 20{,}9/1000 = 122$ mm Hg, und die Konzentration des Sauerstoffs im Aceton (mit $\alpha_{O_2}^{\text{Aceton}} = 0{,}22$)[2]:

$$c = \frac{122/760 \times 0{,}22 \times 1000}{22400} = 1{,}6 \times 10^{-3} \text{ Mole/Liter.}$$

[1] Noack, K.: Naturwiss. **14**, 385. 1926.

[2] Aus G. Levi: Gazz. chim. Ital. **31** II, 513. 1901.

3. Ergebnisse.

Ich bezeichne nach E. Warburg[1] die von der Einheit der absorbierten Strahlungsenergie hervorgebrachte chemische Wirkung mit φ und benutze als Einheit der photochemischen Wirkung W den cmm Sauerstoff, als Einheit der absorbierten Strahlungsenergie E die Gramm-Calorie. Dann ist:

$$\varphi = \frac{W}{E}\,[\text{cmm}/\text{cal}].$$

Ferner bezeichne ich die Konzentration des Chlorophylls mit c_F und die Konzentration des Acceptors mit c_A, beide in Molen/Liter.

Tabelle 1 enthält die Ergebnisse von 3 Versuchsreihen.

Tabelle 1.
$c_A = 7{,}5 \times 10^{-1}$, $c_F = 1{,}54 \times 10^{-3}$. Temperatur 18°.

Farbe	Wellenlänge $\mu\mu$	Versuch 1 φ	Versuch 2 φ	Versuch 3 φ	Mittelwert von φ
rot	655 (mittlere)	517	514	474	502
gelb	578	478	450	456	461
grün	546	440	409	408	419
blau	436	367	337	313	339

Tabelle 2 enthält einige Werte für je zwei verschiedene Intensitäten. Sie zeigt, daß φ unabhängig von der Intensität ist[2].

Tabelle 2.
$c_A = 7{,}5 \times 10^{-1}$, $c_F = 1{,}54 \times 10^{-3}$. Temperatur 18°.

Versuchs-Nr.	Farbe	Wellenlänge $\mu\mu$	In 5 Min. in den Trog eingestrahlte Energie E (cal)	φ
4	gelb	578	0,0574	444
			0,121	450
5	blau	436	0,0487	302
			0,0964	303

4. Das Einsteinsche Äquivalentgesetz.

Zur Prüfung des photochemischen Äquivalentgesetzes ist es notwendig, eine Annahme hinsichtlich des chemischen Vorganges zu machen, der der Zahl der absorbierten Quanten äquivalent sein soll. Die ein-

[1] Zeitschr. Elektrochem. **26**, 54. 1920.

[2] Die Versuche sind fortlaufend numeriert. Die zugehörigen Messungen finden sich unter der gleichen Ziffer im Protokoll am Schluß der Arbeit.

fachste Annahme ist hier, daß für jedes absorbierte Lichtquantum ein Molekül Sauerstoff aufgenommen wird. φ_0 der Tabelle 3 ist die so berechnete photochemische Wirkung, der φ, die gefundene photochemische Wirkung, gegenübergestellt ist.

Wie man sieht, stimmen die berechneten und die gefundenen Werte innerhalb der Meßfehler überein. Im Rot, Gelb, Grün und Blau wird für jedes absorbierte Lichtquantum 1 Molekül Sauerstoff aufgenommen.

Tabelle 3.

Farbe	Wellenlänge $\mu\mu$	Valenzstrahlung $N_0\, h\nu$ (cal)	φ_0 ber. $\left(\varphi_0 = \frac{22400 \cdot 10^3}{N_0\, h\nu}\right)$ (cmm/cal)	φ gef. ($\varphi = W/E$) (cmm/cal)	φ/φ_0
rot	655	43300	517	502	0,97
gelb	578	49200	456	461	1,01
grün	546	51900	431	419	0,97
blau	436	65000	344	339	0,99

Es liegt hier also ein Fall vor, in dem das EINSTEINsche photochemische Äquivalentgesetz[1] für einen relativ großen Spektralbezirk geprüft und bestätigt wurde, was soweit ich sehe bisher nur in den ersten grundlegenden Versuchen von E. WARBURG[2] über die Photolyse von Brom- und Jodwasserstoffgas geschehen ist[3].

Auf zwei Punkte möchte ich aufmerksam machen. Der erste betrifft die Absorption des Chlorophylls. Chlorophyll absorbiert in dem von mir untersuchten Spektralbezirk sehr verschieden stark, am stärksten im Blau, am schwächsten im Grün. Und zwar im Blau 23 mal stärker als im Grün. Die bekannte scharfe Absorptionsbande des Chlorophylls liegt im Rot bei $\lambda = 660 - 680\ \mu\mu$. Meine Versuche zeigen, daß keine Beziehungen zwischen Stärke der Absorption und photochemischer

[1] Ann. d. Physik [4] **37**, 832; **38**, 881. 1912; Journ. Physique **3**, 277. 1913. — Verhandl. Dtsch. Physikal. Ges. **18**, 318. 1916; vgl. hierzu J. STARK, Ann. Physik [4] **38**, 467. 1912.

[2] Zeitschr. Elektrochem. **26**, 54. 1920; **27**, 133. 1921; Sitzungsber. d. Preuß. Akad. d. Wissensch. 1912, 216; 1913, 644.

[3] Über Quantentheorie und photochemische Prozesse vgl. auch die wichtigen Arbeiten von W. NERNST u. W. NODDACK, Sitzungsber. d. Preuß. Akad. d. Wiss. 1923, 110—115; dieselben, Physikal. Zeitschr. **21**, 605. 1920; L. PUSCH, Zeitschr. Elektrochem. **24**, 336. 1918; H. GRÜSS, Zeitschr. Elektrochem. **29**, 144. 1923; J. EGGERT u. W. NODDACK, Zeitschr. Physik **20**, 299. 1923; Naturwiss. **15**, 57. 1927; F. WEIGERT u. L. BRODMANN, Zeitschr. physikal. Chem. **120**, 24. 1926; CHR WINTHER, Zeitschr. physikal. Chem. **120**, 32. 1926; K. F. BONHOEFFER, Zeitschr. Physik **13**, 94. 1923; M. BODENSTEIN, Zeitschr. physikal. Chem. **85**, 229. 1913; E. J. BOWEN: Journ. chem. Soc. London **123**, 1199, 2328. 1923. — Im übrigen verweise ich auf den Band **120**. 1926 der Zeitschr. physikal. Chem., der einen wohl vollständigen Überblick über die bis 1925 vorliegenden Arbeiten gibt.

Wirkung besteht, vorausgesetzt, daß die Absorption vollständig ist. Natürlich muß dies so sein, wenn das Äquivalentgesetz gilt, trotzdem ist es erwähnenswert, weil es im Gegensatz zu vielen in der Literatur geäußerten Meinungen steht.

Der zweite Punkt betrifft die Kohlensäureassimilation. Bestimmt man φ bei der Assimilation der Kohlensäure, so findet man, wie O. WARBURG und E. NEGELEIN gezeigt haben, daß φ vom Rot zum Blau hin abnimmt. WARBURG und NEGELEIN haben diesen Gang mit der Wellenlänge quantentheoretisch erklärt und aus ihren Versuchen geschlossen, daß jedes von dem Chlorophyll absorbierte Quantum, unabhängig von seiner Energie, in der lebenden Pflanze die gleiche chemische Wirkung hervorbringt. Meine Versuche beweisen, daß dieser Schluß richtig war. Denn so verschieden die Sekundärreaktionen bei der Kohlensäureassimilation und bei der photochemischen Sauerstoffübertragung auch sein mögen, so unzweifelhaft ist es, daß die photochemischen Primärvorgänge in beiden Fällen die gleichen sind.

5. Einfluß der Acceptorkonzentration.

In den angeführten Versuchen war die Chlorophyllkonzentration $c_F = 1{,}54 \cdot 10^{-3}$ Mole/Liter, die Acceptorkonzentration $c_A = 750 \cdot 10^{-3}$ Mole/Liter. Hält man die Chlorophyllkonzentration konstant, geht aber mit der Acceptorkonzentration herunter, so sinkt die photochemische Wirkung. Tabelle 4 enthält ein Versuchsbeispiel, in dem — für die Wellenlänge $\lambda = 578\,\mu\mu$ — der Einfluß der Acceptorkonzentration c_A gemessen wurde, und zwar für c_A Werte zwischen $0{,}75 \cdot 10^{-3}$ und $75{,}0 \cdot 10^{-3}$.

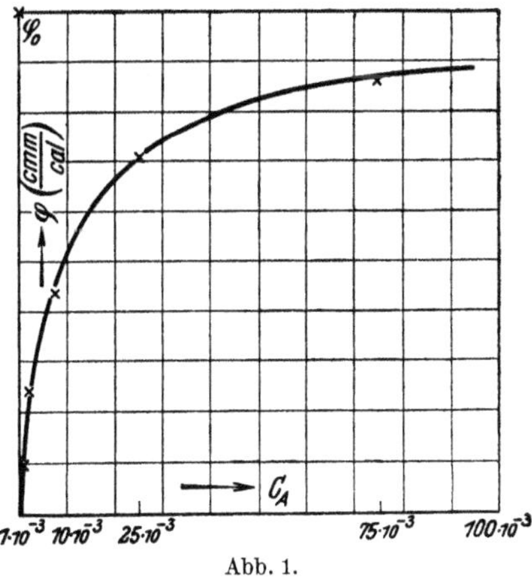

Abb. 1.

Aus Abb. 1 erkennt man, daß nur für große Werte von c_A das Äquivalentgesetz erfüllt ist. So entsteht die Frage, wie sich die photochemische Wirkung mit der Wellenlänge unter Bedingungen ändert, unter denen φ kleiner ist, als es das Äquivalentgesetz verlangt. Zur Entscheidung wählte ich eine Acceptorkonzentration, bei der im Gelb φ/φ_0 ungefähr gleich 0,5 war und bestimmte φ für 4 verschiedene Wellenlängen. Das Ergebnis ist in Tabelle 5 zusammengestellt.

Tabelle 4. *Versuch Nr. 6.* $\lambda = 578\ \mu\mu$, $c_F = 1{,}54 \times 10^{-3}$. Temperatur 18°. Gasraum: Luft.

c_A	φ (cmm/cal)	φ/φ_0
$0{,}75 \times 10^{-3}$	48	0,10
$1{,}88 \times 10^{-3}$	109	0,24
$7{,}5 \times 10^{-3}$	199	0,44
$25{,}0 \times 10^{-3}$	322	0,71
$75{,}0 \times 10^{-3}$	392	0,86

Aus Tabelle 5 folgt, daß auch dann, wenn das Äquivalentgesetz nicht erfüllt ist, der von der Quantentheorie verlangte Gang mit der Wellenlänge gefunden wird. Denn φ/φ_0 ist in allen 4 Spektralbezirken

Tabelle 5. *Versuch Nr. 7,* $c_A = 10 \times 10^{-3}$, $c_F = 1{,}54 \times 10^{-3}$. Temperatur 18°. Gasraum: Luft.

Farbe	Wellenlänge $\mu\mu$	φ (cmm/cal)	φ_0 (cmm/cal)	φ/φ_0
rot	655	274	517	0,53
gelb	578	248	456	0,54
grün	546	240	431	0,56
blau	436	186	344	0,54

innerhalb der Fehlergrenzen gleich, oder — was dasselbe besagt — die photochemischen Wirkungen verhalten sich untereinander wie die zugehörigen Wellenlängen:

	$\frac{\varphi \text{ rot}}{\varphi \text{ gelb}}$	$\frac{\varphi \text{ gelb}}{\varphi \text{ grün}}$	$\frac{\varphi \text{ gelb}}{\varphi \text{ blau}}$	$\frac{\varphi \text{ grün}}{\varphi \text{ blau}}$	$\frac{\varphi \text{ rot}}{\varphi \text{ blau}}$
berechnet:	1,13	1,06	1,32	1,25	1,50
gefunden:	1,10	1,03	1,33	1,29	1,47.

6. Das Verhältnis c_A/c_F [1*].

Nach den vorstehenden Versuchen steigt die photochemische Wirkung φ bei konstanter Farbstoffkonzentration c_F mit der Acceptorkonzentration c_A und erreicht für große Werte von c_A den Grenzwert φ_0.

Zunächst liegt es nahe, die Wirkung von c_A auf φ durch die Annahme zu erklären, daß sich der (unbestrahlte) Farbstoff F mit dem Acceptor A verbindet:

$$F + A \rightleftarrows FA, \tag{1}$$

und daß nur die verbundenen Farbstoffmoleküle photochemisch reagieren:

$$\frac{\varphi}{\varphi_0} = \frac{c'_F}{c_F}, \tag{2}$$

wo c'_F die Konzentration an gebundenem Farbstoff, c_F die Gesamtkonzentration an Farbstoff bedeutet.

1* Diesen Abschnitt verfaßte Herr O. WARBURG.

Ist K die Affinitätskonstante der Reaktion (1), c_A die Konzentration an freiem Acceptor, so ist:

$$\frac{c'_F}{(c_F - c'_F) \times c_A} = K, \tag{3}$$

und nach (2) und (3):

$$\frac{\varphi}{\varphi_0} = \frac{c'_F}{c_F} = \frac{K c_A}{1 + K c_A}. \tag{4}$$

Macht man c_A groß gegen c_F, so ist c_A sehr nahe gleich der Gesamtkonzentration an Acceptor. Dann ist c'_F/c_F und damit φ/φ_0 vollständig durch die Gesamtkonzentration an Acceptor bestimmt, insbesondere unabhängig von der Farbstoffkonzentration c_F Die Prüfung dieser Konsequenz der Gleichung (4) ergab:

(λ 436)	c_F	c_A	φ/φ_0
Versuch Nr. 7	$1{,}54 \times 10^{-3}$	10×10^{-3}	0,5
„ „ 8	$1{,}54 \times 10^{-4}$	10×10^{-3}	0,94.

Wurde also bei großem und konstantem c_A die Farbstoffkonzentration c_F auf $^1/_{10}$ vermindert, so blieb die photochemische Wirkung nicht konstant, sondern stieg auf fast das Doppelte. Es folgt daraus, daß die Gleichungen (1) bis (4) in Widerspruch zu den Tatsachen stehen, und an diesem Schluß ändert sich nichts, wenn wir in Gleichung (1) statt eines Acceptormoleküles mehrere Acceptormoleküle mit dem Farbstoff reagieren lassen. Offenbar ist es nicht möglich, den Einfluß von c_A und c_F auf φ durch Annahme einer dissoziierenden Farbstoffacceptor-Verbindung zu erklären.

Dann sind die Tatsachen: Farbstoff und Acceptor sind frei in der Lösung. Überschüssiger Farbstoff stört die photochemische Reaktion, der Acceptor begünstigt sie, das Lösungsmittel ist indifferent. Folgende Gleichung, in der K eine empirische Konstante bedeutet, faßt das Ergebnis der Messungen zusammen:

$$\varphi/\varphi_0 = \frac{\frac{c_A}{c_F} \times K}{\frac{c_A}{c_F} \times K + 1}. \tag{5}$$

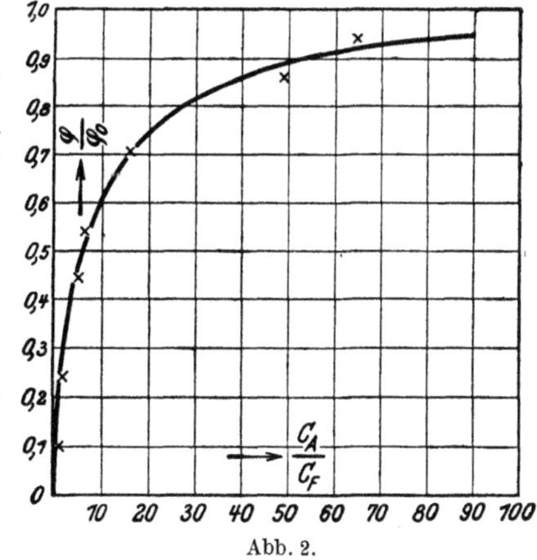

Abb. 2.

Eine wesentliche Eigenschaft der Gleichung (5) ist, daß φ/φ_0 durch c_A/c_F vollständig bestimmt ist. Die Tabelle 6 und Abb. 2 enthält eine Zusammenstellung aller Versuche, in denen c_A bei konstantem c_F und c_F bei konstantem c_A

variiert wurde. Was die Konstante K der Gleichung (5) anbetrifft, so schwankt sie um einen Mittelwert von 0,20 (von 0,14—0,25). Diese Schwankungen sind unbedeutend, wenn man bedenkt, daß c_A/c_F von 0,49 bis 65, also um das 140fache variiert worden ist.

Tabelle 6.

Vers.-Nr.	c_A	c_F	c_A/c_F	φ/φ_0	K
6	$0,75 \times 10^{-3}$	$1,54 \times 10^{-3}$	0,49	0,105	0,24
	$1,88 \times 10^{-3}$	$1,54 \times 10^{-3}$	1,23	0,24	0,255
	$7,5 \times 10^{-3}$	$1,54 \times 10^{-3}$	4,9	0,44	0,16
7	$10,0 \times 10^{-3}$	$1,54 \times 10^{-3}$	6,5	0,54	0,18
6	$25,0 \times 10^{-3}$	$1,54 \times 10^{-3}$	16,2	0,71	0,15
	$75,0 \times 10^{-3}$	$1,54 \times 10^{-3}$	49	0,86	0,14
8	$10,0 \times 10^{-3}$	$0,154 \times 10^{-3}$	65	0,94	0,23
				Mittel:	0,195

Bemerkenswert ist, daß die empirische Konstante K der Gleichung (5) dem Verhältnis der Molekulargewichte von Acceptor und Farbstoff sehr nahe kommt. Ist das Molekulargewicht des Allylthioharnstoffs 116, das des Äthylchlorophyllids 652, so ist 116/652 = 0,18, während für K als Mittelwert 0,20 gefunden wurde.

7. Die Photoxydation des Chlorophylls.

Wie in der Einleitung erwähnt, oxydiert sich Chlorophyll bei Belichtung in acceptorfreier Lösung, ein Vorgang, über den viel gearbeitet worden ist[1]. Die Oxydationsgeschwindigkeit ist hierbei aber 100mal kleiner als bei der „Sauerstoffübertragung". Für λ 578 $\mu\mu$ erhielt ich ein φ von 4 ($\varphi/\varphi_0 < 0,01$!). Frische Lösungen von Chlorophyll in Aceton (Vers. 9) geben allerdings etwas höhere Werte. Diese beruhen jedoch auf den Spuren von Verunreinigungen, die auch in reinem Aceton vorhanden sind.

8. Photochemische Wirkung des Hämatoporphyrins.

Ähnlich wie Chlorophyll verhalten sich viele andere fluorescierende Farbstoffe[2]. Zwei Versuche mit Hämatoporphyrin und Allylthioharnstoff, beide gelöst in Aceton, seien im folgenden angeführt. Die Versuche lassen erkennen, daß sich die photochemischen Wirkungen im Gelb und Blau wie die Wellenlängen verhalten und weiter, daß das Äquivalentgesetz erfüllt ist (Tabelle 7).

[1] Willstätter u. Stoll: Untersuchungen über die Assimilation der Kohlensäure, Berlin: J. Springer 1918. — Wager, H.: Proceed. Roy. Soc., Ser. B. **87**, 386. 1914. — Noack, K.: Naturwiss. **14**, 385. 1926. — Jörgensen, J. u. F. Kidd: Proceed. of roy. soc. of London B. **89**, 342. 1926.

[2] Vgl. Biochem. Zeitschr. **179**, 161. 1926. Ferner W. Hausmann, Biochem. Zeitschr. **15**, 12. 1909.

Tabelle 7.

$c_A = 2{,}6 \times 10^{-1}$, $c_F = 1{,}1 \times 10^{-3}$. Temperatur 19°. Gasraum: Luft.

Farbe	Wellenlänge $\mu\mu$	Vers.-Nr. 10 φ	Vers.-Nr. 11 φ	Mittelwert von φ	φ/φ_0
gelb	478	462	443	452	0,99
blau	436	350	332	341	0,99
Quotient gelb/blau	1,32	1,32	1,33		

Beschreibung der Versuche.

Die Versuchsanordnung entspricht im wesentlichen der von O. WARBURG und E. NEGELEIN[1] beschriebenen. Abweichend von der früheren Anordnung wird zur bolometrischen Energiemessung das Licht direkt aus dem Glasthermostaten in das Bolometer gespiegelt. Hierzu dient ein zur Strahlungsrichtung senkrecht stehender, um seine lotrechte Achse drehbarer Spiegel. Er wird in den Thermostaten hinabgelassen, verdunkelt den Versuchstrog und wirft die Strahlung durch die planparallele Wand des Thermostaten zurück in das ein wenig seitlich davor aufgestellte Bolometer.

a) Berechnung von E und W.

I. Wenn ω der abgelesene Kompensationswiderstand ist, so wird die pro Sekunde in den Versuchstrog eingestrahlte Energie bestimmt durch:

$$e = 1{,}18 \times 22{,}6 \times 10^{-6} \times 4{,}62 \times 4030/\omega .$$

Hierin ist 1,18 ein Korrektionsfaktor, $22{,}6 \times 10^{-6}$ bedeutet die Intensität in 1 m Entfernung der HEFNER-Lampe[2], 4,62 ist die bestrahlte Bolometerfläche (qcm), 4030 die Größe des Kompensationswiderstandes bei der Eichung des Bolometers (Ω). — Bei einer Bestrahlungsdauer von 5 Min. = 300 Sek. beträgt die in den Trog gelangte Energie:

$$E = 1{,}18 \times 22{,}6 \times 10^{-6} \times 4{,}62 \times 4030/\omega \times 300 = 149/\omega .$$

II. Es ist

$$h \times K_{O_2} = W ,$$

wenn h die manometrisch gemessene Druckdifferenz in mm, K_{O_2} die „Gefäß-Konstante" für Sauerstoff, W die absorbierten cmm O_2 bedeutet.

K_{O_2} ist gegeben durch

$$\left(1 + \frac{\frac{A}{2} \times \frac{273}{T}}{\frac{Vg' \frac{273}{T} + Vf' \alpha'}{Po}}\right) \times \left(\frac{Vg \frac{273}{T} + Vf \alpha}{Po} + \frac{A}{2} \times \frac{273}{T}\right).$$

---

[1] Zeitschr. physikal. Chem. **106**, 198. 1923.

[2] Nach W. GERLACH: Physikal. Zeitschr. **14**, 577. 1903.

Hierin ist

A = Querschnitt der Capillare in qmm,
Vg = Volumen des Gasraumes im Versuchstrog in cmm,
Vg' = ,, ,, ,, ,, Kontrolltrog ,, ,,
Vf = ,, der Flüssigkeit ,, Versuchstrog ,, ,,
Vf' = ,, ,, ,, ,, Kontrolltrog ,, ,,
P_0 = Normaldruck in mm Sperrflüssigkeit (Capronsäure)
T = absol. Versuchstemperatur,
a = Bunsenscher Absorptionskoeffizient für Sauerstoff,
a' = ,, ,, des Gases im Kontrolltrog.

($Vg = V—Vf$, wenn V das Volum des Versuchstroges ist, ebenso $Vg' = V'—Vf'$)

Die Zahlenwerte sind: $A = 0{,}158$, $V = 53220$; $V' = 58400$, $Vf = 30000$ (35000); $Vf' = 30000$ (35000); $P_0 = 11160$; $T = 291$; $a = 0{,}224$[1]; $\alpha' = \alpha$ (der Fehler, den man begeht, wenn man $\alpha' = \alpha$ setzt, ist zu vernachlässigen).

Für eine Versuchstemperatur von 18° und $Vf = Vf' =$ 30 ccm Aceton, ist $K_{O_2} = 2{,}70$; Vf für $= Vf' = 35$ ccm ist $K_{O_2} = 2{,}37$. Das Volumen V und V' der Tröge des Differentialmanometers wurde durch Auswägen mit Wasser bzw. Quecksilber ermittelt[2].

b) φ_0.

Die Absorption von einem Lichtquant habe die Reaktion mit 1 Molekül Sauerstoff zur Folge. Dann ist für den Umsatz von 1 Mol Sauerstoff 1 „Mol Quanten" (= Valenzstrahlung = $N_0\,h\,\nu$) erforderlich. Drücken wir das Mol Sauerstoff in cmm, die Valenzstrahlung in cal aus, so ist:

$$\varphi_0 = \frac{22\,400 \times 10^3}{N_0\,h\,\nu}\ [\text{cmm/cal}]$$

(N_0: Zahl der Moleküle pro Mol, h: Plancksches Wirkungsquantum in cal/sec, ν: Frequenz der absorbierten Strahlung.) Vgl. Tabelle 3.

c) *Isolierung der einzelnen Wellenlängen.*

Aus dem Licht der Quecksilberlampe wurde das Ultraviolett durch 2proz. Chininlösung, das Rot durch Kupfersulfat (6%) weggenommen. Dazu kam zur Isolierung der blauen Linie λ 436 $\mu\mu$ eine Cuvette mit Säure-Rhodamin 0,003% ; desgl. $^1/_{10}$-molar Kupfersulfat-Ammoniak. Für die Linie λ 546 $\mu\mu$ grün wurde 0,02% Tartrazin und ein Didymglas von Schott u. Gen. gebraucht. Zur Isolierung der gelben Linie λ 578 $\mu\mu$ dienten 0,02% Tartrazin und 0,02% Erythrosin in einer Cuvette. Die Schichtdicke der Farblösungen betrug 1 cm.

Der Monochromator lieferte nach Vorschalten einer Rotscheibe ein schmales Lichtbündel von λ 640—670 $\mu\mu$. Mittlere Wellenlänge also 655 $\mu\mu$.

---

[1] Aus G. Levi: Gazz. chim. Ital. **31**, II 513. 1907.

[2] Eine Ableitung der Formel für das Differential-Manometer findet sich in O. Warburg: „Über den Stoffwechsel der Tumoren". Berlin: Julius Springer, 1926.

d) Gewinnung des Chlorophylls usw.

Als Ausgangsmaterial diente Aegopodium Podagraria (Giersch), auf das uns in liebenswürdiger Weise Herr Prof. KOLKWITZ aufmerksam gemacht hatte. Die Darstellung erfolgte nach der von WILLSTÄTTER[1] gegebenen Methode für krystallisiertes Äthylchlorophyllid. Die frischen grünen Blätter werden auf Drahtgittern im Dunkeln an der Luft möglichst rasch getrocknet. Die Blätter werden entstielt, im Mörser zerkleinert und mit der Hand zerrieben. Man läßt 200 g Blattmehl mit 450 450 ccm Alkohol und 20 ccm n-Ammoniak im Pulverglas 2 Tage stehen, versetzt sodann mit ca. 1 l Aceton und saugt nach 2 Stdn. ab. Das Blattmehl wird auf der Nutsche so lange mit Aceton extrahiert, bis das Filtrat hellgrün abfließt. Man gibt zu dem Filtrat viel Talk (50—100 g) und läßt langsam unter Umrühren das gleiche Volumen Wasser zufließen. Nach 2stünd. Stehen wird abgesaugt und der Talk mit etwas 50proz. Alkohol und mit 50proz. Aceton gewaschen. Jetzt wird die Talkschicht trocken gesaugt und mehrmals mit Petroläther zur Lösung des Carotens behandelt. Bei der nun folgenden Extraktion des Xanthophylls mit kleinen Mengen Äther geht etwas Chlorophyllid verloren, da dieses in Äther löslich ist. Der Talk, der das Äthylchlorophyllid enthält, wird auf der Zentrifuge wiederholt mit absolutem Alkohol ausgezogen. Aus der filtrierten alkoholischen Lösung fällt man durch vorsichtiges Verdünnen mit destilliertem Wasser das Äthylchlorophyllid in kleinen dreieckigen Krystallen (Mikroskop). Die abzentrifugierten, gewaschenen und getrockneten Krystalle werden dann nochmals auf der Zentrifuge mit kleinen Mengen Petroläther und Äther behandelt, um die letzten Spuren der gelben Pigmente zu entfernen, und endlich im Vakuum getrocknet.

Das aus Hämin mit Eisessig-Bromwasserstoff dargestellte Hämatoporphyrin wird mehrmals aus Natronlauge umgefällt und sorgfältig gewaschen. Das so gewonnene amorphe Hämatoporphyrin ist in Aceton leicht mit schöner roter Farbe löslich.

e) Die Versuchslösung.

Allylthioharnstoff (Thiosinamin) ist in Aceton leicht löslich. Das käufliche Präparat gibt gelblich gefärbte Lösungen und muß daher aus nicht zu wenig Aceton 2—3mal umkrystallisiert werden.

Um bei einer Chlorophyllkonzentration von 0,1% photochemische Äquivalenz zu finden, muß die Versuchslösung etwa 6—12% Thiosinamin enthalten. In den Versuchen Nr. 1—4 war die Zusammen-

---

[1] WILLSTÄTTER, R. u. A. STOLL: „Untersuchungen über Chlorophyll", S. 198. Berlin: Julius Springer, 1913.

Vers.-Nr.	Vf, Vf' in ccm	c_A	c_F	K_{O_2}	λ $\mu\mu$	h mm	W cmm	ω Ω	E cal	φ cmm/cal	
1	$Vf = 30,\ Vf' = 33$	$7{,}5 \times 10^{-1}$	$1{,}54 \times 10^{-3}$	2,70	436	8,1	21,9	2500	0,0596	367	
					546	9,9	26,7	2460	0,0606	440	
					578	10,0	27,0	2640	0,0565	478	
					655	12,4	33,5	2300	0,0648	517	
2	$Vf = 30,\ Vf' = 33$	$7{,}5 \times 10^{-1}$	$1{,}54 \times 10^{-3}$	2,70	436	7,35	19,8	2540	0,0587	337	
					546	8,95	24,15	2520	0,0592	409	
					578	20,2	54,5	1230	0,121	450	
					655	11,35	30,6	2500	0,0596	514	
3	$Vf = 30,\ Vf' = 33$	$7{,}5 \times 10^{-1}$	$1{,}54 \times 10^{-3}$	2,70	436	7,1	19,2	2430	0,0614	313	
					546	9,0	24,3	2500	0,0596	408	
					578	9,8	26,4	2570	0,0580	456	
					655	12,6	34,0	2080	0,0717	474	
4	$Vf = 30,\ Vf' = 33$	$7{,}5 \times 10^{-1}$	$1{,}54 \times 10^{-3}$	2,70	578	20,2	54,5	1230	0,121	450	
					578	9,4	25,4	2600	0,0574	444	
5	$Vf = Vf' = 35$	$2{,}6 \times 10^{-1}$	$0{,}7 \times 10^{-3}$	2,37	436	12,3	29,2	2470	0,0964	303	
					436	6,2	14,7	4890	0,0487	302	
6	$Vf = Vf' = 30$	$0{,}75 \times 10^{-3}$	$1{,}54 \times 10^{-3}$	2,70	578	2,15	5,8	1230	0,121	48	
		$1{,}88 \times 10^{-3}$			578	5,0	13,5	1200	0,124	109	
		$7{,}5 \times 10^{-3}$			578	9,2	24,8	1190	0,125	199	
		$25{,}0 \times 10^{-3}$			578	14,8	40,0	1200	0,124	322	
		$75{,}0 \times 10^{-3}$			578	18	48,6	1200	0,124	392	
7	$Vf = Vf' = 30$	$1{,}00 \times 10^{-2}$	$1{,}54 \times 10^{-3}$	2,70	436	7,3	19,7	1400	0,106	186	
					546	8,9	24,0	1500	0,10	240	
					578	9,2	24,8	1500	0,10	248	
					655	13,7	37,0	1100	0,135	274	
8	$Vf = Vf' = 30$	$1{,}00 \times 10^{-2}$	$0{,}154 \times 10^{-3}$	2,70	436	12,8	34,5	1400	0,106	325	
9	$Vf = Vf' = 30$	—	1×10^{-3}	2,70	578	1,45	3,91	2240	0,0665	59	
					436	1,2	3,24	1980	0,0754	43	
10	$Vf = 30,\ Vf' = 35$	$2{,}6 \times 10^{-1}$	$1{,}1 \times 10^{-3}$	2,69	436	12,7	34,1	2440	0,0975	350	Hämatoporphyrin
					578	18,7	50,0	2190	0,108	462	
11	$Vf = 30,\ Vf' = 35$	$2{,}6 \times 10^{-1}$	$1{,}1 \times 10^{-3}$	2,69	436	11,8	31,7	2490	0,0956	332	
					578	17,8	47,9	2190	0,108	443	

setzung folgende: 8,6 g Thiosinamin und 0,1 g Äthyl-chlorophyllid wurden in 100 ccm Aceton aufgelöst, das 1% Wasser und 2% Pyridin enthielt. Der Pyridin-Zusatz hat den Sinn, die „Lebensdauer" der Lösung zu verlängern. Man kann mehrere Versuchsreihen mit der gleichen Lösung ausführen, ohne befürchten zu müssen, daß die Ausbeute sinkt, was in pyridinfreier Lösung manchmal der Fall war. Auf die photochemische Äquivalenz hat der Zusatz keinen Einfluß. (Versuche Nr. 10 und 11, mit Hämotoporphyrin, sind in reinem wasserfreiem Aceton ausgeführt worden.)

Nach dem Einfüllen der Lösung[1] in den Versuchstrog und der gleichen Menge reinen Acetons in den Kontrolltrog des Differentialmanometers dauert es bei dem hohen Dampfdruck des Acetons (180 mm; 20°) sehr lange, bis die Druckschwankungen im Manometer unmerklich geworden sind. Die Ausgleichszeit beträgt 1—2 Stdn., während der zuerst mit offenen, dann mit geschlossenen Hähnen geschüttelt wird.

f) *Protokoll der Messungen* (Tabelle auf S. 496).

Es bedeutet: Vf Volumen der Flüssigkeit im Versuchstrog, Vf' Volumen der Flüssigkeit (Aceton) im Kontrolltrog, c_A Konzentration des Acceptors, c_F Konzentration des Farbstoffes (Versuch 1—9 Chlorophyll, Versuch 10 und 11 Hämatoporphyrin), K_{O_2} die Gefäßkonstante für Sauerstoff, λ die Wellenlänge in $\mu\mu$, h die abgelesene Druckdifferenz in mm, W ($= h \,.\, K_{O_2}$) den verbrauchten Sauerstoff in cmm, ω den gemessenen Widerstand, E die eingestrahlte Energie (in Versuch 1—9 ist $E = 149/\omega$, in Versuch 10—11 ist $E = 238/\omega$), φ die photochemische Wirkung (W/E). Temperatur 18°, Belichtungszeit 5 Min.

Für reiche Belehrung und freundlichste Unterstützung bin ich Herrn Prof. O. Warburg ganz besonders verpflichtet. Ihm, sowie Herrn E. Negelein, möchte ich auch hier meinen herzlichsten Dank sagen. Der Notgemeinschaft der Deutschen Wissenschaft danke ich für die Gewährung von Mitteln zur Durchführung dieser Arbeit.

[1] Es empfiehlt sich, die fertige Lösung erst 24 Stdn. im Dunkeln stehen zu lassen.

III. Katalytische Wirkungen wachsender Zellen.

Die Naturwissenschaften 25, 1, 1927.

Über den heutigen Stand des Carcinomproblems.

Von

Otto Warburg.

I.

Krebs entsteht unter dem Einfluß der verschiedenartigsten äußeren Ursachen. Fast kann man sagen, daß jede chronische Schädigung, die nicht stark genug ist, um Zellen zu töten, Krebs erzeugt. Hierbei sind die Wirkungen streng lokal, an der geschädigten Stelle und nur an dieser entsteht der Krebs. Dies lehren unzählige klinische Erfahrungen, aber am einwandfreisten beweist es die Entdeckung von YAMAGIVA, daß man durch Teerung der Haut künstlich Krebs erzeugen kann.

Trotz Teerkrebs und Röntgenstrahlenkrebs gibt es noch heute Infektionstheorien, deren neueste die Theorie von Dr. GYE ist. Nach GYE existiert ein ubiquitärer und ultramikroskopischer Organismus, der in Verbindung mit einem unbelebten Faktor den Krebs erzeugt. Die Theorie von GYE ist logisch aufgebaut, aber, soviel ich sehen kann, experimentell nicht begründet. Es ist richtig, daß GYE eine aus ROUS-Sarkomen gewonnene Flüssigkeit auf das 10^{15}fache verdünnte, aber es ist nicht richtig, daß GYE, wie man oft in Referaten liest, mit diesen verdünnten Flüssigkeiten Tumoren erzeugen konnte. Zur Erzeugung von ROUS-Sarkomen war vielmehr in GYES Versuchen immer der unverdünnte Sarkomextrakt notwendig. Deshalb geht die Arbeit von GYE experimentell nicht wesentlich über die Arbeit von PEYTON ROUS aus dem Jahre 1911 hinaus.

Weniger streng als die Theorie von GYE ist eine andere Infektionstheorie, die an die Tumefaciens-Versuche von IRWIN SMITH und von F. BLUMENTHAL anknüpft. Es wird zugegeben, daß Krebs auch ohne Mitwirkung eines körperfremden Organismus entsteht, aber es wird zur Diskussion gestellt, ob unter den krebserregenden Reizen die bakteriellen nicht die häufigsten seien. Je häufiger die bakteriellen Reize wären und je spezifischer die Bakterienarten, von denen sie ausgingen, um so mehr wäre der Krebs eine Infektionskrankheit, zwar nicht in dem strengen Sinn von PASTEUR, aber doch für den praktischen Mediziner. Was hier zur Diskussion gestellt wird, ist eine Frage der Krebsstatistik. Ich kann nicht finden, daß sie zugunsten der Theorie spricht.

Hält man sich an die Tatsachen, so gibt es weder einen spezifischen Krebserreger, noch überwiegen unter den krebserregenden Ursachen die bakteriellen. Dies ist das wichtigste, wenn auch negative Ergebnis einer Epoche, in der man versuchte, die Methoden der Bakteriologie und bakteriellen Immunität auf das Carcinomproblem anzuwenden.

II.

Wenn der Krebs keine Infektionskrankheit ist, so ist das Carcinomproblem eine zellphysiologisches Problem im engeren Sinn, und die Carcinomforschung wird sich in dem Maße entwickeln, als sich die Physiologie der Körperzellen entwickelt. Es sind also die Methoden zur physiologischen Untersuchung von Körperzellen, auf die es ankommt. Solche Methoden sind in den letzten Jahren ausgearbeitet und auf das Carcinomproblem angewendet worden.

Über den Angriffspunkt sei einiges vorausgeschickt. Wir sprechen in der Physiologie von energieliefernden chemischen Reaktionen und meinen damit Reaktionen, die die treibenden Kräfte für die Tätigkeit der Zelle liefern. Wir unterscheiden sie von anderen Reaktionen, bei denen zwar auch Energie frei wird, deren Energie aber von der Zelle nicht ausgenutzt werden kann. Zu der ersten Gruppe gehören die Sauerstoffatmung und die Gärungen, zu der zweiten Gruppe alle übrigen Reaktionen, im besonderen die Hydrolysen, wie die hydrolytische Eiweiß-, Fett-, Polysaccharidspaltung.

Man kann nicht sagen, daß die Hydrolysen unwichtiger sind, als die energieliefernden Reaktionen. Aber sie sind vorbereitende Reaktionen und stehen als solche in keinem direkten Zusammenhang mit der Tätigkeit der Zelle. Deshalb sind die energieliefernden Reaktionen physiologisch interessanter. Es ist das Gebiet der energieliefernden Reaktionen, auf dem das Carcinomproblem angegriffen worden ist, und wenn im folgenden von dem „Stoffwechsel“ der Carcinomzelle die Rede ist, so sind immer nur die energieliefernden chemischen Reaktionen gemeint.

III.

Untersucht man in vitro — in sauerstoffhaltigem Serum — den Stoffwechsel der Gewebe, aus denen Carcinome entstehen, das Epithel der Haut, der Schleimhaut und der Drüsen, so findet man, daß sie wie der ganze Körper atmen. Untersucht man unter den gleichen Bedingungen Carcinomgewebe, so findet man neben der Atmung eine Gärung, und zwar Milchsäuregärung.

Das erste Versuchsobjekt war das Flexner-Joblingsche Rattencarcinom, das zweite das Jensensche Rattensarkom, das dritte das Roussche Hühnersarkom. Alle 3 Tumoren gären qualitativ und quantitativ gleich, pro Stunde werden rund 10% des Tumorgewichtes an Milchsäure gebildet. Die Gärung hat mit Nekrose nichts zu tun, da nekrotische Tumorzellen nicht gären, und sie hat mit Bakterien nichts zu tun, da die 3 Tumoren, sachgemäß transplantiert, bakterienfrei sind. Wie die Krebszellen von Ratte und Huhn, so verhalten sich die Krebszellen des Menschen. Krebszellen, die nicht gären, haben wir nicht gefunden. Die Gärung ist eine Eigenschaft, die allen Krebszellen gemeinsam ist, unabhängig von Tierart, Ursprungsgewebe und Entstehungsreiz.

Eine Kontroverse entstand wegen der Gärung der menschlichen Krebszellen. Das Gewebe, das der Chirurg als Krebsgewebe exstirpiert, besteht in der Regel nur zu einem kleinen Teil aus Krebszellen, es ist verunreinigt mit Ursprungsgewebe, Bindegewebe und Nekrosen. Gute Stämme transplantierter Tumoren sind fast Reinkulturen von Krebszellen. Deshalb gärt Krebsgewebe aus transplantierten Tumoren im allgemeinen stärker, als das Krebsgewebe der Chirurgen, und deshalb findet jeder leicht die wahre Gärungsgröße der Krebszelle in transplantierten Tumoren, aber schwieriger und nur unter sorgfältiger histologischer Kontrolle in den Spontantumoren. Berücksichtigt man dies, so wird man die Angaben meines früheren Mitarbeiters KARL POSENER, der die Gärung menschlicher Krebszellen zuerst gemessen hat, immer bestätigt finden.

Was hier noch zur Diskussion steht, sind lediglich die feineren quantitativen Verhältnisse, die Frage, in welchen Grenzen die Gärung der verschiedenen Krebszellen gleich ist. Die bisher vorliegenden Versuche reichen zur Entscheidung dieser Frage nicht aus. Meine Meinung ist, daß alle Carcinomzellen nahezu gleichstark gären, während es sein mag, daß die Gärung der Sarkomzellen, je nach ihrer Herkunft, verschiedener ist.

IV.

Die ersten, die sich die Aufgabe stellten, die in vitro gefundene Gärung der Tumoren im lebenden Tier nachzuweisen, waren C. und F. CORI. Sie bestimmten die Milchsäure in den Axillarvenen von Hühnern, deren einer Flügel ein ROUS-Sarkom trug, und fanden auf der Tumorseite in 100 ccm Blut im Mittel 16 mg Milchsäure mehr, als auf der Normalseite. Ein entsprechender Versuch an einem Menschen mit Unterarmsarkom ergab auf der Tumorseite 6 mg Milchsäure mehr.

CORIS Anordnung war noch nicht ganz beweisend, da man an Stauungsmilchsäure aus dem Muskel denken konnte. Auch waren die Ausschläge, verglichen mit dem Milchsäuregehalt der Venen, klein. Ich habe mich deshalb, gemeinsam mit Dr. WIND, nochmals mit der Frage beschäftigt und mich vor allem bemüht, möglichst reines Tumorblut, nicht ein Gemisch von Tumorblut und Normalblut, zur Analyse zu erhalten. Als Versuchsmaterial benutzten wir Ratten mit großen Bauchtumoren, punktierten direkt die auf den Tumoren liegenden Venen und verglichen den Milchsäuregehalt dieser Venen und der Aorta. Wir fanden in allen uns zugänglichen Normalvenen ebensoviel oder weniger Milchsäure, als in der Aorta, aber in den Tumorvenen in jedem Fall mehr Milchsäure als in der Aorta, im Mittel 2—3mal soviel. Diese Ausschläge sind so groß, daß es sicher ist, daß die Tumoren auch im lebenden Tier gären. Trotzdem häuft sich, wie beiläufig bemerkt sei, die Tumormilchsäure im Blut nicht an, da sie von den normalen Körperzellen immer wieder beseitigt wird. Quantitative Versuche zu dieser Frage verdanken wir Dr. Bruno Mendel.

Es wäre erwünscht, wenn die Tumorvenenversuche gelegentlich am Menschen wiederholt würden. Die Schwierigkeit ist hier der geeignete Fall, ein nicht nekrotischer und nicht zu kleiner Medullarkrebs mit übersichtlich verlaufenden Venen.

V.

Der Begriff der Gärung ist seit Pasteur untrennbar mit der Idee der Anaerobiose verbunden. „Die Gärung ist", sagt Pasteur, „das Leben ohne Sauerstoff", ein Ausspruch, der auch für die Krebszelle wahr ist. Ich möchte das durch zwei Versuche erläutern.

Dr. Okamoto brachte Tumorschnitte in körperwarme Ringerlösung, aus der der Sauerstoff durch Stickstoff ausgetrieben war, und transplantierte nach 24stündiger Anaerobiose. Enthielt die Ringerlösung Glucose, so gingen die Tumoren mit normaler Impfausbeute an, enthielt die Ringerlösung keine Glucose, so gingen die Tumoren nicht an. Die Tumorzelle kann also eine Zeitlang ausschließlich auf Kosten der Gärung existieren.

Dr. Wind untersuchte das anaerobe Verhalten von Tumorzellen in Carrelschen Kulturen. Sein Versuchsmaterial waren Rous-Sarkome, die frisch aus dem Körper entnommen oder monatelang nach Albert Fischer in Deckglaskultur gezüchtet worden waren. Besonderes Gewicht wurde auf möglichst vollständigen Ausschluß des Sauerstoffes gelegt. In die Kulturgefäße wurde das wirksamste Sauerstoffabsorptionsmittel, das wir haben, gelber Phosphor, gebracht. Dann wurde im Stickstoffstrom zugeschmolzen. Gelber Phosphor leuchtet, während er Sauerstoff absorbiert, und zwar sieht man nach Strutt Phosphor in Sauerstoff leuchten, bis der Sauerstoffgehalt unter $^1/_{100000}$ Vol.-Proz. gesunken ist. In Dr. Winds Versuchen war das Leuchten des Phosphors kurze Zeit nach dem Zuschmelzen erloschen, ein Beweis, daß die Kulturgefäße weniger als $^1/_{100000}$ Vol.-Proz. Sauerstoff enthielten.

In diesen Gefäßen wuchs das Sarkom 48 Stunden lang normal und konnte dann ohne Zeichen von Schädigung in Deckglaskulturen aerob weiter gezüchtet werden. Das Rous-Sarkom ist also imstande, 48 Stunden lang ausschließlich auf Kosten der Gärung zu wachsen, d. h. die Energie der Gärung für diejenige Tätigkeit auszunutzen, die charakteristisch für die Krebszelle ist.

Bei längerer Dauer der Anaerobiose geht das Sarkom zugrunde. Es verhält sich in dieser Hinsicht wie der erste fakultative Anaerobiont, den die Wissenschaft kannte, die Kulturhefe, die auch sonst unter den niederen Organismen das beste Analogon der Krebszelle ist. Hefe- und Krebszelle gären nicht nur bei Sauerstoffmangel, wie viele andere fakultative Anaerobionten, sondern sie gären immer, sowohl bei Sauerstoffmangel als auch bei Sättigung mit Sauerstoff. Demgegenüber erscheint es zellphysiologisch unwesentlich, daß die Spaltungsprodukte des Zuckers in der Hefezelle zu Alkohol und Kohlensäure stabilisiert werden.

Die Fähigkeit der Krebszelle, zeitweise ohne Sauerstoff zu wachsen, muß für ihre Ausbreitung im Körper von Bedeutung sein, wie es ja allgemein für die Ausbreitung von Zellen in Nährlösungen wesentlich ist, ob sie ohne Sauerstoff wachsen können oder nicht. Impft man obligat aerobe Zellen in ein Bouillonröhrchen, so wachsen Zellen nur an der Oberfläche, impft man fakultativ anaerobe Zellen, so wird das ganze Röhrchen von Zellen durchwachsen. Im ersten Fall ist das Wachstum beschränkt durch die Diffusion des Sauerstoffes, im zweiten Fall ist es unbeschränkter und formloser.

Sicher ist mit der Befähigung zur Anaerobiose die Bedeutung der Gärung für die Tumorzelle nicht erschöpft, sondern es wird hier außerdem noch eine Rolle spielen, daß die Gärung unter aeroben Bedingungen persistiert. Charakteristisch für die Tumorzelle ist nicht die Gärung schlechthin, sondern die Gärung in Sauerstoff. Vielleicht trifft hier ein Gedanke das richtige, den Dr. Bierich ausgesprochen hat. Bierich vermutet, daß die von dem Tumor entwickelte Milchsäure die Zellen der Umgebung durch Säurewirkung schädigt und so den Weg für die Ausbreitung der Tumoren frei macht. Versuche, die diese Vermutung begründen, fehlen. Was gezeigt werden muß, ist nicht, daß man Körperzellen durch Milchsäure töten kann — das ist selbstverständlich —, sondern daß solche Verschiebungen der Acidität, wie sie sich im Körper in der Umgebung der Krebszellen herausbilden, für normale Zellen schädlich sind.

VI.

Wenn wir mit unseren Kenntnissen über den Stoffwechsel der Krebszelle an die Frage nach dem Ursprung des Carcinoms herangehen, so haben wir den Vorteil, daß eine meßbare und für das Carcinom charakteristische Eigenschaft vorliegt. Statt wie früher nach dem Ursprung einer Erscheinung fragen zu müssen, deren Natur man nicht kannte, haben wir jetzt in dem Stoffwechsel einen Angriffspunkt und können, statt nach dem Ursprung des Krebses, nach dem Ursprung der Gärung fragen.

Dabei bewährt sich ein Prinzip, das man folgendermaßen entwickeln kann: Es steht experimentell fest, daß der Krebs aus normalen Körperzellen entsteht. Der Krebs gärt, die Ursprungsgewebe gären nicht. Wir verwerfen die Idee, daß Teer, Röntgenstrahlen, Arsen, und alle die anderen carcinombildenden Schädigungen Gärung neu erzeugen, nehmen vielmehr an, daß die Fähigkeit zu gären in dem normalen schon vorhanden ist. So entsteht die Aufgabe, die Carcinomgärung in den Ursprungsgeweben des Carcinoms, dem normalen Epithel oder Bindegewebe, qualitativ und quantitativ zu suchen.

Wir überschätzen dabei nicht die Bedeutung des Stoffwechsels, sondern benutzen die Stoffwechselanalyse als Methode etwa so, wie der Chemiker die Spektralanalyse benutzt. So wenig die Emission von Spektrallinien die einzige wichtige Eigenschaft von Atomen ist, so wenig ist natürlich der Stoffwechsel die einzige wichtige Eigenschaft von Zellen.

VII.

Liebig fand, daß der Körper unter seinen normalen Lebensbedingungen keine Milchsäure ausscheidet, sondern umgekehrt eingeführte Milchsäure zum Verschwinden bringt. Liebig und nach ihm besonders Araki fanden ferner, daß dies nur gilt, wenn die Gewebe mit Sauerstoff gesättigt sind. Bei Mangel an Sauerstoff, in der Erstickung, scheidet der Körper große Mengen an Milchsäure aus.

Nimmt man die Ursprungsgewebe des Carcinoms, das Epithel der Haut, der Schleimhaut und der Drüsen, aus dem Körper heraus und untersucht ihren Stoffwechsel in der Erstickung, so findet man immer Milchsäuregärung, jedoch in viel schwächerem Maße als in der Krebszelle. Erstickte Darmschleimhaut bildet pro Stunde etwa 1% ihres Gewichtes an Milchsäure, ein Darmcarcinom, das aus der Schleimhaut entstanden ist, etwa 10%. In ähnlichem Maße übertrifft die Gärung eines Hautcarcinoms die Gärung erstickter Haut. Wir finden also die Gärung qualitativ in den Ursprungsgeweben wieder, nur verdeckt durch die Sauerstoffatmung. Qualitativ ist der Carcinomstoffwechsel der Erstickungsstoffwechsel des normalen.

Dieses Ergebnis befriedigt nicht unser Prinzip, das quantitative Übereinstimmung verlangt. So wenig wir uns denken können, daß Teer,

Röntgenstrahlen, Arsen usw. Gärung, die nicht vorhanden ist, erzeugen, so unwahrscheinlich ist es, daß sie alle die Gärung um 1000% beschleunigen. Beschleunigungen von energieliefernden Reaktionen in diesem Maße kommen bei der Befruchtung tierischer Eier vor, aber Gifte und Schädigungen beschleunigen die energieliefernden Reaktionen von Körperzellen nicht, sondern hemmen sie nur.

Wenn nun die Gärung des Carcinoms zehnmal so groß ist, als die Gärung der Ursprungsgewebe und trotzdem die Gärungsbeschleunigung, als in Widerspruch mit der Erfahrung, abzulehnen ist, so bleibt nur der Ausweg, daß die Zellen der Ursprungsgewebe ungleich gären, einige sehr stark, die Hauptmenge schwach. Für diese Betrachtungsweise spricht das histologische Bild von Haut und Darmschleimhaut, in dem man die Ungleichartigkeit der Zellen sieht und in dem man bekanntlich zwischen wachsenden und nicht wachsenden Zellen unterscheiden kann.

Die experimentelle Prüfung kam auf die Frage hinaus, ob es im Körper Epithel oder Bindegewebe gibt, das — in der Erstickung — ebenso stark gärt, wie Krebsgewebe. Von vornherein richteten wir dabei unsere Aufmerksamkeit auf die wachsenden Zellen und fanden bald, daß junges Epithel stärker gärt als altes Epithel. Die größte Gärung fanden wir dort, wo die wachsenden Zellen in größter Konzentration vorhanden sind, im embryonalen Gewebe. Hühnerembryonen von einigen Milligrammen gärten in der Erstickung etwa ebenso stark, wie die Tumoren. Die Gärung gleichschwerer Rattenembryonen war kleiner, als die Gärung der Tumoren. Doch zeigte sich in einer Arbeit von NEGELEIN, daß die Gärung der Rattenembryonen am Anfang der Entwicklung rapid abfällt, und daß man auf sehr frühen Entwicklungsstadien auch hier fast genau die Gärung der Tumoren findet.

Es ist also beim Absuchen des Körpers nach der Tumorgärung eine bisher unbekannte Eigenschaft wachsender Körperzellen, nämlich ihre Fähigkeit, in der Erstickung zu gären, entdeckt worden und es ist weiterhin eine Zahl, nämlich die Größe der embryonalen Gärung, vorausgesagt und gefunden worden. Der Carcinomstoffwechsel ist quantitativ der Erstickungsstoffwechsel normaler wachsender Körperzellen, und wenn wir, auf Grund dieser quantitativ-chemischen Übereinstimmung, das Carcinom von den wachsenden und stark gärenden Körperzellen ableiten, so haben wir eine Erklärung dafür, daß das Carcinom wächst und daß es gärt.

VIII.

Es bleibt noch die Frage der Erstickung. Der Carcinomstoffwechsel und der Stoffwechsel der wachsenden Zelle stimmen nur in der Erstickung überein, nicht aber in Sauerstoff, wenn die Zellen atmen. Die Atmung der Carcinomzelle ist, im Gegensatz zur Atmung der embryonalen Zelle, unfähig, die Gärung zu verdecken. Sie ist entweder kleiner oder sie ist weniger wirksam. als in der normalen wachsenden Zelle.

Der Versuch entscheidet zugunsten der ersten Möglichkeit. Wie in dem Muskel nach Meyerhof immer ein Molekül veratmeten Sauerstoffes 2 Moleküle Milchsäure zum Verschwinden bringt, so haben wir auch in der Carcinomzelle das Verhältnis 1 Sauerstoff: 2 Milchsäure. Nicht weil die Atmung der Carcinomzelle zu unwirksam, sondern weil sie zu klein ist, ist sie unfähig, die Gärung zu verdecken, ein durch Hunderte von Messungen gesichertes Ergebnis. Die Carcinomzelle ist eine wachsende Körperzelle, deren Atmung geschädigt ist.

Um also den Carcinomstoffwechsel aus dem normalen zu erzeugen, muß man die Atmung wachsender Zellen elektiv schädigen, d. h. so schädigen, daß die Gärung nicht getroffen wird. Es ist leicht, diese Wirkung in vitro hervorzubringen und damit das, was im Körper unter dem Einfluß der carcinombildenden Reize geschieht, unter einfacheren Bedingungen zu wiederholen. Bringt man beispielsweise einen Embryo einige Zeit in Stickstoff und dann in Sauerstoff zurück, so ist die Atmung geschädigt, die Gärung unverändert. Die Folge ist, daß die Atmung nicht mehr ausreicht, um die Gärung zu verdecken, also Carcinomstoffwechsel. Zu den Giften, mit denen man die Atmung elektiv schädigen kann, gehört nach Versuchen von Dr. Dresel die arsenige Säure, zu den mechanischen Schädigungen das Zentrifugieren, z. B. von Leukocyten. Allgemein hat sich gezeigt, daß die Atmung empfindlicher ist als die Gärung, so daß die allerverschiedenartigsten Schädigungen wie im Körper bei der Carcinombildung, so auch in vitro den Carcinomstoffwechsel erzeugen.

IX.

So wenig, wie im Körper bei jeder Schädigung Carcinom entsteht, so wenig entstehen in vitro bei jeder Atmungsschädigung aus wachsenden Zellen Carcinomzellen. Wahrscheinlich ist die Regel, daß man die Zelle tötet, wenn man ihre Atmung schädigt.

Immerhin liegen zwei bemerkenswerte Arbeiten vor, in denen Krebszellen in vitro durch Schädigung wachsender Zellen erzeugt wurden. Carrel behandelte Hühnerembryonen mit Arsen und anderen Giften und injizierte sie dann Hühnern. Er fand, daß metastasierende Sarkome entstanden, an denen die Hühner in einigen Wochen zugrunde gingen.

Albert Fischer ließ auf embryonale Milz in Gewebekultur Arsen einwirken und fand, daß Zellen entstanden, die in der Kultur das Verhalten von Tumorzellen zeigten. Wurden diese Kulturen Hühnern injiziert, so entwickelten sich Sarkome.

In beiden Fällen waren es stark gärende Zellen, aus denen die Tumorzellen erzeugt wurden, das Ergebnis beider Versuche liegt ganz in der Richtung der hier entwickelten Auffassung von der Entstehung der Tumoren.

X.

Ich habe versucht, in diesem Referat zu zeigen, wie die Krebsforschung durch Anwendung der zellphysiologischen Methoden ein Gebiet geworden ist, auf dem Physik und Chemie, Maß und Zahl der Dinge herrschen. Schon jetzt kann man nicht mehr sagen, daß die Natur der Krebszelle unbekannt sei. Wir wissen heute von der Krebszelle etwa ebensoviel wie von der Hefezelle und mehr als von irgendwelchen anderen erkrankten Körperzellen.

Die Ursache des Carcinoms sehe ich in der anaeroben Komponente des Stoffwechsels normaler wachsender Körperzellen sowie in dem Umstand, daß diese Komponente gegen Schädigungen widerstandsfähiger ist, als die Atmung. So kommt es, daß alle Schädigungen, denen der Körper unterworfen ist, die anaerobe Komponente aus dem normalen herauszüchten und damit Zellen von den Eigenschaften der Carcinomzellen.

Biochem. Zeitschr. 184, 484. 1927.

Über die Klassifizierung tierischer Gewebe nach ihrem Stoffwechsel.

Von

Otto Warburg.

(Aus dem Kaiser Wilhelm-Institut für Biologie, Berlin-Dahlem.)

(Eingegangen am 20. April 1927.)

Klassifizieren wir die Gewebe nach ihrer aeroben Glykolyse in vitro, so kommt es vor, daß dasselbe Gewebe je nach den Versuchsbedingungen einen verschiedenen Platz erhält. Beispielsweise ist die aerobe Glykolyse junger Rattenembryonen in Ringerlösung groß, in Serum klein. Leberschnitte in Ringerlösung bilden häufig aerob kleine Mengen Milchsäure, während sie in Serum nicht nur keine Milchsäure ausscheiden, sondern Milchsäure aus dem Serum aufnehmen. Es gibt ferner Gewebe, die in vitro — in Serum und aerob — Milchsäure produzieren, während sie, wie die Analyse der zuführenden und abführenden Blutgefäße lehrt, in vivo keine Milchsäure produzieren. Ursache dieses verschiedenen Verhaltens ist die große Empfindlichkeit der PASTEURschen Reaktion[1], die schneller als die Atmung oder die Gärung leidet und durch die in vitro herrschenden Bedingungen unterbrochen werden kann.

Im folgenden wird eine Klassifizierung der Gewebe vorgeschlagen, die unabhängiger von den (zufälligen) experimentellen Bedingungen ist. Sie schließt sich an die frühere, auf der aeroben Glykolyse beruhenden Klassifizierung an und wird mit dieser identisch für den Grenzfall, daß die PASTEURsche Reaktion maximal wirkt.

I. Der Gärungsüberschuß U.

Die Erfahrung hat gelehrt, daß die Wirkung der Atmung auf die Gärung in gärenden Zellen einen Grenzwert besitzt. 1 Molekül veratmeten Sauerstoffs kann bis zu 2 Molekülen Milchsäure am Erscheinen

[1] Diese Zeitschr. **172**, 432. 1926.

verhindern. Nur ganz selten fanden wir in gärenden Zellen eine größere Wirksamkeit, und immer nur dann, wenn die Versuchsfehler groß waren.

Wie man nun in der Thermodynamik nicht mit der zufälligen Arbeit rechnet, die eine chemische Reaktion unter irgendwelchen Bedingungen liefert, sondern mit der maximalen Arbeit, die sie bestenfalls liefern kann, so wollen wir bei der Klassifizierung der Gewebe nicht mit der zufälligen Wirksamkeit der PASTEURschen Reaktion, sondern mit ihrer maximalen Wirksamkeit rechnen. Wir führen zu dem Zwecke den Gärungsüberschuß U ein und definieren ihn durch die Gleichung

$$U = Q_M^{N_2} - |2\,Q_{O_2}|.$$

U ist also der Gärungsüberschuß, der bei maximaler Wirkung der PASTEURschen Reaktion übrigbleibt. U ist Null, wenn die anaerobe Gärung gerade gleich der doppelten Atmung ist. Im übrigen ist U negativ oder positiv, je nachdem die doppelte Atmung (nach absolutem Betrag) größer oder kleiner ist als die anaerobe Gärung. Nur im letzten Falle ist die Atmung „zu klein" im Vergleich zur Gärung. Wirkt unter irgendwelchen Versuchsbedingungen die PASTEURsche Reaktion maximal[1], so ist der berechnete Gärungsüberschuß U mit dem gefundenen identisch, d. h.

$$U = Q_M^{O_2}$$

und die alte und neue Klassifizierung fallen zusammen.

II. Tabelle der Gewebe.

In Tabelle 1 habe ich die früheren Ergebnisse, soweit sie Gewebe betreffen, neu zusammengestellt und die Werte für Milz und Placenta, die MURPHY und HAWKINS zuerst gemessen haben, hinzugefügt. Von Tumoren sind drei von uns untersuchte transplantierte Stämme aufgenommen (FLEXNER-JOBLING, JENSEN, ROUS) sowie zwei Fälle von menschlichen Krebsen, die in bezug auf Krebszellen fast hundertprozentig waren.

Wie man sieht, liegen die U-Werte für die normalen Organe, mit Ausnahme der Retina, zwischen — 39 und 0, während die Carcinome und Sarkome große positive U-Werte neben einer anaeroben Gärung von rund 30 geben.

[1] In Serum ist dies häufiger der Fall als in Ringerlösung. Deshalb — und auch aus anderen Gründen — sollte der Stoffwechsel immer nur in Serum gemessen werden.

Tabelle 1.

Gewebe	Literaturstelle	Q_{O_2}	$Q_M^{N_2}$	U	$\frac{U}{Q_M^{N_2}}$
Niere (Ratte)	Diese Zeitschr. **152**, 309, 1924	—21	+ 3	—39	—
Schilddrüse (Ratte)	Ebendaselbst	—13	+ 2	—24	—
Leber (Ratte)	Ebendaselbst	—12	+ 3	—21	—
Darmschleimhaut (Ratte)	Ebendaselbst	—12	+ 4	—20	—
Milz (Ratte)	Journ. Gener. Physiol. 8, 115, 1925	—12	+ 8	—16	—
Hoden (Ratte)	Diese Zeitschr. **152**, 309, 1924	—12	+ 8	—16	—
Pankreas (Kaninchen)	Ebendaselbst	— 5	+ 3	— 7	—
Pankreas (Hund)	Ebendaselbst	— 3	+ 4	— 2	—
Submaxillaris (Kaninchen)	Ebendaselbst	— 4	+ 3	— 5	—
Thymus (Ratte, 3 Wochen)	Ebendaselbst	— 6	+ 8	— 4	—
Hirnrinde (Ratte)	Ebendaselbst	—11	+19	— 3	—
Embryo (Ratte, 3 mg)	Ebendaselbst **165**, 122, 1925	—12	+13	—11	—
,, (Ratte, 0,9 mg)	Ebendaselbst	—13	+23	— 3	—
,, (Huhn, 1,7 mg)	Ebendaselbst **152**, 309. 1924	—10	+20	0	—
Hyperplastische Rachenmandeln (Mensch)	Ebendaselbst	— 9	+18	0	—
Placenta (Ratte)	Journ. Gener. Physiol. **8**, 115, 1925	— 7,3	+14,9	+ 0,3	—
Blasenpapillome (Mensch)	Diese Zeitschr. **152**, 309. 1924	—13	+26	0	—
Nasenpolypen (Mensch)	Ebendaselbst	— 5	+14	+ 4	27%
Blasencarcinom (Mensch)	Klin. Wochenschr. **5**, Nr. 27. 1926	—10	+36	+16	45%
FLEXNER-JOBL. Rattencarcinom	Diese Zeitschr. **152**, 309. 1924	— 7	+31	+17	55%
JENSENS Rattensarkom	Ebendaselbst **160**, 52. 1925	— 9	+34	+16	47%
ROUS' Hühnersarkom	Ebendaselbst **160**, 307. 1925	— 5	+30	+20	67%
Rundzellen-Sarkom (Mensch)	Ebendaselbst **152**, 309. 1924	— 5	+28	+18	64%
Retina (Ratte)	Ebendaselbst	—31	+88	+26	30%

Ich bemerke noch, daß sich sämtliche Zahlen der Tabelle auf frisch aus dem Körper entnommene Gewebe beziehen, nicht auf in vitro gezüchtete Gewebe.

III. Carcinome und Sarkome des Menschen.

Da die meisten menschlichen Krebse histologisch unrein sind, so gehören sie nicht in Tabelle 1. Die auf das Gesamtgewicht bezogenen Werte von Q_{O_2}, $Q_M^{N_2}$ und U geben hier keine Auskunft über den Stoffwechsel der Krebszellen. Immerhin zeigt sich, daß auch diese unreinen Gewebe positive U-Werte liefern, und ferner, daß der prozentische Gärungsüberschuß $U/Q_M^{N_2}$ etwa ebenso groß ist, wie bei den Tumoren, die in bezug auf Krebszellen hundertprozentig sind.

Die Mittelwerte für 12 menschliche Carcinome (in Ringerlösung) waren[1]:

$$Q_{O_2} = -5, \qquad Q_M^{N_2} + 21,$$

also

$$U = +11, \qquad \frac{U}{Q_M^{N_2}} = 52\%.$$

Dr. H. A. Krebs und F. Kubowitz haben in der letzten Zeit einige menschliche Carcinome in Carcinomserum gemessen und die in Tabelle II verzeichneten Werte gefunden:

Tabelle 2.

Gewebe	Q_{O_2}	$Q_M^{N_2}$	U	$\frac{U}{Q_M^{N_2}}$
Mamma-Carcinom (Scirrhus), 20 bis 40% Krebszellen	−2,6	+11,1	+5,9	53%
Lebermetastase eines Gallenblasen-Ca 10 bis 20% Krebszellen	−1,1	+13,0	+11,4	84%
Haut-Carcinom, 50 bis 70% Zellen .	−3,1	+13,8	+7,7	56%
Lippen-Carcinom, 50 bis 70% Zellen	−3,4	+16,3	+9,5	58%
			Mittel:	26%

U ist also auch für Krebszellen in Krebsserum positiv und prozentisch etwa ebenso groß wie in Ringerlösung.

Wäre ein Spontantumor mit Ursprungsgewebe statt mit Bindegewebe verunreinigt, etwa ein Darmcarcinom mit Darmepithel, so könnte der große negative U-Wert des normalen Epithels den positiven U-Wert der Carcinomzellen verdecken. Dann würde U negativ. Doch haben wir bisher solche Fälle nicht gefunden.

[1] Diese Zeitschr. **152**, 309. 1924.

IV. Blutzellen.

Sowohl weiße Blutzellen[1] als auch die roten Blutzellen der Säugetiere liefern positive *U*-Werte. Für die roten Blutzellen wird der prozentische Gärungsüberschuß sogar extrem groß, weil ihre Atmung verschwindend klein ist. Man mag die Blutzellen mit der Retina zu den Ausnahmen rechnen oder sie als frei lebende und im Kreislauf zugrunde gehende Zellen von den Geweben trennen.

V. Spontantumoren bei Inzuchtmäusen.

Murphy und Hawkins[2] haben im Rockefeller-Institut 36 Spontantumoren von Inzuchtmäusen untersucht. Aus ihrer Tabelle entnehme ich, daß 13 Fälle positive *U*-Werte liefern, die übrigen Null- oder negative *U*-Werte. Ein Teil dieser Tumoren verhält sich also wie die bösartigen Tumoren des Menschen, ein Teil wie gutartige menschliche Tumoren oder wie sehr junges embryonales Gewebe, der Rest wie älteres embryonales Gewebe (etwa wie ein älterer Rattenembryo). Eine nähere Prüfung der letzterwähnten Fälle wäre erwünscht und insbesondere eine Angabe über den Grad der Verunreinigung mit Ursprunsgewebe (voraussichtlich Mammagewebe). Ehe man unter den Inzuchttumoren der Mäuse eine neuartige Klasse von Tumoren annimmt, wird man vor allem daran denken (vgl. III), daß Verunreinigungen mit Ursprungsgewebe die Stoffwechseleigenschaften der Tumorzellen verdecken können.

VI. Andere Klassifizierung.

Wenn auch die Klassifizierung der Gewebe nach den *U*-Werten ein Fortschritt ist, so möchte ich doch glauben, daß sie später durch eine Klassifizierung nach der Fähigkeit, anaerob zu leben und zu wachsen, abgelöst werden wird. Leider fehlen zurzeit noch die Methoden, um Lebens- und Wachstumsfähigkeit der Gewebe unter den Bedingungen der Anaerobiose messend zu vergleichen.

---

[1] Fleischmann, W. u. F. Kubowitz, diese Zeitschr. **181**, 395 1927.

[2] Journ. Gen. Physiol. **8**, 115 1925.

Biochem. Zeitschr. 189, 242. 1927.

Stoffwechsel wachsender Zellen (Fibroblasten, Herz, Chorion).

Von

Otto Warburg und Fritz Kubowitz.

(Aus dem Kaiser Wilhelm-Institut für Biologie, Berlin-Dahlem.)

(Eingegangen am 9. September 1927.)

Mit 1 Abbildung.

Alle Erfahrungen[1] über den Stoffwechsel der Körperzellen kann man folgendermaßen zusammenfassen:

Normales Wachstum außer Netzhaut		Carcinome und Sarkome (Mensch, Huhn, Ratte)		Netzhaut	
$Q_M^{N_2} \lesseqgtr 50$	(1)	$Q_M^{N_2} \lesseqgtr 50 > 20$	(1a)	$Q_M^{N_2} \lesseqgtr 200$	(1b)
$\frac{dQ_M^{N_2}}{dt} < 0$	(2)	$\frac{dQ_M^{N_2}}{dt} = 0$	(2a)	$\frac{dQ_M^{N_2}}{dt} > 0$	(2b)
$U \lesseqgtr 0$	(3)	$U > 0$	(3a)	$U > 0$	(3b)

Hier ist $Q_M^{N_2}$ die anaerobe Glykolyse, t die Entwicklungszeit und U der Überschuß der anaeroben Glykolyse über die doppelte Atmung ($U = Q_M^{N_2} - |2\,Q_{O_2}|$).

Gehen die Körperzellen zugrunde, so werden sämtliche Beziehungen ungültig, im Endzustand ist

$$Q_M^{N_2} = 0, \quad Q_{O_2} = 0.$$

Doch muß man bedenken, daß der Endzustand nicht plötzlich, sondern allmählich erreicht wird. Sinkt dabei die Atmung schneller als die Gärung, so kann U für normale Zellen positiv werden, wie in den roten und weißen Zellen des Blutes. Sinkt andererseits die Gärung schneller als die Atmung, so kann U für Carcinomzellen negativ werden.

In dieser Mitteilung werden die Beziehungen (1) bis (3) durch neue Beispiele belegt.

---

[1] Vgl. O. Warburg, diese Zeitschr. 184, 484. 1927. — Krebs, H. A.: ebendaselbst 189, 56. 1927.— Tamiya, C.: ebendaselbst 189, 114, 175. 1927.

1. Fibroblasten[1].

Die Fibroblasten wurden nach CARREL in Plasma-Embryonalsaft auf Deckgläsern gezüchtet, ihr Stoffwechsel in Hühnerserum gemessen. Zur Kontrolle wurden Fibroblastenkulturen gemessen, die von Dr. ALBERT FISCHER aus dem ersten CARRELschen Stamme gezüchtet waren. Dieser Stamm lebt seit 16 Jahren in Deckglaskultur und ist etwa 3000mal überpflanzt worden.

Das Trockengewicht eines Gewebestücks war von der Größenordnung 10^{-2} mg. 50 bis 70 Gewebestücke waren für einen Stoffwechselversuch notwendig. Von 100 bis 150 Kulturen wurden 48 Stunden nach der Überpflanzung die besten ausgewählt, mit einem Messer aus dem Nährboden herausgeschnitten und mit warmem Hühnerserum längere Zeit gespült, um das anhaftende Plasma zu entfernen. Dann wurden die Gewebestücke in einen Meßtrog gebracht, der frisches, durch spontane Gerinnung erhaltenes Hühnerserum enthielt. Die Messung geschah manometrisch, zuerst in Sauerstoff, dann in Stickstoff, der über Kupfer geglüht war. Wegen der Ungleichartigkeit des Materials war hier das Einzelgefäß mit variiertem v_F dem Gefäßpaar vorzuziehen.

Wurde in CARRELschen Schalen statt auf Deckgläsern gezüchtet, so waren die Resultate schlechter und unregelmäßiger, wahrscheinlich, weil die über dem Gewebe liegende Plasmaschicht bei der Schalenkultur dicker und inkonstanter war als bei der Deckglaskultur. Züchtungsmethoden, die für histologische Zwecke genügen, sind für Stoffwechselversuche, bei denen Gleichartigkeit des Materials verlangt wird, nicht immer brauchbar.

Tabelle 1 enthält das Ergebnis der Messungen, Protokoll 1 zwei vollständige Versuche. Der Stoffwechsel ist am größten in frisch angelegten Kulturen, sinkt bis zur dritten oder vierten Überpflanzung und bleibt dann konstant. Nach 6- und 3000maliger Überpflanzung war der Stoffwechsel ungefähr gleich.

48 Stunden nach der ersten Überpflanzung enthält die Kultur noch beträchtliche Mengen Ursprungsgewebe, das ist Herz neuntägiger Hühnerembryonen. Nach Abb. 1 liegt $Q_M^{N_2}$ für Herzen neuntägiger Embryonen unter 15, während für Fibroblastenkulturen 48 Stunden nach der ersten Überpflanzung $Q_M^{N_2}$-Werte von 40 bis 50 gefunden wurden. Der große Stoffwechsel der jungen Kulturen ist also nicht der Stoffwechsel des Ursprungsgewebes.

---

[1] Über den Stoffwechsel von Gewebekulturen vgl. auch F. WIND, diese Zeitschrift **179**, 384. 1926.

Vergleichen wir die beiden letzten Spalten der Tabelle mit den Stoffwechselbedingungen (1) und (3), so zeigt sich, daß sie erfüllt sind. Denn es ist für Fibroblasten:

$$Q_M^{N_2} \gtreqless 48, \qquad U = -3{,}5.$$

Tabelle 1.

Fibroblasten aus Deckglaskultur, in Hühnerserum gemessen. Das Serum enthielt etwa 0,25% Glucose und war in bezug auf Bicarbonat $2{,}5 \cdot 10^{-2}$ bis $3{,}0 \cdot 10^{-2}$ normal.

Alter der Kultur, die immer 48 Std. nach der Überpflanzung gemessen wurde. Zahl der Überpflanzungen	Mittleres Gewicht eines Gewebestückes mg	Q_{O_2}	$Q_M^{O_2}$	$Q_M^{N_2}$	$U = Q_M^{N_2} - \lvert 2\,Q_{O_2} \rvert$
1	0,019	−22,6	+7,6	+48,5	+3,3
1	0,015	−22,9	+9	+42	−3,6
1	0,017	−22	+6,6	+38	−5,5
3	0,013	−16,2	+3	+35,4	+3,1
3	0,013	−12	+5,3	+23,6	0
4	0,015	−15	+4,8	+23	−7,3
5	0,019	−10	+4,8	+12,6	−7,2
6	0,017	−11	+7	+17,5	−5,1
8	0,008	−12,5	+4,3	+19,3	−5,7
etwa 3000	0,024	−12	+6	+17	−7,2
				Mittel:	−3,5

Als Versuchsobjekte für Stoffwechselmessungen sind Fibroblastenkulturen ungeeigneter als körperfrische, wachsende Gewebe. Obwohl histologisch einheitlicher, sind sie physiologisch ungleichartiger und haben in älteren Kulturen einen Stoffwechsel, der wahrscheinlich niedriger ist, als er im Körper wäre.

Könnte man den Stoffwechsel der Fibroblasten während ihres Wachstums in dem Kulturmedium messen, so würde man voraussichtlich nichts anderes finden als nach Übertragung der Kulturen in Hühnerserum. Der Stoffwechsel eines sich furchenden Seeigeleis ändert sich nicht, wenn man die Furchung durch Narkotica verhindert[1]. Für die Fibroblasten ist ein entsprechender Versuch aus methodischen Gründen nicht ausführbar. Schon WIND[2] hat darauf hingewiesen, daß die Konzentrationen der Stoffe an den Oberflächen der festliegenden Gewebestücke undefiniert und inkonstant sind, z. B. die Konzentration des Sauerstoffs, der Kohlensäure, der Milchsäure, der Glucose. Wird unter solchen Umständen ein Stoff m im Stoffwechsel verbraucht oder gebildet, so ändert sich der Stoffwechsel dm/dt mit der Zeit. Man kann zwar das Integral $\int \frac{dm}{dt}\,dt$ messen, aber daraus den Stoffwechsel dm/dt nicht berechnen.

[1] WARBURG, O.: Stoffwechsel der Tumoren, S. 31. Julius Springer 1926; Hoppe-Seylers Zeitschr. f. physiol. Chem. **66**, 305. 1910.

[2] WIND, F.: Stoffwechsel von Gewebeexplantaten, diese Zeitschr. **179**, 384. 1926.

2. Epithel.

Für Epithel, das Dr. ALBERT FISCHER aus embryonalem Hühnergehirn gezüchtet hatte, fanden wir in Hühnerserum (vgl. Protokoll 2)

$$Q_{O_2} = -24{,}6, \qquad Q_M^{O_2} = +12{,}5, \qquad Q_M^{N_2} = +34, \qquad U = -15,$$

also auch hier Übereinstimmung mit den Beziehungen (1) und (3).

3. Embryonale Herzen.

Wir untersuchten embryonale Hühnerherzen in verschiedenen Stadien der Entwicklung und fanden in Hühnerserum (vgl. Protokoll 3)

Brütungszeit	Trockengewicht eines Herzens mg	Q_{O_2}	$Q_M^{O_2}$	$Q_M^{N_2}$	U
4 Tage	0,07	−30	+12,5	+52	−8,1
6 „	0,30	−14,6	0	+25	−4,2
7 „	0,80	−15,1	+3,3	+15	−16

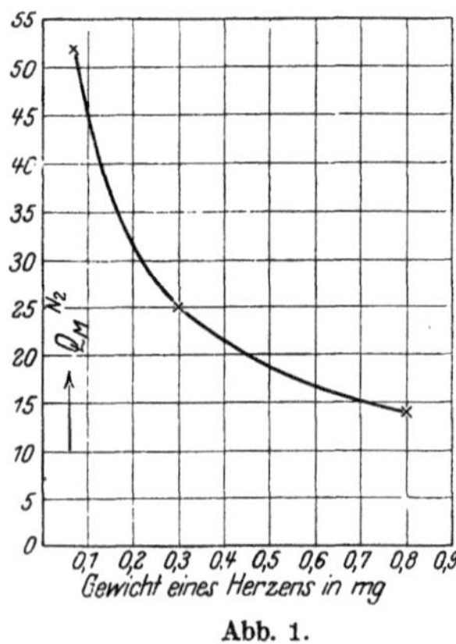

Abb. 1.

In Abb. 1 ist $Q_M^{N_2}$ als Funktion des Herzgewichts aufgetragen, und man sieht, wie $Q_M^{N_2}$ im Laufe der Entwicklung kleiner wird. Es ist

$$Q_M^{N_2} \lesseqgtr 52,$$

$$\frac{d\,Q_M^{N_2}}{dt} < 0.$$

Die Berechnung von U ist hier nicht einwandfrei, weil die Herzen in Sauerstoff schlagen und in Stickstoff nicht schlagen. Berechnen wir U trotzdem, so ist $U < 0$.

Da Herzen histologisch einfacher zusammengesetzt sind als Embryonen, und $Q_M^{N_2}$ größer ist als für Embryonen gleichen Alters, so sind Herzen als Versuchsmaterial ganzen Embryonen vorzuziehen.

4. Chorion.

Noch günstiger als Herz ist Chorion, dessen Glykolyse E. NEGELEIN[1] zuerst gemessen hat. Hier fällt die Komplikation der äußeren Arbeitsleistung fort. Chorion ist histologisch einfach gebaut, sehr dünn und kann leicht in physiologisch gleichartigem Zustande beschafft werden.

[1] NEGELEIN, E.: diese Zeitschr. **165**, 122. 1925.

In der Arbeit von Negelein fehlt ein vollständiger Stoffwechselversuch für Chorion in Serum. Negelein hat diesen Versuch nachgeholt und folgende Werte gefunden (Protokoll 4):

$$Q_{O_2} = -18, \qquad Q_M^{O_2} = 0, \qquad Q_M^{N_2} = +33, \qquad U = -3.$$

Es ist also

$$Q_M^{N_2} = 33,$$
$$U < 0$$

in Übereinstimmung mit (1) und (3). Daß für Chorion auch $\frac{d Q_M^{N_2}}{dt} < 0$ gilt, hat Negelein in der zitierten Arbeit schon nachgewiesen.

5. Protokolle.

Protokoll 1.

Fibroblasten in frischem Hühnerserum. 37,8°.

I. Nach einer Umpflanzung, 55 Gewebestücke = 0,84 mg trocken.	II. Nach etwa 3000 Überpflanzungen. 50 Gewebestücke = 1,22 mg trocken.
$\left(\frac{\Delta u}{\Delta p}\right)_C = 0{,}075$ $B_0 = 477$ $v_F = 7{,}0$ $v_G = 6{,}92$ $K_{O_2} = 0{,}626$ $K^R_{CO_2} = 0{,}987$ $K^S_{CO_2} = 1{,}512$ 5% CO_2 in O_2	$\left(\frac{\Delta u}{\Delta p}\right)_C = 0{,}079$ $B_0 = 612$ $v_F = 1{,}5$ $v_G = 2{,}07$ $K_{O_2} = 0{,}191$ $K^R_{CO_2} = 0{,}268$ $K^S_{CO_2} = 0{,}386$ 5% CO_2 in O_2
Nach 15' . . . . . . — 3,5 mm " 15' . . . . . . — 3,0 " ↓	Nach 15' . . . . . . — 3,5 mm " 15' . . . . . . — 6,0 " " 15' . . . . . . — 6,0 " " 15' . . . . . . — 5,0 " ↓
$v_F = 3{,}0$ $v_G = 10{,}92$ $k_{O_2} = 0{,}097$ $k^R_{CO_2} = 1{,}12$ $k^S_{CO_2} = 1{,}35$ 5% CO_2 in O_2	$v_F = 0{,}5$ $v_G = 3{,}07$ $k_{O_2} = 0{,}271$ $k^R_{CO_2} = 0{,}297$ $k^S_{CO_2} = 0{,}336$ 5% CO_2 in O_2
Nach 15' . . . . 0 mm " 15' . . . . 0 " ↓	Nach 15' . . . . . + 3,0 mm " 15' . . . . . + 2,5 " ↓
$v_F = 3{,}0$ $v_G = 10{,}92$ $\left(\frac{\Delta u}{\Delta p}\right)_M = 0{,}115$ $k^S_M = 1{,}470$ 5% CO_2 in N_2	$v_F = 0{,}5$ $v_G = 3{,}07$ $\left(\frac{\Delta u}{\Delta p}\right)_M = 0{,}128$ $k^S_M = 0{,}361$ 5% CO_2 in N_2
Nach 15' . . . . + 6 mm " 15' . . . . + 6 " " 15' . . . . + 6 "	Nach 10' . . . . 9 mm " 10' . . . . 11 " " 10' . . . . 9 "
$Q_{O_2} = -22{,}9$ $Q_M^{O_2} = +9$ $Q_M^{N_2} = +42$	$Q_{O_2} = -12{,}2$ $Q_M^{O_2} = +5{,}9$ $Q_M^{N_2} = +17{,}2$

Protokoll 2. Epithel (aus embryonalem Hühnergehirn) in frischem Hühnerserum. 37,6°.	*Protokoll 3.* Embryonale Hühnerherzen in frischem Hühnerserum. 37,8°.
Gewicht der Gewebestücke 0,55 mg trocken. $\left(\frac{\Delta u}{\Delta p}\right)_C = 0{,}078 \quad B_0 = 590$ $v_F = 1{,}5 \quad v_G = 2{,}07$ $K_{O_2} = 0{,}186 \quad K^R_{CO_2} = 0{,}263 \quad K^S_{CO_2} = 0{,}380$ 5 % CO_2 in O_2	27 Herzen = 1,83 mg trocken. $\left(\frac{\Delta u}{\Delta p}\right)_C = 0{,}083 \quad B_0 = 511$ $v_F = 7{,}0 \quad v_G = 6{,}56$ $K_{O_2} = 0{,}594 \quad K^R_{CO_2} = 0{,}955 \quad K^S_{CO_2} = 1{,}538$ 5 % CO_4 in O_2
Nach 15' . . . . . — 4,5 mm „ 15' . . . . . — 5,0 „ „ 15' . . . . . — 4,5 „ ↓ $v_F = 0{,}5 \quad v_G = 3{,}07$ $k_{O_2} = 0{,}271 \quad k^R_{CO_2} = 0{,}297 \quad k^S_{CO_2} = 0{,}336$ 5 % CO_2 in O_2	Nach 10' . . . . . — 6,5 mm „ 10' . . . . . — 7,5 „ „ 10' . . . . . — 7,0 „ ↓ $v_F = 3{,}0 \quad v_G = 10{,}56$ $k_{O_2} = 0{,}936 \quad k^R_{CO_2} = 1{,}091 \quad k^S_{CO_2} = 1{,}341$ 5 % CO_2 in O_2
Nach 15' . . . . . + 3,0 mm „ 15' . . . . . + 2,5 „ ↓ $v_F = 0{,}5 \quad v_G = 3{,}07$ $\left(\frac{\Delta u}{\Delta p}\right)_M = 0{,}132$ $k^S_M = 0{,}363$ 5 % CO_2 in N_2	Nach 15' . . . . . — 0,5 mm „ 15' . . . . . — 0 „ ↓ $v_F = 3{,}0 \quad v_G = 10{,}56$ $\left(\frac{\Delta u}{\Delta p}\right)_M = 0{,}116$ $k^S_M = 1{,}439$ 5 % CO_2 in N_2
Nach 30' . . . . . + 24 mm „ 30' . . . . . + 28 „	Nach 10' . . . . . + 11 mm „ 10' . . . . . + 10,5 „ „ 10' . . . . . + 11,5 „
$Q_{O_2} = -24{,}6 \quad Q^{O_2}_M = +12{,}5$ $Q^{N_2}_M = +34 \quad U = -15$	$Q_{O_2} = -30 \quad Q^{O_2}_M = +12{,}5$ $Q^{N_2}_M = +51{,}9$

Protokoll 4.

Chorion der Ratte in Rattenserum bei 37,5°.

	Frisches Serum. 4 Häute = 8,23 mg. $v_F = 7{,}0$ $v_G = 6{,}16$ $K_{O_2} = 0{,}56$ $K_{CO_2} = 0{,}92$ $K^S_{CO_2} = 1{,}66$ 5% CO_2 in O_2	Serum 30′ bei 56° inaktiviert. 3 Häute = 6,43 mg. $v_F = 7{,}0$ $v_G = 6{,}10$ $K_{O_2} = 0{,}55$ $K_{CO_2} = 0{,}91$ $K^S_{CO_2} = 1{,}62$ 5% CO_2 in O_2
Nach 10′	— 30,0 mm	— 26,5 mm
„ 10′	— 29,5 mm	— 26,0 „
	$v_F = 3{,}0$ $v_G = 10{,}16$ $k_{O_2} = 0{,}90$ $k_{CO_2} = 1{,}05$ $k^S_{CO_2} = 1{,}37$ 5% CO_2 in O_2	$v_F = 3{,}0$ $v_G = 10{,}10$ $k_{O_2} = 0{,}89$ $k_{CO_2} = 1{,}05$ $k^S_{CO_2} = 1{,}35$ 5% CO_2 in O_2
Nach 10′	— 10,0 mm	— 9,0 mm
„ 10′	— 10,0 „	— 9,0 „
	$k^S_M = 1{,}57$ 5% CO_2 in N_2	$k^S_M = 1{,}55$ 5% CO_2 in N_2
Nach 10′	+ 29 mm	+ 24 mm
„ 10′	+ 28 „	+ 23 „
	$Q_{O_2} = -18$ $Q^{O_2}_M = 0$ $Q^{N_2}_M = +33$ $U = +3$	$Q_{O_2} = -19{,}8$ $Q^{O_2}_M = 0$ $Q^{N_2}_M = +34$ $U = -5{,}6$

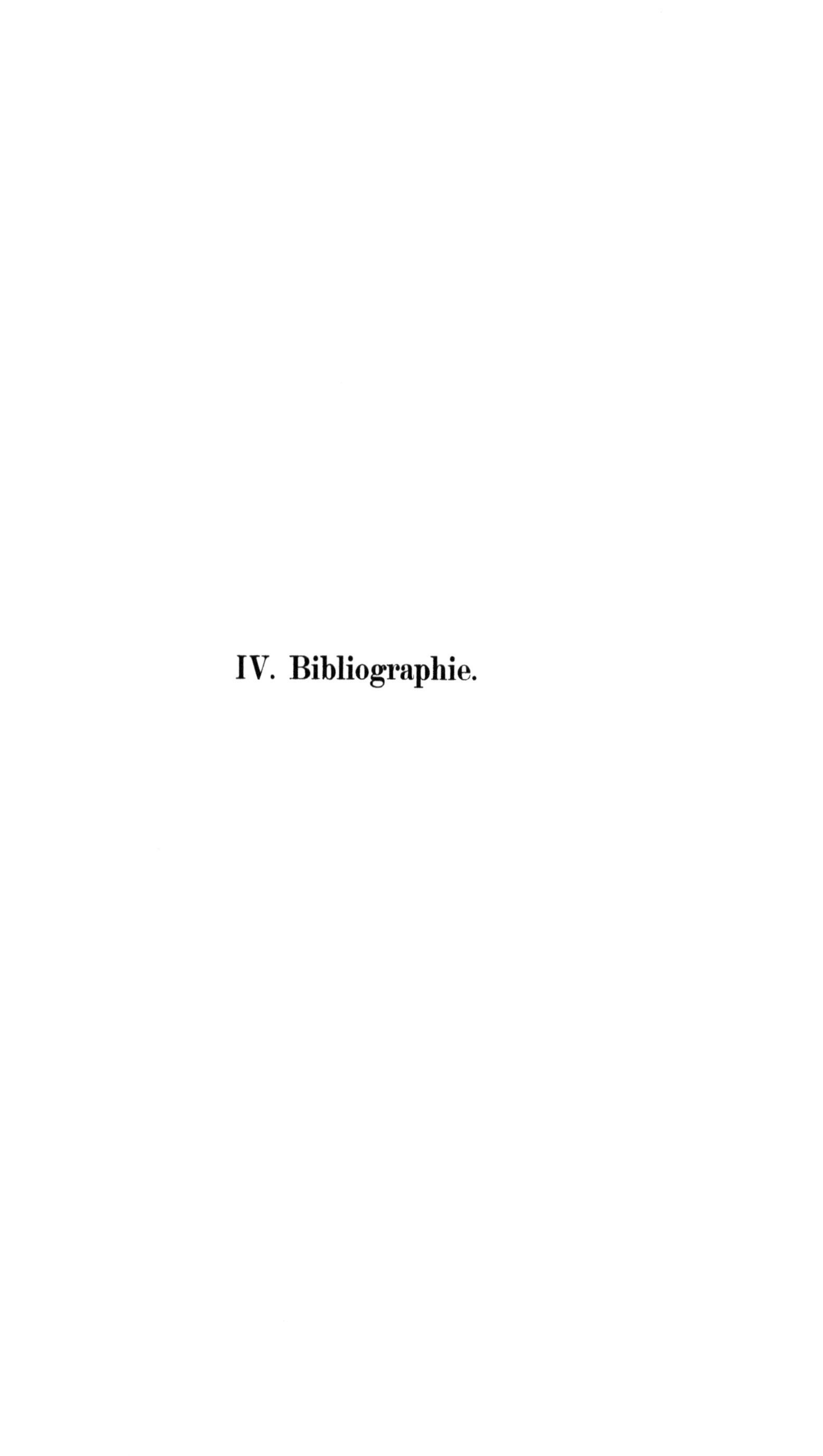

IV. Bibliographie.

WARBURG, O.: Beobachtungen über die Oxydationsprozesse im Seeigelei. Hoppe-Seylers Zeitschr. f. physiol. Chem. **57**, 1. 1908.
— Zur Biologie der roten Blutzellen. Ebenda **59**, 112. 1909.
— Über die Oxydationen im Ei. Ebenda **60**, 443. 1909.
— Maßanalytische Bestimmung kleiner Kohlensäuremengen. Ebenda **61**, 261. 1909.
— Über die Oxydationen in lebenden Zellen nach Versuchen am Seeigelei. Ebenda **66**, 305. 1910.
— Über Beeinflussung der Oxydationen in lebenden Zellen nach Versuchen an roten Blutkörperchen. Ebenda **69**, 452. 1910.
— Über Beeinflussung der Sauerstoffatmung. Ebenda **70**, 413. 1911.
ONAKA, M.: Über die Wirkung des Arsens auf die roten Blutzellen. Ebenda **70**, 433. 1910.
— Über Oxydationen im Blut. Ebenda **71**, 193. 1911.
WARBURG, O.: Über Beeinflussung der Sauerstoffatmung. Ebenda **71**, 479. 1911.
WARBURG, O. und R. WIESEL: Über die Wirkung von Substanzen homologer Reihen auf Lebensvorgänge. Pflügers Archiv f. d. ges. Physiol. **144**, 465. 1912.
— Über die Hemmung der Blausäurewirkung in lebenden Zellen. Hoppe-Seylers Zeitschr. f. physiol. Chem. **76**, 331. 1912.
GRAFE, E.: Über die Wirkung von Ammoniak und Ammoniakderivaten auf die Oxydationsprozesse in Zellen. Ebenda **79**, 421. 1912.
DORNER, A.: Über Beeinflussung der alkoholischen Gärung in der Zelle und im Zellpreßsaft. Ebenda **81**, 99. 1912.
USUI, R.: Über die Bindung von Thymol in roten Blutzellen. Ebenda **81**, 175. 1912.
WARBURG, O.: Über Beziehungen zwischen Zellstruktur und biochemischen Reaktionen. Pflügers Arch. f. d. ges. Physiol. **145**, 277. 1912.
USUI, R.: Über Messung von Gewebsoxydationen in vitro. Ebenda **147**, 100. 1912.
WARBURG, O. u. O. MEYERHOF: Über Atmung in abgetöteten Zellen und in Zellfragmenten. Ebenda **148**, 295. 1912.
DORNER, A.: Über Titration kleiner Kohlensäuremengen. Hoppe-Seylers Zeitschr. f. physiol. Chem. **88**, 425. 1913.
WARBURG, O.: Über die Wirkung der Zellstruktur auf chemische Vorgänge in Zellen. Jena 1913, Gustav Fischer.
— Beiträge zur Physiologie der Zelle, insbesondere die Oxydationsgeschwindigkeit in Zellen. Ergebn. d. Physiol. **14**, 253. 1914.
— Über sauerstoffatmende Körnchen aus Leberzellen und über Sauerstoffatmung in Berkefeld-Filtraten wässeriger Leberextrakte. Pflügers Arch. f. d. ges. Physiol. **154**, 599. 1913.
— Über die Verbrennung der Oxalsäure an Blutkohle und die Hemmung dieser Reaktion durch indifferente Narkotica. Ebenda **155**, 547. 1914.
— Zellstruktur und Oxydationsgeschwindigkeit nach Versuchen am Seeigelei. Ebenda **158**, 189. 1914.
— Über die Empfindlichkeit der Sauerstoffatmung gegenüber indifferenten Narkotica. Ebenda **158**, 19. 1914.

WARBURG, O.: Über die Rolle des Eisens in der Atmung des Seeigeleis nebst Bemerkungen über einige durch Eisen beschleunigte Oxydationen. Hoppe-Seylers Zeitschr. f. physiol. Chem. **92**, 231. 1914.

— Notizen zur Entwicklungsphysiologie des Seeigeleis. Pflügers Arch. f. d. ges. Physiol. **160**, 324. 1915.

DORNER, A.: Über Verteilungsgleichgewichte einiger indifferenter Narkotica. Sitzungsber. d. Heidelberg. Akad. B. 1914. 1. Abhandlung.

WARBURG, O.: Über die Geschwindigkeit der photochemischen Kohlensäurezersetzung in lebenden Zellen. Biochem. Zeitschr. **100**, 230. 1919.

— Über die Geschwindigkeit der photochemischen Kohlensäurezersetzung in lebenden Zellen. Ebenda **103**, 188. 1920.

— u. E. NEGELEIN: Über die Reduktion der Salpetersäure in grünen Zellen. Ebenda **110**, 66. 1920.

— — Über die Oxydation des Cystins und anderer Aminosäuren an Blutkohle. Ebenda **113**, 257. 1921.

— Physikalische Chemie der Zellatmung. Ebenda **119**, 134. 1921.

— u. E. NEGELEIN: Über den Energieumsatz bei der Kohlensäureassimilation. Zeitschr. f. physikal. Chem. **102**, 235. 1922.

— Über die antikatalytische Wirkung der Blausäure. Biochem. Zeitschr. **136**, 266. 1923.

— u. SEIGO MINAMI: Versuche an überlebendem Carcinomgewebe. Klin. Wochenschrift **2**, 17. 1923.

— u. S. SAKUMA: Über die sogenannte Autoxydation des Cysteins. Pflügers Arch. f. d. ges. Physiol. **200**, 203. 1923.

— u. E. NEGELEIN: Über den Einfluß der Wellenlänge auf den Energieumsatz bei der Kohlensäureassimilation. Zeitschr. f. physikal. Chem. **106**, 191. 1923.

SAKUMA, S.: Über die sogenannte Autoxydation des Cysteins. Biochem. Zeitschr. **142**, 68. 1923.

WARBURG, O.: Versuche an überlebendem Carcinomgewebe. Ebenda **142**, 317. 1923.

MINAMI, S.: Versuche an überlebendem Carcinomgewebe. Ebenda **142**, 334. 1923.

NEGELEIN, E.: Über die Reaktionsfähigkeit verschiedener Aminiosäuren an Blutkohle sowie gegenüber Wasserstoffsuperoxyd. Ebenda **142**, 493. 1923.

WARBURG, O.: Über die Grundlagen der Wielandschen Atmungstheorie. Ebenda **142**, 518. 1923.

— u. W. BREFELD: Über die Aktivierung stickstoffhaltiger Kohlen durch Eisen. Ebenda **145**, 461. 1924.

— u. M. YABOUSE: Über die Oxydation von Fructose in Phosphatlösungen. Ebenda **146**, 380. 1924.

— u. T. UYESUGI: Über die Blackmansche Reaktion. Ebenda **146**, 486. 1924.

— Verbesserte Methode zur Messung der Atmung und Glykolyse. Ebenda **152**, 51. 1924.

—, KARL POSENER u. E. NEGELEIN: Über den Stoffwechsel der Carcinomzelle. Ebenda **152**, 309. 1924.

— Bemerkung über das Kohlemodell. Ebenda **152**, 191. 1924.

— Über Eisen, den sauerstoffübertragenden Bestandteil des Atmungsferments. Ebenda **152**, 479. 1924.

YABUSOE, M.: Über den Temperaturkoeffizienten der Kohlensäureassimilation. Ebenda **152**, 498. 1924.

— Über Eisen und Blutfarbstoffbestimmungen in normalen Geweben und in Tumorgewebe. Ebenda **157**, 388. 1925.

YABUSOE, M.: Über Hemmung der Tumorglykolyse durch Anilinfarbstoffe. Ebenda **168**, 227. 1925.

TANAKA, K.: Versuche zur Prüfung der Wielandschen Atmungstheorie. Ebenda **157**, 425. 1925.

NEGELEIN, E.: Versuche über Glykolyse. Ebenda **158**, 121. 1925.

WIND, F.: Über die Oxydation von Dioxyaceton und Glycerinaldehyd in Phosphatlösungen und die Beschleunigung der Oxydation durch Schwermetalle. Ebenda **159**, 58. 1925.

OKAMOTO, J.: Über Anaerobiose von Tumorgewebe. Ebenda **160**, 52. 1925.

WARBURG, O.: Über Milchsäurebildung beim Wachstum. Ebenda **160**, 307. 1925.

— Manometrische Messung des Zellstoffwechsels im Serum. Ebenda **164**, 481. 1925.

NEGELEIN, E.: Glykolytische Wirkung des embryonalen Gewebes. Ebenda **165**, 122. 1925.

WARBURG, O.: Über die Wirkung der Blausäure auf die alkoholische Gärung. Ebenda **165**, 196. 1925.

NEGELEIN, E.: Über die Wirkung des Schwefelwasserstoffs auf chemische Vorgänge in Zellen. Ebenda **165**, 203. 1925.

WARBURG, O.: Versuche über die Assimilation der Kohlensäure. Ebenda **166**, 386. 1925.

—, F. WIND und E. NEGELEIN: Über den Stoffwechsel der Tumoren im Körper. Klin. Wochenschr. **5**, 19. 1926.

STAHL, O. u. O. WARBURG: Über Milchsäuregärung eines menschlichen Blasencarcinoms. Ebenda **5**, 27. 1926.

TODA, S.: Über die Oxydation der Oxalsäure durch Jodsäure in wässeriger Lösung. Ebenda **171**, 231. 1926.

— Über die Wirkung von Blausäureäthylester auf Schwermetallkatalysen. Ebenda **172**. 17. 1926.

— Über „Wasserstoffaktivierung" durch Eisen. Ebenda **172**, 34. 1926.

WARBURG, O.: Über die Wirkung von Blausäureäthylester auf die Pasteursche Reaktion. Ebenda **172**, 432. 1926.

— Über die Oxydation der Oxalsäure durch Jodsäure. Ebenda **174**, 497. 1926.

— Über die Wirkung des Kohlenoxyds auf den Stoffwechsel der Hefe. Ebenda **177**, 471. 1926.

WIND, F.: Über den Stoffwechsel von Gewebesexplantaten und deren Wachstum bei Sauerstoff- und Glucosemangel. Ebenda **179**, 384. 1926.

DRESEL, K.: Über die Wirkung der arsenigen Säure auf Atmung und Gärung. Ebenda **178**, 70. 1926.

GAFFRON, H.: Über eine photochemische Wirkung des Hämatoporphyrins. Naturwissenschaften 1925. Heft 41.

— Über Photoxydation mittels fluoreszierender Farbstoffe. Biochem. Zeitschr. **179**, 157. 1926.

WARBURG, O.: Über den heutigen Stand des Carcinomproblems. Naturwissenschaften 1927. Heft 1.

— Über reversible Hemmung von Gärungsvorgängen durch Stickoxyd. Naturwissenschaften 1927. Heft 2.

— Über Kohlenoxydwirkung ohne Hämoglobin und einige Eigenschaften des Atmungsferments. Naturwissenschaften 1927. Heft 26.

KREBS, H. A.: Über die Rolle der Schwermetalle bei der Autoxydation von Zuckerlösungen. Biochem. Zeitschr. **180**, 377. 1927.

FLEISCHMANN, W. und F. KUBOWITZ: Über den Stoffwechsel der Leukocyten. Ebenda **181**, 395. 1927.

WARBURG, O.: Über die Klassifizierung der Gewebe nach ihrem Stoffwechsel. Ebenda **184**, 484. 1927.

GAFFRON, H.: Sauerstoffübertragung durch Chlorophyll und das photochemische Äquivalentgesetz. Berichte der d. chem. Gesellschaft **60**, 755. 1927.

EMERSON, R.: The effect of certain respiratory inhibitors on the respiration of chlorella. Journ. General Physiology **10**, 469. 1927.

WARBURG, O.: Über Kupfer im Blutserum des Menschen. Klin. Wochenschr. **6**, Nr. 23. 1927.

— Methode zur Bestimmung von Kupfer und Eisen und über den Kupfergehalt des Blutserums. Biochem. Zeitschr. **187**, 255. 1927.

— Über die Wirkung von Kohlenoxyd und Stickoxyd auf Atmung und Gärung. Ebenda **189**, 354. 1927.

— u. F. KUBOWITZ: Stoffwechsel wachsender Zellen. Ebenda **189**, 242. 1927.

— Stoffwechsel der Hefe. Ebenda **189**, 350. 1927.

— u. H. A. KREBS: Über locker gebundenes Kupfer und Eisen im Blutserum. Ebenda **190**, 143. 1927.

KREBS, H. A.: Stoffwechsel der Netzhaut. Ebenda **189**, 57. 1927.

— u. F. KUBOWITZ: Über den Stoffwechsel von Carcinomzellen in Carcinomserum und Normalserum. Ebenda **189**, 194. 1927.

TAMIYA, Ch.: Über den Stoffwechsel der Netzhaut in verschiedenen Stadien ihrer Entwicklung. Ebenda. **189**, 114. 1927.

— Über den Stoffwechsel der Leber in verschiedenen Stadien ihrer Entwicklung. Ebenda **189**, 175. 1927.

GAFFRON, H.: Die photochemische Bildung von Peroxyd bei der Sauerstoffübertragung durch Chlorophyll. Berichte d. deutsch. chem. Gesellsch. **60**, 2229. 1927.

ENDRES, G. u. F. KUBOWITZ, Stoffwechsel der Blutplättchen. Biochem. Zeitschr. **191**, Heft 4/6.

KEMPNER, W., Atmung im Plasma pestkranker Hühner, Klinische Wochenschr. 1927 Heft 50.

Druck von Oscar Brandstetter in Leipzig.

GPSR Compliance

The European Union's (EU) General Product Safety Regulation (GPSR) is a set of rules that requires consumer products to be safe and our obligations to ensure this.

If you have any concerns about our products, you can contact us on ProductSafety@springernature.com

In case Publisher is established outside the EU, the EU authorized representative is:

Springer Nature Customer Service Center GmbH
Europaplatz 3
69115 Heidelberg, Germany

Batch number: 10150997

Printed by Printforce, the Netherlands